中 国 国 家 标 准 汇 编

2008 年修订-108

中国标准出版社　编

中 国 标 准 出 版 社

北　京

图书在版编目（CIP）数据

中国国家标准汇编：2008 年修订．108/中国标准出版社编．—北京：中国标准出版社，2009

ISBN 978-7-5066-5619-1

Ⅰ．中… Ⅱ．中… Ⅲ．国家标准-汇编-中国-2008 Ⅳ．T-652.1

中国版本图书馆 CIP 数据核字（2009）第 204742 号

中国标准出版社出版发行
北京复兴门外三里河北街 16 号
邮政编码：100045

网址 www.spc.net.cn
电话：68523946 68517548
中国标准出版社秦皇岛印刷厂印刷
各地新华书店经销

*

开本 880×1230 1/16 印张 37.5 字数 1 116 千字
2009 年 12 月第一版 2009 年 12 月第一次印刷

*

定价 200.00 元

出 版 说 明

1.《中国国家标准汇编》是一部大型综合性国家标准全集。自1983年起，按国家标准顺序号以精装本、平装本两种装帧形式陆续分册汇编出版。它在一定程度上反映了我国建国以来标准化事业发展的基本情况和主要成就，是各级标准化管理机构，工矿企事业单位，农林牧副渔系统，科研、设计、教学等部门必不可少的工具书。

2.《中国国家标准汇编》收入我国每年正式发布的全部国家标准，分为“制定”卷和“修订”卷两种编辑版本。

“制定”卷收入上年度我国发布的、新制定的国家标准，顺延前年度标准编号分成若干分册，封面和书脊上注明“20××年制定”字样及分册号，分册号一直连续。各分册中的标准是按照标准编号顺序连续排列的，如有标准顺序号缺号的，除特殊情况注明外，暂为空号。

“修订”卷收入上年度我国发布的、被修订的国家标准，视篇幅分设若干分册，但与“制定”卷分册号无关联，仅在封面和书脊上注明“20××年修订-1，-2，-3，……”字样。“修订”卷各分册中的标准，仍按标准编号顺序排列（但不连续）；如有遗漏的，均在当年最后一分册中补齐。需提请读者注意的是，个别非顺延前年度标准编号的新制定的国家标准没有收入在“制定”卷中，而是收入在“修订”卷中。

读者配套购买《中国国家标准汇编》“制定”卷和“修订”卷则可收齐上一年度我国制定和修订的全部国家标准。

3. 由于读者需求的变化，自1996年起，《中国国家标准汇编》仅出版精装本。

4. 2008年制修订国家标准共5946项。本分册为“2008年修订-108”，收入新制修订的国家标准40项。

中国标准出版社

2009年10月

目　　录

ICS 29.180
K 41

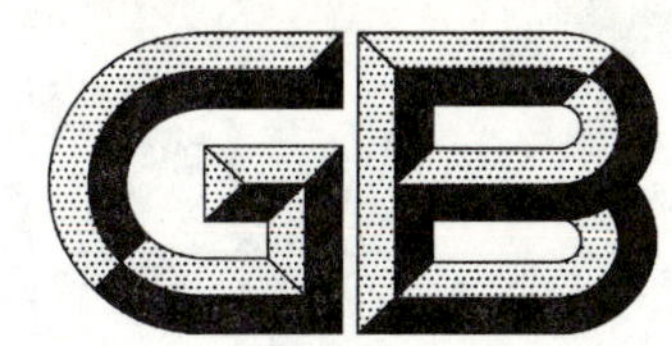

中华人民共和国国家标准

GB 19212.20—2008

电力变压器、电源装置和类似产品的安全 第20部分：干扰衰减变压器的特殊要求

Safety of power transformers, power supply units and similar—Part 20: Particular requirements for perturbation attenuation transformers

(IEC 61558-2-19:2000, MOD)

2008-03-24 发布　　　　2009-01-01 实施

中华人民共和国国家质量监督检验检疫总局
中国国家标准化管理委员会　发布

前　言

GB 19212 的本部分的全部技术内容为强制性。

GB 19212《电力变压器、电源装置和类似产品的安全》目前拟分为 24 个部分：

第 1 部分：通用要求和试验

第 2 部分：一般用途分离变压器的特殊要求

第 3 部分：控制变压器的特殊要求

第 4 部分：燃气和燃油燃烧器点火变压器的特殊要求

第 5 部分：一般用途隔离变压器的特殊要求

第 6 部分：剃须刀用变压器和剃须刀用电源装置的特殊要求

第 7 部分：一般用途安全隔离变压器的特殊要求

第 8 部分：玩具用变压器的特殊要求

第 9 部分：电铃和电钟变压器的特殊要求

第 10 部分：Ⅲ类手提钨丝灯用变压器的特殊要求

第 11 部分：工作电压 1 000 V 以上高绝缘等级变压器的特殊要求

第 12 部分：漏磁场变压器的特殊要求

第 13 部分：恒压变压器的特殊要求

第 14 部分：一般用途自耦变压器的特殊要求

第 15 部分：调压器的特殊要求

第 16 部分：医疗场所供电用隔离变压器的特殊要求

第 17 部分：电源装置和类似产品的特殊要求

第 18 部分：开关型电源用变压器的特殊要求

第 19 部分：医疗设备用变压器的特殊要求

第 20 部分：干扰衰减变压器的特殊要求

第 21 部分：小型电抗器的特殊要求

第 22 部分：具有特殊介质（液体介质 SF_6）的变压器的特殊要求

第 23 部分：灯具用具有最高额定温度的变压器的特殊要求

第 24 部分：建筑工地用变压器的特殊要求

本部分为 GB 19212 的第 20 部分。

本部分修改采用 IEC 61558-2-19:2000（第 1 版）《电力变压器、电源装置和类似产品的安全　第 2-19 部分：干扰衰减变压器的特殊要求》（英文版）。

本部分根据 IEC 61558-2-19:2000 重新起草。本部分与 IEC 61558-2-19:2000 的技术性差异除本部分所修改的内容外，全部是由于本部分所引用的 GB 19212.1—2003《电力变压器、电源装置和类似产品的安全　第 1 部分：通用要求和试验》（IEC 61558-1:1998，MOD）与 IEC 61558-1:1998 存在的技术性差异而产生的，详见 GB 19212.1—2003 的前言。考虑到我国国情，在采用 IEC 61558-2-19:2000 时，本部分做了一些修改。有关技术性差异已编入正文中，并在它们所涉及的条款的页边空白处用垂直单线标识。

为便于使用，本部分对 IEC 61558-2-19:2000 还做了下列编辑性修改：

a)　“本国际标准”一词改为“本部分”；

b)　用小数点“.”代替作为小数点的逗号“，”；

c) 删除 IEC 61558-2-19:2000 的前言。

考虑到我国的实际情况,本部分对 IEC 61558-2-19:2000 在供电电压与额定电压的允许偏差方面进行了修改。IEC 标准规定为+6%、-10%,而本部分根据我国国家标准规定,改为+7%、-10%。本部分对 IEC 61558-2-19:2000 在干扰衰减变压器交流额定输出电压的优选值进行了补充,增加了国内常用的 220 V、380 V 和 36 V 的交流额定输出电压值。

本部分是在 GB 19212.1—2003 的基础上制定的,需与 GB 19212.1—2003 配合使用。

本部分是对 GB 19212.1—2003 的相应章、条进行补充和修改,以便将 GB 19212.1—2003 的内容转化为本部分的内容。本部分针对 GB 19212.1—2003 新增加的条款从 101 开始编号。

本部分由中国电器工业协会提出。

本部分由全国变压器标准化技术委员会(SAC/TC 44)归口。

本部分由中国电子技术标准化研究所、沈阳变压器研究所起草。

本部分主要起草人:杨宇涛、孙军。

电力变压器、电源装置和类似产品的安全 第20部分:干扰衰减变压器的特殊要求

1 范围

GB 19212.1—2003 的该章用下列内容来代替:

本部分规定了变压器各个方面(例如电气、温度和机械方面)的安全要求。

本部分适用于驻立式或移动式、单相或多相、空气冷却(自然冷却或强制冷却)、独立或配套用隔离或安全隔离变压器,其额定电源电压不超过交流 1 000 V,额定频率不超过 500 Hz,额定输出不超过 10 kVA。干扰衰减变压器预定要用作办公设备或类似设备的电源,在输出电路具有一个中点输出端,以便衰减电网电源的传导干扰。

另外,安装规程和设备规范要求电路之间的双重绝缘或加强绝缘也要通过使用这种变压器来实现。

注 1:利用本部分规定的这种变压器与设备连接,并不意味着可以降低该设备的要求。

干扰衰减隔离变压器:

——其空载输出电压和额定输出电压超过交流 50 V 或无纹波直流 120 V,但不超过交流 500 V 或无纹波直流 708 V;为了符合国家布线规程或特殊用途的要求,空载输出电压或额定输出电压可以超过这些限值,但不应超过交流 1 000 V 或无纹波直流 1 415 V。

干扰衰减安全隔离变压器:

——其空载输出电压或额定输出电压不超过交流 50 V 或无纹波直流 120 V。

本部分适用于干式变压器。其绕组可以是密封或非密封的。

如果隔离变压器给两个或两个以上的设备提供电源时,则这样一些设备的外露导电零部件的连接需要符合 IEC 60364-4-41 的 413.5 的规定。

注 2:对充有液体介质或粉末材料(例如砂子)的变压器,其补充要求正在考虑中。

注 3:要注意到下列情况:

——对预定要在热带气候国家使用的变压器,可能需要特殊要求;

——位于环境条件特殊的地区,可能需要特殊要求。

注 4:本部分不阻止使用输出电路无中点的其他类型的变压器作为衰减变压器。

本部分不包括"衰减"功能的各项性能。这种功能可以通过不同的特征,例如屏蔽或特殊叠片来获得。

本部分也适用于装有电子电路的变压器。本部分不适用于预定要与变压器的输入和输出端子或输出插座连接的外部电路及其元器件。

2 规范性引用文件

GB 19212.1—2003 的该章适用。

3 术语和定义

除下列条目外,GB 19212.1—2003 的该章适用。

该章增加下列条目:

3.101

干扰衰减变压器　perturbation attention transformer

次级绕组具有中点的、用于电源传导干扰衰减的变压器，预定用来限制与该种变压器连接的设备电源上出现的瞬态影响。

4　一般要求

GB 19212.1—2003 的该章适用。

5　试验的一般说明

GB 19212.1—2003 的该章适用。

6　额定值

除下列条款外，GB 19212.1—2003 的该章适用。

该章增加下列条款：

6.101　额定输出电压不得超过：

——对干扰衰减隔离变压器，交流 500 V 或无纹波直流 708 V；

——对干扰衰减安全隔离变压器，交流 50 V 和(或)无纹波直流 120 V。

交流额定输出电压的优选值为：

——对干扰衰减隔离变压器，72 V、120 V、220 V、230 V、380 V、400 V 和 440 V；

——对干扰衰减安全隔离变压器，6 V、12 V、24 V、36 V、42 V 和 48 V。

6.102　额定输出不得超过 10 kVA。

额定输出的优选值为：

——10 VA、16 VA、25 VA、40 VA、63 VA、100 VA、160 VA、250 VA、400 VA、630 VA、1 000 VA、1 600 VA、2 500 VA、4 000 VA、6 300 VA 和 10 000 VA。

6.103　额定频率不得超过 500 Hz。

6.104　额定电源电压不得超过交流 1 000 V。

通过目视检查标志来检验是否符合 6.101 至 6.104 的要求。

7　分类

除下列条款外，GB 19212.1—2003 的该章适用：

7.2　该条进行下列修改：

按短路保护或非正常使用保护分类：

——固有耐短路变压器；

——非固有耐短路变压器；

——无危害式变压器。

8　标志和其他信息

除下列条款外，GB 19212.1—2003 的该章适用：

8.1　该条进行下列修改：

h)　干扰衰减变压器应当标有 8.11 所示的图形符号之一。

8.3　GB 19212.1—2003 的该条不适用。

8.4　GB 19212.1—2003 的该条不适用。

8.11　该条增加下列内容：

符　　号	说　　明	IEC 60417[a] 中符号的编号
F 或 F	无危害式隔离干扰衰减变压器	
或	耐短路隔离干扰衰减变压器(固有耐短路或非固有耐短路)	
F	无危害式安全隔离干扰衰减变压器	
	耐短路安全隔离干扰衰减变压器(固有耐短路或非固有耐短路)	
[a] IEC 60417(所有部分):1998。		

该章增加下列条款:

8.101　所有变压器均应当附有说明书,说明变压器的使用方法,并警告使用人员不要进行下列连接:

——中点与固定装置保护接地的连接;

——变压器次级与固定布线的连接。

8.102　输入与输出的电压比

如果独立隔离变压器其输入与输出的电压比小于 1∶1,则变压器应当附有说明书,说明应当注意正确使用。

9　触及危险带电零部件的防护

GB 19212.1—2003 的该章适用。

10　输入电压设定值的改变

除下列条款外,GB 19212.1—2003 的该章适用:

不允许变压器具有一种以上的额定电源电压。

也不允许变压器装有用来调节输入连接(例如分接头)以适应各种电源电压的调节装置。

11　负载输出电压和输出电流

除下列条款外,GB 19212.1—2003 的该章适用:

11.1　该条前两段用下列内容代替:

当变压器接上额定频率的额定电源电压,次级接上 $\cos\varphi=1$、能使次级达到额定输出的负载时,输出电压与额定值相差不得大于 3%。

12　空载输出电压

除下列条款外,GB 19212.1—2003 的该章适用:

该章增加下列条款：

12.101 在任何情况下，空载输出电压不得超过下列规定值，甚至在对预定不作串联连接的各独立绕组进行串联连接时也应如此：

——对干扰衰减隔离变压器，交流 500 V 或无纹波直流 708 V；

——对干扰衰减安全隔离变压器，交流 50 V 或无纹波直流 120 V。

12.102 空载输出电压与负载输出电压相差不得过大。

当变压器在环境温度下接上额定频率的额定电源电压，通过测量空载输出电压来检验是否符合 12.101 和 12.102 的要求。

按本条测得的空载输出电压与在第 11 章的试验时测得的负载输出电压相差，以后者电压的百分比来表示，不得超过 6%。

注：该比值按下列定义：

$$\frac{U_{空载}-U_{负载}}{U_{负载}}\times 100\%$$

13 短路电压

GB 19212.1—2003 的该章适用。

14 发热

GB 19212.1—2003 的该章适用。

15 短路和过载保护

GB 19212.1—2003 的该章适用。

16 机械强度

GB 19212.1—2003 的该章适用。

17 灰尘、固体异物和潮湿有害进入的防护

GB 19212.1—2003 的该章适用。

18 绝缘电阻和介电强度

GB 19212.1—2003 的该章适用。

19 结构

除下列条款外，GB 19212.1—2003 的该章适用：

该条用下列内容代替：

19.1 输入和输出电路在电气上应当相互隔离，而且在结构上应当保证使这些电路之间不可能存在任何直接的或通过其他金属零部件间接的连接。

通过目视检查和测量，并考虑 18 章和 26 章的规定来检验是否合格。

19.1.1 输入绕组与输出绕组之间的绝缘应由双重或加强绝缘组成。

另外还要符合下列要求：

——对Ⅰ类变压器，输入绕组与壳体之间的绝缘应当由基本绝缘组成，输出绕组与壳体之间的绝缘应当由双重或加强绝缘组成；

——对Ⅱ类变压器，输入绕组与壳体之间的绝缘以及输出绕组和壳体之间的绝缘应当由双重或加强绝缘组成。

19.1.2　对中间金属零部件(例如铁心)不与壳体连接，且位于输入与输出绕组之间的变压器，其中间金属零部件与输入绕组之间，或中间金属零部件与输出绕组之间的绝缘应当至少由基本绝缘组成。

注：不与输入或输出绕组，或与壳体用至少为基本绝缘来隔离的中间金属零部件被认为是与相关零部件相连的。

另外还要符合下列要求：

——对Ⅰ类变压器，输入与输出绕组之间通过中间金属零部件的绝缘应当由双重或加强绝缘组成；

——对Ⅱ类变压器，输入与输出绕组之间通过中间金属零部件的绝缘应由双重或加强绝缘组成；输入绕组与壳体之间，以及输出绕组与壳体之间通过中间金属零部件的绝缘应由双重或加强绝缘组成。

19.1.3　Ⅰ类变压器在输入与输出绕组之间不得具有保护屏蔽层。

19.1.4　变压器不得装有电气连接输入与输出电路的电容器。

该章增加下列条款：

19.101　输出电路与保护地之间不得有连接。

19.102　输出电路与壳体之间不得有连接。

通过目视检查来检验其是否合格。

19.103　连接外部导线用的输入和输出端子的位置应当保证在导线接入这些端子的接入点之间测量时，输入与输出端子之间的距离不小于25 mm。如果该距离是依靠隔板来实现的，则该隔板应当用绝缘材料制成，而且应当永久固定在变压器上。

通过目视检查以及在忽略中间金属零部件的情况下通过测量来检验其是否合格。

19.104至19.110　空白。

19.111　对独立变压器，其输出插座，如果有，应当是变压器的一部分。对配套用变压器，与设备的连接要确保用具有双重绝缘的电缆或软线。

19.112　输出绕组应当具有与输出插座(如果有)接地端子连接的中点连接端。对于具有一个以上输出绕组的变压器，各输出绕组应当用双重绝缘或加强绝缘来隔离。另外，各绕组的中点分接头可以一起连接到与所有输出插座(如果有)的接地端子相连的一个公共端子上。输出电路插座的接地端子不得与保护接地端相连。

通过目视检查、通过18.1的试验以及按26章的规定通过测量来检验是否合格。

注：干扰衰减变压器可以同时具有金属材料和绝缘材料的外壳。

19.113　变压器应当装有如图101所示的断路保护装置，以便在被连接的设备中，在相线与连接到中点的导线之间，或者在两根相线之间发生短路时能断开输出电路。在这种情况下，断路保护装置应当在表101所规定的时间内动作。

注：该表格摘自IEC 60364-4-41的表41A。

通过目视检查以及下列试验来检验是否合格：

将变压器的输入端连接到等于0.94倍到1.07倍额定电压的电压上(取其较为严酷的电压)，各输出端子一次一个与中点连接，然后将各输出端子相互连接来检验断路保护装置。断路保护装置应在表101规定的时间内动作。

19.114　由于功能原因，当输入与输出绕组之间使用的屏蔽层与地相连时，该屏蔽层与输出绕组之间的绝缘应当由双重或加强绝缘组成。

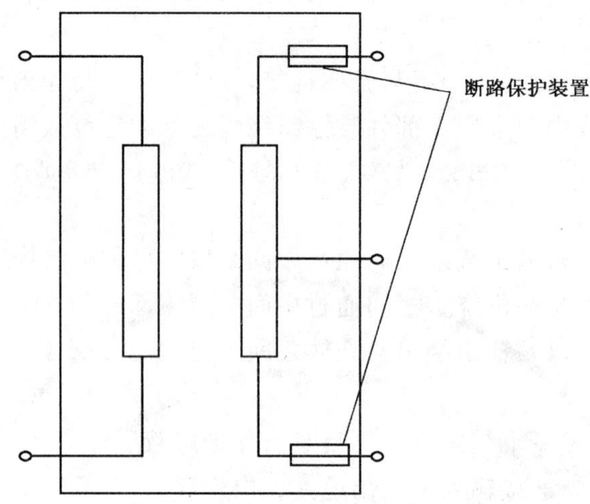

图 101　输出电路短路时的保护

表 101　最长断路时间

U_0[a]/ V	最长断路时间/ s
120	0.8
230	0.4
277	0.4
400	0.2
>400	0.1

[a] U_0 为标称对地交流方均根值电压。

20　元器件

除下列条款外，GB 19212.1—2003 的该章适用：

该章进行下列修改：

20.3　对输入与输出的电压比为 1∶1，而且预定要在电压区段Ⅱ中使用的变压器，其输出电路的输出插座应当使其能接受预定要直接与相关国家的电网电源相连的插头。

该章增加下列条款：

20.101　在预定要永久连接到固定布线上的干扰衰减变压器中，符合 19.113 的断路保护装置应当由符合 GB 13539.5 的熔断器或小型电路断路器组成。在移动式干扰衰减变压器中，断路保护装置可以由符合 GB 9364 额定电流小于或等于 6.3A 的熔断器组成。

通过目视检查来检验是否合格。

21　内部布线

GB 19212.1—2003 的该章适用。

22　电源连接和其他外部软电缆或软线

除下列内容外，GB 19212.1—2003 的该章适用：

仅对输出小于或等于 250 VA 才允许采用 Z 型连接。

23 外部导线接线端子

GB 19212.1—2003 的该章适用。

24 保护接地装置

GB 19212.1—2003 的该章适用。

25 螺钉和连接

GB 19212.1—2003 的该章适用。

26 爬电距离、电气间隙和穿过绝缘的距离

GB 19212.1—2003 的该章适用。

27 耐热、耐异常热、耐燃和耐漏电起痕

GB 19212.1—2003 的该章适用。

28 防锈

GB 19212.1—2003 的该章适用。

附　录

GB 19212.1—2003 的附录适用。

ICS 29.130
K 31

中华人民共和国国家标准

GB 19214—2008/IEC 62020:2003
代替 GB 19214—2003

电器附件
家用和类似用途剩余电流监视器

Electrical accessories—
Residual current monitors (RCM) for household and similar uses

(IEC 62020:2003,IDT)

2008-12-30 发布　　2010-02-01 实施

中华人民共和国国家质量监督检验检疫总局
中国国家标准化管理委员会　发布

前　言

本标准的全部条文为强制性。

本标准等同采用 IEC 62020:2003《电器附件　家用和类似用途的剩余电流监视器》(第 1.1 版,包括 IEC 62020:1998 和 2003 年的第 1 次修订,英文版)。

本标准在技术上与 IEC 62020:2003 一致,仅做了如下编辑性修改:

——删除国际标准的前言和引言,增加了国家标准的前言;

——用小数点“.”代替作为小数点的逗号“,”。

本标准代替 GB 19214—2003《电气附件　家用和类似用途剩余电流监视器》。

本标准与 GB 19214—2003 相比主要变化如下:

——本标准明确了 RCM 不能用来作为保护装置使用;

——本标准在 8.1.2“特征”中规定:“RCM 应具有可视的表示‘电源接通’的指示器,其颜色不应是红色、黄色,也不应是蓝色”,而原来标准规定:“指示器的颜色应为绿色”;

——本标准在 8.1.3“电气间隙和爬电距离”中增加了对印刷线路板的电气间隙和爬电距离的技术要求;

——本标准在 8.18 中增加了“电磁兼容性”的要求。

本标准的附录 A 和附录 B 为规范性附录。

本标准由中国电器工业协会提出。

本标准由全国低压电器标准化技术委员会(SAC/TC 189)归口。

本标准负责起草单位:上海电器科学研究所(集团)有限公司。

本标准参加起草单位:杭州之江开关股份有限公司、施耐德电气(中国)投资有限公司、北京 ABB 低压电器有限公司、西门子线路保护系统有限公司。

本标准主要起草人:龚骏昌、周积刚、陈颖。

本标准参与起草人:洪黎欢、王津先、王农、胡宏宇。

本标准所代替标准的历次版本发布情况为:

——GB 19214—2003。

电器附件
家用和类似用途剩余电流监视器

1 范围

本标准适用于额定电压不超过交流440 V,额定电流不超过125 A的家用和类似用途的剩余电流监视器(以下简称RCM)。

RCM是用来监视设备中的剩余电流,并在带电部件与外露的导电部件或地之间的剩余电流超过预定值时发出报警信号。

本标准涉及的RCM不能用来作为保护装置使用。

RCM检测突然施加的或缓慢上升的交流剩余电流和脉动直流剩余电流(见8.16)。

本标准适用于能够同时执行检测剩余电流,将剩余电流值与剩余动作电流值相比较以及当剩余电流超过剩余动作电流值时提供一个规定的报警信号等功能的装置。

本标准不包括具有内部电池的RCM。

本标准的技术要求适用于正常的环境条件(见7.1)。对在严酷环境条件场所使用的RCM可能必须补充技术要求。

本标准不包括绝缘监视装置(IMD),该装置属于IEC 61557-8的范围。

注:RCM与IMD的区别是:RCM的监视功能是无源的,并只能响应被监视装置的不平衡故障电流。IMD的监视和测量功能是有源的,它能测量设备中平衡和不平衡的绝缘电阻或阻抗(见IEC 61557-8)。

2 规范性引用文件

下列文件中的条款通过本标准的引用而成为本标准的条款。凡是注日期的引用文件,其随后所有的修改单(不包括勘误的内容)或修订版均不适用于本标准,然而,鼓励根据本标准达成协议的各方研究是否可使用这些文件的最新版本。凡是不注日期的引用文件,其最新版本适用于本标准。

GB/T 156 标准电压(GB/T 156—2007,IEC 60038:2002,MOD)

GB/T 2423.4—2008 电工电子产品环境试验 第2部分:试验方法 试验Db 交变湿热(12 h+12 h循环)(IEC 60068-2-30:2005,IDT)

GB/T 2424.2 电工电子产品环境试验 湿热试验导则(GB/T 2424.2—2005,IEC 60068-3-4:2001,IDT)

GB/T 2900.18—2008 电工术语 低压电器

GB/T 2099.83—2008 电工术语 电的和磁的器件(IEC 60050-151:2001,IDT)

GB 4208 外壳防护等级(IP代码)(GB 4208—2008,IEC 60529:2001,IDT)

GB/T 5169.10—2006 电工电子产品着火危险试验 第10部分:灼热丝/热丝基本试验方法 灼热丝装置和通用试验方法(IEC 60695-2-10:2000,IDT)

GB/Z 6829—2008 剩余电流动作保护器的一般要求(IEC/TR 60755:2008,MOD)

GB/T 7676(所有部分) 直接作用模拟指示电测量仪表及其附件(GB/T 7676—1998,idt IEC 60051:1984)

GB 16895.4—1997 建筑物电气装置 第5部分:电气设备的选择和安装 第53章:开关设备和控制设备(idt IEC 60364-5-53:1994)

GB 16895.12—2001 建筑物电气装置 第4部分:安全防护 第44章:过电压保护 第443节:大气过电压或操作过电压保护(idt IEC 60364-4-443:1995)

GB 16916.1—2003 家用和类似用途的不带过电流保护的剩余电流动作断路器(RCCB) 第1部分:一般规则(IEC 61008-1:1996,MOD)

GB/T 16935.1—2008 低压系统内设备的绝缘配合 第1部分:原理、要求和试验(IEC 60664-1:2007, IDT)

GB/T 16935.3 低压系统内设备的绝缘配合 第3部分:利用涂层、罐封和模压进行防污保护(GB/T 16935.3—2005,IEC 60664-3:2003, IDT)

GB/T 17626.2 电磁兼容 试验和测量技术 静电放电抗扰度试验(GB/T 17626.2—2006,IEC 61000-4-2:2001,IDT)

GB/T 17626.3 电磁兼容 试验和测量技术 射频电磁场辐射抗扰度试验(GB/T 17626.3—2006,IEC 61000-4-3:2002,IDT)

GB/T 17626.4 电磁兼容 试验和测量技术 电快速瞬变脉冲群抗扰度试验(GB/T 17626.4—2008,IEC 61000-4-4:2004,IDT)

GB/T 17626.5 电磁兼容 试验和测量技术 浪涌(冲击)抗扰度试验(GB/T 17626.5-2008,IEC 61000-4-5:2005,IDT)

GB/T 17626.6 电磁兼容 试验和测量技术 射频场感应的传导骚扰抗扰度(GB/T 17626.6—2008,IEC 61000-4-6:2006,IDT)

GB 18499 家用和类似用途的剩余电流动作保护器(RCD) 电磁兼容性(GB 18499—2008,IEC 61543:1995,IDT)

IEC 60050-101:1998 国际电工词汇(IEV)第101章 数学

IEC 60417 2:1998 设备上用的图形 第2部分:符号原图

IEC 61557-8:1997 交流至1 000 V、直流至1 500 V的低压配电系统的电气安全性 试验设备、测量或保护措施的监控 第8部分:IT系统的绝缘监视装置

CISPR 14-1:2002 电磁兼容性 家用电器、电气工具和类似器具的技术要求 第1部分:发射

ISO/IEC 指南 2:1991 标准化及相关活动的一般术语及其定义

3 术语和定义

下列术语和定义适用于本标准。

除非另有规定,本标准中所用术语“电压”和“电流”均为有效值。

3.1 关于从带电部件流入大地电流的定义

3.1.1

接地故障电流 earth fault current

由于绝缘故障而流入大地的电流。

3.1.2

对地泄漏电流 earth leakage current

无绝缘故障,从设备的带电部件流入大地的电流。

3.1.3

脉动直流电流 pulsating direct current

在每一个额定工频周期内,用角度表示至少为150°的一段时间间隔内电流值为0或不超过直流0.006 A的脉动波形电流。

[IEV 101-14-31]

3.1.4

电流滞后角 current delay angle

α

通过相位控制,使电流导通的起始时刻滞后的用角度表示的时间。

3.2 关于 RCM 激励的定义

3.2.1

激励量　energizing quantity

单独或与其他这样的量一起施加到一个 RCM 上，使它能在规定条件下完成其功能的电气激励量。

3.2.2

激励输入量　energizing input-quantity

在规定条件下施加时，使 RCM 动作的激励量。

示例：这些条件可以包括某些辅助元件的激励。

3.2.3

剩余电流　residual current

I_{Δ}

流过 RCM 主回路电流瞬时值的矢量和(用有效值表示)。

3.2.4

剩余动作电流　residual operating current

$I_{\Delta n}$

使 RCM 在规定条件下动作的剩余电流值。

3.2.5

剩余不动作电流　residual non-operating current

$I_{\Delta no}$

在该电流或低于该电流时，RCM 在规定条件下不动作的剩余电流值。

3.3 关于 RCM 动作和功能的定义

3.3.1

剩余电流监视器(RCM)　residual current monitor

监视电气设备的剩余电流，并且当剩余电流超过其动作值时驱动报警的装置或组合装置。

3.3.2

动作功能与电源电压无关的 RCM　RCMs functionally independent of line voltage

其检测、判断和驱动功能与电源电压无关的 RCM。

3.3.3

动作功能与电源电压有关的 RCM　RCMs functionally dependent on line voltage

其检测、判断和驱动功能与电源电压有关的 RCM。

注：显然，施加在 RCM 上的电源电压是为了检测、判断和驱动。

3.3.4

极限不驱动时间　limiting non-actuating time

对 RCM 施加一个大于剩余不动作电流的剩余电流值而不使其动作的最大延时时间。

3.3.5

延时型 RCM　time-delay RCM

专门设计的对应于一个给定的剩余电流值，能达到一个预定的极限不驱动时间的 RCM。

3.3.6

(RCM 的)主电路　main circuit (of a RCM)

包括在电流路径里的 RCM 的所有导电部分(见 4.3)。

3.3.7

(RCM 的)控制电路和辅助电路　control and auxiliary circuit (of a RCM)

除了主电路以外的电路里所包括的 RCM 的所有导电部件。

注：本定义包括用于试验装置的电路。

3.3.8

A 型 RCM　RCM Type A

对突然施加的或缓慢上升的剩余正弦交流电流和剩余脉动直流电流能确保动作的 RCM。

3.3.9

试验装置　test device

装在 RCM 里的模拟 RCM 在规定条件下动作的剩余电流条件的装置。

3.3.10

报警状态　alarm state

报警状态是指被监视装置的剩余电流超过 RCM 的预置值。

3.3.11

非报警状态　non-alarm state

非报警状态是指被监视装置的剩余电流小于 RCM 的预置值。

3.3.12

驱动时间　actuating time

在突然出现超过预置值的剩余电流时,RCM 从非报警状态转换到报警状态所需的时间。

3.3.13

功能接地连接　functional earth connection

FE

RCM 与地之间的电气连接,用来确保:

——具有判别功能 RCM(见 4.11)的参考点;和/或

——电源中性线断开时继续工作。

3.3.14

最大驱动时间　Maximum actuating time

T_{max}

对于延时可调的 RCM,在剩余电流大于或等于 $I_{\Delta n}$ 时的最大驱动时间。

3.3.15

最小不驱动时间　Minimum non-actuating time

T_{min}

对于延时可调的 RCM,在剩余电流大于或等于 $I_{\Delta n}$ 时的最小不驱动时间。

3.4　与激励量值和范围有关的定义

3.4.1

额定值　rated value

由制造商对 RCM 的特定工作条件所规定的量值。

3.4.2

主电路中不动作的过电流　non-operating overcurrents in the main circuit

不动作过电流极限值的定义见 3.4.2.1 和 3.4.2.2。

注:主电路过电流时,由于检测装置本身的不对称,即使没有剩余电流,检测装置也可能发生动作。

3.4.2.1

具有两个电流回路的 RCM 通以负载电流时的过电流极限值　limiting value of overcurrent in case of a load through a RCM with two current paths

没有任何对框架或对地故障以及没有对地泄漏电流时,能够流过一个具有两个电流回路 RCM 而不使其转换到报警状态的过电流负载的最大值。

3.4.2.2

单相负载通过 RCM 时的过电流极限值　limiting value of overcurrent in case of a single-phase load through a RCM

没有任何对框架或对地故障以及没有对地泄漏电流时，能够流过 RCM 而不使其转换到报警状态的单相过电流负载最大值。

3.4.3

剩余短路耐受电流　residual short-circuit withstand current

在规定的条件下能够确保 RCM 动作的剩余电流最大值，大于该值时，该装置可能遭受不可逆转的变化。

3.4.4

预期电流　prospective current

如果 RCM 的过电流保护装置（如果有的话）的每个主电流回路用一个阻抗可忽略不计的导体代替时，在电路中流过的电流。

注：预期电流同样可以看作一个实际电流，例如：预期分断电流，预期峰值电流，预期剩余电流等。

3.4.5

限制短路电流　conditional short-circuit current

被一合适的串联的短路保护装置（以下简称 SCPD）保护的 RCM 在规定的使用和工作条件下能够承受的预期电流的交流分量值。

3.4.6

限制剩余短路电流　conditional residual short-circuit current

被一合适的串联的 SCPD 保护的 RCM 在规定的使用和工作条件下能够承受的剩余预期电流的交流分量值。

3.4.7

I^2t（焦耳积分）　I^2t (Joule integral)

电流的平方在给定的时间间隔（t_0，t_1）内的积分。

$$I^2t = \int_{t_0}^{t_1} i^2 \mathrm{d}t$$

3.5　与影响量值和范围有关的定义

3.5.1

影响量　influencing quantity

可能改变 RCM 的规定动作的任何量。

3.5.2

影响量的基准值　reference value of an influencing quantity

与制造商规定的特性有关的影响量值。

3.5.3

影响量的基准条件　reference conditions of influencing quantities

所有的影响量都是基准值。

3.5.4

影响量的范围　range of an influencing quantity

当其他影响量都是基准值时，可使 RCM 在规定的条件下动作的一个影响量值的范围。

3.5.5

影响量的极限范围　extreme range of an influencing quantity

在这个影响量值范围内，RCM 仅受到自发的可逆性的变化，但不必符合本标准任何技术要求。

3.5.6

周围空气温度　ambient air temperature

在规定条件下确定的 RCM 周围的空气的温度(对装在外壳里的 RCM,指外壳外面的空气)。

3.6　与接线端子有关的定义

3.6.1

接线端子　terminal

RCM 的可重复用于与外部电路进行电气连接的导电部件。

注:接线端子的设计示例见 GB 16916.1—2003 的资料性附录 IC。

3.6.2

螺纹型接线端子　screw-type terminal

用于连接一个导线并且随后可拆卸这个导线,或用于两个或几个能拆卸的导线的相互连接的接线端子,其连接直接地或间接地用各种螺钉或螺母来完成。

3.6.3

柱式接线端子　pillar terminal

导线被插入一个孔内或型腔内,靠螺钉的端部来压紧导线的螺纹型接线端子,其紧固压力可直接地由螺钉端部来施加或通过一个由螺钉端部施加压力的过渡元件来施加。

3.6.4

螺钉接线端子　screw terminal

导线紧固在螺钉头下面的螺纹型接线端子。其紧固压力可直接由螺钉头或通过一个过渡零件,例如垫圈、夹板或一个防松装置来施加。

3.6.5

螺栓接线端子　stud terminal

导线紧固在螺母下的螺纹型接线端子。其紧固压力可直接由一个适当形状的螺母来施加或通过一个过渡零件,例如垫圈、夹板或一个防松装置来施加。

3.6.6

鞍形接线端子　saddle terminal

导线通过两个或几个螺钉或螺母紧固在鞍形板下的螺纹型接线端子。

3.6.7

接线片式接线端子　lug terminal

设计成用一个螺钉或螺母来紧固电缆接线片或母线的螺钉接线端子或螺栓接线端子。

3.6.8

无螺纹接线端子　screwless terminal

用于连接一个导线并且随后可拆卸这个导线,或用于两个或几个能拆卸的导线的相互可拆卸的连接的接线端子。其连接直接或间接地通过弹簧、楔形块、偏心轮或锥形轮等完成,除了剥去绝缘外,无须对导线进行特殊加工。

3.6.9

自攻螺钉　tapping screw

用变形抗力较高的材料制成的旋入变形抗力比螺钉低的材料孔内的螺钉。螺钉制成锥形螺纹,其端部螺纹的内径呈圆锥形。由螺钉作用产生的螺纹,只有在螺钉旋转足够圈数超出锥体部分的螺纹后才能可靠成形。

3.6.10

螺纹挤压成形的自攻螺钉　thread forming tapping screw

具有连续螺纹的自攻螺钉,其螺纹没有从孔内切削材料的功能。

3.6.11

螺纹切削式自攻螺钉　thread cutting tapping screw

具有不连续螺纹的自攻螺钉，其螺纹具有从孔内切削材料的功能。

3.7 运行条件

3.7.1

动作　operation

RCM 从非报警状态到报警状态的转换或相反的转换。

3.7.2

电气间隙　clearance

两个导电部件之间在空气中的最短距离。（见附录 B）

注：为确定对易触及部件的电气间隙，绝缘外壳的易触及表面应视为导电的，好像该外壳的能被手或图 1 的标准试验指触及的表面覆盖一层金属箔一样。

3.7.3

爬电距离　creepage distance

两个导电部件之间沿绝缘材料表面的最短距离。（见附录 B）

注：为确定对易触及部件的爬电距离，绝缘外壳的易触及表面应视为导电的，好像该外壳的能被手或图 1 的标准试验指触及的表面覆盖一层金属箔一样。

3.8 试验

3.8.1

型式试验　type test

对按某一设计制造的一个或几个装置所进行的试验，以表明该设计符合一定的技术要求。

3.8.2

常规试验　routine tests

对每个正在制造的和/或制造完毕的装置进行的试验，以确定其是否符合某一判别标准。

4 分类

RCM 的分类为：

4.1 根据动作方式分

4.1.1 动作功能与电源电压有关的 RCM。

4.1.2 动作功能与电源电压以外的能源有关的 RCM。

4.2 根据装设型式分

——固定装设和固定接线的 RCM；

——移动式以及用电缆连接的 RCM(装置本身用电缆连接到电源上)。

4.3 根据电流回路数分

——二个电流回路的 RCM；

——三个电流回路的 RCM；

——四个电流回路的 RCM。

4.4 根据调节剩余动作电流的功能分

——不可调节剩余动作电流值的 RCM；

注：某些不能调节剩余动作电流值的 RCM 可预置报警电平。

——可调节剩余动作电流值的 RCM。

4.5 根据调节延时的可能性分

——不可调节延时的 RCM；

——可调节延时的 RCM。

4.6 根据防止外部影响分

——封闭型 RCM(不需要一个适当的外壳);

——非封闭型 RCM(需配一个适当的外壳使用)。

4.7 根据安装方式分

——表面安装式 RCM;

——嵌入式 RCM;

——面板式 RCM,也称为配电板式。

注:这些型式均可安装在安装轨上。

4.8 根据接线方式分

——接线方式与机械安装无关的 RCM;

——接线方式与机械安装有关的 RCM,例如:插入式、螺栓式。

注:某些 RCM 可能只在进线端采用插入式或螺栓式,而在负载端通常适用于接线。

4.9 根据负载导线连接型式分

4.9.1 被监视的电缆不直接与其连接的 RCM

见图 22 a)。

4.9.2 被监视的电缆直接与其连接的 RCM

见图 22 b)。

4.10 根据故障指示装置分

——可视指示装置,在故障条件下不能重新设定(最低要求);

——可视和音响指示装置,音响装置在故障条件下可由用户关闭;

——可视指示装置,带继电器输出;继电器在故障条件下可由用户关闭;

——可视指示装置,带其他输出信号。

4.11 根据电源侧和负载侧剩余电流方向判别能力分

——能判别方向(适用于 IT 系统);

——不能判别方向。

5 RCM 的特性

5.1 特性概要

用下列条款来规定 RCM 的特性:

——装设型式(见 4.2);

——电流回路数(见 4.3);

——额定电流 I_n(见 5.2.2);

——额定剩余动作电流 $I_{\Delta n}$(见 5.2.3);

——额定剩余不动作电流 $I_{\Delta no}$(见 5.2.4);

——额定电压 U_n(见 5.2.1);

——额定频率(见 5.2.5);

——延时,如果适用时;

——剩余电流带有直流分量时的动作特性(见 5.2.6);

——绝缘配合,包括电气间隙和爬电距离(见 5.2.7);

——防护等级(见 GB 4208);

——额定限制短路电流 I_{nc}(仅适用于 4.9.2 连接方式的 RCM);

——额定限制剩余短路电流 $I_{\Delta c}$(仅适用于 4.9.2 连接方式的 RCM);

——电源电压故障时 RCM 的工作状况(见 4.1.1);

——电源电压以外的能源故障时 RCM 的工作状况(见 4.1.2)。

5.2 额定量和其他特性

5.2.1 额定电压

5.2.1.1 额定工作电压

RCM 的额定工作电压(以下称为额定电压 U_n)是制造商规定的与 RCM 的性能有关的电压值。

注:同一台 RCM 可规定几个额定电压。

5.2.1.2 额定绝缘电压(U_i)

RCM 的额定绝缘电压是制造商规定的与介电试验电压和爬电距离有关的电压值。

除非另有规定,额定绝缘电压是 RCM 的最大额定电压值。在任何情况下,最大额定电压不应超过额定绝缘电压。

5.2.2 额定电流(I_n)

制造商规定的 RCM 能在不间断工作制下承载的电流值。

5.2.3 额定剩余动作电流($I_{\Delta n}$)

制造商对 RCM 规定的剩余动作电流值(见 3.2.4),在该电流值时 RCM 应在规定的条件下动作。

注:对具有几个剩余动作电流整定值的 RCM,用最大整定值标志额定剩余动作电流。

5.2.4 额定剩余不动作电流($I_{\Delta no}$)

制造商对 RCM 规定的剩余不动作电流值(见 3.2.5),在该电流值时 RCM 在规定的条件下不动作。

5.2.5 额定频率

对 RCM 规定的以及其他特性值与之相应的电源频率。

注:同一台 RCM 可以规定几个额定频率。

5.2.6 剩余电流带有直流分量时的动作特性

对突然施加或缓慢上升的剩余正弦交流电流和剩余脉动直流电流确保动作的 RCM。

注:该动作特性相应于 GB 16916.1—2003 中的 A 型。

5.2.7 绝缘配合包括电气间隙和爬电距离

正在考虑。

注:目前,在 8.1.3 给出了电气间隙和爬电距离。

5.3 标准值和优选值

5.3.1 额定电压优选值(U_n)

根据 GB/T 156,电压值 230 V 和 400 V 已经标准化,这些电压值应分别逐步取代 220 V 和 240 V 以及 380 V 和 415 V。

本标准中,凡涉及到 230 V 和 400 V 之处,可以分别被看作 220 V 或 240 V、380 V 或 415 V。

对单相三线系统,标准化电压是 120/240 V。

5.3.2 额定电流优选值(I_n)

额定电流的优选值为(仅适用于 4.9.2 连接方式的 RCM):

10 A,13 A,16 A,20 A,25 A,32 A,40 A,63 A,80 A,100 A,125 A。

注:对 4.9.1 分类的 RCM,额定电流受外部互感器或内部互感器或 RCM 本身的物理尺寸限制。

5.3.3 额定剩余动作电流优选值($I_{\Delta n}$)

额定剩余动作电流优选值为:

0.006 A,0.01 A,0.03 A,0.1 A,0.3 A,0.5 A。

RCM 具有多个剩余动作电流整定值时,额定值是指最大整定值。

5.3.4 额定剩余不动作电流的标准值($I_{\Delta no}$)

额定剩余不动作电流标准值是 0.5$I_{\Delta n}$。

注:对剩余脉动直流电流,剩余不动作电流与电流滞后角 α 有关(见 3.1.4)。

5.3.5 多个电流回路的 RCM 通以多相平衡负载时的不动作过电流的标准最小值(见 3.4.2.1)

多个电流回路的 RCM 通以多相平衡负载时,不动作过电流的标准最小值为 6I_n。

5.3.6 RCM 通以单相负载的不动作过电流的标准最小值(见 3.4.2.2)

RCM 通以单相负载的不动作过电流的标准最小值为 6I_n。

注:本条款不适用于 4.9.1 分类的 RCM。通过 4.9.1 分类的 RCM 的不动作过电流的最小值应考虑其声明的额定电流(见 5.3.2 的注)。因此,4.9.1 分类的剩余动作电流可调的 RCM 应整定到每个电流互感器相应的最小值。

5.3.7 额定频率优选值

额定频率优选值为 50 Hz 和/或 60 Hz。

如果采用其他的频率值,则该额定频率应标在装置上,且要在该频率下进行试验。

5.3.8 额定限制短路电流(I_{nc})的标准值和优选值(仅适用于 4.9.2 连接方式的 RCM)

5.3.8.1 10 000 A 及以下的值

10 000 A 及以下的额定限制短路电流 I_{nc}值是标准值,标准值为:3 000 A,4 500 A,6 000 A,10 000 A。

相应的功率因数见表 14 规定。

5.3.8.2 大于 10 000 A 的值

大于 10 000 A～25 000 A(包括 25 000 A)的值,优选值为 20 000 A。

相应的功率因数见表 14 规定。

本标准不考虑大于 25 000 A 的值。

5.3.9 最大驱动时间(T_{max})

剩余电流等于或大于 $I_{\Delta n}$时的驱动时间不应超过 10 s 。

5.3.10 最小不驱动时间(T_{min})

对符合 3.3.15 的具有最小不驱动时间的 RCM,其最小不驱动时间应由制造商规定。

5.4 与短路保护装置(SCPD)的配合(仅适用于 4.9.2 连接方式的 RCM)

5.4.1 概述

根据 IEC 60364 的安装规则,RCM 应用符合相应标准的断路器或熔断器来进行短路保护。

在 9.11.2.1 的一般条件下,用 9.11.2.2 规定的试验验证 RCM 和 SCPD 的配合,以验证 RCM 在限制短路电流 I_{nc}及以下和限制剩余短路电流 $I_{\Delta c}$及以下的短路电流有足够的保护。

5.4.2 额定限制短路电流(I_{nc})

制造商规定的用一个 SCPD 保护的 RCM 在规定的条件下能承受的预期电流有效值而没有损害其功能的变化。

其规定条件见 9.11.2.2 a)。

5.4.3 额定限制剩余短路电流($I_{\Delta c}$)

制造商规定的用一个 SCPD 保护的 RCM 在规定的条件下能承受的预期剩余电流值而没有损害其功能的变化。

其规定条件见 9.11.2.2 b)。

6 标志和其他产品数据

每台 RCM 和 RCM 的外部装置(适用时)应以耐久的方式标出下列数据:

a) 制造商名称或商标;

b) 型号、目录号或系列号;

c) 额定电压；

d) 额定频率，如果 RCM 设计的频率不是 50 Hz 和/或 60 Hz 时(见 5.3.7)；

e) 额定电流；

f) 额定剩余动作电流；

g) 剩余动作电流整定值(RCM 具有几个剩余动作电流整定值时)；

h) 防护等级(仅在不是 IP20 时)；

j) 使用位置（必要时）(符号按 GB/T 7676)；

k) 试验装置的操作件，用字母 T 表示；

l) 接线图；

m) 剩余电流含有直流分量时的动作特性用符号：[符号]表示；

n) 可关闭声音信号的装置用符号[符号]表示；

o) 安装说明，包括可用于 RCM 的电流互感器的识别；

p) 具有方向判别的 RCM 用符号[⟶]表示；

q) 最大驱动时间(见 5.3.9)；

r) 最小不驱动时间(见 5.3.10)；

s) FE 端子应标注“FE”。

标志应位于 RCM 的本体上或与 RCM 粘贴的一块或几块名牌上，并且应这样定位使其在 RCM 安装时能清晰易读。

附加的元件，例如分开的报警装置，应按 a)、b)、c)、d)和 n)项标志(适用时)。

对于小型 RCM，如果可利用的地方不能够标出上述所有数据，则至少应标出 e)、f)、k)，以及 o)和 p)的信息(适用时)并且在安装时能看得见。其余信息应在制造商的产品目录中给出。[1)]

制造商应在其产品目录中以及随同 4.9.2 分类的每个 RCM 提供的说明中给出一个或几个合适的 SCPD 供参考。

红色不应用于 RCM 的试验按钮，也不能用于整定装置(如果有的话)。

如果必须区分电源端和负载端，则它们应有明显的标记(例如在相应的接线端子附近用“电源”和“负载”表示或用表示电功率流向的箭头表示)。

RCM 上用于连接电流互感器的端子应有明显的识别标志。

专门用于连接中性线的接线端子应用字母 N 表示。

用于保护导体的接线端子(如果有的话)，应用符号[⏚]表示(IEC 60417-2-5019a)。

注：以前推荐的符号[⏚](IEC 60417-2-5017a)应逐步用上述的优选符号(IEC 60417-2-5019a)替代。

标志应是不易擦掉及容易识别的，并且不应位于螺钉、垫圈或其他可拆卸的部件上。

通过检查和 9.3 的试验来检验是否符合要求。

7 使用和安装的标准工作条件

7.1 标准条件

符合本标准的 RCM 应能在表 1 所示的标准条件下运行。

7.2 安装条件

RCM 应按制造商的说明书安装。

---

1) 采标注：在 IEC 62020:2003 的第 1.1 版(IEC 62020:1998 和 A 1:2003 的合订本)中，重复出现了两段“对于小型 RCM，如果可利用的地方不能够……”，系在修订时没有将被修改的这段删除所造成的。在采标时作了修改，删除了 IEC 62020:1998 版本中的一段，而保留了 Amendment 1:2003 中的这一段。

8 结构和运行的要求

8.1 机械设计

8.1.1 一般要求

RCM 可提供远距离的故障状态指示。

除了专门用于变换剩余动作电流和延时时间整定值的器具外，应不可能用外部工具来改变 RCM 的动作特性。

RCM 装有一个内部的电流互感器(CT)，但还能选用一个附加的外部 CT，全部有关的试验应用内部 CT 进行。然而，应按 9.9.4 的要求试验外部 CT 一次，以确认外部 CT 具有正确的功能。

表 1 使用的标准工作条件

影响量	使用标准范围	基准值	试验允许误差[f]
周围温度[a,g]	−5 ℃～+40 ℃[b]	20 ℃	±5 ℃
海拔	不超过 2 000 m		
相对湿度 40 ℃时最大值	50%[c]		
外磁场	任何方向不超过地磁场的 5 倍	地磁场	d
位置	按制造商规定，任何方向允许误差 2°[e]	按制造商规定	任何方向 2°
频率	基准值±5%	额定值	±2%
正弦波畸变	不超过 5%	0	5%

[a] 日平均温度最大值为+35 ℃。

[b] 经常出现恶劣气候条件的地方，允许超出这个范围。由制造商和用户协商。

[c] 在较低温度下允许有较高的相对湿度(例如 20 ℃时 90%)。

[d] 当 RCM 安装在强磁场附近时，可能必须补充技术要求。

[e] 在固定 RCM 时，不应有妨碍其功能的变形。

[f] 除非在相应的试验中另有规定，所给的允许误差适用。

[g] 在贮存和运输过程中允许−20 ℃和+60 ℃的极端温度范围，并应在装置设计时予以考虑。

8.1.2 特征

RCM 应具有可视的表示“电源接通”的指示器，其颜色不应是红色、黄色，也不应是蓝色。

当剩余电流超过预定的动作值时，RCM 应具有指示故障状态的装置，主要的指示装置应是可视的。可视的指示装置应是 RCM 的一个整体部分，并且当 RCM 按正常使用安装时，应易于从前面加以识别。这种可视指示装置不应是绿色的。当故障存在时应不可能取消可视报警。

注：可视报警也可以是远距离报警装置的一部分，在其安装的场所应能清晰可见。

当增加一个声音报警时，声音信号应易于被人用正常的听力所察觉并且声音的能级可调。允许在故障存在时关闭报警信号。

在故障排除时，声音报警(如果有的话)应能自动复位。如果在第一个故障排除后，紧接着再出现一个故障，声音报警应重新启动。

RCM 可装有一个复位装置，在排除故障后用手动方式使 RCM 复位到非报警状态。

当 RCM 具有调节剩余动作电流或延时时间的装置时，应只有使用工具才可能调节。

在按 9.9 的试验过程中，通过直接检查来检验是否符合上述条款的要求。

8.1.3 电气间隙和爬电距离(也可见附录 B)

当 RCM 按正常使用安装时,电气间隙和爬电距离应不小于表 2 所示的值。

注:本条款修改成与 GB/T 16935.1—2008 一致正在考虑。

除了印刷线路板以外,当 RCM 按照正常使用安装时,RCM 及其外部元件(例如,电流互感器等)的电气间隙和爬电距离应符合表 2 的技术要求。

上述的技术要求也应适用于直接连接到印刷线路板的带电导线(相线和中性线)。

RCM 的印刷线路板的爬电距离应满足 GB/T 16935.1—2008 的表 4“避免电痕化故障的爬电距离”中污染等级 2、材料组别Ⅲ的技术要求。

GB/T 16935.1—2008 的表 4 包括了没有涂层的印刷线路板的技术要求。GB/T 16935.3 规定了印刷线路板采用保护涂层、罐封和模压而减少的电气间隙和爬电距离。因此,可验证此类印刷线路板符合 GB/T 16935.3,而不是 GB/T 16935.1—2008 的表 4。

表 2 电气间隙和爬电距离

部 位	距离/mm
电气间隙[a]	
——不同极的带电部件之间[b,c]	3
——带电部件与	
● 金属复位件之间	3
● 金属试验按钮之间	3
● 安装 RCM 时必须拆卸的盖的固定螺钉或其他器件之间	3
● 安装基座的平面之间[d]	6(3)
● 固定 RCM 的螺钉或其他器件之间[d]	6(3)
● 金属盖或外壳之间[d]	6(3)
● 其他易触及的金属部件之间[e]	3
● 支承嵌入式 RCM 的金属支架之间	3
爬电距离[a]	
——不同极的带电部件之间[b,c]	
● 对额定电压不超过 250 V 的 RCM	3
● 对其他 RCM	4
——带电部件与	
● 金属复位件之间	3
● 金属试验按钮之间	3
● 安装 RCM 时必须拆卸的盖的固定螺钉或其他器件之间	3
● 固定 RCM 的螺钉或其他器件之间[d]	6(3)
● 易触及的金属部件之间[e]	3

[a] RCM 互感器的二次回路及一次绕组之间的电气间隙和爬电距离不考虑。

[b] 应注意在相互之间紧靠安装的插入式 RCM 的不同极的带电部件之间应留有足够的空间,其数值正在考虑。

[c] 在某些国家,根据各国实际情况,接线端子之间采用更大的电气间隙和爬电距离。

[d] 如果 RCM 的带电部件与金属屏蔽层之间或与安装 RCM 的平面之间的电气间隙和爬电距离只与 RCM 的设计有关,使得 RCM 安装在最不利位置(即使安装在一个金属外壳中)时电气间隙和爬电距离也不会减少,则采用括号里的值就足够了。

[e] 包括覆盖在按正常使用安装后易触及的绝缘材料表面的金属箔,用 9.6 的伸直的试验指把金属箔推至各个角落和凹槽里。

8.1.4 螺钉、载流部件和连接

8.1.4.1 无论电气连接或机械连接应能承受正常使用时产生的机械应力。

安装过程中，用于安装 RCM 的螺钉不应是螺纹切削式自攻螺钉。

注1：安装 RCM 使用的螺钉或螺母包括固定盖或盖板的螺钉，但不包括用于螺纹导线管和固定 RCM 基座的连接装置。

通过直接检查和 9.4 的试验来检验是否符合要求。

注2：9.8、9.11、9.12、9.13 和 9.21 的试验可认为对螺钉连接进行了检验。

8.1.4.2 安装过程中，安装 RCM 时所用的与绝缘材料螺纹啮合的螺钉，应保证其正确导入螺孔或螺帽内。

通过直观检查和手动操作试验来检验是否符合要求。

注：如果能防止螺钉倾斜导入，例如用内螺纹中的凹槽固定的零件或使用一个去除前端螺纹的螺钉进行导向，则就满足了有关螺钉正确导入的要求。

8.1.4.3 电气连接应这样设计，使得触头压力不是通过除了陶瓷、纯云母或其他性能相当的材料以外的绝缘材料来传递，除非在金属部件中具有足够的弹性以补偿绝缘材料任何可能的收缩或变形。

通过直观检查来检验是否符合要求。

注：材料的适用性是就材料尺寸稳定性来考虑的。

8.1.4.4 载流部件包括用作保护导体的部件（如果有的话）应是：

——铜；

——对于冷加工部件，含铜量至少为 58%的合金。对于其他零件，含铜量至少为 50%的合金；

——耐腐蚀性能不低于铜并且具有相当机械性能的其他金属或适当涂层的金属。

注：确定耐腐蚀性能的新的要求及适当的试验正在考虑，这些要求允许使用其他有适当涂层的材料。

本条款的要求不适用于触头、磁路、加热元件、双金属片、分流器、电子装置的元件，也不适用于螺钉、螺母、垫圈、夹紧板、接线端子的类似部件以及试验回路的部件。

8.1.5 连接外部导体的接线端子

8.1.5.1 连接外部导体的接线端子应确保其连接的导体可长期保持必须的接触压力。

本标准仅考虑用于连接外部铜导体的螺纹型接线端子。

注：快速连接的插片式接线端子、无螺钉接线端子和连接铝导体的接线端子正在考虑。

只要不用来连接电缆，允许专门用于连接母排的接线装置。

这种装置可以是插入式，也可以是螺栓接入式。

接线端子在预期的使用条件下，应是容易接近的。

通过直观检查和 9.5 的试验来检验是否符合要求。

8.1.5.2 符合 4.9.2 分类的 RCM 应具有允许连接表 3 所示的标称截面积的铜导体的接线端子。

通过直观检查、测量以及依次连接一根规定的最小截面积和一根最大截面积的导体来检验是否符合要求。

8.1.5.3 接线端子中用来紧固导体的部件不应用来固定其他任何部件，即使它们可用来使接线端子定位或防止其转动也应如此。

通过直观检查和 9.5 的试验来检验是否符合要求。

8.1.5.4 额定电流小于和等于 32 A 的接线端子应允许连接未经特殊加工的导体。

通过直观检查来检验是否符合要求。

注：术语“特殊加工”包括焊接导体的线丝，使用电缆接头、弯成小圆环等，但不包括导体插入接线端子前的重新整形或为增加软性导体端部强度而拧紧导线的措施。

表 3　螺纹型接线端子可连接的铜导体的截面积

额定电流 A		被夹紧的标称截面积范围[a] mm^2	
大于	至	硬性（实心或多股绞合）导体	软导体
—	13	1～2.5	1～2.5
13	16	1～4	1～4
16	25	1.5～6	1.5～6
25	32	2.5～10	2.5～6
32	50	4～16	4～10
50	80	10～25	10～16
80	100	16～35	16～25
100	125	24～50	25～35

注：ISO 和 AWG 的截面对照见 GB 16916.1—2003 的附录 ID。

[a] 对额定电流小于等于 50 A 的接线端子，要求其结构能夹紧实心导体和硬性多股绞合导体。但是对截面积 1 mm^2～6 mm^2 的导体，允许其结构只能夹紧实心导体。

8.1.5.5　接线端子应具有足够的机械强度。

用于夹紧导体的螺钉或螺母应具有公制 ISO 螺纹或节距和机械强度相当的螺纹。

通过直接检查及 9.4 和 9.5.1 的试验来检验是否符合要求。

8.1.5.6　接线端子的设计应使得其在紧固导体时不会过度损坏导体。

通过直观检查和 9.5.2 的试验来检验是否符合要求。

8.1.5.7　接线端子的设计应使其能可靠地把导体紧固在金属表面之间。

通过直观检查及 9.4 和 9.5.1 的试验来检验是否符合要求。

8.1.5.8　接线端子的设计或布置应使得硬性实心导体或绞合导体的线丝在拧紧紧固螺钉或螺母时不能滑出接线端子。

本要求不适用于接线片式接线端子。

通过 9.5.3 的试验来检验是否符合要求。

8.1.5.9　接线端子应这样固定或定位，使得接线端子在拧紧或拧松紧固螺钉或螺母时不会松动。

这些要求不是指接线端子的设计应使得其转动或位移受阻止，但对任何移动应充分地加以充分地限制以免不符合本标准的要求。

只要符合下列要求，采用密封化合物或树脂被认为足以阻止接线端子松动：

——在正常使用时，密封化合物或树脂不受到应力；

——在本标准规定的最不利条件下，接线端子所达到的温升不会损害密封化合物或树脂的效果。

通过直观检查、测量和 9.4 的试验来检验是否符合要求。

8.1.5.10　连接保护导体的接线端子的紧固螺钉或螺母应具有足够的可靠性以防止意外的松动，并且不使用工具应不可能使紧固螺钉或螺母松动。

通过手动试验来检验是否符合要求。

一般来说，常用的接线端子的结构均具有足够的弹性可符合本要求；对某些设计结构，可能必须采取特殊措施，例如，使用一个不大可能因疏忽而丢失的具有足够弹性的部件。

8.1.5.11　用于连接外部导体的接线端子的螺钉和螺母应与金属螺纹相啮合，并且这些螺钉不应是自攻螺钉。

8.2 电击保护

RCM 的结构应使其在按正常使用安装和接线后，其带电部件是不易触及的。

注：术语“正常使用”指 RCM 按制造商的说明书安装。

如果部件能被标准试验指(见 9.6)触及，则认为该部件是易触及的。

在正常的电源条件下，通过保护导线的持续电流不应超过 1 mA。

对除了插入式以外的 RCM，当其按正常使用条件安装和接线后，其易触及的外部零件，不包括固定盖和标牌的螺钉或其他器件，应用绝缘材料制成或全部衬垫绝缘材料，除非带电部件位于一个绝缘材料的内壳内。

衬垫应以这样的方式固定，使得它们在安装 RCM 的过程中不可能丢失。衬垫应具有足够的厚度和机械强度，并且在有锐利的边缘处应提供足够的保护。

电缆或导线管的入口应是绝缘材料制成的或具有绝缘材料套管或类似装置，这些装置应可靠地固定并且有足够的机械强度。

对于插入式 RCM，正常使用时易触及的外部部件，不包括固定盖的螺钉或其他器件，应是绝缘材料制成的。

金属的复位装置和金属按钮应与带电部件绝缘，其导电部件，即外露的导电部件，除了几个电流回路的绝缘复位装置的耦合部件外，应覆盖有绝缘材料。

应在不触及带电部件的情况下，可以很方便地更换插入式 RCM。

就本条款而言，认为清漆和瓷漆不能提供足够的绝缘。

通过测量、直观检查和 9.6 的试验来验证是否符合要求。

8.3 介电性能

RCM 应具有足够的介电性能。

RCM 安装后正常进行的绝缘测量所产生的直流高压不能损坏连接到主电路的控制电路。

通过 9.7 和 9.18 的试验来检验是否符合要求。

8.4 温升

本条款适用于 4.9.2 连接方式的 RCM。4.9.1 分类的 RCM 的温升仅由 9.10.2.2 的试验来验证。

8.4.1 温升极限

在 9.8.2 规定的条件下，测量表 4 规定的 RCM 的各部件的温升应不超过该表规定的极限值。

RCM 不应有影响其功能和使用安全的损坏。

表 4 温升值

部件[a]	温升 K
连接外部导体的接线端子[b]	65
正常操作 RCM 时，易触及的外部部件	40
复位装置和试验按钮的外部金属部件	25
其他外部部件，包括 RCM 与安装平面直接接触的表面	60

[a] 除了表列部件外，其他部件的温升值不作规定，但不应引起相邻的绝缘材料部件损坏，也不能妨碍 RCM 的运行。

[b] 对插入式 RCM 是指安装 RCM 的基座的接线端子。

8.4.2 周围空气温度

表 4 所示的温升极限值仅适用于周围空气温度保持在表 1 所列的极限范围内。

8.5 动作特性

RCM 的动作特性应符合 9.9 的技术要求。

8.6 方向判别

8.6.1 对制造商声称的能判别由电源侧故障还是由负载侧故障产生的剩余故障电流的 RCM，通过 9.9.5 的试验来检验是否符合要求。

8.6.2 在频率为 50 Hz/60 Hz 时，电源端子和 FE 端子之间的内部阻抗应不低于 10 MΩ。在较高的频率下，阻抗相应地减小，但不低于 1 MΩ。

通过 9.9.5 e)的试验来检验是否符合要求。

8.7 动作耐久性

试验电路和试验装置的驱动功能应能耐受规定的动作次数，可视信号及声音信号(如果有的话)应能在报警状态下工作规定的时间。

通过 9.10 的试验来检验是否符合要求。

8.8 在短路电流下的性能

RCM 应能承受规定的短路电流次数，在短路时不应危及操作者，也不应在带电的导电部件之间或带电的导电部件与接地部件之间产生闪络。

通过 9.11 的试验来检验是否符合要求。

8.9 耐机械冲击性能

RCM 应具有足够的机械性能，以使其能承受在安装和使用过程中所遭受的机械应力。

通过 9.12 的试验来检验是否符合要求。

8.10 耐热性

RCM 应具有足够的耐热性能。

通过 9.13 的试验来检验是否符合要求。

8.11 耐异常发热及耐燃性

可能受到电气效应产生的热应力影响的绝缘材料部件和老化后可能影响 RCM 安全的绝缘材料部件不应受到过度的非正常发热及着火的影响。

通过 9.14 的试验来检验是否符合要求。

8.12 试验装置

RCM 应具有一个试验装置以便定期地检查 RCM 的工作能力。试验电路应设计成能在 1.1 倍额定电压下连续工作。

注：试验装置是用来检验驱动功能的，而不是根据额定剩余动作电流值来检验脱扣功能是否有效。

在额定电压下或电压范围的最大值(如果适用时)下，操作 RCM 的试验装置所产生的安匝数不应超过 RCM 流过等于 $I_{\Delta n}$ 的剩余电流时所产生的安匝数的 3.5 倍。只要能确认 RCM 正确动作，可采用另外的检验装置。

RCM 具有几个剩余动作电流整定值(见 4.4)时，应采用 RCM 设计的最大整定值。试验装置应符合 9.15 的试验。

如果试验电路工作时通过保护导体，流过导体的电流应不超过 1 mA。

操作试验装置时，设备的保护导体不应变成带电导体。

RCM 可装有闩锁装置，在故障排除后能保持故障指示。如果具有这种装置时，RCM 应装有复位器件。

通过直观检查和 9.15 的试验来检验是否符合要求。

注：考虑 RCM 所安装的配电系统影响的补充技术要求正在考虑中。

8.13 RCM 在电源电压范围内正确动作

RCM 应能在 0.85 倍～1.1 倍的额定电压之间的任何电压下可靠动作。

通过 9.9 的试验来检验是否符合要求。

8.14 主电路过电流时,RCM 的工作状况

RCM 在规定的过电流条件下不应动作。

通过 9.16 的试验来检验是否符合要求。

8.15 在冲击电压产生的浪涌电流作用下,RCM 防止误动作的性能

RCM 对冲击电压通过装置的对地电容负载产生的浪涌电流应有足够的承受能力。

通过 9.17 的试验来检验是否符合要求。

8.16 接地故障电流含有直流分量时,RCM 的工作状况

RCM 在接地故障电流含有直流分量时应有良好的性能。

通过 9.19 的试验来检验是否符合要求。

8.17 可靠性

考虑到元件的老化,RCM 即使在长期运行后也应能可靠动作。

通过 9.20 和 9.21 的试验来检验是否符合要求。

8.18 电磁兼容性(基于 GB 18499)

标准电磁环境条件是指与低压公共电网连接的设施或类似设施中产生的条件。

8.18.1 低频电磁现象

本标准列出的型式试验包含适用于 RCM 的低频电磁现象的 EMC 技术要求。

注:包括谐波、谐间波和信号电压的附加试验正在考虑中(IEC SC 23E)。

8.18.2 高频抗扰度

适用于高频抗扰度的数据在表 5 中列出。

8.18.3 静电放电

适用于静电放电试验的数据在表 5 中列出。

表 5 EMC 试验

试验序号	包括性能判据的分条款	试验名称	描述试验的基本标准	试验水平和规范
T2.1	9.22	传导高频试验	GB/T 17626.6	0.15 MHz~80 MHz Z=150 Ω 3 V($I_{\Delta n}$≥30 mA) 1 V($I_{\Delta n}$<30 mA)
T2.2	9.22[a]	快速瞬变(脉冲群)共模	GB/T 17626.4	水平 4:4 kV(峰值),电源端口;2 kV(峰值),控制(辅助)端口 T_r/T_h 5/50 ns 重复频率:2.5 kHz
T2.3[b]	9.22[b]	浪涌	GB/T 17626.5	T_r/T_h 1.2/50 μs 4 kV(峰值)/12 Ω,共模 2 kV(峰值)/2 Ω,差模
T2.5	9.22	辐射高频现象	GB/T 17626.3	3 V/m,80 MHz~1 000 MHz
T3.1[c]	9.22	静电放电	GB/T 17626.2	水平 3,8 kV 空气放电; 6 kV 接触放电

[a] 在每个试品随机选取的一极进行单相试验。提交三个新的试品进行试验。如果一个试品不符合判别标准,在试验期间脱扣,需提交另外三个试品进行试验,这时必须完全满足 9.22 的判别标准。

[b] 仅在本表规定的试验值下进行共模和差模试验。

[c] 当 RCM 按正常使用时,通过探查可触及的表面选择应施加放电的点。采用每秒 20 次放电进行选择。被选择的点施加 10 次正极性和 10 次负极性放电进行试验,每次放电之间的时间间隔最小为 1 s。

8.18.4 电磁发射

对产生连续或间歇输出信号的 RCM,要求进行发射试验。

应按 CISPR 14-1 进行试验。

注:除了包含持续工作振荡器的 RCM 以外,RCM 通常不产生持续或瞬时骚扰,除非在其开关过程中。这些发射的频率、水平和结果被认为是低压设施的正常电磁环境的一部分。

8.19 外部电流互感器的连接(CT)

如果使用外部 CT,在 CT 断开时 RCM 应自动转换到报警状态。

通过 9.9.4 的试验来检验是否符合要求。

9 试验

9.1 概述

9.1.1 RCM 的性能通过型式试验来验证。

本标准所要求的型式试验列于表 6。

表 6 与 RCM 类别有关的型式试验表

试 验	分条款	RCM 分类	
		4.9.1	4.9.2
标志的耐久性	9.3	√	√
螺钉、载流部件和连接的可靠性	9.4	√	√
连接外部导体的接线端子的可靠性	9.5	不适用	√
电击保护	9.6	√	√
介电性能	9.7	√	√
温升	9.8	不适用	√
动作特性	9.9	√	√
动作耐久性	9.10	√	√
短路情况下 RCM 的工作状况	9.11	不适用	√
耐机械撞击性能	9.12	√	√
耐热性	9.13	√	√
耐异常发热和耐燃性	9.14	√	√
在额定电压极限值下,操作试验装置	9.15	√	√
在过电流时,不动作电流的极限值	9.16	√	√
在冲击电压下,防止误动作的性能	9.17	√	√
绝缘耐冲击电压的性能	9.18	√	√
接地故障电流含有直流分量时,RCM 的工作状况	9.19	√	√
可靠性	9.20	√	√
电子元件的老化	9.21	√	√
电磁兼容性	9.22	√	√
RCM 对高压侧故障引起的低压侧暂时过电压的反应	9.23	√	√

9.1.2 作为认证用时,型式试验按试验程序进行。

注:术语"认证"指:或是制造商的合格声明;或是第三方认证,例如由一个独立的认证机构进行的认证。

试验程序及提交试验的样品数量在附录 A 中规定。

除非另有规定,每个型式试验项目(或型式试验程序)在清洁的和新的 RCM 上进行,影响量为标称的基准值(见表 1)。

9.1.3 制造商对每台 RCM 进行常规试验。

9.2 试验条件

除非另有规定,RCM 按制造商的说明书单独地安装在周围温度为 20 ℃～25 ℃之间的大气中,并应避免外界过度的加热或冷却。

设计成安装在单独外壳中的 RCM 应在制造商规定的最小的外壳中进行试验。

注 1:单独的外壳是设计成只能容纳一个 RCM 的外壳。

除非另有规定,RCM 连接表 7 规定的适当的截面积的电缆,并且固定在一块厚约 20 mm,涂有无光泽黑漆的层压板上。安装方式应符合制造商有关安装说明的要求。

表 7 对应于额定电流的试验铜导体

额定电流 I_n A	$I_n \leqslant 6$	$6 < I_n \leqslant 13$	$13 < I_n \leqslant 20$	$20 < I_n \leqslant 25$	$25 < I_n \leqslant 32$	$32 < I_n \leqslant 50$	$50 < I_n \leqslant 63$	$63 < I_n \leqslant 80$	$80 < I_n \leqslant 100$	$100 < I_n \leqslant 125$
截面积 mm^2	1	1.5	2.5	4	6	10	16	25	35	50

注 2:ISO 和 AWG 的铜导体对照见 GB 16916.1—2003 的附录 ID。

在没有规定误差时,型式试验应在严酷程度不低于本标准规定的数值下进行。除非另有规定,试验在额定频率±5%的条件下进行。

在试验过程中,不允许维修或拆卸试品。

对 9.8,9.9,9.10 和 9.21 试验,RCM 应按下列要求接线:

——连接导线采用单芯聚氯乙烯绝缘铜电缆线;

——连接导线应在大气中,并且相互之间距离不小于接线端子之间的距离;

——接线端子与接线端子之间的每根临时连接导线的长度如下,允许误差$^{+5}_{0}$ cm:

- 截面积小于等于 10 mm^2的导线为 1 m;
- 截面积大于 10 mm^2的导线为 2 m。

施加在接线端子螺钉上的拧紧扭矩为表 8 规定值的三分之二。

9.3 标志的耐久性试验

用手拿一块浸透水的棉花擦标志 15 s,接着再用一块浸透脂族已烷溶剂(芳香剂容积含量最多为 0.1%,贝壳松脂丁醇值为 29,初沸点约为 65 ℃,干点约为 69 ℃,比重为 0.68 g/cm^3)的棉花擦 15 s 进行试验。

对用压痕、模压或蚀刻方式制造的标志不进行本试验。

在本试验后,标志应清晰可见。在本标准的所有试验后,标志仍应保持清晰可见。

标志应不可能轻易地移动,并没有翘曲现象。

9.4 螺钉、载流部件和连接的可靠性试验

通过直观检查,对 RCM 安装和接线时使用的螺钉和螺母还要通过下列试验来检验是否符合 8.1.4 的要求:

拧紧或拧松螺钉和螺母:

——对与绝缘材料螺纹啮合的螺钉,10 次;

——所有其他情况,5 次。

与绝缘材料螺纹啮合的螺钉或螺母,每次试验时应完全旋出然后再重新旋入。

试验时应采用合适的试验螺丝刀或扳手施加表 8 规定的扭矩。

螺钉或螺母不能用冲击力拧紧。

试验时,只采用具有表 3 规定的最大截面积的硬导体。对实心导体或绞合导体采用最不利的一种。每次拧松螺钉或螺母时,要拿下导体。

表 8 螺钉的螺纹直径和施加的扭矩

螺纹标称直径 mm		扭 矩 N·m		
大于	至	Ⅰ	Ⅱ	Ⅲ
—	2.8	0.2	0.4	0.4
2.8	3.0	0.25	0.5	0.5
3.0	3.2	0.3	0.6	0.6
3.2	3.6	0.4	0.8	0.8
3.6	4.1	0.7	1.2	1.2
4.1	4.7	0.8	1.8	1.8
4.7	5.3	0.8	2.0	2.0
5.3	6.0	1.2	2.5	3.0
6.0	8.0	2.5	3.5	6.0
8.0	10.0	—	4.0	10.0

第Ⅰ栏适用于拧紧时螺钉不露出孔外的无头螺钉以及其他不能用刀口比螺钉直径宽的螺丝刀拧紧的螺钉。

第Ⅱ栏适用于采用螺丝刀拧紧的其他螺钉。

第Ⅲ栏适用于采用除了螺丝刀以外的其他工具来拧紧的螺钉或螺母。

如果螺钉有一个可用螺丝刀拧紧的带槽六角头，而且第Ⅱ栏和第Ⅲ栏的数值又不一样，试验进行两次。第一次试验对六角头施加第Ⅲ栏规定的扭矩，然后在另一个试品上用螺丝刀施加第Ⅱ栏规定的扭矩。如果第Ⅱ栏和第Ⅲ栏数值相同，则仅用螺丝刀进行试验。

在试验过程中，螺钉连接不应松动，并不应有妨碍 RCM 继续使用的损坏，例如，螺钉断裂或螺钉头的槽、螺纹、垫圈或螺钉夹头损坏等。

此外，外壳和盖也不应损坏。

9.5 连接外部导体的接线端子的可靠性试验

通过直观检查以及 9.4，9.5.1，9.5.2 和 9.5.3 的试验来检验是否符合 8.1.5 的要求。在进行 9.4 的试验时，接线端子连接一根表 3 规定的最大截面积的硬铜导体（标称截面积大于 6 mm^2 时，采用硬绞合导体；其他标称截面，采用实心导体）。进行 9.5.1，9.5.2 和 9.5.3 的试验时，应采用适当的螺丝刀或扳手。

9.5.1 接线端子连接表 3 规定的最小和最大截面积的铜导体。实心导体或绞合导体中采用最不利的一种。

导体插入到接线端子中至规定的最短距离。如果没有规定距离，则插入至刚好从另一边露出为止，并且处于最容易使实心导体或绞合导体的线丝松脱的位置。

然后用表 8 相应栏目中规定值的三分之二的扭矩拧紧紧固螺钉。

接着对每根导体施加表 9 规定的拉力。

施加拉力时不能用冲击力，时间为 1 min，方向为导体位置的轴线方向。

在试验过程中，接线端子中导线应没有可觉察的移动。

表 9 拉力

接线端子能容纳的导体截面积 mm^2	≤4	≤6	≤10	≤16	≤50
拉力 N	50	60	80	90	100

9.5.2 接线端子连接表3规定的最小和最大截面积的铜导体。实心导体或绞合导体中采用最不利的一种。用表8相应栏目中规定值的三分之二的扭矩拧紧接线端子螺钉。

然后拧松接线端子螺钉并对导体可能受到接线端子影响的部分进行检查。

导体应没有过度的损坏或被切断的线丝。

注：如果导体有深的或锐利的压痕，则认为导体过度损坏。

在试验过程中，接线端子不应松动，也不能有妨碍接线端子继续使用的损坏，例如，螺钉断裂或螺钉头的槽、螺纹、垫圈或螺钉夹头损坏。

9.5.3 接线端子连接具有表10所示结构的硬性绞合铜导体。

表10 导体尺寸

被夹紧的标称截面积范围 mm²	绞合导体	
	根数	线丝直径 mm
1.0～2.5[a]	7	0.67
1.0～4.0[a]	7	0.85
1.5～6.0[a]	7	1.04
2.5～10.0	7	1.35
4.0～16.0	7	1.70
10.0～25.0	7	2.14
16.0～35.0	19	1.53
25.0～50.0	正在考虑	正在考虑

[a] 如果接线端子只用来夹紧实心导体(见表3的注)，则不进行本试验。

在插入接线端子前，对导体的线丝进行适当整形。

导体插入至接线端子底部或刚好从接线端子另一边露出为止，并处于最容易使导体的线丝松脱的位置。然后用表8相应栏目中规定值三分之二的扭矩拧紧紧固螺钉或螺母。

试验后，应没有任何导体的线丝逃脱至夹持装置的外面。

9.6 验证电击保护

本要求适用于RCM按正常使用安装后暴露在操作者面前的那些部件。

RCM按正常使用安装(见8.2的注)并且连接RCM可能连接的最小和最大截面积的导体，用图1所示的标准试指对RCM进行试验。

标准试验指应设计成使每个关节部分只能相对于试指轴线在同一个方向转动90°。

把标准试指施加到人手指可能弯曲到的每一个位置上，用一个电气接触的指示器来显示其与带电部件的接触。

推荐采用一个灯泡作为接触指示，电压不低于40 V。标准试指不应触及带电部件。

带有热塑性材料外壳或盖的RCM应进行下列补充试验，试验在35 ℃±2 ℃的周围温度下进行，RCM也处于这个温度下。

用一个与标准试指同样尺寸的无关节的直的试指顶端对RCM施加75 N的力1 min，对绝缘材料变形可能影响RCM的安全性的所有地方施加试验指，但对敲落孔不进行试验。

在试验过程中，外壳或盖不应变形到带电部件能被无关节的试指触及的程度。

非封闭式的RCM，具有不被外壳覆盖的部件，试验时应使用一块金属面板并按正常使用安装。

具有功能接地连接(FE)的RCM应采用下述试验线路和试验方法进行试验：

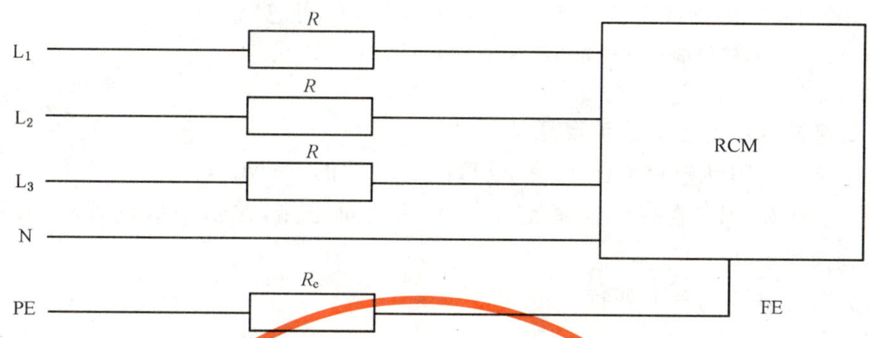

$R=R_e=1\ \Omega$

RCM 施加 1.1 U_n，在正常条件下测量 R_e 两端的电压，该电压不应超过 1 mV。

9.7 介电性能试验

9.7.1 耐潮湿性能

9.7.1.1 被试 RCM 的预处理

把不用工具就能拆卸的 RCM 的部件拆下并和主要部件一起进行潮湿处理，在潮湿处理过程中，弹簧盖保持打开。

进线孔(如果有的话)全部打开，如果有敲落孔，则打开其中一只。

9.7.1.2 试验条件

潮湿处理在空气相对湿度保持在 91%～95%之间的潮湿箱中进行。

放置试品处的空气温度保持在 20 ℃和 30 ℃之间的任何合适温度 $T\pm1$ ℃内。

试品在放入到潮湿箱前，预热到 T 和 $T+4$ ℃的温度之间。

9.7.1.3 试验顺序

试品在潮湿箱中保持 48 h。

注 1：在潮湿箱中放置硫酸钠(Na_2SO_4)或硝酸钾(KNO_3)的饱和水溶液，并使其与箱内空气有一个足够大的接触面，就可获得 91%～95%之间的相对湿度。

注 2：为了使潮湿箱内达到规定的条件，建议使用一个绝热的箱子并确保箱内空气不断循环。

9.7.1.4 试验后 RCM 的状况

在潮湿处理后，试品应无本标准含义内的损坏，并应承受 9.7.2 和 9.7.3 的试验。

9.7.2 RCM 的绝缘电阻

RCM 经过 9.7.1 规定的潮湿处理后，然后从潮湿箱中取出。

在 9.7.1 的潮湿处理后，经过 30 min～60 min 的时间间隔，在下列部位施加约 500 V 的直流电压 30 s：

——所有供电导线与任何外露的金属部件，包括金属螺钉或固定装置和任何金属试验按钮或金属复位按钮(如果有的话)，以及安装后易触及的绝缘材料表面覆盖的金属箔之间。

然后测量绝缘电阻，其值不应小于 5 MΩ。

注 1：连接 PE 导体的接线端子可视为本试验中的金属部件。

注 2：试验条件见表 11。

9.7.3 RCM 的介电强度

——在下列部位施加 2 000 V 工频试验电压 1 min：所有供电导线的接线端子与为任何外露的金属部件，包括金属螺钉或固定装置和任何金属试验按钮或金属复位按钮(如果有的话)提供外部连接的接线端子之间。

试验电压的电源应能够提供 200×(1±10%)mA 的短路电流。电源的过电流脱扣装置在输出电路电流小于 100 mA 时不应动作。

试验开始时，施加的电压不大于规定值的一半，然后在 5s 内把电压升至全值。

试验过程中，不能发生闪络或击穿。无电压降的辉光放电可忽略不计。

注1：用于连接PE导线的接线端子可视为本试验中的金属部件。

注2：试验条件见表11。

9.7.4 RCM承受绝缘测量产生的直流高压的能力

本试验仅适用于额定电压超过交流50 V或直流120 V的RCM。

进行试验时，把RCM固定在一个金属支架上，所有外部电路，包括外部电流互感器和远程报警单元(如果有的话)按使用连接。

所使用的直流电压电源具有下列特性：

- 开路电压：500^{+125}_{0} V；
- 最大波纹系数：5%

  这里：

$$波纹系数=\frac{最大值-平均值}{平均值}\times 100$$

- 短路电流：12^{+2}_{0} mA。

依次在每个电源端子与其他电源端子之间施加试验电压1 min。

注：试验条件见表11。

在本试验后，RCM应能完满地执行9.9.2 a)、b)、c)中规定的要求。

表11 在9.7.2,9.7.3,9.7.4中的试验汇总

条款	试验名称	试验方法和施加部位	电压	条件	要求的结果
9.7.2	RCM的绝缘电阻	所有连接在一起的供电导线与任何外露的金属部件包括金属试验按钮和金属复位按钮(如果有的话)及安装后易触及的绝缘材料表面覆盖的金属箔	直流500 V 施加30 s	连接PE导体的接线端子可视为本试验中的金属部件。FE端，如果有的话可作为供电导体	绝缘电阻>5 MΩ
9.7.3	RCM的介电强度	所有供电导线与用作外部连接的端子及任何外露的金属部件	交流2 000 V 0.2 A 施加1 min	连接PE导体的接线端子可视为本试验中的金属部件，FE端子(如果有的话)视为供电导线	试验过程中，不能发生闪络或击穿。无电压降的辉光放电可忽略不计
9.7.4	RCM承受绝缘测量产生的直流高压的能力	仅对额定电压大于交流50 V或直流120 V的RCM 试验时RCM的外部线路包括外部互感器和远程报警单元(如果有的话)按正常使用连接。依次在每个供电端子和其他供电端子之间施加试验电压	500 V直流开路电压和12 mA短路电流的电源，施加1 min	FE(如果有的话)在本试验中可视为供电导线	在本试验后，RCM应能完满地执行9.9.2 a)、b)、c)中规定的要求

9.8 温升试验

9.8.1 周围空气温度

在试验周期的最后四分之一时间内，用至少两只温度计或热电偶对称地分布在RCM的周围，高度约为 RCM 高度的一半，距 RCM 约 1 m 的地方测量周围空气温度。

温度计或热电偶应免受对流和辐射热的影响。

注：应注意避免由于温度突然变化产生的误差。

9.8.2 试验顺序

RCM 及所有相关部件按制造商的说明书安装和接线，并施加额定电压。对 RCM 通以大于 $I_{\Delta n}$ 的剩余电流使其处于报警状态，在试验时不应把报警(如果有的话)关闭。对 RCM 的所有电流回路同时通以等于 I_n 的电流，通电时间应足以使温升达到稳态值。实际上，当每小时温升变化不超过 1 K 时，即可认为达到了稳态条件。

对有四个电流回路的 RCM，先只对三个相电流回路通以规定的电流进行试验。然后，对用于连接中性线的电流回路和相邻的电流回路通以电流重复进行试验。

在这些试验过程中，温升不应超过表 4 规定的值。

9.8.3 测量部件的温度

表 4 提及的各部件的温度应用细线热电偶或等效的工具在最接近最热点的位置上测量。

热电偶与被测部件的表面之间应保证有良好的热传导性。

9.8.4 部件的温升

部件的温升是该部件按 9.8.3 测量的温度与按 9.8.1 测量的周围空气温度之差。

9.9 验证动作特性

9.9.1 试验电路

RCM 按正常使用安装。

试验电路应是电感可以忽略不计并分别与图 2 a)或图 2 b)相对应(适用时)。

测量剩余电流的仪表至少应为 0.5 级，并能正确地显示(或可以测定)有效值。

测量时间的仪表的相对误差不大于测量值的 10%。

9.9.2 在 20 ℃±2 ℃的基准温度下不带负载时，用剩余正弦交流电流进行试验

仅对 RCM 任意选取的一相进行下列试验。

RCM 按图 2 a)的试验电路接线，突然施加剩余电流。

电源电压设定到 110%的额定电压。如果有几个额定电压时，在每一个额定电压下进行试验。

延时时间可调的 RCM，设定至最小的延时整定值。

剩余动作电流可调的 RCM，设定至最小的剩余动作电流值。

适合于使用内部 CT 或外部 CT 的 RCM 应设定到用内部 CT 工作。

对 a)、b)、c)和 d)项试验，S_1 初始位置设定至 *TN* 位置。

a) S_2 断开

调节电阻器 R_1，使与安培表连接的电流互感器流过的电流为 $0.5\times I_{\Delta n}$。

S_2 闭合 15 s。

RCM 不应转换到报警状态。

b) S_2 断开

调节电阻器 R_1，使与安培表连接的电流互感器流过的电流为 $I_{\Delta n}$。

S_2 闭合至 0.5 倍制造商声明的最大驱动时间。

对无延时的 RCM，本试验不适用。

对带延时的 RCM，S_2 闭合的时间为制造商规定的 RCM 最大不驱动时间的 0.3 倍。

c) S_2 断开

调节电阻器 R_1，使与安培表连接的电流互感器流过的电流为 $I_{\Delta n}$。

S_2 闭合 15 s。

RCM 应转换到报警状态。

测量 RCM 转换到报警状态所需的时间，这时间应小于制造商声明的最大驱动时间，并不应超过 10 s。

d) S_2 断开

调节电阻器 R_1，使与安培表连接的电流互感器流过的电流为 $5I_{\Delta n}$。

S_2 闭合 15 s。

RCM 应转换到报警状态。

测量 RCM 转换到报警状态所需的时间，这时间应小于制造商声明的最大驱动时间，并不应超过 10 s。

e) 在 0.85 U_n 下，重复 a)、b)、c)和 d)项试验。

f) S_1 在 TT 位置，重复 a)、b)、c)、d)和 e)项试验。

g) 延时时间可调的 RCM，在其最大的延时时间整定值下，重复 a)、b)、c)、d)和 e)项试验。

h) 剩余动作电流可调的 RCM，在其最大的剩余动作电流整定值下，重复 a)、b)、c)、d)和 e)项试验。

9.9.3 在基准温度下带负载时，验证动作正确性

RCM 如正常使用一样在额定电压下通以额定电流负载以足够的时间，使 RCM 达到热稳定状态，然后重复 9.9.2 的试验。

实际上，当每小时温升变化不超过 1 K 时，即可认为达到了热稳定状态。

9.9.4 验证外部电流互感器(CT)的连接和功能

本试验仅适用于具有连接外部 CT 接口的 RCM。

a) 外部 CT 按制造商规定的正常使用方式连接。

RCM 按图 2 a)的试验电路接线并施加额定电源电压。

S_1 在 TT 位置，S_2 断开。

延时时间可调的 RCM，设定至最大的延时整定值。

剩余动作电流可调的 RCM，设定至最小的剩余动作电流值。

CT 中没有故障电流流过，试验电路不应被驱动。

断开外部 CT，RCM 应在 10 s 内转换至报警状态。

重新接上 CT 和接着断开 CT，重复试验二次。

在上述试验后，调节电阻器 R_1，使与安培表连接的外部 CT 流过的电流为 $I_{\Delta n}$。

S_2 闭合 15 s。

RCM 应转换到报警状态。

测量 RCM 转换到报警状态所需的时间，该时间应小于制造商声明的最大驱动时间，并不应超过 10 s。

b) 对具有几个额定剩余动作电流整定值的 RCM，9.9.4 a)的试验应在最小整定值和最大整定值下进行。

9.9.5 对 4.11 分类的 RCM，验证方向判别功能

RCM 按图 2 b)的试验电路接线。对具有几个额定剩余动作电流整定值的 RCM，试验应在最小整定值和最大整定值下进行。

a) RCM 负载侧故障：

S_1 断开，S_2 在位置 1，S_3 闭合，S_4 断开。

S_4 闭合 15 s。

RCM 应在制造商规定的驱动时间内转换至报警状态。

b) RCM 电源侧故障：

S_1 断开，S_2 在位置 2，S_3 闭合，S_4 断开。

电阻 R_1 调节至基本上为 0 Ω。

S_4 闭合 15 s。

RCM 不应转换至报警状态。

c) 对 RCM 电源侧暂态故障的判别：

S_1 断开，S_2 在位置 2，S_3 闭合，S_4 断开。

与上述 b)项同样的调节和整定值，S_4 闭合约为二倍 RCM 标志的驱动时间，然后断开 S_4 约 5 s。

对延时时间可调的 RCM，应在最小的延时时间整定值下进行试验。

RCM 不应转换至报警状态。

本试验进行 20 次。

d) RCM 在 IT 系统使用时，对电源侧暂态双重故障的判别：

S_1 闭合，S_2 在位置 2，S_3 闭合，S_4 闭合。

调节 R 至 2 $I_{\Delta n}$ 电流。

S_4 断开。

S_1 闭合及 S_2 在位置 2，重复 c)所述的步骤。

RCM 不应转换至报警状态。

注：c)和 d)项试验的主要区别是：c)项试验的故障电流超前于相电压 90°，而 d)项试验故障电流的主要部分是阻性的并流回到电源侧。

e) 具有方向判别的 RCM 内部阻抗值：

应验证 8.6.1 的技术要求。

9.10 验证动作耐久性

本条款试验是用来验证 RCM 的试验电路和报警的耐久性。

9.10.1 一般试验条件

RCM 及其遥控报警附件(如有的话)按正常使用条件安装，施加 1.1 倍额定电压。

9.10.2 试验顺序

9.10.2.1 循环试验的电路

RCM 应按下列要求经受 500 次试验循环：

操作试验装置并保持在“ON”位置，直至驱动报警。

对有手动复位的 RCM，RCM 报警一驱动，立即释放试验装置。然后在 5 s 内使 RCM 复位。

对没有手动复位的 RCM，在 1 s～2 s 的时间间隔后重复试验循环。

在完成所有的试验循环后，试验电路和报警应功能完好，并应没有影响 RCM 继续使用的有害变化。

9.10.2.2 报警的耐久性

把 RCM 置于报警状态并保持在报警状态 48 h。所有的报警功能应保持在接通状态，在试验过程中和试验后报警应正常工作并且温升不超过表 4 所列的值。

9.11 验证短路耐受能力

9.11.1 短路试验项目

验证 RCM 在短路条件下耐受能力的试验如下：

——在额定限制短路电流 I_{nc} 下的耐受能力见 9.11.2.2 a)；

——在额定限制剩余短路电流 $I_{\Delta c}$下的耐受能力见 9.11.2.2 b)。

9.11.2 短路试验

9.11.2.1 一般试验条件

9.11.2 的条件适用于用来验证 RCM 在短路条件下工作状况的任何试验。

注：对具有几个剩余动作电流整定值的 RCM，试验应在最小整定值下进行。

a) 试验电路(仅适用于 4.9.2 和 4.3 分类的 RCM)

图 5、图 6 和图 7 分别给出了相关试验所用的电路图：

——二个电流回路的 RCM；

——三个电流回路的 RCM；

——四个电流回路的 RCM。

由电源 S 供电的电路包括电阻器 R，电抗器 L，SCPD(如果有的话)（见 3.4.5)，被试 RCM(D)以及附加电阻器 R_2 和/或 R_3(如适用时)。

调节试验电路中的电阻器和电抗器以满足规定的试验条件。

电抗器 L 应为空芯电抗器。它们总是与电阻器 R 串联，其电抗值由几个独立的电抗器串联得到，当电抗器时间常数基本上相同时，也允许它们并联连接。

因为具有较大空芯电抗器的试验电路的暂态恢复电压特性不能代表正常的运行状况，所以任何一相的空芯电抗器应并联一个电阻器，流过电阻器的电流约为流过电抗器电流的 0.6%，除非制造商与用户之间另有协定。

在每个试验电路中，电阻器 R 和电抗器 L 接在电源 S 和 RCM 之间。

SCPD 或等值的阻抗接在电阻器 R 与 RCM 之间。

附加的电阻器 R_3(如果使用的话)应接在 RCM 的负载侧。

对于 9.11.2.2 a)和 b)项的试验，RCM 的每相应连接一根长为 0.75 m 的电缆，与额定电流相应的最大截面积按表 3 规定。

注：推荐被试 RCM 的电源侧连接 0.5 m 的电缆，负载侧连接 0.25 m 电缆。

试验电路图应在试验报告中给出，且应符合相关的图例。

试验电路中应有一个点并且只有一个点直接接地。这个点可以是试验电路的短路连接点，或者是电源的中性点或者其他任何合适的点，接地方式应在试验报告中说明。

适当调节电阻器 R_2 用来获得额定限制剩余短路电流 $I_{\Delta c}$。

S_1 是一个辅助开关。

SCPD(如果有的话)可以是断路器或熔断器，其焦耳积分 I^2t 和峰值电流 I_p 不应大于制造商对 RCM 所规定的 I^2t 和峰值电流 I_p 的耐受能力。

在验证 RCM 能承受的最小 I^2t 值和 I_p 值时，为获得重复的试验结果，SCPD(如果有的话)应采用图 8 所示的试验装置并用一根银丝连接。

银丝的含银量至少为 99.9%。其直径按额定电流 I_n、短路电流 I_{nc}和 $I_{\Delta c}$在表 12 中规定。

相应的允许通过的能量 I^2t 与峰值电流的近似值见表 13 所示，通常这些值被看作是最小基准值。

银丝应水平地插入到试验装置的适当的位置并且要拉直。每次试验后，应更换银丝。

如果制造商对 RCM 规定的值大于最小 I^2t 值和 I_p 值，则无需再验证最小 I^2t 值和 I_p 值，在这种情况下只需验证制造商的规定值。

对于与断路器的配合，需用适当的断路器进行试验。

RCM 在运行中通常接地的所有部件，包括安装 RCM 的金属支架或任何金属外壳应接至电源中性点，或接至基本上无电感的至少允许通过 100 A 的预期故障电流的人为中性点。

表 12 对应于额定电流与短路电流的银丝直径

I_{nc}和 $I_{\Delta c}$ A	相对应的银丝直径[a] mm					
	$I_n≤16$	$16<I_n≤32$	$32<I_n≤40$	$40<I_n≤63$	$63<I_n≤80$	$80<I_n≤125$
500	0.30	0.35				
1 000	0.30	0.50				
1 500	0.35	0.50	0.65	0.85		
3 000	0.35	0.50	0.60	0.80	0.95	1.15
4 500	0.35	0.50	0.60	0.80	0.90	1.15
6 000	0.35	0.50	0.60	0.75	0.90	1.00

a 银丝直径基本上是根据峰值电流(I_p)来考虑的(见表 13)。

表 13 I^2t 和 I_p 的最小值

I_{nc}和 $I_{\Delta c}$ A		$I_n≤16$	$16<I_n≤32$	$32<I_n≤40$	$40<I_n≤63$	$63<I_n≤80$	$80<I_n≤125$
500	I_p(kA)	0.45	0.57				
	I^2t(kA²s)	0.40	0.68				
1 000	I_p(kA)	0.65	1.18				
	I^2t(kA²s)	0.50	2.7				
1 500	I_p(kA)	1.02	1.5	1.9	2.1		
	I^2t(kA²s)	1	4.1	9.75	22		
3 000	I_p(kA)	1.1	1.85	2.35	3.3	3.7	3.95
	I^2t(kA²s)	1.2	4.5	8.7	22.5	36	72.5
4 500	I_p(kA)	1.15	2.05	2.7	3.9	4.8	5.6
	I^2t(kA²s)	1.45	5.0	9.7	28	40	82
6 000	I_p(kA)	1.3	2.3	3	4.05	5.1	5.8
	I^2t(kA²s)	1.6	6	11.5	25	47	65

注 1:应制造商要求,可以用较大直径的银丝来验证 I^2t 值和 I_p 值大于最小值时的配合。

注 2:对于中间的短路试验电流值,银丝直径应与表中邻近的较高的电流值相对应。

注 3:如果其他的保护装置能够给出与本试验装置的银丝一样的试验结果,则它也可用于本试验;例如,经制造商同意,如果熔断器相应的 I^2t 值和 I_p 值基本相同,则可用这熔断器进行试验,但在任何情况下都不能小于本试验装置银丝的 I^2t 值和 I_p 值。在有疑问时,应用试验装置重复本试验。

该连接应包括一根直径为 0.1 mm,长度不小于 50 mm 的铜丝 F,用以检测故障电流。如果需要时,还应包括一个电阻器 R_1 以限制预期故障电流值在 100 A 左右。

电流传感器 O_1 接 RCM 的负载侧。

电压传感器 O_2 接到:

——对二个电流回路的 RCM,跨接到一相的接线端子之间;

——对三个或四个电流回路的 RCM,跨接到电源侧的接线端子之间。

除非试验报告中另有说明,测量电路的电阻至少应为每伏工频恢复电压 100 Ω。

动作功能与电源电压有关的 RCM 在电源端施加额定电压(或相应额定电压范围最小值的电压)。

b) 试验量的允许误差

除非另有规定，所有有关验证 RCM 与 SCPD 之间正确配合的试验都应在制造商规定的影响量和影响因素的值下进行。

如果试验报告中记录的量值在下列规定值的允许误差内，则认为试验是有效的。

——电流：$^{+5}_{0}$%；

——频率：±5%；

——功率因数：−0.05～0；

——电压(包括恢复电压)：±5%。

c) 试验电路的功率因数

试验电路每相的功率因数应根据公认的方法来确定，并应在试验报告中说明。

多相电路的功率因数为每相功率因数的平均值。

功率因数范围见表 14 所示。

表 14 短路试验的功率因数

试验电流 I_c A	功率因数
I_c≤500	0.95～1.00
500<I_c≤1 500	0.93～0.98
1 500<I_c≤3 000	0.85～0.90
3 000<I_c≤4 500	0.75～0.80
4 500<I_c≤6 000	0.65～0.70
6 000<I_c≤10 000	0.45～0.50
10 000<I_c≤25 000	0.20～0.25

d) 试验电路的调节

RCM 和 SCPD(如果有的话)用临时连接线 G_1 代替，连接线的阻抗与试验电路的阻抗相比可忽略不计。如果 RCM 没有连接主电路的接线端子，即电缆直接通过电流互感器铁芯，在调整时电缆从铁芯外面通过。

对于 9.11.2.2 a)的试验，RCM 的负载端用阻抗可忽略不计的连接线 G_2 短路，调节电阻器 R 和电抗器 L 以便在规定的功率因数下获得等于额定限制短路电流的电流值；试验电路各相同时通电，用电流传感器 O_1 记录电流波形。

对于 9.11.2.2 b)的试验，只有一根电缆通过 RCM(或电流互感器)，用电阻器 R 和电抗器 L 调节限制剩余短路电流的大小。

e) 操作顺序

用开关 T 来接通短路电流，SCPD 或银丝处在闭合位置。

SCPD 或银丝断开电路。

f) 被试 RCM 的工作状况

在试验过程中，RCM 不应危及操作者。

g) 试后 RCM 的状况

在按 9.11.2.2 a)和 9.11.2.2 b)进行的每个试验后，RCM 应没有影响其继续使用的损坏，不经维修也不经潮湿处理，应能符合 9.7.3 的要求。

在 9.9.2 c)的条件下，RCM 在 1.25$I_{\Delta n}$的试验电流下应能转换到报警状态。仅在任选的一相进行一次试验，试验时不测量驱动时间。

9.11.2.2 **验证 RCM 和 SCPD 之间的配合**

这些试验是用来验证由 SCPD 保护的 RCM 能够承受其额定限制短路电流(见 5.3.8)及以下的所有短路电流而不发生损坏。

短路电流由 SCPD 分断。

如果需要时,每次操作后更换 SCPD。

在 9.11.2.1 的一般条件下,进行下列试验:

——验证在额定限制短路电流 I_{nc}时,SCPD 保护 RCM 的试验见 9.11.2.2 a);

——验证在相对地的短路电流值达到限制剩余短路电流 $I_{\Delta c}$时,RCM 能承受相应的应力见 9.11.2.2 b)。

a) 验证在额定限制短路电流(I_{nc})时的配合

1) 试验条件

用 RCM 和 SCPD 代替阻抗可忽略不计的连接 G_1。

辅助开关 S_1 保持断开,没有剩余电流。

2) 试验顺序

闭合开关 T,SCPD 动作。在开关 T 断开后重新闭合或更换 SCPD,再次闭合开关 T。

b) 验证在额定限制剩余短路电流($I_{\Delta c}$)时的配合

1) 试验条件

RCM 应这样连接,使得短路电流是一个剩余电流。

试验仅在一相进行,其余相不连接。

用 RCM 和 SCPD 代替阻抗可忽略不计的连接 G_1。

辅助开关 S_1 保持闭合。

2) 试验顺序

闭合开关 T,SCPD 动作。在开关 T 断开后重新闭合或更换 SCPD,这顺序重复二次。

3) 试后 RCM 的状况

试后,RCM 不应遭到导致其不符合本标准的损坏。

9.12 **验证耐机械冲击性能**

对 RCM 及远距离报警装置按正常使用条件安装后,在正常使用时可能受到机械冲击的外露部件用下述的试验检验是否符合要求。对所有型式的 RCM 用 9.12.1 的试验,对下列型式的 RCM 还要进行补充试验:

——对用于安装在安装轨上的 RCM 用 9.12.2 的试验;

——对插入式的 RCM 用 9.12.3 的试验。

注:对规定完全封闭起来的 RCM 不进行本试验。

9.12.1 用图 9~图 11 所示的撞击试验装置对试品进行撞击试验。

撞击元件的头部有一个半径为 10 mm 的半球形面,由洛氏硬度为 HR100 的聚酰胺制成。撞击元件的质量为 150 g±1 g 并被刚性地固定在一根外径为 9 mm,壁厚为 0.5 mm 的钢管下端,钢管的上端用枢轴固定,使其只能在一个垂直平面内摆动。枢轴的轴线在撞击元件轴线上方 1 000 mm±1 mm 处。

确定撞击元件头部聚酰胺的洛氏硬度时,可采用下列条件:

——球的直径:12.7 mm±0.025 mm;

——起始载荷:100 N±2 N;

——过负荷:500 N±2.5 N。

注:关于确定塑料洛氏硬度的补充说明见美国材料试验协会(ASTM)规范 D785-65(1970)。

试验装置应设计成,要使钢管保持在水平位置,应在撞击元件的前面施加一个 1.9 N~2.0 N 的力。

平面安装式的 RCM 应安装在一块 175 mm×175 mm，厚为 8 mm 的层压板上，层压板的上下两边固定在如图 11 所示的作为安装支架一部分的刚性托架上。

安装支架的质量应为 10 kg±1 kg，并应用枢轴安装在一个刚性框架上，框架固定在实心墙上。

嵌入式 RCM 安装在一个如图 12 所示的试验装置上，该装置固定在安装支架上。

配电板安装式 RCM 安装在一个图 13 所示的试验装置上，该装置固定在安装支架上。

插入式 RCM 安装在其合适的插座上，该插座固定在层压板上或固定在图 12 或图 13 所示的试验装置上（适用时）。

轨道安装式 RCM 应安装在其合适的安装轨上，安装轨刚性地固定在安装支架上。

试验装置的设计应符合下列要求：

——试品能在水平方向移动，并能绕着一根与层压板表面垂直的轴线转动；

——层压板能绕一根垂直轴线转动。

RCM 连同它的盖（如果有的话）按正常使用安装在层压板上或合适的试验装置上（适用时），使撞击点位于通过摆的枢轴轴线的垂直平面上。

把不是敲落孔的电缆进线孔打开，如果它们是敲落孔，则打开其中两只。

在施加撞击前，用表 8 规定值三分之二的扭矩把固定基座、盖子及类似部件的螺钉拧紧。

撞击元件从 10 cm 的高度落到按正常使用安装时的 RCM 外露表面。

撞击元件下落高度是摆释放时测量点的位置与撞击瞬间测量点位置之间的垂直距离。测量点是撞击元件表面的标志点，该点是通过摆的钢管的轴线与撞击元件轴线的交点并垂直于该两轴线构成的平面的直线与撞击元件表面的交点。

注：从理论上讲，撞击元件的重心应为测量点。但由于确定重心较困难，所以测量点按上述规定选择。

每台 RCM 承受 10 次撞击，均匀地分布在试品易遭受撞击的部件上。

对敲落孔的部位或任何透明材料覆盖的孔不进行撞击。

通常，把试品绕一根垂直轴线尽可能地转过一个角度，但不超过 60°，每个侧面施加一次撞击。另外两次撞击施加在试品的侧面撞击点与复位装置撞击点之间近似中间的地方。

然后，把试品绕着其垂直于层压板的轴线转过 90°以后，用同样的方法对其施加余下的撞击。

如果试品有电缆进线孔或敲落孔，试品的安装应使得撞击点的两根连线尽可能地与这些孔等距。

试验后，试品应无本标准含义内的损坏，尤其是碎裂后易触及带电部件或妨碍 RCM 继续使用的盖子，绝缘材料衬垫或隔板，以及类似的部件均不应有这样的损坏。

如果有疑问时，可验证在不损坏外壳和盖这些外部零件或它们的衬垫的情况下，可以拆卸和更换这些部件。

注：外观损坏，不导致爬电距离或电气间隙减少到小于 8.1.3 规定值的小的压痕以及不会对防电击保护产生有害影响的小的碎片可忽略不计。

对设计成既可用螺钉固定又可用安装轨安装的 RCM 进行试验时，试验应在两组 RCM 上进行，一组用螺钉固定而另一组安装在安装轨上。

9.12.2 把设计成安装在安装轨上的 RCM 按正常使用安装在一根刚性地固定在刚性垂直墙上的安装轨上，但不接电缆也没有任何盖或盖板。

在 RCM 的正面施加一个垂直向下的 50 N 的力 1 min，施加时不用冲击力，紧接着再施加一个垂直向上的 50 N 的力 1 min（见图 14）。

在试验过程中，RCM 不应松动，而且试验后，RCM 不应有妨碍其继续使用的损坏。

9.12.3 插入式 RCM

注：补充试验正在考虑。

9.13 耐热试验

9.13.1 试品，拿下可拆卸的盖子（如果有的话），放在温度为 100 ℃±2 ℃的加热箱中保持 1 h；可拆卸的盖子(如果有的话)放在温度为 70 ℃±2 ℃的加热箱中保持 1 h。

在试验过程中,试品不应有任何妨碍其继续使用的变化,密封化合物(如果有的话)不应流失到使带电部件外露的程度。

试验后以及试品冷却到接近室温后,试品按正常使用安装,在正常情况下不能触及的带电部件应不能触及,即使用一个不超过 5 N 的力施加标准试指也是如此。

在 9.9.2 c)的条件下,RCM 在 1.25$I_{\Delta n}$的试验电流下应能转换到报警状态。仅在任意选取的一相进行一次试验,试验时不测动作时间。

在试验后,标志仍应清晰可见。

只要在本标准的含义内安全性不受影响,密封化合物的变色,起泡或轻微的位移可忽略不计。

9.13.2 除了外壳内把保护导体的接线端子保持在位置上必须的绝缘材料部件(适用时)应按 9.13.3 规定进行试验外,RCM 中把载流部件或保护电路部件保持在其位置上必需的,由绝缘材料制成的外部部件应用图 15 所示的装置进行球压试验。

被试部件放置在一个钢质支架上,使其合适的面处于水平位置,用一个 20 N 的力把一个直径为 5 mm 的钢球压在此表面上。

试验在温度为 125 ℃±2 ℃的加热箱中进行。

1 h 后,把球从试品上移开,然后把试品浸入冷水中使其在 10 s 内冷却至接近室温。

测量由钢球产生的压痕的直径,测量值不应超过 2 mm。

9.13.3 RCM 中不是把载流部件和保护电路部件保持在其位置上必需的由绝缘材料制成的外部部件,即使与上述部件相接触,均应按 9.13.2 进行球压试验,但试验在 70 ℃±2 ℃或在 40 ℃±2 ℃的温度加上在 9.8 试验中对有关部件测定的最高温升下进行试验,两者中取较高的温度。

注:就 9.13.2 和 9.13.3 的试验而言,平面安装式 RCM 的基座看作为外部部件。

对于陶瓷材料部件不进行 9.13.2 和 9.13.3 的试验。

如果 9.13.2 和 9.13.3 所述的两个或几个绝缘材料部件是用同一种绝缘材料制成,则仅对一个这样的部件分别按 9.13.2 和 9.13.3 进行试验。

9.14 耐异常发热和耐燃试验

在下列条件下,按 GB/T 5169.10—2006 中的第 4 章~第 10 章进行灼热丝试验:

——对 RCM 中把载流部件和保护电路部件保持在位置上必需的,用绝缘材料制成的外部部件,在 960 ℃±15 ℃的温度下进行试验;

——对所有其他由绝缘材料制成的外部部件,在 650 ℃±10 ℃的温度下进行试验。

注:就本试验而言,平面安装式 RCM 的基座被看作为外部部件。

如果上述两组绝缘部件由同一种材料制成,则仅对其中一个部件按适当的灼热丝试验温度进行试验。

对陶瓷材料部件不进行本试验。

进行灼热丝试验是为了确保电加热的试验丝在规定条件下不会引起绝缘部件着火,或确保在规定的条件下可能被加热试验丝引燃的绝缘材料在一个有限的时间内燃烧,而不会由于火焰或燃烧的部件或从试验部件上落下的微粒而蔓延火灾。

试验在一个试品上进行。

在有疑问的情况下,应再用二台试品重复进行试验。

试验时,施加灼热丝一次。

试验时,试品应处于其预期使用的最不利位置(被试部件的表面处于垂直位置)。

考虑加热元件或灼热元件可能与试品接触的预期使用条件,灼热丝顶端应施加到试品的规定表面上。

如果符合下列要求,则可看作试品通过了灼热丝试验:

——没有可见的火焰，也没有持续的辉光；

——或者在灼热丝移开后，试品上的火焰和辉光在 30 s 内自行熄灭。

此外，不应点燃绢纸或烧焦松木板。

9.15 验证在额定电压极限值时操作试验装置

a) RCM 施加 0.85 倍的额定电压，瞬时地操作试验装置 25 次，间隔 5 s，每次操作前 RCM 应复位。对延时时间至 10 s 的 RCM，间隔时间增加到 15 s。

注：对延时型 RCM 的瞬时地操作试验装置的时间，应延长至使 RCM 动作。[2)]

b) 然后，在 1.1 倍额定电压下重复 a)项试验。

c) 接着，重复 b)项试验，但只试验一次，试验装置的复位件保持在闭合位置 30 s(正在考虑修改本试验)。

每次试验时，RCM 应驱动报警。试验后，RCM 应无妨碍其继续使用的损坏。

为了验证在额定电压下操作试验装置产生的安匝数小于或等于 $I_{\Delta n}$ 的剩余电流产生的安匝数的 3.5 倍，可根据试验装置电路的结构测量试验装置电路的阻抗并计算试验电流。

对于这个验证的项目，如果必须拆开 RCM，则应另外使用一个试品。

使用另外一种试验方法时，上述验证安匝数不适用。

注：验证试验装置的耐久性可认为已包括在 9.10 的试验中。

9.16 验证过电流情况下的不动作电流极限值

9.16.1 和 9.16.2 的试验仅适用于按 4.9.2 分类的 RCM。

注：对具有几个整定值的 RCM，试验在最低整定值下进行。

9.16.1 验证带两个电流回路的 RCM 通以负载时的过电流极限值

RCM 按图 16 a)接线。

RCM 按正常使用接线，连接一个基本上无感的等于 $6I_n$ 的负载。

动作功能与电源电压有关的 RCM 在电源侧施加额定电压(或相应的额定电压范围内的任何电压值)。

用一个两极试验开关接通负载，然后过 1 s 后再断开。

该试验重复进行三次，相邻两次闭合操作之间的时间间隔至少为 1 min。

RCM 不应断开。

9.16.2 验证三极或四极 RCM 通以单相负载时过电流的极限值

RCM 按图 16 a)接线。

动作功能与电源电压有关的 RCM 在电源侧施加额定电压(或相应的额定电压范围内的任何电压值)。

调节电阻 R 使电路流过等于 $6I_n$ 的电流。

注：调节电流时，RCM 可以用阻抗可忽略不计的连接代替。

使原来断开的试验开关 S_1 闭合，1 s 后再重新断开。

对每一个可能组合的电流回路重复试验三次，相邻两次操作之间的时间间隔至少为 1 min。

RCM 不应动作。

9.16.3 具有外部检测装置(互感器)的 RCM 通以单相负载时验证过电流限值

RCM 按图 16 b)接线。

动作功能与电源电压有关的 RCM 在电源侧施加额定电压(或如果相关时，施加其额定电压值范围内的任何电压值)。

调节电阻 R 使电路流过等于 $6I_n$ 的电流。

注：为了调节该电流，RCM 可由一个阻抗可忽略的连接线代替。

---

2) 采标注：根据延时型 RCM 的操作性能要求所补充的内容。

使原来断开的试验开关 S_1 闭合，1 s 后再重新断开。

对每一个可能组合的电流回路重复试验三次，相邻两次操作之间的时间间隔至少为 1 min。

RCM 不应动作。

9.17 验证由冲击电压引起的浪涌电流作用下抗误动作的性能

RCM 用一个浪涌电流发生器进行试验，浪涌电流发生器能产生一个图 17 所示的衰减的振荡电流。连接 RCM 的试验电路图的示例见图 18。

对 RCM 任选的一相施加 10 次浪涌电流，每施加两次浪涌电流改变浪涌波形的极性，连续两次施加浪涌电流之间的时间间隔约 30 s。

用一个适当的装置测量冲击电流并用另外一个相同型号及相同 I_n 和 $I_{\Delta n}$ 的 RCM 调节电流以满足下列要求：

——峰值电流：200^{+20}_{0} A

或 $25^{+2.5}_{0}$ A （适用于 $I_{\Delta n} \leqslant 10$ mA 的 RCM）

——前沿时间：0.5×(1±30%)μs；

——后续振荡波形周期：10×(1±20%)μs；

——相邻波形的峰值：约为前一个波形峰值的 60%。

在试验过程中，RCM 不应动作。在振荡电流试验后，用 9.9.2 c)的试验验证 RCM 正确动作，仅在 $I_{\Delta n}$ 下进行试验并测量动作时间。

注：对带过电压保护或组装有过电压保护的 RCM 的试验顺序和有关试验正在考虑中。

9.18 验证绝缘耐冲击电压性能

进行试验时，RCM 固定在一个金属支架上，按正常使用接线并处在闭合位置。

由冲击电压发生器施加冲击电压，发生器应能产生正向和负向冲击电压，前沿时间为 1.2 μs；至半值时间为 50 μs，允许误差如下：

——峰值：±5%；

——前沿时间：±30%；

——至半值时间：±20%。

第一组试验在峰值为 6 kV 的冲击电压下进行，在 RCM 的相线连接在一起与中性线之间施加冲击电压。

第二组试验在峰值为 8 kV 的冲击电压下进行，在连接到保护导体接线端子(如果有的话)的金属支架与连接在一起的相线和中性线之间施加冲击电压。

注：试验装置的冲击阻抗宜为 500×(1±5%)Ω。

在两种情况下，均施加 5 次正向冲击电压和 5 次负向冲击电压，相邻二次冲击电压之间时间间隔至少为 10 s。

不应发生非故意的击穿放电。

然而，如果仅发生一次这样的击穿，可增加施加 10 次冲击电压，增加试验的冲击电压的极性和接线方式与发生击穿放电试验失败时的极性和接线方式相同。

不应再发生击穿放电。

注 1：“非故意击穿放电”被用来表示绝缘在电气应力下失效的现象，包括电压跌落以及电流流过等。

注 2：故意放电包括任何组装的浪涌抑制器的放电。

调节冲击电压波形时，把被试 RCM 连接到冲击电压发生器上。为此，应采用合适的分压器以及电压传感器。

允许冲击电压波形有小的振荡，只要靠近冲击电压峰值处的振荡辐值小于峰值的 5%。

冲击电压前沿的前半部的振荡辐值允许达到峰值的 10%。

9.19 验证剩余电流包含有直流分量时的正确动作

除了试验电路应是图 3 和图 4(适用时)所示的电路以外,9.9.1 和 9.9.5 的试验条件适用。

9.19.1 验证剩余脉动直流电流连续上升时的正确动作

对无方向判别的 RCM,试验应按图 3 进行。

注:对有方向判别的 RCM,验证剩余脉动直流电流连续上升时正确动作的试验正在考虑。

辅助开关 S_1 和 S_2 应闭合,相应的可控硅应这样控制,使电流滞后角 α 分别为 0°、90°和 135°。RCM 的每极应在每个电流滞后角以及辅助开关 S_3 在位置Ⅰ和位置Ⅱ各试验二次。

每次试验时,电流应从零开始稳定地增加,电流上升速率对 $I_{\Delta n}>0.01$ A 的 RCM 约为 $1.4I_{\Delta n}/30$ A/s,对 $I_{\Delta n}\leqslant0.01$ A 的 RCM 约为 $2I_{\Delta n}/30$ A/s。驱动电流应符合表 15 的规定。

表 15 驱动电流范围

滞后角 α	驱动电流 A	
	下 限	上 限
0°	$0.35\ I_{\Delta n}$	$1.4I_{\Delta n}$或 $2I_{\Delta n}$ (分条款 5.2.6)
90°	$0.25I_{\Delta n}$	
135°	$0.11I_{\Delta n}$	

9.19.2 验证突然出现剩余脉动直流电流时的正确动作

对无方向判别的 RCM,试验应按图 3 进行。

注:对有方向判别的 RCM,验证突然出现剩余脉动直流电流时正确动作的试验正在考虑。

试验电路依次调节到 $I_{\Delta n}$、$2I_{\Delta n}$和 $5I_{\Delta n}$的电流值,辅助开关 S_1 在闭合位置,用闭合开关 S_2 的方法突然接通剩余电流。

在电流滞后角 $\alpha=0°$,且在上述每个 I_{Δ} 值乘以 1.4(对 $I_{\Delta n}>0.01$ A 的 RCM)或乘以 2(对 $I_{\Delta n}\leqslant$ 0.01 A的 RCM)的电流下进行二次试验,第一次测量辅助开关 S_3 在位置Ⅰ,第二次测量时辅助开关 S_3 在位置Ⅱ。

每次试验 RCM 应在 10 s 内动作。

9.19.3 验证在基准温度下,带负载时正确动作

RCM 的被试极和另外一个极通以额定电流负载重复 9.19.1 的试验,额定电流负载在试验前不久接通。

注:额定电流负载在图 3 中没有标明。

9.19.4 验证剩余脉动直流电流迭加 0.006 A 平滑直流电流时的正确动作

RCM 按图 4 用半波整流剩余电流(电流滞后角 $\alpha=0°$)迭加 0.006 A 平滑直流电流进行试验。

RCM 的每极依次在位置Ⅰ和Ⅱ时各试验二次。

半波电流 I_1 从零开始稳定地增加,电流上升速率对 $I_{\Delta n}>0.01$ A 的 RCM 约为 $1.4I_{\Delta n}/30$ A/s,对 $I_{\Delta n}\leqslant0.01$ A 的 RCM 约为 $2I_{\Delta n}/30$ A/s。RCM 应分别在电流不超过 $1.4I_{\Delta n}+6$ mA 或 $2I_{\Delta n}+6$ mA 的电流值前动作。

9.20 验证可靠性

用 9.20.1 和 9.20.2 的试验来检验是否符合要求。

注:对具有几个整定值的 RCM,试验应在最低整定值下进行。

9.20.1 气候试验

本试验按 GB/T 2423.4—2008 并考虑 GB/T 2424.2 进行。

9.20.1.1 试验室

试验室的结构应如 GB/T 2423.4—2008 第 3 章所述。冷凝水应不断地从室内排出,并且在被净化

以前不再使用。只能采用蒸馏水来维持室内湿度。

蒸馏水在进入试验室前，电阻率应不小于 500 Ω·m，pH 值为 7.0±0.2。在试验过程中和试验后，电阻率应不小于 100 Ω·m 并且 pH 值应保持在 7.0±1.0。

9.20.1.2 严酷性

试验周期应符合下列条件：

——上限温度：55 ℃±2 ℃；

——周期数：28。

9.20.1.3 试验顺序

试验顺序应按 GB/T 2423.4—2008 第 5 章和 GB/T 2424.2。

a) 初始验证

初始验证时，RCM 按 9.9.2 c)进行试验。

b) 试验条件

RCM 按正常使用安装和接线，然后放入试验室。

RCM 的温度应稳定在 25 ℃±3 ℃(图 19)：

——在把 RCM 放入试验室前，先放在另外一个单独的试验室中稳定；

——或在放入 RCM 后，把试验室的温度调节到 25 ℃±3 ℃，并保持这个温度直至达到温度稳定。

在用上述任一方法稳定温度期间，相对湿度应在试验标准大气条件规定的极限范围(见表 1)内。

在最后 1 h，RCM 在试验室内，在 25 ℃±3 ℃的周围温度下，相对湿度应增加到不小于 95%。

c) 24 h 周期的说明(见图 20)

试验室的温度应逐渐地上升到 9.20.1.2 规定的合适的上限温度。

上限温度应在 3 h±30 min 的时间内达到，温度上升速率应在图 20 阴影面积规定的范围内。

在这期间，相对湿度不应小于 95%，RCM 上应产生凝露。

注：产生凝露的条件是指 RCM 的表面温度低于大气的露点。也就是说如果热时间常数较小时，则相对湿度必须大于 95%，并应注意冷凝水滴不能落到试品上。

然后温度应基本上保持在规定的上限温度±2 ℃的极限范围内，从试验周期开始保持 12 h±30 min。

在此期间，除了最初和最后的 15 min 相对湿度应在 90%～100%之间外，其余时间的相对湿度应为 93%±3%。

在最后 15 min，RCM 上不应产生凝露。

然后，温度应在 3 h～6 h 内降到 25 ℃±3 ℃。开始 1 h 30 min 的降温速率应是这样的，如果保持图 20 所示的速率，则温度将在 3 h±15 min 内达到 25 ℃±3 ℃。

在降温期间，除了最初 15 min 相对湿度应不小于 90%外，其余时间的相对湿度应不小于 95%。

接着，温度保持在 25 ℃±3 ℃，相对湿度不小于 95%直至 24 h 周期结束。

9.20.1.4 恢复

在试验周期结束时，RCM 不应从试验室中取出。

打开试验室门，并停止调节温度和湿度。

然后经过 4 h～6 h，使得室内重新建立环境大气条件(温度和湿度)后进行最后测量。

在 28 个试验周期中，RCM 不应动作。

9.20.1.5 最后验证

在 9.9.2 c)规定的试验条件下，RCM 通以 $1.25I_{\Delta n}$ 的试验电流应动作。仅在任意选取的一相进行一次试验，试验时不测量动作时间。

9.20.2 40 ℃温度试验

RCM按正常使用安装在一块厚约20 mm，涂有无光泽黑漆的层压板上。

RCM每相的两侧连接一根长1 m，标称截面积见表3规定的单芯电缆，接线端子的螺钉或螺母用表8规定值三分之二的扭矩拧紧，把这一组件放入加热箱。

RCM在任何合适电压下通以额定电流负载，并在40 ℃±2 ℃的温度下进行28周期试验，每个周期包括21 h通以电流和3 h不通电流。用一个辅助开关断开电流。

对四极RCM，只对三个电流回路通以负载电流。

在最后21 h通电周期结束时，用细线热电偶测定接线端子温升，这温升不应超过65 K。

在这个试验后，RCM在加热箱内，不通电流，冷却到接近室温。电子部件不应损坏。

在9.9.2 c)规定的试验条件下，RCM通以1.25$I_{\Delta n}$的试验电流应动作。仅在任意选取的一相进行一次试验，试验时不测量动作时间。

9.21 验证电子元件抗老化性能

注1：正在考虑修改本试验。

RCM通以额定电流负载，在40 ℃±2 ℃的周围温度下放置168 h，电子部件上的电压应为额定电压的1.1倍。

在上述试验后，RCM在加热箱内，不通电流，冷却至接近室温。电子部件应不损坏。

在9.9.2 c)规定的试验条件下，RCM通以1.25$I_{\Delta n}$的试验电流应动作。仅在任意选取的一相进行一次试验，试验时不测量动作时间。

注2：本验证的试验电路示例见图21。

9.22 验证电磁兼容性(EMC)要求

适用于表5试验的合格判别标准。

就本标准而言，对每项试验GB/T 17626系列中的合格判别标准由下述内容替代：

试验　合格判别标准

T2.1　在试验过程中，RCM持续施加0.3$I_{\Delta n}$的剩余电流时不应转换到报警状态；持续施加1.25$I_{\Delta n}$剩余电流时应转换到报警状态。

注：当RCM有多个$I_{\Delta n}$时，0.3$I_{\Delta n}$和1.25$I_{\Delta n}$值适用于最小和最大的整定值。

T2.2　在本验过程中，RCM在受到骚扰时不应转换到持续报警状态，但允许暂时驱动报警。在试验后，RCM应能完满地完成9.9.2中项a)、b)和c)所规定的试验。

T2.3　在本验过程中，RCM在受到骚扰时不应转换到持续报警状态，但允许暂时驱动报警。在试验后，RCM应能完满地完成9.9.2中项a)、b)和c)所规定的试验。

T2.5　在试验过程中，RCM持续施加0.3$I_{\Delta n}$的剩余电流时不应转换到报警状态；持续施加1.25$I_{\Delta n}$剩余电流时应转换到报警状态。

注：当RCM有多个$I_{\Delta n}$时，0.3$I_{\Delta n}$值适用于最小整定值，而1.25$I_{\Delta n}$值适用于最大整定值。

T3.1　在试验过程中，RCM可能转换到报警状态。在试验后，RCM应能完满地完成9.9.2中项a)、b)和c)所规定的试验。

9.23 RCM对高压侧故障引起的低压侧暂时过电压的反应

下列试验适用于具有功能接地连接(FE)的RCM：

在所有连接在一起的电源端子(相线和中性线)和FE端子之间施加1 200 V+U_0的工频试验电压5 s。连接到FE端子上的电子线路不应断开。试验电压发生器应能提供0.2(1±10%)A的短路电流。在试验过程中和试验后，如果有损害，应限于RCM本身。

单位为毫米

材料：金属(除图上另有规定外)；

线尺寸以 mm 表示；

未注公差尺寸其公差为：

角度：$_{-10'}^{0}$；

线尺寸：

小于或等于 25 mm：$_{-0.05}^{0}$ mm；

大于 25 mm：±0.2 mm；

两个关节能在同一平面及同一方向转过 90°角度，允许误差：$_{0^\circ}^{+10^\circ}$。

图 1　标准试指(9.6)

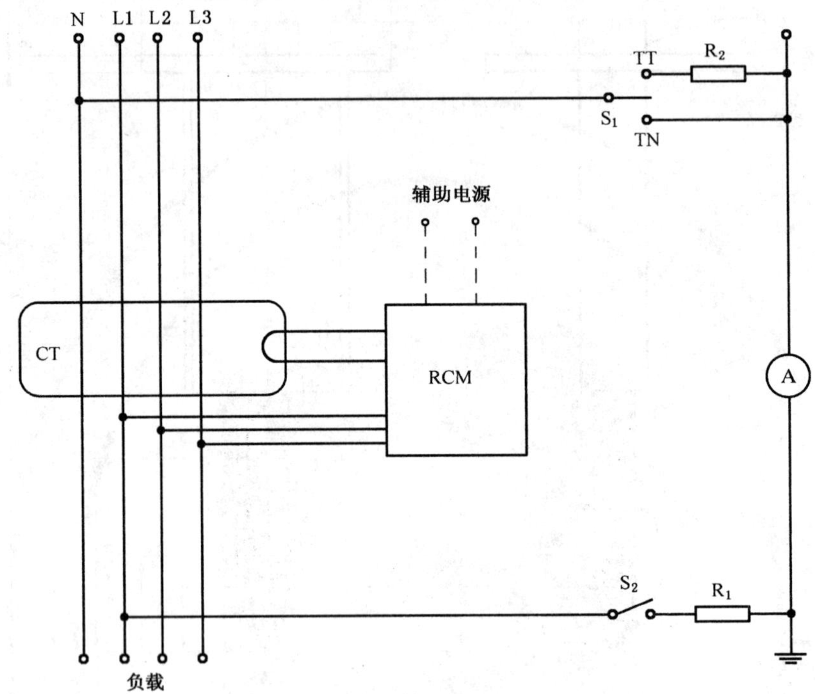

N,L1,L2,L3——电源(对单相 RCM,删去 L2 和 L3);

R_1——可变电阻器;

R_2——100 Ω 电阻;

S_1——模拟 TT 或 TN 系统的双向开关;

S_2——模拟接地故障连接的开关;

RCM——被试 RCM;

CT——RCM 的剩余电流互感器;

A——真有效值电流表。

图 2a) 验证在 TN 和 TT 系统中使用的 RCM 的动作特性的试验电路

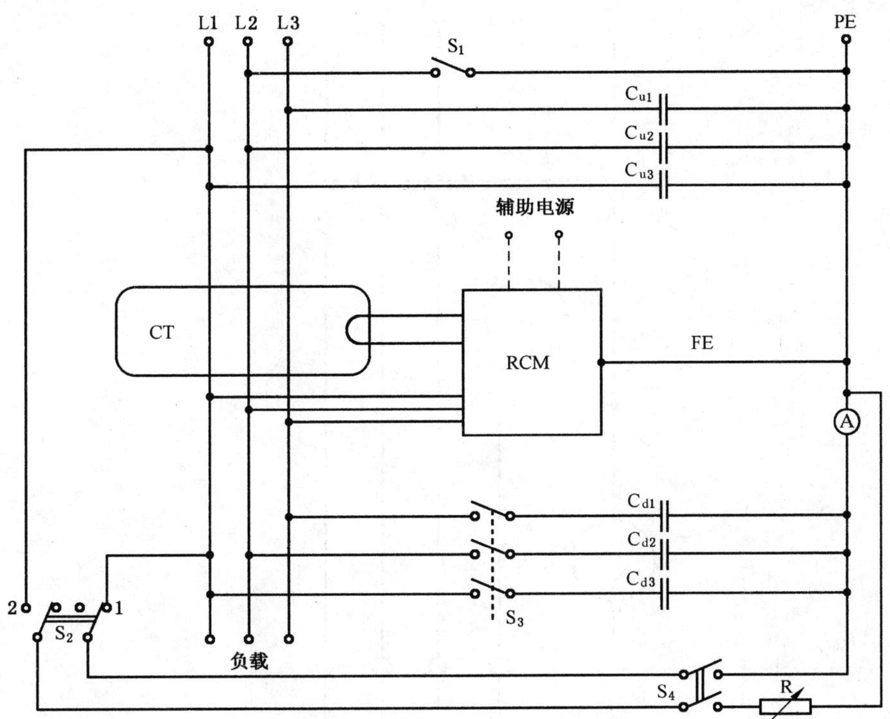

L1,L2,L3——电源(对于单相,删除L3);

S_1——电源侧发生接地故障时方向判别试验的开关;

S_2——方向判别试验的双向开关;

S_3——连接负载侧电容的三极开关;

S_4——模拟接地故障连接用开关;

RCM——被试RCM;

CT——RCM的剩余电流互感器;

A——真有效值电流表;

$C_{u1} \sim C_{u3}$——模拟泄漏电容的试验电容器—电源侧(对于单相电源,删除C_{u3});

C_u——$(12I_{\Delta n} \times 10^6)/(U \times 2\pi f)$,$C_u$的值以$\mu$F为单位,允差为±30%;

$C_{d1} \sim C_{d3}$——模拟泄漏电容的试验电容器—负载侧(对于单相电源,删除C_{d3});

C_d——$(2I_{\Delta n} \times 10^6)/(U \times 2\pi f)$,$C_u$的值以$\mu$F为单位,允差为±30%;

U——相线/相线电压;

f——电源频率;

$I_{\Delta n}$——剩余动作电流;

R——可调电阻;

FE——方向半判别RCM需要的连接(见3.3.13)。

试验线路的解释:

C_u和C_d的公式提供的值已经足够高来给出单独的$I_{\Delta n}$,并在实践的主要条件下试验选择性。

C_u或C_d的计算值是针对每个单独电容来说的。

图2b) 4.11分类的RCM在IT系统中验证方向判别的试验线路

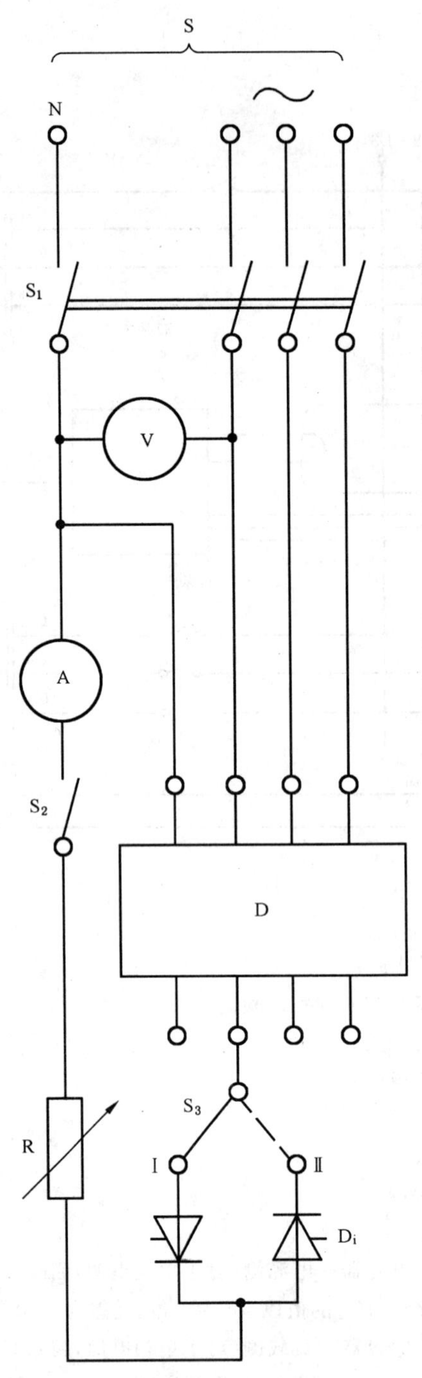

S——电源；
V——电压表；
A——电流表(测量有效值)；
D——被试 RCM；
D_i——可控硅；
R——可变电阻器；
S_1——多极开关；
S_2——单极开关；
S_3——双向开关。

图 3　RCM 在剩余脉动直流电流时正确动作的试验电路

S——电源；

V——电压表；

A——电流表(测量有效值)；

D——被试 RCM；

D_i——可控硅；

R_1，R_2——可变电阻器；

S_1——多极开关；

S_2——单极开关；

S_3——双向开关。

图 4　验证 RCM 在剩余脉动直流电流叠加 0.006 A 平滑直流时正确动作的试验电路

图5～图7的字母符号说明：

N——中性线；

S——电源；

R——可变电阻器；

L——可调电抗器；

P——短路保护装置(SCPD)；

D——被试RCM；

G_1——调节用临时连接；

G_2——额定限制短路电流试验的连接；

T——短路闭合开关；

O_1——记录电流传感器；

O_2——记录电压传感器；

F——检测故障电流装置；

R_1——装置F的限流电阻器；

R_2——调节I_Δ的可调电阻器；

R_3——附加可调电阻器，可获得低于额定限制短路电流的电流；

S_1——辅助开关。

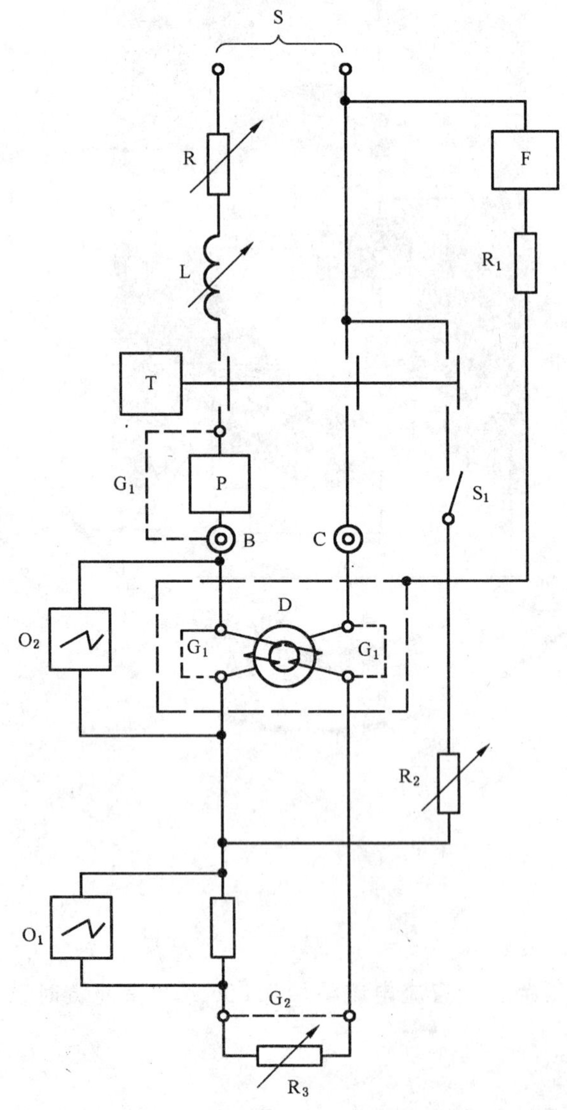

图5 验证带二个电流回路的RCM与SCPD配合的试验电路(9.11)

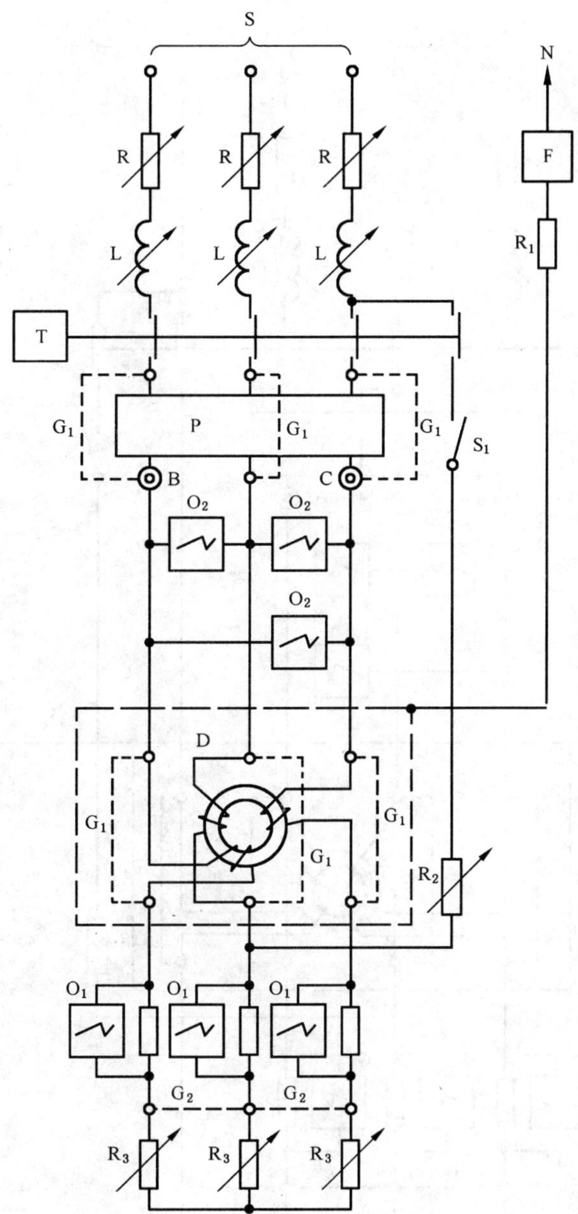

图 6　在三相电路中验证带三个电流回路的 RCM 与 SCPD 配合的试验电路(9.11)

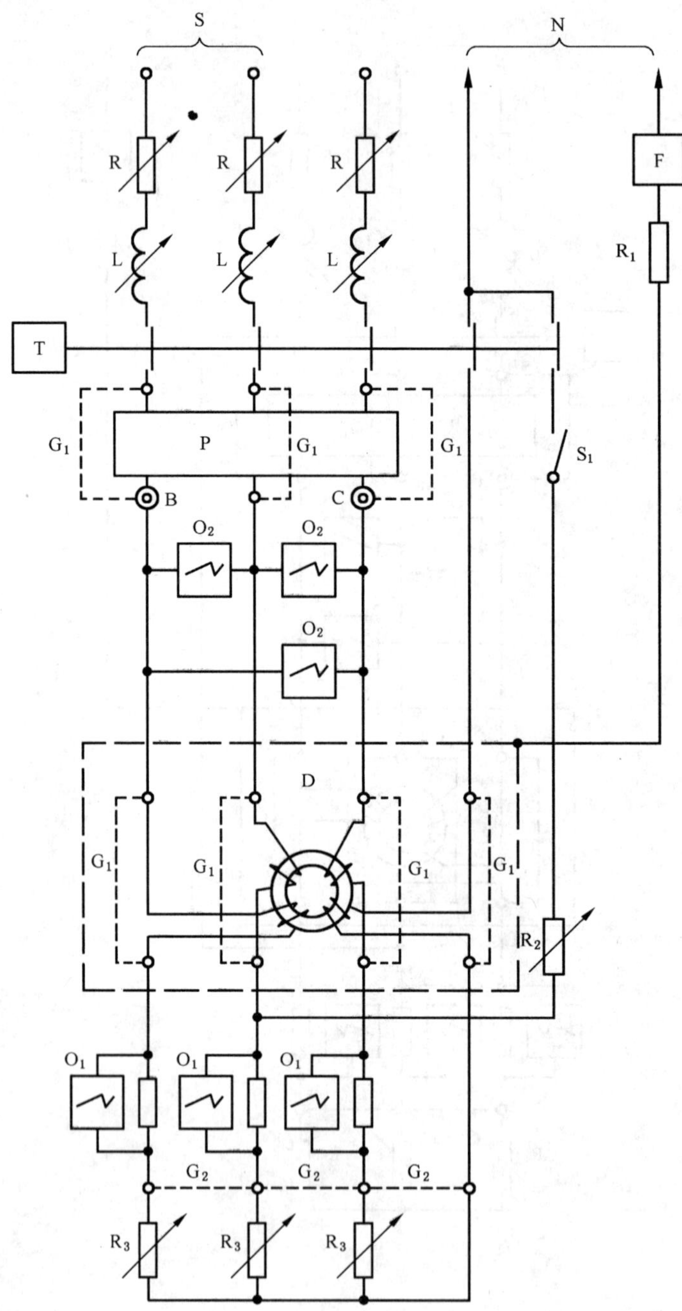

图 7　在三相四线电路中验证带四个电流回路的 RCM 与 SCPD 配合的试验电路(9.11)

单位为毫米

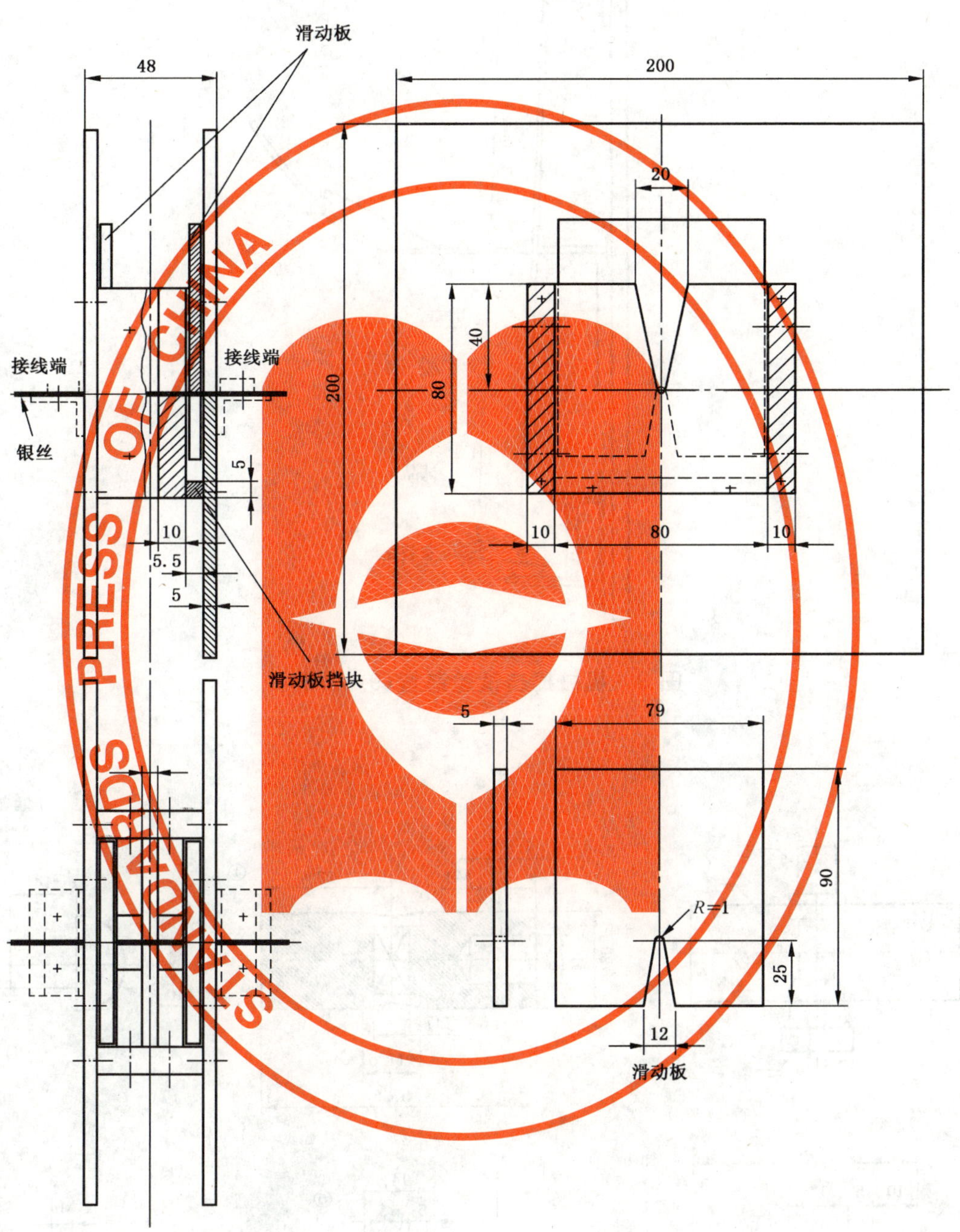

图 8　验证 RCM 所能承受的最小 I^2t 和 I_p 值的试验装置[9.11.2.1 a)]

单位为毫米

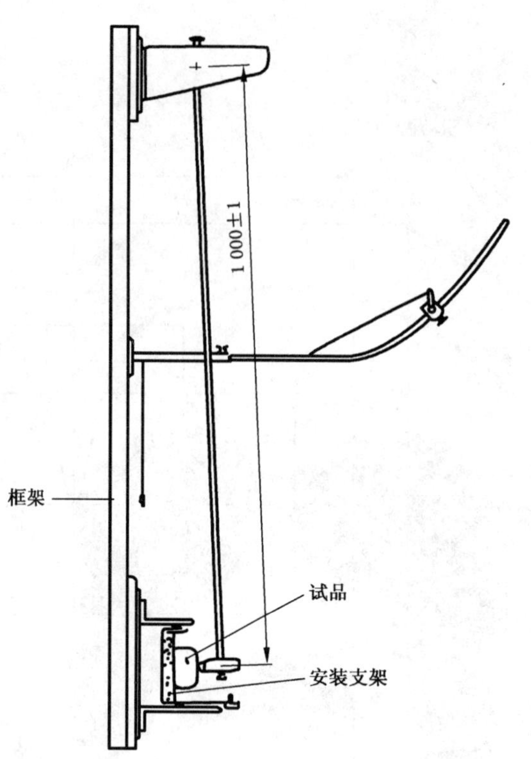

图 9 机械撞击试验装置(9.12.1)

单位为毫米

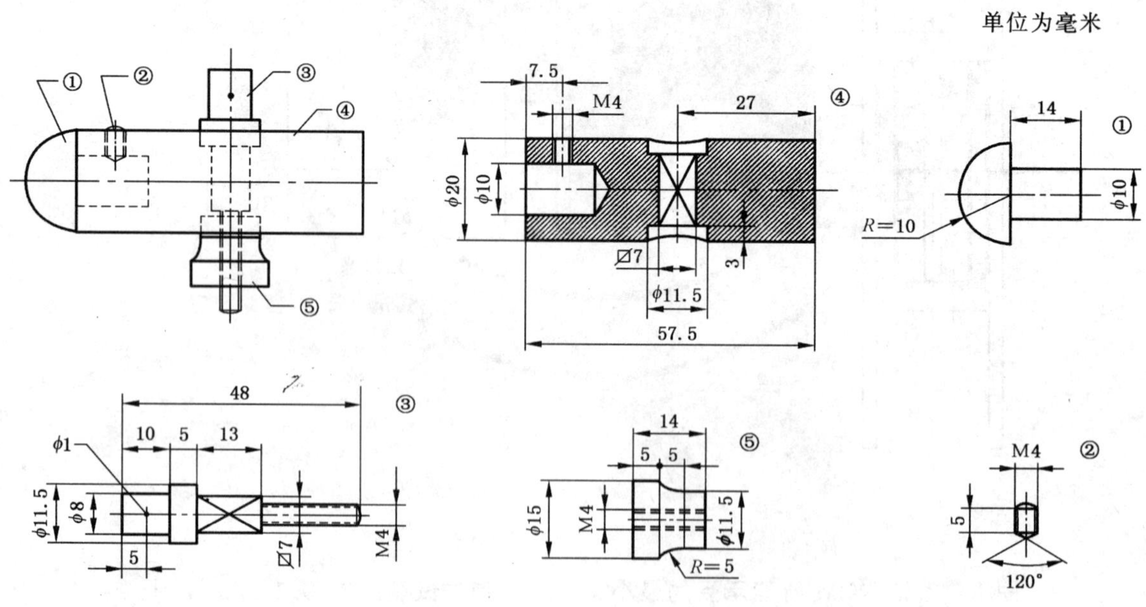

部件的材料：

1——聚酰胺；

2,3,4,5——钢 Fe360。

图 10 摆动撞击试验装置的撞击元件(9.12.1)

单位为毫米

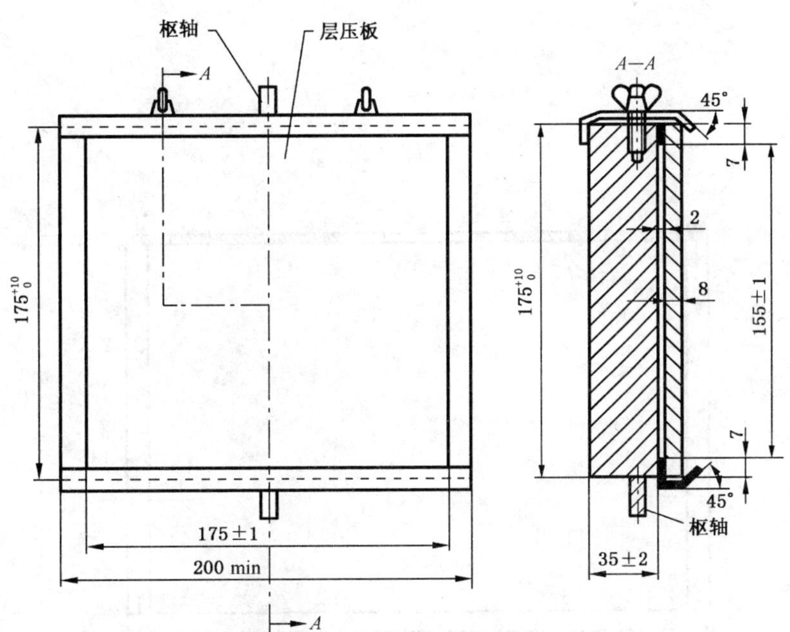

图 11 机械撞击试验的试品安装支架(9.12.1)

单位为毫米

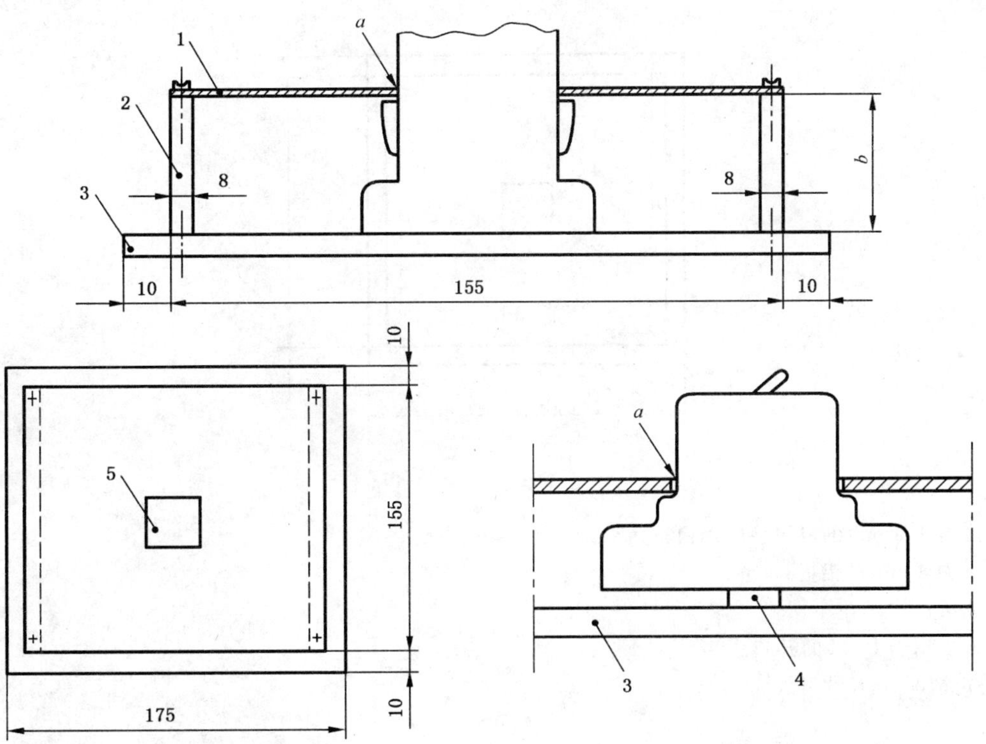

1——厚度为 1 mm 的可更换的钢板；

2——厚度为 8 mm 的铝板；

3——安装板；

4——轨道式安装 RCM 的安装轨；

5——钢板上用于 RCM 的开口；

a 开口的边至 RCM 的距离应为 1 mm～2 mm；

b 铝板的高度应这样，使钢板靠在 RCM 的支承面上，如果 RCM 没有这样的支承面，则从用一个附加的盖板保护的带电部件至钢板下面的距离为 8 mm。

图 12 非封闭式 RCM 机械撞击试验安装示例(9.12.1)

单位为毫米

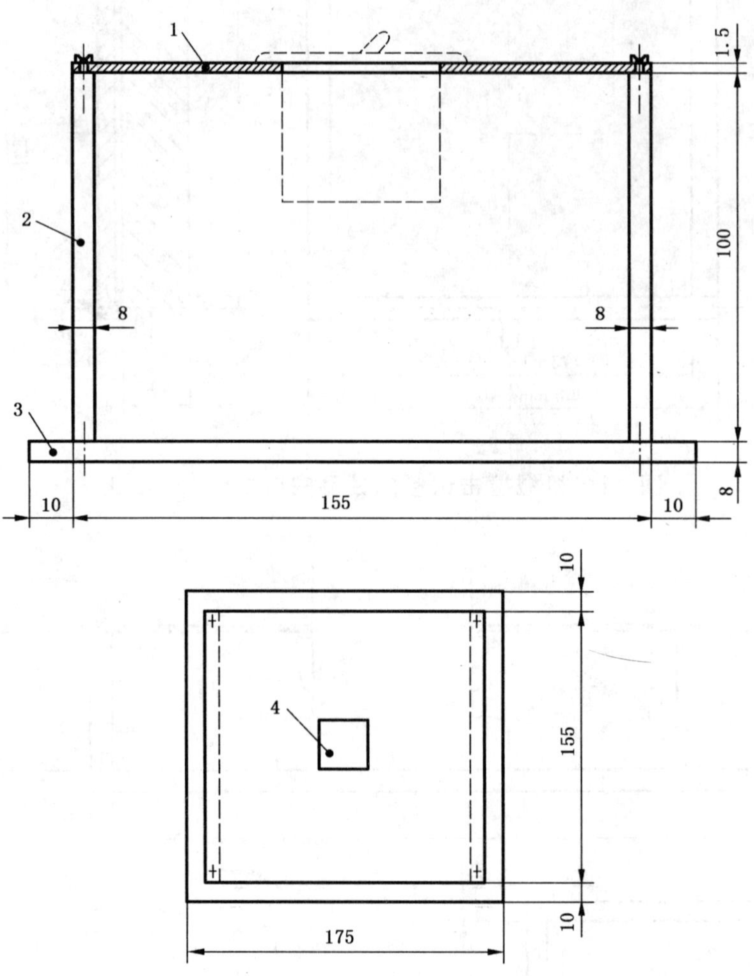

1——厚度为 1.5 mm 的可更换的钢板；

2——厚度为 8 mm 的铝板；

3——安装板；

4——钢板上用于 RCM 的开口。

注：在特定情况下，尺寸可放大。

图 13　配电板安装式 RCM 机械撞击试验安装示例(9.12.1)

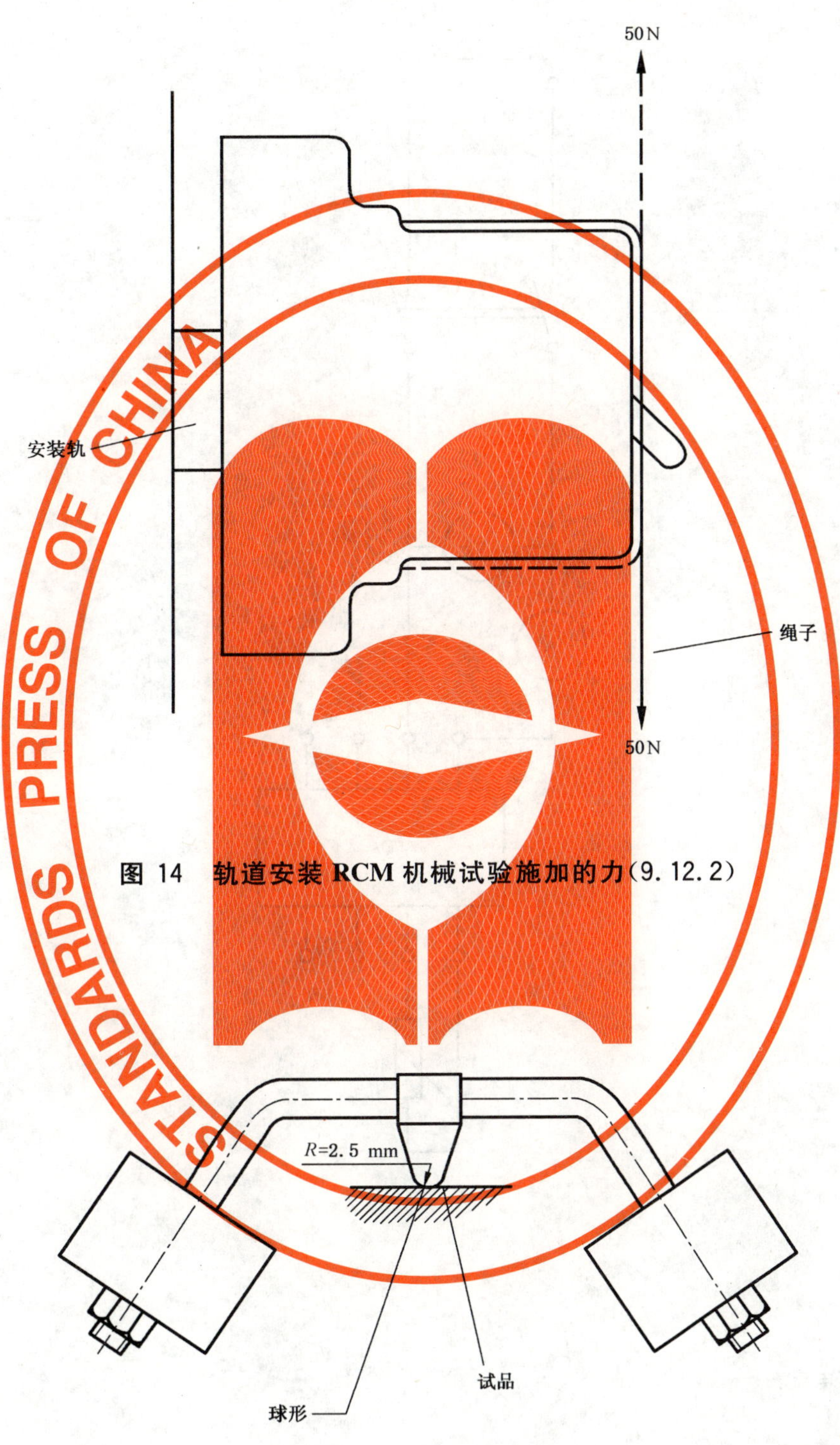

图 14　轨道安装 RCM 机械试验施加的力(9.12.2)

图 15　球压试验装置(9.13.2)

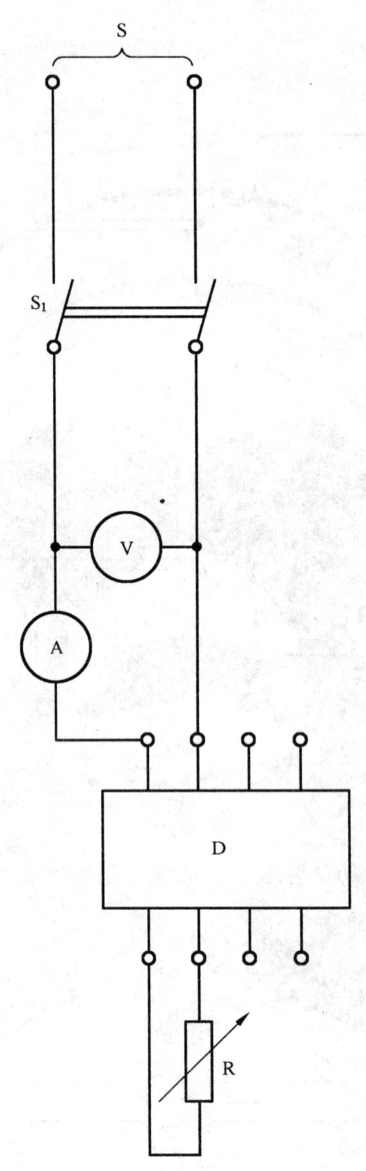

S——电源；

S_1——二极开关；

V——电压表；

A——真有效值电流表；

D——被试 RCM；

R——可调电阻。

图 16a） 验证三相 RCM 通以单相负载时过电流极限值的试验电路

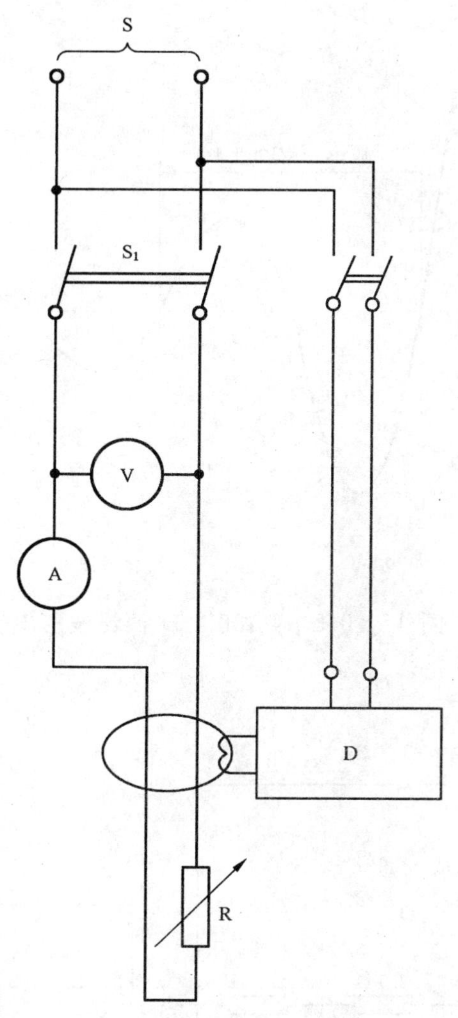

S——电源；

S_1——二极开关；

V——电压表；

A——真有效值电流表；

D——被试 RCM；

R——可调电阻。

图 16b） 验证带外部检测装置的 RCM 通以单相负载时过电流极限值的试验电路

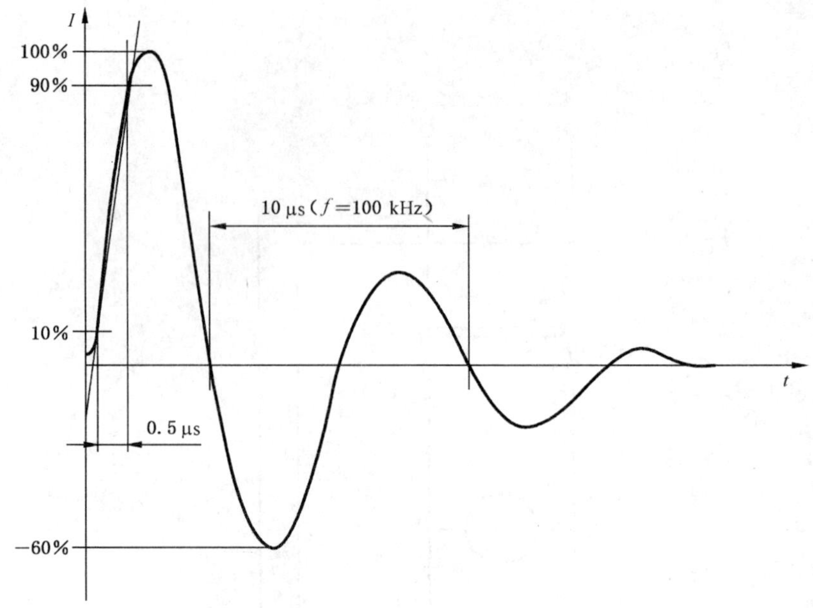

图 17　0.5 μs/100 kHz 振铃波形电流

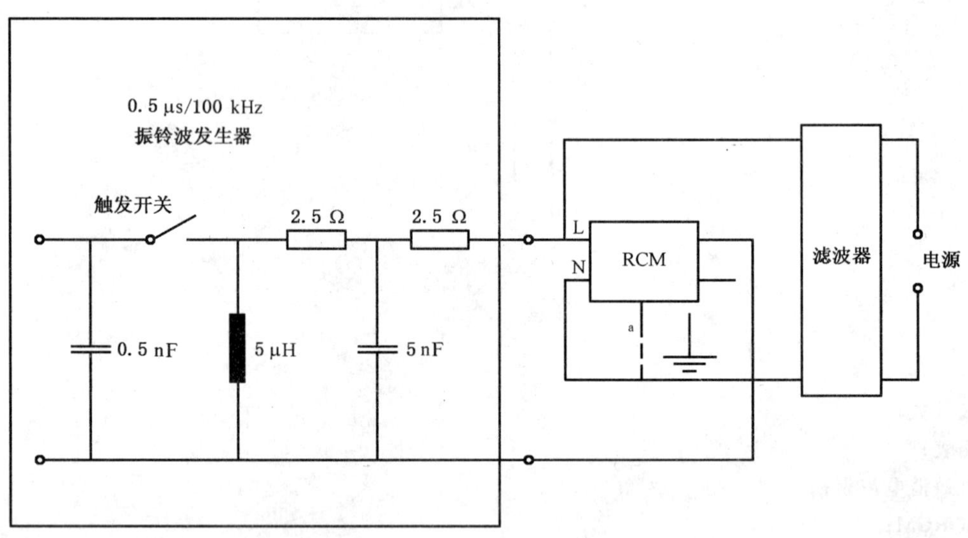

[a] 如果 RCM 有接地端子，应接到中性线端子上（如果有的话）；如果 RCM 上有这样标志或没有标志，则应接到任何相线端子上。

图 18　RCM 振铃波试验电路

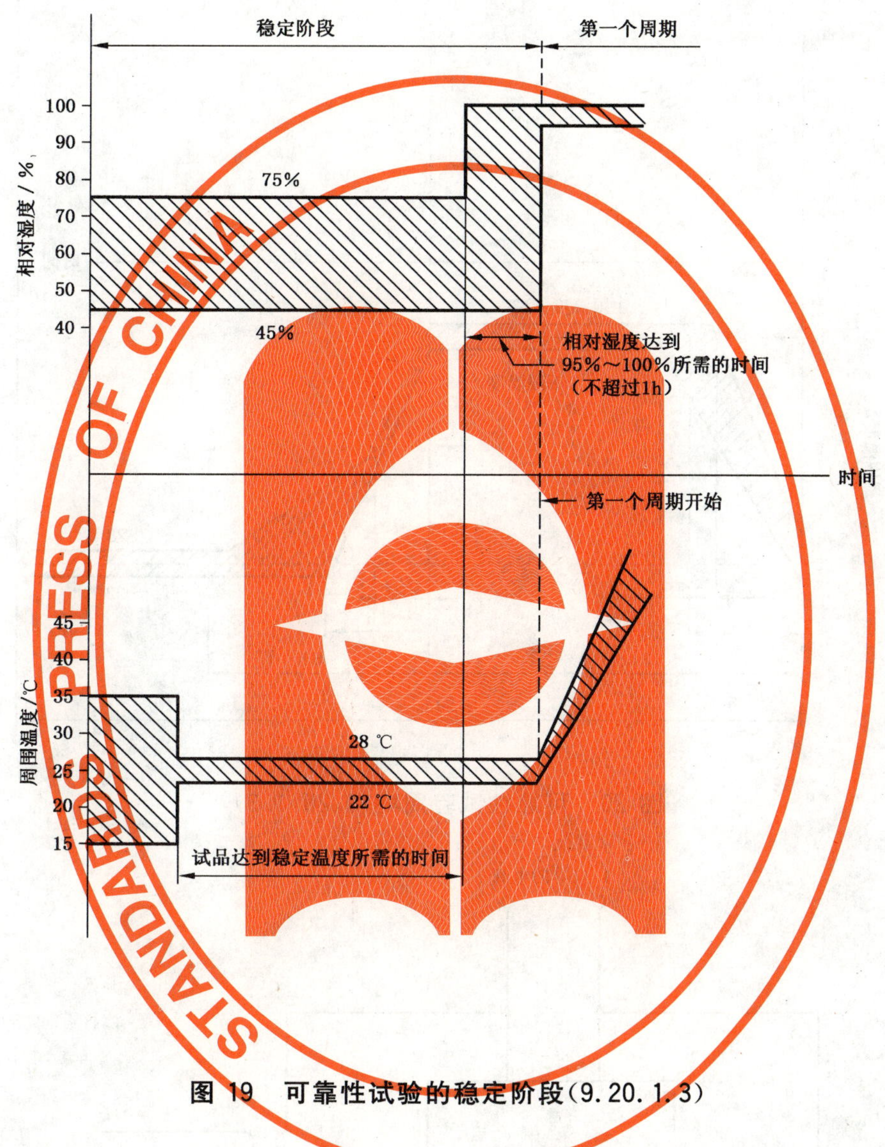

图 19　可靠性试验的稳定阶段(9.20.1.3)

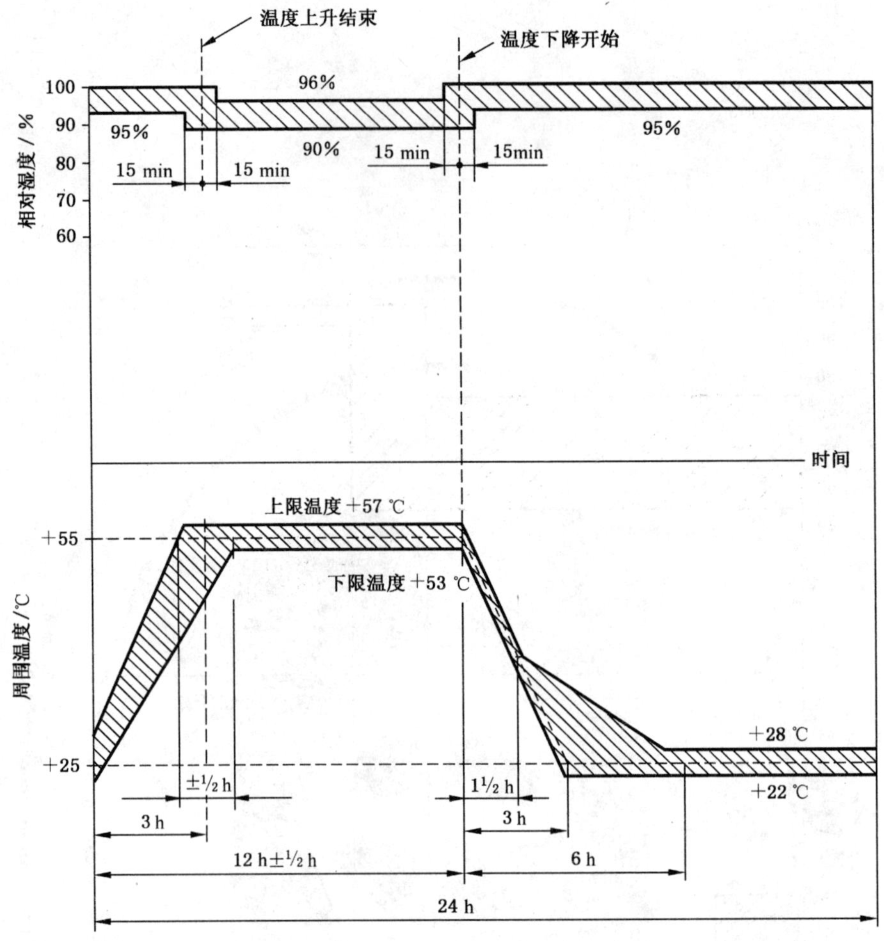

图 20　可靠性试验周期(9.20.1.3)

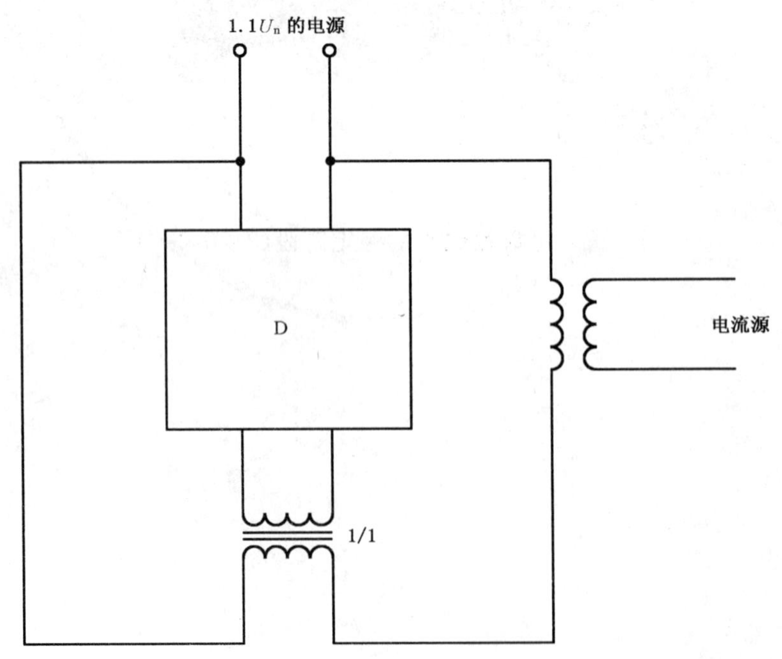

D——被试 RCM。

图 21　验证电子元件老化试验电路示例(9.21)

下列图 22 a)和 22 b)是本标准涉及的典型 RCM：

RCM 可以分为两个不同的类别：

Ⅰ） 不与被监视线路连接的 RCM(4.9.1)；

Ⅱ） 与被监视线路连接的 RCM(4.9.2)。

取决于设计，用于监视时如下图所示 RCM 可以使用内部或外部电流，或具有选择内部或外部互感器的装置。

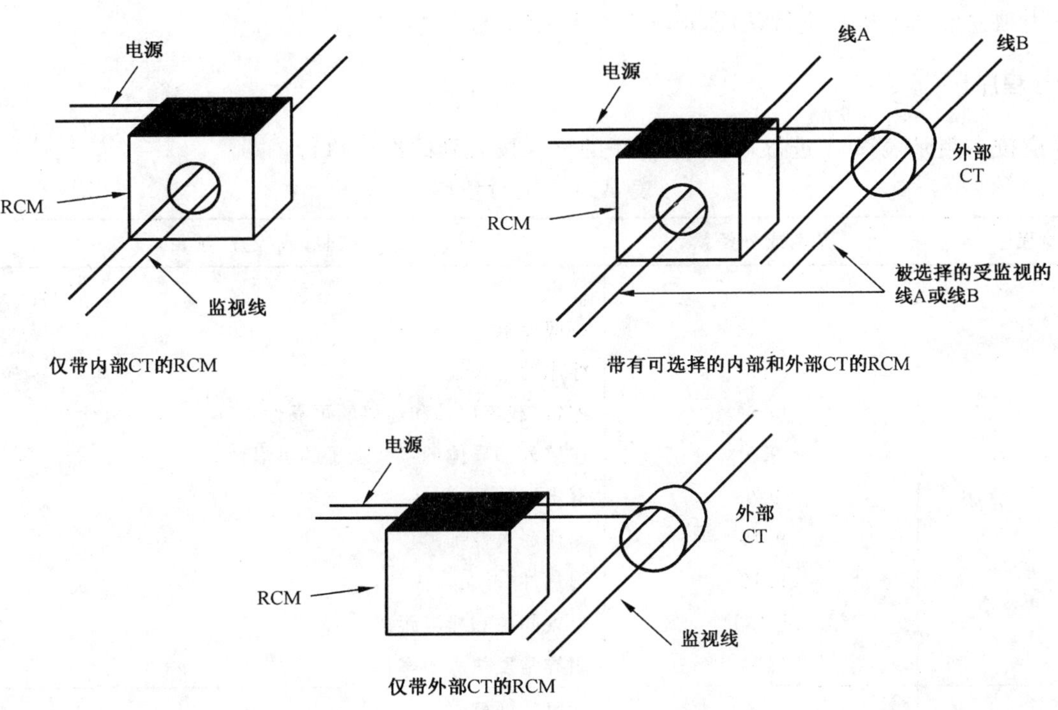

图 22a） 不与被监视线路连接的 RCM

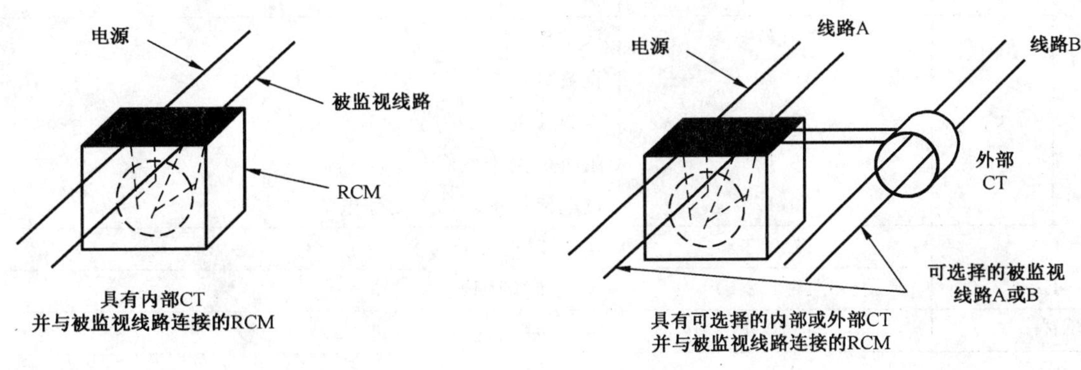

图 22b） 与被监视线路连接的 RCM

附 录 A
（规范性附录）
验证符合本标准的试验程序和试品数量

一致性验证可以：

——由制造商进行验证，作为供货方的声明（ISO/IEC 导则 2 的 13.5.1）；

——由独立的认证机构进行认证（ISO/IEC 导则 2 的 13.5.2）。

A.1 试验程序

试验应按本附录表 A.1 进行，每一个程序的试验按表列的次序执行。

表 A.1 试验程序

试验程序		条款或分条款	试验（或检查）项目
A		6	标志
			一般要求[a]
		9.3	标志的耐久性
		9.4	螺钉、载流部件和连接的可靠性
		9.5	连接外部导体的接线端子的可靠性
		9.6	电击保护
		9.10	动作耐久性
		9.13	耐热性
		8.1.3	电气间隙和爬电距离
		9.14	耐异常发热和耐燃性
B		9.7	介电性能试验
		9.8	温升
		9.18	绝缘耐冲击电压的性能
		9.20.2	在 40 ℃时的可靠性
		9.21	电子元件的老化
C	C_0	9.9	动作特性
	C_1	9.17	误动作
		9.19	直流分量
		9.15	试验装置
		9.12	耐机械撞击性能
		9.16	过电流情况下的不动作电流
D		9.11.2.2 a)	在 I_{nc}时的配合
E		9.11.2.2 b)	在 $I_{\Delta c}$时的配合
F		9.20.1	可靠性（气候试验）
G		9.22	电磁兼容性
H		9.23	RCM 对高压侧故障引起的低压侧暂时过电压的反应

[a] 一般要求是指 8.1.1 和 8.1.2 中的检查和测量。对这些条款的个别试验可在试验程序 A 中任何合适的地方进行。

A.2 提交全部试验程序的试品数量

如果只有一种型式的一个电流额定值和一个剩余动作电流额定值的 RCM 提交试验，不同试验系列的试品数量见表 A.2 所示，表中还列出了最低的性能判别标准。

表 A.2 提交试验的试品数量

试验程序	试品数量[a]	最少合格试品数量[b]	重复试验的试品数量[c]
A[d]	1	1	—
B	2	1	2
C	2	1[e]	2
D	2	1[e]	2
E	2	1[e]	2
F	2	1	2
G	2	1	2
H	2	1	2

a 总共最多可重复试验三个试验程序。

b 假定没有通过试验的试品是由于工艺或装配的缺陷造成没有满足技术要求，而不是由于设计的原因。

c 在重复试验时，所有的试验结果必须合格。

d 如果试验时必须拆开试品，可再用另外一个试品。这种情况下，制造商可提供一台特殊准备的试品。

e 所有试品均应符合 9.9.2，9.9.3(如适用)。此外，在 9.11.2.2 a)，9.11.2.2 b)项试验时，任何试品均不应发生持续燃弧。

如果按表 A.2 第二栏提交的所有试品都通过试验，则满足了符合本标准的要求。如果只有第三栏中最少的试品数量通过试验，则应对第四栏所示增加的试品进行试验，并且所有的试品都应完满地完成试验程序。

A.3 基本设计结构相同的一个系列 RCM 同时提交试验时，简化试验程序的试品数量

A.3.1 基本设计结构相同的一个系列 RCM 或对这样一个系列的 RCM 增加的试品提交认证时，则提交试验的试品数量可按表 A.3 减少。

注：就本附录而言，“相同的基本设计结构”包含整个额定电流(I_n)系列，整个额定剩余动作电流($I_{\Delta n}$)系列。

如果符合下列 a)～i)要求，可认为 RCM 具有相同的基本设计结构：

a) 具有相同的基本设计，例如在同一系列中，与电源电压有关的型式和与其他能源有关的型式不能同时存在；

b) 除了下面 3)和 4)许可的不同外，剩余电流动作装置具有相同的驱动功能和相同的继电器；

c) 除了下面 1)所列举的不同外，内部载流部件的材料、涂层和尺寸相同；

d) 对 4.9.2 分类的 RCM，接线端子具有类似的结构[见下面 2)]；

e) 手动操作机构，材料和物理性能相同；

f) 模压材料和绝缘材料相同；

g) 除了下面 3)允许的不同外，对于一种给定的特性型式，剩余电流检测装置的基本设计相同；

h) 除了下面 4)允许的不同外，剩余电流驱动装置的基本设计相同；

i) 除了下面 5)允许的不同外，试验装置的基本设计相同。

只要 RCM 在所有的其他方面均符合上面列举要求，允许元件有下列不同：

1) 内部载流连接的截面积和环形连接的长度；

2) 接线端子的尺寸；

3） 绕组的匝数和截面积以及差动互感器铁心的尺寸和材料；

4） 继电器的灵敏度和/或有关的电子电路(如有的话)；

5） 为符合 9.15 的试验要求必需的，产生最大安匝数电路的电阻值。该电路可以连接在相与相之间或相与中性线之间。

A.3.2 相对于 4.7 和 4.11 具有相同类别及相同基本结构，但具有不同的电流额定值和不同的剩余动作电流的 RCM，试验的试品数量可按表 A.3 减少。

表 A.3 减少试品数量的试验

试验程序	按电流回路途数的试品数量[a]		
	二极[b]	三极[c]	四极
A	1 最大额定值 I_n 最小额定值 $I_{\Delta n}$	1 最大额定值 I_n 最小额定值 $I_{\Delta n}$	1 最大额定值 I_n 最小额定值 $I_{\Delta n}$
B	2 最大额定值 I_n 最小额定值 $I_{\Delta n}$	2 最大额定值 I_n 最小额定值 $I_{\Delta n}$	2 最大额定值 I_n 最小额定值 $I_{\Delta n}$
C_0+C_1	2 最大额定值 I_n 最小额定值 $I_{\Delta n}$	2 最大额定值 I_n 最小额定值 $I_{\Delta n}$	2 最大额定值 I_n 最小额定值 $I_{\Delta n}$
C_0	1 所有其他 $I_{\Delta n}$ 额定值		
D	2 最大额定值 I_n 最小额定值 $I_{\Delta n}$	2 最大额定值 I_n 最小额定值 $I_{\Delta n}$	2 最大额定值 I_n 最小额定值 $I_{\Delta n}$
E	2 最大额定值 I_n 最小额定值 $I_{\Delta n}$ 2 最小额定值 I_n[d] 最大额定值 $I_{\Delta n}$	2 最大额定值 I_n 最小额定值 $I_{\Delta n}$ 2 最小额定值 I_n[d] 最大额定值 $I_{\Delta n}$	2 最大额定值 I_n 最小额定值 $I_{\Delta n}$ 2 最小额定值 I_n[d] 最大额定值 $I_{\Delta n}$
F	2 最大额定值 I_n 最小额定值 $I_{\Delta n}$ 2 最小额定值 I_n[d] 最大额定值 $I_{\Delta n}$	2 最大额定值 I_n 最小额定值 $I_{\Delta n}$ 2 最小额定值 I_n[d] 最大额定值 $I_{\Delta n}$	2 最大额定值 I_n 最小额定值 $I_{\Delta n}$ 2 最小额定值 I_n[d] 最大额定值 $I_{\Delta n}$
G	2 最大额定值 I_n 最小额定值 $I_{\Delta n}$ 2 最小额定值 I_n[d] 最大额定值 $I_{\Delta n}$	2 最大额定值 I_n 最小额定值 $I_{\Delta n}$ 2 最小额定值 I_n[d] 最大额定值 $I_{\Delta n}$	2 最大额定值 I_n 最小额定值 $I_{\Delta n}$ 2 最小额定值 I_n[d] 最大额定值 $I_{\Delta n}$
H	2 最大额定值 I_n 最小额定值 $I_{\Delta n}$ 2 最小额定值 I_n[d] 最大额定值 $I_{\Delta n}$	2 最大额定值 I_n 最小额定值 $I_{\Delta n}$ 2 最小额定值 I_n[d] 最大额定值 $I_{\Delta n}$	2 最大额定值 I_n 最小额定值 $I_{\Delta n}$ 2 最小额定值 I_n[d] 最大额定值 $I_{\Delta n}$

a 如果根据 A.2 的最少合格性能判别标准须重复进行试验时，对有关试验用一组新的试品。重复试验时，所有的试验结果必须合格。

b 如果只有三极或四极 RCM 进行试验，这栏也适用于电流回路数最少的一组试品。

c 当四个电流回路 RCM 已经试验时，这栏可省略。

d 如果只有一个 $I_{\Delta n}$ 值提交试验，这组试品不需要。

附　录　B
（规范性附录）
确定电气间隙和爬电距离

在确定电气间隙和爬电距离时，应考虑下列几点：

如果电气间隙和爬电距离受到一个或几个金属部件的影响，则各部分的总和至少应为规定的最小值。

当单独部分的长度小于 1 mm 时，在计算电气间隙和爬电距离的总长度时，不计算这些部分的长度。

在确定爬电距离时：

——槽的宽度和深度至少为 1 mm 时，应沿着槽的轮廓线测量；

——槽的任何尺寸小于上述尺寸时，应忽略不计；

——筋高度至少为 1 mm 时：

- 如果筋是绝缘材料部件的整体部分（例如，用模压、焊接或胶合方式制成的），则沿着筋的轮廓线测量。
- 如果筋不是绝缘材料部件的整体部分，则应沿着筋的连接处或轮廓线中较短的路径测量。

用下列图例对上述推荐的用法进行说明：

——图 B.1、图 B.2、图 B.3 表示在计算爬电距离时，包括槽或不包括槽在内的图例；

——图 B.4 和图 B.5 表示在计算爬电距离时，包括筋或不包括筋在内的图例；

——图 B.6 说明当筋由插入的绝缘隔板组成，其外部轮廓线比连接处的长度长时，如何考虑连接处的爬电距离；

——图 B.7、图 B.8、图 B.9 和图 B.10 说明当绝缘材料部件的凹槽中有固定的零件时，如何确定爬电距离。

单位为毫米

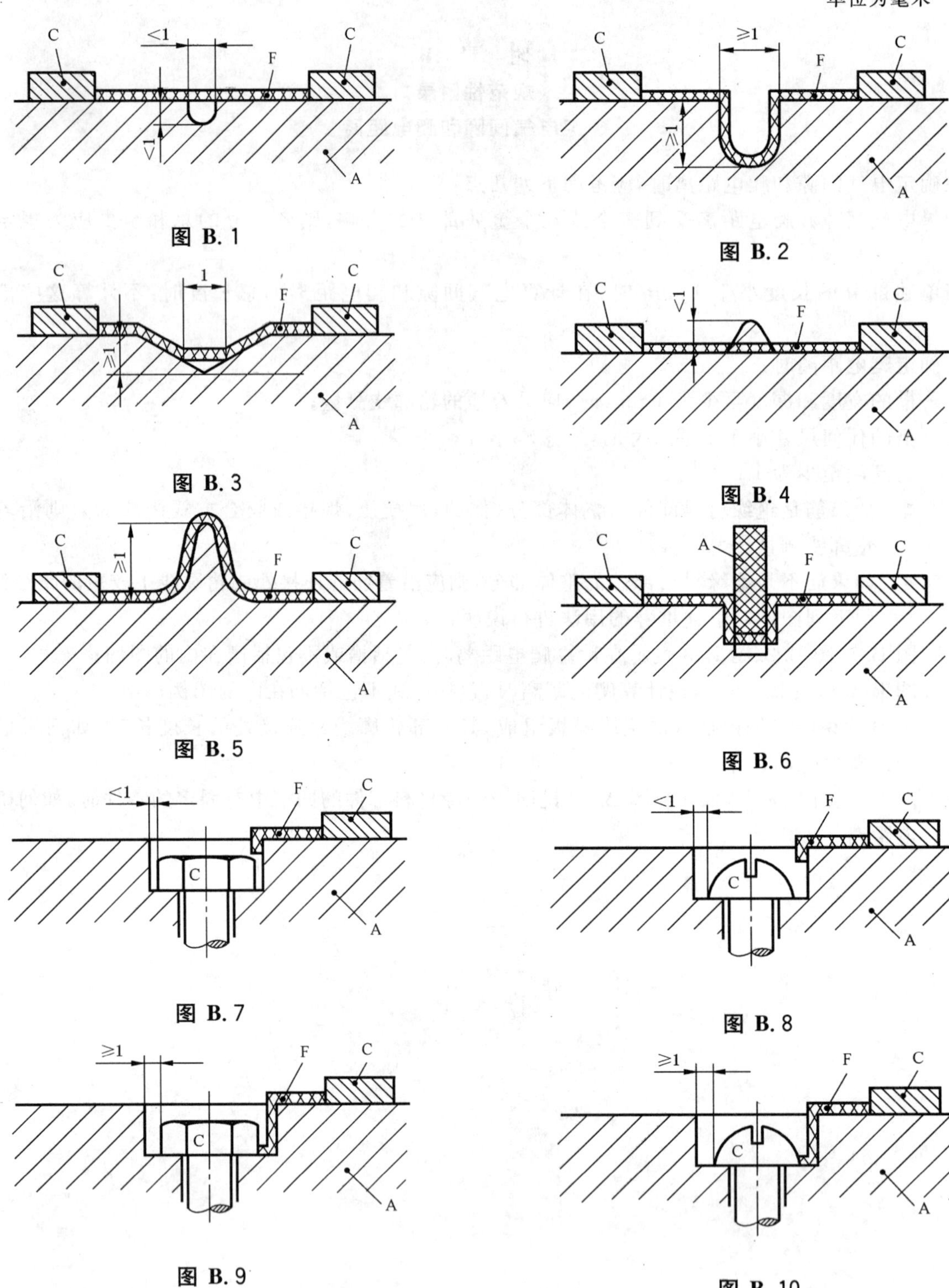

图 B.1　图 B.2　图 B.3　图 B.4　图 B.5　图 B.6　图 B.7　图 B.8　图 B.9　图 B.10

A——绝缘材料；
C——导电部件；
F——爬电距离。

图 B.1～图 B.10　爬电距离应用举例

ICS 29.060.20
K 13

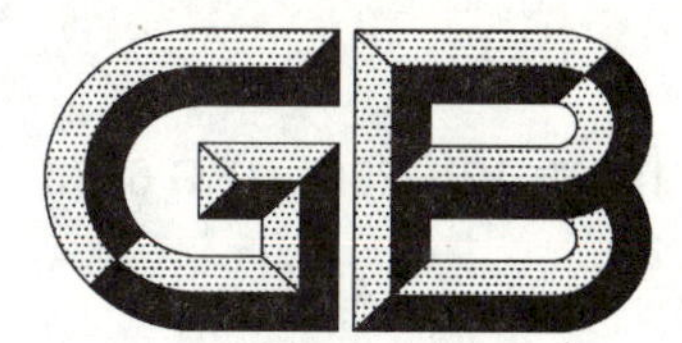

中华人民共和国国家标准

GB/T 19216.12—2008/IEC 60331-12:2002

在火焰条件下电缆或光缆的线路完整性试验　第12部分:试验装置——火焰温度不低于830 ℃的供火并施加冲击

Tests for electric or optical fibre cables under fire conditions—Circuit integrity—Part 12: Apparatus—Fire with shock at a temperature of at least 830 ℃

(IEC 60331-12:2002, Tests for electric cables under fire conditions—Circuit integrity—Part 12: Apparatus—Fire with shock at a temperature of at least 830 ℃, IDT)

2008-12-31 发布　　　　2009-11-01 实施

中华人民共和国国家质量监督检验检疫总局
中国国家标准化管理委员会　发布

前　言

GB/T 19216《在火焰条件下电缆或光缆的线路完整性试验》分为6个部分：

——第11部分：试验装置——火焰温度不低于750 ℃的单独供火；

——第12部分：试验装置——火焰温度不低于830 ℃的供火并施加冲击；

——第21部分：试验步骤和要求——额定电压0.6/1.0 kV及以下电缆；

——第23部分：试验步骤和要求——数据电缆；

——第25部分：试验步骤和要求——光缆；

——第31部分：供火并施加冲击的试验程序和要求——额定电压0.6/1 kV及以下电缆。

本部分为GB/T 19216的第12部分。

本部分等同采用IEC 60331-12:2002《在火焰条件下电缆的线路完整性试验　第12部分：试验装置——火焰温度不低于830 ℃的供火并施加冲击》。

为便于使用，本部分作了下列编辑性修改：

——本部分名称修改为："在火焰条件下电缆或光缆的线路完整性试验　第12部分：试验装置——火焰温度不低于830 ℃的供火并施加冲击"；

——与本部分名称相对应，英文名称修改为："Tests for electric or optical fibre cables under fire conditions—Circuit integrity—Part 12: Apparatus—Fire with shock at a temperature of at least 830 ℃"；

——删除了IEC 60331-12:2002的前言和引言；

——用小数点"."代替作为小数点的逗号","。

本部分的附录A为规范性附录。

本部分由中国电器工业协会提出。

本部分由全国电线电缆标准化技术委员会(SAC/TC 213)归口。

本部分负责起草单位：上海电缆研究所。

本部分参加起草单位：无锡江南电缆有限公司、无锡市沪安电线电缆有限公司、江苏新远程电缆有限公司、金龙羽集团有限公司、上海胜华电缆(集团)有限公司、四川明星电缆有限公司。

本部分主要起草人：龚国祥、夏亚芳、钱晓娟、薛元洪、陆技才、闻金海、盛业武。

本部分首次发布。

在火焰条件下电缆或光缆的线路完整性试验　第12部分:试验装置——火焰温度不低于830 ℃的供火并施加冲击

1　范围

GB/T 19216的本部分规定了用于受控热输出标称温度为850 ℃的火焰供火和机械冲击试验条件下,要求保持线路完整性的试验电缆所使用的试验装置。

附录A提供了试验用喷灯和控制系统的验证方法。

2　规范性引用文件

下列文件中的条款通过GB/T 19216的本部分的引用而成为本部分的条款。凡是注日期的引用文件,其随后所有的修改单(不包括勘误的内容)或修订版均不适用于本部分,然而,鼓励根据本部分达成协议的各方研究是否可使用这些文件的最新版本。凡是不注日期的引用文件,其最新版本适用于本部分。

GB/T 19216.11—2003　在火焰条件下电缆或光缆的线路完整性试验　第11部分:试验装置——火焰温度不低于750 ℃的单独供火(IEC 60331-11:1999,IDT)

GB/T 16839.1—1997　热电偶　第1部分:分度表(idt IEC 60584-1:1995)

IEC指南104:1997　安全出版物的制定及基础安全出版物和同类安全出版物的应用

3　术语和定义

下列术语和定义适用于本部分。

3.1

线路完整性　circuit integrity

在规定的火源和时间下燃烧时,能持续地在指定状态下运行的能力。

4　试验条件

4.1　试验环境

试验应在一个至少具有20 m^3的合适箱体里进行,该箱体具有去除燃烧产生的任何有害气体的设施,并有足够的通风来维持试验过程中的火焰。但不应使用强迫通风。

注1:合适箱体的例子如GB/T 17651.1规定的燃烧室。

在每次试验开始时,箱体和试验装置应保持在10 ℃~40 ℃之间。

在验证和电缆试验过程中,箱体内的通风和屏障条件应相同。

注2:屏障,如GB/T 17651.1规定的挡板,可放在适当的位置以保护喷灯,不使气流影响火焰的几何形状。

注3:本部分的试验可能使用危险电压和温度,应采用适当的防护措施,以防止可能产生的冲击、燃烧、火灾和爆炸等危险,并防止可能产生的任何有害气体。

5　试验装置

5.1　试验装置的组成

试验装置应有如下部分组成:

a） 安装电缆的试验梯架，包括5.2中所述的，固定于刚性支架上的钢质框架；

b） 热源，5.3中所述的水平安装的带型喷灯；

c） 5.4中阐述的冲击发生装置；

d） 试验壁，配备附录A中所述的用于验证热源的热电偶。

试验装置的通常位置如图1、图2及图3所示。

5.2 试验梯架及安装

试验梯架由图1所示的钢质框架组成，为了适应不同尺寸电缆的试验，试验梯架上两根位于中央的垂直构件可以调节。试验梯架长约1 200 mm和高约600 mm，试验梯架的总质量为(18±1)kg。如需要镇重物，应放置于钢质支架上。

注1：宽约45 mm和厚约6 mm的角铁是试验梯架合适的结构材料，它应具有便于垂直部件移动的开口槽孔，并用螺栓及夹具固定。

在每根水平构件上离每端不超过200 mm处开有一个安装孔，其精确位置和直径取决于所使用的特定的支撑衬套和支架，试验梯架通过四个橡皮衬套接头固定于刚性支架上。橡皮衬套的硬度为(50～60)肖氏A，如图1和图2所示，安装于试验梯架的水平钢质构件与支架之间，在冲击下可产生位移。

注2：如图4所示的典型橡皮衬套是适用的。

5.3 热源

5.3.1 热源应为一个带有文丘里混合器的喷火面标称长度为500 mm的带型丙烷气体喷灯，推荐采用中部供气的喷灯。喷火面标称宽度应为10 mm。喷火面上应有三排交错排列的标称直径为1.32 mm，中心距为3.2 mm的钻孔，如图5所示。另外，在喷火板的每一边开有一排小孔作为引导孔来维持火焰的燃烧。

推荐的喷灯系统选用导则参见GB/T 19216.11—2003的附录B。

5.3.2 应使用质量流量计，因其能精确控制燃气和空气流入喷灯的速率。

注：转子流量计可用作备选方案，但不予推荐。GB/T 19216.11—2003的附录C给出了其适用的修正系数说明。图6为转子流量计的一个实例。

对于本试验，空气的露点不应高于0 ℃。

在1×10^{5} Pa(1 bar)和20 ℃的基准条件下，本试验应使用以下流量：

——空气：(160±8)L/min；

——丙烷：(10±0.4)L/min。

5.3.3 喷灯和控制系统应按附录A规定的程序进行验证。

5.4 冲击发生装置

冲击发生装置由一根直径为(25±0.1)mm和长为(600±5)mm的低碳钢圆棒组成。该圆棒绕着一根平行于试验梯架的轴线自由转动，其位于距离试验梯架上边缘(200±5)mm的同一水平面中。该轴线将圆棒分为两个不相等的长度，即分别为(400±5)mm和近似200 mm，较长的部分敲击试验梯架。圆棒以其自身的重量从与水平面呈60 ℃的角度跌落，敲击在试验梯架的中点，如图1和图3所示。

5.5 热源的定位

喷灯应放置在试验箱体内，喷灯喷火面距箱体地板或任何安装板以上至少200 mm，距任一箱体墙壁至少500 mm。

以试验电缆中心为基准，喷灯中心应被定位在喷灯喷火面与电缆中心之间的水平距离为(H±2)mm，喷灯中心线与电缆中心之间的垂直距离为(V±2)mm，如图3所示。

在电缆试验过程中，喷灯的正确位置应按照附录A的验证程序所确定的H和V的值来确定。

注：在试验过程中，喷灯应牢牢固定在支架上，以防试样发生相对位移。

单位为毫米
（尺寸为近似值）

说明：

1——冲击发生装置；

2——钢质试验梯架；

3——橡皮衬套；

4——带型燃气喷灯；

5——固定的垂直构件；

6——可调节的垂直构件；

7——试验梯架的支架；

8——调节方式。

图 1　试验布置示意图

单位为毫米
（尺寸为近似值）

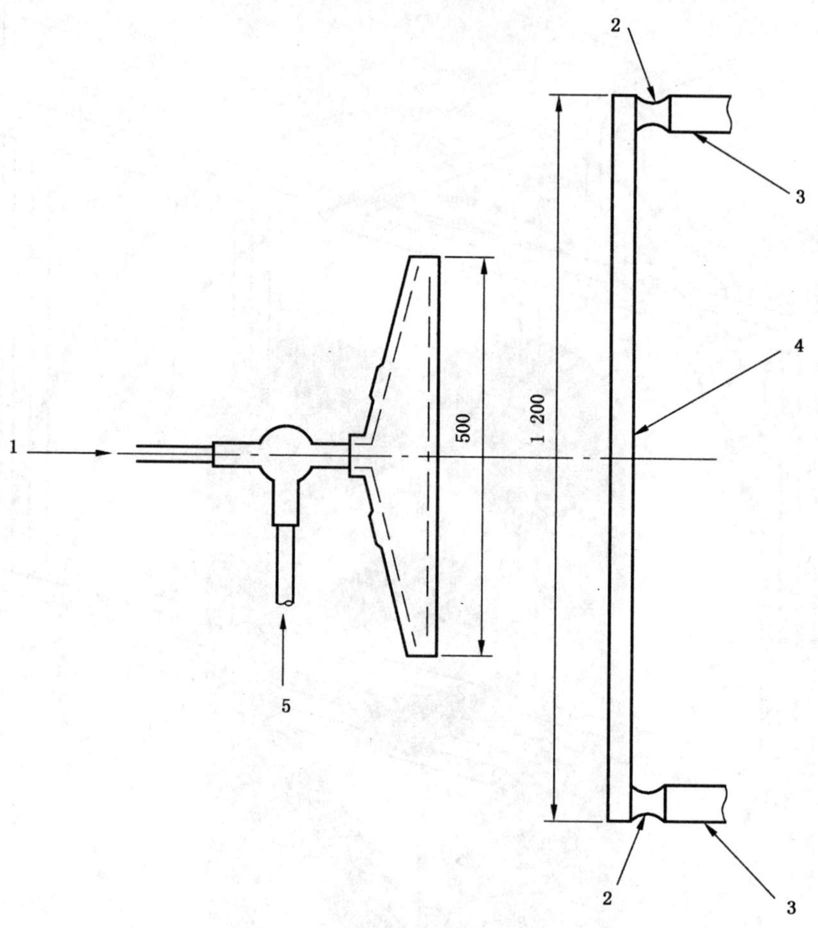

说明：

1——空气进气口；

2——橡皮衬套；

3——支架；

4——水平钢质试验梯架；

5——丙烷进气口。

图 2　供火试验装置平面图

单位为毫米
(无公差尺寸为近似值)

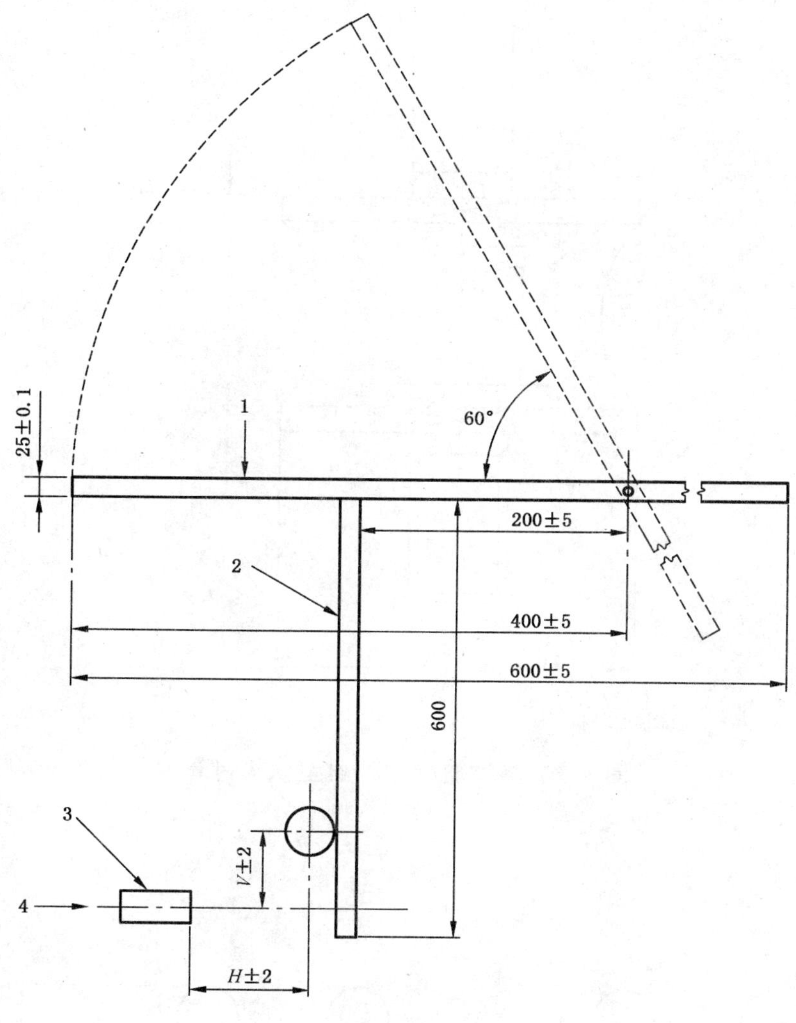

说明:

1——冲击发生装置;

2——钢质试验梯架;

3——燃气喷灯;

4——喷灯喷火面的中心线;

H——试验电缆中心线与喷灯喷火面的水平距离;

V——试验电缆中心线与喷灯喷火面中心线的垂直距离。

图3 供火试验装置正视图

单位为毫米

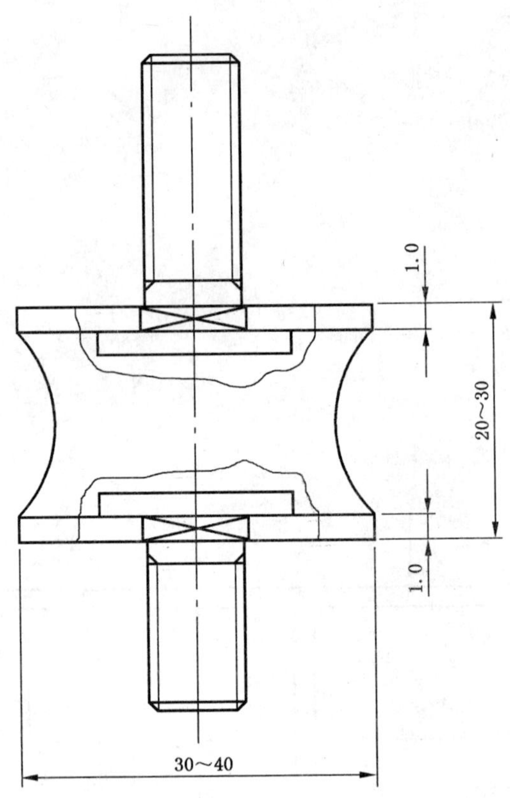

图 4 支撑试验梯架的典型橡皮衬套

单位为毫米
（尺寸为近似值）

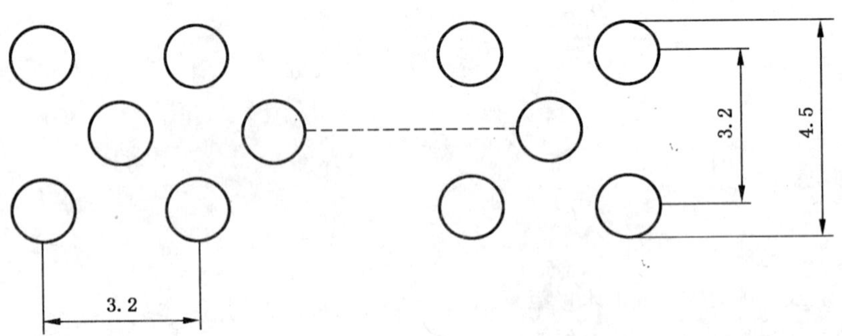

在喷灯喷火面上的中心区域，孔径 1.32 mm、中心距 3.2 mm 的圆孔，分三排交错排列，喷灯喷火面的标称长度为 500 mm。

图 5 喷灯喷火面

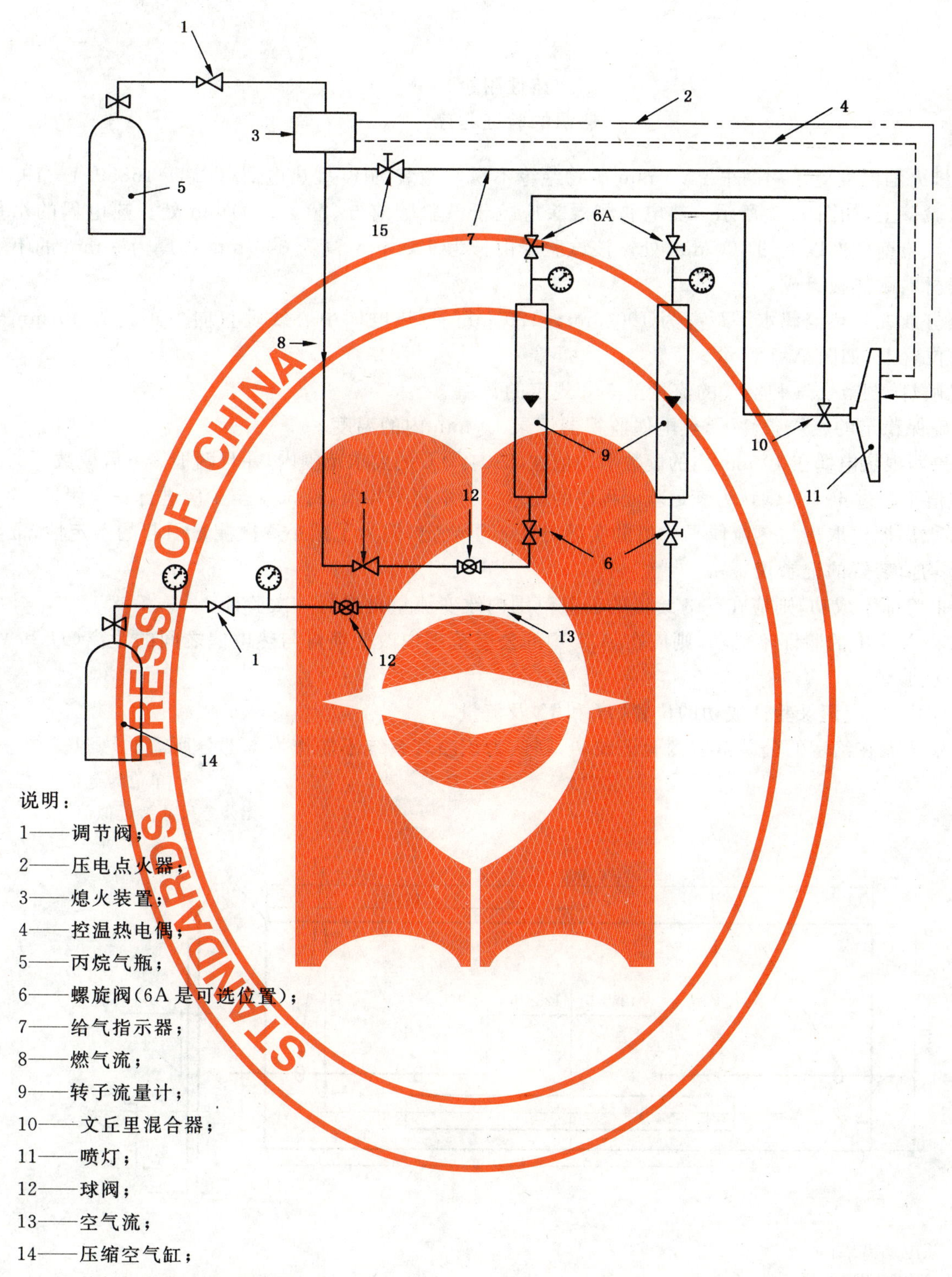

说明：

1——调节阀；

2——压电点火器；

3——熄火装置；

4——控温热电偶；

5——丙烷气瓶；

6——螺旋阀(6A是可选位置)；

7——给气指示器；

8——燃气流；

9——转子流量计；

10——文丘里混合器；

11——喷灯；

12——球阀；

13——空气流；

14——压缩空气缸；

15——给气指示器上的螺旋阀。

图6　使用转子流量计的燃气控制系统实例示意图

附 录 A
（规范性附录）
热源的验证程序

A.1 测量火焰温度应采用两根 ϕ1.5 mm 矿物绝缘不锈钢铠装的 K 型热电偶（GB/T 16839.1—1997）安装于试验壁上，如图 A.1 所示。热电偶测温头应位于试验壁前方（20±1.0）mm 处。热电偶的水平线应位于试验壁底部以上约 100 mm 处。该试验壁由长为 900 mm、高为 300 mm 和厚为 9 mm 的不燃性非金属材料耐热板组成。

将喷灯放在与热电偶水平距离为 100 mm～120 mm，与热电偶中心线垂直向下距离为 40 mm～60 mm的位置上，如图 A.1 所示。

点燃喷灯，调节燃气和空气的流量至 5.3 规定的数值。

A.2 在确保稳定的燃烧条件下，热电偶监视器记录 10 min 内的温度。

A.3 如果两根热电偶在 10 min 内的读数平均值在（830^{+40}_{0}）℃的要求范围内，并且两根热电偶读数平均值的最大差值不超过 40 ℃，则认为满足验证程序的要求。为取得平均值，每 30 s 至少应进行一次测量。

在读数周期内取得的热电偶平均值的实际方法不予规定，但为了减小逐次测量引起的不定性，推荐采用具有均值装置的记录仪。

A.4 如果验证不成功，则应在 5.3 给出的公差范围内改变流量再进行一次验证。

A.5 如果 A.4 中的验证不成功，则应在 A.1 中的公差范围内改变喷灯与热电偶之间的距离（*H* 和 *V*）再进行一次验证。

A.6 验证成功，应记录验证成功的位置（*H* 和 *V*）及流量。

A.7 如果不能在给定的公差范围内验证成功，则认为该喷灯系统不能作为本部分所需的热源。

单位为毫米

（无公差尺寸为近似值）

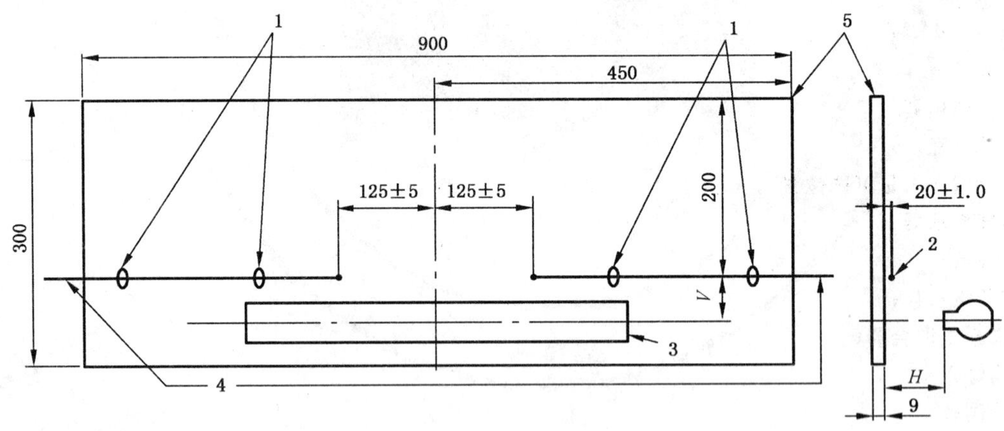

说明：

1——热电偶支架；

2——热电偶测温头；

3——喷灯；

4——ϕ1.5 mm K 型铠装热电偶；

5——试验壁；

H——热电偶测温头与喷灯喷火面的水平距离；

V——热电偶测温头与喷灯中心线的垂直距离。

图 A.1 火焰温度测量布置

参 考 文 献

GB/T 17651.1—1998 电缆或光缆在特定条件下燃烧的烟密度测定 第1部分:试验装置

ICS 29.060.20
K 13

中华人民共和国国家标准

GB/T 19216.31—2008/IEC 60331-31:2002

在火焰条件下电缆或光缆的线路完整性试验　第31部分:供火并施加冲击的试验程序和要求——额定电压0.6/1 kV及以下电缆

Tests for electric or optical fibre cables under fire conditions—Circuit integrity—Part 31:Procedures and requirements for fire with shock—Cables of rated voltage up to and including 0.6/1 kV

(IEC 60331-31:2002,Tests for electric cables under fire conditions—Circuit integrity—Part 31:Procedures and requirements for fire with shock—Cables of rated voltage up to and including 0.6/1 kV,IDT)

2008-12-31 发布　　2009-11-01 实施

中华人民共和国国家质量监督检验检疫总局
中国国家标准化管理委员会　发布

前　言

GB/T 19216《在火焰条件下电缆或光缆的线路完整性试验》分为6个部分:

——第11部分:试验装置——火焰温度不低于750 ℃的单独供火;

——第12部分:试验装置——火焰温度不低于830 ℃的供火并施加冲击;

——第21部分:试验步骤和要求——额定电压0.6/1.0 kV及以下电缆;

——第23部分:试验步骤和要求——数据电缆;

——第25部分:试验步骤和要求——光缆;

——第31部分:供火并施加冲击的试验程序和要求——额定电压0.6/1 kV及以下电缆。

本部分为GB/T 19216的第31部分。

本部分等同采用IEC 60331-31:2002《在火焰条件下电缆的线路完整性试验　第31部分:供火并施加冲击的试验程序和要求——额定电压0.6/1 kV及以下电缆》(英文版)。

为便于使用,本部分作了下列编辑性修改:

——本部分名称修改为:"在火焰条件下电缆或光缆的线路完整性试验　第31部分:供火并施加冲击的试验程序和要求——额定电压0.6/1 kV及以下电缆";

——与本部分名称相对应,英文名称修改为:"Tests for electric or optical fibre cables under fire conditions-Circuit integrity—Part 31:Procedures and requirements for fire with shock-Cables of rated voltage up to and including 0.6/1 kV";

——删除了IEC 60331-31:2002的前言和引言;

——用小数点"."代替作为小数点的逗号","。

本部分由中国电器工业协会提出。

本部分由全国电线电缆标准化技术委员会(SAC/TC 213)归口。

本部分负责起草单位:上海电缆研究所。

本部分参加起草单位:四川明星电缆有限公司、上海胜华电缆(集团)有限公司、金龙羽集团有限公司、江苏新远程电缆有限公司、无锡市沪安电线电缆有限公司、无锡江南电缆有限公司。

本部分主要起草人:龚国祥、盛业武、闻金海、陆技才、薛元洪、钱晓娟、夏亚芳。

本部分首次发布。

在火焰条件下电缆或光缆的线路完整性试验　第31部分：供火并施加冲击的试验程序和要求——额定电压0.6/1 kV及以下电缆

1　范围

GB/T 19216的本部分规定了额定电压0.6/1 kV及以下需要保持线路完整性的电缆在特定条件下燃烧并受到机械冲击的试验程序和性能要求，并规定了供火的时间。本部分打算用于外径大于20 mm的试验电缆。

本部分规定了试样制备方法、连续性检查装置、电气试验程序、燃烧电缆的方法和机械冲击产生的方法，并规定了试验结果的评定要求。

本部分适用于低压电力电缆和具有额定电压的控制电缆。

注：虽然本部分适用范围仅局限于额定电压0.6/1 kV及以下的电缆，但当制造厂和买方同意，并配备合适的熔断器后，本程序也可用于额定电压3.3 kV及以下的电缆。

2　规范性引用文件

下列文件中的条款通过GB/T 19216的本部分的引用而成为本部分的条款。凡是注日期的引用文件，其随后所有的修改单(不包括勘误的内容)或修订版均不适用于本部分，然而，鼓励根据本部分达成协议的各方研究是否可使用这些文件的最新版本。凡是不注日期的引用文件，其最新版本适用于本部分。

GB/T 13539.5—1999　低压熔断器　第3部分：非熟练人员使用的熔断器的补充要求(主要用于家用和类似用途的熔断器)标准化熔断器示例(idt IEC 60269-3-1:1994)

GB/T 19216.12—2008　在火焰条件下电缆或光缆的线路完整性试验　第12部分：试验装置——火焰温度不低于830 ℃的供火并施加冲击(IEC 60331-12:2002,IDT)

GB/T 19216.21—2003　在火焰条件下电缆或光缆的线路完整性试验　第21部分：试验步骤和要求——额定电压0.6/1.0 kV及以下电缆(IEC 60331-21:1999,IDT)

IEC导则104:1997　安全出版物的制定及基础安全出版物和同类安全出版物的应用

3　术语和定义

下列术语和定义适用于本部分。

3.1

线路完整性　circuit integrity

在规定的火源和时间下燃烧时，能持续地在指定状态下运行的能力。

4　试样

4.1　试样制备

取一段长度不小于1 500 mm的成品电缆作为试样，并在电缆的每一端剥除约100 mm的护套或外护层。

在电缆的每一端，应适当地处理每一根导体以便进行电气连接，并且应分开露出的导体以避免相互接触。

4.2 试样的安装

弯曲电缆形成近似于圆周中的圆弧形状，弯曲的内半径应为制造厂所申明的最小弯曲半径。

电缆应用接地的金属夹安装在试验梯架的中央，如图1所示。在试验梯架上部的水平构件上推荐使用二只U型螺栓，但在中部的垂直构件上应使用金属条制成的P型夹。如果电缆直径小于20 mm，则金属条的宽度应为(10±1)mm，如果电缆直径为20 mm～50 mm，则金属条的宽度应为(20±2)mm，对于更大的电缆，金属条宽度应为(30±3)mm。P型夹应做成与被试电缆的直径基本相等。

当中部的垂直构件位于图1所示位置，如果电缆太小而不能安装到该构件上时，垂直构件应等量地向中央移动，电缆可按图2所示安装。

5 连续性检查装置

在试验过程中，用于连续性检查的电流应流经电缆所有的导体，该电流由一台三相星形连接的变压器或单相变压器(组)提供，这些变压器应有足够容量，当达到最大允许泄漏电流时仍可保持试验电压。

注1：当确定变压器的额定功率时，应注意熔断器的特性。

在试样的另一端，将适当的负载和指示装置(如灯泡)与每根导体或每组导体连接以形成电流。

注2：在试验电压下，通过每根导体或每组导体的电流以0.25 A为宜。

6 试验程序

6.1 应使用GB/T 19216.12—2008中详细说明的试验装置完成本章规定的试验程序。

6.2 在6.4中的试验程序所使用的熔断器应为GB 13539.5—1999中规定的DⅡ型。允许使用具有等效特性的断路器代替。

当使用断路器时，其等效特性应以GB/T 19216.21—2003附录A中的特性曲线为基准进行验证。

有争议时，熔断器应作为基准方法。

6.3 将试样安装在试验梯架上，按验证程序确定的H值和V值正确调节喷灯和试样的相对位置(见GB/T 19216.12—2008附录A)。

喷灯应位于试样的中央，以使：

——喷灯的中心水平面在试样中心水平面的下方，距离为(H±2)mm。

——喷灯喷火面的垂直平面与试样中心垂直平面的距离为(V±2)mm。

6.4 在靠近变压器的试样的一端，将中性导体和所有保护导体接地。所有金属屏蔽，引流线或金属层都应相互连接并接地。将变压器与各导体连接，但不包括图3中标明的打算用作中性导体或保护导体的那些导体。如果金属套、铠装或屏蔽作为中性导体或保护导体使用，则应如图3所示，按照中性或保护导体那样进行连接。

对于单相、两相或三相电缆，每相导体应与变压器输出端的各相连接，变压器输出端的每一相上应串接一个2 A的熔断器或具有等效特性的断路器。

对于具有四芯或四芯以上的多芯电缆(不包括任何中性或保护导体)，导体应分为大体相等的三个组，并应尽可能使相邻的导体位于不同的组。

对于多线对电缆，导体应分为二个相等的组，并确保每个线对的a芯连接到一相，每线对的b芯连接到另一相(图3中L1和L2)。四线组应作为2个线对处理。

对于多三线组电缆，导体应分为三个相等的组，并确保每个三线组的a芯连接到变压器的一相，每个三线组的b芯连接到变压器的另一相，每个三线组的c芯与变压器的第三相连接(图3中的L1、L2和L3)。

把每一组中的各导体并接起来，再连接变压器输出端的各相上，变压器输出端的每一相上应串接一个 2 A 的熔断器或具有效特性的断路器。

注 1：上述的试验程序将中性导体接地，如电缆设计成用于中性导体不接地的系统中，则中性导体不能接地。如果电缆标准要求，则允许将中性导体当作相导体进行试验。当金属护层、铠装或屏蔽用作中性导体，则应始终接地。试验方法的任何此类变更，应包括在试验报告中。

注 2：对于上面没有说明的电缆结构，施加试验电压时应尽可能地将相邻的导体连接到不同的相上。

在远离变压器的试样的另一端：

——将一根导体或一组导体连接到负载和指示装置的一端(如第 5 章所述)，另一端接地。

——将中性导体和所有保护导体连接到负载和指示装置的一端(如第 5 章所述)，另一端连接到变压器端的 L1(或 L2 或 L3)(见图 3)。

6.5　点燃喷灯，把丙烷和空气流量调节到验证程序中得到的数值(见 GB/T 19216.12—2008)。

在点燃喷灯后，应立即启动冲击发生装置，同时启动试验计时器。在启动后 5 min±10 s 以及之后每隔 5 min±10 s，冲击发生装置应敲击试验梯架。在每次敲击后，敲击棒应在敲击后的 20 s 内从试验梯架上提起。

6.6　在试验计时器启动之后，应立即接通电源，并将电压调节到电缆的额定电压(最小电压为交流 100 V)，即导体之间的试验电压应等于导体之间的额定电压。导体与地之间的试验电压应等于导体与地之间的额定电压。

6.7　试验应按 7.1 给定的供火时间持续进行，之后应熄灭火焰。

7　性能要求

7.1　供火时间

供火时间应在相关的电缆标准中规定，如果没有，推荐供火和敲击的时间为 120 min。

7.2　合格判据

按照第 6 章给定的试验程序，具有保持线路完整性的电缆，只要在试验过程中：

——电压保持，即没有一个熔断器熔断或断路器断开。

——导体没有断开，即没有一个灯泡熄灭。

8　重复试验程序

如果试验失败，根据有关标准的要求，应另取两根试样进行试验。如果两根试样都符合试验要求，则应认定试验合格。

9　试验报告

试验报告应包括下列内容：

a)　被试电缆的全部说明；

b)　被试电缆的制造者；

c)　试验电压；

d)　在本试验中电缆的实际弯曲半径；

e)　实际采用的性能要求(参照第 7 章或相关电缆标准)；

f)　供火时间。

单位为毫米
（尺寸为近似值）

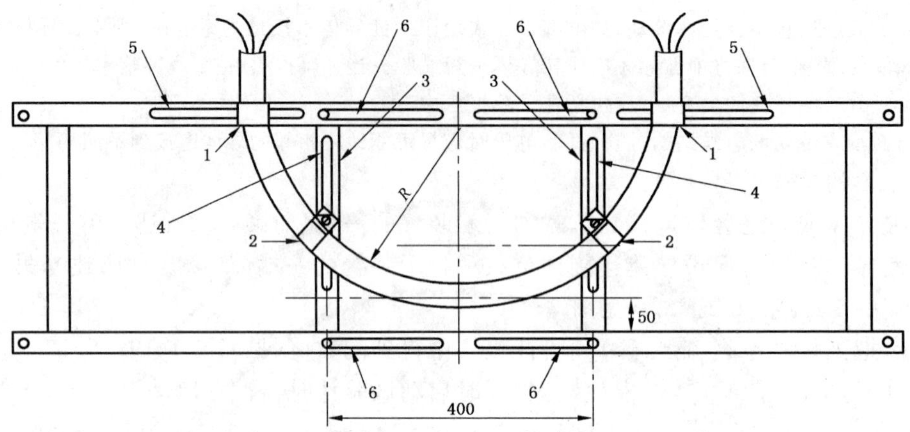

说明：
1——U 型螺栓；
2——P 型夹具；
3——可调节的垂直构件；
4——用于固定 P 型夹具的槽；
5——U 型螺栓槽；
6——垂直构件移动的槽；
R——电缆的最小弯曲半径。

图 1 试样安装方法实例

单位为毫米
（尺寸为近似值）

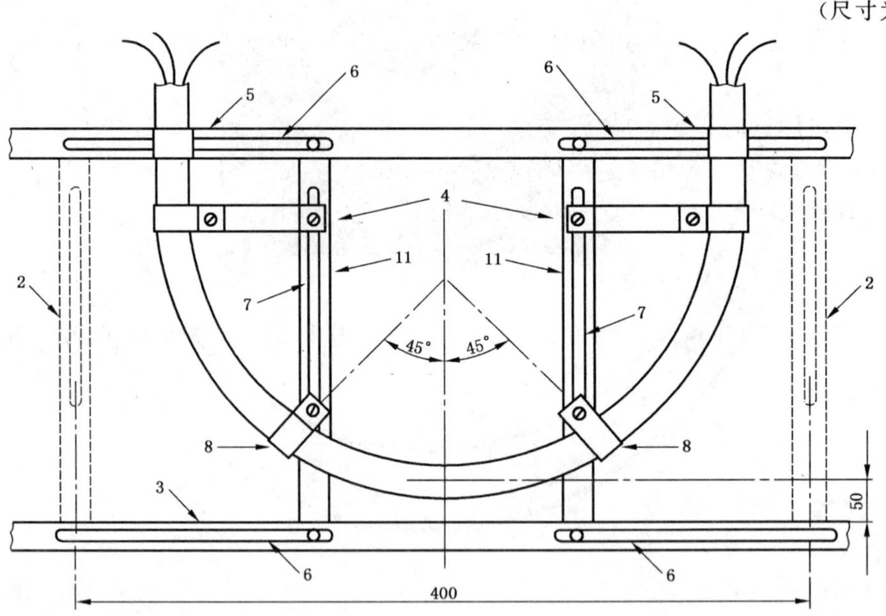

说明：
1——垂直构件可调节的位置；
2——垂直构件正常的位置；
3——试验梯架的下部水平构件；
4——保持电缆弧型的附加夹具(如果需要)；
5——U 型螺栓；
6——垂直构件移动的槽；
7——固定 P 型夹具的槽；
8——P 型夹具。

图 2 安装试样的试验梯架上垂直构件可调节的详细区域

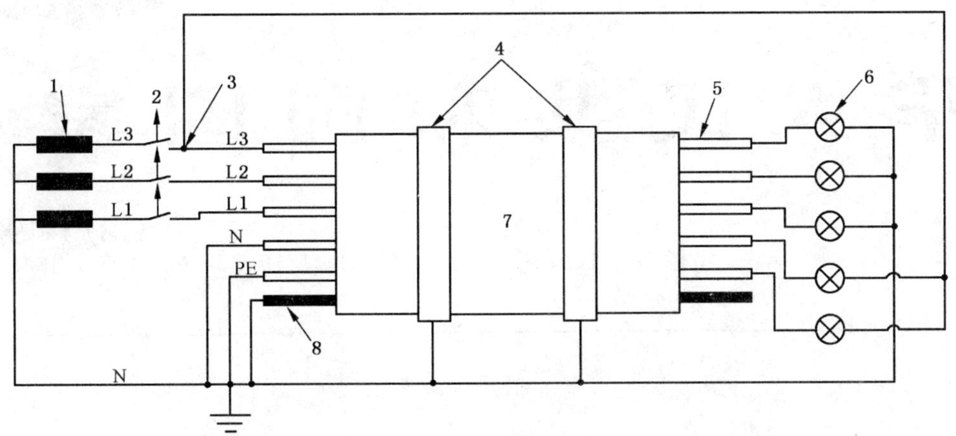

说明：
L1、L2、L3——相导体(如果存在 L2、L3)；
N——中性导体(如果存在)；
PE——保护导体(如果存在)。

1——变压器；
2——2 A 熔断器；
3——L1 或 L2 或 L3；
4——金属夹具；
5——试验导体或导体组；
6——负载和指示装置；
7——试样；
8——金属屏蔽。

图 3 基本电路图

ICS 73.040
D 21

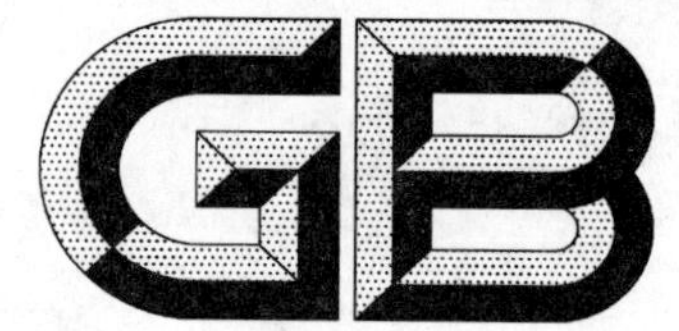

中华人民共和国国家标准

GB/T 19227—2008
部分代替 GB/T 476—2001，代替 GB/T 19227—2003，GB/T 18856.12—2002

煤中氮的测定方法

Determination of nitrogen in coal

（ISO 333:1996，Coal—Determination of nitrogen—Semi-micro Kjeldahl method，MOD；ISO/TS 11725:2002，Solid mineral fuels—Determination of nitrogen—Semi-micro gasification，MOD）

2008-07-29 发布　　　　2009-05-01 实施

中华人民共和国国家质量监督检验检疫总局
中国国家标准化管理委员会　发布

前 言

本标准修改采用ISO 333:1996《煤——氮的测定——半微量开氏法》(英文版)和ISO/TS 11725:2002《固体矿物燃料——氮的测定——半微量蒸汽法》(英文版)。为了方便比较,在附录A中列出了本标准章条编号与ISO 333:1996章条编号的对照一览表,在附录B中列出了本标准章条编号与ISO/TS 11725:2002章条编号的对照一览表。

本标准与ISO 333:1996和ISO/TS 11725:2002的技术性差异用垂直单线标识在它们所涉及的条款的页边空白处。在附录C中给出了本标准与ISO 333:1996的技术性差异及其原因的一览表,在附录D中给出了本标准与ISO/TS 11725:2002的技术性差异及其原因的一览表,以供参考。

为便于使用,本标准还做了下列编辑性修改:

a) “固体矿物燃料”改为“煤炭”;

b) 标准名称由“煤——氮的测定——半微量开氏法”和“固体矿物燃料——氮的测定——半微量蒸汽法”改为“煤中氮的测定方法”;

c) “本国际标准”一词改为“本标准”;

d) 用小数点“.”代替作为小数点的“,”;

e) 删除国际标准的前言。

本标准代替GB/T 476—2001《煤的元素分析方法》第4章:氮的测定,GB/T 18856.12—2002《水煤浆质量试验方法　第12部分:水煤浆氮测定方法》和GB/T 19227—2003《煤和焦炭中氮的测定方法　半微量蒸汽法》。

本标准与GB/T 476—2001中第4章氮的测定相比主要变化如下:

——增加了半微量开氏法测定水煤浆中氮含量(本版第1章和第3章);

——修改了硫酸标准溶液标定中无水碳酸钠的称样量(2001年版4.2.9.2,本版3.2.8.2);

——增加了硫酸标准溶液标定中滴定次数和允许差的要求(本版3.2.8.2);

——在“试剂”中增加了甲基橙指示剂(本版3.2.9);

——增加了开氏球直径的要求(本版3.3.2.4);

——增加了微量滴定管性能级别的要求(本版3.3.3);

——增加了称样量范围的要求(本版3.4.1);

——增加了铬酸酐消化样品后样品溶解转移的说明(本版3.4.2);

——增加了样品蒸馏中蒸馏时间的内容(本版3.4.4);

——增加了蒸馏烧瓶中添加水时的要求(本版3.4.4);

——增加了空白试验测定允许差的要求(本版3.5.3)。

本标准与GB/T 18856.12—2002相比主要变化如下:

——删除了称取水煤浆试样进行氮测定的内容(2002年版第3章)。

本标准与GB/T 19227—2003相比主要变化如下:

——修改了硼酸溶液的浓度(2003年版3.1,本版4.2.3);

——修改了硫酸标准溶液的浓度(2003年版3.6,本版4.2.5);

——增加了水蒸气发生器中添加水时的说明(本版4.4.5);

——增加了水解蒸馏装置气密性检查(本版4.4.6);

——增加了吸收液体积的描述(本版4.5.6)。

本标准的附录A、附录B、附录C和附录D为资料性附录。

本标准由中国煤炭工业协会提出。

本标准由全国煤炭标准化技术委员会归口。

本标准起草单位:煤炭科学研究总院煤炭分析实验室、云南省煤炭勘查院实验室。

本标准主要起草人:孙刚、孔令坡、李月清、贾延、王广育、肖乃友。

本标准所代替标准的历次版本发布情况为:

GB/T 476—1964、GB/T 476—1979、GB/T 476—1991、GB/T 476—2001;

GB/T 18856.12—2002;

GB/T 19227—2003。

煤中氮的测定方法

1 范围

本标准规定了测定煤、焦炭和水煤浆中氮的半微量开氏法和半微量蒸汽法的原理、试剂和材料、仪器设备、试验步骤、结果计算及精密度等。

开氏法适用于褐煤、烟煤、无烟煤和水煤浆;蒸汽法适用于烟煤、无烟煤和焦炭。

注:对于高变质程度的无烟煤,开氏法消化样品时间过长,可能导致测定结果偏低,此时可采用蒸汽法。

2 规范性引用文件

下列文件中的条款通过本标准的引用而成为本标准的条款。凡是注日期的引用文件,其随后所有的修改单(不包括勘误的内容)或修订版均不适用于本标准,然而,鼓励根据本标准达成协议的各方研究是否可使用这些文件的最新版本。凡是不注日期的引用文件,其最新版本适用于本标准。

GB/T 212 煤的工业分析方法(GB/T 212—2008, ISO 11722:1999; ISO 1171:1997; ISO 562:1998, NEQ)

GB 474 煤样的制备方法(GB 474—1996,eqv ISO 1988:1975)

GB/T 483 煤炭分析试验方法一般规定

3 半微量开氏法

3.1 方法原理

称取一定量的空气干燥煤样或水煤浆干燥试样,加入混合催化剂和硫酸,加热分解,氮转化为硫酸氢铵。加入过量的氢氧化钠溶液,把氨蒸出并吸收在硼酸溶液中。用硫酸标准溶液滴定,根据硫酸的用量,计算样品中氮的含量。

3.2 试剂

3.2.1 混合催化剂:将无水硫酸钠、硫酸汞和化学纯硒粉按质量比 64:10:1(如 32 g+5 g+0.5 g)混合,研细且混均后备用。

3.2.2 硫酸。

3.2.3 高锰酸钾或铬酸酐。

3.2.4 蔗糖。

3.2.5 无水碳酸钠:优级纯、基准试剂或碳酸钠纯度标准物质。

3.2.6 混合碱溶液:将氢氧化钠 370 g 和硫化钠 30 g 溶解于水中,配制成 1 000 mL 溶液。

3.2.7 硼酸溶液:30 g/L。

将 30 g 硼酸溶入 1 L 热水中,配制时加热溶解并滤去不溶物。

3.2.8 硫酸标准溶液:$c\left(\frac{1}{2}H_2SO_4\right)=0.025$ mol/L。

3.2.8.1 硫酸标准溶液的配制:于 1 000 mL 容量瓶中,加入约 40 mL 蒸馏水,用移液管吸取 0.7 mL 硫酸(3.2.2)缓缓加入容量瓶中,加水稀释至刻度,充分振荡均匀。

3.2.8.2 硫酸标准溶液的标定:于锥形瓶中称取 0.02 g(称准至 0.000 2 g)预先在 130 ℃下干燥到质量恒定的无水碳酸钠(3.2.5),加入(50～60) mL 蒸馏水使之溶解,然后加入(2～3)滴甲基橙指示剂(3.2.9),用硫酸标准溶液滴定到由黄色变为橙色。煮沸,赶出二氧化碳,冷却后,继续滴定到橙色。

按式(1)计算硫酸标准溶液的浓度：

$$c=\frac{m}{0.053V} \qquad \cdots\cdots(1)$$

式中：

c——硫酸标准溶液的浓度，单位为摩尔每升(mol/L)；

m——称取的碳酸钠的质量，单位为克(g)；

V——硫酸标准溶液用量，单位为毫升(mL)；

0.053——碳酸钠$\left(\frac{1}{2}Na_2CO_3\right)$的摩尔质量，单位为克每毫摩尔(g/mmol)。

需2人标定，每人各做4次重复标定，8次重复标定结果的极差不大于0.000 60 mol/L，以其算术平均值作为硫酸标准溶液的浓度，保留4位有效数字。若极差超过0.000 60 mol/L，再补做2次试验，取符合要求的8次结果的算术平均值作为硫酸标准溶液的浓度；若任何8次结果的极差都超过0.000 60 mol/L，则舍弃全部结果，并对标定条件和操作技术仔细检查和纠正存在问题后，重新进行标定。

3.2.9 甲基橙指示剂：1 g/L。

0.1 g甲基橙溶于100 mL水中。

3.2.10 甲基红和亚甲基蓝混合指示剂：

a) 称取0.175 g甲基红，研细，溶入50 mL95%乙醇中，存于棕色瓶；

b) 称取0.083 g亚甲基蓝，溶入50 mL95%乙醇中，存于棕色瓶；

c) 使用时将a)和b)按体积比1∶1混合。混合指示剂的使用期一般不应超过1星期。

3.3 仪器设备

3.3.1 消化装置

3.3.1.1 开氏瓶：容量50 mL。

3.3.1.2 短颈玻璃漏斗：直径约30 mm。

3.3.1.3 加热体：具有良好的导热性能以保证温度均匀。使用时四周以绝热材料缠绕，如石棉绳等。图1为铝加热体示意图。

单位为毫米

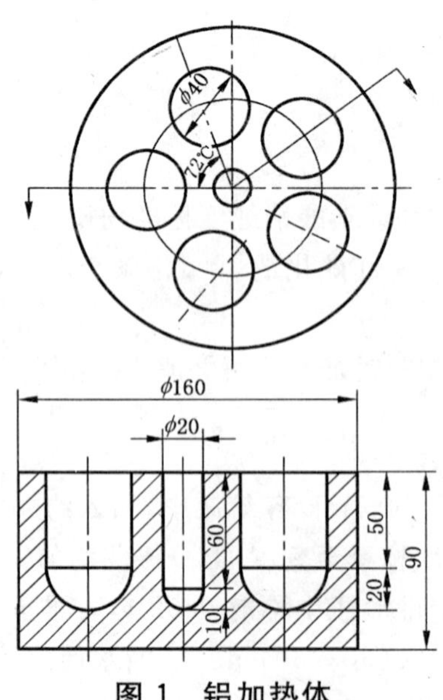

图1 铝加热体

3.3.1.4　加热炉：带有控温装置，能控温在 350 ℃。

3.3.2　**蒸馏装置**（如图 2）

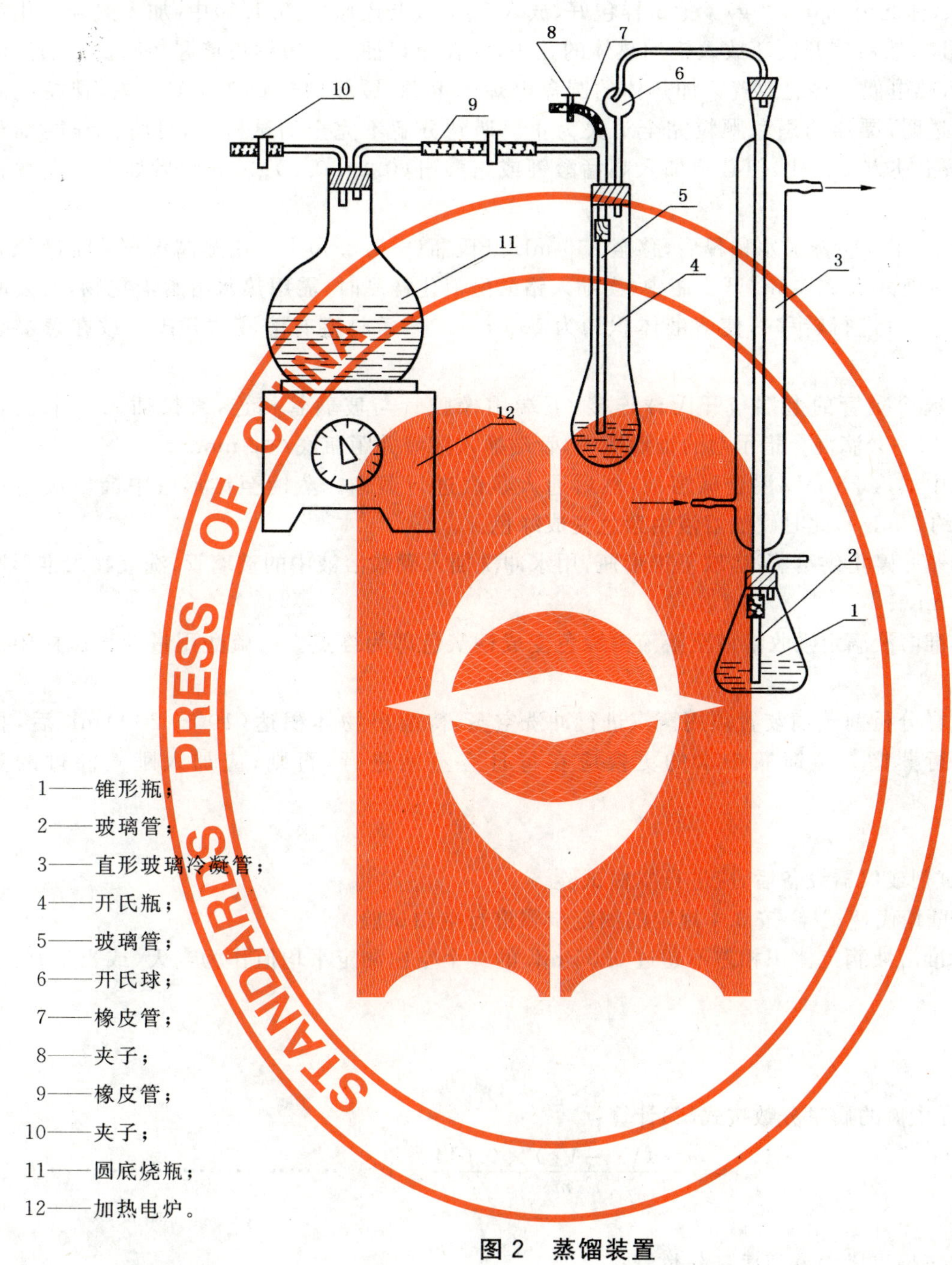

1——锥形瓶；
2——玻璃管；
3——直形玻璃冷凝管；
4——开氏瓶；
5——玻璃管；
6——开氏球；
7——橡皮管；
8——夹子；
9——橡皮管；
10——夹子；
11——圆底烧瓶；
12——加热电炉。

图 2　蒸馏装置

3.3.2.1　开氏瓶：容量 250 mL。

3.3.2.2　锥形瓶：容量 250 mL。

3.3.2.3　直形玻璃冷凝管：冷却部分长约 300 mm。

3.3.2.4　开氏球：直径约 55 mm。

3.3.2.5　圆底烧瓶：容量 1 000 mL。

3.3.2.6　加热电炉：额定功率 1 000 W，功率可调。

3.3.3　微量滴定管：A 级，10 mL，分度值 0.05 mL。

3.3.4　分析天平：感量 0.1 mg。

3.4 测定步骤

3.4.1 在薄纸(擦镜纸或其他纯纤维纸)上称取粒度小于 0.2 mm 的空气干燥煤样或水煤浆干燥试样[1)](0.2±0.01)g(称准至 0.000 2 g)。把试样包好,放入 50 mL 开氏瓶(3.3.1.1)中,加入混合催化剂 2 g 和浓硫酸 5 mL。然后将开氏瓶放入铝加热体的孔中,并在瓶口插入一短颈玻璃漏斗。在铝加热体的中心小孔中插入热电偶。接通放置铝加热体的圆盘电炉的电源,缓缓加热到 350 ℃左右,保持此温度,直到溶液清澈透明,漂浮的黑色颗粒完全消失为止。遇到分解不完全的试样时,可将试样磨细至 0.1 mm以下,再按上述方法消化,但必须加入高锰酸钾或铬酸酐(0.2～0.5)g。分解后如无黑色颗粒物,表示消化完全。

3.4.2 将溶液冷却,用少量蒸馏水稀释后,移至 250 mL 开氏瓶(3.3.2.1)中。用蒸馏水充分洗净原开氏瓶中的剩余物,洗液并入 250 mL 开氏瓶中(当加入铬酸酐消化样品时,需用热水溶解消化物,必要时用玻璃棒将粘物刮下后进行转移),使溶液体积约为 100 mL。然后将盛有溶液的开氏瓶放在蒸馏装置上。

3.4.3 将直形玻璃冷凝管的上端与开氏球连接,下端用橡胶管与玻璃管相连,直接插入一个盛有 20 mL硼酸溶液和(2～3)滴混合指示剂的锥形瓶中,管端插入溶液并距瓶底约 2 mm。

3.4.4 往开氏瓶中加入 25 mL 混合碱溶液,然后通入蒸汽进行蒸馏。蒸馏至锥形瓶中馏出液达到 80 mL左右为止(约 6 min),此时硼酸溶液由紫色变成绿色。

3.4.5 拆下开氏瓶并停止供给蒸汽,取下锥形瓶,用水冲洗插入硼酸溶液中的玻璃管,洗液收入锥形瓶中,总体积约 110 mL。

3.4.6 用硫酸标准溶液滴定吸收溶液至溶液由绿色变成钢灰色即为终点。由硫酸用量计算试样中氮的质量分数。

3.4.7 每日在试样分析前蒸馏装置须用蒸汽进行冲洗空蒸,待馏出物体积达(100～200)mL 后,再正式放入试样进行蒸馏。蒸馏瓶中水的更换应在每日空蒸前进行,否则,应加入刚煮沸过的蒸馏水。

3.5 空白试验

3.5.1 更换水、试剂或仪器设备后,应进行空白试验。

3.5.2 用 0.2 g 蔗糖代替试样,按 3.4 规定的测定步骤进行空白试验。

3.5.3 以硫酸标准溶液滴定体积相差不超过 0.05 mL 的 2 个空白测定平均值作为当天(或当批)的空白值。

3.6 结果计算

3.6.1 煤样中氮

空气干燥煤样中氮的质量分数按式(2)计算:

$$\mathrm{N_{ad}} = \frac{c \cdot (V_1 - V_2) \times 0.014}{m} \times 100 \qquad (2)$$

式中:

$\mathrm{N_{ad}}$——空气干燥煤样中氮的质量分数,%;

c——硫酸标准溶液的浓度,单位为摩尔每升(mol/L);

m——分析样品质量,单位为克(g);

V_1——样品试验时硫酸标准溶液的用量,单位为毫升(mL);

V_2——空白试验时硫酸标准溶液的用量,单位为毫升(mL);

0.014——氮的摩尔质量,单位为克每毫摩尔(g/mmol)。

测定值和报告值均保留到小数点后两位,其他基准的氮含量按照 GB/T 483 换算。

---

1) 按 GB/T 18856.1《水煤浆试验方法　第 1 部分:采样》制备水煤浆干燥试样。

3.6.2 **水煤浆中氮**

水煤浆中氮的质量分数按式(3)计算：

$$N_{cwm} = N_{ad} \times \frac{100 - M_{cwm}}{100 - M_{ad}} \qquad \cdots\cdots(3)$$

式中：

N_{cwm}——水煤浆中的氮的质量分数,%；

N_{ad}——水煤浆干燥试样中氮的质量分数[按式(2)计算],%；

M_{cwm}——水煤浆水分的质量分数,%；

M_{ad}——水煤浆干燥试样水分的质量分数,%。

测定值和报告值均保留到小数点后两位。

4 半微量蒸汽法

4.1 方法原理

一定量的煤或焦炭试样,在有氧化铝作为催化剂和疏松剂的条件下,于1 050 ℃通入水蒸气,试样中的氮及其化合物全部还原成氨。生成的氨经过氢氧化钠溶液蒸馏,用硼酸溶液吸收后,由硫酸标准溶液滴定,根据硫酸标准溶液的消耗量来计算氮的质量分数。

4.2 试剂和材料

4.2.1 无水碳酸钠:同3.2.5。

4.2.2 氧化铝。

4.2.3 硼酸溶液:同3.2.7。

4.2.4 氢氧化钠溶液:250 g/L。

将250 g氢氧化钠溶于1 L蒸馏水中,冷却后备用。

4.2.5 硫酸标准溶液:同3.2.8。

4.2.6 甲基橙指示剂:同3.2.9。

4.2.7 甲基红和亚甲基蓝混合指示剂:同3.2.10。

4.2.8 氦气:纯度高于99.8%。

4.2.9 石墨:化学纯。

4.2.10 变色硅胶:化学纯。

4.2.11 硅酸铝棉:工业品。

4.2.12 瓷舟:长77 mm,宽10 mm,高10 mm,耐温1 200 ℃以上。

4.3 仪器设备

4.3.1 分析天平:感量0.1 mg。

4.3.2 水解蒸馏装置:结构如图3所示。

4.3.2.1 高温炉:能加热到1 200 ℃以上,有(80～100)mm的恒温区,配有自动控温装置。

4.3.2.2 水解管:刚玉制,异径,能耐温1 200 ℃以上。全长670 mm,细径部分长40 mm,细径部分直径7 mm,粗径部分直径22 mm。

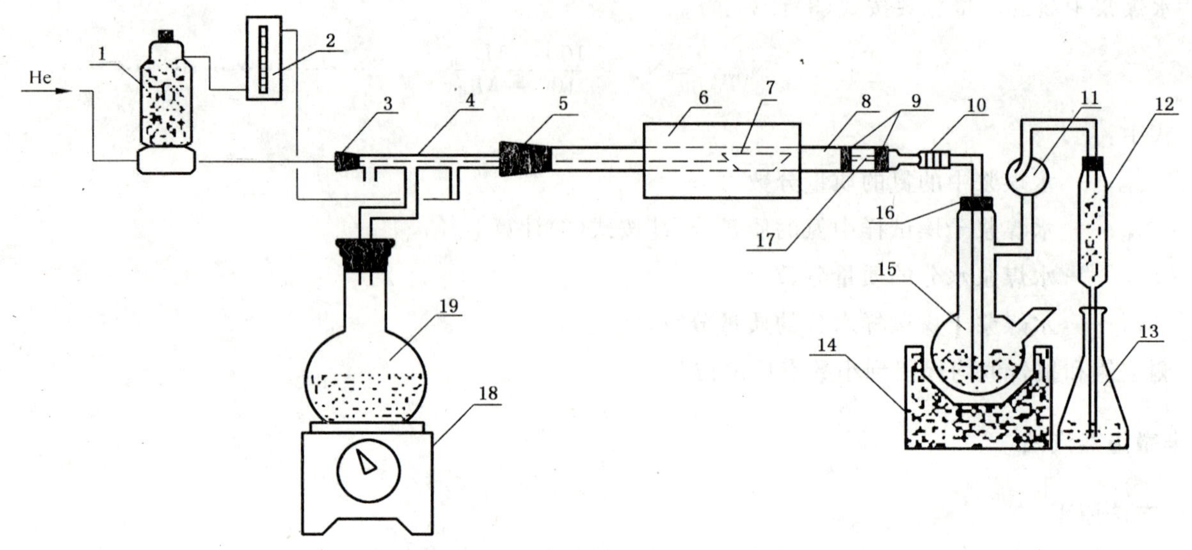

1——气体干燥塔；
2——氦气流量计；
3——橡皮塞；
4——T形玻璃管；
5——橡皮塞；
6——高温炉；
7——石英托盘；
8——水解管；
9——硅酸铝棉；
10——硅橡胶管；
11——缓冲球；
12——蛇形冷凝管；
13——吸收瓶；
14——套式加热器；
15——蒸馏瓶；
16——硅橡胶塞；
17——镍铬丝支架；
18——调温电炉；
19——平底烧瓶。

图3 半微量蒸汽定氮试验装置

4.3.2.3 冷凝管：蛇形，长 300 mm，粗径部分直径 20 mm，细径部分直径 7 mm。

4.3.2.4 蒸馏瓶：500 mL。

4.3.2.5 水蒸气发生装置：由 1 000 mL 平底烧瓶和可调压电炉[1 kW，(0～220)V 连续可调]构成。

4.3.2.6 吸收瓶：容量 250 mL 锥形瓶。

4.3.2.7 氦气流量计：测量范围为(0～100)mL/min 。

4.3.2.8 气体干燥塔：容量约 250 mL，内装变色硅胶。

4.3.2.9 套式加热器：功率 1 000 W，功率可调。

4.3.2.10 石英或刚玉托盘：长 90 mm，宽 15 mm，高 15 mm，耐温 1 200 ℃以上。

4.3.3 微量滴定管：同 3.3.3。

4.4 试验准备

4.4.1 水解管的填充：先将(1～3)mm 厚的硅酸铝棉填充在水解管的细径端(出口端)，放入做好的镍铬丝支架，在支架的另一端填充(1～3)mm 厚的硅酸铝棉。

4.4.2 高温水解炉恒温区测定：将高温水解炉及其控温装置按规定安装，并将水解管水平安放在水解炉内，通电升温。待温度达到 1 050 ℃并保温 10 min 后，按常规恒温区测定方法，测定其恒温区(1 050±10)℃，记下恒温区到水解管入口端的距离。

4.4.3 (450～500)℃和(750～800)℃区域测定:按4.4.2方法测定水解管入口端到(450～500)℃和(750～800)℃区域的位置。

4.4.4 套式加热器工作温度确定:将一支测量范围为(0～200)℃的水银温度计放在套式加热器底部,周围充填硅酸铝棉。通电缓慢升温,待温度达到125℃时,调节控温旋钮,使温度保持在(125±5)℃约30 min,记下控温旋钮的位置,即为工作温度的控制位置。

4.4.5 水蒸气发生量确定:将蒸汽发生装置的圆底烧瓶内加入蒸馏水并与冷凝器连接,接通冷凝水。通电升温至圆底烧瓶内的蒸馏水沸腾,调节控温旋钮,使蒸汽发生量控制在每30 min馏出(100～120)mL,记下控温旋钮的位置,即为工作温度的控制位置。圆底烧瓶内蒸馏水的更换应在每日空蒸前进行,否则应加入刚煮沸过的蒸馏水。

4.4.6 气密性检查:连接好定氮装置,调节氦气流量为50 mL/min,在冷凝管出口端连接另一个"氦气流量计",若氦气流量没有变化,则证明装置各部件及各接口气密性良好,可以进行测定。否则检查各个部件及其接口情况。

4.5 测定步骤

4.5.1 水解炉通电升温,塞紧水解管入口端带橡皮塞的进样杆,调节氦气流量为50 mL/min。

4.5.2 从蒸馏瓶侧管管口加入氢氧化钠溶液约150 mL(氢氧化钠溶液每天更换一次),并用橡皮塞塞紧侧管管口,接通冷凝水,套式加热器通电升温,并使温度控制在(125±5)℃。

4.5.3 当水解炉炉温升到500℃时通入水蒸气,继续升温到1 050℃。每日在试样分析前需在此温度下空蒸30 min或待馏出物体积达(100～200) mL后,再进行样品测定。

4.5.4 称取空气干燥试样(0.1±0.01)g(称准到0.000 2 g),与0.5 g氧化铝充分混合后,转移至瓷舟内。对于挥发分较高的烟煤,在混合后的试样上,应覆盖一层氧化铝(0.3 g～0.5 g)。

4.5.5 在吸收瓶中加入20 mL硼酸溶液和(3～4)滴混合指示剂,将之接在冷凝管出口端,使冷凝管出口端没入硼酸溶液。

4.5.6 将瓷舟放入燃烧管内的石英或刚玉托盘上,塞紧带进样杆的橡皮塞,按4.4.5要求通入水蒸气[2]。先将试样推到(450～500)℃区域,停留5 min,然后推到(750～800)℃区域,停留5 min,最后推到1 050℃恒温区,停留25 min(此时溶液体积约150 mL)。

4.5.7 取下吸收瓶并用水冲洗硼酸溶液中的玻璃管内、外,洗液收入吸收瓶中。

4.5.8 以硫酸标准溶液滴定吸收溶液到由绿色变为钢灰色,由硫酸标准溶液的用量来计算试样中氮的质量分数。

4.5.9 试验结束后,停止通入水蒸气,将托盘拉回到低温区,关冷凝水、氦气,关闭所有电器开关,将蒸馏瓶内的碱液倒出,并把蒸馏瓶洗净。

4.6 空白试验

4.6.1 更换水、试剂或仪器设备后,应进行空白试验。

4.6.2 用0.1 g石墨代替煤或焦炭试样,按4.5规定的测定步骤进行空白试验。

4.6.3 以硫酸标准溶液滴定体积相差不超过0.05 mL的2个空白测定平均值作为当天(或当批)的空白值。

4.7 结果计算

同3.6。

5 方法精密度

氮测定的重复性限和再现性临界差按表1规定。

2) 如水蒸气发生量不符合4.4.5的要求,可微调控温旋钮以保证水蒸气发生量。

表 1 氮测定的精密度

重复性限(N_{ad})/%	再现性临界差(N_d)/%
0.08	0.15

6 试验报告

试验结报告应包括以下信息：

a) 试样标识；

b) 依据标准；

c) 使用的方法；

d) 试验结果；

e) 与标准的任何偏离；

f) 试验中出现的异常现象；

g) 试验日期。

附　录　A
（资料性附录）
本标准章条编号与 ISO 333:1996 章条编号对照

表 A.1 给出了本标准章条编号与 ISO 333:1996 章条编号对照一览表。

表 A.1　本标准章条编号与 ISO 333:1996 章条编号对照

本标准章条编号	对应国际标准章条编号
1	1
2	2
3.1	3
3.2.1	4.1
3.2.2	4.3
3.2.3	—
3.2.4	4.2
3.2.5	—
3.2.6	4.5
3.2.7	4.4
3.2.8	4.6
3.2.9	—
3.2.10	4.7
3.3.1	5.3 和 5.6
3.3.2	5.4 和 5.5
3.3.3	5.2
3.3.4	5.1
—	6
3.4.1	7.1
3.4.2～3.4.6	7.2
3.5	8
3.6	9
4	—
5	10
6	11
—	附录 A
附录 A	—
附录 B	—
附录 C	—
附录 D	—

附 录 B
（资料性附录）
本标准章条编号与 ISO/TS 11725:2002 章条编号对照

表 B.1 给出了本标准章条编号与 ISO/TS 11725:2002 章条编号对照一览表。

表 B.1 本标准章条编号与 ISO/TS 11725:2002 章条编号对照

本标准章条编号	对应国际标准章条编号
1 中注	引言
1	1
2	2
3	—
4.1	3
4.2.1	—
4.2.2	4.6
4.2.3	4.1
4.2.4	4.2
4.2.5	4.8
4.2.6	—
4.2.7	4.9
4.2.8	4.4
4.2.9	4.10
—	4.3
—	4.5
—	4.7
4.2.10	—
4.2.11	—
4.2.12	5.5
4.3.1	5.1
4.3.2	5.3、5.4 和 5.6
4.3.3	5.2
4.4.1～4.4.5	—
4.4.6	7.2 中注 1
4.5.1～4.5.3	7.2
4.5.4	7.1
4.5.5～4.5.7	7.3
4.5.8	7.4
4.5.9	7.3

表 B.1（续）

本标准章条编号	对应国际标准章条编号
4.6	8
4.7	9
5	10
6	11
—	附录 A
附录 A	—
附录 B	—
附录 C	—
附录 D	—

附 录 C
（资料性附录）
本标准与 ISO 333:1996 的技术性差异及其原因

表 C.1 给出了本标准与 ISO 333:1996 的技术性差异及其原因。

表 C.1 本标准与 ISO 333:1996 的技术性差异及其原因

本标准章条编号	技术性差异	原 因
1	增加了对水煤浆的适用	经试验证实了方法的适用性，扩大了本标准适用范围
2	引用了与国际标准相应的中国标准，增加了 GB/T 483	适合中国国情
3.2.1	组分不同	易于判断滴定终点
3.2.3	增加了催化剂	使变质程度高的煤也能消化
3.2.5 和 3.2.9	增加的试剂	标定硫酸溶液的需要
3.2.6	组分不同	消除干扰
3.2.7	浓度不同	适应于水解蒸馏设备
3.2.8	浓度不同	适应于中国煤中氮含量
3.2.10	浓度和溶剂不同	更好判断终点
3.3.1	漏斗代替消化烧瓶盖	方法研究确定
3.3.2	结构和尺寸不同	方法研究确定
—	删除 ISO 333:1996 中的第 6 章“试样的制备”	其内容在其他标准中规定
3.4.1	称样量不同，浓硫酸加入量不同	提高试验精密度
3.4.3	硼酸溶液加入体积不同	更好吸收馏出物
3.4.4	碱溶液加入体积不同，增加馏出液体积规定	使氮蒸馏完全
3.4.5	插入硼酸溶液的玻璃管的清洗操作不同	不损失氮
3.5	增加了空白试验的条件及允许差	规范空白试验
3.6	增加了“水煤浆中氮质量分数”的计算	适应水煤浆中氮测定的需要
4	增加了氮测定的“半微量蒸汽法”	“半微量蒸汽法”可弥补“半微量开氏法”的不足
5	测定精密度不同	方法研究确定
—	删除 ISO 333:1996 中的附录 A“第 9 章计算中所用参数的推导”	其内容与理解和执行标准无关

附 录 D
（资料性附录）
本标准与 ISO/TS 11725:2002 的技术性差异及其原因

表 D.1 给出了本标准与 ISO/TS 11725:2002 的技术性差异及其原因。

表 D.1 本标准与 ISO/TS 11725:2002 的技术性差异及其原因

本标准章条编号	技术性差异	原 因
1	删除了对褐煤和石油焦的适用	测定结果不准确及污染设备
2	引用了与国际标准相应的中国标准，增加了 GB/T 483 删除了适用于焦炭的标准	适合中国国情
3	增加了氮测定的“半微量开氏法”	“半微量蒸汽法”不适用于褐煤中氮的测定
4.1	助熔剂和疏松剂不同	方法研究确定
4.2.1 和 4.2.6	增加的试剂	标定硫酸溶液的需要
4.2.3	浓度不同	适应于水解蒸馏设备
4.2.5	浓度不同	适应于中国煤中氮含量
4.2.7	浓度和溶剂不同	更好判断终点
4.2.9	纯度不同	化学纯已能满足试验要求
4.2.10 和 4.2.11	增加的试剂和材料	应用于样品高温水解，起到辅助作用
—	删除了 ISO/TS 11725:2002 中的 4.3“氨水”、4.5“钠石灰”和 4.7“石英纤维”	方法研究确定不需要这些试剂和材料
4.3.2	材质、结构和尺寸不同	方法研究确定
4.4.1～4.4.5	增加了“试验准备”的内容	加强标准内容的可操作性
4.4.6	检查方法不同	本标准给出的方法简便
—	删除 ISO/TS 11725:2002 中的第 6 章“试验的制备”	其内容在其他标准中规定
4.5.2	水蒸气发生量调节方法不同	方法研究确定
4.5.3	样品测定前馏出物体积不同	方法研究确定
4.5.3	高温炉加热温度不同	方法研究确定
4.5.4	氧化铝用量不同	方法研究确定
4.5.5	硼酸溶液体积不同，不加氨水	方法研究确定
4.6	增加了空白试验的条件及允许差	规范空白试验
5	方法精密度不同	方法研究确定
—	删除 ISO/TS 11725:2002 中的附录 A“本技术条件计算公式中所用参数的推导”	其内容与理解和执行标准无关

ICS 13.030.40
J 88

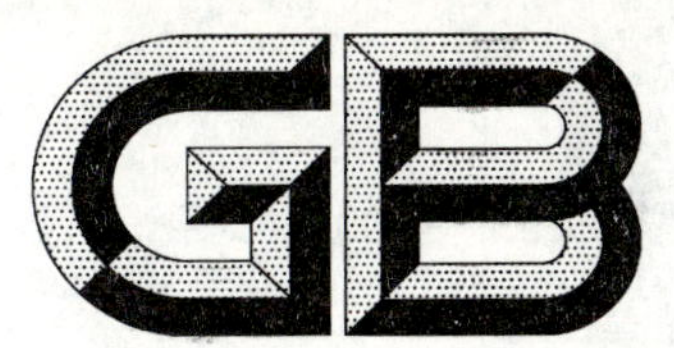

中华人民共和国国家标准

GB/T 19229.1—2008
代替 GB/T 19229—2003(部分)

燃煤烟气脱硫设备 第1部分:燃煤烟气湿法脱硫设备

**Coal-fired flue gas desulphurization equipment—
Part 1: Coal-fired flue gas wet desulphurization equipment**

2008-03-12 发布 2008-09-01 实施

中华人民共和国国家质量监督检验检疫总局
中国国家标准化管理委员会 发布

前 言

GB/T 19229《燃煤烟气脱硫设备》分为4个部分：

——第1部分：燃煤烟气湿法脱硫设备；

——第2部分：燃煤烟气干法/半干法脱硫设备；

——第3部分：燃煤烟气海水脱硫设备；

——第4部分：燃煤烟气氨法脱硫设备。

本部分为GB/T 19229的第1部分。

本标准与GB/T 19229—2003相比，主要技术差异如下：

——把原来的单一标准分为4个部分；

——增加了工程施工与验收和运行与维护章节；

——删除了原标准中的实验方法和检验规则；

——增加了对工业自动化控制、消防、建筑、暖通等辅助设备及系统的要求；

——增加了主流的脱硫工艺技术方案选择标准和设计、建设、运行、维护等要求。

本部分的附录B为规范性附录，附录A、附录C～附录G为资料性附录。

本部分由中国机械工业联合会提出并归口。

本部分起草单位：机械科学研究总院、武汉凯迪电力环保有限公司、浙江大学热能工程研究所、浙江菲达环保科技股份有限公司、北京中兵北方环境科技发展有限责任公司、江苏苏源环保工程股份有限公司、北京博奇电力科技有限公司、中钢集团天澄环保科技股份有限公司、中电投远达环保工程有限公司、中国华电工程(集团)有限公司、西安热工研究院有限公司、四川恒泰环境技术有限责任公司、北方联合电力有限责任公司、福建龙净环保股份有限公司。

本部分主要起草人：李雄浩、高翔、葛介龙、靳建永、孙克勤、白云峰、胡汉芳、杜云贵、沈明忠、张滨渭、任岷、王自宽、阎冬、张力、龙辉。

本部分所代替的标准的历次版本发布情况：

——GB/T 19229—2003。

燃煤烟气脱硫设备
第1部分:燃煤烟气湿法脱硫设备

1 范围

本部分规定了燃煤烟气脱硫设备的定义、适用范围、技术要求、验收移交、运行与维护、标牌、标志、包装、运输和贮存等内容。

本部分适用于以煤为燃料的锅炉,需要采用石灰石-石膏湿法烟气脱硫措施的烟气脱硫设备。燃油、生物质燃烧以及冶金、化工医药行业的尾气需要采用湿法烟气脱硫措施时可以参考执行。

2 规范性引用文件

下列文件中的条款通过GB/T 19229本部分的引用而成为本部分的条款。凡是注日期的引用文件,其随后所有的修改单(不包括勘误的内容)或修订版均不适用于本部分,然而,鼓励根据本部分达成协议的各方研究是否可使用这些文件的最新版本。凡是不注日期的引用文件,其最新版本适用于本部分。

GB/T 191 包装储运图示标志(GB/T 191—2000,eqv ISO 780:1997)

GB/T 6388 运输包装收发货标志

GB 8978—1996 污水综合排放标准

GB/T 9969.1 工业产品使用说明书 总则

GB/T 13306 标牌

GB/T 13384 机电产品包装通用技术条件

GB 18241.1—2001 橡胶衬里 第1部分:设备防腐衬里

GB 50009 建筑结构荷载规范

GB 50011 建筑抗震设计规范

GB 50016 建筑设计防火规范

GB 50040 动力机器基础设计规范

GB 50058 爆炸和火灾危险环境电气装置设计规范

GB 50128—2005 立式圆筒形钢制焊接储罐施工及验收规范

GB 50140 建筑灭火器配置设计规范

GB 50191 构筑物抗震设计规范

GB 50205 钢结构工程施工及验收规范

GB 50217 电力工程电缆设计规范

GB 50222 建筑内部装修设计防火规范

GB 50229 火力发电厂与变电所设计防火规范

GB 50243 通风与空调工程施工质量验收规范

GB 50254～50259 电气装置安装工程施工及验收规范

GB 50260 电力设施抗震设计规范

GB 50300 建筑工程施工质量验收统一标准

GBJ 87 工业企业噪声控制设计规范

DL/T 621 交流电气装置的接地

DL 5000 火力发电厂设计技术规程
DL 5007 电力建设施工及验收技术规范(火力发电厂焊接篇)
DL 5009.1 电力建设安全工作规程(火力发电厂部分)
DL 5027 电力设备典型消防规程
DL 5031 电力建设施工及验收技术规范(管道篇)
DL/T 5035 火力发电厂采暖通风与空气调节设计技术规程
DL/T 5041 火力发电厂厂内通信设计技术规定
DL/T 5047 电力建设施工及验收技术规范(锅炉篇)
DL 5053 火力发电厂劳动安全与工业卫生设计规程
DL/T 5120 小型电力工程直流系统设计规程
DL/T 5136—2001 火力发电厂、变电所二次接线设计技术规程
DL/T 5153—2002 火力发电厂厂用电设计技术规定
DL/T 5190.5—2004 电力建设施工及验收技术规范(热工仪表及控制装置篇)
DL/T 5196 火力发电厂烟气脱硫设计技术规程
DLGJ 56 火力发电厂和变电所照明设计技术规程
DLGJ 102 火力发电厂环境保护设计规定
HJ/T 75—2007 火电厂烟气排放连续监测设计技术规范
HJ/T 179—2005 火电厂烟气脱硫工程技术规范
JB/T 4735—1997 钢制焊接常压容器

3 术语和定义

下列术语和定义适用于 GB/T 19229 的本部分。

3.1

燃煤烟气湿法脱硫设备 coal-fired flue gas desulphurization equipment

用于从燃煤烟气中除去二氧化硫(SO_2)所需要的装置、组件、系统集成、解决方案和相关服务。

3.2

设备压力降 equipment pressure loss

脱硫设备进口和出口烟气平均全压之差,单位为帕[斯卡](Pa)。

3.3

主体工程 main project

工厂的主营产品生产设施,使用了燃煤锅炉及燃煤烟气湿法脱硫设备。

3.4

脱硫岛 desulphurization island

燃煤烟气湿法脱硫设备所处的区域。

3.5

吸收塔 absorber

使用物理和化学的处理方法,除去烟气中的二氧化硫(SO_2)的装置。

3.6

吸收剂 absorbent

通过化学反应脱除烟气中的二氧化硫(SO_2)和其他酸性气体组分的物质。

3.7

副产物 by-product

脱硫过程中产生的未经过进一步处理的,有价值且易于存储的含硫化合物。

3.8

废弃物 process waste

脱硫过程中产生的，需要附加工艺或特殊处理的液体和/或固体物质，其中包括废水。

3.9

装置可用率 availability

脱硫设备每年正常运行时间与主体工程每年总运行时间的百分比。按公式(1)计算：

$$\eta = (A - B)/A \times 100 \quad \cdots\cdots(1)$$

式中：

η——设备可用率，%；

A——主体工程每年可运行的总时间，h；

B——脱硫设备每年因脱硫系统故障导致的停运时间，h。

3.10

脱硫效率 efficiency

脱硫设备脱除的二氧化硫(SO_2)浓度与未经脱硫前烟气中所含二氧化硫(SO_2)浓度的百分比。按公式(2)计算：

$$\eta_{SO_2} = (C_1 - C_2)/C_1 \times 100 \quad \cdots\cdots(2)$$

式中：

η_{SO_2}——脱硫效率，%；

C_1——脱硫设备进口二氧化硫(SO_2)的折算浓度(mg/m^3)(空气过量系数1.4，标准工况，干基)；

C_2——脱硫设备出口二氧化硫(SO_2)的折算浓度(mg/m^3)(空气过量系数1.4，标准工况，干基)。

3.11

邦德功指数 Bond work index

用于表征物料易磨性的参数。

4 要求

4.1 基本要求

4.1.1 燃煤烟气湿法脱硫设备应按国家相关规定进行设计、制造、安装、调试及验收。

4.1.2 燃煤烟气湿法脱硫设备的配置原则

燃煤锅炉设置烟气脱硫设备时，吸收塔一般宜单元制配置，烟气脱硫设备配制应保证主体工程及各排放源在脱硫后排放烟气中的二氧化硫(SO_2)浓度符合国家及当地排放标准的有关规定。

4.1.3 燃煤烟气湿法脱硫设备的最低稳定工作负荷

燃煤烟气湿法脱硫设备的最低稳定工作负荷应与燃煤锅炉不投油最低稳燃负荷一致，烟气脱硫设备的负荷变化速率应与主体工程负荷变化率相适应。

4.1.4 脱硫主要设备设计使用寿命应不低于主体工程的剩余使用寿命。

4.1.5 脱硫系统配用设备及附件应符合其产品要求及工程自身的要求，满足脱硫设备的性能要求，并符合其产品标准。

4.2 总平面与交通运输

4.2.1 防火和施工场地要求

脱硫岛的建、构筑物布置的防火要求、施工场地要求、消防通道要求见附录B。

4.2.2 脱硫设备的总体布置

4.2.2.1 脱硫设备应结合工艺流程和场地条件因地制宜布置。补建脱硫设备时，应避免拆迁正在运行主体设备的生产建、构筑物和地下管线。当不能避免时，应采取合理的过渡措施。留有扩建规划的主体装置，其脱硫设备不宜布置在扩建端，公用设施要综合考虑为扩建留有便利条件。脱硫岛应充分节约用地，并做好绿化。

4.2.2.2 吸收塔宜布置在烟囱附近，脱硫工艺其他主要设备宜毗邻吸收塔布置，公用设施的位置选择应满足多套脱硫设备共用的需要。吸收塔、应急处理箱、升压风机、浆液循环泵和氧化风机等设备可根据当地气象条件及设备状况等因素研究可否露天布置，并采取相应的防护措施。脱硫副产物和废弃物贮存或进一步处理车间宜与脱硫主设备及车间紧邻布置，并应设顺畅的运输通道，能保证装载和运输车辆畅通无阻。

4.2.2.3 吸收剂可在厂内就地制备或外购，吸收剂制备设施、储仓宜在吸收塔附近因地制宜集中布置。

4.2.2.4 脱硫系统的电控设备宜与相关设备的建构筑物等合并成电控楼布置在脱硫设备附近，也可设独立的脱硫电控室。

4.2.2.5 新建项目脱硫设备的仪用及杂用压缩空气宜采用主体工程的压缩空气。不设应急柴油发电机。

4.2.2.6 脱硫岛应统一规划平台楼梯和检修起吊设施、场地及运输通道。

4.2.3 管线综合布置

4.2.3.1 脱硫设备的管线综合布置应与主体工程协调一致，主要管架、管线和沟道、电缆桥架宜集中布置，并留有足够的管线走廊。浆液管道布置应考虑坡度，不出现低洼弯点。在寒冷地区，应考虑电伴热或蒸汽伴热等防冻措施。管架、管线和沟道宜沿道路布置，地下管线和沟道一般宜敷设在道路行车部分之外，当确需沿道路下敷设或与道路交叉时，应根据实际情况采取加固等防护措施。

4.2.3.2 架空管道在跨越道路时应符合 HJ/T 179—2005 和 DL 5000 的规定。

4.3 脱硫设备工艺技术

4.3.1 脱硫设备的基础资料：

——燃煤的工业分析和元素分析数据；

——燃煤烟气中粉尘的成分分析，包括重金属汞、砷和硒等；

——锅炉的主要性能参数；

——锅炉不同负荷下的脱硫设备入口烟气参数，包括：烟气的流量，含氧量，温度，压力，粉尘、SO_2、HCl、HF 的浓度等；

——燃煤烟气脱硫工艺；

——吸收剂活性、成分分析和邦德功指数等；

——工艺水质参数，应包括硫酸根离子浓度和氯离子浓度；

——副产物和废弃物的处理方式及要求；

——主体装置所在地的地质、水文、气象和交通运输；

——燃煤烟气脱硫设备性能指标及修正曲线，包括变负荷运行要求；

——电气、控制和仪表、气体参数连续监测要求。

4.3.2 脱硫设备的裕量水平

4.3.2.1 吸收剂制备系统的裕量

吸收剂储存设施的容量应根据市场运输情况和运输条件确定，一般不小于设计工况下 3 d 的耗量。

吸收剂制备系统为公用系统。吸收剂为块状时，可采用湿式球磨机系统制备。当一台主机组的制备系统配置一台磨机时，应增大吸收剂浆液箱容量，以便磨机检修不影响烟气脱硫设备正常运行；当两台及以上主机组合用一套吸收剂浆液制备系统时，每套系统宜设置两台或以上的湿式球磨机及浆液旋流分离站，制备系统的总出力按设计工况下吸收剂消耗量的 150% 选择，且不小于 100% 校核工况下的消耗量。应根据实际情况考虑磨机台数和单台设备出力。可以采用 $n+1$ 的配置方式，n 台运行，1 台备用。

湿式球磨机浆液制备系统的吸收剂浆液箱容量宜不小于设计工况下 6 h 的浆液消耗量。干粉制浆时石灰石浆液箱容量宜不小于设计工况下 2 h 的浆液消耗量。吸收剂供给泵应设数量备用。

4.3.2.2 副产物脱水系统的裕量

当有副产物脱水系统时，副产物脱水系统为公用系统。每套脱水系统宜设置两台或以上脱水机，设备总出力为设计工况下150%的副产物产量，且不小于100%校核工况下的产量。可以采用 $n+1$ 的配置方式，n 台运行，1 台备用。

脱水后的副产物可用筒仓或在储存车间内堆放。筒仓应考虑一定的防腐措施和防堵措施，容量应根据石膏的运输方式确定，但不小于12 h的产量。贮存间的容量不小于2 d的产量。寒冷地区应考虑防冻措施。

4.3.2.3 燃煤烟气脱硫设备的废水系统出力应按至少150%考虑。

4.3.2.4 升压风机的容量

当配备升压风机时，升压风机的风量应不小于锅炉最大连续运行工况(BMCR，Boiler Maximum Continuous Rate)下烟气量的110%，并加10℃温度裕量，升压风机的压力为脱硫设备BMCR工况下阻力的120%。

4.3.2.5 烟气系统的温度裕量

脱硫设备原烟气设计温度应采用锅炉设计煤种BMCR工况下空气预热器出口的烟气温度。对于新建机组应考虑短期运行温度50℃超温，但考虑叠加后的温度不应超过180℃。烟气换热器下游的原烟气烟道设计温度应考虑30℃超温。净烟气烟道设计温度宜考虑20℃超温。

4.3.2.6 氧化风机的容量

燃煤烟气脱硫必须有足够的氧化空气量，并保证在氧化区域有较好的分布。氧化风机应设置台数备用 。

4.3.3 脱硫工艺常规分系统

4.3.3.1 吸收剂制备系统

系统一般由吸收剂储存设备、给料设备、磨制设备、分选设备、风机、泵、电控设备及管阀组成，并配有必要的起吊设施。宜优先选用钙基吸收剂石灰石，也可以采用生石灰粉或其他行业生产的副产物。用于脱硫的石灰石($CaCO_3$)含量宜高于90%，石灰石粉的细度应根据石灰石的特性和脱硫系统与石灰石粉磨制系统综合优化确定。

浆液管道应选用衬胶、衬塑管道或玻璃钢管道，管道内介质流速的选择既要考虑避免浆液沉淀，同时又要考虑管道的磨损和压力损失尽可能小，阀门宜选用耐磨型，阀门的通流直径宜与管道一致，管道上应有排空和停运自动冲洗的措施。

4.3.3.2 烟气系统

系统一般由挡板门、升压风机、烟气换热器、吸收塔、电控设备及烟道组成。脱硫设备宜采用全烟气脱硫，升压风机宜装设在脱硫设备进口处，经技术经济比较后可考虑不设旁路烟道、升压风机与引风机合并设置。升压风机不设数量备用，优先选用轴流式风机。

设烟气换热器时，设计工况下脱硫后烟囱入口的烟气温度应能使污染物落地浓度满足当地规定为宜。烟气换热器的换热元件应考虑防腐、防磨、防堵塞、防沾污等措施。换热元件的高度选取时应考虑能否冲洗透彻；壳体与净烟气接触处应考虑防腐；烟气换热器前后的相关烟道宜采取防腐措施，原烟道部分区段的烟道顶部和侧壁经过技术论证确认后，可不采用防腐措施，但应考虑足够的腐蚀裕量；下部烟道应当有疏水设施。防腐材料的选取参见附录B。

不设烟气换热器时，烟囱和烟道应有完善的防腐和排水措施。吸收塔入口原烟道应从至少2 m处开始采取全部防腐措施。

吸收塔入口原烟道的形式应与塔体相适应，使烟气在塔内有良好的流动和分布。

4.3.3.3 吸收及氧化系统

吸收系统一般由吸收塔、喷淋设备、浆液循环泵、电控设备及管阀组成，氧化系统一般由氧化风机、空气分布设备、电控设备及管阀组成。吸收塔宜采用钢结构，内部结构应当考虑烟气流动的要求和防腐技术要求，塔内防腐可采用金属或非金属材料，参见附录C，在吸收塔底部和浆液可能冲刷的壁面、支撑钢梁等位置，应当考虑防冲刷措施。吸收塔应设置必要的检修措施。塔内不设置固定式的检修平台，塔外设置供检修维护的平台和扶梯。

脱硫设备应装设除雾器，保证净烟气中的雾滴浓度不大于75 mg/m^3（干基）。除雾器应设置水冲洗装置。除雾器和喷淋层应考虑足够强度的检修维护措施。

采用空塔喷淋时，浆液循环泵入口宜装设滤网等防固体物吸入措施。托盘塔可不装设滤网。

氧化风机宜采用罗茨风机，当氧化风量较大时，也可采用离心风机。

脱硫设备应设置应急处理箱，并有防腐和防沉积装置，可全厂合用一套，容量按最小一座吸收塔的最低运行液位计算，并考虑冲洗水的量。当设有石膏浆液抛弃系统时，容量不宜小于最小一座吸收塔内最低运行液位时的浆池容量。

4.3.3.4 副产物脱水系统

副产物脱水系统一般由副产物排出设备、脱水设备、电控设备及管阀组成，脱水设备有旋流式、离心式、真空皮带式等。脱水系统为公用系统，设置原则及容量见4.3.2。

4.3.3.5 副产物

脱硫设备的工艺设计应尽量为副产物的综合利用创造条件。

4.3.3.6 脱硫废水处理

脱硫废水处理方式应结合全厂水务管理、其他废弃物的处理方式及排放条件等综合因素确定，尽量经处理达到复用水水质要求后复用，也可经集中或单独处理达标后排放，排放的废水水质应满足GB 8978—1996和建厂所在地区的有关污水排放标准。废水处理系统可以单独设置，也可纳入全厂废水处理系统中。

废水处理工艺系统应根据废水水质、回用或排放水质要求、设备和药品供应条件等选择，废水处理系统所需要的药剂根据实际情况确定，并考虑当地市场情况，如果药剂需要量较大时，宜考虑自动卸料中间储存设施。宜采用中和沉淀、混凝澄清等去除水中重金属和悬浮物措施以及pH值调整等物化处理措施。

4.4 电气系统

4.4.1 供电系统

4.4.1.1 供电系统设计应符合DL/T 5153—2002第4章的规定。

4.4.1.2 脱硫设备高、低压厂用电电压等级、中性点接地方式应与主体工程一致。

4.4.1.3 脱硫设备高压工作电源可设脱硫高压变压器，或直接从高压厂用工作母线引接。脱硫低压工作电源应单独设置脱硫低压工作变压器供电。

4.4.2 照明和检修系统设计应符合DLGJ 56的规定。

4.4.3 电缆敷设应符合GB 50217的规定。

4.4.4 防雷和接地应符合DL/T 621的规定。

4.4.5 控制保护及自动装置应符合DL/T 5153—2002第9章、第10章和DL/T 5136—2001第5章、第6章、第8章的规定。

4.4.6 脱硫设备直流系统设置应符合DL/T 5120和DL/T 5136—2001第10章的规定。直流负荷可由主体工程直流系统供电，也可单独设置脱硫直流系统。

4.4.7 交流保安电源和交流不停电电源（UPS）应符合DL/T 5153—2002第4章的规定。脱硫设备宜单独设置UPS向脱硫岛不停电负荷供电。

4.4.8 脱硫设备电气系统二次线应符合DL/T 5136—2001第7章、第9章和DL/T 5153—2002第8章的规定，宜在脱硫电控室控制，可纳入分散控制系统，也可采用强电控制。

4.4.9 火灾探测及报警系统应符合GB 50229的规定。宜与主体工程火灾探测及报警系统实现通信。

4.4.10 脱硫岛内应设置生产行政通信和调度通信系统，并符合DL/T 5041的规定。

4.4.11 有爆炸和火灾危险场所的电气装置设计应符合 GB 50058 的规定。

4.5 热工自动化

4.5.1 一般规定

4.5.1.1 烟气脱硫设备的热工自动化系统应符合 DL/T 5196 和 HJ/T 75—2007 的规定。

4.5.1.2 烟气脱硫系统应采用集中控制，在控制室内以操作员站显示屏和键盘作为监视控制中心，不设置常规仪表盘。

4.5.1.3 烟气脱硫设备的控制可采用以分散控制器为基础的分散控制系统(DCS)或可编程控制系统(PLC)，控制器冗余，宜按单元机组和公用系统分别配置，其功能包括数据采集和处理、模拟量控制、顺序控制、连锁保护。

4.5.1.4 烟气脱硫设备的启、停、运行及事故处理均不能影响主体工程的正常运行。

4.5.2 热工检测

4.5.2.1 烟气脱硫热工检测包括：

——脱硫工艺系统主要运行参数；

——仪表和控制用电源、气源、水源及其他必要条件的供给状态和运行参数；

——必要的环境参数；

——脱硫变压器、脱硫电源系统及电气系统和设备的参数与状态检测。

4.5.2.2 烟气分析系统宜按脱硫设备运行监控需要独立设置，装设在脱硫装置的进/出口烟道上，并留有外接通讯接口供有关部门使用。

4.5.2.3 烟气脱硫系统设必要的工业电视监视系统。

4.5.3 热工保护

4.5.3.1 烟气脱硫设备的热工保护应由脱硫控制系统软逻辑实现。

4.5.3.2 烟气脱硫控制系统应有防止误动和拒动的措施，保护系统电源中断和恢复不会误发动作指令。

4.5.3.3 热工保护系统应遵循独立性原则：

——主要的保护系统的逻辑控制单独设置；

——主要的保护系统应有独立的 I/O 通道，并有电隔离措施；

——冗余的 I/O 信号应通过不同的 I/O 模件引入；

——触发脱硫设备解列的保护信号宜单独设置变送器或开关量仪表；

——脱硫设备与主体工程间用于保护的信号应采用硬接线方式。

4.5.3.4 热工保护系统输出的操作指令应优先于其他任何指令。

4.5.3.5 烟气脱硫设备解列保护动作原因应设事故顺序记录和事故追忆功能。

4.5.4 热工顺序控制及联锁

4.5.4.1 顺序控制功能应满足脱硫设备的启动、停止及正常运行工况的控制要求，并实现在事故和异常工况下的控制操作，保证脱硫设备安全。

4.5.4.2 需要经常进行有规律性操作的辅机系统宜采用顺序控制。

4.5.4.3 辅助装置的就地控制设备应能实现其相关设备的顺序控制功能，并设有与脱硫设备主控制系统的接口，实现脱硫系统的顺序启停。

4.5.5 热工模拟量控制

4.5.5.1 烟气脱硫设备应有完善的热工模拟量控制系统，以满足不同负荷工况下脱硫设备安全经济运行的需要，以及事故及异常工况下与相应的联锁保护协调控制。

4.5.5.2 烟气脱硫设备模拟量控制系统中的各控制方式间，应设切换逻辑并能双向无扰动的切换。

4.5.5.3 对于关系到安全或调节品质的重要参数，采用三重测量配置，并在控制系统中做三取二逻辑。

4.5.6 热工报警

4.5.6.1 热工报警由脱硫设备的控制系统实现。

4.5.6.2 烟气脱硫控制系统的所有模拟量输入、数字量输入、模拟量输出、数字量输出和中间变量的计算值,都可作为报警源。

4.5.6.3 烟气脱硫系统功能范围内的全部报警项目应能在操作员站显示屏上显示和在打印机上打印。在启停过程中应抑制虚假报警信号。

4.5.7 脱硫控制系统

4.5.7.1 烟气脱硫设备的控制系统选型应采取成熟、可靠的原则,具有数据采集与处理、自动控制、保护、联锁等功能。

4.5.7.2 烟气脱硫设备的控制系统应设置与主体工程 DCS 进行信号交换的硬接线,以实现主体工程对脱硫设备的监视、报警和联锁。

4.5.8 热工电源和气源

4.5.8.1 烟气脱硫热工控制柜(盘)进线电源的电压等级不得超过 380/220 V,并有可靠的来源及备用措施。应设自动切换装置,保证工作电源故障时及时切换至另一路电源。

4.5.8.2 烟气脱硫控制系统及保护装置一路采用交流不停电电源,一路接自主体工程的厂用保安段电源。

4.5.8.3 每组热工交流 380/220 V 动力电源配电箱应有两路输入电源,分别接自脱硫厂用低压母线的不同段。

4.5.8.4 烟气脱硫装置采用气动执行机构时,气源品质和压力要求应符合有关国家标准,满足气动执行机构的需要。

4.5.9 脱硫系统

一般不单独设置热工实验室,可购置必要的脱硫分析专用实验室设备。

4.6 建筑及结构

4.6.1 建筑

脱硫设备的土建工程应安全、适用、经济、美观。建筑应该根据生产流程、功能要求、自然条件、建筑材料和建筑技术以及主体工程等因素,结合脱硫设备要求,做好建筑物的平面布置、空间组合、建筑造型、色彩处理以及维护结构的选择,解决建筑物内部交通、防火、防爆、防水、防腐蚀、防噪音、防尘、防小动物、抗震、隔振、保温、隔热、日照、采光、自然通风和生活设施等问题。在进行造型、外观和内部处理时,应整体考虑建筑物和机械设备色彩的协调,并注意构筑物与主体工程的协调。建、构筑物的采暖、通风和空气调节参见附录 D。

4.6.2 结构

结构必须在承载力、稳定、变形和耐久性等方面满足生产使用要求,同时应考虑施工条件。对于混凝土结构必要时应验算结构的抗裂度和裂缝宽度。当有动力荷载时,应作动力验算。

荷载(效应)组合根据可能同时出现的荷载,按承载能力极限状态和正常使用极限状态分别进行,并应取各自的最不利的效应进行组合。参见附录 E。

4.7 安全环保、职业卫生、节能

4.7.1 脱硫设备应符合国家和设备建设所在地区的劳动安全和工业卫生标准。

4.7.2 在设备的设计、建设、运行、维护、检修时要考虑设备的安全措施,和劳动者对粉尘、噪音、静电、酸碱等腐蚀物、辐射、毒气、毒液等的防护措施,以及设备在建造时的可建造性,在运行、维护、检修时的可操作性和舒适性。

4.7.3 保证劳动安全,防止职业健康危害。参见附录 F。

4.7.4 脱硫设备应符合国家关于节能的相关规定。

4.8 消防和灭火装置

脱硫设备应贯彻“预防为主、防消结合”的消防方针,防止或减少火灾危害,保障人身和财产安全。

应有完整的消防给水系统和完整的室内、室外消防设施，还应按消防对象的具体情况设置火灾自动报警装置和专用灭火装置，并应合理配置灭火器。

4.9 材料要求

由于燃煤烟气脱硫设备中不同部位的工作状态、腐蚀与磨损情况不同，对燃煤烟气脱硫设备中不同部位防止腐蚀的要求也不同，燃煤烟气脱硫设备需要防止腐蚀的部位需选用不同种类的合金钢、玻璃鳞片树脂、玻璃钢、橡胶和陶瓷等材料。这些材料必须满足脱硫设备的强度、温度、湿度、腐蚀、磨损、冲刷、粘结和堵塞等的要求，材料性质和使用见附录B。在材料使用时，必须充分了解材料的性质和适用性，使用成熟可靠的材料，可使用经证实的新材料和新工艺。

5 调试、启动及验收

5.1 建筑工程验收

建筑工程验收应符合 GB 50300 及《火电施工质量检验及评定标准》(土建工程篇)的有关规定。

5.2 安装工程验收

5.2.1 根据有关规定和要求，做好设备及文件的检查与验收、存放、保管、防护工作，并作好记录。

5.2.2 脱硫设备验收按照下列有关标准执行：

——吸收塔的制造和安装按 JB/T 4735—1997 和 GB 50128—2005 执行；

——烟道的验收按 DL/T 5047 执行；

——钢结构及附属机械、设备的钢结构验收按 GB 50205 执行；

——管道工程验收按 DL 5031 执行；承压管道配制和安装中的焊接工作按 DL 5007 执行；

——设备、管道的保温和油漆工程验收按 DL/T 5047 执行；

——电气设备验收按 GB 50254～GB 50259 执行；

——热工控制仪器、仪表、设备验收按 DL/T 5190.5—2004 执行；

——消防按 DL 5027 执行；

——环境保护按 DLGJ 102 执行；

——劳动安全与工业卫生按 DL 5053 执行；

——防腐参照 GB 18241.1—2001 执行；

——中国以外的专有技术和设备，应按照提供方的设计技术文件、设备技术规范、合同规定及商检文件执行，并应符合中国现行国家或行业工程施工及验收标准的要求。

5.3 调试、启动及竣工验收

5.3.1 脱硫设备投产前，必须进行启动验收。工程试生产结束，必须及时进行工程的竣工验收。脱硫设备的性能试验根据合同进行。

5.3.2 脱硫设备启动工作按有关国家标准和行业标准、规程、规范、设备技术文件及有关规定的要求进行，合理组织、协调，确保启动调试工作的安全和质量。启动调试的一般程序包括:分部调试、整套启动调试。

5.3.3 安装工作结束，并按调试顺序完成了必要的检查试验后可开始分部调试。分部调试从脱硫设备带电开始到整机设备启动前为止 。分部调试包括单体调试和分系统调试。单机调试是指单台辅机的试运，分系统试运是指按系统对其机械、电气、热控和化学所有设备进行空载和带负荷的调整试运。单体调试由安装单位完成，分系统调试和整套启动调试由调试单位完成。

5.3.4 整套启动试运是指由脱硫设备第一次联合启动试运开始到合同规定时间（如 168 h)连续试运合格移交试生产止。

5.3.5 移交试生产后一个月内，脱硫设备供应方应组织有关单位按《电力建设施工及验收技术规范》的规定向业主移交技术资料 ，国外引进设备可按建设单位和施工单位的分工办理，包括备品、配件、生产试验仪器和专用工具等。

5.3.6　整套启动工作完成后，应在一个月内提出以下文件：启动验收交接证书；整套设备启动试运工作总结；未完工程及需改进工程清单，明确设计、施工单位和完成日期。

5.3.7　脱硫装置按批准的设计文件所规定的内容全部建成，完成整套试运移交后必须及时由工程竣工验收委员会主持组织竣工验收。竣工验收由建设单位提出申请，报工程主管单位或上级部门批准。

5.3.8　竣工验收的范围包括合同范围内的所有设计、设备、公用系统和公共设施、环境保护设施、消防设施、安全、工业卫生、试生产情况、财务、计划及工程档案等。

5.3.9　燃煤烟气脱硫设备性能验收试验一般应在试运行结束后 6 个月内完成，其试验结果应符合合同规定的全套燃煤烟气脱硫设备的保证项目及技术要求和保证值。

5.3.10　燃煤烟气脱硫设备的质保期一般为完成整套试运移交生产后一年。在此期间暴露的缺陷，根据缺陷的性质与分类，由有关责任单位负责处理。

5.3.11　燃煤烟气脱硫设备的环保验收应在脱硫系统调试稳定后、进入连续稳定试运之前或连续试运过程中进行。

6　运行与维护

6.1　运行管理

脱硫设备的运行、维护及安全管理应符合国家有关规定，业主应组织编写脱硫设备的运行、维护规程。脱硫设备应在满足设计工况的条件下运行，并根据工艺要求，定期对各类设备、电气、自控仪表及建(构)筑物进行检查维护，确保设备长期稳定可靠地运行。脱硫设备在正常运行条件下，各项污染物排放应满足相关的环保规范的规定。

6.2　运行条件

技术人员、检修人员和运行操作人员必须经过脱硫技术基本原理和工艺流程及操作维修等专门培训，除能进行脱硫设备的正常运行操作外，还能完成脱硫设备事故或紧急状态下人工操作和事故处理；为保证脱硫设备的正常运行，每日应定时对其巡检 2 次以上，每次巡检人数至少为 2 人；脱硫剂品质合格，主体工程运行稳定，其燃煤及烟气参数符合脱硫设备的技术条件要求。

6.3　维护保养

脱硫设备的维护保养应纳入全厂的维护保养计划中，制定详细的维护保养规定，维修人员应按规定定期检查、更换或维修必要的部件并做好维护保养记录。

6.4　安全防护

严格遵守安全操作规程，防电、防火、防辐射、防毒、防滑、防冻、防堵、防腐，保证人身和设备的安全。

7　标牌、标志、包装、运输和贮存

7.1　标牌和标志

标牌应符合 GB/T 13306 的规定，燃煤烟气脱硫设备应在吸收塔明显位置装有固定标志，至少应包括以下内容：

——制造商名称；
——工艺方式及塔型；
——额定处理能力；
——脱硫效率；
——设计进口烟气二氧化硫浓度；
——执行标准号；
——产品编号；
——投运日期。

应在衬里设备外表面标明“严禁碰撞”、“严禁施焊”等警告语句。

7.2 包装、运输和贮存

7.2.1 燃煤烟气脱硫设备包装应符合 GB/T 13384 的规定，保证在正常运输条件下不致因包装不善而损坏，包装与运输的标志应符合 GB/T 6388 和 GB/T 191 的规定。

7.2.2 每台设备应附有下列图样和随机文件：

——设备总清单；

——设备总图、基础图、管路图及安装图；

——产品合格证；

——使用说明书，说明书应符合 GB/T 9969.1 的规定；

——包装清单及备品备件清单；

——上述图样及技术文件清单。

7.2.3 运输时应对设备的接管法兰表面加以保护，采用合理装载加固措施。

7.2.4 衬里的燃煤烟气脱硫设备要轻装轻放，防止剧烈振动和机械损伤。

7.2.5 燃煤烟气脱硫设备本体允许露天贮存，电子设备及保温材料等不允许露天贮存，设备配件装箱库存。

附　录　A
（资料性附录）
原则性系统图

A.1　湿法工艺流程

典型的石灰石/石灰-石膏烟气脱硫工艺流程如图A.1所示，实际运用的脱硫装置的范围根据工程具体情况有所差异。锅炉烟气经进口挡板门进入脱硫升压风机，通过GGH后进入吸收塔，经洗涤脱硫后再经除雾器除去带出的小液滴，再通过GGH从烟囱排放，脱硫的副产物经过脱水成为石膏。

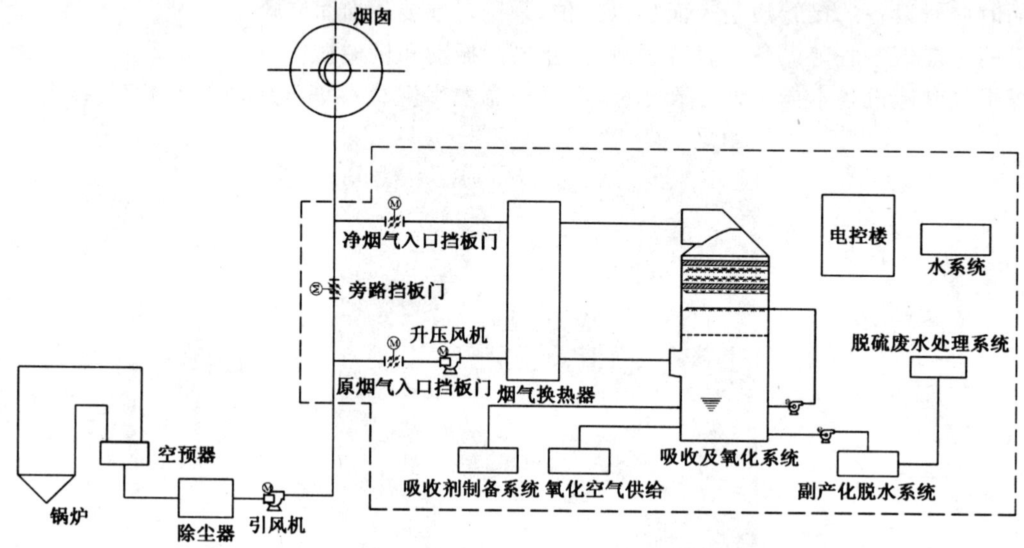

图A.1　燃煤锅炉湿法烟气脱硫设备示意图

附 录 B
（规范性附录）
脱硫设备的消防

B.1 燃煤烟气脱硫设备及其建（构）筑物的防火设计，应符合 GB 50229 及国家其他有关防火标准和规范的要求。

B.2 脱硫设备各脱硫建（构）筑物在生产过程中的火灾危险性及其最低耐火等级应按表 B.1 的规定执行。

表 B.1 脱硫建（构）筑物在生产过程中的火灾危险性和最低耐火等级

序号	建、构筑物名称	生产过程中火灾危险性	最低耐火等级
1	吸风机和升压风机（室）	丁	二级
2	除尘器	丁	二级
3	脱硫吸收塔	丁	二级
4	烟道	丁	二级
5	烟囱	丁	二级
6	吸收剂仓	丁	二级
7	泵房	丁	二级
8	GGH	丁	二级
9	电控楼[a]	戊	二级

[a] 电控楼当不采取防止电缆着火后延燃的措施时，火灾危险性应为丙类。

注 1：除本表规定的建（构）筑物外，脱硫设备其他建（构）筑物的火灾危险性及耐火等级应符合 GB 50016 的有关规定。

注 2：本表指标强制。

B.3 燃煤烟气脱硫设备要在相应的地方按规定使用防火、防爆、防水、保温、隔热等材料。

B.4 消防给水和灭火装置

B.4.1 一般规定

燃煤烟气脱硫设备应有完整的消防给水系统，还应按消防对象的具体情况设置火灾自动报警装置和专用灭火装置，并应合理配置灭火器。脱硫岛建（构）筑物及各工艺系统消防设计应符合 GB 50229 及 GB 50016 等国家规范的要求。

B.4.2 消防给水

B.4.2.1 脱硫岛消防水源宜由电厂主消防管网供给，接入管直径按发生火灾时的一次最大消防用水量，即室内和室外消防用水量之和计算。消防水系统的设置应覆盖所有室外、室内建（构）筑物和相关设备。

B.4.2.2 室内消防栓

下列建筑物内应设室内消火栓：

——控制楼楼梯间；

——吸收塔各层平台；

——各车间。

室内消火栓的间距应由计算确定。脱硫岛建筑物室内消火栓的间距不宜超过 50 m。室内消火栓的布置，应保证有两支水枪的充实水柱同时到达室内任何部位。

B.4.2.3 室外消防给水

燃煤烟气脱硫设备同一时间内的火灾次数应按一次确定。室外消火栓应根据需要沿道路设置，并宜靠近路口，在建筑物外不应大于120 m，室外消火栓的保护半径不应大于150 m，室外消火栓的数量应按室外消防用水量计算确定。每个室外消火栓的用水量应按10 L/s～15 L/s计算。若主体工程的主消防系统在脱硫岛附近设有室外消火栓，可充分考虑利用其保护范围，相应减少脱硫设备室外消火栓的数量。

B.4.3 在脱硫区域内，主要包括电子设备间、控制室、主要装置、电缆夹层、电力设备附近等处按GB 50140规定配置一定数量的移动式灭火器。

附 录 C
（资料性附录）
燃煤烟气脱硫设备材料选用

C.1 材料要求

C.1.1 燃煤烟气脱硫设备所用钢材应符合 JB/T 4735 的规定，并应附有钢材生产单位的钢材质量证明书(或其复印件)。燃煤烟气脱硫设备生产厂家应按钢材质量证明书对钢材进行验收，必要时进行复验。

C.1.2 燃煤烟气脱硫设备内部防腐施工所选择的涂层材料、玻璃鳞片树脂，橡胶板及无机材料的质量应符合相应的行业标准规定，并具有出厂合格证和检验资料，必要时对原材料应进行抽查复验。

C.2 材料选择原则

C.2.1 材料的选择应本着经济、适用、满足脱硫设备特定工艺要求，具有较长的使用寿命进行选择。

C.2.2 通用材料应在火力发电厂和工业锅炉中常用的材料中选取。

C.2.3 对于接触腐蚀性介质的部位，应综合选取金属或非金属材料。

C.3 金属材料

C.3.1 金属材料的选择应以碳钢材料为主，对金属材料的表面可能接触腐蚀性介质的区域，应根据脱硫工艺不同部位的实际情况，衬抗腐蚀性和磨损性强的非金属材料。

C.3.2 当以金属材料作为承压部件，衬非金属材料作为防腐部件时，应充分考虑非金属材料与金属材料之间的粘结强度。同时，承压部件的自身设计应确保非金属材料能够长期稳定地附着在承压部件上。

C.3.3 对于接触腐蚀性介质的某些部位，如果采用碳钢衬非金属材料难以达到工程实际应用目的，应根据介质的腐蚀性和磨损性，采用以镍基材料为主的合金钢。当经过充分论证后，部分区域可采用具有抗腐蚀性的低合金钢。镍基合金钢适用介质条件见表 C.1，其主要性能见表 C.2：

表 C.1 镍基合金钢适用介质条件

序 号	项 目	材 料 成 分	备 注
1	净烟气、低温原烟气	铁-镍-铬合金	
2	pH 值 3～6，含 $Cl^- \leq 60\ 000$ mg/L 的浆液	铁-镍-铬合金 铁-钼-镍-铬合金	两者使用条件有差异，实际选用时应注意

表 C.2 合金钢主要性能

序 号	项 目	单 位	性 能
1	抗张程度	MPa	690
2	拉伸模量	MPa	195
3	热膨胀率	1/℃	1.2×10^{-5}
4	坚硬程度	MPa	320

C.4 非金属材料

非金属材料主要可选用玻璃鳞片树脂、玻璃钢、塑料、橡胶和陶瓷类产品用于防腐蚀和磨损，其适宜的使用部位见表 C.3，其主要非金属材料的性能见表 C.4～表 C.8。

表 C.3 主要非金属材料及使用部位

序号	材料名称	材料主要成分	使用部位
1	玻璃鳞片树脂	玻璃鳞片 乙烯基酯树脂 酚醛树脂 呋喃树脂 环氧树脂	净烟气、低温原烟气段、 吸收塔、浆液箱罐等内衬； 石膏仓内表面涂料
2	玻璃钢	玻璃鳞片、玻璃纤维 乙烯基酯树脂 酚醛树脂	吸收塔喷淋层、浆液管道、箱罐
3	塑料	聚丙烯等	管道、除雾器
4	橡胶	氯化丁基橡胶 氯丁橡胶 丁苯橡胶	吸收塔、浆液箱罐、浆液管道、水力旋流器等内衬； 真空脱水机、输送皮带
5	陶瓷	碳化硅	浆液喷嘴

表 C.4 玻璃鳞片树脂主要性能

序号	项目	单位	乙烯基酯树脂	酚醛乙烯基酯树脂
1	拉伸强度	MPa	>25	>25
2	延伸率	%	>0.5	>0.5
3	巴氏硬度		>35	>35
4	粘接强度	MPa	>10	>10
5	使用温度	℃	<100	<160
6	水汽渗透率	$g \cdot cm/(24\ h \cdot m^2 \cdot Pa)$	<0.000 038	0.000 038

表 C.5 玻璃钢主要性能

序号	项目	单位	性能
1	拉伸强度	MPa	282
2	拉伸模量	GPa	15.4
3	断裂延伸率	%	2.34
4	树脂含量	%	40.1

表 C.6 聚丙烯主要性能

序号	项目	单位	性能
1	抗张程度	MPa	35
2	拉伸模量	MPa	1.55
3	热膨胀率	1/℃	1.35×10^{-4}
4	坚硬程度	MPa	60

表 C.7 氯化丁基橡胶主要性能

序　　号	项　　目	单　　位	性　　能
1	拉伸强度	MPa	＞2.5
2	延伸率	%	＞300%
3	邵氏硬度		＞50
4	粘接强度	MPa	＞30
5	使用温度	℃	＜90

表 C.8 碳化硅主要性能

序　　号	项　　目	单　　位	氮化物粘结的碳化硅	反应粘结的碳化硅
1	最大体积密度	g/cm^3	2.6	3.0
2	表观孔隙率	%	16%	0
3	平均断裂模量	kPa(Psi)	48 265±6 895 (7 000±1 000)	344 750±20 685 (50 000±3 000)
4	平均耐压强度	kPa(Psi)	137 900(20 000)	220 640 0(320 000)
注：1 Psi=6.895 kPa。				

C.5 常用合金材料

见表 C.9。

表 C.9 常用合金材料

序号	美国牌号 AISI	德国牌号 W.Nr	化学分析/%					耐点蚀指数 PREN= Cr+3.3 Mo+16 N
			Cr	Ni	Mo	N	其他	
1	304	1.4301	18/20	8/10				18
2	304L	1.4306	18/20	9/11				18
3	316	1.4436	16.5/18	11/13	2.5/3			25
4	316L	1.4435	16/18	11/13	2.5/3			25
5	317L	1.4438	18/20	14/16	3/3.5			29
6	317LNM	1.4439	17/20	13/16	4/4.5	0.15		35
7	08 904	1.4539	20	25	4.3	0.13	铜 1.5	37
8	2205							37.1
9	08 925/926	1.4529	20	25	6	0.20	铜 1.0	43
10	254 SMO	1.4547	20	18	6	0.20		43.3
11	AL-6XN		20.5	24	6.24	0.22		47.6
12	C22	2.4602	20/22.5	Bal	12/14.5		钨 3 铁 4	64
13	C276	2.4819	15.5	Bal	16		钨 3 铁 5	68
14	A59	2.4605	22/24	Bal	15/16.5		钴 0.3	74

附　录　D
（资料性附录）
脱硫设备的采暖通风与空气调节

D.1　一般规定

采暖通风与空气调节系统的设计施工按 DL/T 5035 和 GB 50243 及国家有关现行标准执行。

D.2　采暖通风

D.2.1　脱硫岛区域建筑物的采暖应与其他建筑物一致。当厂区设有集中采暖系统时，采暖热源宜由厂区采暖系统提供。

D.2.2　对位于集中供暖地区或有集中供暖系统的电厂，脱硫岛的采暖宜采用不易积尘的散热器供暖，脱硫岛的紧身封闭区域内采用散热器供暖，当散热器布置上有困难时，可设置暖风机。

D.2.3　对位于非集中供暖地区且无集中供暖系统的电厂，脱硫岛区域建筑物的采暖可以采用热泵型空调器、电热器等方式作为供暖热源。

D.2.4　脱硫岛电控楼冬季供暖室内计算温度按表 D.1 选用。脱硫岛的紧身封闭区域内建筑物室内计算温度为 5℃。

表 D.1　电控楼冬季供暖室内计算温度

序　号	供暖房间名称	供暖室内计算温度/℃
1	脱硫控制室	18
2	脱硫配电室	18
3	工程师站	18
4	电子设备间	18（或按工艺要求）
5	石膏脱水机房	16
6	输送皮带机房	10
7	球磨机房	10
8	真空泵房	10
9	GGH 设备间	16
10	石灰石破碎间	10
11	石灰石卸料间地下	16
12	石灰石卸料间地上	10
13	石灰石制备间	10
14	GGH 支架间	10

D.2.5　脱硫岛主控制室下层的电缆层不必设供暖设备。对于冬季室外通风计算温度低于或等于—10℃的地区，脱硫岛主控制室的底层主要出入外门宜设置热风幕。

D.2.6　散热器供暖系统和热风供暖系统，两个系统的管道应分开设置。

D.3　空气调节

D.3.1　脱硫岛控制室、工程师站室及电子设备间应该设置空气调节装置。

D.3.2 脱硫岛各室内空调设计参数应根据工艺要求确定，无明确要求时，可按下列参数设计：

——夏季：温度 25℃±1℃～27℃±1℃，相对湿度 60%±10%；

——冬季：温度 20℃±1℃，相对湿度 60%±10%。

D.3.3 脱硫岛建筑物的空调系统一般采用风机盘管系统。

D.3.4 脱硫控制室和电子设备间各设一台备用风冷热泵型柜式空调机。

D.3.5 在寒冷地区，通风系统的进、排风口宜考虑防寒措施。

D.3.6 通风系统的进风口宜设在清洁干燥处，电缆夹层不应作为通风系统的吸风地点。在风沙较大地区，通风系统应考虑防风沙措施。在粉尘较大地区，通风系统应考虑防尘措施。

D.3.7 通风系统保证脱硫岛各建筑室内达到正常的通风条件，电缆夹层采用自然通风装置，脱硫岛紧身封闭区域内换气次数不少于 1 次/h。

D.3.8 脱硫岛用配电装置室发生火灾时，应能自动切断通风机的电源。

附　录　E
（资料性附录）
脱硫设备建（构）筑物的荷载组合

E.1　建（构）筑物的结构设计必须在承载力、稳定、变形和耐久性等方面满足生产使用要求，同时尚应考虑施工条件。对于混凝土结构必要时应验算结构的抗裂度和裂缝宽度。当有动力荷载时，应作动力验算。

E.2　燃煤烟气脱硫设备的建（构）筑物结构设计应根据使用过程中在结构上可能同时出现的荷载，按承载能力极限状态和正常使用极限状态分别进行荷载（效应）组合，并应取各自的最不利的效应组合进行设计。一般荷载的分项系数见表 E.1，可变荷载的组合值系数、频遇值系数、准永久值系数，荷载组合，除下列规定外，均按 GB 50009 执行。设备、管道、储仓等可变荷载，其荷载分项系数取 1.3。建、构筑物的屋面、楼（地）面在生产使用、检修、施工安装时，由设备、管道、材料堆放、运输工具等重物所引起的荷载，以及所有设备、管道支吊架等作用于土建结构上的荷载均应由工艺专业提供。当工艺专业提供全部设备（管道）荷载时，楼面活荷载可按 2.0 kN/m² 取值。

表 E.1　建（构）筑物结构设计荷载分项系数

序　号	类　　别	标准值/(kN/m²)	组合值系数 Ψ_c	准永久值系数 Ψ_q
1	配电装置楼面	6	1	0.8
2	控制室楼面	4	1	0.7
3	电缆夹层	4	1	0.7
4	楼梯（考虑设备运输时）	4	0.7	0.5
5	设备、管道层楼面	由工艺提供，或参照电厂相应楼层采用	1	0.7
6	屋面活荷载（不上人屋面，无设备、管道等）	0.7	0.7	0
7	屋面活荷载（有设备、管道等）	由工艺提供，或参照电厂相应屋面采用	1	0.7
8	生石灰仓、消石灰仓等中的填料自重	填料比重由工艺提供	1	1

E.3　地震基本烈度为 6 度及以上的建（构）筑物应作抗震设防。建（构）筑物抗震设防应按 GB 50011、GB 50191 和 GB 50260 执行。

燃煤烟气脱硫设备的建（构）筑物按 GB 50011 中丙类建筑进行抗震设防。

计算地震作用时，建、构筑物的重力荷载代表值应取结构、设备、构配件重力荷载标准值和各可变荷载组合值之和。各可变荷载的组合值系数应按表 E.2 采用。

表 E.2　各可变荷载的组合值系数

荷　载　种　类	组合值系数
一般设备荷载	1.0
按等效均布荷载计算的楼面活荷载	0.7
屋面活荷载（一般不上人，无设备、管道等）	0
屋面活荷载（有设备、管道等）	0.7
生石灰、消石灰仓等中的填料自重	0.8

E.4 地基与基础的设计，应根据工程地质资料、结合脱硫设备各建(构)筑物的使用要求，充分吸取地区建筑经验，综合考虑结构类型、材料供应等因素，采用安全、经济、合理的地基基础形式。地基除作承载力计算外，必要时应对地基变形和稳定作验算。当地基的承载力、变形或稳定不满足设计要求时，应采用人工地基。重大设备、吸收塔支架上应设置沉降观测点。

附 录 F
（资料性附录）
脱硫设备的劳动安全卫生和人体功效

F.1 燃煤烟气脱硫设备在可行性研究阶段应有劳动安全和工业卫生的论证内容，在初步设计阶段，应提出深度符合要求的劳动安全和工业卫生专篇。劳动安全与工业卫生应遵守 DL 5053 和 DL 5000 及国家有关现行标准。

F.2 劳动安全

F.2.1 燃煤烟气脱硫设备工程的建设应遵守 DL 5009.1 及其他有关规定。

F.2.2 燃煤烟气脱硫设备的防火、防爆设计应符合 GB 50016、GB 50222 和 GB 50229 的规定。

F.2.3 燃煤烟气脱硫设备的噪声和振动的控制应符合 GBJ 87 和 GB 50040。

F.2.4 燃煤烟气脱硫设备使用粉剂时要设置有防尘面罩、洗眼液等设施，还应设有供检修用的一次性衣服。

F.3 工业卫生

F.3.1 燃煤烟气脱硫设备带有粉状物的吸收剂和副产品的贮运，应采用密闭性较好的设备，并应有防止漏粉、漏灰及飞扬的措施，含粉气体的排放应满足标准。

F.3.2 操作人员每天连续接触噪声 8 h，噪声声级卫生限值为 85 dB(A)。对于操作人员每天接触噪声不足 8 h 的场合，可根据实际接触噪声的时间，接触时间减半，噪声声级卫生限值增加 3 dB(A)的原则，确定其噪声声级限值见表 F.1，但是高限值不得超过 115 dB(A)。

表 F.1 噪声声级限值

日接触噪声时间/h	卫生限值/dB(A)
8	85
4	88
2	91
1	94
1/2	97
1/4	100
1/8	103
最高不得超过 115 dB(A)	

F.4 人体功效

F.4.1 一般规定

人体功效是考虑烟气脱硫设备的可操作性、可建造性等。通过融入人机接口方面的知识改进设计以便促进装置设备在施工、运行和维护过程中的安全行为，降低人体伤害的风险，特别是因为人为原因造成的肌肉与骨骼的失调和不适，防止和降低装置在使用期限内因此发生的修改以保证安全运行 。

在人体功效方面有以下 7 个要素，包括：

——工作地点的设计；

——设备的设计；

——工作环境；

——身体的活动；

——工作的设计；

——信息的设计；

——个人因素。

F.4.2 人体功效的相关名称：

——通路：接近、检查和拆卸设备的通路，应有足够空间以允许人无障碍的运动和人与机器的互动。

——从地面可接近：站在地面上或站在旋转楼梯顶部可达到的最大水平高度 510 mm 或可够到头上 1.8 m。典型的楼梯平台最大标高约 1.2 m，以便栏杆可从管道和结构件下通过。

——间隔：与净空、膝盖、肘部空间及过道的通路相关的，设备附近或设备之间，允许通过两个部件之间空间。

——眩光：在视线内显现的引起不舒适、干扰、影响视觉功能和丧失可见度的耀眼的光线。

——水平可达到的距离：特定的一组人手臂水平伸展从肩部指尖可够到的距离。

——输入对话：操作员与控制系统之间的互动，如菜单、与图示、输入的指令和功能键的选择等的直接互动。

——标记：显示一组文字和编码用于说明设备或部件的张贴。

——标牌：显示文字的张贴用于沟通指示或信息。

——符号：指用于显示某个作用或物体的图示或图符。

——操作员接口：显示和控制装置的组合，使运行人员能与控制系统沟通，以获得工艺和设备状态。

——关键安全控制和显示：告知异常状态及哪些控制变量要求快速改变以防止严重结果如造成泄漏和伤害的装置。

——任务解析：指对任务从系统上和从构成上分类分析其分项步骤以定义各步骤潜在的危险源及分别的降低危险的措施。

——视觉距离：从眼睛到显示或被观察的物体表面的距离。

——VDU：指视频显示器。

F.4.3 人体功效的相关规定

F.4.3.1 总体规定：

——互为备用装置（如备用泵）的辅助设备、阀、控制和显示的布置在与所控制的设备的关系上应该一致，防止镜像布置；

——目的相同的阀站的布置和外形应相似；

——机械装置的布置应预留足够的净空和通路以方便移动式起吊设备的拆除，或者也可采用另一种方式即提供固定的架空起吊设备；

——自给式呼吸器和防火设备的位置应根据人员如何使用设备以应对紧急情况来决定。

F.4.3.2 平台、楼梯和爬梯：

——相关设备应提供平台，到平台的通路应安装永久的楼梯和爬梯，除非另行规定；

——要求人工携带大件工具和设备爬上爬下建筑物的，在紧急情况下应接近的设备和人员需疏散的，需经常接近的设备，应提供平台；

——户内、户外的楼梯、爬梯和平台有可能因环境和生产条件变得滑的应设计为防滑的；

——从平台和爬梯可够到的最大水平距离不应超过 510 mm，从地面和平台上头顶手可够到的最大距离不应超过 1 800 mm。

F.4.3.3 净空

最小的垂直净空应为 1 980 mm。

F.4.3.4 到设备的通路：

——阀的手轮、手柄应可接近且在正常可够到的距离内方便操作。通路应提供永久的楼梯、旋转楼梯、平台和其他运行、维护和检查要求的措施。

——阀的手轮、设备和结构件附近的之间的最小净空应为 80 mm，手轮和管道的保温之间的净空应为 50 mm，以防止关节的损伤。

——阀的手柄的转动方向不应限制阀前面的通路和走道。

——阀手轮、手动齿轮的操作员和杠杆和链条的操作员不应要求使用力度大于 38 kg。要求力度大于上述力度和开和关需要转动 40 圈以上的运行阀门应采用电动的以降低肌(与)骨骼和重复运动伤害的可能性。

——阀的选型和安装应保证连续的运行。

F.4.3.5 就地控制与显示

——就地控制和显示的选型和设计应考虑方便手动的操作和维护，并使用任务解析结果考虑相互之间的位置布置。控制应布置在可够到的地方，靠近所影响的显示器并与显示器的关联清晰的地方。显示器应布置在正常工作位置能看得到的地方。

——控制运行应考虑与当地的文化习惯保持一致，在压力下人们会倾向于习惯。离散控制应有一个控制已激活的正向指示器。安装在户外的控制应够大能带手套操作。

——显示器应与操作员的正常视线垂直相交以避免视差，安装位置应避免附近的灯或日光炫目的干扰，应位于相关的控制之上，如果不可能，即位于控制的左或右边，不位于控制附近的显示器应从控制方向可看得见。永久的显示器应用有色标标识的区域，标注以显示可接受和不可接受的运行范围以保证显示和任务执行正确一致地实施。

——显示器的布置应保证从正常的工作位置上能看得到，不需使用爬梯或要求人员站在设备、部件或栏杆上，从观察者的眼睛到显示器的表面的最小视觉距离不应小于 510 mm，最大视觉距离以清晰度限制为准不应超过字号乘以 200。对于视觉距离小于 700 mm 的显示器上的字符尺寸不应小于 3.5 mm，白色背景上黑体数字和光标为首选方式。

F.4.3.6 就地控制面板与控制台：

——就地设备控制面板布置的位置应使操作人员在预期的位置上可以看见面板上必要的信息。

——工作面高度以及控制台工作面以下的空隙应根据当地人口的人类学数据统计确定。椅子背后至少有 1 370 mm 的间隙，可以使操作人员有足够的空间通过。

——让操作人员进行操作或完成操作程序的控制与相关的显示应分组在一起对分组可以使用边界线和颜色进行视觉上的划分。具有相似功能的相近的显示器的刻度线的和字符布置应相同。控制和显示的矩阵的排与行的编号应为奇数，中间的排或行应有助于显示的装置的间距的识别。

——安全上关键的及高精确度的控制器与显示器应布置在标有“最佳”的范围内，该区域在操作人员水平与垂直视线的中心线±15°的范围内。安全上的关键控制和显示的布置应与普通的工艺控制分开。控制器应按至少以下的要求隔开，以避免意外启动：按钮：25 mm；拨动开关：50 mm；用整个手掌控制的：125 mm。

——在视频显示装置(VDU)控制面板上，安全上关键的及频繁使用的控制器应布置在操作员笔直坐着时能最先触及的范围内，也就是肘仍位于身体侧时伸手可及的范围。

——位于高于地板 1 200 mm 以上的柜子中的组件应安装在垂直安装的抽屉中，以便于使用并减少出错的可能。在较低的高度上，柜子中的模块应水平安装在可滑出的抽屉或盘架上。

F.4.3.7 标志、标签与颜色代码：

——所有在运行或维护中使用的设备应有标签。

——为了能让电厂人员能始终正确地了解标志或标签的含义，每个标志或标签的组成(如文字、符号及颜色)应采用统一的与适当的风格，并用统一的格式布置。设备、图纸、控制件与显示器、操作手册上的标签以及对应的符号应与就地的视觉监视标准一致。标签应采用大写字母。

——文字：缩写正面短语或语句应采用标准化的统一的缩写与首字母，并为当地熟悉的。所有文字应用粗体书写，避免使用斜体与下划线。文字高度应视距相关，并且至少为视距除以 200，文字宽度不得小于字高的70%,笔划宽度不小于字高的1/8。

——在标志或标签上的文字上附上符号,来帮助文字理解有困难的员工,特别是在使用超过一种以上语言的情况下,最好用符号补充说明标志或标签上的文字。

——彩色的标签和标志应配有黑色文字和白色背景;彩色文字只能用于危险警告标志,应和工厂和文化习惯保持一致;黑色文字应使用黄色背景,白色文字用红色、蓝色和绿色背景。

——位置、标志或标签应贴在所有潜在使用者预期的视线范围之内,要镶嵌在或靠近和它相关的设备或程序上,还应朝向观看者预期的靠近方向。在标签和标志的位置选择上要考虑维护工作,避免移除或损坏它们。在外部标志贴在可移动的面板上的地方要提供复制的内部标志。不能将标志贴在开门会遮住的地方。

——在管道系统中,标签应贴在设备的入口和出口、阀门上、分支连接处,在直道处每15 m贴一个。在垂直线路上,标签应可以顺时针旋转90°,使从预期的观看位置能读到上面的文字。指示流程方向的箭头不能指向文字,还应有固定的(填充的)形状。

——设备标志应提供和性能或设备使用有关的辅助信息,标志应固定在人可以通过其来操作设备的位置上,显示步骤的程序应编上号和朝左对齐。对于非程序信息,可以使用行间距或缩排来分隔信息。

——危险警告标志应固定在或靠近危险源,要间隔适当的距离来使观看者有充足的时间进行逃避,应固定在工地或进场地面上方大约1 520 mm。

——信息标志。标志词“注意”或“提示”可以用于非危险性信息标志。较长的说明应分为几步说明并靠左对齐。普遍认同的符号应在这些标志中使用,而且应该总是伴有文字。

F.4.3.8 工作场所的环境:

——照明,紧急照明要求要符合标准。

——在有人的建筑里湿度应保持在20%~60%之间,最好是在40%~50%之间,来防止对身体组织,眼睛,皮肤和呼吸道的刺激和干燥。控制室中的空气应以每人每分钟0.43 m^3 的频率替换,使大约三分之二的空气包含补充的新鲜空气。空气流速不应超过0.2 m/s。

——控制噪音水平,保证电话通信不受妨碍,声音警报可以听到,背景噪音不会引起刺激和疲劳。

附 录 G
（资料性附录）
石灰石-石膏湿法脱硫设备命名

G.1 命名编号原则

G.1.1 热力设备编号原则

G.1.1.1 热机设备的编号为“设备中文名称＋机组号＋排列号”，如“升压风机 1A”。对于公用设备则不需要机组号，设备排列号用英文字母“A、B、C”表示。如“真空泵 A”、“湿式球磨机 C”等。

G.1.1.2 总的命名原则为：多个同一设备编排“A、B、C”的顺序为：从固定端到扩建端，从左到右，从上到下（基于电厂总平面布置的方向）。

G.1.2 6 kV 系统编号原则

G.1.2.1 6 kV 脱硫系统母线名称为：6kV＋脱硫专业简称＋数字序号（1、2、3）表示。如：“6 kV 脱硫 3 段”（原因是脱硫 6 kV 母线采用的是按机分段方式）等。

G.1.2.2 6 kV 母线电源进线开关名称由“母线段名称＋工作（备用）电源进线”表示。如：“6 kV 脱硫 3 段工作电源进线 A”、“6 kV 脱硫 3 段工作电源进线 B”（原因为 6 kV 脱硫母线段为双电源供电方式，不存在主次关系）等。

G.1.2.3 6 kV 负荷开关与其热力设备命名遵循“一致”原则，名称为设备中文名称＋机组号＋排列号（A、B 等），如浆液循环泵 1A，表示＃1 吸收塔＃1 浆液循环泵；如果一台机组对应只有一台设备，则不需加排列号，如升压风机 1；对于公用设备则不需要机组号，设备排列号用英文字母“A、B、C”表示，设备的分系统则用英文字母后加数字来区别，如 A1，A2，B1，B2 等等。

G.1.3 400 V 系统编号原则

G.1.3.1 400 V 脱硫系统母线编号由三组代号组成，第一组数表示电压等级，用 400 V 表示，第二组数表示用途名称，第三组数表示母线序号，用“1、2、3”数字表示，如：“400 V 脱硫 1 段”、“400 V 脱硫备用段”等。

G.1.3.2 400 V 母线段的进线电源开关以及联络开关（刀闸）命名方法和 6 kV 一样，如：“400 V 脱硫 1 段工作电源进线”、“400 V 脱硫备用段电源进线”、“ 400 V 脱硫 3 段备用电源刀闸”等。

G.1.3.3 400 V 负荷开关与其热力设备命名仍遵循“一致”原则，名称为设备中文名称＋机组号＋排列号（A、B 等），如吸收塔浆液排出泵 1A，表示＃1 吸收塔＃1 浆液排出泵；如果一台机组对应只有一台设备，则不需加排列号，如升压风机 1；对于公用设备则不需要机组号，设备排列号用英文字母“A、B、C”表示，设备的分系统则用英文字母后加数字来区别，如 A1，A2，B1，B2 等等。

G.2 命名

对本规定未出现的设备命名，可参照命名原则自行增补。

G.2.1 热机设备名称见表 G.1。

表 G.1 热机设备名称

系 统 描 述	名 称
一 烟气系统设备编号	
升压风机编号	
＃1 吸收塔 A 升压风机	升压风机 1A

表 G.1（续）

系 统 描 述	名 称
	升压风机 1A 冷却风机 A
	升压风机 1A 冷却风机 B
	润滑油泵 1A
	液压油泵 1A
	润滑油加热器 1A
	液压油加热器 1A
＃1 吸收塔 B 升压风机	升压风机 1B
	升压风机 1B 冷却风机 A
	升压风机 1B 冷却风机 B
	润滑油泵 1B
	液压油泵 1B
	润滑油加热器 1B
	液压油加热器 1B
＃2 吸收塔 A 升压风机	升压风机 2A
	升压风机 2A 冷却风机 A
	升压风机 2A 冷却风机 B
	润滑油泵 2A
	液压油泵 2A
	润滑油加热器 2A
	液压油加热器 2A
＃2 吸收塔 B 升压风机	升压风机 2B
	升压风机 2B 冷却风机 A
	升压风机 2B 冷却风机 B
	润滑油泵 2B
	液压油泵 2B
	润滑油加热器 2B
	液压油加热器 2B
＃1 吸收塔升压风机	升压风机 1
	升压风机冷却风机 1A
	升压风机冷却风机 1B
	润滑油泵 1
	液压油泵 1
	润滑油加热器 1
＃2 吸收塔升压风机	升压风机 2
	升压风机冷却风机 2A

表 G.1（续）

系统描述	名称
	升压风机冷却风机 2B
	润滑油泵 2
	液压油泵 2
	润滑油加热器 2
烟气挡板编号	
#1 吸收塔#1 升压风机进口烟气挡板	进口烟气挡板 1A
#2 吸收塔#1 升压风机进口烟气挡板	进口烟气挡板 2A
#1 吸收塔#1 升压风机出口烟气挡板	出口烟气挡板 1A
#2 吸收塔#1 升压风机出口烟气挡板	出口烟气挡板 2A
#1 吸收塔#2 升压风机进口烟气挡板	进口烟气挡板 1B
#2 吸收塔#2 升压风机进口烟气挡板	进口烟气挡板 2B
#1 吸收塔#2 升压风机出口烟气挡板	出口烟气挡板 1B
#2 吸收塔#2 升压风机出口烟气挡板	出口烟气挡板 2B
	原烟气挡板 1
	原烟气挡板 2
#1 吸收塔净烟气挡板	净烟气挡板 1
#2 吸收塔净烟气挡板	净烟气挡板 2
#1 吸收塔旁路烟气挡板	旁路烟气挡板 1
#2 吸收塔旁路烟气挡板	旁路烟气挡板 2
#1 吸收塔 A 低压密封风机	挡板门(低压)密封风机 1A
#1 吸收塔 B 低压密封风机	挡板门(低压)密封风机 1B
#1 吸收塔 A 高压密封风机	挡板门(高压)密封风机 1A
#1 吸收塔 B 高压密封风机	挡板门(高压)密封风机 1B
#2 吸收塔 A 低压密封风机	挡板门(低压)密封风机 2A
#2 吸收塔 B 低压密封风机	挡板门(低压)密封风机 2B
#2 吸收塔 A 高压密封风机	挡板门(高压)密封风机 2A
#2 吸收塔 B 高压密封风机	挡板门(高压)密封风机 2B
	挡板门(低压)密封风电加热器 1A
	挡板门(低压)密封风电加热器 1B
	挡板门(高压)密封风电加热器 1A
	挡板门(高压)密封风电加热器 1B
	挡板门(低压)密封风电加热器 2A
	挡板门(低压)密封风电加热器 2B
	挡板门(高压)密封风电加热器 2A
	挡板门(高压)密封风电加热器 2B

表 G.1(续)

系 统 描 述	名 称
气气换热器编号	
	GGH1
	GGH2
1号 GGH 低泄漏风机	GGH 低泄漏风机 1A
	GGH 密封风机 1A
	GGH 密封风机 1B
	GGH 高压冲洗水泵 1A
	GGH 吹灰器 1A
	GGH 吹灰器 1B
2号 GGH 低泄漏风机	GGH 低泄漏风机 2A
	GGH 密封风机 2A
	GGH 密封风机 2B
	GGH 高压冲洗水泵 2A
	GGH 吹灰器 2A
	GGH 吹灰器 2B
二 氧化空气系统	
＃1 吸收塔 A 氧化风机	氧化风机 1A
＃1 吸收塔 B 氧化风机	氧化风机 1B
＃2 吸收塔 A 氧化风机	氧化风机 2A
＃2 吸收塔 B 氧化风机	氧化风机 2B
三 吸收塔系统	
＃1 吸收塔	吸收塔 1
＃2 吸收塔	吸收塔 2
＃1 吸收塔 A 浆液循环泵	浆液循环泵 1A
＃1 吸收塔 B 浆液循环泵	浆液循环泵 1B
＃1 吸收塔 C 浆液循环泵	浆液循环泵 1C
＃2 吸收塔 A 浆液循环泵	浆液循环泵 2A
＃2 吸收塔 B 浆液循环泵	浆液循环泵 2B
＃2 吸收塔 C 浆液循环泵	浆液循环泵 2C
＃1 吸收塔＃1 搅拌器	吸收塔搅拌器 1A
＃1 吸收塔＃2 搅拌器	吸收塔搅拌器 1B
＃1 吸收塔＃3 搅拌器	吸收塔搅拌器 1C
＃1 吸收塔＃4 搅拌器	吸收塔搅拌器 1D
＃2 吸收塔＃1 搅拌器	吸收塔搅拌器 2A
＃2 吸收塔＃2 搅拌器	吸收塔搅拌器 2B

表 G.1(续)

系 统 描 述	名 称
#2 吸收塔 #3 搅拌器	吸收塔搅拌器 2C
#2 吸收塔 #4 搅拌器	吸收塔搅拌器 2D
#1 吸收塔 A 石膏排出泵	吸收塔排出泵 1A
#1 吸收塔 B 石膏排出泵	吸收塔排出泵 1B
#2 吸收塔 A 石膏排出泵	吸收塔排出泵 2A
#2 吸收塔 B 石膏排出泵	吸收塔排出泵 2B
四 石膏脱水系统	
#1 吸收塔石膏旋流器	石膏旋流器 1
#1 吸收塔石膏旋流器 #1 旋流子	石膏旋流子 1A(A～H)
#2 吸收塔石膏旋流器	石膏旋流器 2
#2 吸收塔石膏旋流器 #1 旋流子	石膏旋流子 2A(A～H)
石膏溢流缓冲箱搅拌器	石膏溢流缓冲箱搅拌器
#1 溢流输送泵	溢流输送泵 A
#2 溢流输送泵	溢流输送泵 B
#3 溢流输送泵	溢流输送泵 C
#4 溢流输送泵	溢流输送泵 D
#1 废水旋流器给料泵	废水旋流器给料泵 A
#2 废水旋流器给料泵	废水旋流器给料泵 B
废水旋流器	废水旋流器
废水旋流器 #1 旋流子	废水旋流子 A(A～D)
	废水箱
	废水排放泵 A
	废水排放泵 B
石膏浆液箱搅拌器	石膏浆液箱搅拌器
#1 石膏抛弃泵	石膏抛弃泵 A
#2 石膏抛弃泵	石膏抛弃泵 B
#1 皮带脱水机	皮带脱水机 A
#2 皮带脱水机	皮带脱水机 B
#1 滤饼冲洗水箱	滤饼冲洗水箱 A
#2 滤饼冲洗水箱	滤饼冲洗水箱 B
#1 皮带脱水机 #1 滤饼冲洗水泵	滤饼冲洗水泵 A1
#1 皮带脱水机 #2 滤饼冲洗水泵	滤饼冲洗水泵 A2
#2 皮带脱水机 #1 滤饼冲洗水泵	滤饼冲洗水泵 B1
#2 皮带脱水机 #2 滤饼冲洗水泵	滤饼冲洗水泵 B2
#1 滤布冲洗水泵	滤布冲洗水泵 A1

表 G.1(续)

系 统 描 述	名 称
#2 滤布冲洗水泵	滤布冲洗水泵 A2
#3 滤布冲洗水泵	滤布冲洗水泵 B1
#4 滤布冲洗水泵	滤布冲洗水泵 B2
滤布冲洗水箱搅拌器	滤布冲洗水箱搅拌器
#1 真空泵	真空泵 A
#2 真空泵	真空泵 B
#1 真空泵气液分离器	滤液接收罐 A
#2 真空泵气液分离器	滤液接收罐 B
	滤液水箱
	滤液水箱泵 A
	滤液水箱泵 B
双向石膏输送皮带	双向石膏输送皮带
#1 石膏输送皮带	石膏输送皮带 A
	石膏卸料器 A1
	石膏卸料器 A2
	石膏卸料器 A3
	石膏卸料器 A4
#2 石膏输送皮带	石膏输送皮带 B
	石膏卸料器 B1
	石膏卸料器 B2
	石膏卸料器 B3
	石膏卸料器 B4
电动单梁桥式抓斗起重机	电动桥式抓斗机
五 石灰石浆液制备系统	
	石灰石卸料斗排尘风机
	石灰石卸料斗除尘振打
振动给料机	石灰石振动给料机
斗提机	斗式提升机
	胶带输送机
	石灰石卸料器 A
#1 石灰石仓	石灰石仓 A
	石灰石仓排尘风机 A
	石灰石卸料器 B
#2 石灰石仓	石灰石仓 B
	石灰石仓排尘风机 B

表 G.1（续）

系统描述	名称
＃1 皮带秤重给料机	皮带秤重给料机 A
＃2 皮带秤重给料机	皮带秤重给料机 B
＃1 湿式球磨机	湿式球磨机 A
	湿磨主电机加热器 A
	湿磨辅助电机 A
	湿磨润滑油泵 A1
	湿磨润滑油泵 A2
＃2 湿式球磨机	湿式球磨机 B
	湿磨主电机加热器 B
	湿磨辅助电机 B
	湿磨润滑油泵 B1
	湿磨润滑油泵 B2
＃1 磨机浆液循环箱	湿磨排浆罐 A
＃1 磨机浆液循环箱搅拌器	湿磨排浆罐搅拌器 A
＃1 浆液循环箱 A 循环泵	湿磨浆液泵 A1
＃1 浆液循环箱 B 循环泵	湿磨浆液泵 A2
＃2 磨机浆液循环箱	湿磨排浆罐 B
＃2 磨机浆液循环箱搅拌器	湿磨排浆罐搅拌器 B
＃2 浆液循环箱 A 循环泵	湿磨浆液泵 B1
＃2 浆液循环箱 B 循环泵	湿磨浆液泵 B2
＃1 石灰石旋流分离器	石灰石旋流器 A
＃1 石灰石旋流分离器＃1 旋流子	石灰石旋流子 A1(1～9)
＃2 石灰石旋流分离器	石灰石旋流器 B
＃2 石灰石旋流分离器＃1 旋流子	石灰石旋流子 B(1～9)
石灰石浆液箱搅拌器	石灰石浆液箱搅拌器
＃1 吸收塔 A 石灰石浆液泵	石灰石浆液供给泵 1A
＃1 吸收塔 B 石灰石浆液泵	石灰石浆液供给泵 1B
＃2 吸收塔 A 石灰石浆液泵	石灰石浆液供给泵 2A
＃2 吸收塔 B 石灰石浆液泵	石灰石浆液供给泵 2B
六　工艺水系统	
＃1 工艺水泵	工艺水泵 A
＃2 工艺水泵	工艺水泵 B
＃1 除雾器冲洗水泵	除雾器冲洗水泵 1A
＃2 除雾器冲洗水泵	除雾器冲洗水泵 1B
＃3 除雾器冲洗水泵	除雾器冲洗水泵 2A

表 G.1（续）

系 统 描 述	名 称
＃4 除雾器冲洗水泵	除雾器冲洗水泵 2B
七 事故浆液池(箱)及排水坑系统	
事故浆液池搅拌器	事故浆液池搅拌器
	事故浆液箱搅拌器 A
	事故浆液箱搅拌器 B
	事故浆液箱搅拌器 C
＃1 事故浆液池泵	事故浆液池(箱)泵 A
＃2 事故浆液泵	事故浆液池(箱)泵 B
石灰石卸料区疏水坑泵	石灰石卸料区排水坑泵
石灰石卸料区疏水坑搅拌器	石灰石卸料区排水坑搅拌器
石灰石制备区排水坑泵	石灰石浆液制备区排水坑泵
石灰石制备区水坑搅拌器	石灰石浆液制备区水坑搅拌器
石膏脱水区排水坑泵	石膏脱水区排水坑泵
石膏脱水区排水坑搅拌器	石膏脱水区排水坑搅拌器
＃1 吸收塔排水坑泵	吸收塔排水坑泵 1
＃1 吸收塔排水坑搅拌器	吸收塔排水坑搅拌器 1
＃2 吸收塔排水坑泵	吸收塔排水坑泵 2
＃2 吸收塔排水坑搅拌器	吸收塔排水坑搅拌器 2
八 废水处理系统	
＃1 石灰浆循环泵	石灰浆循环泵 A
＃2 石灰浆循环泵	石灰浆循环泵 B
石灰浆贮槽搅拌器	石灰浆贮槽搅拌器
＃1 石灰乳泵	石灰乳泵 A
＃2 石灰乳泵	石灰乳泵 B
石灰乳制备箱搅拌器	石灰乳制备箱搅拌器
	中和箱搅拌器
	反应箱搅拌器
	絮凝箱搅拌器
＃1 污泥循环泵	污泥循环泵 A
＃2 污泥循环泵	污泥循环泵 B
＃1 污泥输送泵	污泥输送泵 A
＃2 污泥输送泵	污泥输送泵 B
＃1 滤液泵	滤液泵 A
＃2 滤液泵	滤液泵 B
滤液平衡箱搅拌器	滤液平衡箱搅拌器

表 G.1（续）

系　统　描　述	名　　　称
废水缓冲箱搅拌器	废水缓冲箱搅拌器
＃1 废水泵	废水泵 A
＃2 废水泵	废水泵 B
板框式压滤机	污泥压滤机
清水箱搅拌器	清水箱搅拌器
刮泥机	耙式刮泥机
石膏输送皮带	石膏输送带 A
石膏输送皮带	石膏输送带 B
石膏输送皮带	石膏输送带 C
＃1 清水泵	清水泵 A
＃2 清水泵	清水泵 B
清水箱搅拌器	清水箱搅拌器
有机硫溶液箱搅拌器	有机硫溶液箱搅拌器 A
有机硫溶液箱搅拌器	有机硫溶液箱搅拌器 B
＃1 有机硫计量泵	有机硫计量泵 A
＃2 有机硫计量泵	有机硫计量泵 B
聚铁溶液箱搅拌器	聚铁溶液箱搅拌器 A
＃1 聚铁计量泵	聚铁计量泵 A
＃2 聚铁计量泵	聚铁计量泵 B
聚铁溶液箱搅拌器	聚铁溶液箱搅拌器 B
助凝剂溶液箱搅拌器	助凝剂溶液箱搅拌器 A
助凝剂溶液箱搅拌器	助凝剂溶液箱搅拌器 B
＃1 助凝剂计量泵	助凝剂计量泵 A
	助凝剂计量泵 B
＃1 盐酸计量泵	盐酸计量泵 A
＃2 盐酸计量泵	盐酸计量泵 B
6 kV 脱硫 1 段工作电源进线	6 kV 脱硫 1 段电源进线 A
	6 kV 脱硫 1 段电源进线 B
	6 kV 脱硫 1 段电源进线 A PT
	6 kV 脱硫 1 段电源进线 B PT
6 kV 脱硫 A 段	6 kV 脱硫 1 段
	6 kV 脱硫 1 段母线 PT
6 kV＃1 机 A 升压风机开关	升压风机 1A
6 kV＃1 机 B 升压风机开关	升压风机 1B
6 kVA 湿式球磨机开关	湿式球磨机 A

表 G.1（续）

系统描述	名称
6 kV#1 机 A 氧化风机开关	氧化风机 1A
6 kV#1 机 B 氧化风机开关	氧化风机 1B
6 kV#1 机 A 浆液循环泵开关	浆液循环泵 1A
6 kV#1 机 B 浆液循环泵开关	浆液循环泵 1B
6 kV#1 机 C 浆液循环泵开关	浆液循环泵 1C
6 kV#1 机硫变开关	脱硫变 A
6 kV 硫备变开关	脱硫备用变
6 kV 脱硫 2 段工作电源进线	6 kV 脱硫 2 段工作电源进线 A
	6 kV 脱硫 2 段工作电源进线 B
	6 kV 脱硫 2 段工作电源进线 A PT
	6 kV 脱硫 2 段工作电源进线 B PT
6 kV 脱硫 B 段	6 kV 脱硫 2 段
	6 kV 脱硫 2 段母线 PT
6 kV#2 机 A 升压风机开关	升压风机 2A
6 kV#2 机 B 升压风机开关	升压风机 2B
6 kVB 湿式球磨机开关	湿式球磨机 B
6 kV#2 机 A 氧化风机开关	氧化风机 2A
6 kV#2 机 B 氧化风机开关	氧化风机 2B
6 kV#2 机 A 浆液循环泵开关	浆液循环泵 2A
6 kV#2 机 B 浆液循环泵开关	浆液循环泵 2B
6 kV#2 机 C 浆液循环泵开关	浆液循环泵 2C
6 kV#2 机硫变开关	脱硫变 B
400 V 脱硫备用段	400 V 脱硫备用段
	400 V 脱硫备用段工作电源开关
	400 V 脱硫 1 段备用电源刀闸
	400 V 脱硫 2 段备用电源刀闸
	400 V 脱硫 3 段备用电源刀闸
	400 V 脱硫备用段母线 PT
400 V 脱硫 A 段	400 V 脱硫 1 段
	400 V 脱硫 1 段工作电源开关
	400 V 脱硫 1 段备用电源开关
	400 V 脱硫 1 段母线 PT
400 V 脱硫 B 段	400 V 脱硫 2 段
	400 V 脱硫 2 段工作电源开关
	400 V 脱硫 2 段备用电源开关

表 G.1(续)

系 统 描 述	名 称
	400 V 脱硫 2 段母线 PT
400 V 脱硫 C 段	400 V 脱硫 3 段
	400 V 脱硫 3 段工作电源开关
	400 V 脱硫 3 段备用电源开关
	400 V 脱硫 3 段母线 PT
400 V 保安 A 段	400 V 脱硫保安 A 段
400 V 保安 B 段	400 V 脱硫保安 B 段
A 保安开关	脱硫保安 A 段工作电源开关
A 保安刀闸	脱硫保安 A 段工作电源刀闸
B 保安开关	脱硫保安 B 段工作电源开关
B 保安刀闸	脱硫保安 B 段工作电源刀闸
柴发开关	柴发出口开关
柴发至 A 保安段开关	脱硫保安 A 段备用电源开关
柴发至 A 保安段刀闸	脱硫保安 A 段备用电源刀闸
柴发至 B 保安段开关	脱硫保安 B 段备用电源开关
柴发至 B 保安段刀闸	脱硫保安 B 段备用电源刀闸

ICS 43.020
T 40

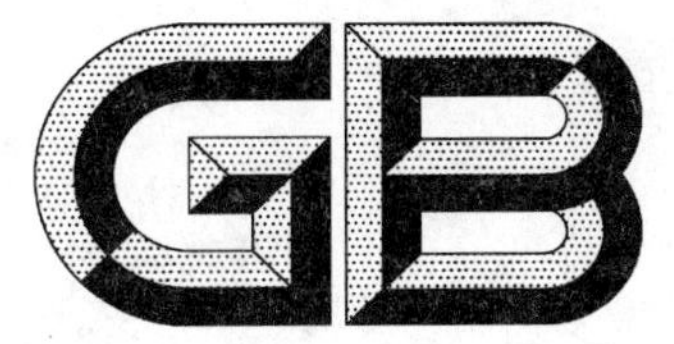

中华人民共和国国家标准

GB/T 19233—2008
代替 GB/T 19233—2003

轻型汽车燃料消耗量试验方法

Measurement methods of fuel consumption for light-duty vehicles

2008-02-03 发布 2008-08-01 实施

中华人民共和国国家质量监督检验检疫总局
中国国家标准化管理委员会 发布

前　言

本标准与联合国欧洲经济委员会(ECE)1997 年 1 月 1 日生效的 ECE R101-00 法规《就二氧化碳排放量和燃料消耗量对装内燃机乘用车认证的统一规定》的一致性程度为非等效，取消了该法规中不适用的管理性内容，并将该法规中的附录 2“通知书”的内容改写为本标准的附录 A“型式试验结果报告”。

此外，参考了欧盟(EU)2004 年 11 月 2 日生效的 2004/3/EC 指令《机动车的二氧化碳排放量和燃料消耗量》中的有关适用范围、试验循环和认证扩展方面的内容。

本标准的适用范围除 ECE R101-00 法规规定的 M_1 类车辆外，也适用于 N_1 类车辆和最大设计总质量不超过 3 500 kg 的 M_2 类车辆。

本标准虽然将 ECE R101-00 法规中作为型式认证值和生产一致性检查内容的 CO_2 均改为燃料消耗量(EF)，但在测得燃料消耗量的同时，也应测得并记录 CO_2 排放量。

本标准代替 GB/T 19233—2003《轻型汽车燃料消耗量试验方法》的全部内容。

本标准与 GB/T 19233—2003 相比，主要变化如下：

——更正了前言中参照的 ECE R101 的版本。

——将第 1 章的规定内容增加了“生产一致性的检查和判定方法”；适用范围改为“…M_1 类、N_1 类和最大设计总质量不超过 3 500 kg 的 M_2 类车辆。”并规定了“本标准不适用于不能燃用汽油或柴油的车辆”。

——第 2 章增加了 GB 18352.3—2005《轻型汽车污染物排放限值及测量方法(中国Ⅲ、Ⅳ阶段)》作为规范性引用文件。

——第 4 章增加了 4.1：“在进行燃料消耗量型式试验前，制造厂或其授权代理者应申报被试车型的市区、市郊和综合燃料消耗量值。”

——第 4 章增加了 4.2：“对于实施 GB 18362.3—2005 的车辆的试验内容参照该标准执行；其他车辆参照 GB 18362.2—2001 执行。”

——第 4 章增加了 4.3：“制造厂或其授权代理者应将一辆代表被试车型的车辆提交给负责型式试验的检验机构。在试验期间，检验机构应按照相应排放标准检查此车辆的排放状况，它应符合该车型相应排放标准的限值要求。”

——原 4.1 改为 4.4：“按照 GB 18352.3—2005 或 GB 18352.2—2001 中附录 C 附件 CA 中所述的模拟市区和市郊行驶工况的试验循环，测量 CO_2、CO 和 HC 的排放量。”

——原 4.2 改为 4.5：“CO_2、CO 和 HC 的排放测试结果用克每千米(g/km)表示，CO_2 值圆整(四舍五入)至整数位。”

——原 4.3 改为 4.6。

——原 4.4 改为 4.7，内容中强调了型式认证试验时禁止使用添加含氧物的燃料。

——参照 2004/3/EC 指令，6.1 增加了：“如果车辆不能达到试验循环要求的加速和最大车速值，则应将加速踏板踏到底，直至回到要求的运行曲线。偏离试验循环的情况应在试验报告中记载。”

——为使行驶阻力的设定更符合实际，6.2 内容更改为：“型式认证试验时，应按 GB 18352.3—2005 或 GB 18352.2—2001 中 CC.5.1 的规定确定车辆的行驶阻力。如行驶阻力曲线由车辆制造厂提供，需要同时提供试验报告、计算报告或其他相关资料，并由检验机构确认。如车辆制造厂提出要求，行驶阻力可以按 GB 18352.3—2005 或 GB 18352.2—2001 中表 CB.1 选定。仲裁试验时，应按 GB 18352.3—2005 或 GB 18352.2—2001 中 CC.5.1 规定确定车辆的行驶阻力。”

——增加了 7.2.1“对于非型式试验或非生产一致性试验且没有使用基准燃料时燃料消耗量计算值的修正”。其中 7.2.1.1:“如果使用燃料的氢-碳不是固定值,允许进行修正”,并给出修正办法;7.2.1.2:“如果使用了乙醇汽油 E10 或添加了 10%以上甲基叔丁基醚(MTBE)的汽油,且试验计算中已考虑了氧对燃料中碳比例的影响和燃料密度的变化,计算得到的燃料消耗量可以分别乘以 97%或 98%作为计算值。”

——7.3 增加了 M_2 类和 N_1 类车辆的允差,并明确了确定型式认证值时的允差。

——第 9 章增加了 M_2 类或 N_1 类车辆的认证扩展规定;明确了总速比的定义。

——参照 2004/3/EC 指令,修改了 9.1.1、9.1.2 和 9.1.3 的内容,并按照编写规则进行编写。

——增加了第 10 章“N_1 类车辆系族的型式认证”。

本标准附录 A 是规范性附录。

本标准由国家发展和改革委员会提出。

本标准由全国汽车标准化技术委员会归口。

本标准起草单位:中国汽车技术研究中心、国家轿车质量监督检验中心(天津)、国家汽车质量监督检验中心(襄樊)、国家汽车质量监督检验中心(长春)和上海泛亚汽车技术中心。

本标准主要起草人:许拔民、王兆、吴卫、金约夫、高海洋、高继东、何伟、张亚军、李名林。

本标准所代替标准的历次版本发布情况为:

——GB/T 19233—2003。

轻型汽车燃料消耗量试验方法

1 范围

1.1 本标准规定了通过测定汽车在模拟市区和市郊工况循环下的二氧化碳(CO_2)、一氧化碳(CO)和碳氢化合物(HC)排放量,并用碳平衡法计算燃料消耗量的试验和计算方法,以及生产一致性的检查和判定方法。

1.2 本标准适用于以点燃式发动机或压燃式发动机为动力,最大设计车速大于或等于50 km/h的M_1类、N_1类和最大设计总质量不超过3 500 kg的M_2类车辆。

1.3 本标准不适用于不能燃用汽油或柴油的车辆。

2 规范性引用文件

下列文件中的条款通过本标准的引用而成为本标准的条款。凡是注日期的引用文件,其随后所有的修改单(不包括勘误的内容)或修订版均不适用于本标准,然而,鼓励根据本标准达成协议的各方研究是否可使用这些文件的最新版本。凡是不注日期的引用文件,其最新版本适用于本标准。

GB/T 1884 石油和液体石油产品密度测定方法(密度计法)(GB/T 1884—2000,eqv ISO 3675:1998)

GB/T 15089 机动车辆及挂车分类

GB 18352.2—2001 轻型汽车污染物排放限值及测量方法(Ⅱ)

GB 18352.3—2005 轻型汽车污染物排放限值及测量方法(中国Ⅲ、Ⅳ阶段)

3 术语和定义

GB 18352.2—2001和GB 18352.3—2005的术语和定义适用于本标准。

4 型式试验的一般要求

4.1 在进行燃料消耗量型式试验前,制造厂或其授权代理者应申报被试车型的市区、市郊和综合燃料消耗量值。

4.2 对于实施GB 18352.3—2005的车辆的试验内容参照该标准执行;其他车辆可参照GB 18352.2—2001执行。

4.3 制造厂或其授权代理者应将一辆代表被试车型的车辆提交给负责型式试验的检验机构。在试验期间,检验机构应按照相应排放标准检查此车辆的排放状况,它应符合该车型相应排放标准的限值要求。

4.4 按照GB 18352.3—2005或GB 18352.2—2001中附录C附件CA中所述的模拟市区和市郊行驶工况的试验循环,测量CO_2、CO和HC的排放量。

4.5 CO_2、CO和HC的排放测试结果用克每千米(g/km)表示,CO_2值圆整(四舍五入)至整数位。

4.6 按照第7章的计算方法,利用测得的CO_2、CO和HC排放量,以碳平衡法计算燃料消耗量。计算结果圆整(四舍五入)至小数点后一位。

4.7 试验燃料

4.7.1 型式试验时必须使用GB 18352.3—2005附录J或GB 18352.2—2001附录G中规定的相应基准燃料,燃料中禁止添加含氧物。

4.7.2 进行 4.6 所述计算时，燃料参数取值如下：

a) 密度：按照 GB/T 1884 的方法测得试验燃料的密度；

b) 氢-碳比：采用固定值，汽油为 1.85，柴油为 1.86。

5 试验条件

5.1 试验车辆

5.1.1 车辆的技术状态应良好。试验前车辆至少应行驶 3 000 km，且少于 15 000 km。

5.1.2 应按制造厂的规定调整发动机和车辆操纵件。应特别注意怠速设定（转速和排气中的 CO 和 HC 含量）、冷起动装置和排气污染物排放控制系统的调整。

5.1.3 试验室可检查进气系统的密封性，以避免额外进气影响雾化。试验室可检查车辆的性能是否符合制造厂的规定，能否在正常行驶条件下运行，特别是能否实现正常的冷、热起动。

5.1.4 试验前，车辆应置于温度保持为 293 K 至 303 K（20 ℃至 30 ℃）的室内进行处理，直至发动机的润滑油和冷却液温度达到室温的±2 K 范围内。此处理期至少为 6 h。在制造厂的要求下，车辆可在正常温度下行驶后 30 h 内进行试验。

在制造厂的要求下，装用汽油发动机的车辆可按照 GB 18352.3—2005 中 F.5.2 或 GB 18352.2—2001 中 E.5.1.11 规定的运转循环进行预处理；装用压燃式发动机的车辆，可按照 GB 18352.3—2005 或 GB 18352.2—2001 中 C.5.3 规定的规程进行预处理。

5.1.5 试验期间，只允许使用车辆的功能性设备。若化油器具有手动进气预热装置，应置于“夏季”位置。通常情况下，车辆正常行驶所需的辅助设备应处于工作状态。

5.1.6 若为温控水箱风扇，应按其在车辆上的正常状况工作。乘客舱的暖气系统和空调系统都应关闭，而其压缩机的功能应正常。

5.1.7 若装有增压装置，则应在试验状态下正常工作。

5.2 润滑剂

应使用车辆制造厂规定的润滑剂，并在试验结果报告中注明。

5.3 轮胎

轮胎应是车辆制造厂作为车辆原始装备所规定的型式之一，按车辆制造厂根据试验负荷和车速所推荐的压力进行充气（如有必要，按试验台架的试验条件进行调整）。所用充气压力应在试验结果报告中注明。

6 CO_2、CO 和 HC 排放量测量

6.1 试验循环

试验循环如 GB 18352.3—2005 或 GB 18352.2—2001 附件 CA 所述，包括 1 部（市区行驶）和 2 部（市郊行驶）两部分。此附件中所有运行规定均适用于 CO_2、CO 和 HC 的测量。

如果车辆不能达到试验循环要求的加速和最大车速值，则应将加速踏板踏到底，直至回到要求的运行曲线。偏离试验循环的情况应在试验报告中记载。

6.2 测功机设定

按 GB 18352.3—2005 或 GB 18352.2—2001 附录 C 的规定，进行测功机的载荷和惯量的设定。型式试验时，应按 GB 18352.3—2005 或 GB 18352.2—2001 中 CC.5.1 的规定确定车辆的行驶阻力。如行驶阻力曲线由车辆制造厂提供，需要同时提供试验报告、计算报告或其他相关资料，并由检验机构确认。如车辆制造厂提出要求，行驶阻力可以按 GB 18352.3—2005 或 GB 18352.2—2001 中表 CB.1 选定。

仲裁试验时，应按 GB 18352.3—2005 或 GB 18352.2—2001 中 CC.5.1 规定确定车辆的行驶阻力。

6.3 排放量计算

6.3.1 一般条款

6.3.1.1 气态污染物排放量用式(1)进行计算：

$$M_i = \frac{V_{mix} \times Q_i \times C_i \times 10^{-6}}{d} \quad \cdots\cdots(1)$$

式中：

M_i——污染物 i 的排放量，单位为克每千米(g/km)；

V_{mix}——校正至标准状态(273.2 K 和 101.33 kPa)的稀释排气体积，单位为升每次试验(L/试验)；

Q_i——标准状态(273.2 K 和 101.33 kPa)下污染物 i 的密度，单位为克每升(g/L)；

C_i——稀释排气中污染物 i 的浓度，并按稀释空气中污染物 i 的含量进行校正，ppm[1)]。如 C_i 用体积百分数表示，则系数 10^{-6} 由 10^{-2} 替代；

d——试验循环期间的行驶距离，单位为千米(km)。

6.3.1.2 容积测定

6.3.1.2.1 当使用孔板或文丘里管控制恒定流量的变稀释度装置计算容积时，连续记录显示容积流量的参数，并计算试验期间的总容积。

6.3.1.2.2 当使用容积泵计算容积时，用式(2)计算包括容积泵的系统内的稀释排气容积：

$$V = V_0 \times N \quad \cdots\cdots(2)$$

式中：

V——稀释排气容积(校正前)，单位为升每次试验(L/试验)；

V_0——试验条件下容积泵送出的气体容积，单位为升每转(L/r)；

N——每次试验的转数，单位为转(r)。

6.3.1.2.3 将稀释排气容积校正至标准状态。用式(3)校正稀释排气容积：

$$V_{mix} = V \times K_1 \times \frac{P_p}{T_p} \quad \cdots\cdots(3)$$

式中：

$$K_1 = \frac{273.2}{101.33} = 2.6961(\mathrm{K} \times \mathrm{kPa}^{-1}) \quad \cdots\cdots(4)$$

式中：

P_p——容积泵进口处的绝对压力，单位为千帕(kPa)；

T_p——试验期间进入容积泵的稀释排气的平均温度，单位为开氏度(K)。

6.3.1.3 计算取样袋中污染物的校正浓度：

$$C_i = C_e - C_d\left(1 - \frac{1}{\mathrm{DF}}\right) \quad \cdots\cdots(5)$$

式中：

C_i——经稀释空气中污染物 i 含量校正后稀释排气中污染物 i 的浓度，(ppm)或体积分数%；

C_e——稀释排气中污染物 i 测定浓度，ppm 或体积分数%；

C_d——稀释空气中污染物 i 测定浓度，ppm 或体积分数%；

DF——稀释系数。

稀释系数的计算如下：

$$\mathrm{DF} = \frac{13.4}{C_{CO_2} + (C_{HC} + C_{CO}) \times 10^{-4}} \quad \cdots\cdots(6)$$

---

1) ppm 是 10^{-6} 体积分数。

式中：

C_{CO_2}——取样袋内稀释排气中 CO_2 的浓度，体积分数%；

C_{HC}——取样袋内稀释排气中 HC 的浓度，ppmC；

C_{CO}——取样袋内稀释排气中 CO 的浓度，ppm。

6.3.1.4 举例

6.3.1.4.1 数据

6.3.1.4.1.1 环境条件：

环境温度：23 ℃＝296.2 K；

大气压力：P_B＝101.33 kPa。

6.3.1.4.1.2 测得的容积，并换算至标准状态：

$$V = 51\,961(\text{L/ 试验})$$

6.3.1.4.1.3 分析仪读数（见表 1）

表 1 分析仪读数

	稀释排气样气	稀释空气样气
HC[a]	92 ppm	3.0 ppm
CO	470 ppm	0 ppm
CO_2	体积分数 1.6%	体积分数 0.03%
[a] ppmC 当量。		

6.3.1.4.2 计算

6.3.1.4.2.1 稀释系数（DF）[见式（6）]

$$\text{DF} = \frac{13.4}{1.6 + (92 + 470) \times 10^{-4}} = 8.091$$

6.3.1.4.2.2 计算经校正的取样袋中污染物的浓度：

HC 排放量[见式（5）和式（1）]

$$C_{HC} = 92 - 3\left(1 - \frac{1}{8.091}\right) = 89.371(\text{ppm})$$

$$Q_{HC} = 0.619\ (\text{g/L})$$

$$M_{HC} = 89.371 \times 51\,961 \times 0.619 \times 10^{-6} \times \frac{1}{d} = \frac{2.88}{d}(\text{g/km})$$

CO 排放量[见式（1）]

$$Q_{CO} = 1.25(\text{g/L})$$

$$M_{CO} = 470 \times 51\,961 \times 1.25 \times 10^{-6} \times \frac{1}{d} = \frac{30.5}{d}(\text{g/km})$$

CO_2 排放量[见式（5）和式（1）]

$$C_{CO_2} = 1.6 - 0.03\left(1 - \frac{1}{8.091}\right) = 1.573\%$$

$$Q_{CO_2} = 1.964(\text{g/L})$$

$$M_{CO_2} = 1.573 \times 51\,961 \times 1.964 \times 10^{-2} \times \frac{1}{d} = \frac{1\,605.27}{d}(\text{g/km})$$

6.3.2 装压燃式发动机车辆的特殊条款

测量压燃式发动机的 HC。

利用下列公式，计算用于确定压燃式发动机 HC 排放量的 HC 平均浓度：

$$C_e = \frac{\int_{t_1}^{t_2} C_{HC} \mathrm{d}t}{t_2 - t_1} \tag{7}$$

式中：

$\int_{t_1}^{t_2} C_{HC} \mathrm{d}t$——加热式 FID 记录曲线在试验期间($t_2 - t_1$)内的积分；

C_e——由 HC 记录曲线积分得到的稀释排气样气中 HC 的浓度，ppmC。

7 计算燃料消耗量

7.1 用第 6 章计算得出的 HC、CO 和 CO_2 排放量，分别计算市区、市郊和综合燃料消耗量。

7.2 采用下列公式计算燃料消耗量，单位为升每 100 千米(L/100 km)：

a) 对于装备汽油机的车辆：

$$FC = \frac{0.1154}{D}[(0.866 \times HC) + (0.429 \times CO) + (0.273 \times CO_2)]$$

b) 对于装备柴油机的车辆：

$$FC = \frac{0.1155}{D}[(0.866 \times HC) + (0.429 \times CO) + (0.273 \times CO_2)]$$

式中：

FC——燃料消耗量，单位为升每 100 千米(L/100 km)；

HC——测得的碳氢排放量，单位为克每千米(g/km)；

CO——测得的一氧化碳排放量，单位为克每千米(g/km)；

CO_2——测得的二氧化碳排放量，单位为克每千米(g/km)；

D——288 K(15 ℃)下试验燃料的密度，单位为千克每升(kg/L)。

7.2.1 对于非型式试验或非生产一致性试验且没有使用基准燃料时燃料消耗量计算值的修正

7.2.1.1 如果所使用燃料的氢-碳比不是固定值，允许进行修正[2]。

7.2.1.2 如果使用了乙醇汽油 E10 或添加了 10%以上甲基叔丁基醚(MTBE)的汽油，且试验计算中已考虑了氧对燃料中碳比例的影响和燃料密度的变化，计算得到的燃料消耗量可以分别乘以 97%或 98%作为计算值。

7.3 型式认证值的确定

7.3.1 如检验机构测量计算的燃料消耗量综合值与制造厂申报的综合值之差符合下列规定，则将申报综合值作为型式认证值。测量计算值没有低限。

7.3.1.1 对于 M_1 类车辆：

$$\frac{\text{检验机构测量计算的综合值} - \text{制造厂申报综合值}}{\text{制造厂申报综合值}} \leqslant +4\%$$

7.3.1.2 对于 M_2 类或 N_1 类车辆：

$$\frac{\text{检验机构测量计算的综合值} - \text{制造厂申报综合值}}{\text{制造厂申报综合值}} \leqslant +6\%$$

7.3.2 如果以上两式的结果＞+4%或＞+6%，则在该车辆上进行另一次试验。

两次试验后，如果：

$$\frac{\text{两次测量计算的综合平均值} - \text{制造厂申报综合值}}{\text{制造厂申报综合值}} \leqslant +4\% \text{ 或 } \leqslant +6\%$$

---

2) 7.2 公式中的系数 0.115 4 和 0.115 5 是由公式$\left(\frac{12+\text{氢碳比}}{12\times 10}\right)$计算获得，允许将实测氢-碳比代入此式求得新系数，按新系数进行燃料消耗量计算。由于 HC 排放量仅为 CO_2 排放量的 1‰～2‰，在计算燃料消耗量中影响甚微，可以忽略因为氢-碳比的变化引起的 HC 中碳量变化对计算结果的影响。

则将制造厂的申报综合值作为型式认证值。

7.3.3　如果按两次测量计算的综合平均值得到的结果仍＞+4%或＞+6%，则在该车辆上进行1次最终试验。

将3次试验的测量计算结果的综合平均值作为型式认证值。

7.3.4　多次试验过程中不允许对发动机或车辆作任何改动或调整。

7.3.5　如果与燃料消耗量试验同时进行的排放型式试验需要进行1次以上，只要已经能确定了燃料消耗量的型式认证值，则不再考虑随后排放试验所得到的燃料消耗量。

7.4　型式试验结果报告的格式见附录A。

8　生产一致性

8.1　作为一般性规则，车辆在燃料消耗量方面的生产一致性的保证措施，应以附录A试验结果报告中的内容及型式认证值为基础，进行审查。

如果某一车型有若干个扩展车型，生产一致性试验应在首次型式试验的申报材料中所述的基础车型上进行。如果首次型式试验的基础车型已经停产，生产一致性试验应在扩展车型上进行。

8.1.1　车辆一致性试验

8.1.1.1　一致性试验时应使用GB 18352.3—2005附录J或GB 18352.2—2001附录G中规定的相应基准燃料，燃料中禁止添加含氧物。

8.1.1.2　从1批产品中任意选取3辆车，并按照第6章规定进行试验，试验方法按照4.4、4.5和4.6进行，试验燃料应符合4.7的要求。

8.1.1.3　当对制造厂的生产标准偏差满意时，试验和判定按8.2进行。当对制造厂的生产标准偏差明显不满意或不可获得时，试验和判定按8.3进行。

8.1.1.4　以3辆样车的试验为基础，根据相应表格提供的判定准则进行判定，一旦按试验统计量判定了合格或不合格，则此批产品为合格或不合格。

如果既不能判定合格，又不能判定不合格，则追加抽取另一辆车进行试验(见图1)。

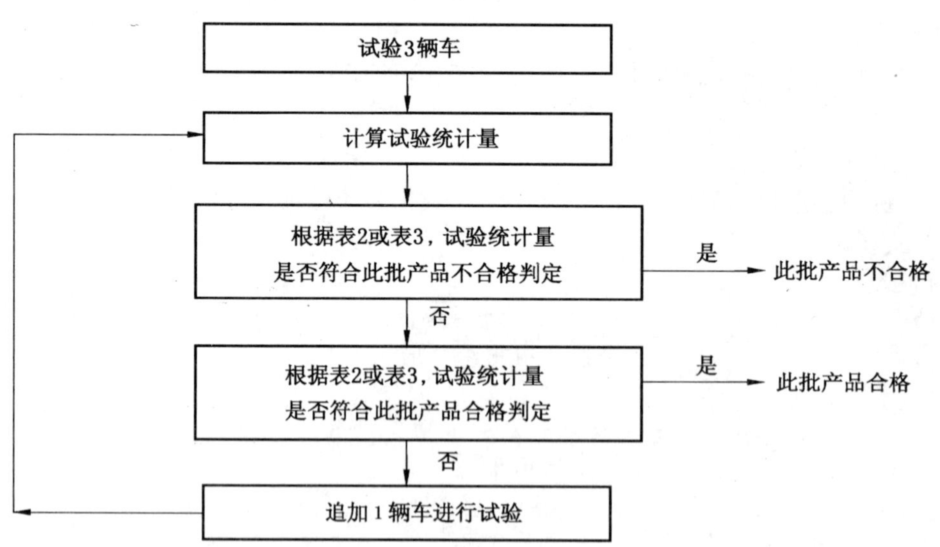

图1　生产一致性检查流程图

8.1.2　尽管有5.1.1的要求，试验仍可以在没有行驶任何里程的车辆上进行。

8.1.2.1　在制造厂要求下，试验可以在行驶了不到15 000 km的车辆上进行：

在此情况下，磨合规程由制造厂进行，但不得对这些车辆进行任何调整。

8.1.2.2　如果制造厂要求车辆磨合“x”km(x≤15 000 km)，可按下列规程进行：

8.1.2.2.1　测量第一辆试验车(可以是型式试验车)零公里和“x”公里的污染物排放量。

8.1.2.2.2 计算每种污染物零公里和“x”公里之间排放量的渐变系数(EC)：

$$EC = \frac{\text{“}x\text{”公里 } CO_2 \text{ 排放量}}{\text{零公里 } CO_2 \text{ 排放量}}$$

此系数可以小于1。

8.1.2.2.3 随后的车辆不必经历磨合规程,但其零公里排放量需乘以渐变系数EC。

这时,所取值：

a) 第一辆车为“x”公里排放量；

b) 随后的车辆为零公里排放量乘以渐变系数。

8.1.2.3 作为此规程的替代办法,汽车制造厂可以采用一个固定的渐变系数0.92,所有在零公里测得的污染物值均乘以此系数。

8.2 当对制造厂的统计数据满意时的生产一致性检查

当对制造厂的生产标准偏差满意时,采用下列条款所述的规程来核查燃料消耗量的生产一致性。

8.2.1 在最少样车数量为3时,采样规程是这样规定的:当一批产品的生产有40%带有缺陷,其通过试验的概率为0.95(生产者的风险=5%),当一批产品的生产有65%带有缺陷,其被接受的概率为0.1(客户的风险=10%)。

8.2.2 将型式认证值的标准偏差的总和进行量化,用下列公式计算出样车的试验统计量：

$$\frac{1}{s}\sum_{i=1}^{n}(L - x_i)$$

式中：

L——燃料消耗量型式认证值的自然对数；

x_i——样车中第i辆车测量值的自然对数；

s——测量值取自然对数后生产标准偏差的估计值；

n——当前样车数量。

8.2.3 判定

8.2.3.1 如果试验统计量大于表2中样车数量对应的合格判定数,则判定为合格。

8.2.3.2 如果试验统计量小于表2中样车数量对应的不合格判定数,则判定为不合格。

8.2.3.3 否则,加抽1辆车进行第6章规定的试验,并按多1辆样车数重新进行计算。

表2 生产一致性判定表(A)

样车数 (试验车辆累计数)	合格判定数	不合格判定数	样车数 (试验车辆累计数)	合格判定数	不合格判定数
3	3.327	−4.724	18	2.337	−5.713
4	3.261	−4.790	19	2.271	−5.779
5	3.195	−4.856	20	2.205	−5.845
6	3.129	−4.922	21	2.139	−5.911
7	3.063	−4.988	22	2.073	−5.977
8	2.997	−5.054	23	2.007	−6.043
9	2.931	−5.120	24	1.941	−6.109
10	2.865	−5.185	25	1.875	−6.175
11	2.799	−5.251	26	1.809	−6.241
12	2.733	−5.317	27	1.743	−6.307
13	2.667	−5.383	28	1.677	−6.373
14	2.601	−5.449	29	1.611	−6.439
15	2.535	−5.515	30	1.545	−6.505
16	2.469	−5.581	31	1.479	−6.571
17	2.403	−5.647	32	−2.112	−2.112

8.3 当对制造厂的统计数据不满意或不能获得时的生产一致性检查

当对制造厂的生产标准偏差明显不满意或不可获得时，采用下列条款所述的规程来核查燃料消耗量的生产一致性。

8.3.1 在最少样车数量为3时，采样规程是这样规定的：当一批产品的生产有40%带有缺陷，其通过试验的概率为0.95(生产者的风险=5%)，当一批产品的生产有65%带有缺陷，其被接受的概率为0.1(客户的风险=10%)。

8.3.2 考虑到燃料消耗量的计算值呈正态分布，因此首先应取其自然对数进行变换。设 m_0 和 m 分别代表样车的最小数和最大数($m_0=3$ 和 $m=32$)，并设 n 代表当前样车数。

8.3.3 如此批产品中测量值的自然对数分别为 $x_1,x_2\cdots\cdots,x_j$，而 L 是燃料消耗量型式认证值的自然对数，计算公式为：

$$d_j = x_j - L$$

和

$$\overline{d}_n = \frac{1}{n}\sum_{j=1}^{n} d_j$$

$$v_n^2 = \frac{1}{n}\sum_{j=1}^{n}(d_j - \overline{d}_n)^2$$

8.3.4 表3所示为当前样车数与合格判定值(A_n)和不合格判定值(B_n)的关系。试验统计值是比值 $\overline{d}_n/v_n$，必须用下列方法来判定这批产品是否合格：

对于 $m_0 \leqslant n \leqslant m$：

——如 $\overline{d}_n/v_n \leqslant A_n$，这批产品合格；

——如 $\overline{d}_n/v_n > B_n$，这批产品不合格；

——如 $A_n < \overline{d}_n/v_n \leqslant B_n$，加抽一辆车。

表3 生产一致性判定表(B)

样车数(试验车辆累计数)	合格判定数 A_n	不合格判定数 B_n	样车数(试验车辆累计数)	合格判定数 A_n	不合格判定数 B_n
3	−0.803 81	16.647 43	18	−0.382 66	0.459 22
4	−0.763 39	7.686 27	19	−0.355 70	0.407 88
5	−0.729 82	4.671 36	20	−0.328 40	0.362 03
6	−0.699 62	3.255 73	21	−0.300 72	0.320 78
7	−0.671 29	2.454 31	22	−0.272 63	0.283 43
8	−0.644 06	1.943 69	23	−0.244 10	0.249 43
9	−0.617 50	1.591 05	24	−0.215 09	0.218 31
10	−0.591 35	1.332 95	25	−0.185 57	0.189 70
11	−0.565 42	1.135 66	26	−0.155 50	0.163 28
12	−0.539 60	0.979 70	27	−0.124 83	0.138 80
13	−0.513 79	0.853 07	28	−0.093 54	0.116 03
14	−0.487 91	0.748 01	29	−0.061 59	0.094 80
15	−0.461 91	0.659 28	30	−0.028 92	0.074 93
16	−0.435 73	0.583 21	31	0.004 49	0.056 29
17	−0.409 33	0.517 18	32	0.038 76	0.038 76

8.3.5 备注

下列回归公式对计算试验统计量值非常有用：

$$\overline{d}_n = \left(1-\frac{1}{n}\right)\times \overline{d}_{n-1} + \frac{1}{n}d_n$$

$$v_n^2=\left(1-\frac{1}{n}\right)\times v_{n-1}^2+\frac{(\overline{d}_n-d_n)^2}{n-1}$$

$$(n=2,3,\cdots;\overline{d}_1=d_1;v_1=0)$$

9 认证扩展

如果在附录 A 所列车辆特性中仅下列各项有差别，只要检验机构测量计算得到的燃料消耗量超过原车型式认证值的部分，对于 M_1 类车辆不大于 4%，对于 M_2 类或 N_1 类车辆不大于 6%，对车辆的燃料消耗量的认证可以扩展至同一型式的车辆，也可以扩展至不同型式的其他车辆：

a) 整备质量。

b) 最大设计总质量。

c) 车身型式，如：

——M_1 和 M_2：普通式，后开门式，旅行式，双开门式，敞篷式，多用途式；

——N_1：平板式，厢式，罐式。

d) 总速比[3)]。

e) 发动机的装备和辅件。

10 N_1 类车辆系族的型式认证

10.1 N_1 类车辆系族

若下列参数相同或在规定限值内，N_1 类车辆可以聚合成一个系族：

10.1.1 相同参数如下：

a) 制造厂和 A.2 定义的型式；

b) 发动机排量；

c) 排放控制系统型式；

d) A.12.3 定义的供油系统型式。

10.1.2 规定限值内的下列参数：

a) A.13.3 定义的总速比（不高于最低值 8%）；

b) 基准质量（不比最大值轻 220 kg 以上）；

c) 迎风面积（不低于最大值 15%）；

d) 发动机功率（不低于最大值 10%）。

10.2 N_1 类车辆同一系族型式认证值的确定

型式试验前，制造厂应申报此系族所有车型的市区、市郊和综合燃料消耗量通用值，或申报此系族各型车辆的市区、市郊和综合燃料消耗量值。检验机构可采用下列两种方法之一进行型式试验：

10.2.1 确定系族内所有车型燃料消耗量的通用型式认证值

检验机构应在系族内选其认定为综合燃料消耗量最高的车型进行试验。试验按照第 6 章规定进行。型式认证值按照 7.3 确认，并适用于系族内所有车型。

10.2.2 分别确定同一系族内的各车型燃料消耗量的型式认证值

检验机构在系族内分别挑选其认定为综合燃料消耗量最高和最低的两种车型进行试验。试验按照第 6 章规定进行。如果制造厂为这两种车型申报的综合燃料消耗量值处于 7.3 要求的允差之内，制造厂为该车辆系族所有车型申报的综合燃料消耗量值都可以确定为型式认证值。如果制造厂为这两种车型申报的综合燃料消耗量值有一种或都处于 7.3 要求的允差之外，则该车型的型式认证值按 7.3 的要

---

3) 总速比指发动机转速 1 000 r/min 下的道路车速，单位为 km/h，按轮胎受车辆基准质量负载下的滚动周长计算。

求确定,此外检验机构还应在该系族内挑选适当数量的其他车型进行追加试验,并且按照7.3确定型式认证值。

10.3 N_1类车辆同一系族的认证扩展

10.3.1 对于用10.2.1方法确定型式认证值的情况下,只要检验机构估计属该系族的某新车型的综合燃料消耗量值不超过该系族燃料消耗量通用的型式认证值,认证可以扩展到该新车型。

认证也可扩展至以下车辆:

a) 总质量超过系族中认证试验车不大于110 kg,且超过系族中最轻车辆不大于220 kg;

b) 仅由于轮胎尺寸变化使总速比小于系族中认证试验车;

c) 其他方面符合系族的规定。

10.3.2 对于用第10.2.2方法确定型式认证值的情况下,只要检验机构估计属该系族的某新车型的燃料消耗量在该系族各车的最高和最低燃料消耗量型式认证值之间,认证可以扩展到该新车型,不用追加试验。

附　录　A
（规范性附录）
型式试验结果报告
［最大尺寸：A4（210 mm×297 mm）］

A.1　厂牌（制造厂的商品名称）：………………………………………………………

A.2　型式和商品的一般叙述：…………………………………………………………

A.3　型式的识别方法，标在车辆/部件/单独技术总成上[4]：…………………………

A.3.1　上述标识的位置：…………………………………………………………………

A.4　车辆类别[5]：…………………………………………………………………………

A.5　制造厂名称和地址：…………………………………………………………………

A.6　总装厂的地址：………………………………………………………………………

A.7　整车整备质量：………………………………………………………………………

A.8　最大设计总质量：……………………………………………………………………

A.9　额定载客数：…………………………………………………………………………

A.10　车身型式：……………………………………………………………………………

A.11　驱动轮：前、后、4×4[4]

A.12　发动机：

A.12.1　发动机型式：………………………………………………………………………

A.12.2　发动机排量：……………………………………………………………………… L

A.12.3　供油系统：化油器/喷射[4]

A.12.4　制造厂推荐的燃料：………………………………………………………………

A.12.5　最大功率：…………………………… kW ………………………………… r/min

A.12.6　增压装置：有/无[4]

A.12.7　点火系统：压燃/传统点火或电子点火[4]

A.13　变速器：

A.13.1　变速器型式：手动/自动[4]

A.13.2　速比数：………………………………………………………………………………

A.13.3　总速比：

一挡：……………………………………　四挡：……………………………………

二挡：……………………………………　五挡：……………………………………

三挡：……………………………………　超速挡：…………………………………

A.13.4　主传动速比：…………………………………………………………………………

A.14　轮胎：

型号：………………………　尺寸：………………………　充气压力：……………………… kPa

受载下滚动周长：………………………………………………………………………………

A.15　润滑剂：

A.15.1　厂牌：…………………………………………………………………………………

4）划掉不适用者。

5）按 GB/T 15089 的定义。

A.15.2　型号：

A.16　行驶阻力

A.16.1　行驶阻力的确定方法：滑行法/查表法[4)]

A.16.2　采用滑行法需附上试验报告、计算报告或其他相关资料的复印件

A.17　试验结果

A.17.1　CO_2 排放量

A.17.1.1　CO_2 排放量(市区)：………………………………………………………………… g/km

A.17.1.2　CO_2 排放量(市郊)：………………………………………………………………… g/km

A.17.1.3　CO_2 排放量(综合)：………………………………………………………………… g/km

A.17.2　燃料消耗量

A.17.2.1　燃料消耗量(市区)：…………………………………………………………… L/100 km

A.17.2.2　燃料消耗量(市郊)：…………………………………………………………… L/100 km

A.17.2.3　燃料消耗量(综合)：…………………………………………………………… L/100 km

A.18　负责进行试验的检验机构：……………………………………………………………………

A.19　试验报告日期：……………………………………………………………………………………

A.20　试验报告编号：……………………………………………………………………………………

A.21　地点：……………………………………………………………………………………………

A.22　日期：……………………………………………………………………………………………

A.23　签名：……………………………………………………………………………………………

ICS 67.160.10
X 62

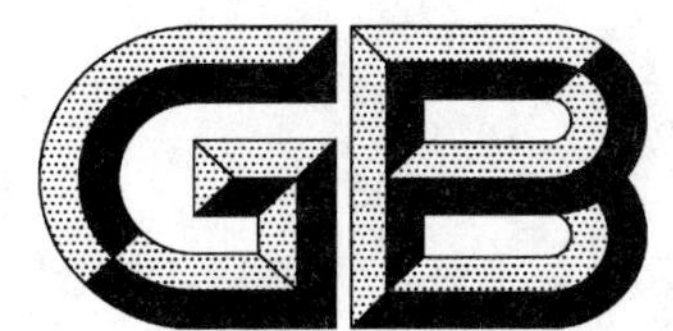

中华人民共和国国家标准

GB/T 19265—2008
代替 GB 19265—2003

地理标志产品　沙城葡萄酒

Product of geographical indication—Shacheng wine

2008-12-31 发布　　2009-06-01 实施

中华人民共和国国家质量监督检验检疫总局
中国国家标准化管理委员会　发布

前　言

本标准代替 GB 19265—2003《原产地域产品　沙城葡萄酒》。

本标准与 GB 19265—2003 相比主要变化如下：

——修订了与《地理标志产品保护规定》不一致的地方，将“原产地域”表述修订为“地理标志”；

——将标准属性由强制性改为推荐性；

——依据 GB 15037《葡萄酒》对发酵葡萄酒感官指标及理化指标进行修订，增加了柠檬酸、铜、甲醇、苯甲酸、山梨酸限量指标，删除滴定酸指标；

——增加了脱醇葡萄酒；

——增加了葡萄品种的英文名称；

——按照葡萄酒产品分类调整并补充了生产工艺。

本标准的附录 A 为规范性附录，附录 B、附录 C 为资料性附录。

本标准由全国原产地域产品标准化工作组提出并归口。

本标准起草单位：中国长城葡萄酒有限公司、河北省涿鹿县酿酒总厂、张家口市长城酿造集团公司、河北省怀来容辰庄园葡萄酒有限公司、河北省怀来县质量技术监督局。

本标准主要起草人：杨楠、奚德智、孙腾飞、张辉、刘文忠、赵龙、罗建华、周吉清、赵树军、郭春明。

本标准所代替标准的历次版本发布情况为：

——GB 19265—2003。

地理标志产品 沙城葡萄酒

1 范围

本标准规定了沙城葡萄酒的术语和定义、地理标志产品保护范围、产品分类、要求、试验方法、检验规则及标志、包装、运输、贮存。

本标准适用于国家质量监督检验检疫行政主管部门根据《地理标志产品保护规定》批准保护的地理标志产品沙城葡萄酒。

2 规范性引用文件

下列文件中的条款通过本标准的引用而成为本标准的条款。凡是注日期的引用文件，其随后所有的修改单(不包括勘误的内容)或修订版均不适用于本标准，然而，鼓励根据本标准达成协议的各方研究是否可使用这些文件的最新版本。凡是不注日期的引用文件，其最新版本适用于本标准。

GB/T 191 包装储运图示标志

GB 2758 发酵酒卫生标准

GB 2763 食品中农药最大残留限量

GB 7718 预包装食品标签通则

GB 10344 预包装饮料酒标签通则

GB 11856 白兰地

GB 15037—2006 葡萄酒

GB/T 15038 葡萄酒、果酒通用分析方法

GB/T 17204 饮料酒分类

JJF 1070 定量包装商品净含量计量检验规程

定量包装商品计量监督管理办法(国家质量监督检验检疫总局令[2005]第75号)

3 术语和定义

GB 15037、GB 11856、GB/T 17204 确立的以及下列术语和定义适用于本标准。

3.1

沙城葡萄酒 Shacheng wine

以产自沙城地区(怀涿盆地)内的适合于酿酒的新鲜葡萄为原料，在规定的保护范围内经发酵或蒸馏酿制而成的葡萄酒。

4 地理标志产品保护范围

沙城葡萄酒的产地保护范围限于国家质量监督检验检疫行政主管部门根据《地理标志产品保护规定》批准的范围，见附录A。

5 产品分类

按色泽分为：白葡萄酒、红葡萄酒、桃红葡萄酒。

按二氧化碳压力分为：平静葡萄酒、起泡葡萄酒。

按工艺分为：发酵葡萄酒、白兰地。

按含糖量分为：甜型葡萄酒、脱醇葡萄酒。

6 要求

6.1 原料

6.1.1 产地

沙城葡萄酒的原料来自于地理标志产品保护范围内。

6.1.2 葡萄品种

6.1.2.1 酿造白葡萄酒的品种：龙眼、霞多丽(Chardonnay)、雷司令(Grey Riesling)、赛美蓉(Semillon)、长相思(Sauvignon Blanc)、白诗南(Chenin Blanc)、白玉霓(Ugni Blanc)、琼瑶浆(Traminer)、灰比诺、维欧泥。

6.1.2.2 酿造红葡萄酒的品种：赤霞珠(Cabernet Sauvignon)、梅鹿辄(Merlot)、蛇龙珠(Cabernet Franc)、宝石解百纳(Ruby Cabernet)、佳美(Gamay)、西拉(Syrah)、品丽珠(Cabernet Franc)、增芳德(Zinfandel)、黑比诺(Pinot Noir)、马瑟兰、小味尔多。

6.1.2.3 酿造天然甜型葡萄酒的品种：琼瑶浆(Traminer)、龙眼、霞多丽(Chardonnay)、赛美蓉(Semillon)、长相思(Sauvignon Blanc)、梅鹿辄(Merlot)、佳美(Gamay)、西拉(Syrah)、小芒森(Petit Manseng)。

6.1.2.4 酿造桃红葡萄酒的品种：增芳德(Zinfandel)、黑比诺(Pinot Noir)、龙眼、梅鹿辄(Merlot)、佳美(Gamay)、西拉(Syrah)、品丽珠(Cabernet Franc)。

6.1.2.5 酿造起泡葡萄酒的品种：霞多丽(Chardonnay)、黑比诺(Pinot Noir)、雷司令(Grey Riesling)、比诺莫涅、龙眼、赛美蓉(Semillon)、长相思(Sauvignon Blanc)、梅鹿辄(Merlot)。

6.1.2.6 酿造白兰地的品种：白玉霓(Ugni Blanc)、鸽笼白(Colombard)、白福尔(Folle Blanche)、龙眼。

6.1.3 葡萄质量

6.1.3.1 栽培

葡萄栽培参见附录 B、附录 C。

6.1.3.2 产量

酿制特级酒的葡萄≤15 000 kg/hm^2，酿制优质酒的葡萄≤18 000 kg/hm^2。

6.1.3.3 外观

果实达到生理成熟度，果皮着色均匀，果香味突出；果粒新鲜完整、洁净；无霉烂果、裂果、生青果；无污染。

6.1.3.4 理化指标

酿造发酵酒的葡萄含糖量(以葡萄糖计)≥180 g/L，含酸量 6.0 g/L～9.0 g/L；酿造天然甜型葡萄酒含糖量≥260 g/L，含酸量(以酒石酸计)7.0 g/L～10.0 g/L；酿造白兰地的葡萄含糖量≥140 g/L，含酸量 6.5 g/L～10.0 g/L。

6.2 工艺要求

6.2.1 白葡萄酒工艺

葡萄经采收分选压榨后，将葡萄汁低温澄清、分离、发酵，发酵温度控制在 16 ℃～20 ℃，当糖度降至规定要求时进行分离转罐、贮藏、稳定性处理、除菌过滤。新鲜型葡萄酒贮藏期 18 个月以下。陈酿型葡萄酒贮藏期 18 个月以上，应使用橡木桶贮藏。

6.2.2 天然甜型葡萄酒工艺

6.2.2.1 甜型白葡萄酒

葡萄成熟，且当其自然浓缩至含糖量≥260 g/L 时采收、分选、取汁发酵，发酵温度控制在 12 ℃～15 ℃，待成品中保留天然糖含量达到理化要求时抑制发酵。酒精度不足时，只允许采用白兰地原汁补充。陈酿 18 个月以上。

6.2.2.2 **甜型红葡萄酒**

葡萄成熟，且当其自然浓缩至含糖量≥260 g/L 时采收、分选、除梗破碎后，浸渍发酵，发酵温度控制在 12 ℃～15 ℃，待成品中保留天然糖含量达到理化要求时抑制发酵。酒精度不足时，只允许采用白兰地原汁补充。陈酿 18 个月以上。

6.2.3 **红葡萄酒工艺**

葡萄经采收分选、除梗破碎后，浸渍发酵，发酵温度控制在 25 ℃～28 ℃，发酵时间 7 d～15 d，当糖度降至规定要求时分离转罐，进行苹果酸-乳酸发酵，当苹果酸-乳酸发酵结束时，进行分离、贮藏、稳定性处理、除菌过滤。新鲜型葡萄酒贮藏期 24 个月以下；陈酿型葡萄酒贮藏期 24 个月以上，应进行橡木桶贮藏。

6.2.4 **桃红葡萄酒工艺**

葡萄经采收分选、除梗破碎后，控制浸渍，浸渍温度控制在 24 ℃～26 ℃，浸渍时间 48 h 内。当颜色达到规定要求时分离皮渣、接种发酵，发酵温度控制在 16 ℃～20 ℃，发酵时间 7 d～15 d。当糖度降至规定要求时进行分离转罐、贮藏、稳定性处理、除菌过滤。

6.2.5 **起泡葡萄酒工艺**

葡萄经采收分选取汁后，将葡萄汁低温澄清、分离、发酵，当糖度降至 4 g/L 时进行分离转罐、勾兑、贮藏、稳定性处理。将酵母、糖浆等加入到瓶或罐进行二次发酵，制成二氧化碳压力≥0.35 MPa 的起泡葡萄酒。瓶式发酵经贮藏后上架斜沉、转瓶、吐渣、添瓶、打塞、扎网、包装。罐式发酵经贮藏后澄清处理、过滤、装瓶。

6.2.6 **脱醇葡萄酒工艺**

采用鲜葡萄制葡萄汁经发酵，采用特种工艺加工而成。

6.2.7 **白兰地工艺**

葡萄经采收分选压榨后发酵，当糖度降至 4 g/L 时采用壶式蒸馏器进行两次蒸馏，第一次蒸馏至酒精度 27%vol～29%vol，第二次蒸馏至酒精度 68%vol～70%vol。过滤、入橡木桶陈酿 36 个月以上，勾兑、降度、稳定性处理。

6.3 **感官指标**

6.3.1 发酵葡萄酒感官指标应符合表 1 规定。

表 1 发酵葡萄酒感官指标

项目			要求
外观	色泽	白葡萄酒	近似无色、微绿带黄、浅黄、禾秆黄、金黄色
		红葡萄酒	紫红、深红、宝石红、红微带棕色、棕红色
		桃红葡萄酒	桃红、淡玫瑰红、浅红色
	澄清程度		澄清，有光泽，无明显悬浮物(使用软木塞封口的酒允许有少量软木渣，装瓶超过 1 a 的葡萄酒允许有少量沉淀)
	起泡程度		起泡葡萄酒注入杯中时，应有细微的串珠状起泡升起，并有一定的持续性
香气与滋味	香气		具有纯正、优雅、怡悦、和谐的果香与酒香，陈酿型的葡萄酒还应具有陈酿香或橡木香
	滋味	干、半干葡萄酒	具有纯正、优雅、爽怡的口味和悦人的果香味，酒体完整
		半甜、甜葡萄酒	具有甘甜醇厚的口味和陈酿的酒香味，酸甜协调，酒体丰满
		起泡葡萄酒	具有优美纯正、和谐悦人的口味和发酵起泡酒的特有香味，有杀口力
典型性			具有标示的葡萄酒品种及产品类型应有的特征和风格
注：感官评价可参考 GB 15037—2006 附录 A“葡萄酒感官分级评价描述”进行。			

6.3.2 白兰地感官指标应符合表2规定。

表2 白兰地感官指标

项目	要求
外观	金黄色至赤金色,澄清透明、晶亮、无悬浮物
香气	具有品种香、橡木香,优雅和谐
口味	醇厚协调、优雅和谐、甘冽、余香持久

6.4 理化指标

6.4.1 发酵葡萄酒理化指标应符合表3规定。

表3 发酵葡萄酒理化指标

项目				要求
酒精度[a](20 ℃)/%vol			≥	7.0
总糖[d](以葡萄糖计)/(g/L)	平静葡萄酒	干葡萄酒[b]	≤	4.0
		半干葡萄酒[c]		4.1~12.0
		半甜葡萄酒		12.1~45.0
		甜葡萄酒	≥	45.1
	高泡葡萄酒	天然型高泡葡萄酒	≤	12.0(允许差为3.0)
		绝干型高泡葡萄酒		12.1~17.0(允许差为3.0)
		干型高泡葡萄酒		17.1~32.0(允许差为3.0)
		半干型高泡葡萄酒		32.1~50.0
		甜型高泡葡萄酒	≥	50.1
干浸出物(g/L)	白葡萄酒		≥	16.0
	桃红葡萄酒		≥	17.0
	红葡萄酒		≥	18.0
挥发酸(以乙酸计)/(g/L)			≤	1.2
柠檬酸/(g/L)	干、半干、半甜葡萄酒		≤	1.0
	甜葡萄酒		≤	2.0
二氧化碳(20 ℃)/MPa	低泡葡萄酒	<250 mL/瓶		0.05~0.29
		≥250 mL/瓶		0.05~0.34
	高泡葡萄酒	<250 mL/瓶	≥	0.30
		≥250 mL/瓶	≥	0.35
铁/(mg/L)			≤	8.0
铜/(mg/L)			≤	1.0
甲醇/(mg/L)	白、桃红葡萄酒		≤	250
	红葡萄酒		≤	400
苯甲酸或苯甲酸钠(以苯甲酸计)/(mg/L)			≤	50
山梨酸或山梨酸钾(以山梨酸计)/(mg/L)			≤	200

注:总酸不作要求,以实测值表示(以酒石酸计,g/L)

[a] 酒精度标签标示值与实测值不得超过±1.0%vol。

[b] 当总糖与总酸(以酒石酸计)的差值小于或等于2.0 g/L时,含糖最高为9.0 g/L。

[c] 当总糖与总酸(以酒石酸计)的差值小于或等于2.0 g/L时,含糖最高为18.0 g/L。

[d] 低泡葡萄酒总糖的要求同平静葡萄酒。

6.4.2 白兰地理化指标应符合表4规定。

表4 白兰地理化指标

项 目	要 求
酒精度(20℃)/%vol	40.0±1.0
非酒精挥发物总量(挥发酸+酯类+醛类+ 糠醛+高级醇)/(g/L)[100%(体积分数)乙醇] ≥	1.25
铜/(mg/L) ≤	4.0
铁/(mg/L) ≤	1.0
甲醇/(g/L)[100%(体积分数)乙醇] ≤	1.5

6.5 卫生指标

发酵葡萄酒卫生指标按GB 2758规定执行。

6.6 净含量

按《定量包装商品计量监督管理办法》规定执行。

7 试验方法

7.1 感官指标

7.1.1 白兰地按GB 11856规定执行。

7.1.2 发酵葡萄酒按GB/T 15038规定执行。

7.2 理化指标

7.2.1 发酵葡萄酒理化指标按GB 15037—2006规定执行。

7.2.2 白兰地按GB 11856和GB/T 15038规定执行。

7.3 卫生指标

按GB 2758执行。

7.4 净含量

按JJF 1070检验。

8 检验规则

8.1 组批

同一生产期内所生产的同一品种、同一规格、同一批号的产品为一批。

8.2 抽样

8.2.1 抽样方式和数量按GB 15037—2006规定执行。

8.2.2 从成品库同批产品的不同部位随机抽取数箱产品,再从数箱产品中各随机抽取1瓶。

8.2.3 大于500 mL/瓶的产品随机抽取4瓶,小于500 mL/瓶的产品随机抽取8瓶作为理化、卫生、感官检验的样品,需要保留样品的应加倍取样。

8.3 出厂检验

8.3.1 每批产品需经生产厂家检验合格并签署质量合格证后方可出厂。

8.3.2 出厂检验的项目为感官指标、理化指标、净含量偏差和标签。

8.4 型式检验

8.4.1 型式检验项目为本标准的全部技术内容。

8.4.2 型式检验每年至少进行两次,有下列情况之一时,应进行型式检验:

a) 改变原、辅材料;

b) 改变关键工艺；

c) 停产两个月以上，恢复生产；

d) 出厂检验结果有较大波动；

e) 国家质量检验机构提出要求。

8.5 判定规则

检验项目全部合格时，判该批产品为合格品，若有不合格项目时，应对不合格项目进行复检，以复检结果为准。若仍有一项不合格，则判该批产品为不合格。

9 标志、包装、运输及贮存

9.1 标志

9.1.1 葡萄酒标签按 GB 10344、GB 7718 规定执行。

9.1.2 不按本标准生产的产品或不符合本标准的产品，其产品不得使用沙城葡萄酒的名称，不得使用地理标志产品保护专用标志。

9.2 包装

9.2.1 内包装应使用符合食品卫生要求的包装材料，但不得使用塑料包装，不得使用回收玻璃瓶。包装容器应整齐、清洁、封装严格，无漏气、漏酒现象。

9.2.2 外包装应使用合格的瓦楞纸箱或具有相同功能的其他包装，内有防震、防撞的间隔材料，包装标志应符合 GB/T 191 的规定。

9.2.3 包装容量应符合《定量包装商品计量监督管理办法》的规定。

9.3 运输、贮存

9.3.1 产品应在 5 ℃～35 ℃温度下运输，贮存温度应控制在 10 ℃～25 ℃。

9.3.2 在运输和贮存过程中，应保持场地清洁、干燥、通风良好，严防日光直射。以软木塞封口的葡萄酒，应卧放或倒放。

9.3.3 按以上条件运输、贮存的葡萄酒不应发生混浊、酸败等现象，超过 18 个月的葡萄酒允许有少量沉淀。

附 录 A
（规范性附录）
沙城葡萄酒地理标志产品保护范围图

沙城葡萄酒地理标志产品保护范围见图 A.1。

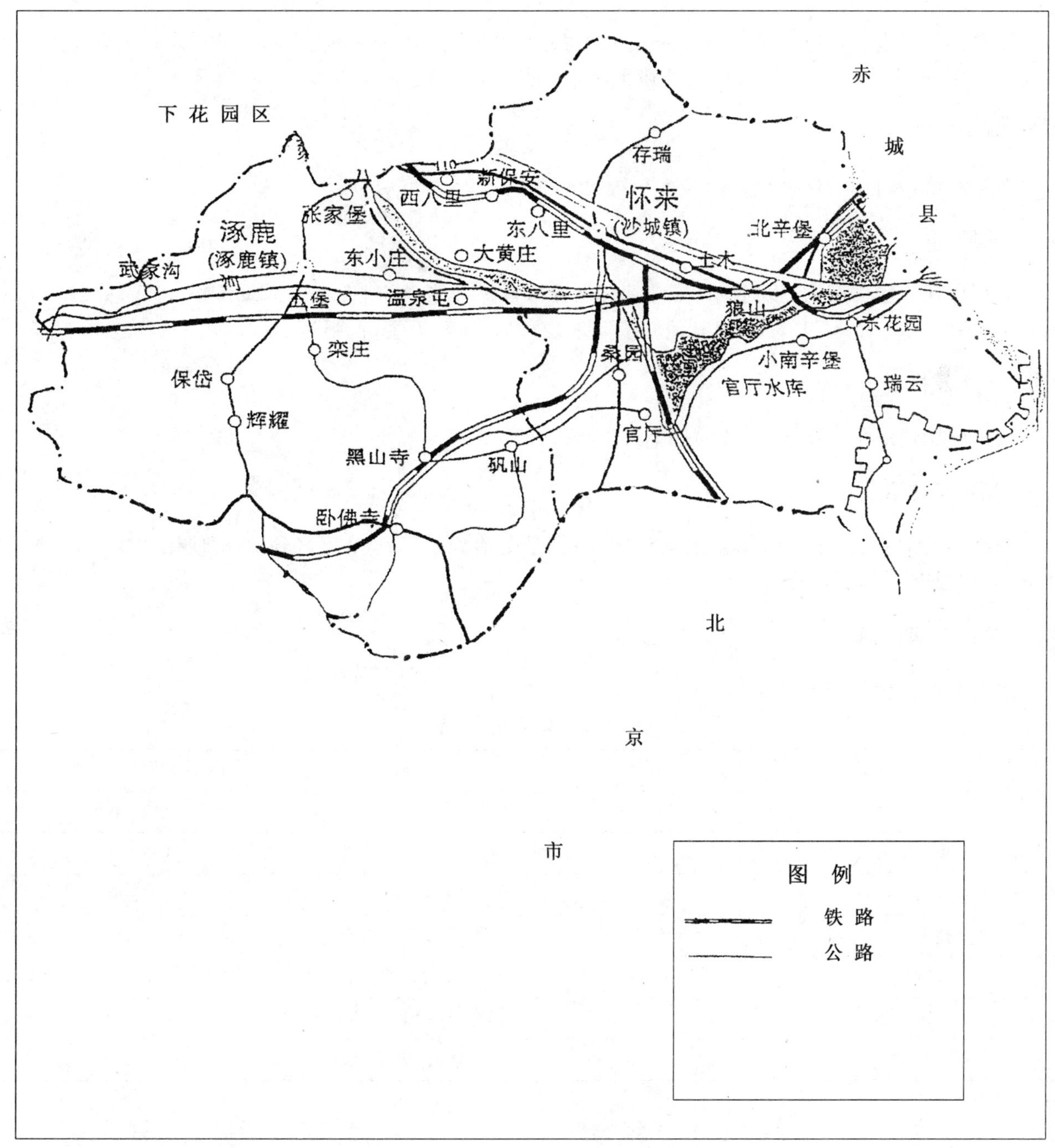

图 A.1 沙城葡萄酒地理标志产品保护范围图

附　录　B
（资料性附录）
酿酒葡萄栽培技术

B.1　环境要求

酿酒葡萄的生长环境要求≥10 ℃的有效积温≥3 000 ℃，浆果成熟期昼夜温差大，土壤酸碱度呈中性或微酸性，地下水位不宜高于1 m，环境无污染。

B.2　栽培方式

篱架栽培，直行式；株行距为(0.5 m～1.0 m)×(2.0 m～3.0 m)。

B.3　施肥

分析所在土壤的肥力，根据生产一吨葡萄所需吸收的元素量施肥：氮8.5 kg；磷3.0 kg；钾11.0 kg；钙8.4 kg；镁3.0 kg；硫1.5 kg及其他微量元素，并以有机肥为主，化肥为辅。

B.4　灌水及排水

按土壤墒情灌水或排水，采收前一个月不得灌水。

B.5　病虫害防治

酿酒葡萄的病虫害防治应以综合防治为主，化学防治为辅，采收前一个月不得使用杀虫剂，采摘前10 d不得使用任何化学药剂。

B.6　果实分级指标

果实分级指标见表B.1。

表B.1　果实分级指标

项目	要求		
	一级	二级	三级
含糖量(可滴定糖)/(g/L)	>200	170～200	150～170
(亩)产量/(kg/667 m^2)	≤800	800～1 000	1 000～1 250
色泽	品种成熟固有色泽		
香气	品种成熟固有香气		
农药残留量	按GB 2763规定执行		
外观	整洁、无霉烂果		

附　录　C
（资料性附录）
龙眼葡萄栽培技术

C.1　龙眼葡萄的栽培环境

龙眼葡萄属欧亚种，极晚熟品种，要求产地气温 10 ℃以上，有效积温在 3 300 ℃以上，海拔 600 m 以下，年降雨 400 mm 左右为佳，砂质壤土，pH 值 6.5～8。通风透光条件好，温差较大的地带为适宜栽培区。

C.2　栽培方式

棚架栽培，直行式；株行距为(1 m～2 m)×(5 m～6 m)。

C.3　施肥

分析所在土壤的肥力，根据生产一吨葡萄所需吸收的元素量施肥：氮 8.5 kg；磷 6.0 kg；钾11.0 kg；钙 8.4 kg；镁 3.0 kg；硫 1.5 kg 及其他微量元素，并以有机肥为主，化肥为辅。

C.4　灌水及排水

按土壤墒情灌水或排水，采收前一个月不得灌水。

C.5　病虫害防治

酿酒葡萄的病虫害防治应以综合防治为主，化学防治为辅，采收前一个月不得使用杀虫剂，采摘前 10 d 不得使用杀菌剂。

C.6　果实分级指标

根据酿制葡萄酒工艺要求，将龙眼葡萄按果实外观与内在品质分为三级。并且要求当日采收，当日加工。分级指标见表 C.1。

表 C.1　酿酒用龙眼葡萄果实分级指标

项目	要求		
	一级	二级	三级
含糖量(可滴定糖)/(g/L)	≥20	16～19	14～16
(亩)产量/(kg/667 m^2)	≤1 000	1 000～1 500	1 500～2 000
色泽	紫红色	紫红色或鲜红色	鲜红色
风味	甜酸适中、味香	甜酸适中、有香味	微酸或口感较差
农药残留量	按 GB 2763 规定执行		
外观	穗形紧凑完整，呈圆锥形，无霉烂，无腐烂，无青粒、小粒	穗形完整，无青粒、小粒，无病虫果	穗形松散，小粒、青粒较多

ICS 67.060
B 22

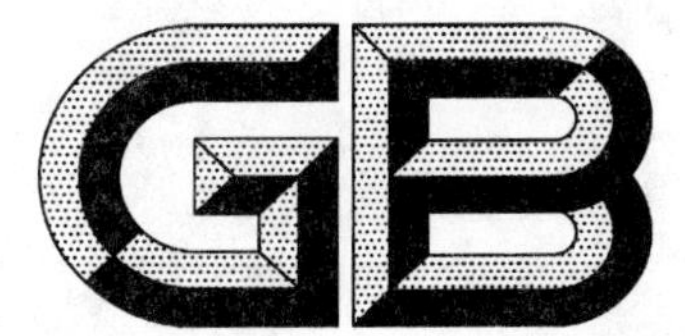

中华人民共和国国家标准

GB/T 19266—2008
代替 GB 19266—2003

地理标志产品　五常大米

Product of geographical indication—Wuchang rice

2008-10-22 发布　　　　2009-01-01 实施

中华人民共和国国家质量监督检验检疫总局
中国国家标准化管理委员会　发布

前　言

本标准根据国家质量监督检验检疫总局颁布的《地理标志产品保护规定》和 GB/T 17924《地理标志产品标准通用要求》制定。

本标准代替 GB 19266—2003《原产地域产品 五常大米》。

本标准与 GB 19266—2003 相比主要变化如下：

——由强制性国家标准改为推荐性国家标准；

——修改了标准的中英文名称；

——调整了自然环境的数据(2003 版的 5.1.1、5.1.2、5.1.3、5.1.4、5.1.5；本版的 5.2、5.3、5.4、5.5、5.6)，增加了地貌特征(见 5.1)；

——依据 GB 1354《大米》，调整了加工质量指标和部分理化指标(2003 版的 5.5、5.6；本版的 6.4、6.5)；增加了“食味品质”，删除了“碱消值”和“垩白度”项目；

——增加了净含量允许短缺量项目(见 6.7)；

——卫生指标增加了 GB 2762 食品中污染物限量要求(见 6.6)；

——增加了保质期(见 10.3)。

本标准的附录 A 为规范性附录。

本标准由全国原产地域产品标准化工作组提出并归口。

本标准主要起草单位：哈尔滨市五常质量技术监督局、黑龙江省质量技术监督局、五常市人民政府、国家农业标准化监测与研究中心(黑龙江)、哈尔滨市质量技术监督局、五常葵花阳光米业有限公司。

本标准主要起草人：侯堰川、杨升、王福江、郭恒新、郝兆军、李光宇、黄强、王昆、姜明坤。

本标准所代替标准的历次版本发布情况为：

——GB 19266—2003。

地理标志产品　五常大米

1　范围

本标准规定了地理标志产品五常大米的术语和定义、地理标志产品保护范围、自然环境、要求、试验方法、检验规则及标志、包装、运输和贮存。

本标准适用于国家质量监督检验检疫行政主管部门根据《地理标志产品保护规定》批准保护范围内生产的五常大米。

2　规范性引用文件

下列文件中的条款通过本标准的引用而成为本标准的条款。凡是注日期的引用文件，其随后所有的修改单(不包括勘误的内容)或修订版均不适用于本标准，然而，鼓励根据本标准达成协议的各方研究是否可使用这些文件的最新版本。凡是不注日期的引用文件，其最新版本适用于本标准。

GB 1354　大米

GB 2715　粮食卫生标准

GB 2762　食品中污染物限量

GB 3095—1996　环境空气质量标准

GB 4404.1　粮食作物种子　第1部分:禾谷类

GB 5084　农田灌溉水质标准

GB 5491　粮食、油料检验　扦样、分样法

GB/T 5492　粮食、油料检验　色泽、气味、口味鉴定法

GB/T 5494　粮食、油料检验　杂质、不完善粒检验法

GB/T 5496　粮食、油料检验　黄粒米及裂纹粒检验法

GB/T 5497　粮食、油料检验　水分测定法

GB/T 5502　粮食、油料检验　米类加工精度检验法

GB/T 5503—1985　粮食、油料检验　碎米检验法

GB 5749　生活饮用水卫生标准

GB 7718　预包装食品标签通则

GB/T 17891　优质稻谷

JJF 1070　定量包装商品净含量计量检验规则

3　术语和定义

GB 1354、GB/T 17891、JJF 1070确立的以及下列术语和定义适用于本标准。

3.1

五常大米　Wuchang rice

在国家质量监督检验检疫行政主管部门批准保护的范围内，使用五优稻、松粳系列及通过审定的其他符合五常种植条件的优质粳稻品种，采用具有五常特色的一段超早育苗及大棚旱育苗等栽培技术生产的粳稻为原料，经加工而成的大米。

4　地理标志产品保护范围

五常大米地理标志产品保护范围限于国家质量监督检验检疫行政主管部门根据《地理标志产品保

护规定》批准的范围，见附录 A。

5 自然环境

5.1 地貌特征

五常稻作区是一个三面环山，开口朝西的盆地，东南部山脉挡住了东南风，而西部松嫩平原的暖流可直接进入盆地内回旋。

5.2 日照

水稻生长季节(4 月～9 月)为 1 080 h～1 370 h。

5.3 气温

5.3.1 水稻生长季节(4 月～9 月)日平均气温 17 ℃，昼夜温差 10 ℃，最大温差 20 ℃。

5.3.2 无霜期 110 d～160 d。

5.3.3 水稻生长季节(4 月～9 月)大于等于 10 ℃的积温为 2 700 ℃～3 000 ℃。

5.4 降水

水稻生长季节(4 月～9 月)降水量为 250 mm～650 mm，平均 480 mm。

5.5 土壤

土壤类型主要为砂壤土和草甸土。耕层土壤 pH 值 6.0～7.2，平均 pH 值 6.5；有机质平均含量为 4.24%；碱解氮平均含量 108 mg/kg；速效磷平均含量 32 mg/kg；速效钾平均含量 215 mg/kg；全氮 0.12%；内梅罗综合指数为 0.541。

5.6 水源

保护区内河流总长 2 468 km，河网密度 0.33 km/km^2，平均年径流量 32.10 亿 m^3，年径流深 248.7 mm。地下水为山区基岩裂隙水，高平原潜水和平原层间水，可开采储量为 7 亿 m^3。水质均符合 GB 5084 要求。

5.7 环境空气

符合 GB 3095—1999 中二级规定。

6 要求

6.1 原料稻谷

6.1.1 种子应选用五优稻系列、松粳系列及通过审定并符合五常种植条件的其他粳稻品种。种子质量应符合 GB 4404.1 要求。

6.1.2 栽培技术应采用具有五常特色的一段超早育苗及大棚旱育苗、旱育稀植等栽培技术。

6.2 加工工艺

6.2.1 应采用清理、砻谷、碾米、白米分级、包装等，亦可有抛光或色选。

6.2.2 大米加工中除添加符合 GB 5749 要求的水外，不得添加任何物质。

6.3 感官指标

6.3.1 应有大米固有的气味，没有异味。

6.3.2 米粒半透明或透明，色泽青白有光泽。

6.3.3 蒸煮时应有特有的米香味，饭粒表面有油光。口感绵软略粘、微甜、略有韧性，冷却后仍能保持良好口感。

6.4 加工质量指标

加工质量指标见表 1。

表 1 加工质量指标

<table>
<tr><td colspan="2" rowspan="2">项 目</td><td colspan="2">指 标</td></tr>
<tr><td>优质一等</td><td>优质二等</td></tr>
<tr><td colspan="2">加工精度</td><td colspan="2">背沟无皮，即使有皮也不成线，米胚和粒面皮层基本去净的占 85%以上</td></tr>
<tr><td colspan="2">黄粒米/% ≤</td><td>0.1</td><td>0.2</td></tr>
<tr><td colspan="2">不完善粒/% ≤</td><td>0.5</td><td>1.0</td></tr>
<tr><td rowspan="3">杂质/% ≤</td><td>总量</td><td>0.10</td><td>0.20</td></tr>
<tr><td>糠粉</td><td>0.02</td><td>0.05</td></tr>
<tr><td>矿物质</td><td>0</td><td>0.02</td></tr>
<tr><td rowspan="2">碎米/% ≤</td><td>总量</td><td>10.0</td><td>15.0</td></tr>
<tr><td>小碎米</td><td>0.2</td><td>0.5</td></tr>
</table>

6.5 理化指标

理化指标见表 2。

表 2 理化指标

<table>
<tr><td rowspan="2">项 目</td><td colspan="2">指 标</td></tr>
<tr><td>优质一等</td><td>优质二等</td></tr>
<tr><td>水分/% ≤</td><td colspan="2">15.5</td></tr>
<tr><td>垩白粒率/% ≤</td><td>15</td><td>25</td></tr>
<tr><td>食味品质/分 ≥</td><td>85</td><td>80</td></tr>
<tr><td>直链淀粉(干基)/%</td><td>15～20</td><td>15～20</td></tr>
<tr><td>胶稠度/mm ≥</td><td>70</td><td>65</td></tr>
</table>

6.6 卫生指标

应符合 GB 2715、GB 2762 的有关规定。

6.7 净含量允许短缺量

应符合 JJF 1070 规定。

7 试验方法

7.1 抽样

按 GB 5491 的规定执行。

7.2 感官要求

按 GB/T 5492 的规定执行。

7.3 加工精度

按 GB/T 5502 执行。

7.4 黄粒米

按 GB/T 5496 执行。

7.5 不完善粒、杂质

按 GB/T 5494 执行。

7.6 碎米

按 GB/T 5503—1985 中第 1 章执行。

7.7 水分

按 GB/T 5497 执行。

7.8 垩白粒率、食味品质、直链淀粉、胶稠度

按 GB/T 17891 执行。

7.9 卫生指标

按 GB 2715、GB 2762 执行。

7.10 净含量允许短缺量

按 JJF 1070 的规定执行。

8 检验规则

8.1 检验分类

8.1.1 出厂检验

8.1.1.1 每批产品出厂时，均应由企业质量检验部门检验合格并签发合格证后，方可出厂。

8.1.1.2 出厂检验项目包括感官指标、加工质量指标、垩白粒率、水分。

8.1.2 型式检验

8.1.2.1 正常生产时，每年进行一次。有下列情况之一时，应进行型式检验：

a) 新产品投产时；

b) 原料、工艺、设备等有较大改变，可能影响产品质量时；

c) 出厂检验结果与上次型式检验有较大差别时；

d) 国家质量监督部门提出型式检验要求时。

8.1.2.2 型式检验项目为 6.3～6.7 规定的技术内容。

8.2 判定规则

8.2.1 卫生指标有一项不合格，即判该批产品为不合格。

8.2.2 其他指标判定不符合标志等级的，可进行复检，复检合格则判合格，仍不合格的则判不合格。

9 标志、包装

9.1 标志

应符合 GB 7718 及地理标志产品专用标志使用规定。

9.2 包装

9.2.1 包装材料应符合国家食品包装卫生规定。

9.2.2 包装物应清洁、结实。包装容器封口应严密，不得破损、泄露。

10 运输和贮存

10.1 贮存场所应满足清洁、干燥、防雨、防潮、防虫、防鼠要求，严禁与有毒、有害、有腐蚀性、有异味等污染物品混存。

10.2 应使用符合卫生要求的运输工具和容器运输。运输过程中应注意防止雨淋和被污染。

10.3 在满足上述包装、运输和贮存条件下，保质期应不低于 3 个月。

附 录 A
（规范性附录）
五常大米地理标志产品保护范围图

五常大米地理标志产品保护范围见图 A.1。

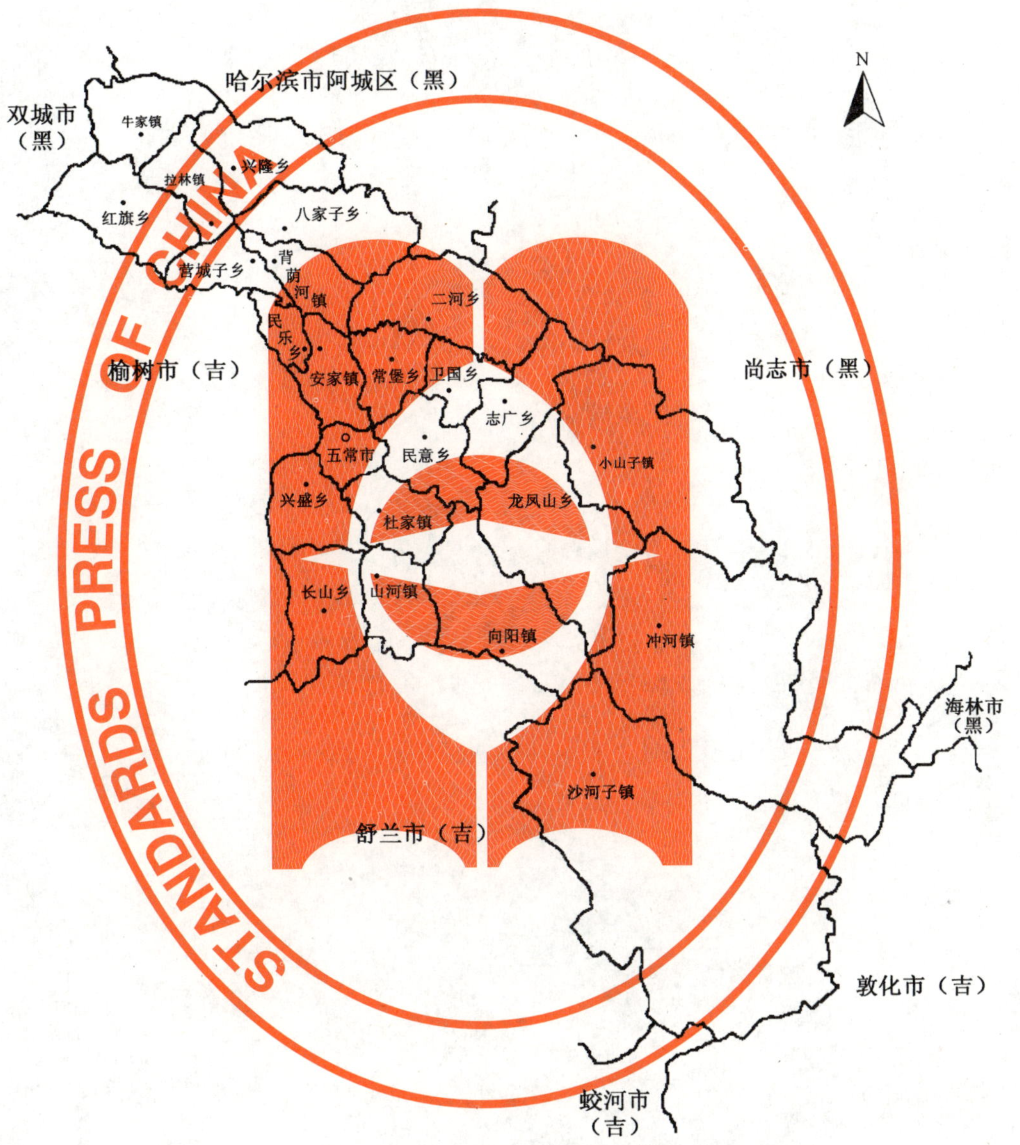

图 A.1 五常大米地理标志产品保护范围图

ICS 13.310
A 92

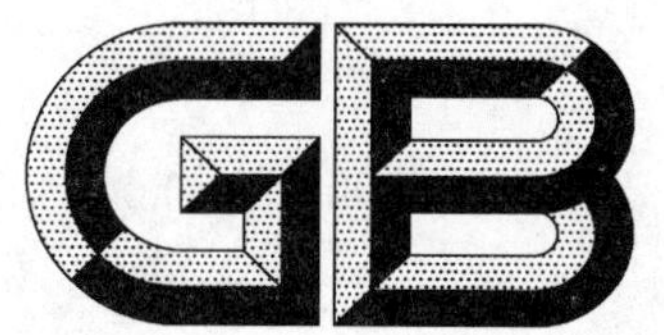

中华人民共和国国家标准

GB/T 19267.1—2008
代替 GB/T 19267.1—2003

刑事技术微量物证的理化检验 第1部分:红外吸收光谱法

Physical and chemical examination of trace evidence in forensic sciences—Part 1: Infrared absorption spectrometry

2008-08-14 发布

2009-03-01 实施

中华人民共和国国家质量监督检验检疫总局
中国国家标准化管理委员会
发布

前 言

GB/T 19267《刑事技术微量物证的理化检验》分为12个部分：

——第1部分：红外吸收光谱法；

——第2部分：紫外-可见吸收光谱法；

——第3部分：分子荧光光谱法；

——第4部分：原子发射光谱法；

——第5部分：原子吸收光谱法；

——第6部分：扫描电子显微镜/X射线能谱法；

——第7部分：气相色谱-质谱法；

——第8部分：显微分光光度法；

——第9部分：薄层色谱法；

——第10部分：气相色谱法；

——第11部分：高效液相色谱法；

——第12部分：热分析法。

本部分为GB/T 19267的第1部分。

本部分代替GB/T 19267.1—2003《刑事技术微量物证的理化检验　第1部分：红外吸收光谱法》。

本部分与GB/T 19267.1—2003相比主要变化有：

——增加了术语和定义的内容(本部分的3.7、3.8、3.11、3.13～3.19)；

——补充修改了“衰减全反射红外光谱”的定义(本部分的3.12,GB/T 19267.1—2003的3.9)；

——删除了“光栅红外光谱”的定义(GB/T 19267.1—2003的3.10)；

——补充修改“原理”部分(本部分的第4章、GB/T 19267.1—2003的第4章)；

——删除了关于“光栅红外分光光度计”的内容(GB/T 19267.1—2003的5.1.1)；

——补充修改了仪器组成、实验条件设定的内容(本部分的5.2,GB/T 19267.1—2003的5.2)；

——增加了几种制样方法(本部分的6.2.1.3、6.2.1.6～6.2.1.8)；

——补充结果表述的内容(本部分的8.4)。

本部分由中华人民共和国公安部提出。

本部分由全国刑事技术标准化技术委员会理化检验标准化分技术委员会(SAC/TC 179/SC 4)归口。

本部分起草单位：山东省公安厅物证鉴定中心。

本部分主要起草人：郝愫媛。

本部分所代替标准的历次版本发布情况为：

——GB/T 19267.1—2003。

刑事技术微量物证的理化检验
第1部分:红外吸收光谱法

1 范围

GB/T 19267的本部分规定了红外吸收光谱的检验方法。

本部分适用于刑事技术领域中微量物证的理化检验,其他领域亦可参照使用。

2 规范性引用文件

下列文件中的条款通过GB/T 19267的本部分的引用而成为本部分的条款。凡是注日期的引用文件,其随后所有的修改单(不包括勘误的内容)或修订版均不适用于本部分,然而,鼓励根据本部分达成协议的各方研究是否可使用这些文件的最新版本。凡是不注日期的引用文件,其最新版本适用于本部分。

GB/T 14666 分析化学术语

3 术语和定义

GB/T 14666中确立的以及下列术语和定义适用于本部分。

3.1

反射和吸收光谱 reflection and absorption spectra

入射光透过样品层在金属表面上反射,再经过样品透射出来形成的光谱。

3.2

最大吸收峰 maximum absorption peak

光谱中透过率最低的吸收峰,用其对应的波长(λ_{max})或波数表示。

3.3

最小吸收峰 minimum absorption peak

光谱中透过率最高的吸收峰,用其对应的波长(λ_{min})或波数表示。

3.4

波数 wave number

每厘米中所含波的数目,即等于波长的倒数。单位用cm^{-1}表示。

3.5

特征频率区 characteristic frequency region

在4 000 cm^{-1}～1 250 cm^{-1}区域显示的光谱。

3.6

指纹区 fingerprint region

在1 250 cm^{-1}～400 cm^{-1}区域显示的光谱。

3.7

傅里叶变换红外光谱仪 Fourier transform infrared spectrometer

利用干涉调频技术和傅里叶变换方法获得物质红外光谱的仪器。

3.8

分束器 beansplite

为一半透膜,可使入射光50%透射,50%反射。

3.9

透射红外显微镜　transmission mode infrared microscope

对微量样品能进行透射红外分析的显微镜，由物镜、目镜、载物台、反射镜、光栏及 MCT 检测器组成。

3.10

反射红外显微镜　reflection mode infrared microscope

对微量样品能进行反射红外分析的显微镜，由物镜、目镜、载物台、反射镜、光栏、MCT 检测器及反射板组成。

3.11

傅里叶变换高压红外(HP/FTIR)　high pressure Fourier transform spectrum

使用特殊材料制成的高压样品池，把样品在高压下制样测量，获得样品傅里叶变换红外光谱。

3.12

衰减全反射红外光谱(ATR)　attenuated total reflection infrared spectrum

红外光以大于临界角入射到紧贴在样品表面的高折光指数晶体时，由于样品折光指数低于晶体，发生全反射，红外光只进入极浅的表层，只有某些频率入射光被吸收，另一些则被反射，测量这一被衰减了的辐射就得到样品的衰减全反射红外光谱。

3.13

漫反射红外光谱 (DIR)　diffuse reflectance infrared spectrum

光束入射到粉末状晶体样品时，会产生表面反射、透射、晶体内反射等多重反射，不同方向反射光使样品产生了多向辐射光，即为漫反射，由漫反射技术得到的红外光谱称为漫反射红外光谱。

3.14

镜反射(MR)　mirror reflectance

在平整的样品表面入射光不能透过样品时，光以一定角度入射到样品表面会产生反射，这种测谱方法称之为镜反射。

3.15

傅里叶变换红外光声光谱(PAS/FTIR)　Fourier transform infrared photoacoustic spectroscopy

利用物质的光声效应原理，用光声池、前置放大器代替原有的 FTIR 探测器，测得的红外光谱。

3.16

傅里叶变换显微红外(MIC/FTIR)　Fourier transform infrared microscopy

利用红外显微镜测量微量样品或样品微区的傅里叶变换红外光谱，称为傅里叶变换显微红外。

3.17

气相色谱-傅里叶变换红外光谱联用技术(GC/FTIR)　gas chromatography-Fourier transform infrared spectromrter

把气相色谱仪通过接口与傅里叶红外光谱仪相连，利用气相色谱的高效分离功能和傅里叶变换红外光谱的结构分析能力，对混合物进行分析鉴定的技术。

3.18

高效液相色谱-傅里叶变换红外光谱联用技术(HPLC/FTIR)　high performance liquid chromatography-Fourier transform infrared spectrometer

把液相色谱仪通过接口与傅里叶变换红外光谱仪相连，利用液相色谱的高效分离功能和傅里叶变换红外光谱的结构分析能力，对混合物进行分析鉴定的技术。

3.19

热重分析-傅里叶红外光谱联用技术(TGA/FTIR)　themogravimetric analysis-Fourier transform infrared spectrometer

把热重分析仪通过接口与傅里叶变换红外光谱仪相连，用傅里叶变换红外光谱分析法对热失重各区段放出的尾气进行在线联用分析的技术。

4 原理

红外光谱(infrared spectrum,IR)又称为振动转动光谱,是一种分子吸收光谱。当分子受到红外光的辐射,产生振动能级(同时伴随转动能级)的跃迁,在振动(转动)时伴有偶极矩改变者就吸收红外光,形成红外吸收光谱。由于物质的组成不同,对红外光吸收也不同,即不同物质有不同的红外光谱,这是定性依据。物质对红外光吸收的多少与物质浓度有关,与入射光强无关,这是定量的依据。红外光谱根据不同的波数范围分为近红外区(15 000 cm^{-1}～4 000 cm^{-1})、中红外区(4 000 cm^{-1}～400 cm^{-1})和远红外区(400 cm^{-1}～10 cm^{-1})

5 仪器和材料

5.1 傅里叶变换红外光谱仪

5.1.1 工作模式

从红外光源发出的红外光,经迈克尔逊干涉调频后入射至样品,透过(或反射)后到达检测器,透过光包含了样品对每一频率的吸收信息,将检测器检测到的光强信号输入计算机进行合傅里叶变换处理,结果以红外光谱图的形式输出,并由计算机通过接口仪器实施控制。

5.1.2 光源

常见的光源有以下几种:

a) 碘钨灯——近红外区(15 000 cm^{-1}～4 000 cm^{-1});

b) 硅碳棒——中红外区(4 000 cm^{-1}～400 cm^{-1});

c) 金属丝(4 500 cm^{-1}～400 cm^{-1});

d) 高压汞灯——远红外区(<400 cm^{-1})。

5.1.3 干涉仪

干涉仪是 FTIR 的最重要组成部分,由一组反射镜和分束器组成,仪器的波段范围也和分束器类型有关。常用光束分束器的技术参数见表 1。

表 1 常用光束分裂器的技术参数

使用范围/cm^{-1}	载片	涂层
25 000～3 300	SiO_2	Fe_2O_3
6 000～1 700	CaF_2	Fe_2O_3
3 800～400	KBr	Ge
2 000～1 000	CsI	Ge
400～10	Mylar	

5.1.4 检测器

傅里叶变换红外光谱仪要求检测器响应速度快,灵敏度高,测量波段宽,且有较好的检测线性。常用检测器的技术参数见表 2。

5.1.5 数据处理系统

对仪器实施控制,采集数据和数据处理。该系统由计算机、输入输出接口、实施仪器控制、数据处理的系统软件组成。

5.1.6 红外显微镜

与傅里叶变换红外分光光度计联用的一种设备,主要用来检测超微量样品。

表 2 常用检测器的技术参数

名称	类型	工作温度/K	适用波数/cm^{-1}	探测率 D
DTGS(带 KBr 窗口)	热电型	295	5 000～400	1.8×10^9
DTGS(带 CsI 窗口)	热电型	295	5 000～200	1.8×10^9
DTGS(带 KRS-5 窗口)	热电型	295	5 000～200	1.8×10^9
DTGS(带聚乙稀窗口)	热电型	295	400～10	1.8×10^9
MCT-A	光电导型	77(液氮)	5 000～720	2×10^{10}
MCT-B	光电导型	77(液氮)	5 000～400	2×10^{10}
ZnSb,ZnSe 等	光电型	77(液氮)	10 000～1 850	1×10^{11}
PbSe	光伏型	195 或 77(液氮)	10 000～2 000	
InAs	光电导型	77(液氮)	10 000～3 500	
Si	P-N 结	259	25 000～8 000	

5.2 傅里叶变换红外分光光度计的校正及条件设定

5.2.1 仪器校正

通过对透过率、波数、分辨率等的测定与校正，获得最佳分析条件，具体操作如下：

a) 透过率准确度校正：在 4 cm^{-1}分辨率条件下，测量 5 次 0.03 mm 厚聚苯乙烯的红外光谱，每扫描 5 次其 2 924 cm^{-1}峰的透过率变动应小于 0.1T%。

b) 波数校正：可用对光和热稳定的样品，如标准聚苯乙烯，在全波段内记录红外光谱，观察吸收峰位置的准确性，聚苯乙烯膜红外光谱吸收峰位置见表 3；经校正后的波数就连续重复测定 3 次～5 次，观察吸收峰位置变化情况，精度要求在 3 000 cm^{-1}附近为±3 cm^{-1}，在 1 000 cm^{-1}附近为±1 cm^{-1}。

表 3 聚苯乙烯膜红外光谱吸收峰位置

吸收带号	波长(空气)/μm	波数(真空)/cm^{-1}	吸收带号	波长(空气)/μm	波数(真空)/cm^{-1}
1	3.302 6	3 027.1	8	6.315 0	1 583.1
2	3.419 0	2 924.0	9	8.462 2	1 181.4
3	3.507 0	2 850.1	10	8.660 9	1 154.3
4	5.142 6	1 944.0	11	9.351 1	1 069.1
5	5.343 3	1 871.0	12	9.725 0	1 028.0
6	5.549 1	1 801.6	13	11. 026	906.7
7	6.242 8	1 601.4	14	14. 304	698.9

c) 分辨率校正：用氨气检查，在标准状态下测试，分辨率一般不低于 4 cm^{-1}，氨的红外光谱峰见表 4。

表 4 氨光谱在红外区的参考波数

序号	波数/cm^{-1}	序号	波数/cm^{-1}	序号	波数/cm^{-1}	序号	波数/cm^{-1}
1	1 212.7	8	1 103.4	15	951.8	22	867.8
2	1 195.0	9	1 084.6	16	948.2	23	847.7
3	1 177.1	10	1 075.9	17	915.6	24	827.7
4	1 158.9	11	1 065.6	18	912.4	25	770.9
5	1 140.6	12	1 046.4	19	908.2	26	745.3
6	1 122.1	13	1 027.0	20	892.0		
7	1 117.5	14	1 007.5	21	888.0		

5.2.2 实验条件设定

实验室条件设定如下：

a) 工作环境相对湿度≤50%，室温在 20 ℃～25 ℃之间；

b) 分辨率不低于 2 cm^{-1}～4 cm^{-1}；

c) 建议扫描次数为 16 次～32 次；

d) 光源能量调至最大允许值；

e) 光谱记录区域根据检测器的性能而确定，见表 2。

5.2.3 红外显微镜实验条件的设定

显微镜实验条件设定如下：

a) 物镜不应低于 15 倍。

b) 反射法检验时，若用 1.5 mm 固定光栏，反射率不应低于 10%；若用可变光栏，反射率不低于 20%。

c) 透射法检测时，建议使用溴化钾晶片或单晶硅片。

5.3 试剂和标准样品

5.3.1 试剂和标准样品

溴化钾、三氯甲烷、石油醚、乙醚、乙醇、丙酮、二硫化碳、醋酸乙酯、四氢呋喃、甲醇，二甲基甲酰胺(以上试剂均为分析纯)。

5.3.2 比对样品

直接从工厂或市场收集。应尽可能获得不加添加剂的高聚物。若从市场收集，应考虑是否含有添加剂或混有其他材料。具体如下：

a) 塑料：聚氯乙烯、聚丙烯、聚乙稀、聚甲基丙稀酸甲酯、聚苯乙稀、聚甲醛、ABS 塑料(丙烯腈-丁二烯-苯乙烯共聚物)等；

b) 橡胶：丁苯橡胶、丁腈橡胶、氯丁橡胶、丁丙橡胶、丁基橡胶、顺丁橡胶、天然橡胶等；

c) 纤维：锦纶、维纶、丙纶、氯纶、涤纶、柞蚕丝、棉、桑蚕丝、粘胶纤维等；

d) 油漆：醇酸清漆、硝基清漆、酚醛清漆、环氧清漆、氨基清漆及各种色漆等；

e) 黏合剂：聚乙烯醇、氰基丙烯酸乙酯、聚醋酸乙烯、羧甲基纤维素等。

6 样品制备

6.1 样品分离

6.1.1 机械分离

将载有附着物的检材，放于立体显微镜下，用针或手术刀片进行剥离或分离。被分离出的可疑物，如粘着灰尘等物，可将其移于载玻片上，用蒸馏水清洗。

6.1.2 热解分离

适用于复杂的体系，如橡胶制品、含大量填料的塑料、固化的树脂、多层油漆、腻子等高聚物检材的分离。它们难以用常规方法制样，采用干馏法和控温热解法进行热解分离，具体如下：

a) 干馏法：将试样放入小试管或毛细管中，在酒精灯上间断加热，使热解物凝聚在管壁上，取出后立即进行光谱测试。

b) 控温热解法：可在气相色谱的裂解器上实现温度和裂解时间的控制。取一支长约 10 cm 的裂解管，将一端在酒精灯上封死，将样品放在被封死的一端，插入裂解丝中，调整好裂解温度和时间，热解后获得热解物。也可使用较短裂解管，用溴化钾晶片或红外金属反射板盖住裂解管口，收集裂解气体冷凝液，备检。常见高聚物最佳裂解温度见表 5。

表 5 常见高聚物最佳裂解温度

高聚物	热解温度/℃
聚乙烯	440～450
尼龙 66	450～460
硅橡胶	475～500
木粉填充的酚醛树酯	500～550
聚四氯乙烯	550～580
石棉填充的酚醛树脂	600～650
硅树脂	725～750
氨丁橡胶	314,504
聚异戊二烯	412
氯化丁基橡胶	429
丁基橡胶	510
顺丁橡胶	415,510
聚丙烯	516
丁腈	518
乙丙橡胶	524
聚苯乙烯	433,524

6.1.3 薄层分离

常用的薄层板有硅胶 G、高效板等。一些常见物证的薄层分离展开剂见表 6。

表 6 常见物证薄层分离展开剂(硅胶 G)

物证	展开剂
矿油	乙醇-丙酮(7∶3) 乙醇-正己烷(7∶3) 乙醇-丙酮-氯仿(7∶3∶1) 乙醇-正丁醇-石油醚(6∶2∶2) 苯-正己烷-乙酸(18∶1.5∶0.5) 苯-石油醚-乙酸(18∶1.5∶0.5)
食用油	四氯化碳-甲苯-乙醇(10∶10∶7) 庚烷-乙醚(8∶2) 苯-正己烷-丙酮(25∶5∶0.6) 石油醚-甲苯-二乙胺(14∶5∶1) 庚烷-醋酸乙酯(8∶2) 环己烷-醋酸乙酯(7∶1)
红色油漆	四氯化碳-氯仿-环己烷(3∶2∶1) 苯-乙醚-环己烷(5∶2∶10) 苯-乙醚-石油醚(5∶4∶10) 石油醚-醋酸乙酯(6∶1)

表 6（续）

物证	展开剂
原子印章墨水	吡啶-异戊醇-浓氨水(1∶1∶1) 苯-丙酮-二乙胺(4∶1∶1) 环己烷-氯仿-二乙胺(4∶1∶1) 苯-氯仿-二乙胺-乙醇(1∶1∶1∶0.5) 氯仿-乙醇-二乙胺-浓氯水(5∶3∶1∶1) 氯仿-环己烷-二乙胺-乙醇(3∶3∶2∶1) 苯-环己烷-二乙胺-乙醇(3∶3∶2∶1)

样品的洗脱和富集：将薄层斑点刮下，放入微量离心管中，加几滴溶剂轻震，然后高速离心，用微量注射器移出液体，挥去溶剂，用于光谱测试。为降低干扰，可用多孔溴化钾三角法清除硅胶（装置见图1）。将薄层斑点刮下，放入一平底玻璃管中（内径 10 mm～12 mm，高 30 mm～35 mm），加入少量溶剂；将溴化钾三角块（高 25 mm，底 7 mm，厚 2 mm）夹入夹子中放入溶液里，使三角块的角向上，不与玻璃管接触；将玻璃管盖上带孔（直径 3 mm）板，使孔对准三角的尖端；由此使溶剂不断挥发，样品浓集于三角顶端，取下三角顶端的溴化钾待测。也可用三角层析纸代替溴化钾三角，样品也将浓集于三角顶端，然后用溶剂将三角顶端样品冲洗于溴化钾晶片或红外反射板上，待测。

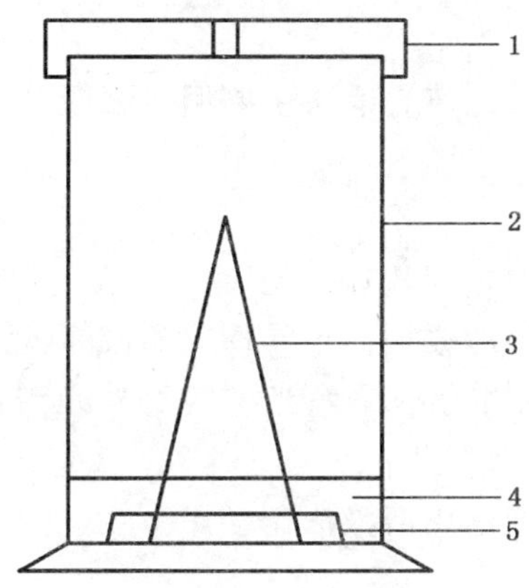

1——盖；
2——玻璃管；
3——溴化钾三角；
4——溶剂；
5——支架。

图 1　多孔溴化钾三角分离薄层斑点硅胶装置

6.2　制样

6.2.1　固体试样

6.2.1.1　溴化钾压片法

将试样与干燥的溴化钾在玛瑙研钵中混合均匀，充分研磨后，放在直径 13 mm 的模具中，在压片机上压制成透明片，还可用微量样品压片模具中压制成 1 mm～3 mm 直径的片，装入样品架待测。

6.2.1.2　热压成膜法

对热塑性高聚物则用两块载玻片夹住，在酒精灯上加热熔化，压成薄膜，冷却后取出膜直接测试。

6.2.1.3　糊状法

将干燥处理后的试样研细，与液体石蜡或全氟代烃混合，调成均匀糊状，夹在盐片中测试。

6.2.1.4 **金刚石池法(Diamond-Anvil-Cell,DAC)**

金刚石池是常用的微量固体样品的制样装置,由两块珍宝级的Ⅱ。金刚石和加压支架组成。金刚石既作为红外光的窗口,又当作挤压被测样品的锥型顶砧,锥台表面为 0.3 mm^2 并抛光。微克量级的试样放在两块金刚石顶砧之间,使彼此紧密接触,然后放在支架上加压,置于聚光器光路中。Ⅱ。型金刚石在 2 800 cm^{-1}～4 000 cm^{-1}范围内有弱吸收,在 1 900 cm^{-1}～2 800 cm^{-1}内有强吸收,应进行背景扣除。

6.2.1.5 **红外显微镜法**

将微克量级的试样压薄并置于红外显微镜聚焦光路上的溴化钾晶片上或反射板上,然后进行红外光谱的测定。

6.2.1.6 **漫反射法**

将样品与溴化钾、氯化钾等分散剂均匀磨碎,其粒度和均匀度与压片法相似,固体粒度要求在 10 μm以下,卤化钾与样品比例一般在 1∶20 至 1∶10 之间。测试时将卤化钾与样品混合研磨,装入样品池即可测得混合粉末的漫反射谱,将该谱与卤化钾粉末的漫反射谱(背景谱)相比就得到了样品的漫反射光谱。利用漫反射法进行定量分析时要进行 K-M(Kubelka)变换,一般仪器软件可以自动进行。

6.2.1.7 **衰减全反射(ATR)法**

将样品置于 ATR 附件下,充分接触,然后进行 ATR 红外光谱测定。此法用于测定不易溶解、熔化、难以粉碎的弹性或黏性样品。

6.2.1.8 **光声光谱(AS)法**

将样品置于光声池中测定。红外光声光谱法主要用于强吸收、高分散的样品及橡胶高聚物等难以制样的样品的测定。

6.2.2 **液体试样**

采用夹片法制样。将氯化钠或溴化钾盐片抛光,将试样滴于溴化钾或氯化钠片上,用另一片盖住,然后用固定样品支架夹住即可测试。对较稠而不易挥化的液体,可直接涂在盐片上。若试样量较少,可涂于 1 mm～3 mm 直径的盐片上,并用相应聚焦光束的红外光谱仪测试,也可供透射或反射红外显微镜测试。

较易挥发的液体可使用液体池或选用溶液法制样。

6.2.3 **气体试样**

采用气体池制样。首先根据样品挥发性的大小选用 100 cm、10 cm、3 cm 等不同光程的气体池,样品量较少时,可选用微量气体池。然后将气体池抽成真空,将气体试样导入。

7 试验方法

7.1 图谱检测

将制好的样品置于红外光谱仪样品间或红外显微镜的载物台上,进行测试。测试时,应按照如下要求:

a) 光谱图的最大吸收峰应保持在 10%～20%透过率,基线保持平直;

b) 应扣除背景;

c) 如有供比对的样品,应同时测试谱图。

7.2 图谱认定

7.2.1 未知物的鉴定

7.2.1.1 **计算机检索**

根据红外光谱提供的结构信息,判断未知物可能为哪类物质,然后到商品库中检索,如为纯物质可到标准库中检索。根据检索结果,用相应物质测试谱图,再与未知物红外光谱图比对,即可得出结论。采用计算机检索,应保证未知物有足够的纯净度,同时应多取几个试样点检测,反复进行检索。

7.2.1.2 **查阅图谱**

根据红外光谱提供的结构信息，判断未知物可能为哪类物质，然后查阅商品红外光谱谱图或纯物质标准红外光谱谱图，将查出的谱图同未知物谱图比对，即可得出结论。

7.2.1.3 **与其他分析手段配合鉴定**

将红外光谱分析与质谱分析、紫外光谱分析、核磁共振、扫描电镜及发射光谱分析等方法配合使用，鉴定未知物是什么物质。

7.2.2 **目标物认定**

7.2.2.1 用标准物作对照，在相同的条件下绘制两种物质红外光谱谱图，然后进行比对，如完全吻合，即为相同物质。

7.2.2.2 如没有标准物作为对照，可以通过查阅被指认的红外光谱谱图与未知物的谱图进行比对(Saterla红外光谱图库有多种商业谱图及标准物质谱图供查阅)。

7.2.2.3 如仪器配有红外光谱谱库，采用计算机检索，直接从库中调出被指认物的红外光谱谱图与未知物的谱图比对。

7.2.2.4 比对检验

在相同条件下测试检材和比对样品的红外光谱谱图，然后进行比对。

8 结果表述

8.1 对未知物的鉴定，应表述为：检材是某种物质或主要含有某种物质。如不能确切表述为某种物质，应根据红外光谱的官能团信息提出可能是某种物质等分析意见。

8.2 目标物认定应表述为：检材是或不是某种物质。

8.3 比对检验应表述为：检材与某种比对样品是相同物质或属同类物质。

8.4 红外光谱分析应附以光谱图，并注明仪器型号、试样名称、选用附件名称、仪器测量条件、试样预处理情况、制样方法、标准或对照物质来源、数据处理方法及分析结果。

ICS 13.310
A 92

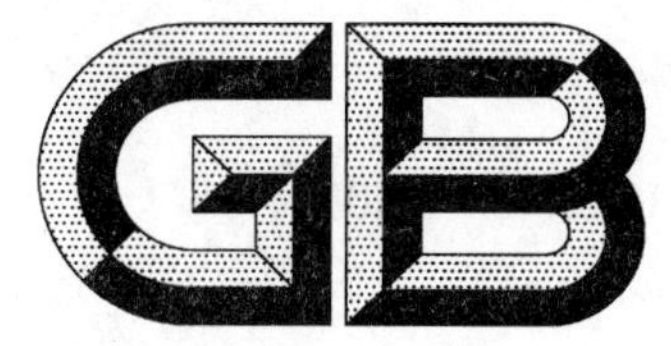

中华人民共和国国家标准

GB/T 19267.2—2008
代替 GB/T 19267.2—2003

刑事技术微量物证的理化检验 第2部分:紫外-可见吸收光谱法

Physical and chemical examination of trace evidence in forensic sciences—Part 2: Ultraviolet-visible absorption spectroscopy

2008-08-14 发布　　2009-03-01 实施

中华人民共和国国家质量监督检验检疫总局
中国国家标准化管理委员会　发布

前　言

GB/T 19267《刑事技术微量物证的理化检验》分为12个部分：

——第1部分：红外吸收光谱法；

——第2部分：紫外-可见吸收光谱法；

——第3部分：分子荧光光谱法；

——第4部分：原子发射光谱法；

——第5部分：原子吸收光谱法；

——第6部分：扫描电子显微镜/X射线能谱法；

——第7部分：气相色谱-质谱法；

——第8部分：显微分光光度法；

——第9部分：薄层色谱法；

——第10部分：气相色谱法；

——第11部分：高效液相色谱法；

——第12部分：热分析法。

本部分为GB/T 19267的第2部分。

本部分代替GB/T 19267.2—2003《刑事技术微量物证的理化检验　第2部分：紫外-可见吸收光谱法》。

本部分与GB/T 19267.2—2003相比主要变化有：

——补充了术语和定义的内容(本部分的3.8、3.9、3.14～3.16)；

——增加了检测器种类(本部分的5.3.4)；

——增加了“控制系统”和“数据处理系统”的内容(本部分的5.3.5、5.3.6)；

——删除了“记录仪”的内容(GB/T 19267.2—2003的5.2.5)；

——对实验条件设定进行了修改和补充(本部分的5.5.2、5.5.4)；

——修改和补充了定量分析的内容(本部分的7.3.1、7.3.5～7.3.7；GB/T 19267.2—2003的7.3.3.1～7.3.3.5)；

——增加了结论的表述内容(本部分的8.2)。

本部分由中华人民共和国公安部提出。

本部分由全国刑事技术标准化技术委员会理化检验标准化分技术委员会(SAC/TC 179/SC 4)归口。

本部分起草单位：湖北省武汉市公安局刑事侦查局。

本部分主要起草人：张红旗、李娟。

本部分所代替标准的历次版本发布情况为：

——GB/T 19267.2—2003。

刑事技术微量物证的理化检验
第2部分:紫外-可见吸收光谱法

1 范围

GB/T 19267 的本部分规定了紫外-可见吸收光谱法的检验方法。

本部分适用于刑事技术领域中微量物证的理化检验,其他领域亦可参照使用。

2 规范性引用文件

下列文件中的条款通过 GB/T 19267 的本部分的引用而成为本部分的条款。凡是注日期的引用文件,其随后所有的修改单(不包括勘误的内容)或修订版均不适用于本部分,然而,鼓励根据本部分达成协议的各方研究是否可使用这些文件的最新版本。凡是不注日期的引用文件,其最新版本适用于本部分。

GB/T 13966 分析仪器术语

3 术语和定义

GB/T 13966 中确立的以及下列术语和定义适用于本部分。

3.1

紫外-可见吸收光谱 ultraviolet & visible absorption spectra (UV-Vis)

用波长(波数)和吸光度描绘物质在紫外或可见区域(200 nm~700 nm)所得的吸收曲线。

3.2

紫外-可见吸收光谱法 UV-Vis absorption spectroscopy

研究物质分子对紫外和可见区波长的光的相互作用,利用吸收谱带的波长位置的吸光度进行试样的定性、定量分析方法。

3.3

导数光谱 derivative spectrum

又称微分光谱。无论是分子的吸收光谱、发射光谱及激发光谱均可表示成波长的函数 $I=f(\lambda)$,它的导函数的图象就是导数光谱,有一阶、二阶、三阶等各阶导数光谱。

3.4

吸收带 absorption band

紫外和可见光区域跃迁类型相同的吸收峰称吸收带,可分为 R 带、K 带、B 带和 E 带。

3.5

肩峰 shoulder peak

在吸收峰旁产生的一个曲折,用 Sh 表示。

3.6

红移 red shift

亦称长移,由于化合物的局部结构修饰或者使用的溶剂变更时紫外和可见吸收峰向长波长方向移动。

3.7

蓝(紫)移 blue shift

亦称短移,由于化合物的局部结构修饰或者使用的溶剂变更时紫外和可见吸收峰向短波长方向移动。

3.8

生色团 chromophore

分子中产生吸收带的主要官能团，生色团为不饱和基团。

3.9

助色团 auxochromec

本身在紫外区和可见区不显示吸收的原子或基团，当连接一个生色团后，使生色团的吸收带向红移并使吸收强度增加。

3.10

溶剂效应 solvent effect

溶剂对光谱吸收峰的波长、吸收强度的影响。

3.11

强带和弱带 strong band and weak band

化合物的紫外-可见吸收光谱中，凡摩尔吸光系数 ε_{max} 值大于 10^4 的吸收峰为强带；凡 ε_{max} 小于 10^3 的吸收峰为弱带。

3.12

摩尔吸光系数 mol absorptivity

厚度以厘米表示，浓度以摩尔/升表示的吸光系数，单位为 L/(cm · mol)。

3.13

质量吸光系数 mass absorptivity

厚度以厘米表示，浓度以克/升表示的吸光系数，单位为 L/(cm · g)。

3.14

吸光度 absorbance

光线通过溶液或某一物质前的入射光强度与该光线通过溶液或物质后的透射光强度比值的对数。

3.15

透过率 transmittance

物质的光入通量与由被照面或介质入射面之另外一面离开的量之间的比值。

3.16

朗伯-比尔定律 Lambert-Beer

当光程长度和摩尔吸收系数一定时，吸光度 A 与溶液中待测组分浓度成正比。利用此定律可进行定量分析，计算公式如下：

$$A = \lg(1/T) = \varepsilon bc$$

式中：

A——溶液的吸光度；

T——溶液的透过率；

b——溶液厚度，单位为厘米(cm)；

c——溶液浓度，单位为摩尔每升(mol/L)；

ε——摩尔吸光系数，单位为升每摩尔厘米[L/(cm · mol)]。

4 原理

化合物分子的外层电子或价电子吸收一定的能量从低能量级向高能量级跃迁，所吸收的能量对应一定的波长，当吸收能量波长处于 200 nm～760 nm 时，就产生紫外-可见吸收光谱。由于分子中价电子的能级不同，跃迁所需能量不同，即吸收峰波长不同。每摩尔分子中，透光率不同，跃迁的电子数目不同则导致吸收光强度不同。因而产生不同的吸收曲线，即 UV-Vis 吸收光谱，从而可用该光谱进行定性、定量及结构分析。

5 仪器

5.1 仪器名称

紫外-可见分光光度计。

5.2 仪器类型

单光束、双光束或双波长紫外-可见分光光度计。

5.3 仪器组成

5.3.1 光源

常用碘钨灯和氢灯(或氘灯)。

5.3.2 单色器

是一种能把复合光分解为单色光并能从中选出所需要波长的装置。棱镜或衍射光栅是单色器的主要部件,通常单色器还含狭缝和透镜系统。

5.3.3 吸收池

按材料分为两类:适用于紫外和可见光区的石英吸收池和只适用于可见光区的玻璃吸收池。

5.3.4 检测器

接受光信号,并将其转变为电信号的装置,目前应用较多的是光电倍增管、二极管阵列检测器。

5.3.5 控制系统

电子计算机及软件系统控制仪器各部件按设定的参数运行。

5.3.6 数据处理系统

电子计算机及软件系统对仪器运行获得的数据进行处理,得出吸收光谱图及定性、定量分析结果等。还包括记录仪、打印机等。

5.4 仪器校正

5.4.1 吸收池的校正

5.4.1.1 匹配吸收池的选用

在吸收池 A 中装入试样溶液,在吸收池 B 内装入参比溶液,测量试液的吸光度。然后再在吸收池 A 内装入参比溶液,在吸收池 B 内装入试样溶液,测量吸光度。前后两次测得的吸光度差值小于 1%,A、B 两吸收池才可以配对使用。

5.4.1.2 校正值的使用

取四个吸收池,先将它们编号记为 0^#^、1^#^、2^#^、3^#^,并确定以 0^#^ 号池为标准,选用一已知 λ_{max} 物质的溶液,在其最大吸收波长下分别用这四个吸收池测定该溶液吸光度为 A_0、A_1、A_2、A_3。1^#^、2^#^、3^#^ 池的校正系数 β_1、β_2、β_3 分别等于 A_0/A_1、A_0/A_2、A_0/A_3。计算时以 0^#^ 池为参比溶液,将所得值乘以该吸收池的校正系数即可。

5.4.1.3 使用吸收池的注意事项

使用吸收池应注意以下几点:

——拿取吸收池时,手指不能接触光学面;

——光学面不能与硬物接触,只能用镜头纸擦拭吸收池的光学面;

——不得在火源或电炉上加热或烘烤吸收池;

——在吸收池中不能长时间存放有腐蚀性的物质;

——吸收池在使用后应立即用水冲洗干净,必要时可使用盐酸(1∶1)浸泡,或用 $K_2Cr_2O_7$ 洗液浸 2 min～3 min,并立即用水冲洗干净。

5.4.2 波长校正

5.4.2.1 要求

波长的绝对误差小于或等于 0.5 nm。

5.4.2.2 校正方法

5.4.2.2.1 根据苯蒸气在紫外区的特征吸收峰进行波长校正

在吸收池内滴一滴苯，盖上吸收池盖，待苯蒸气充满整个吸收池后，以空气为参比，绘制它的吸收光谱，在测定的苯蒸气吸收光谱上找出5个峰，并与标准值236.4 nm、241.6 nm、247.1 nm、252.9 nm、258.9 nm比较，以此对仪器波长进行校正。

5.4.2.2.2 根据稀土玻璃（如镨铷玻璃、钬玻璃）特征吸收峰进行校正

在可见区校正波长的最简便方法是绘制镨铷玻璃的吸收光谱。

5.4.2.2.3 根据某些元素辐射产生的强谱线也可用于检查和校正波长

如汞灯的546.1 nm是强绿色谱线，钾的776.5 nm，铷的780.0 nm以及铯的852.1 nm等。

5.4.3 吸光度的校正

使用硫酸铜、硫酸钴铵、铬酸钾等物质的标准溶液，检查或校正UV-Vis分光光度计的吸光度标度。其中以铬酸钾溶液应用最普遍。在25 ℃左右，把0.040 0 g铬酸钾溶于1 L的0.05 mol/LKOH溶液中，用0.05 mol/LKOH作为等比溶液，用1 cm厚的吸收池测定铬酸钾溶液在不同波长下的吸光度，结果与表1中数值进行比较。吸光度的重现性应小于或等于0.5%。

表1 铬酸钾溶液的吸光度

波长/nm	吸光度	波长/nm	吸光度	波长/nm	吸光度	波长/nm	吸光度
220	0.455 9	300	0.151 8	380	0.928 1	460	0.017 3
230	0.167 5	310	0.045 8	390	0.684 1	470	0.008 3
240	0.293 3	320	0.062 0	400	0.387 2	480	0.003 5
250	0.496 2	330	0.145 7	410	0.197 2	490	0.000 9
260	0.634 5	340	0.314 3	420	0.126 1	500	0.000 0
270	0.744 7	350	0.552 8	430	0.084 1		
280	0.723 5	360	0.829 7	440	0.053 5		
290	0.429 5	370	0.991 4	450	0.032 5		

5.5 实验条件的设定

5.5.1 波长范围和测量波长的设定

实验的波长范围应根据待测物质吸收情况确定。进行定量分析时，应选择最大吸收波长（λ_{max}）为测量波长，当最大吸收峰受到共存杂质干扰或某种原因使测量波长难以重复时，应选用灵敏度稍低的不受干扰的其他吸收峰。在多种组分存在，且彼此的吸收峰互有重叠的情况下，则需建立多元联立方程求解。

5.5.2 狭缝宽度的设定

应设定为不减少吸光度和不影响分辨率时的最大狭缝宽度。通常狭缝宽度为：气体试样0.05 nm～0.25 nm；液体或固体试样0.25 nm～2 nm；高吸收试样2 nm～5 nm；固定波长测定1 nm～2 nm。

5.5.3 吸光度范围的设定

应通过调节溶液浓度等使吸光度读数在0.15～1.00范围内，以保证分析结果的可靠。当吸光度读数落在0.27～0.64范围时，测量的相对误差更小。

5.5.4 扫描速度的设定

扫描速度的选择取决于试样性质、谱带宽度和响应时间。对于锐的吸收光谱，应选用慢扫描速度；对宽的吸收光谱，采用较快的扫描速度。

5.6 试剂

氢氧化钠、硫酸铜、铬酸钾、苯、乙醇、四氯化碳、氯仿、正己烷、乙酸乙酯、丙酮，以上试剂均为分析纯。

6 样品制备

6.1 溶液的配制要求

测定吸收光谱,必须使用透明溶液,应选择合适的溶剂溶解各种试样形成真溶液。选择溶剂的原则是:

a) 溶剂必须不与被测组分发生化学反应;

b) 对试样有良好的溶解能力;

c) 在测定波长范围内,溶剂本身无吸收;

d) 被测组分在溶剂中具有良好的吸收峰形。

紫外区常用溶剂及其吸收波长见表2。有些溶剂(如甲醇、乙醇、正己烷等)如不作专门的处理,达不到表中所注明的波长值。

表2 紫外区常用溶剂及其吸收波长

溶剂	波长/nm	溶剂	波长/nm	溶剂	波长/nm	溶剂	波长/nm
水	200	异丙醇	210	乙 酸	250	苯	280
正己烷	200	环己烷	210	乙酸戊酯	250	石油醚	297
正庚烷	200	甘 油	230	甲 酸	255	吡 啶	305
甲 醇	210	氯 仿	245	乙酸乙酯	255	丙 酮	330
乙 醇	210	二氯甲烷	245	四氯化碳	255		

6.2 有载体检材

6.2.1 使用合适的溶剂将检材从载体上提取下来。必要时,需用色谱法分离和纯化。

6.2.2 纸张上的墨水字迹(常称为色痕)的提取:取1 cm~1.5 cm的墨水笔道置于盛有能溶解该墨水的合适溶剂的试管中,浸3 min~5 min,用毛细管取出溶剂,待测。

6.2.3 纤维上染料:取2 cm~3 cm有色纤维,置于微型提取器的样品池中,加入约1 mL溶剂,通冷凝水后,加热煮沸1 min~2 min,提取液待测的提取;或将2 mm~5 mm有色纤维置于毛细管中加入1 μL溶剂,两端封好,置于烘箱中100 ℃加热20 min,取出后待测。微型提取器见图1。

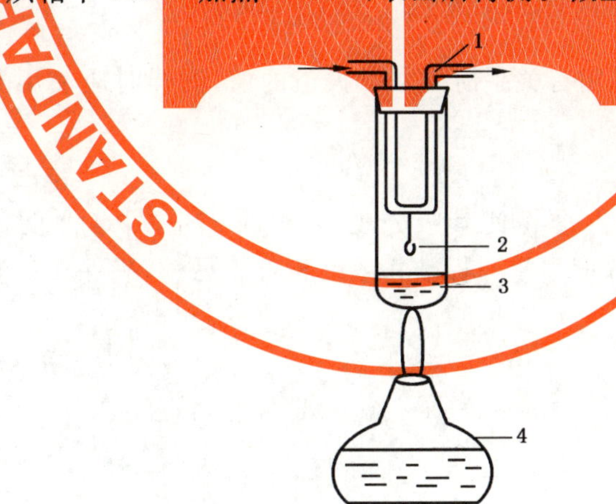

1——冷凝水;

2——样品;

3——提取剂;

4——酒精灯。

图1 微型提取器

6.3 无载体检材

直接用适当溶剂将其溶解成溶液,待测定。必要时,需用色谱法分离和纯化。

7 试验方法

7.1 分析步骤

7.1.1 设定波长范围、吸光度范围、扫描速度等测定参数。

7.1.2 使用溶解试样的溶剂检查样品池和参比池的吸收或透过空白值。

7.1.3 放入样品，扫描，绘制谱图。

7.2 定性分析

7.2.1 目标物认定

根据试样在紫外和可见区域的吸收光谱图，实现化合物的鉴定。这包括谱图中吸收峰的数目、位置、强度(摩尔吸光系数或质量吸光系数)以及吸收峰的形状(极大、极小和拐点)等光谱特征与纯化合物谱图或者谱图册中标准谱图相比较。

7.2.2 未知物检验

对于一个未知化合物，它的紫外吸收光谱可以提供是否含有共轭系统，共轭体系有多大，可能存在的官能团以及其他可能的结构信息。将紫外吸收光谱与其他方法，如红外吸收光谱、质谱、核磁共振波谱等方法所得到的数据进行综合分析，以进一步鉴定未知化合物。

7.2.3 比对检验

即检验该检材是否与某种比对样品(纯化合物或者商品)，除了比对峰、谷、肩的位置、数目和形状外，还需比较检材和比对样品的吸光度数值，当这些参数完全相同时才有可能为相同物质。

7.3 定量分析

7.3.1 绝对法

被测物浓度用下式计算：

$$C = A/(B \times \varepsilon)$$

式中：

A——测得的吸光度；

B——吸收池的厚度，单位为厘米(cm)；

ε——被测物摩尔吸光系数。

在没有标准样品的情况下可以利用有关手册或文献报道的值，测样时应使用文献或手册上指明的溶剂。

7.3.2 标准对照法

单组分测定时，配置适当浓度的标准物使其吸光度 A 在 0.27～0.64 之间，当 A 在黄金分割值 0.43 时测量误差最小。待测组分的浓度尽量与标准物浓度相近。另外，确保在待测组分的选定波长下没有其他杂质成分的干扰。

被测物浓度用下式计算：

$$C_{样} = C_{标} \times A_{样} / A_{标}$$

式中：

$A_{样}$——样品的吸光度；

$A_{标}$——标准品的吸光度；

$C_{标}$——标准溶液浓度。

7.3.3 回归直线法

用最小二乘法求得校准曲线和线性范围后，用插入法，按照下式计算被测样品的浓度。应同时提供标准偏差值，计算公式如下：

$$A = bC + a$$

式中：

A——被测样品在选定波长处吸光度；

C——待测组分浓度；

a——标准曲线截距；

b——标准曲线斜率。

7.3.4 校准曲线法

配制系列浓度的标准溶液，在相同测定条件下，分别测定吸光度，然后以标准溶液的浓度(C)为横坐标，以相应的吸光度(A)为纵坐标，绘制 A-C 关系图。导数光谱中，应以振幅值($d^nA/d\lambda^n$)与相应的浓度作图，在符合定律时，均可获一直线。根据被分析样品吸光度在曲线上查出被分析样品的浓度。

7.3.5 差示吸收光谱法

用吸收光谱仪进行定量测定时，样品溶液浓度过大或过低，均会使测量误差增大。为了克服这种缺点，改用标准溶液作为参比溶液来调节仪器的100%或0%透过率，测量样品溶液对标准溶液的透过率。差示吸收光谱法根据参比溶液的不同有三种测定方法：

a) 高吸收法：用一个比样品溶液浓度稍低的标准溶液作参比溶液，调节仪器的透过率为100%，然后测定样品溶液的吸光度，这种方法适用于测定高含量的样品；

b) 低吸收法：用一个比样品溶液浓度稍高的标准溶液作参比溶液，调节仪器的透过率为0%，再测定样品溶液的吸光度，这种方法适用于痕量物质的测定；

c) 高精密法：选择两个组分相同而浓度不同的标准溶液作参比溶液，样品溶液的浓度介于两者之间，先用一个比样品溶液浓度大的作参比，调节透过率为0%；再用一个比样品溶液浓度小的作参比，调节透过率为100%，然后测定样品溶液的吸光度。

7.3.6 双波长吸收光谱法

双波长吸收光谱法是利用双波长吸收光谱仪进行吸收光谱测定。由光源发射的光线分别经两个单色器，得到两条不同波长的单色光，交替照射同一溶液吸收池，得到吸光度差值 ΔA。ΔA 与溶液浓度之间具有如下关系：

$$\Delta A = (\varepsilon_{\lambda_2} - \varepsilon_{\lambda_1})bc$$

式中：

ε_{λ_1}——溶液在波长 λ_1 的摩尔吸收系数；

ε_{λ_2}——溶液在波长 λ_2 的摩尔吸收系数。

利用 ΔA 与样品浓度的正比关系进行定量测定。双波长吸收光谱测定时，必须选择合适的波长 λ_1 和 λ_2。其基本要求是在两个波长处，待测组分和干扰组分应有相同的吸光度，且在两个波长处应有足够大的吸光度值。为满足上述要求，λ_2 选在待测组分的吸收峰处，λ_1 取在干扰组分的等吸收点。若无等吸收点可利用，λ_1 则取在吸收光谱下端某一波长处。

7.3.7 多组分同时测定方法

当溶液中存在 n 个组分时，各组分均遵循比尔定律，而且最大吸收峰互不重叠，此时可以进行多组分同时测定。在测定时，在 n 个波长分别测定样品溶液的吸光度，根据吸光度的加和性，列出相应的 n 个方程。解联立方程组，求得各组分的浓度。

8 结果表述

8.1 分析数据的表达

紫外和可见光谱图是常见的分析结果输出形式，不过供分析和计算用的UV-Vis光谱也可用各个波长下的吸光度的一组数据来表示。导数光谱则用选定波长处的振幅值的一组数据表示。定量分析的结果是以被测物的浓度表示，并附上标准曲线及其标准偏差。

8.2 结论

根据检材谱图与比对样品谱图或标准谱图在相同介质和/或 pH 条件下进行的定性比较和定量测定，给出检材或检材中的主要成分与比对样品不相同或可能相同的结论。由于紫外和可见吸收光谱谱带数目少，且特征性不强，物质结构上的改变对吸收光谱影响不大，具有同一基团的不同物质具有相似的吸收光谱，某些组分的强吸收带常掩蔽某些弱吸收带等因素，给紫外和可见吸收光谱定性分析带来困难。紫外和可见吸收光谱可作为一种辅助鉴定工具，配合红外光谱、核磁共振波谱和质谱等，对有机化合物进行定性分析。如要求定量分析，应给出含量范围。如无比对样品，应指明选用的标准谱图所代表的标准样品。

ICS 13.310
A 92

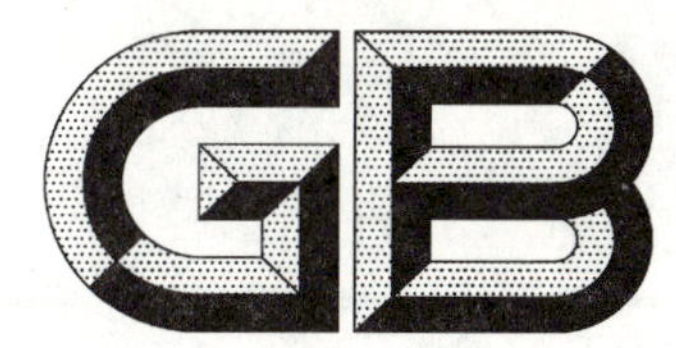

中华人民共和国国家标准

GB/T 19267.3—2008
代替 GB/T 19267.3—2003

刑事技术微量物证的理化检验 第3部分:分子荧光光谱法

Physical and chemical examination of trace evidence in forensic sciences—Part 3: Molecular fluorospectrometry

2008-08-14 发布　　2009-03-01 实施

中华人民共和国国家质量监督检验检疫总局
中国国家标准化管理委员会　发布

前 言

GB/T 19267《刑事技术微量物证的理化检验》分为12个部分：

——第1部分：红外吸收光谱法；

——第2部分：紫外-可见吸收光谱法；

——第3部分：分子荧光光谱法；

——第4部分：原子发射光谱法；

——第5部分：原子吸收光谱法；

——第6部分：扫描电子显微镜/X射线能谱法；

——第7部分：气相色谱-质谱法；

——第8部分：显微分光光度法；

——第9部分：薄层色谱法；

——第10部分：气相色谱法；

——第11部分：高效液相色谱法；

——第12部分：热分析法。

本部分为GB/T 19267的第3部分。

本部分代替GB/T 19267.3—2003《刑事技术微量物证的理化检验　第3部分：分子荧光光谱法》。

本部分与GB/T 19267.3—2003相比主要变化有：

——增删了术语和定义的内容(本部分的3.2～3.5、3.10,GB/T 19267.3—2003的3.2)；

——修改了关于仪器的内容(本部分的5.2.1～5.3.3)；

——增加了实例的内容(本部分的6.3.3)。

本部分由中华人民共和国公安部提出。

本部分由全国刑事技术标准化技术委员会理化检验标准化分技术委员会(SAC/TC 179/SC 4)归口。

本部分起草单位：中国刑事警察学院。

本部分主要起草人：张振宇。

本部分所代替标准的历次版本发布情况为：

——GB/T 19267.3—2003。

刑事技术微量物证的理化检验
第3部分:分子荧光光谱法

1 范围

GB/T 19267的本部分规定了分子荧光光谱法的检验方法。

本部分适用于刑事技术领域中微量物证的理化检验,其他领域可参照使用。

2 规范性引用文件

下列文件中的条款通过GB/T 19267的本部分的引用而成为本部分的条款。凡是注日期的引用文件,其随后所有的修改单(不包括勘误的内容)或修订版均不适用于本部分,然而,鼓励根据本部分达成协议的各方研究是否可使用这些文件的最新版本。凡是不注日期的引用文件,其最新版本适用于本部分。

GB/T 13966 分析仪器术语

GB/T 19267.2—2008 刑事技术微量物证的理化检验 第2部分:紫外-可见吸收光谱法

3 术语和定义

GB/T 13966中确立的以及下列术语和定义适用于本部分。

3.1

荧光 fluorescence

分子(也可以是原子或离子)吸收能量跃迁至某电子激发单重态,后又回到总自旋量子数不变的基态时所发出的电磁辐射。

3.2

荧光激发光谱 fluorescence excitation spectrum

在固定发射波长条件下,荧光强度随激发波长变化的曲线。

3.3

荧光发射光谱 fluorescence emission spectrum

在固定激发波长条件下,荧光强度随发射波长变化的曲线。通常意义上的荧光光谱即指荧光发射光谱。

3.4

激发波长 excitation wavelength

激发样品使其产生荧光的入射光波长,用λ_{ex}表示。

3.5

发射波长 emission wavelength

物质所发射的荧光的波长,同时也是检测样品荧光时所采用的测定波长,用λ_{em}表示。

3.6

斯托克斯位移 stockes shift

物质的发射波长与激发波长的差值(物质的发射波长总是大于激发波长)。

3.7

荧光光谱法 fluorospectrometry

根据获得的荧光激发光谱、发射光谱等参数对物质进行定性、定量和结构分析的方法。

3.8

同步扫描光谱　synchro-scan spectrum

保持激发波长与发射波长的某种关系，同时扫描激发波长和发射波长所得到的物质的荧光光谱。根据激发波长与发射波长在扫描过程中彼此所保持的关系种类，同步扫描光谱分为固定波长差、固定能量差和可变波长三种类型，其中最基本的是固定波长差的同步扫描荧光光谱。

3.9

荧光强度　fluorescence intensity

物质发射荧光的相对强度，用符号 I 表示。它与仪器性能、激发光强度、溶液浓度及荧光物质的量子产率等因素有关，其关系为：

$$I = K\Phi_f I_e(1 - e^{-\varepsilon bc})$$

式中：

I——荧光强度；

K——常数；

Φ_f——量子产率；

I_e——激发光强度；

ε——摩尔吸光系数；

b——光路长度；

c——溶液浓度。

3.10

导数荧光光谱　derivative fluorescence spectrum

荧光强度对波长的一阶或高阶导数随波长变化的曲线。如以荧光强度(I)随波长(λ)改变的速率 $dI/d\lambda$ 为纵坐标，波长 λ 为横坐标所记录的荧光光谱，即为一阶导数荧光光谱，以此类推，纵坐标为 $d^2I/d\lambda^2$ 时，即为二阶导数荧光光谱。一定条件下，荧光强度对波长的导数值与分析物的浓度成正比。

3.11

三维荧光光谱　three-dimensional fluorescence spectrum

描述荧光强度同时随激发波长和发射波长变化关系的图谱。

3.12

时间分辨荧光光谱　time resolved fluorescence spectrum

同时固定激发波长和发射波长的条件下，荧光强度随时间变化的曲线。

3.13

荧光寿命　fluorescence lifetime

停止激发后，荧光强度降到激发时的最大荧光强度的 1/e 所用的时间，用 τ 表示。

3.14

荧光猝灭　fluorescence quenching

荧光物质分子与溶剂或溶质分子发生作用导致物质荧光强度下降的现象。

3.15

荧光效率　fluorescence efficiency；fluorescence yield

荧光物质吸光后所发射的荧光的光子数与所吸收的激发光的光子数之比值，也称荧光产率。

3.16

瑞利散射　rayleigh scattering

激发光的光子与作为散射中心的分子相互作用时，所发生的散射光频率与激发光频率相同的散射。

3.17

拉曼散射　raman scattering

激发光的光子与作为散射中心的分子相互作用时，所发生的散射光频率与激发光频率不同的散射。拉曼散射光的波长通常要比激发光的波长长一些，且随激发波长的改变而改变。

4 原理

分子吸收紫外或可见光后，基态分子跃迁到各个不同振动能级的单重态电子激发态，再经振动驰豫和(或)内转换衰变到单重态第一电子激发态的最低振动能级，然后再跃迁到基态的各个不同振动能级，从而发射出荧光。由于不同物质的分子结构不同，或同一物质的溶液的浓度不同，所吸收光及发射荧光的波长和强度不同，据此可进行荧光物质的定性和定量分析。

5 仪器

5.1 仪器名称

荧光分光光度计。

5.2 仪器组成

5.2.1 激发光源

荧光分光光度计的光源早期使用的主要是汞灯，目前使用最广泛的是高压氙灯。高压氙灯属于短弧气体放电灯，在 250 nm～800 nm 光谱区呈连续光谱，外套为石英，内充氙气，室温时压力为 5 atm(非法定单位，1 atm=1.013 25×10^5 Pa)，工作时压力约为 20 atm。高压氙灯无论在平时或工作时都处于高压之下，存在爆裂危险，安装时要小心，应戴上安全眼睛，防止意外。

5.2.2 单色器

单色器是一种能把复合光分解为单色光并能从中选出所需波长的装置。荧光分光光度计中使用最多的是光栅单色器。荧光分光光度计需要两个单色器：激发单色器和发射单色器。为了避免激发光导致的瑞利散射的影响，一般激发单色器所在的激发光路和发射单色器所在的发射光路以样品池为中心互成直角。

5.2.3 样品池

荧光分光光度计的样品池使用四面透明的无荧光的石英玻璃池。

5.2.4 检测器

目前几乎所有的普通荧光分光光度计都采用光电倍增管作为检测器。

5.2.5 数据处理和显示系统

早期的荧光分光光度计都是用记录仪扫描和记录荧光光谱。使用较多的是 x-y 记录仪，x 轴表示荧光强度，y 轴表示波长。目前已普遍使用电子计算机及软件系统对仪器的运行进行控制，并对获得的数据进行处理，得到的荧光光谱图通过显示器、打印机显示和打印出来。

5.3 校正与调试

5.3.1 波长校正

5.3.1.1 发射单色器波长校正

把一个汞灯放在样品池中，点燃，选择狭缝为 2 nm(若谱线强度弱，可以增大狭缝)。调解光栅和光路准指系统，直至仪器输出的 13 条谱线的波长与表 1 中的标准值一致。也可将发射单色器固定在表 1 中 13 条谱线中的任一波长，调解单色器使发出的荧光强度最大。

表 1　汞灯的主要辉线波长

单位为纳米

1	2	3	4	5	6	7	8	9	10	11	12	13
253.7	296.5	302.2	312.2	313.2	365.0	365.5	366.3	404.7	435.8	546.1	577.0	579.0

5.3.1.2 激发单色器波长校正

把汞灯放在激发光源的位置，将发射单色器的波长调至零，在样品室中放一块漫散射板或高散射的溶液，根据表1中13条主要谱线校正激发单色器波长。

5.3.1.3 波长校正的精度

应在紫外和可见光区分别选择波长进行校正。13条汞线可以全选，也可以选几条甚至一条，选择的波长点越多，则在整个工作范围内的波长精度越高。实际检测中经常采用加校正值的方法，即在误差不大的情况下，将表1中13条汞线的真值与实测值之差作为修正波长的校正值。

5.3.2 发射光谱和激发光谱的校正

5.3.2.1 光量子计-微机校正法

把罗丹明B乙醇溶液(3 g/L)的石英三角柱池光量子计放入样品室，在发射单色器的入口处插入一红色滤光片以滤去杂散光，保证仅让630 nm(罗丹明B的最大激发波长 $\lambda_{ex,max}$)荧光通过，把单色器的发射波长设置在630 nm，扫描激发单色器，检测到的信号存入微机并进行归一化处理。经微机处理后的输出信号，即激发光强度与波长的关系，应为恒定值。此时绘制的激发光谱即为经过样品校正的激发光谱。

5.3.2.2 微机-散射光法

把散射光板插入样品室，在波长差为零的条件下测同步扫描荧光强度。在无波长误差的情况下，激发光谱和发射光谱应完全重合。若存在发射单色器的波长差，利用微机使之校正到一致，并作归一化处理，输出信号应为恒定值。

5.3.3 灵敏度校正

常用来进行灵敏度校正的标准荧光物质有：1×10^{-2} mol/L～1×10^{-4} mol/L 酚-甲醇、1×10^{-2} mol/L～1×10^{-4} mol/L 吲哚-乙醇、0.1 mol/L～0.3 mol/L 喹啉-硫酸(0.05 mol/L)、荧光素-水(或乙醇)、2-氨基吡啶-硫酸等。1×10^{-5} mol/L 的2-氨基吡啶-硫酸溶液(0.05 mol/L)常作为300 nm～400 nm范围的标准溶液，有关数据见表2。

表2 10^{-5} mol/L 的2-氨基吡啶-硫酸溶液的荧光波长及相对强度

λ/nm	I%	λ/nm	I%	λ/nm	I%
320	2.5	368	100.0	410	37.0
330	9.5	370	99.5	420	26.5
340	33.0	380	91.8	430	17.5
350	66.5	390	26.0	440	10.8
360	94.0	400	53.5	450	7.5

5.4 性能指标

5.4.1 波长准确度

仪器显示的波长与激发单色器和发射单色器的实际波长的差值不应大于2.0 nm。

5.4.2 光度重现性

相同条件下重复测得的荧光强度的变动性不应大于2.5%。

5.4.3 信噪比

蒸馏水的拉曼峰强度值 S 与噪音 N 的关系 S/N 应大于等于25。

6 样品制备

6.1 试样

测定试样的荧光光谱须在透明溶液中进行，应选择合适的溶剂将试样溶解为浓度适宜的溶液。选择溶剂的原则有以下几点：

a） 溶剂本身无荧光；

b） 溶剂不与被测物质发生化学反应；

c） 溶剂对试样有良好的溶解能力；

d） 被测组分在溶剂中具有良好的峰形；

e） 溶剂的极性要尽量小。

6.2 比对样品

将比对样品用相同溶剂溶解成与试样浓度相近的溶液，待测。

6.3 实例

6.3.1 纺织纤维上的染料

选取若干相同长度的单根纤维，分别加入相同体积的不同溶剂进行提取，必要时可适当加热。比较各类溶剂对染料的提取能力，同时用体视显微镜观察纤维的形态变化以确定提取溶剂是否合适。要求提取剂仅能溶涨而不能溶解和分解纤维。提取时应视检材的多少采用不同的方法。如是单根纤维（长度需达到 1 cm），采用微量提取器进行提取（见 GB/T 19267.2—2008 的 6.2.3）；检材量较大时，也可以直接在具塞试管中提取。大多数纤维上的染料只需数分钟即可提取完全。

6.3.2 油脂

选取合适的溶剂将附着在不同载体上的油脂溶解下来。为避免载体组分被溶解，不要长时间浸泡检材。若提取液含水分、色料，或有泥浆等固体杂质，可分别用无水硫酸钠脱水、活性炭脱色或玻璃纤维过滤等方法处理。

6.3.3 纸张上的印泥、印油色痕

用微型打孔器（孔的内径不超过 1 mm）在纸张上的印泥、印油色痕上打孔取样（一般取 3 个～5 个圆片），置于小试管中，选取适当的溶剂（建议用氯仿）提取色痕，浸提时间不超过 60 min。

7 样品测定

7.1 实验条件选择

7.1.1 波长

定量分析应选择最强发射峰的波长（$\lambda_{em,max}$）为测量波长。当共存杂质干扰、待测组分浓度过大或吸收峰太尖锐时，应选择灵敏度稍低、不受干扰的次强峰的波长为测量波长。

7.1.2 波长扫描范围

定性分析时，对已知光谱特征的样品，可不进行大范围扫描，对未知光谱特征的样品，激发光谱和发射光谱的扫描范围应宽一些。扫描发射光谱时应在短波方向多扫描一段，以观察瑞利散射和拉曼散射的影响。

7.1.3 狭缝宽度

一般定性测定，狭缝宽度可设定为 1 nm～5 nm；定量测定狭缝宽度可设定为 5 nm～10 nm。测发射光谱时，激发狭缝可设为 5 nm～10 nm，甚至 15 nm，而发射狭缝可设定为 2 nm～5 nm。

7.1.4 横、纵坐标范围

横坐标的刻度一般选择为 1 cm/100 nm～5 cm/100 nm。纵坐标的选择要兼顾荧光强度和噪声，一般在 2^8 以下。

7.2 测定

将试样或比对样品的溶液装入样品池，放入仪器的光路中，按选定的实验条件测定样品的荧光谱图。

7.2.1 定性分析

测定试样的荧光光谱，获得谱图上峰的数目、位置、强度以及光谱的形状（极大、极小值和拐点）等光谱特征，并与标准物的谱图作比较，以确定物质的种类。

7.2.2 比对分析

测定试样的荧光光谱，获得谱图上每个峰的峰位、峰数、形状以及各峰之间的相对强度，并与比对样品的谱图作比较，以确定试样和比对样品的成分是否相同。如果是单峰的话，试样和比对样品需在相同的浓度条件下进行比较。

7.2.3 定量分析

7.2.3.1 标准对照法

用于单组分测定。在相同条件下配制比对样品和试样的溶液（两者的浓度要尽量接近），分别测定其荧光强度。用下式计算试样中分析物的浓度：

$$C_{试样} = \frac{C_{比对} \times I_{试样}}{I_{比对}}$$

式中：

$C_{试样}$——试样中分析物浓度；

$I_{比对}$——比对样品的荧光强度；

$I_{试样}$——试样的荧光强度；

$C_{比对}$——比对样品中分析物浓度。

7.2.3.2 标准曲线法和回归直线法

配制一系列浓度不同的标准溶液，在相同实验条件下测定其荧光强度，然后以标准溶液的浓度为横坐标，相应的荧光强度为纵坐标，绘制标准曲线。在符合 Beer 定律时该标准曲线为一直线。

在标准曲线的条件下测出试样溶液的荧光强度，从标准曲线上查出试样溶液的浓度，此即标准曲线法。

由直线的回归方程计算出试样溶液的浓度，此即回归直线法。直线的回归方程为：

$$I = bC + a$$

式中：

I——某波长下的荧光强度；

C——分析物浓度；

a——直线截距；

b——直线斜率。

7.2.3.3 导数光谱法

在常规荧光光谱法中，一定条件下荧光强度与分析物的浓度成正比。在导数荧光光谱法中，一定条件下荧光强度对波长（λ）的导数值也与分析物的浓度成正比：

$$\frac{\mathrm{d}^n I}{\mathrm{d}\lambda^n} \propto C$$

以导数 $\mathrm{d}^n I/\mathrm{d}\lambda^n$ 对浓度 C 作图，在符合 Beer 定律时可获得一直线。利用前述的标准对照法、标准曲线法或回归直线法均可求得试样溶液的浓度。

8 结果表述

比对分析时，将在相同实验条件下测得的试样与比对样品的荧光谱图（或标准谱图）进行比较，给出试样与比对样品成分是否相同的结论。定量分析时，给出待测组分的含量范围。

ICS 13.310
A 92

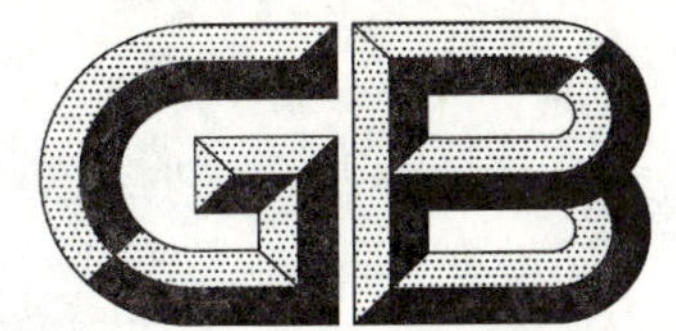

中华人民共和国国家标准

GB/T 19267.4—2008
代替 GB/T 19267.4—2003

刑事技术微量物证的理化检验 第4部分:原子发射光谱法

Physical and chemical examination of trace evidence in forensic sciences—
Part 4: Atomic emission spectrometry

2008-08-14 发布　　2009-03-01 实施

中华人民共和国国家质量监督检验检疫总局
中国国家标准化管理委员会　发布

前　言

GB/T 19267《刑事技术微量物证的理化检验》分为12个部分：

——第1部分：红外吸收光谱法；

——第2部分：紫外-可见吸收光谱法；

——第3部分：分子荧光光谱法；

——第4部分：原子发射光谱法；

——第5部分：原子吸收光谱法；

——第6部分：扫描电子显微镜/X射线能谱法；

——第7部分：气相色谱-质谱法；

——第8部分：显微分光光度法；

——第9部分：薄层色谱法；

——第10部分：气相色谱法；

——第11部分：高效液相色谱法；

——第12部分：热分析法。

本部分为GB/T 19267的第4部分。

本部分代替GB/T 19267.4—2003《刑事技术微量物证的理化检验　第4部分：原子发射光谱法》。

本部分与GB/T 19267.4—2003相比主要变化有：

——增加了术语和定义（本部分的3.8～3.13、3.23、3.27～3.30）；

——增加了电感耦合等离子体焰炬（ICP）发射光谱分析的内容（本部分的5.2.1.2、6.1.2、6.2.2、6.2.3）；

——修改了原理部分（本部分和GB/T 19267.4—2003的第4章）；

——删除了关于仪器的部分内容（GB/T 19267.4—2003的5.4）；

——修改了样品制备及进样技术的内容（本部分和GB/T 19267.4—2003的第6章）；

——修改了试验方法的内容（本部分和GB/T 19267.4—2003的第7章）；

——修改了结果表述（本部分的8.1、8.3，GB/T 19267.4—2003的8.1、8.3）。

本部分由中华人民共和国公安部提出。

本部分由全国刑事技术标准化技术委员会理化检验标准化分技术委员会（SAC/TC 179/SC 4）归口。

本部分起草单位：山西省公安厅。

本部分主要起草人：陈承现。

本部分所代替标准的历次版本发布情况为：

——GB/T 19267.4—2003。

刑事技术微量物证的理化检验
第4部分:原子发射光谱法

1 范围

GB/T 19267的本部分规定了原子发射光谱法的检材处理及样品制备、检验方法。

本部分适用于刑事技术领域中微量物证的理化检验,其他领域亦可参照使用。

2 规范性引用文件

下列文件中的条款通过GB/T 19267的本部分的引用而成为本部分的条款。凡是注日期的引用文件,其随后所有的修改单(不包括勘误的内容)或修订版均不适用于本部分,然而,鼓励根据本部分达成协议的各方研究是否可使用这些文件的最新版本。凡是不注日期的引用文件,其最新版本适用于本部分。

GB/T 13966　分析仪器术语

GB/T 14666　分析化学术语

3 术语和定义

GB/T 13966、GB/T 14666中确立的以及下列术语和定义适用于本部分。

3.1

原子发射光谱法　atomic emission spectrometry

利用试样中原子(或离子)所发射的特征线光谱的波长或强度,检测元素的存在和它们的含量的方法。

3.2

线光谱　line spectrum

原子或离子因电子能级之间的跃迁,发射出一定波长的光,产生一系列由细小线条组成的光谱。

3.3

带光谱　band spectrum

气态分子被激发后产生的由许多光带与暗区相隔的光谱。

3.4

连续光谱　continuous spectrum

炽热的固体或液体发射出的在整个光谱区内没有谱线界限的光谱。

3.5

原子线　atom line

原子中外层电子能级跃迁所产生的谱线。在谱线波长前面标以符号“Ⅰ”表示此谱线是原子线。

3.6

离子线　ion line

由原子被激发失去一个或几个电子所辐射的谱线。原子被电离,失去一个电子成为一次电离,失去两个电子称为两次电离……。其相应产生的离子线称为一次电离离子线,两次电离离子线……。在波长前面用符号“Ⅱ”表示一次电离离子线,用符号“Ⅲ”表示两次电离离子线……。

3.7

自吸　self-absorption

发射源内部高温状态下受激发原子所发射的辐射，部分地被该发射源中处在边缘低温状态的同种原子所吸收的现象。在元素谱线表上常用小写字母“r”表示容易自吸的谱线。

3.8

自蚀　self-reversal

自吸的极端情况，中心辐射完全被吸收。

3.9

激发电位　excitation potential

使原子中某一外层电子由基态激发到高能级时所需要的能量，通常以eV(电子伏特)来表示。

3.10

共振电位　resonance potential

各种元素的原子被激发所需的最小激发能。

3.11

共振线　resonance line

元素原子激发电位最低的谱线。

3.12

电离电位　ionization potential

使原子发生电离所需的能量。

3.13

最后线　persistent line

当试样中某元素的含量逐渐降低时，光谱中该元素的谱线强度随之相继减弱，能观察到的谱线数目也相继减少。而在元素含量进一步降低时，最后才消失的一条或几条谱线。

3.14

灵敏度　sensitivity

有绝对灵敏度和相对灵敏度两种表示方法。前者指能检出该元素所需要的最小重量；后者表示检出元素在检材中的最小百分含量。

3.15

光源　light source

用于把待分析元素从检材中蒸发出来，然后把蒸发出来的蒸气原子激发，使其产生特征光谱的装置。发射光谱分析常用的光源有直流电弧、交流电弧、电火花、火焰、低气压放电、等离子体炬和激光光源等。

3.16

电弧　arc

在一定条件下，两电极间靠气态带电粒子(电子或离子)来维持导电的现象叫弧光放电，简称电弧。用直流电源提供燃弧电压的称为直流电弧；以交流电源提供燃弧电压的称为交流电弧。

3.17

电火花光源　spark sourceqi

使高压交流电(8 000 V)通过电极间隙放电，产生电火花的一种光源。

3.18

火焰光源　flame source

利用可燃气体燃烧时产生的大量热能使待分析元素蒸发和激发的热激发光源。

3.19

低气压光源　low atmospheric pressure source

在封闭的放电管内靠电子碰撞及第二次碰撞进行激发的光源。

3.20

空心阴极光源　hollow cathode source

利用空心阴极放电管低压辉光放电，在辉光区进行激发的光源。

3.21

等离子体光源　plasma source

在惰性气体中，利用大电流的直流电弧放电或利用高频感应激发放电产生单位体积内电子数与离子数相等、宏观上表现为电中性的电离气体(等离子体)，由此形成激发光源。常见的等离子体光源有直流等离子体喷焰(plasma jet)和电感耦合等离子体炬(plasma torch 或 ICPT)等。

3.22

激光光源　laser source

利用激光使被分析元素激发的光源。

3.23

分馏　fractionation

元素在碳电极孔穴中按化合物的沸点高低而顺序地进入放电间隙的现象。也称选择挥发。

3.24

蒸发曲线　evaporating curve

每种元素的谱线强度随曝光时间而变化的曲线。用此选择待分析元素的激发条件和内标，确定曝光时间。

3.25

线对　line pair

在发射光谱分析中，分析线和内标线的合称。

3.26

预燃曲线　pre-burning curve

分析线对的强度比随曝光时间而变化的曲线。用此曲线选定预燃时间和曝光时间。

3.27

第三元素影响　third element effect

由于第三元素(在分析元素和基体元素之外存在于试样中的元素称为第三元素)的存在而引起分析元素谱线强度的改变。

3.28

缓冲剂　buffer

在试样中加入的以改变试样激发条件和蒸发行为的物质(如氯化物、盐类、金属粉末等)。

3.29

曝光量　exposure

接受器在整个曝光时间内累积的辐照，即光强度 I 与曝光时间 t 的乘积，以 H 表示，按下列公式计算：

$$H = I \times t$$

3.30

黑度(变黑密度)　exposure index

感光板乳剂经曝光和显影后变黑的程度，用透过率的负对数来度量，按下列公式计算：

$$S = -\lg T = -\lg(I/I_0) = \lg(I_0/I)$$

式中：

I_0——透过谱片上未受光作用部分的光强；

I——透过谱片上变黑部分的光强；

T——I/I_0 称为透过率。

4 原理

每种元素因其原子结构不同被激发后都可得到其特定的光谱，利用这种特性可对检材进行定性分析，以确定检材中的元素组成或是否存在某种元素。实验证明，元素的谱线强度是该元素含量的函数，光谱定量分析的基本关系式（罗马金公式）如下：

$$I = aC^b$$

式中：

I——某分析元素的谱线强度；

C——该元素的含量；

a——常量；

b——常量。

对上式取对数，则得：

$$\lg I = b\lg C + \lg a$$

据此式可以绘制 $\lg I$-$\lg C$ 校准曲线，进行定量分析。

5 仪器

5.1 仪器名称

原子发射光谱仪。

5.2 仪器组成

5.2.1 光源

5.2.1.1 经典光源

主要包括直流电弧光源、低压交流电弧光源和高压火花光源。

5.2.1.2 近代光源——电感耦合高频等离子体焰炬（ICP）

ICP 作为光源的发射光谱分析（ICP-AES）具有灵敏度高，检测限低（10^{-91} g/L～10^{-11} g/L），精密度好（相对标准偏差一般为 0.5%～2%），工作曲线线性范围宽等优点，因此同一份试液可用于从宏量至痕量元素的分析，试样中基体和共存元素的干扰小，甚至可以用一条工作曲线测定不同基体试样中的相同元素。

5.2.2 分光系统

它由光学玻璃制成的透镜、狭缝和分光元件组成。分光元件分为棱镜和光栅两种。

5.2.3 接收系统

通常为看谱镜或看谱计（看谱法）、感光板（摄谱法）、光电倍增管或 CCD 阵列检测器（光电直读法）。

5.2.4 附件

光谱仪可带有观察和测量感光板拍摄光谱线的映谱仪（或称光谱投影仪）和测量谱线强度的测微光度计。

5.3 光路调整

5.3.1 光路调整保证从光源发出的光均匀、尽可能多地投射到入射狭缝上。

5.3.2 光路调整保证入射光经分光元件分光后，将元素光谱线准确、清晰地投射到仪器的记录焦面上。

6 样品制备及进样技术

6.1 标准样品的制备

6.1.1 经典光源光谱分析标准样品的制备

6.1.1.1 固体标样的制备

金属与合金的棒状和块状标样，通常采用熔铸法或粉末冶金法制备。

6.1.1.2 粉末标样的制备

粉末标样有三种制样方法：

a) 将待测组分以溶液形式加入基体溶液中，混匀后在适当的温度下蒸干成盐类粉末，或者再灼烧成氧化物粉末；

b) 将标样各组分以粉末形式机械混合，研磨而成；

c) 将分析组分以溶液形式加入基体粉末中，若基体为金属粉末，则应在氩气氛中干燥或灼烧。

6.1.1.3 溶液标样的制备

将基体成分用适当溶剂溶解，制得基体溶液。分析元素制成单元素标液，按照确定的浓度系列，取不同体积的分析元素标液，加入到等量的基体溶液中，稀释至一定体积(注意溶液要保持一定的酸度)，摇匀后即得不同浓度的标样系列，也可采用逐级稀释法。

6.1.2 ICP 光源光谱分析标准样品的制备

一般是用合成法配制标准溶液。首先应用纯金属或高纯盐配制成单一元素的标准储备液，然后按试样组成要求混合在一起，并调整溶液酸度为某一定值。

6.1.3 标样的定值

无论何种来源的标样，都必须用准确的化学分析方法或可靠的物理分析方法进行标准值的确定，并对标样进行均匀性和稳定性检验。

6.2 样品处理及导入方式

6.2.1 经典光源的样品处理及导入方式

6.2.1.1 可导电固体试样

块状、丝状、棒状的金属及合金可直接作为电极进行分析测定，或用金刚石锉等加工成碎屑。碎的金属及合金屑，事先用无机酸或丙酮除去表面油污，再烘干磨成粉状后，用石墨电极全燃烧法测定，也可混入石墨粉压成片状或直接将磨成的粉放在石墨电极上采用全燃烧法分析测定。

6.2.1.2 非导电固体试样

对于非金属的氧化物、岩石、土壤、金属盐、煤灰、陶土之类的非导电体试样，可先于 400 ℃高温下烧 30 min 左右，然后磨成细粉，也可用化学的方法制成氧化物或盐的粉末，必要时加入缓冲剂或内标置于石墨电极孔内采用电弧光源进行激发。

6.2.1.3 液体试样

液体试样经稀释或加入内标后即可供检；金属、合金或无机化合物溶于酸即可配制成溶液供检。

6.2.1.4 有机试样的制备

6.2.1.4.1 消化法

6.2.1.4.1.1 适用范围

人体组织、动植物检材、食品、药物及各种含有机物的环境样品的处理。

6.2.1.4.1.2 恒温常压消化

取检材 2 g～5 g，置于三角烧瓶中，加入浓硝酸 5 mL～10 mL，置于 100 ℃水浴中加热 1 h，加入浓硫酸 2 mL～4 mL，振荡，继续按上述条件消化至检材呈清液供检。

6.2.1.4.1.3 低温加压消化

取检材 2 g，剪碎，置于高压釜内，加入 10 mL 浓硝酸，放入 80 ℃恒温箱中消化 8 h，取消化清液供检;或加入 5 mL 浓硝酸,在微波炉中加热消化 5 min～15 min,取决于微波炉的加热功率,取消化清液供检。

6.2.1.4.2 灰化法

6.2.1.4.2.1 适用范围

各种生物体检材、各类食品、纺织品、化妆品、油漆、塑料等的处理。

6.2.1.4.2.2 操作

取检材 2 g～5 g,置于 50 mL 瓷坩埚中,根据轻金属的挥发温度,从高到低选择添加碳酸钙、氧化钙或氢氧化钙等保护剂,在 1 000 W 电炉上碳化至无烟,置于马弗炉中,在 300 ℃～600 ℃条件下灰化 4 h～8 h,按 1∶1 加入石墨粉在玛瑙研钵中研磨至 200 目供检。

6.2.1.5 经典光源的样品导入方式

可采用自电极法、直立电极法(装样法、压片法、熔珠法、干渣法)、水平电极法(装样法、纸条法、撒样法、吹样法)、溶液进样法(干渣法、碳粉吸附法、直接引入法)。

6.2.2 ICP 光源的样品处理及导入方式

6.2.2.1 ICP 光源试样处理

通常采用液体样品,各类样品均应转化为溶液进行分析(除非仪器配备有固体进样器可直接分析固体样品)。转化成液体样品的方法,常用酸溶解法,只有个别试样才用碱熔融法。样品处理应注意满足以下原则:尽量不引入新的盐类或某种成盐试剂,以免增加溶液中固体物的量,试液含盐量过高会堵塞雾化器、降低雾化效率,引入测量误差。湿法处理样品时,酸的选用很重要。应选择黏度相对较低的无机酸(如硝酸或盐酸,不使用硫酸或高氯酸),最终应将酸尽量蒸去,使残余酸的量在 5%～10%为宜,样品溶液中的酸度和标准溶液的酸度应一致。

6.2.2.2 ICP 光源样品导入方式

通常采用溶液气溶胶进样法(气动雾化、超声雾化)、挥发性氢化物进样技术、电热蒸发进样技术(ETV)、流动注射进样技术(FI)、固体进样技术。

6.2.3 分离富集-AES 分析技术

发射光谱分析中,分离富集技术的应用,可使分析检出限、精密度和准确度获得巨大改善,并使方法的应用范围得到扩大。其中包括:化学光谱法(挥发法、萃取法、离子交换法、沉淀法)、物理预分离富集光谱法(蒸发法、真空蒸馏法)、直接光谱分析法(载体蒸馏法、电弧浓缩法、加罩电极法)、色谱-等离子体发射光谱法联用技术(GC-PAES 联用技术、HPLC-PAES 联用技术)。

6.3 试剂

检材处理和样品制备所用试剂,如酸、保护剂等均使用高纯试剂,含量在 99.99%以上。

7 试验方法

7.1 经典光源试验条件选择

7.1.1 电极

7.1.1.1 常用电极

石墨是光谱分析的常用电极,有时也用金属电极作支持电极,如常用的纯铜电极。石墨电极头的温度远高于金属电极,较有利于物质的蒸发,可得到更高的检测灵敏度。使用金属电极可避免石墨电极摄谱时产生的氰带光谱干扰。

7.1.1.2 石墨电极预处理

石墨电极在使用前应以 10 A～15 A 的电流燃烧 15 s,以除去电极中的硅、镁、铁、铝、铜等杂质元素。

7.1.2 感光板

7.1.2.1 乳剂特性曲线

光谱定量分析时，应先通过实验作出感光板的乳剂特性曲线，以黑度为纵坐标，以曝光量的对数为横坐标绘制的曲线，以使分析谱线的黑度值落在乳剂特性曲线的正常曝光部分。

7.1.2.2 感光板的波长范围选择

感光的感光范围选择取决于被分析元素其主要分析谱线所覆盖的波长。如果主要分析谱线着重在紫外和可见光部分，则选用紫外型感光板，如 250 nm～500 nm、300 nm～600 nm；如要兼顾较长波长部分，可选用感红性能的感光板，如 300 nm～700 nm，甚至可用红外型，如达到 750 nm、800 nm、840 nm 等感光板。

7.1.2.3 定性或定量分析的感光板

定性分析应选用感光度高、反衬度低、宽容度大的感光板；用作定量分析时，选择乳剂特性曲线的直线部分长、灰雾度很小、反衬度高的感光板；既用于定性又用于定量分析时，可选择上述性能适中的感光板。

7.1.2.4 感光板的物理尺寸

按照光谱仪的照相暗盒尺寸选用感光板的物理尺寸。常用的有 9 cm×12 cm、9 cm×24 cm、6.5 cm×18 cm、18 cm×24 cm 等。

7.1.3 暗房操作条件

7.1.3.1 安全灯

使用紫外板，暗室操作应采用暗红色安全灯；使用红外、红特硬型的感光板，暗室操作应采用暗绿色安全灯；采用全色谱板时，只能在黑暗的条件下操作。

7.1.3.2 装板

取用感光板时，手上不能有油污及脏物，应用手指握其边缘，按分析要求装到所需波段位置上，乳剂面朝向暗盒挡板。

7.1.3.3 感光板的冲洗

处理时应考虑谱板的不同型号及生产厂家的推荐配方。

显影：温度 18 ℃～20 ℃，时间 4 min 左右，应经常摇动。

停显影：温度 20 ℃左右，时间十几秒。

定影：温度 20 ℃左右，时间 5 min～10 min，应经常摇动，定至谱板透明为止。

水洗：常温下用流动的水洗 10 min～15 min，取出晾干。

7.1.4 光源

7.1.4.1 实验室应用光源——直流电弧、交流电弧、电火花光源

直流电弧光源适用于光谱定性分析及低含量杂质的测定，不宜于定量分析及低熔点元素的分析；低压交流电弧光源广泛应用于光谱定性分析和定量分析；高压火花光源特别适用于金属、合金等均匀样品的定量分析及难激发元素的测定。

7.1.4.2 工业部门应用的光源-经过改进的火花光源光电光谱仪（又称直读光谱仪）

直读光谱仪是在冶金工业领域广泛应用的光电测量光谱仪，它采用专用的电火花光源直接激发块状或棒状金属样品，快速地给出准确的定量分析数据。

7.1.5 仪器条件设定

7.1.5.1 狭缝宽度

定性分析时采用的狭缝宽度应小，一般 3 μm～7 μm。定量分析时，一般狭缝可宽于定性分析的 1 倍～2 倍。

7.1.5.2 记录波长

一般选择在 200 nm～400 nm 的范围。

7.1.5.3 曝光

定性分析时，一般采取直流电弧，阳极激发。先用5 A电流曝光60 s摄谱一次，再将电流升高10 A曝光120 s～150 s摄谱，直至烧完为止。其他情况应根据分析对象和分析目的的不同，参照预烧曲线和蒸发曲线选定合适的电弧电流(或火花电流)和曝光时间。

7.2 ICP光源试验条件选择

7.2.1 仪器条件设定

7.2.1.1 高频功率

高频功率不宜过高，一般在0.9 kW～1.4 kW范围内选择。

7.2.1.2 载气流量

用Fassel炬管可用三股气流：载气、辅助气和等离子体冷却气。其中等离子冷却气及辅助气的波动对谱线强度影响不显著，而载气流量对谱线强度有很明显的影响。在确保雾化进样系统稳定工作条件下，低的载气流量有利于增强谱线发射强度。

7.2.1.3 观测高度

观测高度是指从感应圈上端到测定轴为止的距离。在ICP光源中分析谱线发射强度的峰值位置(观测高度)因谱线性质而异，各离子线的峰值位置大致相同，而原子谱线发射的峰值位置却因元素及谱线而异，在很宽的范围内分布。因此应优先选用元素的离子线作为分析线，它不仅发射强度较大，而且其最佳观测高度受分析条件变化影响小。但有时需要选择折中条件，可分别做分析元素的原子线和离子线相对于谱线强度与观测高度的曲线，两条曲线的交点相应的观测高度代表其折中条件。该交点称为内参比点，具有很好的重复性。

7.2.1.4 其他分析参数的选择

7.2.1.4.1 等离子体气流量

等离子气主要用于冷却炬管及维持等离子体的形成。分析水溶液样品时使用较低流量。在分析有机溶剂时要用较高等离子气流量，以便有效地冷却由高功率产生的热量。同时，高冷却气流可有效抑制由氰带等分子光谱造成强光谱背景。

7.2.1.4.2 积分时间

积分时间与光谱仪检测装置有关，各仪器之间差别较大。曝光积分时间对仪器检出限和测定精密度有一定影响。

7.2.1.4.3 溶液提升量

气动雾化器多采用蠕动泵进样，进样量可在较宽范围内变动。有时为了节约试样采用较低进样量，降低进样量可使谱线强度及信背比降低，但影响并不显著。

7.2.2 分析参数的优化

7.2.2.1 优化目标

在ICP光谱分析中，为了得到最佳分析性能，需要对各个主要参数进行优化。首先要考虑优化目标，信噪比较大、背景等效浓度较低、基体效应较小是在ICP光谱分析中常用的优化目标。

7.2.2.2 优化条件

优化条件包括水溶液样品和有机溶剂样品分析条件的优化：

a) 水溶液样品分析的优化条件：高频功率0.9 kW～1.2 kW，载气流量0.6 L/min～1.0 L/min，观测高度14 mm～18 mm，辅助气流量0 L/min～1 L/min，等离子体气流量12 L/min～18 L/min，溶液提升率0.62 mL/min～2 mL/min。

b) 有机溶剂样品分析的优化条件：高频功率1.4 kW～1.5 kW，等离子体气流量15 L/min～20 L/min。如果考虑降低基体效应，采用高频功率1.4 kW，载气流量0.5 L/min～0.6 L/min。

7.3 定性分析

7.3.1 经典光源的定性分析

7.3.1.1 铁光谱比较法

定性分析中的常用方法。将纯铁与混合标准粉末(即68种元素的氧化物混合磨匀制得)并列摄谱,摄得的谱片放大20倍制成谱图,即"标准光谱图",以铁的谱线为波长标尺,在标准光谱图中可找到各元素的灵敏线。分析时,将检材与纯铁并列摄谱,摄得的谱片置于映谱仪上与标准光谱图进行比较,首先须将谱片上的铁谱与标准光谱图上的铁谱对准,根据被测元素的2根~3根灵敏线是否出现确定检材中是否存在该元素。

7.3.1.2 标准试样光谱比较法

将欲检查元素的纯物质或纯化合物与试样和纯铁并列摄谱,在映谱仪上检查试样光谱与纯物质光谱,若试样光谱中出现与纯物质光谱具有相同特征的谱线,表明试样中存在欲检查元素。此法多用于做指定元素的分析或不经常遇到的元素分析。

7.3.1.3 波长测定法

当用铁光谱比较法和标准试样光谱比较法不能确定试样中含有何种元素时,一般采用比长仪,以直线内插法测定谱线波长,然后由波长表查出该元素的名称,并应检查到试样光谱中确实还出现有此元素的一些其他谱线,方能判断试样中确实含有这个元素。具体方法如下:

假设未知谱线 λ_x 处在铁谱线 λ_1 和 λ_2 中间,应用测量显微镜或比长仪测量出谱片上 λ_1 和 λ_2 之间的距离 a,λ_2 和 λ_x 之间的距离 b,然后用下式计算出 λ_x 的波长:

$$\lambda_x = \lambda_2 - [(\lambda_2 - \lambda_1)/a] \cdot b$$

7.3.2 ICP光源的定性分析

7.3.2.1 比较谱线法

对于顺序等离子光谱仪,可在进样后摄取待测元素的几条灵敏线的标准光谱图,并用差谱法扣除空白值,然后将试样光谱与标准光谱图比较,看能否在试样光谱图中找出三条或三条以上该元素的灵敏线,且谱线之间的强度关系是合理的,从而判断试样中是否有该元素存在。

7.3.2.2 半自动定性分析

计算机软件法定性分析过程分三步:先摄取试样光谱及空白溶液光谱,然后用差谱法从试样光谱中扣去空白溶液光谱,第三步启动软件程序对样品定性分析。确定某条谱线存在的原则是信背比(SBR)≥5。当SBR<5时就认为该谱线强度过低,不能用于分析。

7.4 半定量分析

7.4.1 经典光源的半定量分析

7.4.1.1 谱线黑度比较法

将试样与已知不同含量的标准样品在一定条件下摄谱于同一感光板上,然后在映谱仪上用目视法直接比较被测试样与标准样品光谱中分析线的黑度,从而确定该元素的大致含量。

7.4.1.2 显线法

元素含量低时,仅出现少数灵敏线,随着元素含量增加,一些次灵敏线相继出现,某一谱线的出现对应于元素的一定的含量。因此可以根据某一谱线是否出现及出现的黑度来估计试样中该元素的大致含量。

7.4.1.3 均称线对法

所谓"均称线对",即指试样中欲测元素与主含量元素的发射谱线中激发电位很相近的两条谱线。由于主含量元素谱线强度变化很小,而欲测元素当含量改变时,不同谱线的强度将随之改变。于是对应不同欲测元素的含量,就会有谱线强度相等的均称线对的出现。因此可以根据某均称线对的出现来估计欲测元素的大致含量。

7.4.2 ICP 光源的半定量分析

7.4.2.1 部分校准法

用一个含有 3 个元素的标准溶液校准仪器的波长及强度，然后仪器程序可半定量测定多达 29 个元素的试样。标准溶液含 Ba、Cu、Zn 三个元素。浓度及分析线分别为：Ba 233.53 nm、Ba 455.40 nm，浓度 5 mg/L；Cu 324.75 nm，浓度 10 mg/L；Zn 213.86 nm，浓度 10 mg/L。分析线的选择使其涵盖 200 nm～450 nm 的常用波段范围。由于试样基体可能对分析线产生光谱干扰，仪器程序首先要显示出全部分析线的扫描光谱图，观察分析线是否有畸形或不对称的情况，换掉有明显干扰的分析线，然后进行样品分析。这一方法的偏差约±25%。

7.4.2.2 持久曲线法

由于 ICP 光谱仪无可移动部件等原因，几乎不需要经常进行波长校正而能长期工作。与定量方法相比，持久曲线法误差在－2.84%～＋31.7%之间，可以满足某些样品的快速半定量分析的要求。

7.5 定量分析

7.5.1 经典光源的定量分析

7.5.1.1 通则

由于发射光谱分析受实验条件波动的影响，使谱线强度测量误差较大，为了补偿这种因波动而引起的误差，通常采用内标法进行定量分析。内标法是利用分析线和内标线强度比的对数与元素含量对数的关系来进行光谱定量分析的方法，其根据为下式：

$$\lg R = \lg I_1/I_2 = b\lg C + \lg a$$

式中：

R——分析线对的相对强度或强度比；

I_1——某元素分析线的谱线强度；

I_2——内标线的谱线强度；

C——该元素的含量；

a——常量；

b——常量。

采用摄谱法进行定量分析时，通常用感光板记录的谱线黑度 S 来表征谱线强度 I，于是得下式：

$$\Delta S = \gamma\, b\lg C + \gamma\, \lg a$$

式中：

ΔS——分析线对黑度差，$\Delta S = S_1 - S_2 = \gamma \lg I_1/I_2 = \gamma \lg R$；

γ——感光板的衬度。

7.5.1.2 内标元素和内标线的选择

7.5.1.2.1 内标元素的选择

内标元素的选择应满足下列条件：

a) 内标元素的含量须固定，试样内应不含或仅含极少量所加内标元素，内标元素的化合物中不应含有欲测定元素。若试样主要成分——基体元素的含量较恒定，有时亦可选用此基体元素作为内标元素。

b) 内标元素和欲测定元素的蒸发性质应相近，激发条件改变时，线对的相对强度仍可保持不变，或者说两条线的绝对强度随激发条件的改变作均称变化。

c) 内标元素和欲测定元素的原子量应相近，从而确保激发等过程中，发生相近的解离、电离、扩散、挥发及自吸收等。

7.5.1.2.2 内标线的选择

内标线的选择应满足下列条件：

a) 分析线对附近无其他干扰谱线，也应不是自吸收严重的谱线。

b) 选择“原子线”作分析线对，则要求其激发电位应相近，若选择“离子线”作分析线对，则不仅要求分析线及内标线的激发电位相近，还要求电离电位也相近。

c) 分析线对的波长应尽量靠近，以使分析线对在同一感光板极为靠近的部分感光，这样当曝光时间、感光板乳剂层的性质、冲洗感光板的情况发生变动时，所产生的影响相同，从而确保分析线对在感光板上的相对强度将不受这些因素的变化而改变，即使改变也是很小的。

d) 分析线对的强度相差不应过大。待测元素的含量通常较小，若内标元素是试样中的基体元素，应选择此基体元素光谱线中的一条弱线；若外加其他元素作内标，则内标元素含量的选择应使内标线的强度与待测元素的分析线的强度相差不多。

7.5.1.3 三标准试样法

在选定的分析条件下，用三个或三个以上不同浓度的被测元素的标样进行测定，根据分析线对强度比的对数(或 ΔS)对浓度的对数建立校正曲线。在同样的分析条件下，测量未知试样被测元素的分析线对强度比的对数(或 ΔS)，由校正曲线求得未知试样中被测元素的浓度。

7.5.1.4 控制试样分析法

使用固定曲线法进行分析时，常采用一个浓度的工作点来确定校正曲线的平移位置，以消除光源工作条件的变动引起校正曲线的平移导致的分析误差。

7.5.1.5 标准加入法

在标准样品与未知样品基体匹配有困难时，采用标准加入法进行定量分析，可以得到比三标准试样法更好的分析结果。在未知试样中分别加入不同量的被测元素，测量不同加入量时的分析线对强度比。当被测元素浓度低时，自吸收系数 b 为 1，谱线强度比 R 直接正比于浓度 C，将校正曲线 R-C 延长交于横坐标，交点至坐标原点的距离所对应的含量，即为未知试样中被测元素的含量。

7.5.2 ICP 光源定量分析

7.5.2.1 通则

在 ICP 光源的分析测定中，光谱定量分析的基本关系式(罗马金公式)中的自吸收系数多数情况下接近于 1，此时谱线强度和浓度呈直线关系，按下列公式计算：

$$I = aC$$

式中：

I——某分析元素的谱线强度；

C——该元素的含量；

a——常量。

7.5.2.2 标准曲线法定量分析

可配制 3～5 个浓度的标准样品系列，在合适的条件下激发样品，在线性坐标中绘制标准曲线。一般情况下应得到通过坐标原点良好线性的标准曲线。利用待测样品的谱线强度由标准曲线上求出试样含量。目前，光谱仪器均为光电测量及计算机处理数据，可直接由计算机输出测定结果和打印分析报告。

7.5.2.3 标准加入法

7.5.2.3.1 适用范围

标准加入法可以抑制基体的影响，对难于制备有代表性样品时，这种方法比较适用。另外，对低含量的样品，标准加入法可改变测定准确度。

7.5.2.3.2 操作过程

先进行一次样品半定量测定，了解样品中待测元素的大致含量，然后加入已知量待测元素后，对溶液进行第二次测定。可通过作图或根据信号的增加计算出原样品中待测元素的含量。

7.5.2.3.3 满足条件

待测元素浓度从零至最大加入标准量范围，必须与信号呈线性关系；溶液中干扰物质浓度必须恒定;加入的标准所产生的分析响应必须与原样品中待测元素所产生的分析响应相同。

7.5.2.4 在线标准加入法

在线标准加入法可利用双通道蠕动泵,分别将试样溶液和标准溶液泵入进样系统,而不含试样的标准溶液系列容易配制,且可用于多个试样分析。蠕动泵是光谱仪的基本配置,故在线标准加入法可节省制备溶液的时间,有较好的实用性。

7.5.2.5 流动注射标准加入法

流动注射(FI)标准加入法要配置流动注射分析仪(FIA),至少要有一个采样阀。流动注射标准加入法有许多种方式,常用的有单通道流路及双通道 FI 合并带流路。

7.5.2.6 内标法

在 ICP 光谱分析中,因光谱光源稳定性好,基体效应比较低,一般情况下不采用内标法。但对于基体效应较大的样品分析,采用内标法有助于改善分析准确度。

7.5.2.7 浓度比法

浓度比法不是测定样品中某元素的含量,而是测出样品中各组分的百分比。用浓度比法可消除由于称样和稀释过程带来的误差,甚至于不用准确称样,不用准确稀释来进行样品中常量组分和少量组分的定量分析。

7.6 比对检验

金属、油漆、建筑材料、土壤、不明颗粒、粉末等微量物证检材的种类认定,可通过对检材中所含元素的种类(定性)及所含元素的浓度(或分析谱线的强度、黑度)(定量)进行比较,实现不同检材的比对检验。在进行定量操作时,每个检材需进行多次测定,得到所含元素的浓度(或分析谱线强度、黑度)的平均值,采用统计学方法如帕克法来处理数据。

8 结果表述

8.1 定性

根据检材的光谱分析结果作出含有哪些元素的准确结论。

8.2 定量

通过对检材被测元素的定量测定,作出被测元素含量的结论。

8.3 比对检验

通过将检材与比对样品进行比对检验,依据所含元素的种类和所含元素浓度(或分析谱线的强度、黑度)的差异,经过统计数据处理,作出种类认定与否的结论。

ICS 13.310
A 92

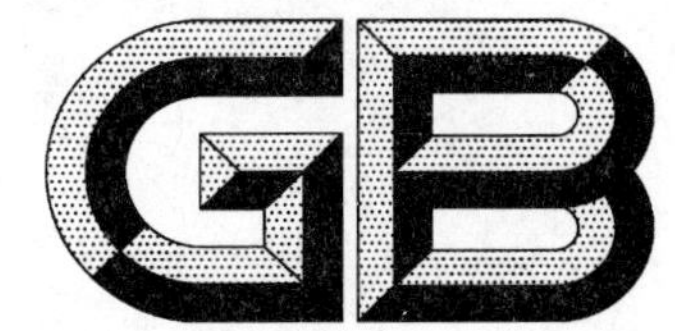

中华人民共和国国家标准

GB/T 19267.5—2008
代替 GB/T 19267.5—2003

刑事技术微量物证的理化检验 第5部分：原子吸收光谱法

Physical and chemical examination of trace evidence in forensic sciences—Part 5: Atomic absorption spectrometry

2008-08-14 发布　　2009-03-01 实施

中华人民共和国国家质量监督检验检疫总局
中国国家标准化管理委员会　发布

前　言

GB/T 19267《刑事技术微量物证的理化检验》分为12个部分：

——第1部分：红外吸收光谱法；

——第2部分：紫外-可见吸收光谱法；

——第3部分：分子荧光光谱法；

——第4部分：原子发射光谱法；

——第5部分：原子吸收光谱法；

——第6部分：扫描电子显微镜/X射线能谱法；

——第7部分：气相色谱-质谱法；

——第8部分：显微分光光度法；

——第9部分：薄层色谱法；

——第10部分：气相色谱法；

——第11部分：高效液相色谱法；

——第12部分：热分析法。

本部分为GB/T 19267的第5部分。

本部分代替GB/T 19267.5—2003《刑事技术微量物证的理化检验　第5部分：原子吸收光谱法》。

本部分与GB/T 19267.5—2003相比主要变化如下：

——在"原理"部分，主要说明了该方法的定性和定量分析的依据，删除了该分析方法的特点的介绍（见本部分和GB/T 19267.5—2003的第4章）；

——增加了仪器组成的各个部分（本部分的5.1～5.4）；

——增加了两种原子吸收光谱的联用技术（本部分的5.6）；

——增加了背景校正的内容（本部分的7.1.4）；

——删除了过时的仪器操作方法（GB/T 19267.5—2003的5.2）；

——说明了所用试剂的级别（本部分的6.3）。

本部分由中华人民共和国公安部提出。

本部分由全国刑事技术标准化技术委员会理化检验标准化分技术委员会（SAC/TC 179/SC 4）归口。

本部分起草单位：河南省公安刑事科学技术研究所。

本部分主要起草人：黄勇。

本部分所代替标准的历次版本发布情况为：

——GB/T 19267.5—2003。

刑事技术微量物证的理化检验
第5部分:原子吸收光谱法

1 范围

GB/T 19267 的本部分规定了原子吸收光谱的检验方法。

本部分适用于刑事技术领域中微量物证的理化检验,其他领域亦可参照使用。

2 规范性引用文件

下列文件中的条款通过 GB/T 19267 的本部分的引用而成为本部分的条款。凡是注日期的引用文件,其随后所有的修改单(不包括勘误的内容)或修订版均不适用于本部分,然而,鼓励根据本部分达成协议的各方研究是否可使用这些文件的最新版本。凡是不注日期的引用文件,其最新版本适用于本部分。

GB/T 4470 火焰发射、原子吸收和原子荧光光谱分析法术语(GB/T 4470—1998,idt ISO 6955:1982)

GB/T 13966 分析仪器术语

GB/T 14666 分析化学术语

3 术语和定义

GB/T 4470、GB/T 13966、GB/T 14666 中确立的以及下列术语和定义适用于本部分。

3.1

原子吸收光谱法 atomic absorption spectrometry

基于测量样品蒸发气中被测元素的基态原子对特征辐射光的吸收,测定化学元素的方法为原子吸收光谱法。

3.2

空心阴极灯 hollow cathode lamp

属于辉光放电灯的一种,其阴极含有一种或多种元素的金属或合金的圆柱形空心体,操作时可使阴极溅射所产生的元素原子蒸气发射出特别窄的特征谱线。

3.3

火焰原子化器 flame atomizer

利用空气-乙炔火焰、氧化亚氮-乙炔火焰或其他火焰燃烧时所产生的高温和火焰的还原气氛将雾化后的分析样品转变成原子蒸气,供原子吸收分析用的装置。

3.4

石墨炉原子化器 graphite furnace atomizer

通过低电压、大电流控制石墨管的升温速度、温度、加热时间,达到石墨管中试样分子转变成原子蒸气,供原子吸收分析用的装置。

3.5

分析线波长 analytical line wavelength

每种元素的特征吸收谱线都不止一条,选择灵敏度较高无其他元素干扰的谱线作为分析谱线,这种元素的波长为分析线波长。

3.6

灯电流 lamp current

用于点亮空心阴极灯的电流为灯电流。

3.7

背景校正 background correction

除了被分析元素原子外，原子光谱分析的原子化器中还存在其他元素、溶剂分子以及固体微粒对分析波长的光谱线产生的吸收、散射、折射等背景信号，对其进行的校正称为背景校正。

3.8

灵敏度 sensitivity

能产生1%吸收信号或对应于0.004 4吸光度的分析元素在溶液中的浓度为该分析方法的灵敏度。

3.9

标准加入法 standard addition method

加入两个已知浓度的校准储备液于未知浓度的样品溶液中，测其吸光度值，作出吸光度与加入浓度的校准曲线。把未知浓度的纯样品溶液测出的吸光度值置于吸光度轴上（纵轴），由此三点得出的校准曲线与浓度数轴（横轴）的相交点即为分析样品的浓度。

3.10

干扰 interference

由于分析物中的一种或数种其他组分与待测元素共存，引起给定浓度的待测元素吸光度或强度的改变。

4 原理

当一个原子吸收了能量时，它的外层电子就被激发，跃迁到高能级，原子也由基态变为激发态。由于价电子在各能级间的能级差是量子化的，且随元素的不同而异，因此所吸收的光谱波长是非连续的，并且只吸收其能量所对应波长的光。

原子通常处于能量最低的基态，当用单一波长的锐线光源测定某一元素，且当该锐线光源的辐射频率相当于该元素原子从基态跃迁到高能台所需要的能量时，原子从入射辐射中吸收能量，发生共振吸收，产生原子吸收光谱。因为每一种元素的原子有其自身的能级结构，产生反映该种原子结构特征的原子吸收光谱，这是原子吸收光谱法进行定性分析的依据。在原子吸收光谱分析中，如果保持相同的实验参数和稳定的工作条件，则光路中原子的浓度与分析样品中该元素的浓度成正比，即吸光度与样品浓度呈线性关系，这是定量分析的基础。

5 仪器

5.1 仪器组成

原子吸收光谱仪又称原子吸收分光光度计，由光源、原子化器、单色器、检测器和数据处理系统组成。

5.2 光源

原子吸收光谱仪所用的光源分为两类：

a） 锐线光源：锐线光源为仪器提供一个输出稳定、发射强度大的特定波长的锐线光谱，用于产生原子吸收信号。常用的锐线光源有空心阴极灯和无极放电灯。

b） 连续光源：用于校正背景，在多元素同时测定仪器中，也使用高强度连续光源作为辐射光源来产生原子吸收信号。

5.3 原子化器

被分析元素在原子化器中被原子化。常用的原子化器有预混合型火焰原子化器、电热石墨炉原子化器、阴极溅射原子化器和石英炉原子化器。

5.4 单色器

单色器是一种波长选择器，由入射狭缝、准直镜、色散元件、物镜和出射狭缝组成。

5.5 检测器

检测器是一种转化器。在原子吸收光谱分析中，将较弱的光信号转换为光电信号，最常用的是光子转换器。

5.6 新型原子吸收光谱联用分析技术

5.6.1 氢化物发生-原子吸收光谱分析技术

氢化物发生-原子吸收光谱法是有效测定挥发性元素 As、Bi、Ge、Pb、Se、Hg、Sb、Sn 等的重要方法。其特点是被测组分与基体分离并得到富集，进样效率高，背景吸收低，可以获得很低的检出限和很高的灵敏度。氢化物发生体系分为酸性体系和碱性体系两大类。氢化物发生方式有间歇法、连续法、断续-流动法和流动注射法。

5.6.2 流动注射-原子吸收光谱分析技术

流动注射分析是一种在非热力学平衡条件下，在液流中重现的处理试样或试剂区带的定量分析技术。流动注射-原子吸收光谱分析法是以流动注射作为在线化学预处理手段，以原子吸收进行分析检测的一种联用技术。

6 检材处理及样品制备

6.1 制样原则

分析的样品必须是不含有机物的液体，所采用的方法必须要尽可能的减少目标物的损失，尽可能的全部去除有机物。固体材料必须首先经过消化，使其分解成酸性溶液。常用的消化方法有酸溶解法、灰化法、碱熔融法和高压消化法等。

6.2 制样方法

6.2.1 酸溶解法

在样品中加入无机酸（尽量避免使用硫酸和磷酸）并缓慢加温，使样品充分氧化，必要时可加入 $HClO_4$、HF、H_2O_2 等，使样品氧化完全。固体全溶解时，液体变为无色或淡黄色透明状，用 1% 硝酸或盐酸的溶液稀释并准确定容于容量瓶中，待测。酸溶解法适用于难消化的有机检材，如纸张、射击残留物、玻璃、骨头、金属等。

6.2.2 灰化法

将分析样品放入瓷坩埚或金属坩埚内，首先在低温下碳化，但避免着火。然后在马弗炉中加高温 500 ℃使其灰化。用 1∶1(V/V)盐酸溶液溶解，稀释并准确定容于容量瓶中，待测。若检测铅，则用 1∶1(V/V) 硝酸溶液。灰化法适用于难消化的有机检材中元素的检测，如油漆、植物等。

6.2.3 碱熔融法

将分析样品与碱金属的氢氧化物在石磨坩埚内混合，在马弗炉中加 1 000 ℃高温熔融，然后用 1% 盐酸或硝酸溶液溶解、稀释并准确定容于容量瓶里，待测。碱熔融法适用于不易消化的土壤、岩石、矿渣、无机涂料、建筑材料等检材中不易挥发元素的检测。

6.2.4 高压消化法

将分析样品放入特制的聚四氯乙烯高压密闭溶样器中，加入浓 HNO_3，对较难消化的样品还要加入 $HClO_4$、H_2O_2 等，于电烘箱中在 160 ℃消化 8 h 或在功率为 600 W～1 000 W 的微波炉中消化20 min～40 min，然后用酸性溶液溶解、稀释并准确定容于容量瓶中，待测。高压消化法适用于较难消化的有机或无机检材中各种元素的检测，如毛发、血清、谷物、皮肤上的电斑等，特别是对易挥发元素的检测有较高的回收率。

6.3 试剂

检材处理和样品制备所用的试剂，加入的酸用光谱纯硝酸、硫酸、盐酸、高氯酸、氢氰酸等消化试剂；碱用优级纯试剂；水为电导率小于 18 MΩ 的去离子。

7 试验方法

7.1 试验条件选择

7.1.1 选择分析线波长

各种元素在 190 nm～900 nm 的分析范围内有数条吸收线，但能作为分析线且有较高灵敏度的只有一两条，选择分析线时应首选灵敏度高、稳定性好的作为分析线。如果样品浓度超过了工作曲线的线性范围或有其他元素的谱线重叠干扰，则可选择次灵敏线作为分析线。

7.1.2 调节灯电流

根据分析元素、仪器型号及空心阴极灯的情况，在允许最大的工作电流内将灯电流调节至较好的灵敏度和线性范围且读数又稳定地最佳状态，一般为 3 mA～40 mA 之间，常用值 10 mA～15 mA。用单光束分析时，空心阴极灯应提前预热，待光强度稳定后再进行分析。

7.1.3 选择工作参数

狭缝的宽度、光电倍增管电压、燃烧器位置、火焰类型、气体流量、进样量及进样速度、石墨炉温度、时间等工作参数及条件对分析灵敏度、检出限及线性范围等指标均有不同程度的影响。须经过实验，选择最佳工作条件。

7.1.4 背景校正

在原子吸收光谱分析中，背景吸收主要来自分子吸收、光散射和谱线重叠 。背景吸收导致测定结果偏高，校正曲线弯曲，线性现行动态范围变窄，造成光子噪声急剧增加，使信噪比下降和检出限变坏。基于背景吸收明显的波长、温度、时间和空间特性，要正确地校正背景，必须满足如下三个基本条件：

a） 必须在原子吸收线的同一波长测定背景吸收；

b） 原子吸收和背景吸收必须在同一时间测定；

c） 原子吸收和背景吸收的测量光束在石墨炉内完全重合。

7.2 绘制工作曲线

7.2.1 标准储备液的配制

用感量为万分之一（或以上）的分析天平准确称量待分析元素的金属、氧化物或盐类（高纯），用 HCl、HNO_3 或王水溶解。溶解后转移到 100 mL 容量瓶中。以 1 mol/L 浓度的 HCl 或 HNO_3 稀释至刻度，制成浓度为 1 g/L 的标准储备液。

7.2.2 标准溶液的配制

用移液管按梯度递增的量转移上述标准储备液于标准容量瓶中，并用 1% 的溶液定量稀释成具有梯度浓度的标准溶液。

7.2.3 绘制工作曲线

将所配制的具有梯度浓度的标准溶液在选定的工作条件下测试其吸光度，并绘制出吸光度对浓度的相关曲线。

7.3 样品测试

在选定工作条件下，保持各分析参数不变，分别测试标准溶液和待测样品的吸光度，记录吸光度的值。进行无火焰分析时由于信号变化较快，用记录器记录峰高数据或峰面积数据。

7.4 数据处理

7.4.1 标准对照法

将待测样品的吸光度与标准样品的吸光度相对照，求出样品浓度。计算公式为：

$$C = (A/A') \cdot C'$$

式中：

C——样品浓度；

A——样品吸光度；

A'——标准样品吸光度；

C'——标准样品浓度。

标准对照法简捷、快速，适用于无干扰或干扰小、对结果误差要求低的样品。

7.4.2 回归直线法

求出具有梯度浓度的标准溶液的吸光度于浓度的回归直线，得出回归方程式的斜率 a 和截距 b，用下式求出分析样品的浓度：

$$A = aC + b$$

式中：

A——样品吸光度；

C——样品浓度。

回归直线法适用于线性相关性好，线性范围大的分析样品，结果误差比标准比较法要小 。

7.4.3 标准曲线法

测出具有梯度浓度的标准溶液的吸光度，在坐标纸上绘出吸光度与浓度的标准曲线，在曲线上查出分析样品的浓度。标准曲线法适用于大浓度或线性范围相对较小的样品。

7.4.4 标准加入法

在待测样品中分别加入 2 个或 2 个以上梯度浓度的标准样品并稀释容量瓶的刻度，分别测出空白样品、纯样品溶液及加入校准储备液的样品溶液的吸光度值，将所得吸光度对浓度的直线延长至与浓度轴相交，其交点对应的浓度为样品的浓度。标准加入法适用于基体复杂，干扰较大的样品，但它不能消除背景吸收，当有背景吸收时要进行背景校正。

7.5 分析数据的精密度与结果误差

分析数据的精密度是测试的重要条件，为保证分析数据的重复可靠，一定要选择好分析条件，减少随机误差。数据的精密度以相对标准偏差来表示。对于一般的微量样品（含量在 μg/g～ng/g 级）相对标准偏差应该在 10%以下。

分析结果的误差由分析中各步骤的误差决定，为控制误差，要严格按照分析操作规程来进行，使用精密分析天平、标准容量瓶、定量移液管进行操作，分析结果保留四位有效数字。

8 结果表述

通过原子吸收光谱法分析最终提供检材中目标元素的含量值及它们的测定精密度。

ICS 13.310
A 92

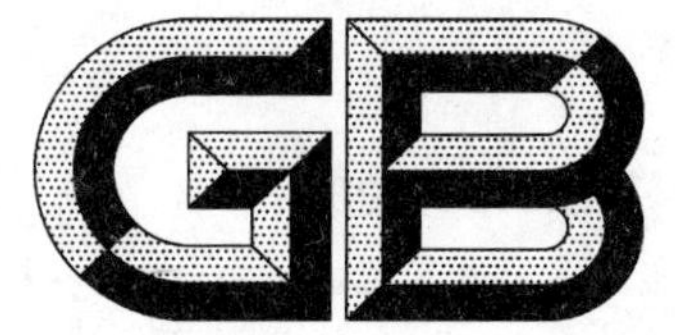

中华人民共和国国家标准

GB/T 19267.6—2008
代替 GB/T 19267.6—2003

刑事技术微量物证的理化检验 第6部分:扫描电子显微镜/X射线能谱法

Physical and chemical examination of trace evidence in forensic sciences—Part 6:Scanning electron microscope/X ray energy dispersive spectrometry

2008-08-14 发布　　2009-03-01 实施

中华人民共和国国家质量监督检验检疫总局
中国国家标准化管理委员会　发布

前　言

GB/T 19267《刑事技术微量物证的理化检验》分为12个部分：

——第1部分：红外吸收光谱法；

——第2部分：紫外-可见吸收光谱法；

——第3部分：分子荧光光谱法；

——第4部分：原子发射光谱法；

——第5部分：原子吸收光谱法；

——第6部分：扫描电子显微镜/X射线能谱法；

——第7部分：气相色谱-质谱法；

——第8部分：显微分光光度法；

——第9部分：薄层色谱法；

——第10部分：气相色谱法；

——第11部分：高效液相色谱法；

——第12部分：热分析法。

本部分为GB/T 19267的第6部分。

本部分代替GB/T 19267.6—2003《刑事技术微量物证的理化检验　第6部分：扫描电子显微镜法》。

本部分与GB/T 19267.6—2003相比主要变化有：

——标准名称采用“扫描电子显微镜/X射线能谱法”；

——增加了环境电子显微镜的术语(本部分的3.2、3.18)；

——增加了环境电子显微镜的原理部分(本部分的4.1)；

——仪器的组成、指标作了必要的变动(本部分和GB/T 19267.6—2003的第5章)；

——修改了样品的制备的内容(本部分的6.4.1、6.4.2，GB/T 19267.6—2003的6.3、6.4)；

——增加了工作距离内容的描述(本部分的7.2.4)；

——修改了样品分析的内容(本部分和GB/T 19267.6—2003的7.3)。

本部分由中华人民共和国公安部提出。

本部分由全国刑事技术标准化技术委员会理化检验标准化分技术委员会(SAC/TC 179/SC 4)归口。

本部分起草单位：上海市公安局物证鉴定中心。

本部分主要起草人：丁敏菊、邵致远。

本部分所代替标准的历次版本发布情况为：

——GB/T 19267.6—2003。

刑事技术微量物证的理化检验 第6部分:扫描电子显微镜/X射线能谱法

1 范围

GB/T 19267的本部分规定了扫描电子显微镜和与X射线能谱仪联用的检验方法。

本部分适用于刑事技术领域中的微量物证的理化检验,其他领域亦可参照使用。

2 规范性引用文件

下列文件中的条款通过GB/T 19267的本部分的引用而成为本部分的条款。凡是注日期的引用文件,其随后所有的修改单(不包括勘误的内容)或修订版均不适用于本部分,然而,鼓励根据本部分达成协议的各方研究是否可使用这些文件的最新版本。凡是不注日期的引用文件,其最新版本适用于本部分。

GB/T 13966 分析仪器术语

3 术语和定义

GB/T 13966中确立的以及下列术语和定义适用于本部分。

3.1

扫描电子显微镜法 scanning electron microscopy (SEM)

由电子枪发射并经电磁透镜聚焦的电子束在扫描线圈的磁场作用下,在样品表面按一定的时间、空间顺序作光栅扫描(也称逐点扫描),由探测器接收样品中激发的二次电子等信号,再经光电转换,在显示器上观察到反映样品表面貌似的电子图的方法。

3.2

环境扫描电子显微镜法 environmental scanning electron microscopy (ESEM)

环境扫描电镜是近年发展起来的新型扫描电镜。常规扫描电镜样品室真空度必须优于10^{-3} Pa,非导体及含水样品需要表面镀导电层,而ESEM的样品室通入气体处于低真空的“环境”状态(气压可达到2 600 Pa),根据气体电离及放大原理,非导体及含水样品可以不经表面导电处理就能直接观察。

3.3

X射线能谱法 energy dispersive spectrometry (EDS)

用具有一定能量和强度的粒子束轰击试样物质,根据试样物质被激发的粒子能量和强度,或被试样物质反射的粒子能量和强度的关系图(称为能谱)实现对试样的非破坏性元素分析、结构分析和表面物化特性分析的方法。

3.4

扫描电子显微镜/X射线能谱法 scanning electron microscope/energy dispersive spectrometry (SEM/EDS)

微束电子轰击试样,激发试样微区的各元素特征X射线,探测系统显示出该微区各元素特征的X射线能量和强度的关系图(称能谱)以及它们在试样表面的分布图。

3.5

二次电子　secondary electrons

样品中原子的外层电子受入射电子的激发而发射到样品以外的非弹性散射电子。通常它的能量较低，而且它的产生区域较小。

3.6

二次电子成像　secondary electron image

二次电子被检测器接受后成像，它是扫描电镜的成像功能，产生区域的深度为几个到几十个纳米，所以是研究样品表面形貌的最有用的工具。

3.7

背散射电子　backscattered electrons

背散射电子是入射电子在样品中受到原子核的卢瑟福散射而成大角度反射的电子，这种电子是入射电子深入到样品内部后被散射回来的，所以它在样品中的产生区域较大。

3.8

背散射电子成像　backscattered electron image

背散射电子成像是在样品 50 nm～1 000 nm 深度内散射出来的电子，其能量较二次电子为高，利用检测器接受后成像，其图像既有形貌信息，也有成分信息。

3.9

电子探针　electron probe

电子枪产生的电子流经电磁透镜的缩小焦距而形成具有一定的能量、强度、斑点直径的电子束。

3.10

放电　discharging

非导体样品在电子束轰击之下，表面产生电荷积累，使检测器接受到大量的电子信号，形成失真的表面亮带图像。

3.11

表面覆导电膜　conducting coating

非导电样品试验之前经过表面覆导电膜的导电化处理，以避免放电现象，增加二次发射率，降低电子束轰击下样品的增湿、起泡、龟裂、分解，从而改善图像质量。

3.12

边缘效应　edge effect

在试样表面突出的尖角或微米大小的粒子处二次电子的发射率大，在图像上形成白色亮光。

3.13

像散　astigmatism

透镜磁场不对称而造成的色散。

3.14

特征 X 射线　characteristic X-ray

原子内层电子空位被来自外层的电子填充时所发射的 X 射线。不同元素的原子有不同的特征 X 射线。特征 X 射线的能量 E 正比对于原子序数 Z 的平方。它是加在连续 X 射线上的若干条 X 射线，也称标识 X 射线。

3.15

临界激发能量　critical excited energy

临界激发能量指能引起元素发射某特征谱线的最小入射电子能量。它对应一定的加速电压，这个加速电压值，通常被称为临界激发电位，不同元素的同一谱线或同一元素的不同谱线的临界激发能量或临界激发电位是不同的。

3.16

叠加峰 adding peak

叠加峰是脉冲处理器产生的假象。由两个相同 E_c 能量的 X 射线光量子同时到达探测器又未能被脉冲堆积抑制器所鉴别，因而在能量谱图上出现标识 $2E_c$ 能量的 X 射线。

3.17

基本校正 matrix correction

考虑影响 X 射线强度的基体成分含量之间关系的各种因素，将 X 射线强度换算成含量而作的一种校正，它包括原子序数校正 Z，吸收校正 A 和荧光校正 F，因此简称为 ZAF 校正。

3.18

扫描电子显微镜的分辨率 resolving power for SEM

在二次电子图像上测出能明显分开两点之间的最小距离与放大倍率之比。

3.19

X 射线能谱仪的分辨率 resolving power for EDS

能量相近的两个峰的区分能力。通常以 5.89 keV 的 MnK_α 峰的半高宽表示。

3.20

放大倍率 magnifying power

衡量图像比实物扩大的比例值(m)＝放大后的长度(L)/原实物的长度(l)。

3.21

有效放大倍率 effective magnifying power

有效放大倍率(M)＝人眼分辨率/仪器的分辨率

4 原理

4.1 扫描电子显微镜的成像原理

由电子枪发射，经会聚镜和物镜的缩小、聚焦，形成具有一定能量、强度、斑点直径的电子束。在扫描线圈的作用下，入射电子束在样品表面按一定的时间、空间顺序作光栅式扫描。通过闪烁体等检测器接受样品中激发出的二次电子信号，再把它转变成光信号，然后经光电倍增管转变成电信号，最后由经信号数据处理，在显示器上反映样品表面形貌的图像。

4.2 能谱仪的分析原理

它的定性理论基础是 Moseley 定律，即各元素的特征 X 射线频率 υ 的平方根与原子序数 Z 成线性关系。同种元素不论其所处的物理状态或化学状态如何，所发射的特征 X 射线均具有相同的能量。

测量特征 X 射线的强度作为定量分析基础。可分为有标样定量分析和无标样定量分析两种。在有标样定量分析时样品内各元素的实测 X 射线强度与标样的同名谱线强度相比较，经过背景校正和基体校正，能较准确地算出的绝对含量。在无标样定量分析时，样品内各元素同名或不同名谱线的实测强度互相比较，经过背景校正，算出它们的相对含量。

5 仪器

5.1 组成

5.1.1 扫描电子显微镜通常由电子光学系统(电子枪、电磁透视、光阑、样品室)，高、低真空和环境样品室控制系统，X、Y、Z 三维样品台控制系统，信号检测处理系统，计算机系统，电源系统，制冷系统等系统组成。

5.1.2 能谱仪通常由探测仪、前置放大器、主放大器、脉冲处理器、多道分析器和计算机组成。

5.2 仪器的主要技术指标

5.2.1 钨灯丝扫描电镜的分辨率最高约能达到 3.0 nm(30 kV)，场发射扫描电镜的分辨率最高约能达到 1.0 nm(15 kV)。

5.2.2 能谱仪在 MnK_{α} 处的分辨率优于 133 eV(计数率为 2 500 cps 时),优质的超轻元素能谱仪探测器的分辨率指标在超轻元素 F K_{α} 优于 70 eV(计数率为 2 500 cps 时),C K_{α} 优于 66 eV(计数率为 2 500 cps时)。

5.2.3 当样品的条件较好时,通常的钨灯丝扫描电镜有效放大倍率为 20 倍~100 000 倍,场发射扫描电镜有效放大倍率为 20 倍~200 000 倍。

5.2.4 能谱仪的元素分析范围为 Be^{4}—U^{92}。

6 样品制备

6.1 样品要求

6.1.1 样品是化学上和物理上稳定的固体,在真空及在电子束轰击下不挥发、不变形、无放射性和腐蚀性,适应于高、低真空扫描电镜的观察。

6.1.2 样品是在自然状态下的含水、含油及其他不导电样品,适应于环境扫描电镜的观察。

6.2 样品的提取

6.2.1 当被检测物质以附着物形式存在时,应将其载体一起,在显微镜下用适当的工具进行提取。

6.2.2 提取供物证检验的对比样品。

6.2.3 提取物证样品所处环境周围无污染的空白物品。

6.3 非生物检材的样品制备

6.3.1 微小物体可直接用导电胶带粘于样品台上。

6.3.2 多层油漆片样品用切片法制样,再粘于样品台上。选定的检测截面要平行于样品台。

6.3.3 金属颗粒样品可用导电胶粘于导体样品台上。粘接固定时,应尽量使样品表面平行于样品台。

6.3.4 不规则、较大的样品可用碳导电胶或导电橡皮泥固定于样品台。

6.3.5 大样品可用专用样品台固定于样品台座上。

6.4 样品处理

6.4.1 用于高、低真空扫描电镜观察的生物组织的固定与脱水处理

高、低真空扫描电镜观察的生物组织的固定与脱水处理包括以下三个步骤:

a) 选择用 2.5%磷酸缓冲溶液的戊二醛和 1%四氧化锇双固定液,或其他适用不同生物样品特性的缓冲固定溶液浸泡样品一定时间,进行固定;

b) 用乙醇配制成 50%、70%、95%、100%系列脱水剂分次浸泡样品一定时间,进行梯度脱水;

c) 使用二氧化碳临界点干燥仪进行样品干燥,具体按照仪器操作程序进行。

6.4.2 环境扫描电镜观察中非导电样品的处理

用环境扫描电镜观察非导电样品特别是生物样品时,样品不需固定、脱水和表面导电处理,可直接放于有导电胶样品台上。

6.4.3 非导体样品的表面导电化处理

6.4.3.1 离子溅射法

按离子溅射仪的操作手册操作,在样品表面蒸一层导电膜,如金膜、铂膜或碳膜等。

6.4.3.2 真空蒸镀

按真空镀膜仪操作手册操作,在样品表面蒸一层导电膜,如金膜、铂膜或碳膜等。

7 检测

7.1 仪器的工作条件

按照厂家说明书中有关振动、电源、地线、室温、湿度、磁场、循环水系统等要求确定仪器的安装条件,保证仪器能够正常运转和提供正确的数据。

7.2 扫描电子显微镜和 X 射线能谱仪的设置

7.2.1 真空系统的选择

分别根据高真空、低真空或环境条件设置光阑的种类、气路系统、冷样品台及软件界面控制系统等。

7.2.2 灯丝电流饱和点的调节

按照灯丝发射电流的饱和曲线调解至较小的电压、电流，获得最大的亮度的饱和点，这是高质量照片和能谱仪进行定量分析的必要条件。

7.2.3 对中及消除像散

通过系统应用操作软件，调节灯丝的位置，对中及消除像散。

7.2.4 工作距离

7.2.4.1 仅观察二次电子像

仅观察二次电子像时，工作距离的设定可根据下述情形设定：

a) 观察表面粗糙、凹凸差异较大的样品，用大的工作距离，以获得较大景深；

b) 低倍率观察，用大的工作距离，使视野变大；

c) 高倍率观察，用短的工作距离，样品的图像清晰度增加。

7.2.4.2 扫描电子显微镜和 X 射线能谱仪联用时的工作距离

工作距离应放在 X 射线能谱仪探测器检测信号工作条件规定的位置。

7.2.5 加速电压

在进行元素定性和半定量分析时，加速电压应高于被测元素的临界激发电压的 2 倍～3 倍，推荐使用如下加速电压：

常见金属和合金	25 kV
硫化物	20 kV
硅酸盐和氧化物	15 kV
超轻元素	10 kV

7.2.6 电子束电流的大小

保持 X 射线的计数率在 2 000 cps～3 000 cps 范围内，生物样品约 800 cps，使死时间在 30%左右，在进行半定量分析过程中应保持电子束的稳定。

7.2.7 X 射线能谱仪的基线校正

X 射线能谱仪工作稳定，用标准样品进行基线和峰位的校准。

7.3 样品的分析

7.3.1 半定量分析

用 X 射线能谱仪作半定量分析，应使用半定量分析程序进行分析，必要时应使用成分相近的标样作校准。

7.3.2 面扫描分析

在样品某一任意选择的区域作面扫描，它可以反映出样品整个区域的面貌和各元素在该样品区域内的含量变化情况。

7.3.3 线扫描分析

在样品上任意选择一条直线进行线扫描，它可以反映出样品这一条直线的元素成分及含量变化情况。

7.3.4 点分析

在样品的某一点上进行分析，它可以确定样品该点位置的元素成分和含量。

8 结果表述

8.1 扫描电子显微镜观察应附以电镜拍摄的照片，并注明电镜型号、工作条件和样品制备方法。

8.2　能谱仪分析以能谱图和数据形式，必要时可附带观察区域的照片，使结果更加直观。

8.3　扫描电子显微镜/X射线能谱仪综合分析应多区域，多点分析，并附以电镜照片、能谱图或数据。

8.4　结论

8.4.1　扫描电子显微镜/X射线能谱仪法通常应给出元素的定性、半定量分析结果。半定量分析有归一化和非归一化结果两种，推荐使用非归一化结果。当确认没有遗漏元素并且非归一化结果在95%～105%之间时，才能将结果归一化。

8.4.2　当扫描电子显微镜/X射线能谱仪同其他仪器配合使用时，应结合其他方法的检测结果，用数理统计方法对数据进行处理和综合分析，得出结论。

ICS 13.310
A 92

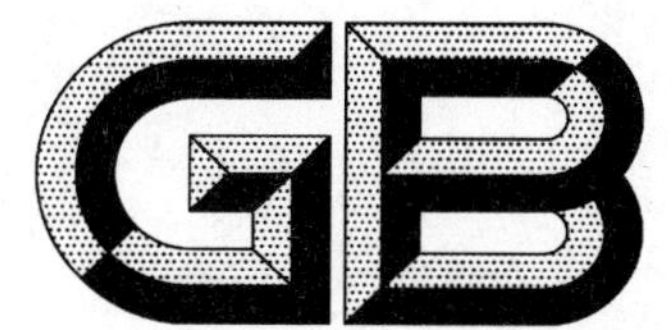

中华人民共和国国家标准

GB/T 19267.7—2008
代替 GB/T 19267.7—2003

刑事技术微量物证的理化检验 第7部分:气相色谱-质谱法

Physical and chemical examination of trace evidence in forensic sciences—Part 7: Gas chromatography/mass spectrometry

2008-08-14 发布 2009-03-01 实施

中华人民共和国国家质量监督检验检疫总局
中国国家标准化管理委员会 发布

前　言

GB/T 19267《刑事技术微量物证的理化检验》分为12个部分：

——第1部分：红外吸收光谱法；

——第2部分：紫外-可见吸收光谱法；

——第3部分：分子荧光光谱法；

——第4部分：原子发射光谱法；

——第5部分：原子吸收光谱法；

——第6部分：扫描电子显微镜/X射线能谱法；

——第7部分：气相色谱-质谱法；

——第8部分：显微分光光度法；

——第9部分：薄层色谱法；

——第10部分：气相色谱法；

——第11部分：高效液相色谱法；

——第12部分：热分析法。

本部分为GB/T 19267的第7部分。

本部分代替GB/T 19267.7—2003《刑事技术微量物证的理化检验　第7部分：气相色谱-质谱法》。

本部分与GB/T 19267.7—2003相比主要变化有：

——增加了术语和定义的内容（本部分的3.1，3.19～3.25）；

——对标准中“仪器调谐”和“毛细管柱选择”部分进行了修改（本部分和GB/T 19267.7—2003的5.3.1、7.2.1）；

——对样品的制备作了部分的补充和修改（本部分和GB/T 19267.7—2003的6.3）；

——对样品的检测作了部分的补充和修改（本部分和GB/T 19267.7—2003的第7章）；

——对样品的结果作了部分的补充和修改（本部分和GB/T 19267.7—2003的第8章）。

本部分由中华人民共和国公安部提出。

本部分由全国刑事技术标准化技术委员会理化检验标准化分技术委员会（SAC/TC 179/SC 4）归口。

本部分起草单位：内蒙古自治区公安厅。

本部分主要起草人：伊力野。

本部分所代替标准的历次版本发布情况为：

——GB/T 19267.7—2003。

刑事技术微量物证的理化检验
第7部分：气相色谱-质谱法

1 范围

GB/T 19267的本部分规定了气相色谱-质谱法的检验方法。

本部分适用于刑事技术领域中微量物证的理化检验，其他领域可参照使用。

2 规范性引用文件

下列文件中的条款通过GB/T 19267的本部分的引用而成为本部分的条款。凡是注日期的引用文件，其随后所有的修改单(不包括勘误的内容)或修订版均不适用于本部分，然而，鼓励根据本部分达成协议的各方研究是否可使用这些文件的最新版本。凡是不注日期的引用文件，其最新版本适用于本部分。

GB/T 14666 分析化学术语

3 术语和定义

GB/T 14666中确立的以及下列术语和定义适用于本部分。

3.1

气相色谱法 gas chromatography(GC)

以气体为流动相的色谱法。

3.2

质谱法 mass spectrometry(MS)

试样分子被电离后，形成不同荷质比的离子，根据这些离子的质量数和相对丰度分析试样的方法。

3.3

气相色谱-质谱法 gas chromatography/mass spectrometry

通过气相色谱分离组分和质谱对各组分进行定性、定量的实时分析的方法。

3.4

气相色谱-质谱联用仪 gas chromatography/mass spectrometer (GC/MS)

由气相色谱与质谱仪通过接口构成的整体联用仪器。

3.5

电子电离 electron ionization(EI)

气态试样分子被具有一定动能的电子束轰击而离子化的过程。

3.6

化学电离 chemical ionization (CI)

试样分子与反应离子碰撞并发生分子-离子反应，使试样分子离子化的过程。

3.7

质谱-质谱联用仪 mass spectrometer/mass spectrometer(MS/MS)

二台或二台以上质谱仪在空间上前后串联，或是用同一台质谱议按时间顺序串联的整体联用装置。

3.8

质谱-质谱联用法 mass spectrometry/mass spectrometry(MS/MS)

离子在运动过程中发生的自然或人为的质量或电荷的变化，测定变化前后的关系，获得离子碎裂过程的信息，应用于高灵敏度和高专一性的分析。

3.9

质谱图 mass spectrum

试样被离子化后，按离子的质荷比大小及其相对应的丰度构成的谱图。

3.10

选择离子检测 selective ion monitoring (SIM)

选定能表征目标化合物的一个或数个离子的检测方法。若选择一个离子，称单离子检测；若选择数个离子，称多离子检测。

3.11

总离子流 total ion current(TIC)

在离子源中形成不同质荷比的正或负离子所产生的电流总和。

3.12

质荷比 mass to charge ratio(m/z)

离子质量与离子所带的电荷数的比值。

3.13

质谱本底 background of mass spectrum

与分析样品相同的条件下，不送入样品时所获得的质谱。

3.14

基峰 base peak

质谱中丰度最大的离子峰。

3.15

分子离子 molecular ion

分子在离子化过程中失去或得到一个电子而形成的离子。

3.16

碎片离子 fragment ion

分子离子经过碎裂后形成的离子。

3.17

同位素峰 isotopic peak

质谱中除天然峰度最大的同位素以外，其他同位素的离子峰。

3.18

仪器校准样品 sample for instrument checking

为校验仪器的质荷比、灵敏度和操作条件所选用的标准样品。

3.19

二次离子质谱 secondary ion mass spectrum

以高能量的初级离子轰击材料表面，再对由此产生的二次离子进行质谱分析。

3.20

大气压化学电离 air pressure chemical ionization

在大气压下，发生的化学电离(见 3.6)。

3.21

等离子体解吸质谱 plasma mass spectrum

采用放射性位素的核裂变碎片作为初级粒子轰击样品使其电离的质谱技术。

3.22

激光电离/解吸　laser ionization/desorption

通过激光光子与气相中的分子或离子的作用使其电离或解离。通过激光束与固相样品分子的解吸作用使其产生分子离子和具有结构信息的碎片。

3.23

电喷雾电离　electronspray ionization

样品溶液从毛细管流出时在电场作用下形成高度电荷的雾状小滴。液滴因溶剂的挥发逐渐缩小，其表面上的电荷密度不断增大，当电荷之间的排斥力足以克服表面张力时，液滴发生裂变。经过反复裂变过程，产生单个多电荷离子。

3.24

真空　vacuum

质谱仪的真空要求一般在 10^{-7} Pa～10^{-9} Pa，属于高真空或甚高真空。

3.25

离子相对丰度　ion relative abundance

图谱中相对于基峰的离子丰度(峰高)。

4 原理

试样分子离子化后按不同质荷比分离并记录质谱的装置称质谱仪。利用有机化合物的质谱图可以定性分析，利用特征离子的强度可以定量分析。使用气相色谱与质谱联用时，前者分离组分，后者进行实时分析，构成气相色谱与质谱的联用分析。

5 仪器

5.1 仪器组成

主要由离子源、质量分析器、检测器、气相色谱进样系统、真空系统组成。

5.2 技术指标

5.2.1 质量范围

质谱仪能检测的最低和最高质量，质量即质荷比(m/z)。

5.2.2 稳定性

质量轴的稳定性即在一定条件下、一定时间内质量标准标尺发生漂移的幅度。一般以 8 h 或 12 h 内某一质量测定值的变化来表示。

离子丰度的稳定性即在一定条件下、一定时间内离子丰度的变化。

5.2.3 分辨率

质谱分辨相邻两个质量的能力。

5.2.4 灵敏度

绝对灵敏度即检测器对一定样品量的信号响应值。

相对灵敏度即一定进样量获得的待测信号强度(S)和噪声信号强度(N)之比 S/N，是无量纲的数值。

5.2.5 扫描速度

质谱进行质量扫描的速度即每秒钟扫描的最大质量数。

5.3 仪器校正

5.3.1 仪器的调谐

仪器的调谐就是进行仪器的校准。通过调节离子源、质量分析器、检测器各个参数需要的分辨率、灵敏度、准确的质量检测以及正确的离子丰度比。目的一是了解仪器状态，二是满足不同分析方法要求，获得最佳定性、定量分析条件。标准品为 PFT-B 或 FC43(适用于质量范围小于 1 000 的低分辨气相色谱-质谱联用仪)。

5.3.2 质量校正

仪器调谐的同时完成质量校正。标准品为 PFT-B 或 FC43(适用于质量范围小于 1 000 的低分辨气相色谱-质谱联用仪)。

6 检材的处理

6.1 检材的要求

气相色谱-质谱法分析一般适用于在 350 ℃以下可以汽化的检材样品以及通过裂解、衍生化的物质。

6.2 检材的处理

6.2.1 溶剂法

采用有机溶剂提取检材的方法。基本原理是相似相溶性。溶剂提取是样品处理的第一步。对于爆炸残留物和射击残留物适用的溶剂是丙酮；矿物油，动、植物油适用的溶剂是乙醚或乙酸乙酯；火灾现场的纵火剂残留物适用的溶剂是二硫化碳；染料等有色检材适用的溶剂是极性溶剂；纵火剂、矿物油、射击残留物溶剂提取可直接进行 GC/MS 分析。

6.2.2 色谱法

一般选用的色谱法是柱色谱法、薄层色谱法、固相色谱法等。适用的范围是对干扰物做进一步前期净化处理，特别是爆炸现场残留物，现场生物检材，现场染料、有色物检材，现场树枝、油脂检材等情况。

6.2.3 化学法

一些不适用气相色谱-质谱法分析的检材样品可进行化学衍生化后进行分析。适用的范围是动、植油脂不能直接进行 GC/MS 分析。进行化学衍生化水解为脂肪酸，甲基化后进行 GC/MS 分析。一些不适用气相色谱-质谱法分析的检材样品可进行化学衍生化后进行分析。

6.2.4 其他方法

顶空法、热吸附法、超声波法、热裂解法、真空吸附法、直接进样法、固相微萃取法等。

6.2.5 干扰物质

一些物质影响或干扰气相色谱-质谱法的分析。常见的有手上的油脂、器皿上的硅油脂、溶剂中的高沸点碳氢化合物、塑料制品中的增塑剂和抗氧化剂、橡胶制品中的抗老化剂和促进剂等。

6.3 检材试样的制备

6.3.1 气体检材

现场直接提取的气体检材样品适宜直接进行 GC/MS 分析。常用现场采样方法有下列两种：

a) 球胆或气袋法；

b) 吸附法。

6.3.2 液体检材

液体检材样品适宜 GC/MS 分析。易挥发液体直接进样 GC/MS 分析，进样量控制在 0.1 μL 以下。采用溶剂提取的检材样品，一般使用色谱纯，低沸点，中性极性溶剂。对含水检材必须进行脱水处理后进行 GC/MS 分析。

6.3.3 固体检材

固体检材样品一般不适宜直接 GC/MS 分析，须分别处理，处理方法如下：

a) 固体检材样品挥发性符合要求可制成液体试样进行 GC/MS 分析；

b) 固体检材样品符合衍生化要求可衍生化后进行 GC/MS 分析；

c) 固体检材样品挥发性、衍生化均不符合要求，应采用进样杆直接进样分析。

7 分析方法

7.1 环境条件

安装环境避免强磁场、高浓度有机溶剂蒸气、腐蚀性气体、过量的灰尘以及直射的阳光等。电压、地线、室温、湿度、稳定性应符合厂家及有关规定。

7.2 毛细管色谱柱

7.2.1 毛细管色谱柱的选择

取决于分析的对象，从极性到非极性柱。多使用窄毛细管色谱柱，应带 MS 标记的专用柱。原则：柱效高，惰性好，热稳定性好。

7.2.2 毛细管色谱柱的老化

是用好柱子，延长柱子寿命的关键因素之一。方法：分段老化法、程序升温法、进样法。

7.3 载气的选择

一般选用氦气做载气。条件：化学惰性，不干扰质谱图，不干扰总离子流图，具有样品富集特性。

7.4 GC/MS 联用的基本设置

7.4.1 GC 的基本设置

7.4.1.1 分流/不分流进样口

GC/MS 联用最常用的是分流/不分流进样口。需要使用密封隔垫和衬管。样品浓度较高时选用分流进样。高沸点或痕量样品选用不分流进样。

7.4.1.2 其他进样口

程序升温进样口、冷柱头进样、顶空进样器、吹扫捕集等。

7.4.1.3 柱流量

一般情况下使用的真空泵抽速在 600 L/s～100 L/s，进入质谱的气体流量不能超过 1 mL/min。

7.4.1.4 进样量

进样量的要求是液体进样汽化后膨胀的体积不能超过衬管的容积。

7.4.1.5 进样前处理

GC/MS 空白试验，防止样品污染。

7.4.1.6 预实验

检材样品 GC/MS 分析前，应当进行预实验，通常预实验包括三个步骤：

a) 检查仪器系统是否漏气；

b) 检查仪器灵敏度是否在最佳状态；

c) 按检材样品 GC/MS 分析条件预分析检查基线和本底。

7.4.2 MS 的基本设置

7.4.2.1 全扫描方式(SCAN)

最常用的一种扫描方式，扫描的质量范围覆盖被测化合物的分子离子和碎片离子的质量，得到的是化合物的全谱，可以进行谱库检索。参数：扫描质量起点和终点、扫描速度、信号阈值、倍增器工作电压等。

7.4.2.2 选择离子检测方式(SIM)

不是连续扫描某一质量范围，而是跳跃式地扫描某几个选定的质量，得到的不是化合物的全谱。SIM 主要用于目标化合物检测和复杂混合物中某成分的定量分析。参数：特征离子、离子组数目、扫描停留时间、质量窗口等。

7.4.2.3 谱库检索

定性分析的辅助手段应用广泛，通用的是 NIST 检索系统。收集的质谱图是 EI(70eV)方式，在一定条件下获得的纯化合物的质谱图以及相关信息。功能：质谱数据查询，质谱图的相互比较，图谱分析，AMDIS 自动判别色谱峰纯度，解叠共流出组分的数据处理功能。

7.4.3 定量分析

GC/MS联用定量分析,化合物特征质量离子的峰面积或峰高与相应待测组分的含量成正比。

7.4.3.1 定量方法

归一化法,外标标准曲线法,内标标准曲线法。

7.4.3.2 定量分析的注意事项

仪器校准,定性及积分准确,线性范围,标准曲线再校正。

8 定性的准确性与定量的误差

8.1 定性的准确性

GC/MS的定性分析实验需重复两次以上。基本条件是保留时间相同,谱库检索匹配率不低于90%。注意同分异构体特别是立体异构体以及同系物、类似物的相互干扰。进行必要谱图解析并结合其他有机结构分析方法确证、分辨。

8.2 定量的误差

GC/MS定量分析的误差受色谱柱、进样方式、升温程序、调谐、特征离子等的影响。具体包括仪器校正,定性要准确(色谱保留时间定性、质谱定性、特征离子定性、确证离子的选择),峰面积的准确积分,标准曲线的线性范围,标准曲线的再校正。分为三部分:色谱、质谱、定量程序。

9 结果表述

将检材的色谱-质谱图与对照样品的色谱-质谱图进行定性比较和/或定量测定后,给出检材与何种样品有相同或不同的成分以及含量范围的结论。表述应当简单明了,应当注明试样组分的化学名称、分子量、分子式以及试样中的含量(定量需求)。应当附试样组分的谱图或数据表,定量表。标准品应当附上图谱或数据表。谱库检索应当注明比配谱图,匹配率。GC/MS分析应当附试样组分的总离子流图试样组分保留时间。

ICS 13.310
A 92

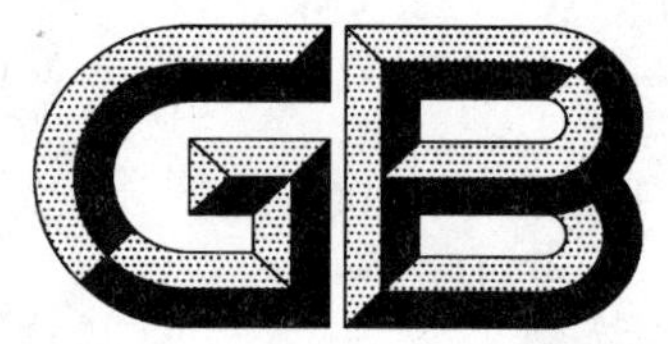

中华人民共和国国家标准

GB/T 19267.8—2008
代替 GB/T 19267.8—2003

刑事技术微量物证的理化检验 第8部分:显微分光光度法

Physical and chemical examination of trace evidence in forensic sciences—Part 8: Microspectrophotometry

2008-08-14 发布 2009-03-01 实施

中华人民共和国国家质量监督检验检疫总局
中国国家标准化管理委员会 发布

前 言

GB/T 19267《刑事技术微量物证的理化检验》分为12个部分：

——第1部分：红外吸收光谱法；

——第2部分：紫外-可见吸收光谱法；

——第3部分：分子荧光光谱法；

——第4部分：原子发射光谱法；

——第5部分：原子吸收光谱法；

——第6部分：扫描电子显微镜/X射线能谱法；

——第7部分：气相色谱-质谱法；

——第8部分：显微分光光度法；

——第9部分：薄层色谱法；

——第10部分：气相色谱法；

——第11部分：高效液相色谱法；

——第12部分：热分析法。

本部分为GB/T 19267的第8部分。

本部分代替GB/T 19267.8—2003《刑事技术微量物证的理化检验　第8部分：显微分光光度法》。

本部分与GB/T 19267.8—2003相比主要变化有：

——增加了部分术语和定义(本部分的3.11)；

——删除了部分术语和定义(GB/T 19267.8—2003的3.9、3.15～3.18、3.21、3.22)；

——对仪器的组成和测量范围进行了修订(本部分的5.2、5.3.1；GB/T 19267.8—2003的5.2)；

——对样品的制备和处理进行了修改(本部分和GB/T 19267.8—2003的第6章)；

——对检测过程中仪器的工作条件、检测前的仪器调试进行了部分补充(本部分的7.1、7.2)。

本部分由中华人民共和国公安部提出。

本部分由全国刑事技术标准化技术委员会理化检验标准化分技术委员会(SAC/TC 179/SC 4)归口。

本部分起草单位：北京市公安局刑事科学技术研究所。

本部分主要起草人：刘明辉、魏垂策。

本部分所代替标准的历次版本发布情况为：

——GB/T 19267.8—2003。

刑事技术微量物证的理化检验
第8部分：显微分光光度法

1 范围

GB/T 19267的本部分规定了显微分光光度的检验方法。

本部分适用于刑事技术领域中的微量物证的理化检验，其他领域亦可参照使用。

2 规范性引用文件

下列文件中的条款通过GB/T 19267的本部分的引用而成为本部分的条款。凡是注日期的引用文件，其随后所有的修改单(不包括勘误的内容)或修订版均不适用于本部分，然而，鼓励根据本部分达成协议的各方研究是否可使用这些文件的最新版本。凡是不注日期的引用文件，其最新版本适用于本部分。

GB/T 5698 颜色术语

GA/T 242 微量物证的理化检验术语

3 术语和定义

GB/T 5698、GA/T 242中确立的以及下列术语和定义适用于本部分。

3.1

显微分光光度法 microspectrophotometry

用显微分光光度仪测定微小物质在特定光源照射下对光源辐射能量产生的吸收、反射、透射、荧光的量与照明光源的波长之间的关系，进而确定在特定波长范围内微小物质自身的吸收、反射、透射、荧光光谱特性(即光谱图)，以此对微小物质的组成成分或物理结构进行定性、定量或比对分析的方法。

3.2

显微分光光度计 microspectrophotometer

一种将显微镜与分光光度计结合起来的仪器，它可以将微小物质的观察、测量区域进行光学放大，并对这一区域的各种光学特性如吸收、反射、透射、荧光光谱特性进行测定。

3.3

吸收光谱 absorptive spectrum

物质对入射光的能量进行选择吸收，吸收的量值与入射光波长之间的关系图称为吸收光谱。

3.4

透射光谱 transmissive spectrum

入射光照射物体后，通过该物体的入射光的量值与入射光波长之间的关系图称为透射光谱。

3.5

反射光谱 reflective spectrum

入射光照射物体后，被该物体反射回来的入射光的量值与入射光波长之间的关系图称为反射光谱。

3.6

颜色 colour

光作用于人的眼睛而引起的除形象特征以外的视觉特性，它包括：

a) 观察者可用以区分大小、形状和结构相同的两个视场之间的差异的视觉现象或可见辐射的特性；

b) 产生以上感觉的光刺激特性；

c) 能引起光刺激的物体的特性。

3.7

光源色 light source colour

由光源发射的光的颜色。

3.8

物体色 object colour

光被物体反射或者透射后的颜色。

3.9

色刺激值 psychophysical colour specification

用三刺激值表示色刺激性质的量。

3.10

三刺激值 tristimulus values

在三色系统中，与被测色刺激达到色匹配所需的三种参照色刺激的量。

3.11

色匹配 colour matching

使调配的一种颜色与给定的颜色在视觉上相等或相同。

3.12

CIE 1931 标准色度系统 standard colorimetric system

CIE（国际照明委员会）1931 年所规定的光谱三刺激值为 $x(\lambda)$、$y(\lambda)$、$z(\lambda)$表示的色度系统。

3.13

CIE 1976 $L^*a^*b^*$ 色空间（CIE Lab 色空间） CIE 1976 $L^*a^*b^*$ colour space

CIE（国际照明委员会）1976 年推荐使用的均匀色空间，该空间为三维直角坐标系统。

3.14

色差 colour difference

颜色视觉差异的定量表示，用 ΔE 表示。

3.15

光谱光度测色法 spectrophotometric colorimetry

通过测定被测光的相对光谱分布，或者被测物体的光谱反射比或光谱透射比进而计算出被测光或被测物体的三刺激值和色度坐标的方法，又称为分光光度测色法。

3.16

同色异谱 metamerism

具有同样颜色而光谱分布不同的两个色刺激。

4 原理

来自光源的入射光经过由被测样品成分或结构所决定的选择吸收、反射、透射，或者由入射光激发被测样品产生荧光后，入射光的反射光、透射光或被测样品被激发出来的荧光进入分光光度计的入射光路，经过色散光栅或者色散棱镜将它们按照波长色散、分开，而后沿测试光路进入分光光度计的检测器，检测器对入射光的信号强度依照对应的波长分别进行记录，这样就可以得到被测样品对所用照明光源的特定的吸收、反射、透射或者荧光强度与波长的相互对应关系，经过计算机处理软件的计算处理之后，就可以得到被测样品的吸收、反射、透射或者荧光光谱。来自光源的入射光经被测样品产生的反射光、透射光或被测样品被激发出来的荧光若由专门的显微镜聚焦、采集（光束直径从 μm 至 mm），就构成了显微分光光度计。

显微分光光度法可以无损地测定微量物证的多种光学特性，进而实现对被测样品的定性、定量或者比对分析。

5 仪器

5.1 仪器名称

显微分光光度计。

5.2 仪器组成

5.2.1 光源

一般使用三个光源，主要有：卤素灯、超高压汞灯、高压氙灯，最多使用四个光源。

5.2.2 显微镜

包括显微镜主架、聚光镜、物镜、目镜、样品载物台、光路中的快门和分光棱镜与滤片、照明光阑、测量光阑以及调焦系统等。

5.2.3 色散分光系统(单色器)

有机械式棱镜色散单色器和全息凹面光栅单色器两种。目前普遍采用的是全息凹面光栅单色器。

5.2.4 检测器

主要有光电倍增管、PbS 光电接收器、CCD 阵列式检测器等几种检测器。目前普遍采用的是 CCD 阵列式检测器，高端产品则采用高分辨、电制冷的 CCD 阵列式检测器。

5.2.5 计算机系统

计算机系统的功能包括仪器控制和数据的采集、处理两大部分。通过仪器控制软件实现对仪器各种测试方式的控制和运行；通过数据采集与处理软件进行测试数据的处理、光谱图的比对与分析、颜色色度数据的计算等。

5.2.6 数据输出系统

数据输出系统主要包括：视频图像输出系统、照相与图像采集输出系统、打印机等。

5.3 仪器的主要技术指标

5.3.1 光谱测量范围

不同厂家、不同型号或配置的仪器，光谱测量范围有所不同，但均可在可见光范围 380 nm～780 nm 内进行测量。

高端产品可以实现在紫外/可见光/近红外乃至中红外光谱范围内进行测量，如 240 nm～1 000 nm。

5.3.2 分辨率

可见光范围内的光谱分辨率为 0.8 nm～5 nm(不同型号的仪器的光谱分别率不同)。

5.3.3 波长精度

波长精度应在±0.5 nm 范围内。

6 样品的处理与制备

6.1 油漆、涂料样品

6.1.1 样品是片状油漆涂料，且只要求对表层进行检测时，应在立体显微镜下将样品移至载玻片上，样品表层向上，尽量平行于载玻片。

6.1.2 样品是多层油漆涂料碎片，且要求逐层进行检测时，应在立体显微镜下用手术刀片将样品切削成楔形，使样品中的每一层油漆暴露出来，而后在立体显微镜下将制备好的样品移至载玻片上，暴露出来的多层油漆截面向上，尽量平行于载玻片；或在立体显微镜下用分离针、手术刀等分离提取工具将每一层的油漆涂料颗粒净化分离提取出来，而后将分离提取出来的油漆颗粒移至载玻片上，用专用工具压平待测。

6.1.3 样品是附着的油漆颗粒时，应在立体显微镜下用分离针、手术刀等分离提取工具将附着的油漆颗粒从承载客体上净化分离提取出来，而后将分离提取出来的油漆颗粒移至载玻片上，用专用工具压平待测。

6.2 笔迹油墨、印章印油、印刷打印油墨等书写材料样品

此类样品的检测对象是纸张上的有色油墨物质。无需对它们进行处理，可以直接将承载待测有色油墨物质的纸张放置于载物台上。应注意纸张上的待测有色油墨物质部分不要被污染，并确保其纸张背面不能粘贴有其他纸张。

6.3 纤维样品

将有色或无色纤维样品用纯净水超声震荡清洗后自然风干（如需要时），而后将其在立体显微镜下尽量打散分离呈单丝纤维状态，然后将其移至专用载玻片上（如进行反射测试，则应移至专用载物台上），不放浸液，直接用专用盖玻片压盖在待测纤维上。

6.4 其他

应根据不同样品和不同检测方式作不同的处理，但是都应以不破坏或损耗检材样品为原则。

7 检测

7.1 仪器工作条件

按照厂家说明书中有关振动、电源、地线、室温、湿度、磁场等要求确定仪器的安装条件，保证仪器能够正常运转和提供正确的数据。

7.2 仪器调试

按照选择的检测方式的要求选择适当的照明光源，调节光路：按照“Kohler”照明系统的要求调节照明光路；根据检测样品情况选择、调节“照明光阑”、“测量光阑”、“视场光阑”，使之达到仪器操作说明书所要求的光强范围。确定检测方式并设置相应的各种测试参数。

7.3 仪器光路中杂散光及样品背底的扣除、校正

7.3.1 “吸收”方式的扣除、校正

选择样品的空白处作为“零”吸收进行扣除、校正。

7.3.2 “透射”方式的扣除、校正

选择样品的空白处作为100%的透射率进行扣除、校正。

7.3.3 “反射”方式的扣除、校正

选择标准反射板进行反射率扣除、校正。

7.3.4 “荧光”方式的扣除、校正

按照仪器操作说明书进行。一般分为两个步骤：首先对仪器光路中杂散光进行扣除、校正，然后再在样品的空白处进行零点校正。

7.4 检测分析

7.4.1 将制备好的待测样品移至显微镜的样品载物台上，通过显微镜的目镜（或监视器）对待测样品上的检测区域进行聚焦、成像，同时调节移动载物台位置，使得待测样品上的检测区域恰好处于测量光阑在目镜视场中形成的光斑范围内。聚焦、位置调节完成以后，就可以启动相关的仪器设备控制程序，开始进行相关光谱特性的检测。

7.4.2 测量样品的各种光谱（透射、吸收、反射、荧光等）。

7.4.3 测量样品在某些特定波长下的吸收或反射特性，一般采用的波长有 NU(365 nm)、NV(405 nm)、NBV(436 nm) 、NG (546 nm)。

7.4.4 获取样品的颜色参数。不同型号的仪器都可以按照 CIE1931 和 CIE1976 两个色系给出表示物体颜色的多种参数值，其主要参数有物体颜色的三刺激值 X、Y、Z 和色度坐标 x、y、z 以及 L^*、a^*、b^*；L、C、H、ΔE 等，这些颜色的参数由 7.4.2 中的有关光谱通过电脑的颜色软件可以直接得出。

8 结果表述

8.1 光谱测量

对样品选取 5 个～10 个位置进行测量，给出需要波段范围内的光谱，取平均后，得出样品的光谱图。

8.2 颜色参数的测量

电脑里的测色软件可以给出国际 CIE 组织规定的色度参数，主要有三刺激值(X、Y、Z)、色度坐标(x、y、z)以及色度坐标(L^*、a^*、b^*)及 CIELab 色差 $\Delta E_{ab}{}^*$ 等。

8.3 结论

8.3.1 若待测检材的光谱与对照检材的光谱不同，可以给出明确的结论待测检材与对照检材成分不同。

8.3.2 若待测检材的光谱与对照检材的光谱重合或平行时，可以认为待测检材的光谱与对照检材成分接近，但是不能得出种类相同的结论。

8.3.3 颜色测量的结论比较复杂，对不同种类的被检物，如果所用的色差公式相同，可以进行颜色的比对，但只能作为参考。

ICS 13.310
A 92

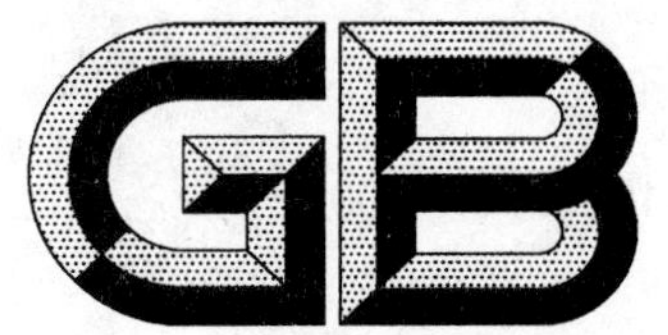

中华人民共和国国家标准

GB/T 19267.9—2008
代替 GB/T 19267.9—2003

刑事技术微量物证的理化检验 第9部分:薄层色谱法

Physical and chemical examination of trace evidence in forensic sciences—Part 9:Thin layer chromatography

2008-08-14 发布　　2009-03-01 实施

中华人民共和国国家质量监督检验检疫总局
中国国家标准化管理委员会　发布

前　言

GB/T 19267《刑事技术微量物证的理化检验》分为 12 个部分：

——第 1 部分：红外吸收光谱法；

——第 2 部分：紫外-可见吸收光谱法；

——第 3 部分：分子荧光光谱法；

——第 4 部分：原子发射光谱法；

——第 5 部分：原子吸收光谱法；

——第 6 部分：扫描电子显微镜/X 射线能谱法；

——第 7 部分：气相色谱-质谱法；

——第 8 部分：显微分光光度法；

——第 9 部分：薄层色谱法；

——第 10 部分：气相色谱法；

——第 11 部分：高效液相色谱法；

——第 12 部分：热分析法。

本部分为 GB/T 19267 的第 9 部分。

本部分代替 GB/T 19267.9—2003《刑事技术微量物证的理化检验　第 9 部分：薄层色谱法》。

本部分与 GB/T 19267.9—2003 相比主要变化有：

——对部分术语和定义作了文字上的修改(本部分和 GB/T 19267.9—2003 的 3.1～3.3、3.6、3.7)；

——在“定量分析”部分，增加了“定量方法”内容(本部分的 5.3)；

——在“常用的展开剂系统”中，删除了“涂料分析”(GB/T 19267.9—2003 的 6.3)；

——在“常用的展开剂系统”中，增加了“纤维上染料的分析”的内容(本部分的 6.5)；

——对“墨水分析”、“油墨分析”、“油脂分析”三条内容进行了修改(本部分的 6.1、6.2、6.4 和 GB/T 19267.9—2003 的 6.1、6.2、6.5)。

本部分由中华人民共和国公安部提出。

本部分由全国刑事技术标准化技术委员会理化检验标准化分技术委员会(SAC/TC 179/SC 4)归口。

本部分起草单位：中国刑事警察学院。

本部分主要起草人：史晓凡。

本部分所代替标准的历次版本发布情况为：

——GB/T 19267.9—2003。

刑事技术微量物证的理化检验
第9部分:薄层色谱法

1 范围

GB/T 19267的本部分规定了薄层色谱的检验方法。

本部分适用于刑事技术领域中微量物证的理化检验,其他领域亦可参照使用。

2 规范性引用文件

下列文件中的条款通过GB/T 19267的本部分的引用而成为本部分的条款。凡是注日期的引用文件,其随后所有的修改单(不包括勘误的内容)或修订版均不适用于本部分,然而,鼓励根据本部分达成协议的各方研究是否可使用这些文件的最新版本。凡是不注日期的引用文件,其最新版本适用于本部分。

GB/T 9008 液相色谱法术语 柱色谱法和平面色谱法

GB/T 14666 分析化学术语

3 术语和定义

GB/T 9008、GB/T 14666中确立的以及下列术语和定义适用于本部分。

3.1

薄层色谱法 thin layer chromatography(TLC)

将固定相铺在玻璃等载板上形成均匀的薄层,待分析的样品点加到薄层上,然后用合适的溶剂展开,从而达到分离、鉴定和定量的目的的平面色谱法。

3.2

比移值 ratio of flow

R_f

原点中心至层析斑点中心的距离与原点中心至溶剂(即展开剂)前沿的距离的比值,也称R_f值,用下式表示:

$$R_f = \frac{\text{原点中心至层析斑点中心的距离}}{\text{原点中心至展开剂前沿的距离}}$$

3.3

相对比移值 reative R_f value

被分离物质与参比物的比移值之比,或被分离物质与参比物在薄层上的移动距离之比,又称相对R_f值。

3.4

吸附剂 absorbent

具有吸附活性并用于色谱分离的固体物质。

3.5

展开剂 developer

在平面色谱中用作流动相的液体。

3.6

显色剂 developing agent

能够与被分析物质发生化学反应生成有色物质，使色谱分离出的无色斑点变为有色斑点的试剂。

3.7

薄层扫描仪 thin layer scanner

对薄层层析后的斑点进行定量分析的仪器。根据测定方式不同可分单波长和双波长两种形式。

3.8

平面色谱法 planar chromatography

在平面介质上进行组分分离的色谱法，指具有多路柱分离效应的，开放型的色谱法。包括纸色谱、薄层色谱、旋转薄层色谱等。

4 定性分析

4.1 原理

由于被分析样品中各个组分与固定相(吸附剂)和流动相(展开剂)之间的相互作用力不同，当两相相互运动时，使各组分在两相之间反复多次地进行吸附—解析—吸附的交替过程而达到相互分离。吸附力较弱的组分具有较高的 R_f 值，而吸附力较强组分的 R_f 值较低。因此 R_f 值是定性鉴定有机化合物的指标之一。

4.2 薄层色谱板的制备

薄层板通常有软板和硬板两种。前者是将吸附剂直接均匀地铺在玻璃板上；后者是将吸附剂、黏合剂和水或溶剂调成糊状后涂布于玻璃板上。空气中晾干，加热活化处理后得到薄层板。硅胶板需在 100 ℃～120 ℃下加热 1 h～2 h，氧化铝板则需在 150 ℃～200 ℃温度下活化 4 h～5 h。

另外，根据分析物质性质的不同，还有一些特制薄层板，如荧光薄层、混合薄层、酸碱薄层、配位薄层、梯度薄层等。

4.3 点样

将被分析样品用合适溶剂溶解，尽量稀释至 0.01%～1%浓度。定性分析时可用内径为 0.5 mm 的毛细管吸取样品轻轻点于玻璃板下端 1 cm 处。定量分析需用刻度精确的微量注射器点样。若一次点样量不足，可在溶剂挥发后，重复滴加。如果一块薄板上同时点几个样品时，样品之间互相间隔应为 1 cm～1.5 cm，而且需在同一水平线上。两个边缘的样点距边缘至少 1 cm，点样后的斑点直径不超过 3 mm。

4.4 展开

4.4.1 展开方式

展开的方式有上行、下行、近水平、单向、双向和多次展开，通常用上行法，但软板只能采用近水平展开(约 15 ℃)。一般展开至薄板的 3/4 高度，即可取出于空气中干燥。

4.4.2 展开剂的选择

通常先用单一溶剂展开，根据被分离物质在薄层上的分离效果，进一步改变展开剂的极性。展开剂应该使被分离物质各组分间的分离度足够大，R_f 值落在 0.2～0.8 之间，待鉴定物质的 R_f 值在 0.5 左右最佳。对于未知混合物，则要求分离斑点数越多越好。

常用展开剂的极性次序可用溶剂的溶剂强度参数 ε^0 来衡量。ε^0 大，溶剂的洗脱能力强，即为强极性溶剂；反之，洗脱能力弱，为弱极性溶剂。另外常用溶剂根据溶剂极性参数 p' 的不同，可分成八组。若某一溶剂作为展开剂，分离效果不好，则选择相同组中的另一种溶剂对样品的分离效果无明显改变，而选择溶剂强度相同的不同组中的另一种溶剂，则可能改变分离情况。常用溶剂的性质见表 1。

表 1 常用溶剂的性质

溶　　剂	溶剂强度参数 ε^0	溶剂极性参数 p'	选择性组别
异辛烷	0.01	0.1	
正己烷	0.01	0.1	
甲基叔丁基醚	0.35	2.5	1
苯	0.32	2.7	7
乙醚		2.8	1
二氯甲烷	0.42	3.1	5
正丙醇	0.82	4.0	2
四氢呋喃	0.82	4.0	3
乙酯	0.58	4.4	6a
氯仿	0.40	4.1	8
二氧六环	0.56	4.8	6a
丙酮	0.56	5.1	6a
乙醇	0.88	4.3	2
醋酸	大	6.0	4
乙腈	0.65	5.8	6b
甲醇	0.95	5.1	2
水	很大	10.2	8

4.5 显色

4.5.1 荧光显色

在紫外灯(254 nm 或 365 nm)下,观察有无暗斑或荧光斑点,有荧光的物质或有紫外吸收的物质可用此法检出。另外,利用荧光板也可以观测到有紫外吸收物质的各种颜色的暗斑。

4.5.2 显色剂显色

显色剂可以分为两大类:一类是检查一般有机化合物的通用显色剂;另一类是根据化合物分类或特殊官能团设计的专属性显色剂。

最常用的通用显色剂是碘,碘蒸气在浅黄色背景上,很多有机化合物吸附碘,可逆地产生棕色到黄色斑点,不少化合物的检测灵敏度可达到 0.5 μg～1 μg。

具体专属性显色剂的配制参见有关薄层分析的手册。目前,各类化学显色剂的使用均采用喷雾法,可采用一次或二次喷雾显色。

4.6 R_f 值的测定

4.6.1 测定方法

测量原点中心至组分斑点中心的距离(设为 b)和原点中心至溶剂前沿的距离(设为 a),则 R_f 值用下式计算:

$$R_f = b/a$$

4.6.2 影响 R_f 值重现性的因素

R_f 值在薄层板中的重现性应为±0.02,下列因素影响 R_f 值重现性:

a) 吸附剂的性质和质量;

b) 吸附剂的活度:空气中的湿度,置于空气中时间的长短等;

c) 点样量的多少;

d) 展开剂的饱和程度：不饱和层析缸中的 R_f 值比饱和层析缸中的 R_f 值大；

e) 边缘效应：同一样品，点在薄层中部的点比点在薄层两边缘处的 R_f 值小；

f) 薄层板的厚度；

g) 展开方式：上行与下行展开法的 R_f 值可能不同；

h) 温度：在用混合溶剂为展开剂时，温度的变化，影响到溶剂的挥发性，使溶剂的组成改变，而影响 R_f 值。

为了使 R_f 值的重现性提高，可采用相对 R_f 值。但最为可靠的方法是使用待测化合物的纯品作对照。

5 定量分析

5.1 原理

薄层定量方法可分为二类：一类是直接定量法，即在薄层展开后直接在板上进行定量测定，如目视比色法和薄层扫描法；另一类是间接定量法，也称洗脱法，即将被测定的化合物自薄层板上洗脱下来，再选择合适的方法测定。目视比较法首先需配置一系列浓度由低到高的标准品溶液，与同体积的样品一起分别点在同一薄层上，展开，显色后，目视比较斑点颜色的深浅和面积大小，求出未知物含量的近似值。该法属于半定量法。

用薄层扫描仪对薄层上被分离的化合物进行直接定量的方法称为薄层扫描法。其工作原理是以一定波长的可见光或紫外光光束照射展开后的薄层板，测定薄层色谱斑点的吸光度(A)或荧光强度(I)随展开距离(L)的变化，所记录的 A-L 或 I-L 曲线称为薄层色谱扫描图，曲线上每一个色谱峰相当于薄层板上的一个斑点，色谱峰高或峰面积与斑点中组分的量有关。

5.2 薄层扫描仪

5.2.1 仪器组成

主要由光源、单色器、检测器及数据处理系统四部分组成。

5.2.2 定量条件的选择

5.2.2.1 扫描方式的选择

常用的扫描方式有下列三种：

a) 直线扫描：用一束光照射在薄层板的一端，然后缓慢地作直线运动移至另一端，适于小且规则的圆形斑点或条状斑点的定量分析；

b) 锯齿扫描：用截面积为正方形的光束照射薄层板，光束的运动轨迹为锯齿形或矩形，适于外形不规则斑点的定量分析；

c) 多通道自动扫描：仪器提供的程序方式，可以完成多通道自动扫描，一次最多可扫描 30 个通道，每扫描完一个通道，就可打印出最多 10 个斑点的色谱峰面积积分值。

5.2.2.2 扫描光束-波长的选择

常用扫描光束-波长的选择有以下四种：

a) 单光束单波长：适于涂布薄层均匀、显色均匀、背景均匀的斑点测定；

b) 双光束单波长：测得的是消除薄层空白后斑点的吸收值，增加了仪器的稳定性，可得到较平稳的基线，但不能消除斑点与薄层之间的差别对测定的影响；

c) 单光束双波长：可扣除斑点背景对测定的影响，但所需扫描时间较长；

d) 双光束双波长：可消除斑点处薄层的干扰，得到的基线明显改善。

5.3 定量方法

5.3.1 外标法

将被检样品与选用的已知浓度的标准液进行对比，测定被检液含量的定量方法。具体有以下两种：

a） 外标一点法：用一种已知浓度的标准溶液与被检液对比，测定被检溶液含量的定量方法；

b） 外标两点法：用两种浓度的标准溶液（或一种浓度、两种点样量）与被检液对比的定量方法。

5.3.2 内标法

选一种纯物质作为内标物，并准确称取其一定的量，加入被检液中，借助内标物的重量，求算被检液中某组分含量的定量方法。具体有以下两种：

a） 内标一点法：用含有内标物的一种浓度的标准液比对，测定含有内标物的被检液中某种组分含量的方法；

b） 内标两点法：在被检液和标准溶液中分别加入一定量的内标物，用两种浓度的标准（或一种浓度、两种点样量）与被检液对比的定量方法。

6 常用展开剂系统

6.1 墨水分析

常用的展开剂有以下几种：

a） S1 异戊醇：吡啶：浓氨水（1：1：1）；

b） S2 正丁醇：乙醇：浓氨水：吡啶（4：1：3：2）；

c） S3 苯酚：水（4：1）；

d） S4 正丙醇：浓氨水：水（3：2：2）；

e） S5 异戊醇：丙酮：水：浓氨水（25：25：15：0.02）；

f） S6 正丁醇：乙醇：水：冰醋酸（6：2：2：1）；

g） S7 正丁醇：丁酮：水：氨水（5：3：1：1）；

h） S8 正丁醇：浓氨水：水（4：1：1）；

i） S9 丁酮：正丁醇：水：无水乙醇（15：24：20：6）（蓝墨水）；

j） S10 异丙醇：正戊醇：水（6：11：3）（红墨水）；

k） S11 正丁醇：丙酮：水：浓氨水（5：3：1：1）（黑墨水）；

l） S12 正丁醇：乙醇：吡啶：浓氨水（4：1：2：3）（碳素墨水）。

6.2 油墨分析

常用的展开剂有以下几种：

a） S1 苯：四氢呋喃：冰醋酸（20：2.5：0.5）；

b） S2 苯：甲醇（19：1）；

c） S3 乙酸乙酯：异丙醇：冰乙酸：水（2：9：1：3）（圆珠笔油墨）；

d） S4 乙酸乙酯：异丙醇：水：冰乙酸（10：11：3：1）（圆珠笔油墨）；

e） S5 丁酮：异丙醇：氨水（8：30：15）（签字笔油墨）；

f） S6 丁酮：正戊醇：水（10：2：9）（签字笔油墨）；

g） S7 苯：甲醇（10：0.5）（印泥、印油）；

h） S8 环己烷：氯仿：二乙胺（4：1：1）（原子印油）。

6.3 爆炸物分析

6.3.1 雷汞、迭氮化铅以及三硝基间苯二酚的分析

常用的展开剂有以下两种：

a） S1 丙酮：浓氨水（3：1）；

b） S2 丙酮：1%醋酸铵（9：1）。

6.3.2 TNT、特屈儿、太安及黑索金的分析

常用的展开剂有以下几种：

a） S1 石油醚：丙酮(9：1)；

b） S2 石油醚：丙酮(4：1)；

c） S3 正己烷：苯(1：1)；

d） S4 正己烷：丙酮(7：3)；

e） S5 正己烷：丙酮(2：1)；

f） S6 苯：石油醚(4：1)。

6.4 油脂分析

油脂的展开剂一般选用弱极性的，常用的有以下几种：

a） S1 正己烷：乙醚(4：1)；

b） S2 苯：乙酸乙酯(9：1)；

c） S3 正己烷：乙酸乙酯(4：1)；

d） S4 正己烷：甲苯：醋酸(10：10：0.7)；

e） S5 庚烷：乙醚(4：1)(动、植物油)；

f） S6 庚烷：乙酸乙酯(4：1)(动、植物油)；

g） S7 四氯化碳：氯仿(15：1)(动、植物油)；

h） S8 乙醇：丙酮：氯仿(7：2：1)(矿物油)；

i） S9 乙醇：正己烷(7：3)(矿物油)；

j） S10 乙醇：丙酮(7：3)(矿物油)。

6.5 纤维上染料的分析

常用的展开剂有以下几种：

a） S1 乙酸乙酯：冰乙酸：环己烷(17：20：4)(分散染料)；

b） S2 正己烷：乙酸乙酯：丙酮(5：4：1)(分散染料)；

c） S3 乙酸乙酯：冰乙酸：水(10：3：2)(酸性染料)；

d） S4 正丁醇：乙醇：水：冰乙酸(6：1：2：0.5)(酸性染料)；

e） S5 四氢呋喃：乙醇：冰乙酸(17：10：5)(阳离子染料)；

f） S6 丁酮：正丁醇：水(3：3：1)(阳离子染料)；

g） S7 乙酸乙酯：甲醇：水(15：5：6)(直接染料)；

h） S8 异丙醇：乙酸乙酯：水(35：6：12)(直接染料)；

i） S9 丙酮：乙酸乙酯：水：冰乙酸(36：6：9：1.5)(活性染料)；

j） S10 异丙醇：乙酸乙酯：水(35：5：12)(活性染料)；

k） S11 乙酸丁酯：吡啶：水(17：21：12)(还原染料)；

l） S12 氯仿：四氢呋喃：乙酸丁酯：冰乙酸 (3：3：4：5)(还原染料)；

m） S13 丙酮：乙酸乙酯：水：离子对(15：20：10：0.68)(硫化染料)；

n） S14 异丙醇：甲醇：水：氨水(24：18：16：3)(硫化染料)；

o） S15 环己烷：乙酸乙酯：丙酮(25：20：6)(冰染染料)；

p） S16 环己烷：乙酸乙酯：冰乙酸(17：20：4)(冰染染料)。

7 结果表述

7.1 薄层色谱的检验报告应提供检材中至少含有的组分数目、颜色(白光和紫外光下)以及它们的 R_f 值。

7.2 检材与比对样品同时在三种不同类型的展开剂中(最好为中性、酸性、碱性)进行层析，若斑点的数目、颜色和 R_f 值均相同，则可以认为相同。

7.3 检材与比对样品同时在三种不同类型的展开剂中（最好为中性、酸性、碱性）进行层析，若主要斑点的数目、颜色和 R_f 值相同，次要斑点数目不同，但颜色无明显差异，且大部分 R_f 值相同，则可认为相近。

7.4 检材与比对样品同时在三种不同类型的展开剂中（最好为中性、酸性、碱性）进行层析，若主要斑点数目不同或主要斑点颜色有明显差异或 R_f 值也有差异，或者次要斑点在颜色上有明显差异，则认为不同。

ICS 13.310
A 92

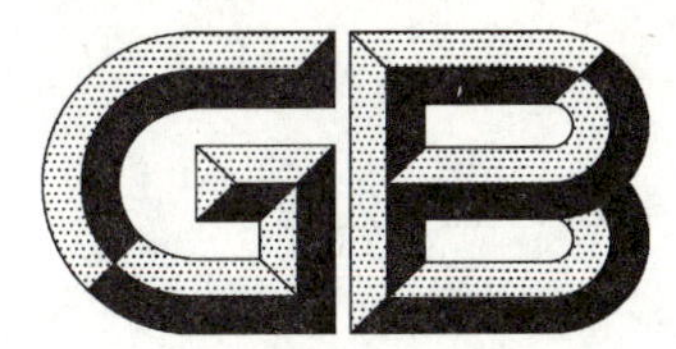

中华人民共和国国家标准

GB/T 19267.10—2008
代替 GB/T 19267.10—2003

刑事技术微量物证的理化检验 第10部分:气相色谱法

Physical and chemical examination of trace evidence in forensic sciences—Part 10:Gas chromatography

2008-08-14 发布 2009-03-01 实施

中华人民共和国国家质量监督检验检疫总局
中国国家标准化管理委员会 发布

前　言

GB/T 19267《刑事技术微量物证的理化检验》分为12个部分：

——第1部分：红外吸收光谱法；

——第2部分：紫外-可见吸收光谱法；

——第3部分：分子荧光光谱法；

——第4部分：原子发射光谱法；

——第5部分：原子吸收光谱法；

——第6部分：扫描电子显微镜/X射线能谱法；

——第7部分：气相色谱-质谱法；

——第8部分：显微分光光度法；

——第9部分：薄层色谱法；

——第10部分：气相色谱法；

——第11部分：高效液相色谱法；

——第12部分：热分析法。

本部分为GB/T 19267的第10部分。

本部分代替GB/T 19267.10—2003《刑事技术微量物证的理化检验　第10部分：气相色谱法》。

本部分与GB/T 19267.10—2003相比主要变化如下：

——增加和修改了部分术语（本部分的3.1、3.2、3.6～3.8、3.19和3.21；GB/T 19267.10—2003的3.14）；

——修改了部分检材的处理方法（本部分和GB/T 19267.10—2003的6.2.1、6.2.2）。

本部分由中华人民共和国公安部提出。

本部分由全国刑事技术标准化技术委员会理化检验标准化分技术委员会（SAC/TC 179/SC 4）归口。

本部分起草单位：河北省公安厅。

本部分主要起草人：刘久华。

本部分所代替标准的历次版本发布情况为：

——GB/T 19267.10—2003。

刑事技术微量物证的理化检验
第10部分:气相色谱法

1 范围

GB/T 19267的本部分规定了气相色谱的检验方法。

本部分适用于刑事技术领域中微量物证的理化检验,其他领域亦可参照使用。

2 规范性引用文件

下列文件中的条款通过GB/T 19267的本部分的引用而成为本部分的条款。凡是注日期的引用文件,其随后所有的修改单(不包括勘误的内容)或修订版均不适用于本部分,然而,鼓励根据本部分达成协议的各方研究是否可使用这些文件的最新版本。凡是不注日期的引用文件,其最新版本适用于本部分。

GB/T 4946 气相色谱法术语

GB/T 13966 分析仪器术语

3 术语和定义

GB/T 4946和GB/T 13966中确立的以及下列术语和定义适用于本部分。

3.1

色谱法 chromatography

利用混合物中各组分在流动相和固定相两相中溶解、解析、吸附、洗脱,或其他亲和作用性能的差异,当两相相对运动时,使各组分在两相中反复多次受到上述各作用力而得到互相分离的方法。

3.2

气相色谱法 gas chromatography

用气体做流动相的色谱法称为气相色谱法。

3.3

死时间 dead time

t_M

不被固定相滞留的组分,从进样到出现峰最大值所需的时间。

3.4

保留时间 retention time

t_R

被分析组分从进样开始到柱后出现峰最大值的时间。

3.5

调整保留时间 adjusted retention time

t'_R

某组分的保留时间与死时间之差,按下列公式计算:

$$t'_R = t_R - t_M$$

3.6

死体积 dead volume

V_M

色谱柱在填充后柱管内固定相颗粒间所剩余的空间、色谱仪管路与连接头间的空间以及检测器的空间体积的总和。

3.7

保留体积　retention volume

V_R

流动相携带样品进入色谱柱，从进样开始出现峰最大值时所通过的流动相体积。

3.8

调整保留体积　adjusted retention volume

V'_R

某组分的保留体积与死体积之差，按下列公式计算：

$$V'_R = V_R - V_M$$

3.9

相对保留值　relative retention time

$r_{1,2}$

在相同操作条件下，组分与参比组分的调整保留值之比，按下列公式计算：

$$r_{1,2} = t'_{R1}/t'_{R2} = V'_{R1}/V'_{R2}$$

式中：

V'_{R1}——组分 1 的调整保留体积；

V'_{R2}——组分 2 的调整保留体积。

3.10

保留指数　retention index

I

定性指标的一种参数。通常以色谱图上位于待测组分两侧的相邻正构烷烃的保留值为基准，用对数内插法求得。每个正构烷烃的保留指数规定为基碳原子数乘以 100，按下列公式计算：

$$I = 100\left[Z + \frac{\log V'_{R(i)} - \log V'_{R(Z)}}{\log V'_{R(Z+1)} - \log V'_{R(Z)}}\right]$$

式中：

$V'_{R(Z)}$——组分 i 色谱峰前出现的具有 Z 碳数的正构烷烃的保留体积；

$V'_{R(Z+1)}$——组分 i 色谱峰后出现的具有 $Z+1$ 碳数的正构烷烃的保留体积。

3.11

保留指数差　difference of retention index

ΔI

化合物 X 在某一固定液 S 上测得的保留指数，减去 X 在角鲨烷固定液上得到的 $I^{X}_{角鲨烷}$，称作 X 化合物在 S 固定液上的保留指数差 ΔI^{X}_{S}。

3.12

柱效能　column efficiency

色谱柱在色谱分离过程中主要由动力学因素(操作参数)所决定的分离效能。通常用理论塔板数、理论塔板高度或有效塔板数表示。

3.13

理论塔板数　number of theoretical plate

表示柱效能的物理量。常用符号 n 表示，可由下式计算：

$$n = 5.54(t_R/W_{h/2})^2$$

式中：

$W_{h/2}$——半高峰宽，以时间 min 表示；

t_R——保留时间。

3.14

载气平均线速　mean linear velocity of carrier gas

μ

载气沿色谱柱轴向移动的平均速度，按下列公式计算：

$$\mu = L/t_M$$

L——色谱柱长，单位为米(m)。

3.15

基线　baseline

在正常操作条件下，仅有载气通过检测器系统时所产生的响应信号的曲线。

3.16

基线漂移　baseline drift

基线随时间定向的缓慢变化。

3.17

基线噪音　baseline noise

N

由于各种因素所引起的基线波动。

3.18

校正因子　correction factor

f

相对响应值的倒数，它与峰面积的乘积正比于物质的量。

3.19

检测限　detectability

D

随单位体积的载气或在单位时间内进入检测器的组分所产生的信号等于基线噪音二倍时的量，用下式表示：

$$D = 2N/S$$

式中：

N——噪声，单位为毫伏(mV)或安(A)；

S——检测灵敏度，单位为毫伏毫升每毫克(mV·mL/mg)。

3.20

线性范围　linear range

检测信号与被测物质的量呈线性关系的范围。

3.21

程序升温　programmed temperature

进行色谱分析时，开始的柱温低，终止时的柱温高，称为程序升温。柱温由开始至终止期间，升温速度无变化的称为线形程序升温，否则称为非线性程序升温或多阶程序升温。

4　原理

4.1　直接气相色谱法

是一种直接进样的方法。被测混合组分直接注入气相色谱，在分析条件下，通过色谱柱达到分离，最后经检测获得气相色谱图，从而对其进行定性和定量分析。

4.2 裂解气相色谱法

高分子材料及非挥发性有机化合物在惰性气体环境中高温裂解，生成与物质结构相关联的有特征的低分子裂解产物，并在气相色谱仪内实现分离，从而达到定性、定量分析的目的。

4.3 顶空气相色谱法

对密封系统中与液体(或固体)试样处于热力学平衡状态的气相组分进行气相色谱分析。这是间接测定试样中挥发性组分的一种方法。

4.4 热脱附气相色谱法

利用吸附管低温冷阱装置，吸附或富集经惰性气体流提取的固体、液体介质中的挥发物或者气态物质，并通过加热方式将挥发物转移到气相色谱仪中进行分析的一种方法。

5 仪器

5.1 仪器名称

气相色谱仪，一般可分为填充柱和毛细管柱两种。现代气相色谱仪均采用毛细管柱。

5.2 仪器组成

由载气源压力及流量控制系统、进样系统、色谱柱及柱箱控温系统、检测系统和记录及数据处理系统组成。

5.3 进样系统

5.3.1 构成

进样系统由衬管、隔膜、加热装置和气路系统构成。可以把裂解气相色谱仪的裂解器，顶空气相色谱仪的顶空装置和热脱附气相色谱的热脱附装置看作为附加的特殊进样系统。

5.3.2 裂解器

裂解器由裂解头和裂解温度、时间控制单元组成，有三种类型的裂解器：

a) 热丝(带)裂解器：电流通过负载样品的电阻丝(或带)，通过电能的消耗加热样品，达到裂解；

b) 居里点裂解器：当铁磁性材料处于一个高频电源产生的电磁场中，铁磁体吸收射频能量迅速升温，达到居里点温度使样品裂解；

c) 管式炉裂解器：外部的电炉连续加热到设定的温度，然后借助推杆把装载样品的铂舟推入固定热区，使样品裂解。

5.3.3 顶空装置

由恒温槽、样品盘、传输线及控制系统组成。

5.3.4 热脱附装置

由样品吸附管、冷阱、快速加热系统、传输线及控制系统组成。

5.4 色谱柱及柱箱控温系统

5.4.1 气相色谱柱

5.4.1.1 填充柱

填充柱有两种：

a) 不锈钢柱：化学稳定性高，质地坚固，使用方便；

b) 玻璃柱：特别适用于高沸点、强极性样品的微量分析。

5.4.1.2 毛细管柱用固定液涂渍

柱内径细，柱子长，具有高灵敏度和高分辨率的优点，适于复杂体系中微量组分的分析。

5.4.2 柱箱控温系统

由柱箱和温度控制装置组成。柱温是气相色谱最重要的分离操作条件之一，它直接影响色谱柱柱效、分离选择性、检测灵敏度和稳定性。要求柱箱内温度分布均匀，箱内各处温差不能超过±0.5 ℃，控制精度在±0.1 ℃以内。

5.5 检测系统

5.5.1 热导检测器(TCD)

根据每种物质都具有导热能力,气体组成不同则导热能力不同。利用金属热丝具有热敏电阻的特性,将电阻的变化转换为电信号检测。

5.5.2 氢火焰离子化检测器(FID)

利用有机化合物在火焰中发生化学电离,并在电场中形成离子电流而被检测。它是一种质量型检测器。

5.5.3 电子捕获检测器(ECD)

载气被β放射源电离并在电极之间形成基流。当含有较大电负性原子或基团的化合物存在时俘获了电子,使基流降低,产生电信号被检测。ECD有很高的检测灵敏度。

5.5.4 氮磷检测器(NPD)

当有卤素、氮、磷化合物在火焰里燃烧时,由于增加离子化的过程,使电流强度大为增加。这是一种选择性质量型检测器。

5.5.5 火焰光度检测器(FPD)

硫、磷化合物在富氢火焰中燃烧时发射特征波长的光,后者被光电倍增管接收,转换为电信号而被检测。这是一种高选择性、高灵敏度的质量型检测器。

5.6 记录和数据处理系统

专用于色谱数据处理的工作站或计算机色谱数据处理软件。

5.7 载气源压力和流量控制系统

手动压力阀调节柱前压和流量系统逐渐被程序化全气路控制系统所代替,后者包括电子程序压力控制、电子程序流量控制、电子程序线速度控制以及恒压/恒流操作控制。

5.8 基线噪声、检测限、线性范围

5.8.1 基线噪声

基线波动的幅度低于整个量程的0.5%。

5.8.2 检测限

每种色谱仪检测器均有各自的检测限。热导检测器:能检出10^{-6}级组分;氢火焰离子化检测器:能检出10^{-9}级组分;电子捕获检测器:能检出10^{-12}级组分;氮磷检测器:能检出10^{-12}级组分;火焰光度检测器:能检出10^{-9}级组分。可根据被测组分的性质来选择适当的检测器。

5.8.3 线性范围

色谱仪线性范围受不同检测器性能所决定,反映检测器对样品不同浓度的适应能力。热导检测器:10^4;氢火焰离子化检测器:10^7;电子捕获检测器:10^8;氮磷检测器:10^4(P)、10^5(N);火焰光度检测器:10^5(P)、10^3(S)。

6 试样制备

6.1 试剂和比对样品

6.1.1 试剂

所用试剂应为分析纯,最好为色谱纯。

6.1.2 比对样品

比对样品的纯度应优于90%。

6.2 检材处理和样品制备

6.2.1 动、植物油脂检材

用乙醚提取动、植物油脂及人体脂肪油斑迹。对较脏的提取液,应离心取上清液分析。对乙醚提取液中的油脂进行裂解甲基化试剂处理,抽取乙醚提取液200 μL于带塞试管内,加入同体积裂解甲基化试剂[将25%(*W/W*)四甲基氢氧化铵水溶液(TMAH)与甲醇按1:50比例(*V/V*)配成溶液],振摇半分钟,便可直接注入气相色谱仪内分析。检材提取液浓度应控制在mg/mL级。

6.2.2 轻质矿物油检材

轻质矿物油包括汽油、煤油、柴油及挥发性有机油料油。用乙醚或石油醚提取油斑迹或燃烧残留物,浓缩至一定浓度(必要时可用KD浓缩器浓缩)进行GC分析。也可进行顶空分析仪、热脱附仪及固相微萃取(SPME)气相色谱分析。

6.2.3 重质矿物油检材

重质矿物油包括各种机械油、润滑油、变压器油等及原油和沥青。用乙醚溶解提取上述重质矿物油,提取液浓缩至一定浓度进行气相色谱分析。

6.2.4 炸药检材

用丙酮或氯仿提取各种爆炸残留物,提取液浓缩至一定浓度,进行气相色谱分析。在检材比较复杂、残留量少的情况下,可先进行薄层色谱或固相萃取的预分离,然后再将提取液浓缩进行气相色谱分析。

6.2.5 粘合剂检材

水溶性粘合剂可用蒸馏水浸润后,与载体进行剥离并收集到载物片上,备检。附着在各种载体上的固体粘合剂微粒,用尖型手术刀在体视显微镜(10×1.5倍~10×4.0倍)下,进行分离,收集到载物片上备检。具体操作可参考相应裂解器的操作手册。

6.2.6 涂料、塑料、橡胶制品检材

常量橡胶制品可直接在体视显微镜(10×1.5倍~10×4.0倍)下,用尖型手术刀切成适当大小,备检。对于微小涂料颗粒,微量塑料、橡胶残留物,可采用专用的硬性胶纸(即水活化胶粘剂)提取,在体视显微镜下进行剥离,收集到载物片上备检。具体操作可参考相应裂解器的操作手册。

6.2.7 纤维检材处理和样品制备

由于各种纤维检材微小,易断,要用尖嘴镊子仔细将微小纤维搜集到干净的塑料袋中或夹于载物片中间,封紧。然后,在体视显微镜(10×1.5倍~10×4.0倍)下,用尖型手术刀切成适当大小备检。具体操作可参考相应裂解器的操作手册。

7 实验方法

7.1 实验步骤

7.1.1 接通载气气源,接通电源,开主机,设定载气流速或压力。

7.1.2 设定柱温、汽化室及检测器温度参数。温度平衡后,设定灵敏度范围、分析时间等参数,如FID检测器,还需打开燃气(氢气)、助燃气(空气)气源,点火。

7.1.3 待设定各项参数平稳后,按设定的程序运行基线,作相应的空白溶剂及标准样品测定,以检查仪器的灵敏度。然后进行检测,获得被分析物的气相色谱图。

7.1.4 分析测试结束后,应先降低柱温、汽化室及检测器温度,关闭主机及其他附属电源,最后关闭气源。

7.2 实验条件选择

7.2.1 固定液的选择

在气相色谱分析中,固定液的选择尤为重要。固定液按照极性强弱可分为非极性、弱极性、中等极性和强极性。目前应用最普遍的是麦克瑞诺(McReynolds)常数($\Sigma/\Delta I$)表示固定液的极性大小。根据被分析的化合物不同,可选择适宜的固定液。交联熔融石英毛细管柱现在已经被广泛应用并已商品化。因此毛细管柱的选择应按照被分析化合物而定。常用于微量物证检材分析的柱子是SE30(DB-1)和

SE54(DB-5)等。

7.2.2 填充柱选择

7.2.2.1 柱内径选择

因不同厂家仪器型号不同,填充柱柱内径一般在 2.0 mm～3.0 mm 之间,柱内径越窄,则柱效越高。

7.2.2.2 柱长选择

填充柱有 1.0 m、1.5 m、2.0 m、3.0 m 和 5.0 m 等规格。根据被分析物性质不同,通常选用 1.0 m～3.0 m 间柱长。

7.2.3 毛细管柱选择

7.2.3.1 柱内径选择

毛细管色谱柱的特点在于它的"空心性",又称为开管柱。毛细管柱内径一般分为 0.25 mm、0.32 mm、0.53 mm 和 0.75 mm 等规格。通常情况下柱内径越细,它的分离效率越高。因此,在分析复杂物质时,应选用 0.25 mm 或 0.32 mm 柱内径,反之亦然。

7.2.3.2 柱长选择

根据被分析物的不同,在使用 0.25 mm 或 0.32 mm 柱内径时,应选择柱长为 25 m～30 m;使用 0.53 mm 或 0.75 mm 柱内径时,应选择柱长为 10 m～20 m。

7.2.4 载气流速选择

根据被分析物及组成不同,应选择合适的填充柱和毛细管柱载气流速。在实际分析中用氮气作载气时,常用载气线速度为:填充柱 8 cm/s;毛细管柱 16 cm/s。

7.2.5 柱温选择

应根据样品沸点范围选择柱温。目前,常采用恒温和程序升温两种方式。

7.2.6 检测器选择

应根据被分析物性质不同,选择适宜的色谱检测器。一般的原则是,热导检测器:对所有化合物均有响应;氢火焰离子化检测器:适用于有机物分析;电子捕获检测器:适用于卤素、氧和氮等含电负性较大元素化合物的分析;氮磷检测器:只对含氮、磷化合物有明显响应值,适用于氮磷化合物分析;火焰光度检测器:适用于硫、磷化合物分析。

7.3 定性分析

7.3.1 色谱峰保留值定性

按化合物色谱峰的保留时间(t_R)或调整保留时间(t'_R)值作为定性依据。

7.3.2 同系物对数图(单柱)定性

同系物各组分可以通过作调整保留时间的对数与碳原子数、亚甲基数、沸点等的关系图进行定性。

7.3.3 保留指数 I 定性

按照计算的保留指数(I)值作为定性依据。

7.3.4 与其他仪器联用的定性分析

气相色谱本身在定性分析方法上有很大的局限性。应与其他分析仪器联用进行定性分析。常采用的是气相色谱-质谱(GC/MS)联用仪和气相色谱-傅立叶变换红外光谱(GC/FTIR)联用仪。

7.4 定量分析

7.4.1 归一化法

当样品中所有组分均能流出色谱柱并在检测器上产生响应信号时,利用定量校正因子由归一化法(即百分含量法)计算分析结果。

7.4.2 内标法

预先获得内标物与不同浓度的待测组分响应值之比和待测组分构成的浓度校准曲线,从含已知量内标物的样品色谱图上,求出样品中待测组分的含量。

7.4.3 外标法

外标法的标准物与待测物为同一化合物。由纯标准化合物获得浓度与相应峰面积的工作曲线，在相同色谱条件下插入分析未知物峰面积以获得待测物组分的含量。

7.5 分析误差

7.5.1 系统误差

系统误差是一种固定重复出现的误差。它与色谱仪选择不正确的分流比、衰减比或不纯的标样产生的误差以及在读取注射进样器刻度等引入的误差有关。

7.5.2 精密度

表示所测定数据的重现性的好坏。通常用偏差表示。在色谱法定量分析中，相对标准偏差要小于5%。

8 结果表述

将检材的色谱图与对照样品的色谱图(或标准色谱图)进行定性比较和/或定量测定后，给出检材与何种样品有相同或不同的成分以及含量范围的结论。

ICS 13.310
A 92

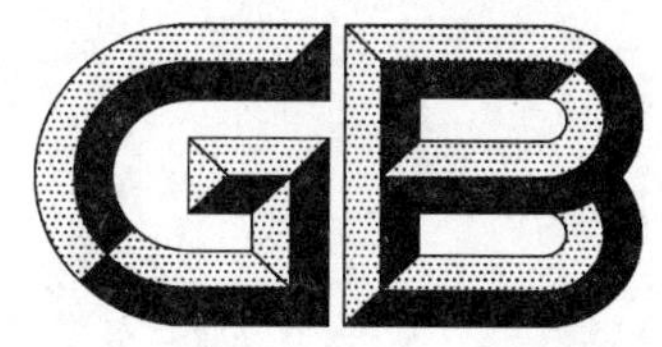

中华人民共和国国家标准

GB/T 19267.11—2008
代替 GB/T 19267.11—2003

刑事技术微量物证的理化检验 第11部分:高效液相色谱法

Physical and chemical examination of trace evidence in forensic sciences—Part 11:High performance liquid chromatography

2008-08-14 发布 2009-03-01 实施

中华人民共和国国家质量监督检验检疫总局
中国国家标准化管理委员会 发布

前　言

GB/T 19267《刑事技术微量物证的理化检验》分为12个部分：

——第1部分：红外吸收光谱法；

——第2部分：紫外-可见吸收光谱法；

——第3部分：分子荧光光谱法；

——第4部分：原子发射光谱法；

——第5部分：原子吸收光谱法；

——第6部分：扫描电子显微镜/X射线能谱法；

——第7部分：气相色谱-质谱法；

——第8部分：显微分光光度法；

——第9部分：薄层色谱法；

——第10部分：气相色谱法；

——第11部分：高效液相色谱法；

——第12部分：热分析法。

本部分为GB/T 19267的第11部分。

本部分代替GB/T 19267.11—2003《刑事技术微量物证的理化检验　第11部分：高效液相色谱法》。

本部分与GB/T 19267.11—2003相比主要变化有：

——对部分术语和定义进行了修改(见本部分和GB/T 19267.11—2003的第3章)；

——对仪器组成、技术参数进行了修改和补充(见本部分和GB/T 19267.11—2003的第5章)；

——对检材处理方法进行了修改(见本部分和GB/T 19267.11—2003的6.1)。

本部分由中华人民共和国公安部提出。

本部分由全国刑事技术标准化技术委员会理化检验标准化分技术委员会(SAC/TC 179/SC 4)归口。

本部分起草单位：云南省公安厅物证鉴定中心。

本部分主要起草人：李虹。

本部分所代替标准的历次版本发布情况为：

——GB/T 19267.11—2003。

刑事技术微量物证的理化检验
第11部分:高效液相色谱法

1 范围

GB/T 19267的本部分规定了高效液相色谱的检验方法。

本部分适用于刑事技术领域中微量物证的理化检验,其他领域亦可参照使用。

2 规范性引用文件

下列文件中的条款通过GB/T 19267的本部分的引用而成为本部分的条款。凡是注日期的引用文件,其随后所有的修改单(不包括勘误的内容)或修订版均不适用于本部分,然而,鼓励根据本部分达成协议的各方研究是否可使用这些文件的最新版本。凡是不注日期的引用文件,其最新版本适用于本部分。

GB/T 9008 液相色谱法术语 柱色谱法和平面色谱法

GB/T 13966 分析仪器术语

GB/T 14666 分析化学术语

3 术语和定义

GB/T 9008、GB/T 13966和GB/T 14666中确立的以及下列术语和定义适用于本部分。

3.1

高效液相色谱法 high performance liquid chromatography(HPLC)

采用高效色谱柱、高灵敏度检测器以及高压输液泵的液相色谱法,称高压液相色谱法或高速液相色谱法。与经典的液相色谱法相比,具有很高的柱效和分离能力,对难挥发、热不稳定、分子量大的高分子化合物及离子型化合物的分析极为有利。

3.2

超高效液相色谱法 ultra performance liquid chromatography(UPLC)

基于色谱理论范德米特(Van Deemeter)方程的理论基础,选用1.7 μm小颗粒分离的理论,降低相应的理论塔板高度,使分离度比高效液相色谱法色谱柱使用的填料5 μm颗粒分离度提高70%,柱效提高3倍,因而具有更强的分离能力,更快的分析速度和更高的灵敏度,可高灵敏度、快速分离复杂组分如天然产物或中草药及痕量的目标化合物。超高效液相色谱技术是今后高效液相色谱技术发展的趋势。

3.3

色谱图 chromatogram

色谱柱流出物通过检测器时所产生的响应信号对时间或对流动相流出体积的曲线图。

3.4

色谱峰 chromatographic peak

色谱柱流出组分通过检测器系统时所产生的响应信号的微分曲线。

3.5

峰高 peak height

峰的顶点到基线的距离。

3.6

峰面积　peak area

峰与峰基之间包围的面积。

3.7

分离度　resolution

两个相邻色谱峰的分离程度。数值上等于两个组分保留值之差与其平均峰宽值之比，用 R 表示，按下列公式计算：

$$R = 2 \times (t_{R_2} - t_{R_1}) / (W_1 + W_2)$$

式中：

t_R——保留时间；

W——峰宽。

3.8

响应值　response

组分通过检测器所产生的信号。

3.9

灵敏度　sensitivity

物质响应值随通过检测器的物质的量的变化率，用 S 表示，按下列公式计算：

$$S = \Delta R / \Delta Q$$

式中：

ΔQ——物质量的变化；

ΔR——响应信号的变化。

3.10

半高峰宽　peak width at half height

通过峰高的中点作平行于峰底的直线，此直线与峰两侧相交两点之间的距离。常用符号 $W_{h/2}$ 表示。

3.11

压力梯度校正因子　pressure gradient correction factor

用以校正色谱柱中由于流动相的可压缩性所产生的压力梯度的因子，用 j 表示，按下列公式计算：

$$j = 3/2 \times [(P_i/P_o)^2 - 1]/[(P_i/P_o)^3 - 1]$$

式中：

P_i——柱入口压力，单位为兆帕（MPa）；

P_o——柱出口压力，单位为兆帕（MPa）。

3.12

反相液相色谱法　reversed-phase liquid chromatography

固定相极性比流动相极性弱的液相色谱法。

3.13

正相液相色谱法　normal-phase liquid chromatography

固定相极性比流动相极性强的液相色谱法。

3.14

梯度洗脱　gradient elution

间断或连续地变更流动相组成。

4　原理

高效液相色谱法是以高压下液体为流动相的液相柱色谱法。它包括多种分离模式，如液-液分配色谱、液-固吸附色谱、离子交换色谱、亲和色谱、凝胶或尺寸排阻色谱、电泳等。与经典液相柱色谱相比，它具有高效、快速和灵敏的特点，可以分离不可挥发而具有一定溶解性的物质或热不稳定的物质。

5 仪器

5.1 高效液相色谱仪

5.1.1 仪器组成

高效液相色谱仪由五部分组成:输液系统、进样系统、分离系统、检测系统以及数据处理系统。

5.1.2 色谱柱

色谱柱是高效液相色谱仪的分离系统，按不同的分离原理，色谱柱可分为下列几种：

a) 液-液色谱法固定相:它的固定相为“化学键合固定相”，即把固定液(十八烷基、苯基、醚基、胺基、氰基等)通过化学键合的方法接在担体(多为硅胶)上。

b) 液-固吸附色谱法固定相:采用的吸附剂有硅胶、氧化铝、分子筛和聚酰胺等。

c) 离子交换色谱法固定相:有两种，即薄膜型离子交换树脂(薄壳玻珠为担体)和离子交换键合固定相(用化学反应将交换基团结合在惰性担体表面)。

d) 排阻色谱法凝胶色谱固定相:分软质凝胶、半硬质凝胶和硬质凝胶三大类。软质凝胶，如葡萄糖凝胶，琼脂糖凝胶等适合水作为流动相;半硬质凝胶，如苯乙烯-二乙烯基苯交联共聚凝胶，适用于非水溶剂作流动相;硬质凝胶，如多孔硅胶多孔玻珠等，不易受水或非水溶剂流动相溶剂系统的压力、流速、pH 值及离子强度的影响，适用于高流速的操作。

e) 离子对色谱:能解离的溶质及其对离子(即平衡离子)均能分别溶于水相中，但当二者结合成离子对后，只溶于有机相中。常用的离子有:烃基铵离子，如四丁基铵离子用于分离酸类;烃基磺酸基类，如庚烷磺酸钠用于分离儿茶酚胺类和表面活性剂，十二烷基磺酸用于分离有机胺类化合物。在正相和反相柱上均能实现。

5.1.3 检测器

5.1.3.1 紫外检测器(UVD)

目前应用最广泛的检测器，检测灵敏度高，线性范围宽，对流速和温度不敏感，线性范围 10^4，最小检测浓度达 10^{-10} g/mL。

5.1.3.2 二极管阵列检测器(DAD)

采用光电二极管阵列检测元件，可在 190 nm～800 nm 之间快速扫描获三维色谱-光谱图。DAD 灵敏度极高，对复杂试样的组分可同时进行多波长检测，并给出最佳定量结果。

5.1.3.3 荧光检测器(FD)

线性范围 10^3，最小检测浓度达 10^{-12} g/mL。凡有发出荧光的化合物，或经衍生后可产生荧光的化合物均可进行检测。

5.1.3.4 示差折光检测器(RID)

示差折光检测器又称折光指数检测器，线性范围 10^4，最小检测浓度达 10^{-7} g/mL。

5.1.3.5 蒸发光散射检测器(ELSD)

一种质量型检测器，用来检测不挥发性化合物，尤其对一些无紫外吸收或紫外末端吸收的化合物更具优越性。

5.1.3.6 电导检测器(ECD)

离子色谱中使用最广泛的检测器。采用两对电极测量水溶液中离子型溶质的电导，由电导的变化测定淋洗液中溶质浓度，灵敏度可达 10^{-8} g/mL，线性动态范围为 10^3。

5.1.3.7 其他检测器

除上述检测器外，还有电子捕获检测器(线性范围 10^2，最小检出浓度为 10^{-10} g/mL)以及红外吸收检测器、极谱检测器和放射性检测器等。

5.2 主要技术要求

5.2.1 色谱柱系粒径为 3 μm、5 μm 和 10 μm，最佳为 3 μm 填料（多孔物如硅胶、氧化铝、高分子的多孔小球或是表面多孔的物质如固体硅珠上化学键合一个薄薄的多孔层充填而成）。

5.2.2 输送流动相的泵最高输出压力应达 40 MPa～50 MPa。要求以恒流量泵输送液体，使保留时间保持不变。

5.2.3 根据被测样品的量配用相应的环管进样器，批量样品的分析，应尽可能使用自动进样器。

5.2.4 包括联接管路在内从进样阀到检测器应尽量减小柱外死体积，避免样品带的扩散而导致分离度的降低。

5.2.5 整个色谱仪器系统必须耐腐蚀、无表面吸附，常用不锈钢材料。另外，也有采用全塑料系统的，如聚四氟烯材料。

6 检材处理和样品制备

6.1 检材处理

在进行 HPLC 分析前，必须对被测样品进行处理。样品预处理是 HPLC 分析的重要部分，经样品预处理可相对除净损害色谱柱的物质，对试样进行预富集，消除与待测组分峰重叠的干扰组分，将待测组分转变为适于检测的形式，提高检测灵敏度和选择性。

使用 HPLC 分析的常见微量物证主要有：爆炸残留物中的炸药，纤维上的染料，化妆品，粘合剂中的防腐剂以及书写材料等。

检材应根据被测组分的理化性质和其基体情况进行必要的处理，当其基体并不太复杂，可直接浸泡提取、浓缩即可进行 HPLC 分析。如果基体比较复杂则根据杂质的性质采取液-液萃取、固相萃取、样品衍生化等预处理方法后进行 HPLC 分析。

6.2 样品制备

经过提取、净化和浓缩后的样品首先经 0.20 μm 或 0.45 μm 的滤膜过滤，然后在氮气流下吹干，再用本次实验的流动相溶解，获得透明澄清的样品溶液，否则还需再次过滤。

7 试验方法

7.1 分离方法的选择

7.1.1 根据试样的分子量、极性、溶解度、化学结构等选择合适的方法。

7.1.2 分子量在 200～2 000 之间，可用液-液分配色谱法或液-固吸附色谱法。

7.1.3 分子量大于 2 000，可用排阻色谱法。

7.1.4 溶于水并能离解的化合物（如有机酸、有机碱等），采用离子交换色谱或离子对色谱法。

7.1.5 溶于有机溶剂的强极性化合物，用正相液-液分配色谱法。

7.1.6 溶于有机溶剂的中等极性化合物，用反相液-液分配色谱法或液-固吸附色谱法。

7.2 色谱柱的选择

常规使用的分析柱管内径在 4 mm～8 mm。细管柱分析柱内径为 1 mm～2 mm。1 mm 以下的内径则用于毛细管分析柱。管的内径决定了色谱分离的流速和样品的载量。

色谱柱固定相的粒度通常有 3 μm、5 μm、7 μm、10 μm 等规格，常用的为 5 μm 或 10 μm。

在分离方法确定之后，根据具体化合物的类型选用适当的色谱柱。对于微量物证的检材，可采用反相或正相液-液分配色谱法，选择 C_8、C_{18} 烷基-硅胶键合固定相或者氨基、氰基-硅胶键合固定相色谱柱。

7.3 流动相的选择

7.3.1 流动相的组成

7.3.1.1 洗脱剂

能使试样溶解，并达到各组分分离的溶剂。

7.3.1.2 调节剂

调节保留时间的长短，改善试样组分的分离状态。常用的调节剂有醇、酮、酸、酯、醚和胺类等。

7.3.2 流动相的性质

7.3.2.1 强度

液固吸附色谱法中溶剂的强度是分离条件的首选参数。

7.3.2.2 极性

液-液分配色谱法中溶剂的极性是分离条件的首选参数。

正相色谱系统：选择非极性的溶剂作洗脱剂，如正庚烷、环己烷、正己烷等，用乙醇、三氯甲烷、异丙醇、四氢呋喃作调节剂。

反相色谱系统：选择水作洗脱剂，常用甲醇、乙腈作调节剂。

溶剂的极性由强到弱顺序为：水、甲醇、乙醇、乙腈、丙酮、异丙醇、乙酸乙酯、四氢呋喃、二氯甲烷、三氯甲烷、二氯乙烷、苯、乙醚、正庚烷、环己烷、正己烷。

7.3.2.3 pH 值

离子对色谱法中一般采用缓冲液作流动相，因为 pH 值直接影响流动相中离子的形成及离子对与固定相作用的程度，故要严格控制。

7.3.2.4 溶解性能

排阻色谱法中首先要考虑流动相对试样的溶解性能，为此，有时不得不选用黏度较大的溶剂，如乙醇、四氢呋喃、正己烷等作流动相。

7.3.3 流动相的选择要求

用流动相的溶剂纯度要高，不能引起柱效损失，不能与被分离的组分起反应，以避免保留时间变化。选择流动相应考虑溶剂的强度、极性、黏度、沸点、溶解度和 pH 值等因素。

7.4 仪器性能检查

7.4.1 初步检查

按照仪器的操作手册对仪器的性能进行详细检查。

7.4.2 输出压力

最高输出压力应达 40 MPa ~50 MPa。

7.4.3 流量精度

在 0.1 mL/min～10 mL/min 的范围内精度±1%。

7.4.4 基线噪声和漂移

低噪声的基线是呈绒毛状的平稳直线。漂移的大小是以一小时内连续测定信号的变化作为量度。

7.4.5 柱的性能

利用上一次实验的结果，计算分析柱的理论板数至少在 2 000 以上。

7.5 实验过程

7.5.1 流动相脱气

用作流动相的水和溶剂分别通过 0.45 μm 水相和有机相的滤膜，然后混合。除仪器本身附有脱气装置外，都需进行脱气。通常有两种，一为搅拌下真空抽气 10 min，一为超声浴中 15 min～20 min。

7.5.2 冲柱

检测前，都用本次实验的流动相以 1.0 mL/min 的流速，等度或梯度模式冲柱 15 min 以上，直到获得稳定的、低漂移的基线。

7.5.3 进样

通常用手动六通阀的环管进样(如罗达因阀，Rheodyne)。环管的体积是固定的，定量分析进样量范围为 0.5 μL～100 μL。非制备性的进样量一般为 1 μL～10 μL，可根据样品浓度选择合适的进样量。

7.6 定性分析

在特定的色谱条件下(流动相组成、色谱柱、柱温等不变),被测化合物与标样的保留值一致,可以初步认为被测化合物与标样相同。若流动相组成经多次改变后,被测化合物的保留值均与标准样的保留值相一致,就能够进一步证明被测化合物与标准样为同一化合物。

7.7 定量分析

7.7.1 归一化法

7.7.1.1 校正因子测定

基于等量的不同物质在同一检测器上的响应值不同,故需要引入校正因子。

准确称取一定量的被测组分纯品和标准物,混合均匀后溶于合适的溶剂或者分析所用的流动相中。分别测得相应的峰面积,按下述公式计算各被测组分的校正因子:

$$f'_i = f_i / f_s = (W_i \times A_s)/(W_s \times A_i)$$

式中:

f'_i——组分 i 的相对校正因子;

f_i——组分 i 的绝对校正因子;

f_s——标准物 s 的绝对校正因子;

W_i——组分 i 的量;

A_i——组分 i 的峰面积;

W_s——标准物 s 的量;

A_s——标准物 s 的峰面积。

7.7.1.2 归一化的含量计算

在相同的分析条件下,试样中全部组分都显示出色谱峰时,测量的全部峰面积经相应的校正因子修正并归一化,按下式获得每个组分的百分含量:

$$C_i(\%) = A_i f_i / (A_1 f_1 + A_2 f_2 + A_3 f_3 + \cdots + A_n f_n) \times 100\%$$

式中:

C_i——i 组分的百分含量;

A_i——i 组分在试样实测时获得的峰面积。

7.7.2 外标法

使用与待测组分同质的纯品配制成具有梯度浓度的标准溶液,建立标准溶液与其相应的响应值(峰面积)的校准曲线。在相同的分析条件下,准确注射相同体积的试样并测出峰面积,然后从校准曲线上求得量。

7.7.3 内标法

选择一个合适的纯品作为内标物,它的性质与被测组分相近但与被分析体系中所有组分完全分离。准确称取一定量的被测组分纯品与内标物,分别溶于合适的溶剂或者分析所用的流动相中,并配制成一定浓度的贮液。将被测组分的贮液配制成具有梯度浓度的标准溶液,并使每种标准溶液含有等量的内标物。建立被测组分和等量内标物的面积比与被测组分浓度的校准曲线。在相同的分析条件下注射相同体积,内含等量内标物的试样,测出二者的面积比,然后从校准曲线上求得量。

8 结果表述

检材谱图与比对样品谱图或标准谱图进行定性比较或定量测定后,给出检材与何种比对样品成分相同或不相同,以及含量范围的结论。此外,还应注明检测条件。

ICS 13.310
A 92

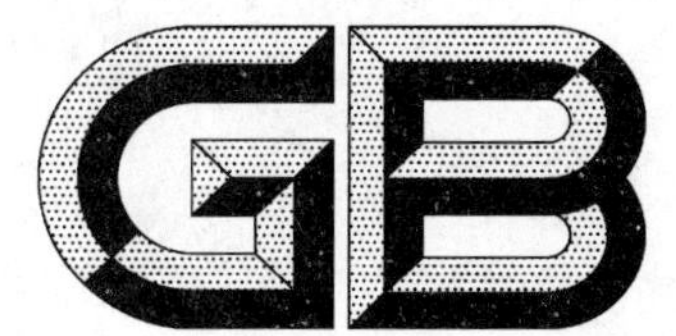

中华人民共和国国家标准

GB/T 19267.12—2008
代替 GB/T 19267.12—2003

刑事技术微量物证的理化检验 第12部分:热分析法

Physical and chemical examination of trace evidence in forensic sciences—Part 12: Thermoanalysis

2008-08-14 发布　　　　2009-03-01 实施

中华人民共和国国家质量监督检验检疫总局
中国国家标准化管理委员会　发布

前　言

GB/T 19267《刑事技术微量物证的理化检验》分为12个部分：

——第1部分：红外吸收光谱法；

——第2部分：紫外-可见吸收光谱法；

——第3部分：分子荧光光谱法；

——第4部分：原子发射光谱法；

——第5部分：原子吸收光谱法；

——第6部分：扫描电子显微镜/X射线能谱法；

——第7部分：气相色谱-质谱法；

——第8部分：显微分光光度法；

——第9部分：薄层色谱法；

——第10部分：气相色谱法；

——第11部分：高压液相色谱法；

——第12部分：热分析法。

本部分为GB/T 19267的第12部分。

本部分代替GB/T 19267.12—2003《刑事技术微量物证的理化检验　第12部分：热分析法》。

本部分与GB/T 19267.12—2003相比主要变化有：

——对部分术语和定义进行了修改(本部分和GB/T 19267.12—2003的3.5、3.7、3.8)；

——对程序温度控制系统部分进行了补充和修改(本部分和GB/T 19267.12—2003的5.1.1)；

——对数据处理装置与记录显示系统部分进行了修改(本部分和GB/T 19267.12—2003的5.1.3)；

——对有载体的检材部分进行了补充(本部分和GB/T 19267.12—2003的6.1.2.2)；

——对试样量部分进行了补充修改(本部分和GB/T 19267.12—2003的7.1.4)；

——对坩埚选择部分进行了修改(本部分和GB/T 19267.12—2003的7.1.6)；

——对结果表述部分进行了补充修改(本部分和GB/T 19267.12—2003的第8章)。

本部分由中华人民共和国公安部提出。

本部分由全国刑事技术标准化技术委员会理化检验标准化分技术委员会(SAC/TC 179/SC 4)归口。

本部分起草单位：公安部物证鉴定中心。

本部分主要起草人：陶克明。

本部分所代替标准的历次版本发布情况为：

——GB/T 19267.12—2003。

刑事技术微量物证的理化检验 第12部分:热分析法

1 范围

GB/T 19267 的本部分规定了热分析的检验方法。

本部分适用于刑事技术领域中微量物证的理化检验,其他领域亦可参照使用。

2 规范性引用文件

下列文件中的条款通过 GB/T 19267 的本部分的引用而成为本部分的条款。凡是注日期的引用文件,其随后所有的修改单(不包括勘误的内容)或修订版均不适用于本部分,然而,鼓励根据本部分达成协议的各方研究是否可使用这些文件的最新版本。凡是不注日期的引用文件,其最新版本适用于本部分。

GB/T 13966 分析仪器术语

3 术语和定义

GB/T 13966 中确立的以及下列术语和定义适用于本部分。

3.1

热分析 thermal analysis(TA)

在程序控制温度下,测量物质的物理性质与温度的关系的一类技术。

3.2

热重法 thermogravimetry(TG)

在程序控制温度下,测量物质的质量与温度关系的技术。

3.3

微商热重法 derivative thermogravimetry(DTG)

将热重法得到的热重曲线对温度或时间一阶微商的方法,即重量变化速率作为温度或时间的函数被连续记录下来。

3.4

差热分析法 differential thermal analysis(DTA)

在程序控制温度下,测量物质和参比物的温度差与温度关系的技术。

3.5

差示扫描量热法 differential scanning calorimetry(DSC)

在程序控制温度下,测量输入到物质和参比物的能量差与温度关系的技术。按测量方法可分为:功率补偿式差示扫描量热法(Power-Compensation differential scanning)和热流式差示扫描量热法(Heat-flux differential scanning calorimetry)。

3.6

同时联用技术 simultaneous techniques

在程序控制温度下,对一个试样同时采用两种或多种热分析技术。例如同时进行热重测量与差热分析。用缩写表示时,应在二者之间加一短线,例如 TG-DTA。

3.7

串联联用技术 coupled simultaneous techniques

在程序控制温度下,对一个试样同时采用两种或多种技术来进行分析,所用的仪器通过一个接口相连接。用缩写表示时，先进行测量者放在前面，例如差热分析与质谱法联用，缩写时以 DTA-MS 表示，热重分析法与质谱法联用以 TG-MS 表示，热重分析法与傅立叶红外光谱联用以 TG-FTIR 表示，热重分析法与气相色谱法联用以 TG-GC 表示等。

3.8

参比物 reference material

在试验的温区内没有热活性的物质。热分析中最常用的参比物是放入与试样用相同材质的空皿或是在皿中加入 α-Al_2O_3。

3.9

热效应 heating effect

物质在反应或转变过程中吸收或放出的热量。

4 原理

当试样置于温度控制的环境中时，在程序控制温度下，随着温度的变化，样品的物理性质或化学组成发生变化。使用合适的传感器，就可检测这些变化并转换成电信号，加以采集和分析，得出某物理参数随温度变化的曲线。

试样的物理参数很多，有热学、力学、声学、光学、电学和磁学等。因此热分析仪器也种类繁多，不同的热分析仪器测量不同的物理参数与温度的关系。例如热重法(或热天平)测量样品的质量随温度变化的曲线。在微量物证理化检验中应用最多的是差示扫描量热仪、差热分析仪和热天平。

5 仪器

5.1 组成

5.1.1 程序温度控制系统

现代热分析仪器通常由计算机及软件系统控制，使试样在一定的温度范围内进行等速升温、降温或恒温。可同时操作几台分析仪器，如：TG/DTA、DSC、TMA 等。

5.1.2 物理量检测放大单元

将试样的物理参数开环或闭环变换成电量，再加以放大。

5.1.3 数据处理装置与记录显示系统

数据处理装置与记录显示系统由打印机将物理量检测放大单元所输出的信号，进行计算机采样后的数学运算、分析和处理，运算结果由显示打印输出或记录下来。

5.2 检测仪器的选择

热分析仪器种类很多，检验不同试样或测量试样的不同物理参数时，应选择不同的热分析仪器。差热分析和差视扫描量热仪主要用于测量、鉴定样品的相变、纯度、比热容、熔点、熔融热、蒸发、升华等。热天平用于检验样品的热稳定性，鉴定样品中的水分、挥发物、灰分和各种添加剂。采用联用技术，例如 TG-DTA、DTA-MS、TG-MS、TG-FTIR、TG-GC 可同时测量样品的多种物理参数，为微量物证的鉴别提供可靠的依据。

不同型号的热分析仪器有不同的测量温度范围，一般分为低温、中温和高温三种类型。低温型仪器的范围为－200 ℃～600 ℃(73 K～973 K)；中温型仪器的温度范围为室温至 800 ℃(1 073 K)；高温型仪器的温度范围为室温至 1 500 ℃(1 773 K)。

5.3 校正

5.3.1 基线漂移

空白基线是样品坩埚和参比物坩埚内都不放物质时的基线；有的仪器采用在两个坩埚内同时放等量的参比物 α-Al_2O_3 时的基线。

不升温时的基线漂移为零漂；升温时的基线漂移为温漂。基线漂移可按仪器操作说明书中的“斜率调整”进行校正。

5.3.2 升温曲线

在记录空白基线的漂移和噪声的同时，记录由最低温度到最高温度范围内的升温曲线。升温曲线应该是一条光滑的曲线，如果升温曲线在摇摆的上升，应按照仪器操作说明书调节温度控制系统说明进行校正。

5.3.3 温度

5.3.3.1 DTA和DSC的温度校正

国际热分析和量热协会(ICTAC)确定10种标准物质作为DTA和DSC的温度校正标准物，见表1。

表1 DTA和DSC温度标准物质

单位为摄氏度

标准物质	平衡温度	出峰温度	峰顶温度
KNO_3	127.7	128±5	135±6
In	156.6	154±6	159±6
Sn	231.9	230±5	237±6
$KClO_4$	299.5	299±6	309±8
Ag_2SO_4	430	424±7	433±7
SiO_2	573	571±5	574±5
K_2SO_4	583	582±7	588±6
K_2CrO_4	665	665±7	673±6
$BaCO_3$	810	808±8	819±8
$SrCO_3$	925	928±7	938±9

5.3.3.2 热天平的温度校正

热天平的温度校正一般采用铁磁性物质的居里点温度，居里点温度是铁磁性物质加热到某一温度时导磁性能突然消失的这一点温度。表2列出8种铁磁性物质的居里点温度。

表2 热天平温度标准物质

标准物质	转变温度/℃
Monel	65
Alumel	163
Nickel	354
Numetal	393
Nicosal Deep Draw	438
Perkalloy	596
Iron	780
Hisat 50	1 000

5.3.3.3 热焓(Δ*H*)

热焓校正用的标准物质应选用可靠的、稳定的、纯粹的并具有已知热效应的物质。表3列出常用的热焓校正物质。

表 3 热焓校正标准物质

标准物质	转变温度/℃	ΔH/(J/g)
硬脂酸	69	198.88
苯甲酸	121.8	141.93
KNO_3	128	53.84
In	156.6	28.45
季戊四醇	187.8	322.82
Sn	231.9	59.50
$KClO_4$	299.8	99.23
Pb	327.4	22.92
Zn	419.5	102.24
LiBr	553	150.73
Al	659	397.35

5.4 仪器主要技术指标

仪器必须达到以下技术指标：

a) 温度准确性：±1 ℃；

b) 温度重现性：±0.5 ℃；

c) DSC 的 ΔH 准确性：±2%；

d) 热天平的质量准确性：±0.2%。

6 试样制备

6.1 试样的处理

6.1.1 液体样品

液体样品可直接放入坩埚内进行测试。

6.1.2 固体样品

6.1.2.1 无载体的检材

无载体的检材(如塑料、橡胶、泥土等)经过粉碎处理后，即可放入坩埚内进行测试。

6.1.2.2 有载体的检材

有载体的检材(如纤维上的染料、纸张上的油墨、金属或木材表面的油漆，纸张或木材表面的黏合剂等)应采用物理方法将待测试样从载体上刮取下来或用合适的溶剂将待测试样萃取出来，并将溶剂挥干。

6.2 固体试样的制备

大颗粒的固体试样必须事先进行粉碎。一般的固体试样研磨后的直径在 0.1 μm～0.5 μm 范围；纤维等试样则需用剪刀剪碎，越细越好。

6.3 比对样品的制备

比对样品应在与试样制备相同的条件下，用相同的方法制备。

7 试验方法

7.1 试验条件的确定

7.1.1 测量温度范围

起始温度通常为室温，终止温度一般选择在试样完成反应或转变过程后继续升温 50 ℃～100 ℃。

低温试验时，最低温度应低于转变温度 20 ℃。

7.1.2 升温速度

升温速度应根据样品的性质和试验目的确定，最常用的为 5 ℃/min、10 ℃/min 和 20 ℃/min。

升温速度影响 DTA 曲线和 DSC 曲线的形状、峰面积及相邻峰的分辨率。升温速度在20 ℃/min～30 ℃/min，峰面积增大，降低邻近两个峰的分辨率；升温速度在 5 ℃/min～10 ℃/min 时可以提高相邻峰的分辨率，但峰面积变得十分小，又不利于定量分析。对于几个连续失重过程的 TG 曲线，适当降低升温速度，如 2.5 ℃/min 甚至 1 ℃/min 提高分辨率有利于中间体的分离和鉴定。

7.1.3 炉内气氛

在静态空气下进行测量时，不需要启动气氛控制系统。在通空气或保护气体的情况下进行测量时，需要启动气氛控制系统。必须控制气体流量在 20 mL/min～100 mL/min。使用该系统必须考虑对 TG、DTA 及 DSC 的影响，以保证测试结果的重现性。

炉内气氛的改变对 TG 曲线的影响非常显著，炉内气氛对 TG 曲线的影响取决于反应类型、分解产物的性质及使用气体的分类。

在有气体组分放出或吸收的反应中，DTA 曲线和 DSC 曲线的出峰温度及形状也会受到炉内气体压力的影响。

7.1.4 试样量

热分析测试时试样量以少为宜。通常试样的量为每次 3 mg～5 mg。

7.1.5 试样的装填

每次试样应尽量装填一致、松紧适宜，以得到良好的重现性。试样装填越紧密，有利于热传导，温度滞后现象越小，但是不利于气氛与试样颗粒的接触，并阻碍分解出的气体产物扩散和逸出。

7.1.6 坩埚选择

铝坩埚是热分析中最常用的，如果测量终止温度较高或试样及分解产物与铝起反应时，须选用其他坩埚，常用的镍坩埚、铜坩埚、银坩埚、铂坩埚、陶瓷坩埚及氧化铝坩埚等。

7.2 试验步骤

通常，试验包括以下几个步骤：

a) 称量、装填试样和参比物：进行热重法测试时，试样不需另行称重，其他热分析仪器在测量有关热焓参数的情况下，在测试前试样必须进行称量；
b) 接通冷却水或启动冷却设备；
c) 启动气氛控制系统，调节控制气体流量；
d) 开通记录显示系统和数据处理装置；
e) 编辑测量温度范围和升温速度；
f) 启动分析程序，进行测量。

7.3 测量次数

在试样量充足的情况下，重复测试 3 次～5 次，检测测量结果的重现性。

7.4 定性分析

7.4.1 **DTA 曲线和 DSC 曲线**

由试验测得的 DTA 曲线和 DSC 曲线可以确定反应或转变过程的起始温度（T_i）、终止温度（T_f）和峰顶温度（T_p）。基线延长线与曲线起始边切线交点的温度称外推始点温度（T_e），T_e 的重复性较好，常以它作为特征温度。

不同试样在升温或降温过程中反应或转变的温度各不相同，测得的 DTA 曲线和 DSC 曲线中出峰温度、峰的形状和面积都有区别。根据 DTA 曲线和 DSC 曲线中峰的数目、形状、出峰的特征温度（T_e）及热效应是吸热还是放热等与对照样品的测试结果加以比对，可作为定性分析的依据。

7.4.2 TG曲线和DTG曲线

试样的TG曲线和DTG曲线与比对样品的测试结果加以比较，也可作为定性分析的依据。但TG与DTG有区别。TG曲线可以确定开始失重的温度及在升温过程中各阶段失重的百分数，但不易区分整个升温过程中各阶段失重变化的互相衔接和重叠；DTG曲线上能呈现出明显的最大值，以峰的最大值为界把失重阶段分成几个部分，并显示出重叠反应。

7.5 定量计算

7.5.1 热效应的计算

热效应的量值与DTA曲线和DSC曲线的峰面积成正比，由曲线峰面积计算热效应量值是广泛采用的方法，其关系式可表示为：

$$\Delta H = K \times A$$

式中：

ΔH——热量；

A——曲线峰的面积；

K——仪器校正系数，校正系数可通过测定已知热效应量值的标准物质求算。

峰面积的测算早期采用剪纸称重法或积分仪等。现在都通过数据处理装置，采用计算机测算，并在曲线上直接换算成ΔH显示记录。试样在反应或转变过程中的热效应是鉴定试样种类和纯度的重要依据。

7.5.2 试样中组分的定量计算

混合物中某一组分在其反应或转变过程中吸收或放出的热量(ΔH)与它在混合物中的百分含量成正比，因此由测试该试样中某组分的DSC曲线时所得的ΔH值与该组分的纯对照样品的ΔH值即可算出试样中某组分的百分含量。例如混纺制品中组成纤维的混纺百分比可用下式计算：

$$\text{试样中组分的百分含量} = \frac{\Delta H_{\text{试}}}{\Delta H_{\text{纯}}} \times 100\%$$

8 结果表述

根据试样的热分析曲线与已知比对样品的热分析曲线进行比较，根据样品的熔点、热焓、结晶温度、结晶热等参数的异同，可得到相同或不同的结论，或得出试样物质种类或不是某种物质的结论。

ICS 31.240
K 05

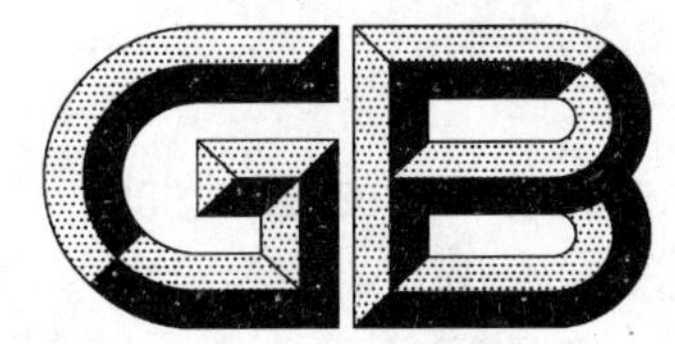

中华人民共和国国家标准

GB/T 19290.3—2008/IEC 60917-2-1:1993

发展中的电子设备构体机械结构模数序列 第2-1部分:分规范 25 mm设备构体的接口协调尺寸 详细规范 机柜和机架的尺寸

Modular order for the development of mechanical structures for electronic equipment practices—Part 2-1:Sectional specification—Interface co-ordination dimensions for the 25 mm equipment practice—Detail specification—Dimensions for cabinets and racks

(IEC 60917-2-1:1993,IDT)

2008-11-13 发布 2009-11-01 实施

中华人民共和国国家质量监督检验检疫总局
中国国家标准化管理委员会 发布

前　言

GB/T 19290《发展中的电子设备构体机械结构模数序列》分为如下5部分：

——第1部分：总规范；

——第2部分：分规范　25 mm设备构体的接口协调尺寸；

——第2-1部分：分规范　25 mm设备构体的接口协调尺寸　详细规范　机柜和机架的尺寸；

——第2-2部分：分规范　25 mm设备构体的接口协调尺寸　详细规范　插箱、机箱、背板、面板和插件的尺寸；

——第2-3部分：分规范　25 mm设备构体的接口协调尺寸　扩展的详细规范　插箱、机箱、背板、面板和插件的尺寸。

本部分为GB/T 19290的第2-1部分。

本部分等同采用IEC 60917-2-1:1993《发展中的电子设备构体机械结构模数序列　第2部分：分规范　25 mm设备构体的接口协调尺寸　第1篇：详细规范　机柜和机架的尺寸》(英文版)。

为了便于使用，本部分做了下列编辑性修改：

a)　“本篇”一词改为“本部分”；

b)　删除国际标准的前言；

c)　小数点“，”改为“.”；

d)　根据GB/T 1.1—2000规定，将表注改为表的脚注。

本部分由全国电工电子设备结构综合标准化技术委员会(SAC/TC 34)提出并归口。

本部分起草单位：中兴通讯股份有限公司、国网电力科学研究院、江苏天港箱柜有限公司、四方电气(集团)有限公司、国电南京自动化股份有限公司、中国船舶重工集团公司第七一五研究所。

本部分主要起草人：李波、殷宝剑、王蔚、张钰、巫振祥、张开国、吴蓓、郭建。

发展中的电子设备构体机械结构模数序列 第2-1部分:分规范 25 mm设备构体的接口协调尺寸 详细规范 机柜和机架的尺寸

1 范围

本部分是全部或部分用于所有按照分规范 GB/T 19290.2—2003 设计的装置和系统的电子领域的一个详细规范。

本部分表中的尺寸选自分规范 GB/T 19290.2—2003。保留了分规范中所有其他对本部分提供尺寸关系的有效尺寸,即保留了表1～表3中表示的协调尺寸 H_c、W_c 和 D_c 与尺寸 H_{c0}、H_{c1}、H_{c2},W_{c0}、W_{c1} 和 D_{c0}、D_{c1} 之间的尺寸差异。

本部分目的是,规范那些能够确保机柜或机架以及插箱安装具有机械互换性的尺寸。机柜和机架可以配置在一起以形成更大的工作单元。

具体机柜或机架的应用、连接件和附件(例如热交换器、控制单元、开关等),不作为本部分的组成部分。

2 规范性引用文件

下列文件中的条款通过 GB/T 19290 的本部分的引用而成为本部分的条款。凡是注日期的引用文件,其随后所有的修改单(不包括勘误的内容)或修订版均不适用于本部分,然而,鼓励根据本部分达成协议的各方研究是否可使用这些文件的最新版本。凡是不注日期的引用文件,其最新版本适用于本部分。

GB/T 19290.1—2003 发展中的电子设备构体机械结构模数序列 第1部分:总规范(IEC 60917-1[1]:1998,IDT)

GB/T 19290.2—2003 发展中的电子设备构体机械结构模数序列 第2部分:分规范 25 mm 设备构体的接口协调尺寸(IEC 60917-2:1992,IDT)

IEC 60917-2-2:1994 发展中的电子设备构体机械结构模数序列 第2部分:分规范 25 mm 设备构体的接口协调尺寸 第2篇:详细规范 插箱、机箱、背板、面板和插件的尺寸

3 配置概要

插箱和面板的细节见 IEC 60917-2-2:1994。带有插箱、面板和安装附件的机柜见图1。

---

1) IEC 60917-1:1998 已代替了 IEC 60916:1988、IEC 60917:1988 及其修改1和 IEC 60917-0:1989。在以后的条文中,如果出现上述被代替的标准,均以 IEC 60917-1 替换。

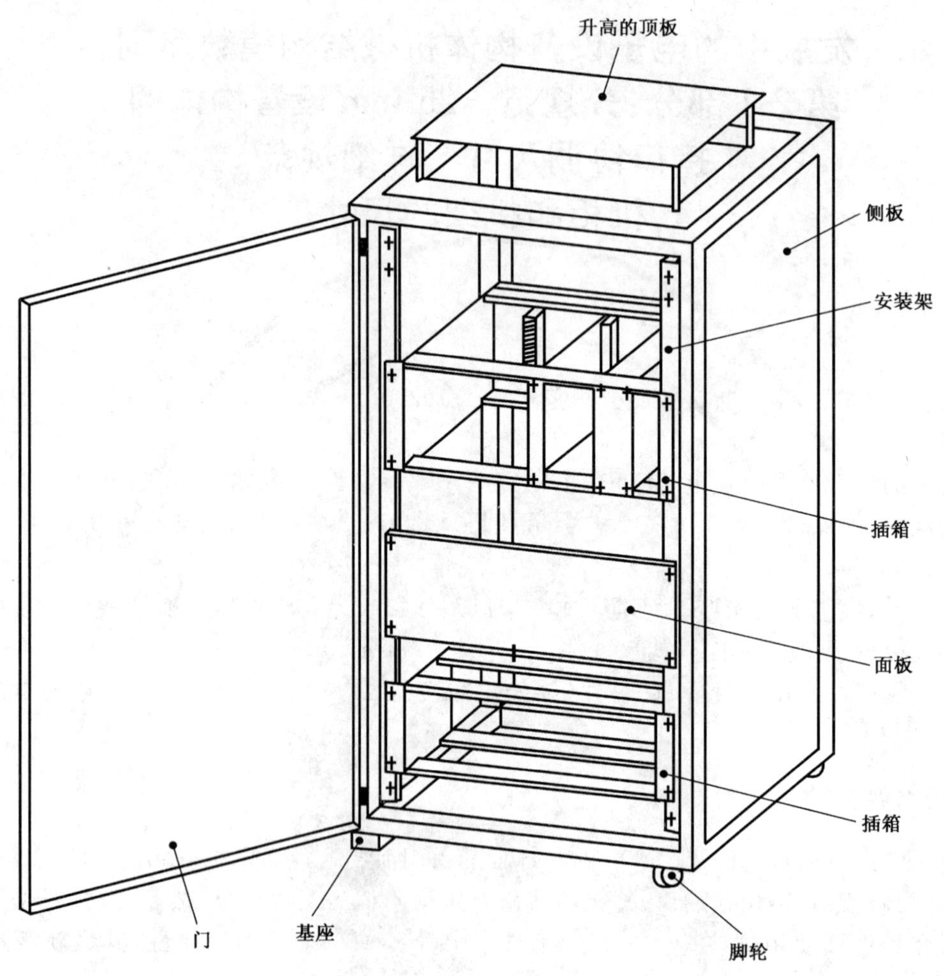

图 1 带有插箱、面板和安装附件的机柜示例

4 尺寸

机柜和机架的高度、宽度和深度尺寸从 GB/T 19290.2—2003 的相应表中获得(见 4.1.1.1)。

机柜和机架无需符合给出的图例,只需采用规定的尺寸。

对于未规定的尺寸和公差,制造厂可依据其要求自由选择。

4.1.3 中列出了机柜和机架的两种型式,以允许轻型(方案 1)和加强型(方案 2)这两种应用。

4.1 机柜

4.1.1 A 型机柜

A 型机柜的所有凸出部分,例如覆板、调整脚、常设的吊环等均在其外形尺寸之内。安装架的使用可以任选。

4.1.1.1 如果采用其他尺寸,这些尺寸应从 GB/T 19290.2—2003 中导出。在这种情况下,应保持表 1～表 3中的协调尺寸 H_c、W_c 和 D_c 与尺寸 H_{c0}、H_{c1}、H_{c2},W_{c0}、W_{c1}、W_{c2}、W_{c3},D_{c0}、D_{c1}之间的关系。

4.1.1.2 当采用安装架时,它们的优选深度位置按图 2 中局部放大Ⅱ。

其他的或附加的在优选位置前或靠近优选位置的安装架,以 25 mm 为格距($n \times mp1$)。

4.1.1.3 包括其公差在内的机柜尺寸 H_{c0}、W_{c0}和 D_{c0}应包含在协调尺寸 H_c、W_c 和 D_c 之内。

顶板
连接点螺孔
M6(用于插
箱、面板等)
n×25
(n+1)×位置
0.8
25
底板
I
A
Hc1
Hc2
Hc0
Hc
1
Wc2
Wc3
2
Wc1
Wc0
2
0.002×Hc0
A
(见4.1.1.3)
0.002×Hc0
A
(见4.1.1.3)
Dc
门或背板
附加的或可选的
安装架位置
(见4.1.1.2)
侧板
Dc1
Dc0
侧板
2
(见4.1.1.3)
II
门
Wc0
Wc
第1角投影
Wc3
Wc2
安装架优选
位置
(见4.1.1.2)
Dc1
50±2
Wc1
局部放大II
Hc2
Hc0
Hc1
基座
局部放大I
可选的

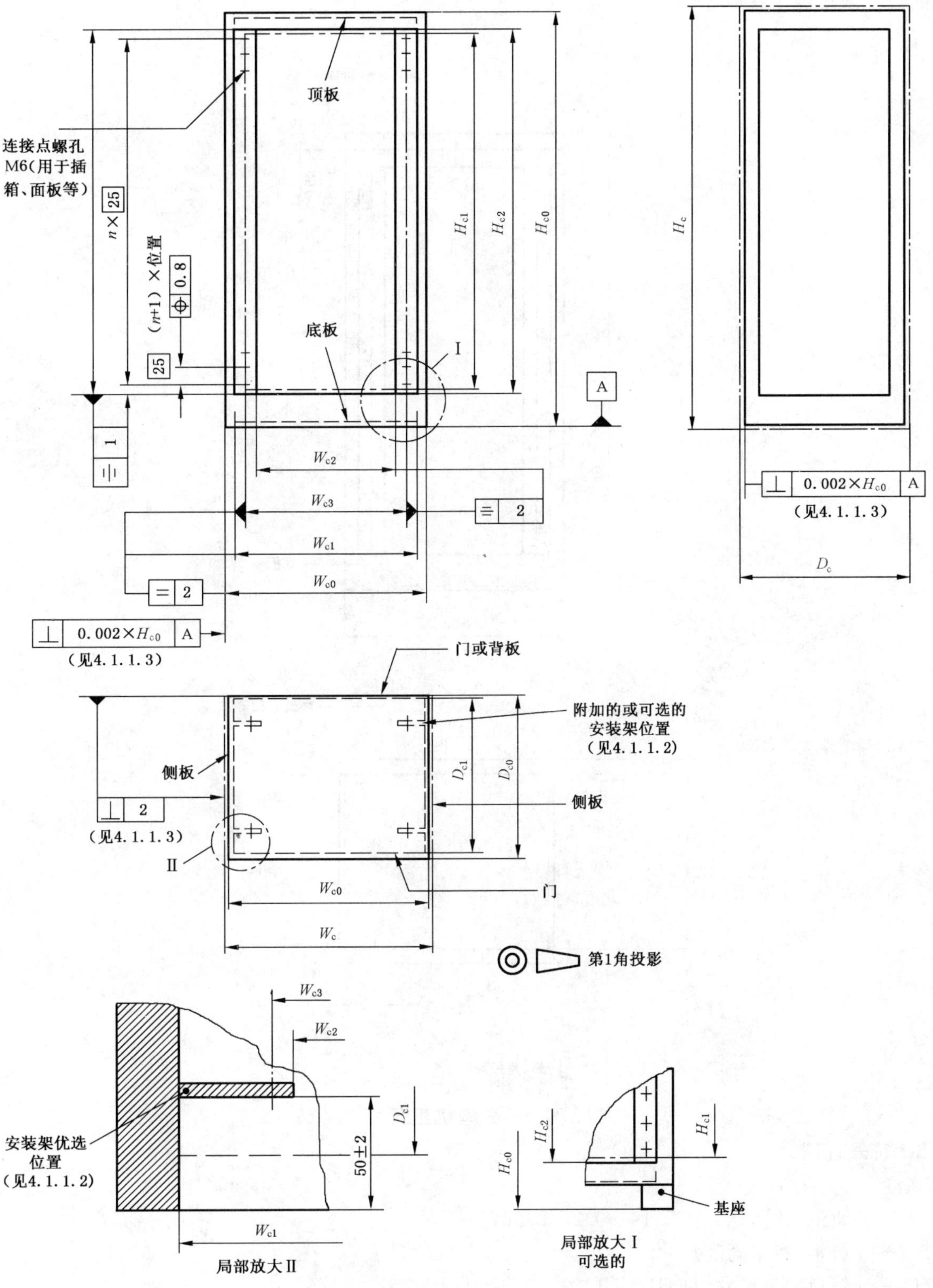

图2 A型机柜尺寸

4.1.2 **B型机柜**

B型机柜与A型机柜的区别是，覆板、门、铰链、把手等凸出部分允许超出高度 H_{c0} 和深度 D_{c0} 尺寸，其中的尺寸限值规定在图3中。

单位为毫米

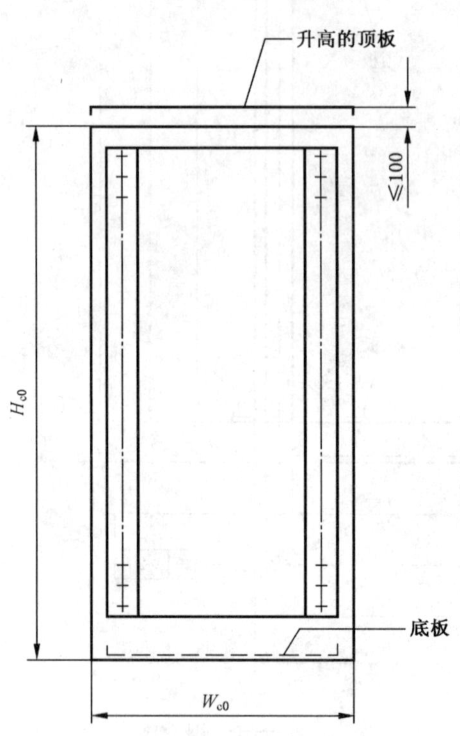

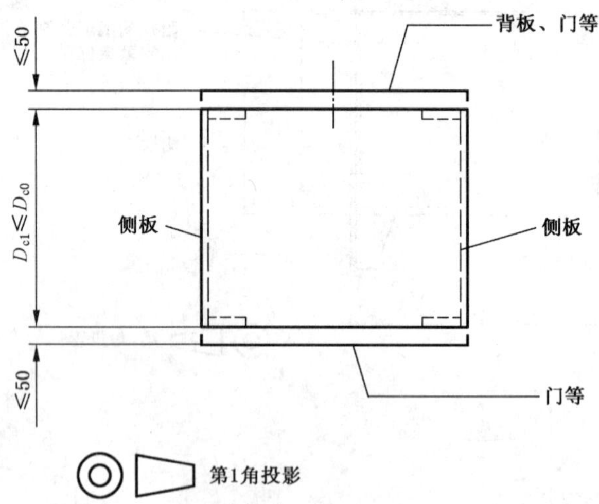

图3 **B型机柜尺寸**

4.1.3 **符号说明**

高度：

H_c——协调尺寸，见GB/T 19290.2—2003；

H_{c0}——机柜/机架高度尺寸；

H_{c1}——框口协调尺寸，见GB/T 19290.2—2003

$H_{c1} = H_c - 10 \times 25$(mm)；

H_{c2}——用于插箱和面板等安装的高度框口尺寸

$H_{c2} = H_c - 10 \times 25 + 2$(mm)(最小框口尺寸)。

宽度:

W_c——协调尺寸,见 GB/T 19290.2—2003;

W_{c0}——机柜/机架宽度尺寸;

W_{c1}——宽度安装框口尺寸:

$W_{c1}=W_c-2\times25$(mm)(方案 1 机柜);

$W_{c1}=W_c-4\times25$(mm)(方案 2 机柜)。

如果采用安装架,后部安装架的框口尺寸可按 $n\times5$(mm)的尺寸增量增加,直至 $W_{c1}=W_{c0}$;

W_{c2}——安装架之间的框口尺寸,见 IEC 60917-2-2:1994;

W_{c3}——插箱和面板的安装孔间距,见 IEC 60917-2-2:1994。

深度:

D_c——协调尺寸,见 GB/T 19290.2—2003;

D_{c0}——机柜/机架深度尺寸;

D_{c1}——深度框口尺寸:

$D_{c1}=D_c-2\times25$(mm)。

4.1.4 A 型和 B 型机柜一览表

A 型和 B 型机柜的高度、宽度和深度尺寸见表 1~表 3。

表 1 高度尺寸

单位为毫米

H_c[a]	800	1 000	1 200	1 400	1 600	1 800	2 000	2 200
$H_{c0}{}_{-5}^{0}$	800	1 000	1 200	1 400	1 600	1 800	2 000	2 200
H_{c1}	550	750	950	1 150	1 350	1 550	1 750	1 950
$H_{c2}\geqslant$	552	752	952	1 152	1 352	1 552	1 752	1 952

a 见 4.1.1.1。

表 2 a) 宽度尺寸(轻型机柜)

单位为毫米

W_c[a]	300	400	500	600	800	900	1 000	1 200
$W_{c0}{}_{-5}^{0}$	300	400	500	600	800	900	1 000	1 200
$W_{c1}{}_{0}^{+2}$	250	350	450	550	750	850	950	1 150
$W_{c2}\geqslant$[a]	依据插箱,见 IEC 60917-2-2:1994							
$W_{c3}\pm2$	依据插箱,见 IEC 60917-2-2:1994							

a 见 4.1.1.1。

表 2 b) 宽度尺寸(加强型机柜)

单位为毫米

W_c[a]	300	400	500	600	800	900	1 000	1 200
$W_{c0}{}_{-5}^{0}$	300	400	500	600	800	900	1 000	1 200
$W_{c1}{}_{0}^{+2}$[b]	200	300	400	500	700	800	900	1 100
$W_{c2}\geqslant$[a]	依据插箱,见 IEC 60917-2-2:1994							
$W_{c3}\pm2$	依据插箱,见 IEC 60917-2-2:1994							

a 见 4.1.1.1。

b 加强型机柜的宽度尺寸 W_{c1} 可按 $n\times5$(mm)的尺寸增量增加,直至 $W_{c1}=W_c-2\times25$(mm)。

表 3 深度尺寸

单位为毫米

D_c[a]	300	400	600	800	900
$D_{c0\ -5}$	300	400	600	800	900
$D_{c1}\geqslant$	250	350	550	750	850
[a] 见 4.1.1.1。					

4.2 机架

机架与机柜的不同之处在于它是没有门或覆板的一种敞开式结构，见 GB/T 19290.1—2003。机架的外形尺寸同 A 型机柜，见图 2 和 4.1.1。

5 内部接口尺寸

为保证诸如插箱等的互换性，应采用机柜或机架的内部尺寸 D_{c1}、W_{c1}、W_{c2}、W_{c3} 和 H_{c1}。

ICS 47.080
U 37

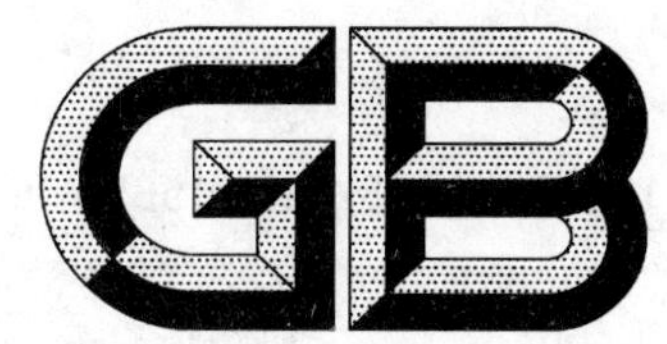

中华人民共和国国家标准

GB/T 19316—2008/ISO 15652:2003
代替 GB/T 19316—2003

小艇　小型舷内机喷水艇的遥控操舵系统

Small craft—Remote steering systems for inboard mini jet boats

(ISO 15652:2003,IDT)

2008-02-14 发布　　2008-09-01 实施

中华人民共和国国家质量监督检验检疫总局
中国国家标准化管理委员会　发布

前　言

本标准等同采用 ISO 15652:2003《小艇　小型舷内机喷水艇的遥控操舵系统》(英文版)。

本标准等同翻译 ISO 15652:2003。

为便于使用,本标准作了下列编辑性修改:

——“本国际标准”一词改为“本标准”;

——用小数点“.”代替作为小数点的“,”;

——删除国际标准的前言。

本标准代替 GB/T 15652—2003《小艇　小型舷内机喷水艇的遥控操舵系统》。

本标准与 GB/T 19316—2003 相比主要变化如下:

——对 ISO 标准的采用版本不同,GB/T 19316—2003 等同采用 ISO 15652:1998;

——增加引用文件 GB/T 1220—2007《不锈钢棒》,并保留 2003 版增加的注 1,以说明我国不锈钢牌号与其他国家牌号的关系;

——根据原文实际内容,将 5.5.2 最后一段移至 5.5。

本标准由中国船舶工业集团公司提出。

本标准由全国小艇标准化技术委员会归口。

本标准起草单位:中国船舶工业综合技术经济研究院。

本标准主要起草人:王俊。

本标准所代替标准的历次版本发布情况为:

——GB/T 19316—2003。

小艇　小型舷内机喷水艇的遥控操舵系统

1　范围

本标准规定了质量小于1 000 kg的除平底滑行艇(water scooter)外的所有小型舷内机喷水艇的遥控操舵系统的结构、操作和安装的最低要求。

2　规范性引用文件

下列文件中的条款通过本标准的引用而成为本标准的条款。凡是注日期的引用文件,其随后所有的修改单(不包括勘误的内容)或修订版均不适用于本标准,然而,鼓励根据本标准达成协议的各方研究是否可使用这些文件的最新版本。凡是不注日期的引用文件,其最新版本适用于本标准。

GB/T 17844—1999　小艇　遥控操舵系统(ISO 8848:1990,IDT)

GB/T 17845—1999　小艇　功率15 kW～40 kW舷外挂单机遥控操舵系统(ISO 9775:1990,IDT)

3　术语和定义

下列术语和定义适用于本标准。

3.1

操纵台　console

用于操作小型喷水艇的包括操舵装置、变速和调节油门控制器、开关和仪表在内的装置。

3.2

操控站　control station

仅位于艇内的操纵台及其操作/控制部件,从该处可进行操舵、变速和调节油门控制。

3.3

控制部件　control element

操舵轮、操舵柄或操纵杆。

3.4

操舵柄　handle bar

用于手动操舵通常为水平布置,两端有手柄,中间连接转舵装置的机械装置。

3.5

转舵装置　helm

将操舵力传送到操舵系统的软轴的机械装置。舵轮或其他手动操纵装置不包括在内。

3.6

操纵杆　joy stick

用于手动操舵进行转舵的机械装置,通常为垂向布置,上端有手柄,下端连接转舵装置。

3.7

小型喷水艇　mini jet boat

艇质量小于1 000 kg,以舷内机驱动喷水泵作为主推进,设计为1人或多人在艇内操作的艇。

3.8

最低保持系统性能　minimum retained system performance

试验后操舵系统应具备的能力，即通过舵轮或其他正常操作，在转舵装置上产生不大于 27 N·m 的转矩，以使操舵系统有能力获得在中间位置每侧进行至少 90% 的正常操舵弧度。

注：本标准不规定航行中的小艇的操舵系统性能，但拟为设计和试验提供定量限值。

4　结构要求

4.1　一般要求

其完整性影响系统运行的所有螺纹紧固件，若该紧固件的脱开或失落会造成舵无警告的突然失灵，则应设置锁紧装置。

其完整性影响系统运行的螺纹紧固件，若该紧固件的脱开或失落会造成舵无警告的突然失灵，且该紧固件在(舵)安装或调整过程中可能会受到干扰，均应按照说明书正确组装，并应满足下述两个条件之一：

——在组装后通过目视或触摸可以确定螺纹紧固件已锁紧，或

——装有组合锁紧装置，使紧固件不会被遗漏或被取代，不会造成系统不能运行。

注：带塑性衬垫产生机械塑性过盈的自锁螺母满足这项要求。

不应使用过大的锁紧垫圈、螺纹变形的螺母，不应使用黏结剂。

不应使用普通螺纹锁紧螺母。

安装后不准备拆卸的组件，选用的锁紧装置由操舵系统制造厂酌情考虑。

不应使用依靠弹簧来保持连接完整性的机械附件。

4.2　转舵装置

使用操舵轮的转舵装置应永久性标明制造厂推荐使用的舵轮最大直径和最深凹度，见图 1。

单位为毫米

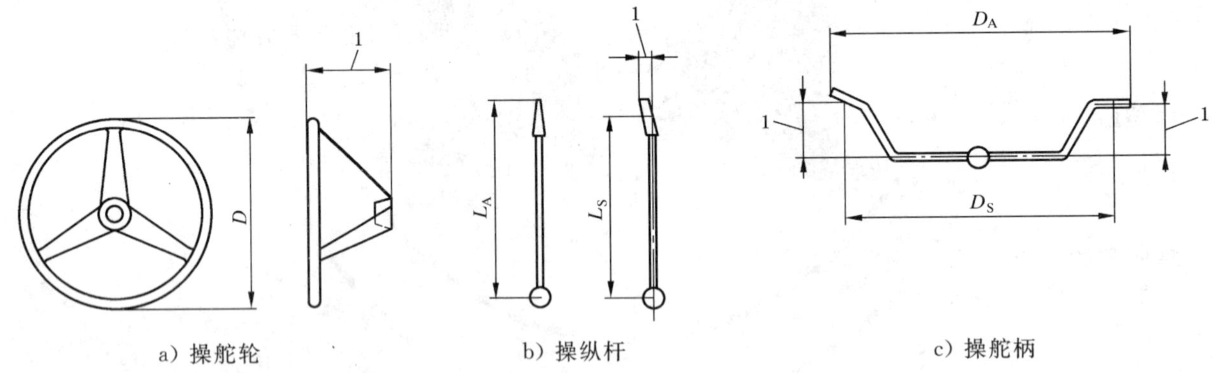

a) 操舵轮　　b) 操纵杆　　c) 操舵柄

D——操舵轮直径；

D_A——实际直径；

D_S——标准直径 $= D_A - 50$；

L_A——实际长度；

L_S——标准长度 $= L_A - 50$；

1——凹度。

图 1　控制部件

装有操舵柄的转舵装置应永久性标明制造厂推荐使用的操舵柄最大长度和最大有效偏移距离。

装有操纵杆的转舵装置应永久性标明制造厂推荐的所允许的操纵杆最大长度。

使用操舵柄或操纵杆的转舵装置应永久性的标明制造厂推荐的、图 1 所定义的最大包络尺寸。

转舵装置应有行程限制器以消除操舵软轴过载。

4.3 操舵软轴

软轴或操舵系统输出装置应具有 $89^{+6.4}_{0}$ mm 行程。

操舵软轴或操舵系统输出装置不应与符合 GB/T 17844—1999 和 GB/T 17845—1999 的尺寸要求的操舵软轴互换，其应按图 2 规定安装。

如果操舵软轴的索芯是用金属制的，则它应具有与 300 系列不锈钢[1)]等效的耐腐蚀性。

软轴最小弯曲半径应由软轴制造厂规定。

单位为毫米

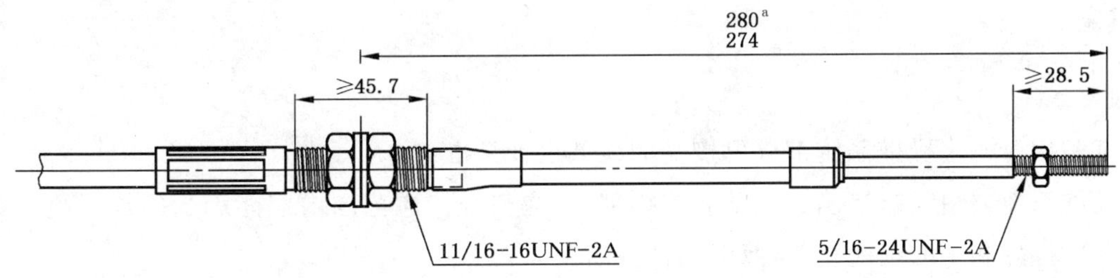

[a] 中间行程。

图 2 输出装置安装结构

4.4 操舵系统

舵轮和转舵装置的轴的选择应符合 GB/T 17844—1999 和 GB/T 17845—1999 的要求，见图 3。

单位为毫米

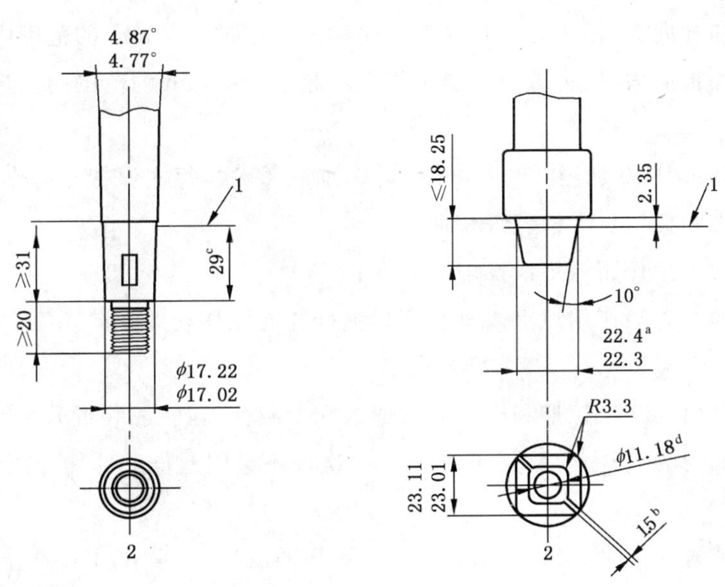

1——轮水平面；

2——轴。

[a] 方形轴测量尺寸；

[b] 非强制值；

[c] 参考值；

[d] 轴芯直径。

图 3 转舵装置轴的尺寸

1） 300 系列不锈钢是美国、英国等国家的不锈钢牌号，其对应的我国不锈钢牌号依据 GB/T 1220—2007《不锈钢棒》。

操舵系统应能在－20℃～100℃温度范围内运行。可能暴露于阳光下的塑性和合成橡胶材料应设计成抗紫外线老化。

操舵系统及部件应符合本标准规定的有关试验要求。

操舵系统应能在其整个行程中无干扰的自由移动。

连接操舵系统至喷水驱动的球形接头应有一定冗余度，以使球形接头与套管连接的轴向故障不会造成操舵失败。

5 操舵试验

5.1 一般要求

部件试验用于确定操舵系统部件可接受的最低设计衡准。

每套操舵系统，包括转舵装置、软轴和连接部件，在整个传递范围内应能承受施加于喷水驱动连接处的 1 430 N 拉伸和压缩轴向载荷，而无部件分离。

转舵装置配备规定的最大直径和最深凹度的操舵轮、推荐的最长操纵杆或推荐的最大操舵柄，经以下试验后，不应丧失操纵功能。

5.2 轴向力试验

540 N 推拉载荷，加载 10 次，每次保持 5 s，作用于下列部位：

——向转舵轴施加轴向力时，力分布在操舵轮轮缘上不超过 100 mm 的范围内；

——向回转轴施加轴向力时，力分布在操舵柄手柄上不超过 100 mm 的范围内；

——向操纵杆施加轴向力时，力分布在操纵杆上不超过 100 mm 的范围内。

5.3 切力试验

任一方向施加 360 N，从 0 加至 360 N，再减至 0，加载 10 次，每次保持 5 s，作用于下列部位：

——在操舵轮轮缘的任何点上沿轮缘切向；

——在操舵柄最大力矩作用点上沿操舵角方向；

——在操纵杆的最大力矩作用点上以垂直于操纵杆并向舵移动的方向。

5.4 疲劳试验

操舵部件应能承受由 360 N 拉伸和压缩力构成的交变载荷，在转舵装置处于行程中间位置时锁紧，向操舵输出软轴施加轴向力，该力应反复作用 50 000 次而不会引起操舵部件分离。

5.5 冲击试验

使用的冲击试验装置应完全充满铅，直径为 250 mm 的皮袋，总重 80 kg，悬挂在一根自由摆动的钢丝上，从支撑点至质心的距离为 2 285 mm±150 mm。皮袋的冲击面应是一个直径为 250 mm 的端面。皮袋应按图 4 所示（例如与舵轮一起）摆动，提起至足够的弧度，以对刚性安装的舵轮产生所需要的冲击力。试验装置应刚性固定以防止移动。

5.5.1 冲击试验 1

冲击试验装置（h=210 mm）见图 4。转舵装置应能承受施加于操舵轮轮缘、操舵柄手柄或操纵杆手柄上 170 N·m 的单向冲击，而不致产生下列情况：

——导致最低保持系统性能丧失的变形；

——使进行该试验前业已存在的任何裂纹的扩展；

——出现新裂缝。

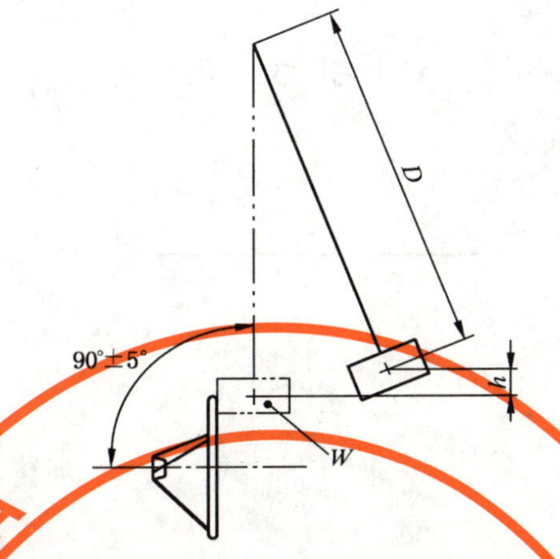

D=2 285 mm±150 mm；

W=80 kg；

h=210 mm，能产生 170 N·m 的冲击力；

h=350 mm，能产生 280 N·m 的冲击力。

图 4 操舵轮冲击试验装置

5.5.2 冲击试验 2

冲击试验装置(h=350 mm)见图 4。转舵装置应能承受加于操舵轮轮缘、操舵柄手柄或操纵杆手柄上 280 N·m 的单向冲击，而不会使转舵装置与适用于人力操舵的机械装置完全分离。

6 一般安装要求

6.1 标志

满足本标准的操舵系统应标志下列内容：

——本标准的标准号；

——制造厂名；

——型号。

6.2 艇主手册

艇主手册应与本系统一起提供，且至少包括下列内容：

——运行原理的一般性描述及主要部件的标识；

——带标识号及说明的部件分解图或剖面图；

——维护程序和允许的调整；

——用于指导正确操作的注意事项；

——型号。

6.3 安装手册

应提供系统安装手册并至少包括下列内容：

——基本部件的型号及标识；

——安装说明；

——推荐的安装试验程序。

参 考 文 献

[1] GB/T 1220—2007 不锈钢棒

ICS 47.080
U 37

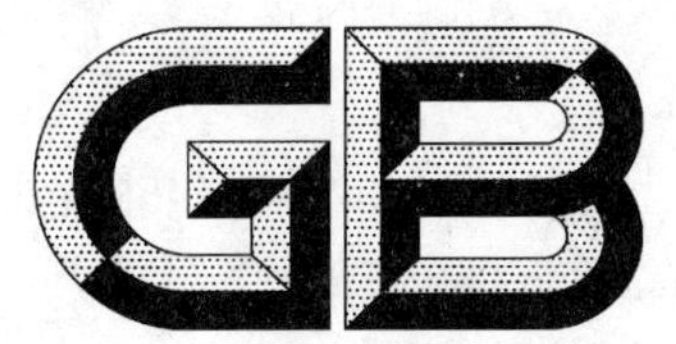

中华人民共和国国家标准

GB/T 19322—2008/ISO 14509:2000
代替 GB/T 19322—2003

小艇　机动游艇空气噪声的测定

Small craft—Measurement of airborne sound emitted by powered recreational craft

(ISO 14509:2000,IDT)

2008-12-29 发布　　2009-07-01 实施

中华人民共和国国家质量监督检验检疫总局
中国国家标准化管理委员会　发布

前　言

本标准等同采用 ISO 14509：2000《小艇　机动游艇空气噪声的测定》(英文版)和 ISO 14509：2000/Amd.1:2004。

本标准等同翻译 ISO 14509：2000 和 ISO 14509:2000/Amd.1:2004。

为便于使用，本标准做了下列编辑性修改：

——“本国际标准”一词改为“本标准”；

——用小数点“.”代替作为小数点的逗号“,”；

——删除了 ISO 的前言；

——对于 ISO 14509 引用的国际标准中，有被等同采用为我国标准的，本标准引用我国标准代替国际标准；其余未被等同采用为我国标准的，在本标准中均被直接引用。

本标准代替 GB/T 19322—2003《小艇　机动游艇空气噪声的测定》。

本标准和 GB/T 19322—2003 相比主要修改如下：

——适用范围扩大至基于标准艇的有完整排气系统的舷内外机驱动的型式试验和舷外机型式试验；

——增加了第 14 章“用于按照第 10 章对有完整排气系统的舷内外机驱动作型式试验的标准艇的技术要求”。

本标准的附录 A 为规范性附录，附录 B 为资料性附录。

本标准由中国船舶工业集团公司提出。

本标准由全国小艇标准化技术委员会归口。

本标准起草单位：中国船舶工业集团公司第七〇八研究所。

本标准主要起草人：王海军、张伟东。

本标准所代替标准的历次版本发布情况为：

——GB/T 19322—2003。

小艇　机动游艇空气噪声的测定

1　范围

本标准规定了艇体长度不大于 24 m 的机动游艇空气噪声最大声压级能再现和可比较的测量结果的条件，这些艇包括艇内机艇、尾机驱动艇、个人艇(PWC)以及与标准艇一起使用的舷外机。它也规定了基于标准艇的有完整排气系统的舷内外机驱动的型式试验和舷外机型式试验。

如果除了最大声压级之外，还要求确定声暴露声级，则应遵循附录 A 规定的程序。

注：对以上规定范围之外的所有艇，其声压级测量可采用 ISO 2922。

本标准规定的声音试验程序的精度等级为 ISO 12001:1996 中所定义的工程等级(2 级)。见第 6 章。

2　规范性引用文件

下列文件中的条款通过本标准的引用而成为本标准的条款。凡是注日期的引用文件，其随后所有的修改单(不包括勘误的内容)或修订版均不适用于本标准，然而，鼓励根据本标准达成协议的各方研究是否可使用这些文件的最新版本。凡是不注日期的引用文件，其最新版本适用于本标准。

GB/T 11700　小艇　船用推进发动机和推进装置　功率的测定和标定(GB/T 11700—2003，ISO 8665:1994，IDT)

GB/T 16696—2008　小艇　艇体标识　代码(ISO 10087:2006，IDT)

ISO 12001:1996　声学　机器和设备发射的噪声 噪声试验规则的起草和表述的规定

IEC 60651　声级计

IEC 60942　电声学　声校准器

IEC 61672-1　电声学　声级计　第 1 部分：技术要求

3　术语和定义

下列术语和定义适用于本标准。

3.1

游艇的型式试验　type test for recreational craft

为验证艇在运动中的噪声，标准艇舷外机的噪声，或标准艇有完整排气系统的舷内外机驱动的噪声，符合噪声技术要求或规定限值所进行的测量。

注：另见 ISO 2922“验收试验”定义。

3.2

游艇的监测试验　monitoring test for recreational craft

为校核从初次提交接受以来或者经改装之后(如适用)，艇在运动中的噪声，或标准艇舷外机的噪声，或标准艇有完整排气系统的舷内外机驱动的噪声，仍在所述限值内且无明显变化所进行的测量。

注 1：在发生重大变化时，可要求进行型式试验。

注 2：另见 ISO 2922 中“监测试验”的定义。

3.3

游艇的最大的 AS-计权声压级　maximum AS-weighted sound pressure level for recreational craft

最大的 AS-计权声压级　maximum AS-weighted sound pressure level

L_{pASmax}

艇在规定运行状态下通过时测得的[按照 IEC 61672-1 进行频率计权 A 和时间计权 S(慢速)的]最

大声压级。

注：以分贝(dB)表示。

3.4

A 计权声暴露　A-weighted sound exposure

E_A

在规定时间间隔或过程内 A 计权声压瞬时值的二次方对时间的积分。

注 1：以二次方帕斯卡秒($Pa^2 \cdot s$)表示。

注 2：在规定的时间间隔，例如艇通过时，A 计权声暴露 E_A 见公式(1)：

$$E_A = \int_{t_1}^{t_2} p_A^2(t)\mathrm{d}t \qquad \cdots\cdots(1)$$

式中：

$p_A^2(t)$——从 t_1 开始到 t_2 结束的积分时间内，作为运行时间 t 之函数的 A 计权声压瞬时值二次方(见 A.7.2)。

注 3：本定义仅适用于按照附录 A 对于声暴露级的可选测量。

3.5

A 计权声暴露级　A-weighted sound exposure level

L_{AE}

A 计权声暴露 E_A 与基准声暴露 E_0 之比值的以 10 为底对数的 10 倍，其中 E_0 为基准声压($p_0=20\ \mu Pa$)的二次方与声暴露基准持续时间($T_0=1$ s)的乘积($E_0=p_0^2 \cdot T_0=4\times10^{-10}\ Pa^2 s$)。

注 1：以分贝(dB)表示。

注 2：在规定的时间间隔[例如艇通过时(见 A.7.2)](持续时间 $T=t_2-t_1$)，A 计权声暴露级 L_{AE} 与相应时间的平均 A 计权声暴露级 $L_{pAeq,T}$ 的测量有关，见公式(2)：

$$L_{AE} = 10\ \lg\left\{\frac{\left[\int_{t_1}^{t_2} p_A^2(t)\mathrm{d}t\right]}{p_0^2 T_0}\right\}\mathrm{dB} = 10\ \lg\left(\frac{E_A}{E_0}\right)\mathrm{dB} = L_{pAeq,T} + 10\ \lg\left(\frac{T}{T_0}\right)\mathrm{dB} \qquad \cdots\cdots(2)$$

式中：

$p_A^2(t)$——作为运动时间 t 之函数的 A 计权声压瞬时值二次方。

注 3：作为在 ISO 3744 中确定的例子，A 计权声暴露级 L_{AE} 在算术上等于一段时间的声压级 L_p，1 s(基准持续时间 $T_0=1$ s)。

注 4：缩写“SEL”有时用于一段时间声压级 L_p，1 s。

注 5：在本标准中，声暴露级用于表征声源的发射，而不是对暴露于此声源人员的噪声冲击。

注 6：本定义仅适用于按附录 A 对于声暴露级的可选测量。

3.6

游艇的背景噪声　background noise for recreational craft

背景噪声　background noise

来自被测艇之外的所有其他声源的噪声。

例如：来自波浪对被测艇或岸的溅水，其他艇或设备，以及风作用产生的噪声。

3.7

舷内外机驱动　stern drive

舷内发动机的推进装置和位于艇体外的传动装置/驱动器。

3.8

有完整排气系统的舷内外机驱动　stern drive with the integral exhaust systems

带有完整排气系统的舷内外机驱动装置。

4 符号

下列符号适用于本标准。

L'_{pASmax}—— 艇通过时的最大 AS 计权声压级，以分贝(dB)表示；

L''_{pAS}——AS 计权背景声压级，以分贝(dB)表示；

L_{pASmax}——按 8.3 作背景噪声校正，且按 9.2 进行距离修正后的 L'_{pASmax}，以分贝(dB)表示；

L'_{AE}——艇通过时的 A 计权声暴露级，以分贝(dB)表示；

L''_{AE}——A 计权背景声暴露级，以分贝(dB)表示；

L_{AE}——按 A.5 作背景噪声校正，且按 A.6 进行距离修正后的 L'_{AE}，以分贝(dB)表示。

5 测量值

艇通过时的测量值为最大的 AS 计权声压级 L'_{pASmax}。

对该值作背景噪声校正和距离修正(如适用)确定最大的 AS 计权声压级 L'_{pASmax}。

6 测量的不确定性

表 1 列出了可能的不确定源，并根据经验估计了与每一不确定源有关的标准偏差。考虑到这些不确定源与每次的测量类型无关。因此其估计的总标准不确定性由表 1 中所列各单独的标准偏差的平方和的平方根得到。

表 1 可再现性的标准偏差

各单独的不确定源	最大的 AS 计权声压级的各单独的标准偏差 L_{pASmax}/dB
距离影响	0.25
测量设备	1.0
声传播条件	1.5
波浪、流和潮汐	1.5
操作者的影响	0.2
试验地点的变化	1.0
运行状态	0.5
估计标准的不确定性	2.6

7 测量设备

7.1 设备的技术要求

包括传声器和电缆(应按制造厂说明书使用)和制造厂推荐的风挡仪表测量系统和诸如磁带录音机和/或声级记录器在内的任何附加测量设备的整个电声性能，均应符合 IEC 61672-1 中对 1 型仪器规定的要求。

注：应优先选用具有"最大保持"能力的声级计。

当采用磁带录音机进行测量时，其测量仪器的动态范围应与被测信号相协调。

应采用精度在±10%之内的风速计。

应采用精度在±50 r/min 之内的发动机转速表。

7.2 设备的校准

应采用符合 IEC 60942 要求的声级校准器。

在每一系列测量的开始和结束时，且至少在每一测量日的开始和结束时，应对测量设备的全部声学特性按其制造厂的说明书，以声校准器进行校准。

声级计应以不长于 2a 的时间间隔进行实验室校核，以验证其符合 IEC 60651。最后一次符合 IEC 61672-1 的校核日期应予记录。

用于校准声级计的声校准器应每年进行实验室校核，使之与原来的标准实验室的声校准器相一致。

8 试验场地的技术要求和环境条件

8.1 试验场地的技术要求

在被试艇和传声器周围 30 m 之内应没有能使声音反射回传声器的大的表面（例如挡水坝、建筑的立面、大石块、桥）。

在传声器附近不应有可能干扰声场的障碍物。因此在传声器与声源之间不应有人员，且任何观察者所处的位置都不应影响仪表的读数。

在被试艇与测量的传声器之间的区域应为无任何吸声物或声反射物的开敞水面。

8.2 环境条件

8.2.1 滑行艇

应在下列条件下进行测量：

a) 无雨雪；

b) 在传声器高度处测得风速小于 5 m/s；

c) 静水，即波高小于 100 mm。

8.2.2 非滑行艇

应在下列条件下进行测量：

a) 无雨雪；

b) 在传声器高度处测得风速小于 7 m/s；

c) 静水，即波高小于 200 mm。

8.3 背景噪声

8.3.1 一般要求

如果背景噪声的变化影响有关读数，则测量应当无效。

8.3.2 型式试验

对于型式试验，AS 计权背景声压级 L''_{pAS} 应至少比艇通过时所得的最大的 AS 计权声压级 L'_{pASmax} 低 10 dB。

8.3.3 监测试验

对于监测试验，AS 计权背景声压级 L''_{pAS} 应至少比艇通过时所得的最大的 AS 计权声压级 L'_{pASmax} 低 6 dB。此读数应按表 2 进行修正。

表 2 对监测试验的背景声压级 L''_{pAS} 的修正

单位为分贝

艇通过时所得 AS 计权声压级指示的增加 ($L'_{pASmax}-L''_{pAS}$)	适用于艇通过时所得 AS 计权声压级 L'_{pASmax} 读数的修正
≥10	0
6～9	−1

9 试验航线、传声器位置和测量距离

9.1 一般要求

9.1.1 试验航线应为与穿过传声器的轴线相正交(±5°以内)的直线(见图 1)。

单位为米

1——艇;

2——传声器;

3——传声器轴线;

4——艇的航线。

图 1 传声器的位置和试验航线

9.1.2 传声器应位于水面以上 3.5 m±0.5 m,且如其安装在一固体的表面上,则应位于此表面以上至少 1.2 m 处。传声器应位于此(在其上安装的)表面之边缘 0.5 m 之内。

图 2 表明了传声器位置的高度。

单位为米

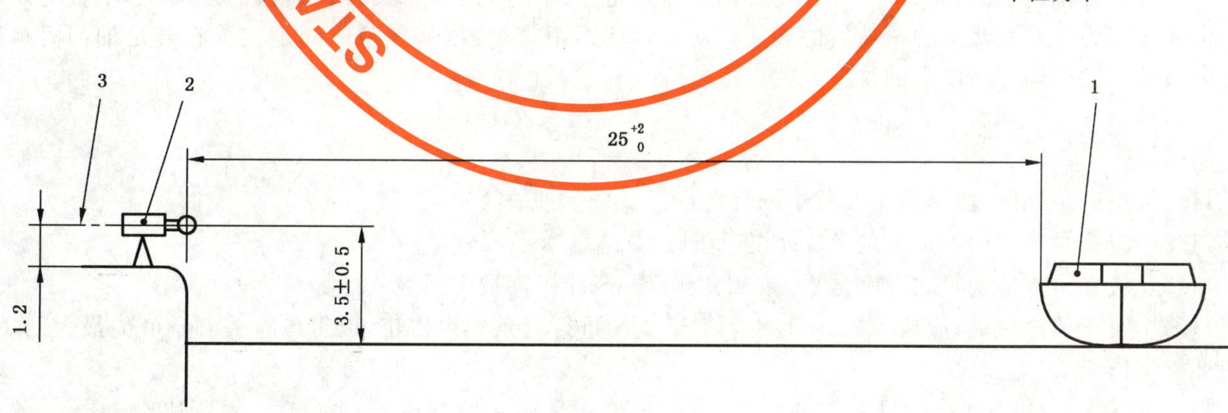

1——艇;

2——传声器;

3——传声器轴线。

图 2 传声器的位置和高度

9.1.3　在传声器与当艇通过时最接近此传声器的艇侧之间的距离应为 25^{+2}_{0} m。

注：若可能，预定的航线应标记指示。

9.1.4　对长度小于 6 m 的艇，当在 25 m 距离测量时不能满足 8.3 中对背景噪声的要求时，可以把传声器置于距试验声源 12.5^{+1}_{0} m 的位置。

注：其理由是，通过移动传声器的位置，使之更靠近被试艇，以补偿其低的声压级，且不会受到附近声场的过大影响。

9.2　距离的修正

传声器与航线之间的距离设置为 12.5 m，则对于每次通过所测得的最大的 AS 计权声压级 L'_{pASmax}，应通过减去 5 dB 以校正至 25 m 的距离，得出 25 m 的 L_{pASmax}。

注：从类似条件下的许多试验结果中已发现 5 dB 的数值是合适的(例如 IMEC 17F/01 和 IMEC 17F/02，见参考文献)。

10　运行状态

艇应在乘载相当于两人和最少为 10 L 燃油负载下运行，但对预定只乘载一人的艇，以及应具有相当于一人负载的所有个人艇(PWC)除外。相当于一人负载定义为 75 kg±20 kg。

在测量开始之前，应将艇的发动机温度提高至运行温度。所有其他的运行条件(所用燃油、加速时间等)均应符合制造厂的说明书。

对于型式试验，艇内装有动力装置的艇(例如艇内机艇、尾机驱动艇、个人艇和帆艇)应在销售时进行试验。

对于型式试验，舷外机应在第 13 章所规定的标准艇上进行试验。对于型式试验，有完整排气系统的舷内外机驱动应在第 14 章所规定的标准艇上进行试验。

对于监测试验，所有的艇均应在安装发动机后进行试验。

对于所有试验，发动机转速(r/min)应为申报的发动机转速的 100%。

注：这与 ISO 8178-4 中对于火花点火发动机和压燃式发动机所述的发散试验周期 E4 和 E5 的"方式 5"相等效。

若艇速超过 70 km/h，则应调节发动机的油门，保持 70 km/h 的最高艇速。

对于具有可调节纵倾的推进系统，其纵倾角应调节得使推进器/叶轮的推力与该艇的底部/龙骨线相平行(偏差在±2°之内)，以下对所有试验状态称为零纵倾。

对于型式试验，推进器/叶轮应选择得使在开足油门时，发动机的转速降幅应在水平纵倾时按 GB/T 11700 申报的发动机转速的±4%之内。对于无调速器的火花点火发动机，申报的发动机转速应为制造厂对推进器选择所推荐的开足油门之转速范围的中点。对于具有调速器的发动机，申报的发动机转速应为制造厂规定的调速后的转速。对于可调螺距推进器，其螺距应固定在为在开足油门时得到申报的发动机转速所要求的位置上。

11　试验程序

11.1　在测量期间，艇应按第 9 章中的规定通过试验航线。

11.2　应测量通过时的最大的 AS 计权声压级 L'_{pASmax}。

11.3　应在紧挨艇通过之前和之后，按 8.3 测量 AS 计权背景声压级 L''_{pAS}。

11.4　对于监测试验，应按 8.3.3 对测量值 L'_{pASmax} 进行背景噪声修正，以得出有关测量值的最大的 AS 计权声压级 L_{pASmax}(见 11.5)。

11.5　在按 9.1.4 减小测量距离的情况下，对于型式试验和监测试验，除 11.4 中所述对 L'_{pASmax} 修正外，尚应按 9.2 进行距离的修正，以得出 L_{pASmax}。

11.6　应对此艇的每一侧至少作两次测量。艇每一侧的声级，应取其每一侧前两次的相互偏差在 1 dB 之内的确定值 L_{pASmax} 的平均值。所记录的最大的 AS 计权声压级 L_{pASmax} 应为该艇较大一侧的声压级。

11.7　应记录下列量的数值 L'_{pASmax}、L''_{pAS}、对背景噪声的修正(若有)、距离的修正(若有)和 L_{pASmax}。

12 试验报告

试验报告应包括下列内容：

a) 引用本标准；

b) 说明满足本标准的所有要求；

c) 试验机构、试验日期、负责人签署；

d) 试验的性质：即型式试验或监测试验；

e) 试验地点的技术要求和环境条件，包括但不限于水面条件、风向和风速；

f) 测量设备；

g) 测得的最大的 AS 计权声压级 L'_{pASmax}、AS 计权背景声压级 L''_{pAS}、对于背景噪声的修正(若有)、距离的修正(若有)；

h) 推进装置的数据：

——制造厂；

——发动机的类型和系列号；

——按 GB/T 11700 的申报的推进轴功率；

——申报的发动机转速；

——燃烧过程：压燃式发动机或火花点火式发动机；

——推进器/叶轮的规格(如螺距、直径、叶片数)；

i) 艇或符合第 13 章或 14 章要求的标准艇的数据：

——制造厂；

——艇型以及(若如可得到)按 GB/T 16696—2008 的 HIN[1)]；

j) 测量时发动机的转速；

k) 传声器的位置；

l) 测量时艇的航速；

m) 符合第 11 章的最大的 AS 计权声压级 L_{pASmax}。

注：对于此试验报告，可采用附录 B 中所列的形式。

13 按照第 10 章对舷外机作型式试验用标准艇的技术要求

可以使用满足表 3 中所列尺寸、重量和运行性能要求的具有 V 形艇体外形的任何成批生产的艇作为标准艇。

表 3 标准艇的技术要求

被试舷外机的(符合 GB/T 11700 的)申报推进轴功率/kW	艇长(符合 GB/T 16696—2008)/m	最大艇宽(符合 GB/T 16696—2008)/m	无发动机的艇的重量/kg
$P<6$	4.0	1.6	135
$6\leqslant P<25$	4.4	1.75	220
$25\leqslant P<55$	5.0	1.9	400
$55\leqslant P<150$	5.5	2.2	750
$P\geqslant 150$	7.0	2.5	1 400

在尺寸特性(表 3 中所列)上容许有±10%的偏差，艇的重量(表 3 中所列者)上容许有±20%的偏差。此外，该艇不应具有可能影响其声级的在舷外机之上的遮盖或者在艉板之后的不正常的延伸。

1) HIN——艇体标识代号。

舷外机应按制造厂说明书装在艇上，不允许对成批生产的艇进行改装，例如采用附加的减震部件和纵倾调节片。

14 按照第10章对有完整排气系统的舷内外机驱动作型式试验的标准艇的技术要求

可以使用满足表4中所列尺寸、重量和运行性能要求的具有V形艇体外形的任何成批生产的艇作为标准艇。

表4 标准艇的技术要求

被试舷外机的（符合 GB/T 11700 的）申报推进轴功率/kW	艇长（符合 GB/T 16696—2008）/m	最大艇宽（符合 GB/T 16696—2008）/m	无发动机的艇的重量/kg
$P<78$	5.0	2.0	700
$78\leqslant P<115$	5.8	2.3	1 600
$115\leqslant P<159$	7.0	2.5	1 900
$159\leqslant P<226$	7.7	2.7	2 200
$P\geqslant 226$	8.7	2.9	2 600

尺寸特性上容许有±10%的偏差（表4给出了艇的长度和梁的最大值），重量上容许有±20%的变化（见表4）。另外，艇的艉板后不应有影响声级的特殊覆盖和延伸。

应按照制造厂的规定安装有完整排气系统的舷内外机驱动。不允许对成批生产的艇进行改装，例如采用附加的减震部件和纵倾调节片。

注：更多有关装有完整排气系统的舷内外机驱动的标准艇的信息，请参考 IMEC 17 F/05（见参考文献）。

附 录 A
（规范性附录）
声暴露级的测量

A.1 一般要求

应按本标准的规定在艇通过时测定最大声压级。

但是，作为选项，可附加测量艇通过时的声暴露级。该测量应按本附录进行（另见第1章）。

若在本附录中无其他规定，则应相应地采用本标准的规定。

A.2 测量值

测量值为艇通过时的A计权声暴露级L'_{AE}。

对该值作背景噪声校正和距离修正（若适用），确定A计权声暴露级L_{AE}。

A.3 测量不确定性

表A.1列出了可能的不确定源，并根据经验估计了与每一不确定源有关的标准偏差。考虑到这些不确定源与每次测量类型无关，因此估计的总标准的不确定性由表A.1中所列各单独的标准偏差之平方和的平方根得到。

表A.1 可再现性的标准偏差

各单独的不确定源	最大的A计权声压级的各单独的标准偏差 L_{AE}/dB
距离影响	0.15
测量设备	0.7
声传播条件	1.2
波浪、流和潮汐	1.5
操作者的影响	0.2
试验地点的变化	1.0
运行条件	0.5
估计的总的标准的不确定性	2.3

A.4 测量设备

A.4.1 设备的技术要求

包括传声器和电缆（应按制造厂说明书使用）制造厂推荐的风挡仪表测量系统和诸如磁带录音机和/或声级记录器在内的任何附加测量设备的整个电声性能，均应符合IEC 61672-1中对于1型仪器规定的要求。

当采用磁带录音机进行测量时，其测量仪器的动态范围应与被测信号相协调。

应采用精度在±10%之内的风速计。

应采用精度在±50 r/min之内的发动机转速表。

A.4.2 设备的校准

应采用符合IEC 60942要求的声级校准器。

在每一系列测量的开始和结束时，且至少在每个测量日的开始和结束时，应对测量设备的全部声学特性按其制造厂的说明书，以声校准器进行校准。

积分-平均值声级计应以不长于2 a的时间间隔进行实验室校核，以验证其符合IEC 61672-1。其最后一次符合IEC 61672-1的校核日期应予记录。

用于校准声级计的声校准器应每年进行实验室校核，使之与原来的标准实验室的声校准器相一致。

A.5 背景声暴露级 L''_{AE}

A.5.1 型式试验

对于型式试验，在与艇通过时测量 L'_{AE} 所采用的相同时间间隔 $T=t_2-t_1$（在±0.2 s之内）测得的A计权背景声暴露级 L''_{AE} 应至少比 L'_{AE} 低10 dB。

A.5.2 监测试验

对于监测试验，在与艇通过时测量 L'_{AE} 所采用的相同时间间隔 $T=t_2-t_1$（在±0.2 s之内）测得的A计权背景声暴露级 L''_{AE} 应至少比 L'_{AE} 低6 dB。然后此读数应按表A.2进行修正。

表 A.2 对监测试验的背景声暴露级 L''_{AE} 的修正

艇通过时所得A计权声暴露级减去A计权背景声暴露级的差值 $L'_{AE}-L''_{AE}$	适用于艇通过时所得A计权声暴露级 L'_{AE} 的修正
≥10	0
6～9	−1

A.6 距离的修正

如果按9.1.4，传声器与航线之间的距离设置为12.5 m，则对测得的A计权声暴露级 L'_{AE}，应减去3 dB，以校正到25 m的距离，得出25 m的 L_{AE}。

A.7 试验程序

A.7.1 应按照第11章的试验程序，但作下列修正。

A.7.2 应测量艇通过时的A计权声暴露级 L'_{AE}。测量时间 $T=t_2-t_1$，应为当艇接近时首次听到超过背景噪声的声音，直至艇离去时此声音逐渐消失在背景噪声时止。

注：实际上，声暴露级测量的精确起点和终点难以确定，只要此测量期艇通过所发出声音的最高值达到10 dB即可。

A.7.3 在紧挨艇通过之前和之后，应按A.5测量A计权背景声压级 L''_{AE}。

A.7.4 对于监测试验，应按A.5.2对测量值 L'_{AE} 进行背景噪声修正，以得出有关测量值的A计权声暴露级 L_{AE}（另见A.7.5）。

A.7.5 在按9.1.4减小测量距离的情况下，对于型式试验和监测试验，除A.7.4所述对 L'_{AE} 修正外，尚应按A.6进行距离的修正，以得出 L_{AE}。

A.7.6 应对此艇的每一侧至少作两次测量。对该艇每一侧的声暴露级，应取其每一侧前两次的相互偏差在1 dB之内的确定值 L_{AE} 的平均值。所记录A计权声压级 L_{AE} 应为该艇较大一侧的声压级。

A.7.7 应记录下列量的数值：L'_{AE}、L''_{AE}、对背景噪声的修正(若有)、距离的修正(若有) L_{AE}。

A.8 试验报告

应按第12章要求编写试验报告，但g)和m)修改如下：

a) 测得的A计权声暴露级 L'_{AE}，以及测量的时间 T 和A计权背景声暴露级 L''_{AE}，对于背景噪声的修正(若有)和对于距离的修正(若有)；

b) 符合A.7的A计权声暴露级 L_{AE}。

附　录　B
（资料性附录）
试验报告格式的举例

注：按附录A的附加测量（声暴露级的测量），可采用修改的格式，以报告测量结果。

试验报告

按GB/T 19322小艇发出噪声测量结果

进行这些试验时满足GB/T 19322的所有要求。

一般数据

试验机构________________试验号________________

试验地点位置________________试验日期________________

试验地点技术条件________________________________

环境条件：水面条件________________波高________________mm

风速________m/s　　风向________________

试验性质（型式试验/监测试验）____________测量距离____________m

声级计的制造厂商________型号________系列号____________

声校准器的制造厂商________型号________系列号____________

最后一次校准日期：声级计________________声校准器____________

传声器位置________________________________

推进装置的数据

推进装置制造厂商________________发动机类型（IB、SD、Jet等）____________

型号____________型号年份____________系列号____________

按GB/T 11700申报的推进轴功率________kW 燃烧过程（SI、CI）________

申报的发动机转速________________________________r/min

在测量时的发动机转速________________________________r/min

推进器/叶轮的技术规格：螺距________直径________桨叶数________其他________

艇的数据/型式试验用标准艇的数据

艇制造厂商________ 位置________

艇的类型________ 型号________ 制造日期________

符合 GB/T 16696 的艇体标识号(HIN)________

测量时的艇速________ km/h

测量时排气出口的位置(水上/水下)________

通过时的测量

序号	舷侧	艇速/(km/h)	发动机转速/(r/min)	测量的距离/m	L'_{pASmax}/dB	L''_{pAS}/dB	背景噪声校正/dB	距离校正/dB	L_{pASmax}/dB
1	左舷								
2	右舷								
3	左舷								
4	右舷								
5	左舷								
6	右舷								
7	左舷								
8	右舷								
9	左舷								
10	右舷								
11	左舷								
12	右舷								
13	左舷								
14	右舷								

L'_{pASmax}——艇通过时测得的最大的 AS 计权声压级；

L''_{pAS}——为在紧挨艇通过之前或之后相应测得的 AS 计权背景声压级；

L_{pASmax}——为在采用背景噪声修正和距离修正之后的最大 AS 计权声压级。

左舷平均 L_{pASmax}________ dB　　右舷平均 L_{pASmax}________ dB

试验结果：

最大 AS 计权声压级________ dB

试验负责人员(姓名和职称)________

日期________ 签署________

参 考 文 献

[1] ISO 2922 声学 由内河水道和港口上船舶所发出的空气噪声的测量.

[2] ISO 3744 声学 使用声压确定噪声源的声功率级 在反射平面上基本自由场中的工程方法.

[3] ISO 8178-4 往复式内燃机 废气排放的测量 第4部分:各种不同发动机应用的试验周期.

[4] IMEC 17F/01:1993[2)] 机动游艇声级试验报告 1993年6月21日.

[5] IMEC 17F/02:1995[2)] 机动游艇声级试验报告 佛罗里达,X湖 1995年5月最终报告.

[6] IMEC 17F/05:2000[2)] 标准艇噪声级试验报告 有完整排气系统的舷内外机驱动.

2) 可从下列地点获得:
国际船舶工业协会理事会(ICOMIA)的海上环境委员会(IMEC)
Meadlake place
Thorpe Lea Road
Egham, Surrey
TW20 8HE
England

ICS 67.180.10
X 31

中华人民共和国国家标准

GB/T 19330—2008
代替 GB 19330—2003

地理标志产品　饶河(东北黑蜂)蜂蜜、蜂王浆、蜂胶、蜂花粉

Product of geographical indication—Raohe (Northeast-China black bee) honey、royal jelly、propolis、bee pollen

2008-08-28 发布　　2008-12-01 实施

中华人民共和国国家质量监督检验检疫总局
中国国家标准化管理委员会　发布

前　言

本标准根据《地理标志产品保护规定》和GB/T 17924《地理标志产品标准通用要求》制定。

本标准代替GB 19330—2003《原产地域产品　饶河(东北黑蜂)蜂蜜、蜂王浆、蜂胶、蜂花粉》。

本标准与GB 19330—2003相比主要变化如下：

——将标准属性由强制性改为推荐性；

——根据国家质量监督检验检疫总局颁布的《地理标志产品保护规定》，修改了标准中英文名称及相关表述；

——依据GB 18796—2005《蜂蜜》，修改了蜂蜜的等级和部分理化指标，将蜂蜜的蔗糖指标统一改为≤5％；将蜂蜜的灰分指标统一改为≤0.4％。

本标准的附录A为规范性附录。

本标准由全国原产地域产品标准化工作组提出并归口。

本标准主要起草单位：黑龙江省饶河县质量技术监督局、黑龙江省饶河东北黑蜂国家级自然保护区管理局、黑龙江省东北黑蜂开发有限责任公司、饶河东北黑蜂原种场。

本标准主要起草人：王瑞林、李忠、侯树生、王树壮、陈德启、黄宝柱、李夏云、姚有文。

本标准所代替标准的历次版本发布情况为：

——GB 19330—2003。

地理标志产品　饶河(东北黑蜂)蜂蜜、蜂王浆、蜂胶、蜂花粉

1　范围

本标准规定了饶河(东北黑蜂)蜂蜜、蜂王浆、蜂胶、蜂花粉的术语和定义、地理标志产品保护范围、要求、试验方法、检验规则及标签、标志、包装、运输和贮存。

本标准适用于国家质量监督检验检疫行政主管部门根据《地理标志产品保护规定》批准保护的饶河东北黑蜂所采集、酿造、分泌的蜂蜜、蜂王浆、蜂胶、蜂花粉。

2　规范性引用文件

下列文件中的条款通过本标准的引用而成为本标准的条款。凡是注日期的引用文件，其随后所有的修改单(不包括勘误的内容)或修订版均不适用于本标准，然而，鼓励根据本标准达成协议的各方研究是否可使用这些文件的最新版本。凡是不注日期的引用文件，其最新版本适用于本标准。

GB/T 191　包装储运图示标志

GB 3095　环境空气质量标准

GB 3838　地表水环境质量标准

GB 7718　预包装食品标签通则

GB 9697　蜂王浆

GB 18796　蜂蜜

NY 5134　无公害食品　蜂蜜

NY 5135　无公害食品　蜂王浆与蜂王浆冻干粉

NY 5136　无公害食品　蜂胶

NY 5137　无公害食品　蜂花粉

3　术语和定义

下列术语和定义适用于本标准。

3.1

东北黑蜂　northeast-China black bee

在黑龙江省饶河地区特定的生态环境中，经过上百年的自然和人工选择而形成，具有典型的形态特征和生物学特性的我国优良地方蜂种。具有蜂王产卵力强、节省饲料、维持大群、性情温顺、采集力强、抗病抗逆性强等特点。

3.2

饶河东北黑蜂　Raohe northeast-China black bee

黑龙江省饶河县行政区域内所饲养的纯种东北黑蜂。

3.3

饶河(东北黑蜂)蜂蜜、蜂王浆、蜂胶、蜂花粉　Raohe (Northeast-China black bee) honey、royal jelly、propolis、bee pollen

在地理标志产品保护范围内，按本标准进行管理、生产所取得，其质量符合本标准要求的蜂蜜、蜂王浆、蜂胶、蜂花粉。

4 地理标志产品保护范围

饶河(东北黑蜂)蜂蜜、蜂王浆、蜂胶、蜂花粉产地保护范围限于国家质量监督检验检疫行政主管部门根据《地理标志产品保护规定》批准的范围,见附录A。

5 要求

5.1 自然环境

5.1.1 空气质量应符合GB 3095中环境空气质量一类要求。

5.1.2 水质应符合GB 3838中地面水环境质量一类标准要求。

5.2 蜂场

5.2.1 生产季节与村屯、垃圾场、普通农田和其他污染源的距离应达3 km以上。

5.2.2 场地应设有遮荫设施,应放置饲水器。

5.2.3 蜂场附近应有清洁水源。

5.3 蜜粉源植物

5.3.1 蜜粉源植物应以野生植物为主。

5.3.2 距蜂场3 km范围内应具备丰富的蜜粉源植物。

5.4 养蜂机具

5.4.1 所有养蜂机具、设备应采用无毒、无异味材料制成。

5.4.2 蜂箱不应涂刷油漆和其他容易产生污染的防腐剂。

5.5 蜂群饲养和一般管理要求

5.5.1 饲养技术

根据饶河东北黑蜂特性,以饶河传统养蜂法和现代养蜂技术相结合,进行饲养管理。饶河传统养蜂法为:8框~25框卧式蜂箱,大盖起脊,方形巢脾,暖式布巢,实行自然王台,单王繁殖,适度分蜂,定地饲养,强群采蜜。越冬饲料以自然蜜脾为主,定时采集蜂王浆、蜂胶、蜂花粉,窖内越冬。

5.5.2 人员

对蜂场工作人员每年至少进行一次健康检查。传染病患者不应从事蜜蜂饲养和蜂产品生产工作。

5.5.3 饲喂

应用蜂蜜和蜂花粉对蜂群进行饲喂。

5.5.4 蜂群

蜂群应健壮、无病,采蜜群的足框数应达到4万只以上。

5.5.5 蜂场记录

蜂场应备蜂群记录卡(蜂场日记)。包括蜂群数、活动日期、蜂王的更新、运输、蜂产品的收获量、气候变化、蜜源花期等。

5.6 春季管理

5.6.1 每年清明节前后,选择晴暖(8 ℃以上)无风的天气,将蜂群直接置于蜂场,对蜂群做全面检查,清除箱底死蜂、蜡渣、霉变物,保持箱体清洁。

5.6.2 防治蜂螨。

5.6.3 密集群势,保持强群繁殖。

5.6.4 根据气候特点进行箱内或箱外保温。

5.6.5 适时补饲或奖饲。

5.6.6 适时扩大蜂巢,加速蜂群繁殖。

5.7 夏季管理

5.7.1 定期全面检查,调整蜂群内卵、虫、蛹比例,加强通风,防止自然分蜂。

5.7.2 采取遮荫、洒水等措施为蜂群生产和繁殖创造适宜温湿度条件。

5.8 秋季管理

5.8.1 采取适当措施促进蜂群繁殖。

5.8.2 适时断子防治蜂螨。

5.8.3 留足越冬饲料。

5.9 越冬管理

5.9.1 室外越冬场所应清洁卫生、干燥、安静，越冬保温材料应无毒、无污染。

5.9.2 越冬室应清洁卫生，保持温度 4 ℃左右、相对湿度 70%～80%。

5.10 蜂场、蜂机具的卫生消毒

5.10.1 消毒剂

应选用下列消毒剂：钾皂和钠皂、石灰水、石灰、生石灰、次氯酸钠、苛性钠、苛性钾、双氧水、植物中的天然组分、柠檬酸、过乙酸、甲酸(蚁酸)、乳酸、草酸和醋酸、酒精、硫酸钠。

5.10.2 蜂场环境的卫生消毒

5.10.2.1 蜂场每周清理一次，蜂尸应及时焚烧。

5.10.2.2 蜂场每季度至少用石灰水喷洒消毒一次。

5.10.3 养蜂用具的卫生消毒

5.10.3.1 蜂箱、隔板、隔王栅、饲喂器、脱粉器

越冬后蜂箱应用酒精喷灯火焰灼烧消毒，以竹木为原材料的蜂具也可用此方法消毒，以塑料为原材料的蜂具应用 0.2%的过氧乙酸消毒。

5.10.3.2 起刮刀、割蜜刀

起刮刀、割蜜刀应选用火焰灼烧或 75%的酒精进行经常消毒。

5.10.3.3 蜂帚、工作服

经常用 4%的碳酸钠水溶液清洗和日光曝晒。

5.10.4 巢脾的消毒与保管

5.10.4.1 巢脾的消毒

选用 0.1%的次氯酸钠或 0.2%的过氧乙酸水溶液浸泡 12 h 以上对巢脾进行消毒。消毒后的巢脾要用清水漂洗晾干。

5.10.4.2 巢脾保管

储存前应用 96%～98%的冰醋酸按每箱体 20 mL～30 mL 密闭熏蒸，保存巢脾的仓库应清洁卫生、阴凉、干燥、通风、防鼠。

5.11 蜜蜂病敌害的防治

5.11.1 常年饲养强群和保持蜂机具卫生。

5.11.2 及时隔离治疗患病的蜂群。

5.11.3 应采用无毒中草药和生物防治。治螨在春秋两季，应选用甲酸、醋酸、草酸、麝香草酚、按油精、樟脑、硫磺。产品生产期前两个月停止一切用药。

5.12 生产要求

5.12.1 蜂蜜生产

5.12.1.1 取蜜场所应清洁卫生。

5.12.1.2 商品蜜生产前，应取出生产群中的饲料蜜。

5.12.2 蜂王浆生产

按照 GB 9697 的要求执行。

5.12.3 蜂胶生产

蜂群治螨用药前应取出蜂胶集胶器，取集蜂箱内的存胶。

5.12.4 蜂花粉生产

5.12.4.1 安装脱粉器前,应洗净生产群蜂箱前壁和巢门板上的尘土。

5.12.4.2 刚采收的鲜花粉不应过多翻动。

5.12.4.3 脱出的花粉应采用适宜方法及时干燥处理,密封保存。

5.13 质量等级

蜂蜜质量等级分为一级品、二级品。

5.14 感官指标

5.14.1 蜂蜜感官指标见表1。

表1 蜂蜜感官指标

项目	要求
色泽	依品种不同,由水白色(几乎无色)至深色(暗褐色)
状态	常温下,呈透明或半透明的粘稠流体状;不含死蜂、幼虫、蜡屑及其他肉眼可见杂质,无发酵征状;允许结晶存在
气味	有花的香气,单花种蜂蜜有该种蜜源植物花的香气。无酸味、酒味、异味
滋味	依品种不同,甜、甜润或甜腻,无异味。某些品种具有刺激味

5.14.2 蜂王浆感官指标见表2。

表2 蜂王浆感官指标

项目	要求
色泽	乳白、淡黄以及少量蜜源植物花粉色
状态	乳浆状,微粘有光泽感;无蜡屑等杂质;无气泡
气味	有本品特有香气,气味纯正,不得有发酵、发臭等异味
滋味	有酸涩带辛辣味,回味略甜;不得有异味
杂物	无幼虫、蜡屑等杂物,不得有外来异物

5.14.3 蜂胶感官指标见表3。

表3 蜂胶感官指标

项目	要求
状态	不透明的团块或碎片,在35 ℃以上逐渐变软,有粘性和可塑性
气味	有明显的芳香味
色泽	褐色、灰褐、暗绿、灰黑色等,有光泽
滋味	有明显的辛辣味

5.14.4 蜂花粉感官指标见表4。

表4 蜂花粉感官指标

项目	要求
色泽	橙黄、淡黄或黄绿色
状态	不规则的扁圆形颗粒,具有蜂花粉自然品质特征,无虫蛀,无霉变,不添加任何其他物质,杂质含量在1%以内
气味	具有花粉固有的香味,无异味
特殊要求	单一品种蜂花粉率≥85%

5.15 理化指标

5.15.1 蜂蜜的理化指标见表5。

表5 蜂蜜理化指标

项目		指标	
		一级品	二级品
水分/%	≤	20	23
蔗糖/%	≤	5	5
灰分/%	≤	0.4	0.4
羟甲基糠醛/(mg/kg)	≤	20	40
酸度(1 mol/L 氢氧化钠)/(mL/100 g)	≤	4	4
淀粉酶值(1%淀粉溶液)/[mL/(g·h)]	≥	8.3	8.0
果糖和葡萄糖含量/%	≥	70	65

5.15.2 蜂王浆的理化指标见表6。

表6 蜂王浆理化指标

项目		指标
水分/(g/100g)		65.0～69.0
蛋白质/(g/100 g)	≥	11
酸度(1 mol/mL 氢氧化钠)/(mL/100 g)		30～53
灰分/(g/100 g)	≤	1.5
总糖(以葡萄糖计)/(g/100 g)	≤	15
淀粉		不得检出
10-羟基-2-癸烯酸/(g/100 g)	≥	1.6

5.15.3 蜂胶的理化指标见表7。

表7 蜂胶理化指标

项目		指标
总黄酮含量/(g/100 g)	≥	8
氧化时间/s	≤	22
75%乙醇提取物含量/(g/100 g)	≥	55
蜂蜡和75%乙醇不溶物含量/(g/100 g)	≤	45

5.15.4 蜂花粉的理化指标见表8。

表8 蜂花粉理化指标

项目		指标
水分/(g/100 g)	≤	10
蛋白质/(g/100 g)	≥	15
灰分/(g/100 g)	≤	4
杂质/(g/100 g)	≤	1.0

5.16 卫生指标

5.16.1 蜂蜜的卫生指标见表9。

表 9　蜂蜜卫生指标

项　　目		指　　标
菌落总数/(CFU/g)	≤	1 000
大肠菌群/(MPN/100 g)	≤	30
霉菌和酵母/(CFU/g)	≤	200
致病菌		不得检出
铁(以 Fe 计)/(mg/kg)	≤	20
锌(以 Zn 计)/(mg/kg)	≤	25
铅(以 Pb 计)/(mg/kg)	≤	1.0
四环素族/(mg/kg)	≤	0.05
氟胺氰菊酯/(mg/kg)	≤	0.05

5.16.2　蜂王浆的卫生指标见表 10。

表 10　蜂王浆卫生指标

项　　目		指　　标
菌落总数/(CFU/g)	≤	1 000
大肠菌群/(MPN/100 g)	≤	90
霉菌/(CFU/g)	≤	50
酵母/(CFU/g)	≤	50
致病菌(指肠道致病菌和致病性球菌)		不得检出
砷(以 As 计)/(mg/kg)	≤	0.3
铅(以 Pb 计)/(mg/kg)	≤	0.5

5.16.3　蜂胶的卫生指标见表 11。

表 11　蜂胶卫生指标

项　　目		指　　标
菌落总数/(CFU/g)	≤	1 000
大肠菌群/(MPN/100 g)	≤	30
霉菌和酵母菌/(CFU/g)	≤	200
致病菌		不得检出
铅(以 Pb 计)/(mg/kg)	≤	1.0
砷(以 As 计)/(mg/kg)	≤	0.3
汞(以 Hg 计)/(mg/kg)	≤	0.3
氟胺氰菊酯/(mg/kg)	≤	0.05

5.16.4　蜂花粉的卫生指标见表 12。

表 12 蜂花粉卫生指标

项　　目		指　　标
菌落总数/(CFU/g)	≤	1 000
大肠菌群/(MPN/100 g)	≤	30
致病菌(指肠道致病菌和致病性球菌)		不得检出
霉菌总数/(CFU/g)	≤	200
铅(以 Pb 计)/(mg/kg)	≤	1.0

6 试验方法

6.1 感官指标

6.1.1 蜂蜜感官指标

按 GB 18796 规定执行。

6.1.2 蜂王浆感官指标

按 NY 5135 规定执行。

6.1.3 蜂胶感官指标

按 NY 5136 规定执行。

6.1.4 蜂花粉感官指标

按 NY 5137 规定执行。

6.2 理化指标

6.2.1 蜂蜜理化指标

水分、灰分、羟甲基糠醛、酸度、淀粉酶值、果糖和葡萄糖、蔗糖按 GB 18796 规定执行。

6.2.2 蜂王浆理化指标

水分、蛋白质、酸度、灰分、总糖、淀粉、10-羟基-2-癸烯酸按 NY 5135 规定执行。

6.2.3 蜂胶理化指标

总黄酮含量、氧化时间、75%乙醇提取物含量、蜂蜡和 75%乙醇不溶物含量按 NY 5136 规定执行。

6.2.4 蜂花粉理化指标

水分、蛋白质、灰分、杂质按 NY 5137 规定执行。

6.3 卫生指标

6.3.1 蜂蜜卫生指标

按 GB 18796 规定执行。

6.3.2 蜂王浆卫生指标

按 NY 5135 规定执行。

6.3.3 蜂胶卫生指标

按 NY 5136 规定执行。

6.3.4 蜂花粉卫生指标

按 NY 5137 规定执行。

7 检验规则

7.1 交收检验

产品交收前应经厂质检部门检验合格，并签发合格证后方可出厂。交收检验项目至少为感官指标、菌落总数、大肠菌群。

7.2 抽样方法

7.2.1 蜂蜜

按 NY 5134 规定执行。

7.2.2 蜂王浆

按 NY 5135 规定执行。

7.2.3 蜂胶

按 NY 5136 规定执行。

7.2.4 蜂花粉

按 NY 5137 规定执行。

7.3 判定规则

检验时出现不合格项,允许加倍抽样复检,如仍有不合格项即判该批产品为不合格。但微生物指标不得复检。

8 标签、标志、包装、运输和贮存

8.1 标签、标志

应符合 GB 7718、GB/T 191、GB 18796 的要求。

8.2 包装

8.2.1 蜂蜜应符合 GB 18796 的要求。

8.2.2 蜂王浆应符合 NY 5135 的要求。

8.2.3 蜂胶应符合 NY 5136 的要求。

8.2.4 蜂花粉应符合 NY 5137 的要求。

8.3 运输、贮存

8.3.1 蜂蜜应符合 GB 18796 的要求。

8.3.2 蜂王浆应符合 NY 5135 的要求。

8.3.3 蜂胶应符合 NY 5136 的要求。

8.3.4 蜂花粉应符合 NY 5137 的要求。

8.4 保质期

在规定贮存条件下,蜂蜜、蜂胶、蜂花粉保质期为 24 个月;蜂王浆应在 −18 ℃以下低温保存,保质期为 18 个月。

附 录 A
（规范性附录）
饶河（东北黑蜂）蜂蜜、蜂王浆、蜂胶、蜂花粉地理标志产品保护范围图

饶河（东北黑蜂）蜂蜜、蜂王浆、蜂胶、蜂花粉地理标志产品保护范围见图 A.1。

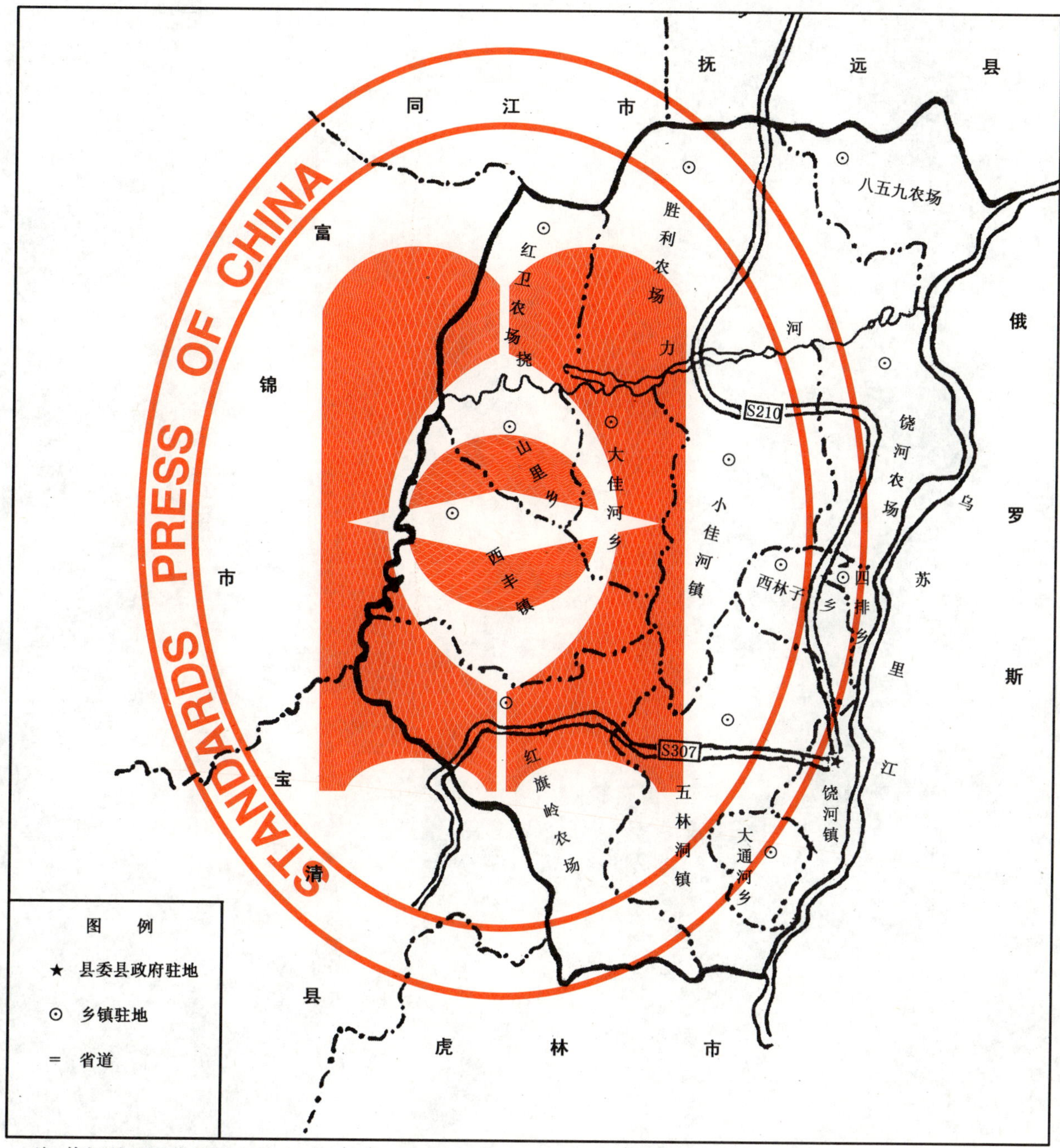

注：饶河县地理位置为东经 133°07′26″～134°20′16″，北纬 46°36′44″～47°34′26″。

图 A.1 饶河（东北黑蜂）蜂蜜、蜂王浆、蜂胶、蜂花粉地理标志产品保护范围图

ICS 67.080.10
B 31

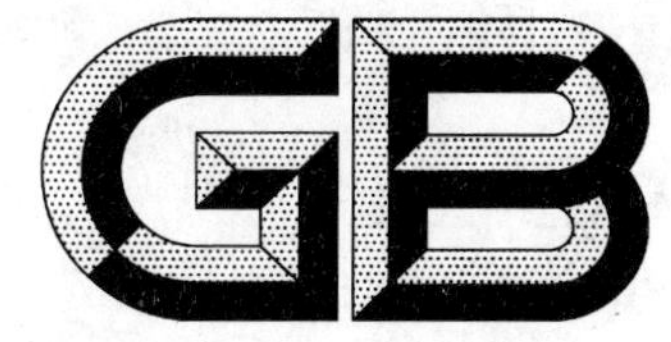

中华人民共和国国家标准

GB/T 19332—2008
代替 GB 19332—2003

地理标志产品　常山胡柚

**Product of geographical indication—
Changshan huyou**

2008-06-25 发布　　2008-10-01 实施

中华人民共和国国家质量监督检验检疫总局
中国国家标准化管理委员会　发布

前　言

本标准根据国家质量监督检验检疫总局颁布的2005第78号令《地理标志产品保护规定》及GB 17924—1999《原产地域产品通用要求》制定。

本标准代替GB 19332—2003《原产地域产品　常山胡柚》。

本标准与GB 19332—2003相比主要变化如下：

——标准属性由强制性国家标准改为推荐性国家标准；

——按《地理标志产品保护规定》，修改标准名称“原产地域产品”改为“地理标志产品”；

——修改了栽培技术，如株行距、施肥等要求；

——将“质量等级”改为“分级”，删除了“等级容许度的试验方法”；

——修改了感官要求中的果径指标，增加了风味要求，对果面进行了分级，提高了对果实的外观要求；

——删除了果实的采收理化指标，增加了产品的理化指标；

——修改了判定规则。

本标准由全国原产地域产品标准化工作组提出并归口。

本标准起草单位：浙江省常山县质量技术监督局、浙江省常山县农业局。

本标准主要起草人：贝增明、叶杏元、施堂红、吴文明、胡俊、杨兴良、方荣春、苏辉芳。

本标准所代替标准的历次版本发布情况为：

——GB 19332—2003。

地理标志产品　常山胡柚

1　范围

本标准规定了常山胡柚的术语和定义、地理标志产品保护范围、要求、试验方法、检验规则和标志、标签、包装、运输和贮存。

本标准适用于国家质量监督检验检疫行政主管部门根据《地理标志产品保护规定》批准保护的常山胡柚。

2　规范性引用文件

下列文件中的条款通过本标准的引用而成为本标准的条款。凡是注日期的引用文件，其随后所有的修改单(不包括勘误的内容)或修订版均不适用于本标准，然而，鼓励根据本标准达成的协议的各方研究是否可使用这些文件的最新版本。凡是不注日期的引用文件，其最新版本适用于本标准。

GB/T 8210　出口柑桔鲜果检验方法

GB/T 8855　新鲜水果和蔬菜的取样方法

GB/T 10547　柑桔储藏

GB/T 13607　苹果、柑桔包装

GB 18406.2　农产品安全质量　无公害水果安全要求

GB/T 18407.2　农产品安全质量　无公害水果产地环境要求

NY/T 5015　无公害食品　柑桔生产技术规程

3　术语和定义

下列术语和定义适用于本标准。

3.1

常山胡柚　Changshan huyou (*Citrus paradis*. **cv. changshan huyou**)

原产浙江常山地理标志产品保护范围内的一种杂种柚，果实高扁圆形，较大，橙黄色或黄色，果面光滑，肉质细嫩多汁，味酸甜爽口，微苦。

3.2

绿叶层厚度　thickness of green leaf layer

树冠内膛有叶部位至树冠外围之间长有叶片那部分的厚度。

3.3

树高冠率　tree height/canopy diameter ratio

树体高度与树冠横径的比例。

3.4

树冠覆盖率　canopy projection/orchard area ratio

树冠投影面积与园地面积的比例。

3.5

风斑　wind bruise

果实与树枝发生摩擦引起的果皮表面伤痕。

3.6

烟煤病菌迹　sooty mould spot

病菌覆盖在果面上的一层似烟煤的黑色物。

4　地理标志产品保护范围

常山胡柚地理标志产品保护范围限于国家质量监督检验检疫行政主管部门根据《地理标志产品保护规定》批准的范围，限于常山县现辖行政区域内，见附录A。

5　要求

5.1　环境

生产环境应符合GB/T 18407.2的规定。

5.2　苗木

采用嫁接繁殖，砧木为枳，接穗应来自优株母本园。苗木的质量要求应符合表1的规定。

表1　苗木质量要求

级　别	指　标			
	苗木干粗(直径)/cm	苗　高/cm	根系	检疫性病虫害
一级	≥0.8	≥50	发　达	无
二级	≥0.6	≥40	较发达	无

5.3　栽培技术

5.3.1　栽植

5.3.1.1　山地应筑梯地，梯地梯面宽应在3 m以上，于秋冬挖定植沟，宽1.0 m，深0.8 m为宜，下填有机肥每公顷150 t～200 t，后覆土填实，高出地面15 cm～20 cm。

5.3.1.2　平地可挖穴定植，定植穴长、宽各1.0 m，深0.5 m以上，穴内分层施栏肥等有机肥50 kg～70 kg。

5.3.1.3　栽植密度：山地株行距(3.5 m～4.0 m)×4.0 m为宜；平地株行距4.0 m×(4.0 m～4.5 m)为宜。

5.3.1.4　栽植时期：以春季定植为好。

5.3.2　整形修剪

5.3.2.1　整形

在苗木定干基础上，第一、二年培养主枝和选留副主枝，第三、四年继续培养主枝和副主枝的延长枝，合理布局侧枝群。每年培养3次～4次梢，及时摘除花蕾。投产前一年树高冠率控制在1.0～1.2之间。

5.3.2.2　修剪

保持生长结果相对平衡，绿叶层厚度120 cm以上，树冠覆盖率80%～85%。修剪因树制宜，删密留疏，控制行间交叉，保持侧枝均匀，冠形凹凸，上小下大，通风透光，立体结果。

5.3.3　保果(花)与疏果

5.3.3.1　保果(花)：叶花比在2∶1以下的树应采取保果(花)措施。

5.3.3.2　疏果：按叶果比60∶1～70∶1进行疏果，疏除病虫果、畸形果、特大果和特小果。多果树应控果促梢，成年树在定果后按株产量50 kg留果220只～250只。

5.3.4　水分管理

5.3.4.1　在花期、新梢生长期和果实膨大期要求土壤含水量保持20%～30%，相当于田间持水量60%～

80%,采前 20 d 内应适当控制水分供应。

5.3.4.2 旱季、旱冬及寒潮来临前应灌水。

5.3.4.3 雨季及台风季节,应注意排水。

5.3.5 合理施肥

5.3.5.1 幼龄树施肥

幼龄树在每年 3 月至 8 月上旬采取薄肥勤施,每月施一次稀薄人粪尿或 2%~3%尿素液等速效肥,8 月下旬至 10 月停止施肥,11 月上旬施越冬肥。

5.3.5.2 成年树施肥

成年树按施肥方式一年施肥 1 次~3 次。施肥重点时期:芽前肥:2 月下旬至 3 月下旬;壮果肥:6 月下旬至 7 月中下旬;采果肥:采果后 3 d 至 7 d。

5.3.5.3 施肥重视有机肥的使用,注意平衡施肥,使氮、磷、钾及钙、镁、锌等微量元素供应全面,防止缺素症的发生。

5.3.6 病虫害防治

5.3.6.1 病虫害防治采取预防为主,综合防治的原则,合理采用农业、生物、物理和化学等防治措施。着重防治溃疡病、黄斑病、黑点病、红蜘蛛、锈壁虱、潜叶蛾、蚧类、黑刺粉虱、花蕾蛆等病虫害。

5.3.6.2 病虫害防治按 GB 18406.2 和 NY/T 5015 的规定执行,严禁使用国家明令禁止的高毒、高残留农药,采摘前 30 d 禁止使用化学农药。

5.4 采收

在正常的气候条件下,露地栽培的禁止在 10 月 30 日前采收,以 11 月中下旬采收为佳。

5.5 分级

分为特级、一级、二级。

5.6 感官要求

感官要求应符合表 2 规定。

表 2 感官要求

规 格	级 别		
	特 级	一 级	二 级
果径/mm	≥85~≤95	≥75~≤95	≥65~≤105
果形	扁圆或球形,具有本品种固有的特征		
风味	甜酸适度、清凉爽口、微苦		
色泽	橙黄色或黄色		
果面	果面洁净,果皮光滑;无刺伤、碰压伤、日灼、干疤;允许在果面不显著位置有极轻微油斑、菌迹、药迹、风斑等缺陷	果面洁净,果皮较光滑;无刺伤、碰压伤;允许单个果有轻微日灼、干疤、油斑、菌迹、药迹、风斑等缺陷	果面光洁,无溃疡病斑,无明显影响果面美观的机械伤、日灼斑、病虫危害斑、风斑、烟煤病菌迹、药迹等缺陷

5.7 理化指标

理化指标应符合表 3 的规定。

表 3 理化指标

项 目		级 别		
		特级	一级	二级
可溶性固形物含量/%	≥	11.0	10.5	10.0
可滴定酸含量/%	≤	1.1	1.2	1.2

5.8 卫生安全指标

按照 GB 18406.2 有关规定执行。

6 试验方法

6.1 取样方法

按 GB/T 8855 有关规定执行。

6.2 环境

按 GB/T 18407.2 的规定执行。

6.3 苗木干粗和苗高

干粗以嫁接口上 3 cm～5 cm 处用游标卡尺测定苗木横径;苗高用卷尺测定从嫁接口至苗木顶端顶芽的高度。

6.4 感官检验

6.4.1 果径

用游标卡尺或分级板进行检验。

6.4.2 果形、色泽、风味、果面

果形、色泽、风味、果面等采用目测、口尝进行检验。

6.5 理化指标测定

6.5.1 可溶性固形物

按 GB/T 8210 规定执行。

6.5.2 总酸含量

按 GB/T 8210 规定执行。

6.6 卫生安全指标

按 GB 18406.2 有关规定执行。

7 检验规则

7.1 组批

同一生产销售单位、同一等级、同一包装、同一贮藏条件的产品作为一个检验批。

7.2 交收检验

产品交收时应按照本标准 5.6、5.7 进行检验。

7.3 型式检验

型式检验项目为本标准全部要求,有下列情况之一时应进行型式检验:

a) 前后两次抽样检验结果差异较大时;

b) 因人为或自然因素使生产环境发生较大变化时;

c) 国家质量监督机构提出型式检验要求时。

7.4 判定规则

7.4.1 感官要求的总不合格品百分率不超过 5%,且理化指标、卫生指标均为合格,则该批产品判为合格。

7.4.2 感官要求的总不合格品百分率超过 5%,或理化指标、卫生指标有一项不合格,或标志、标签不合格,则该批产品判为不合格。

7.4.3 对生产企业预包装检验不合格者,可按本标准要求允许复验,复验不合格的则判该批产品不合格。

8 标志、标签、包装、贮运

8.1 标志、标签

在外包装上应标明品名(常山胡柚)、产地、等级(特级、一级、二级)、净含量(千克或果数)、包装日期、地理标志产品专用标志、执行标准编号、"小心轻放"、"防晒防雨"等警示内容。

8.2 包装

按 GB/T 13607 有关规定执行。

8.3 运输

运输工具应清洁、卫生、干燥、无异味。

8.4 贮藏

在常温下贮藏,按 GB/T 10547 规定执行。

附　录　A
（规范性附录）
常山胡柚地理标志产品保护范围

常山胡柚地理标志产品保护范围见图 A.1。

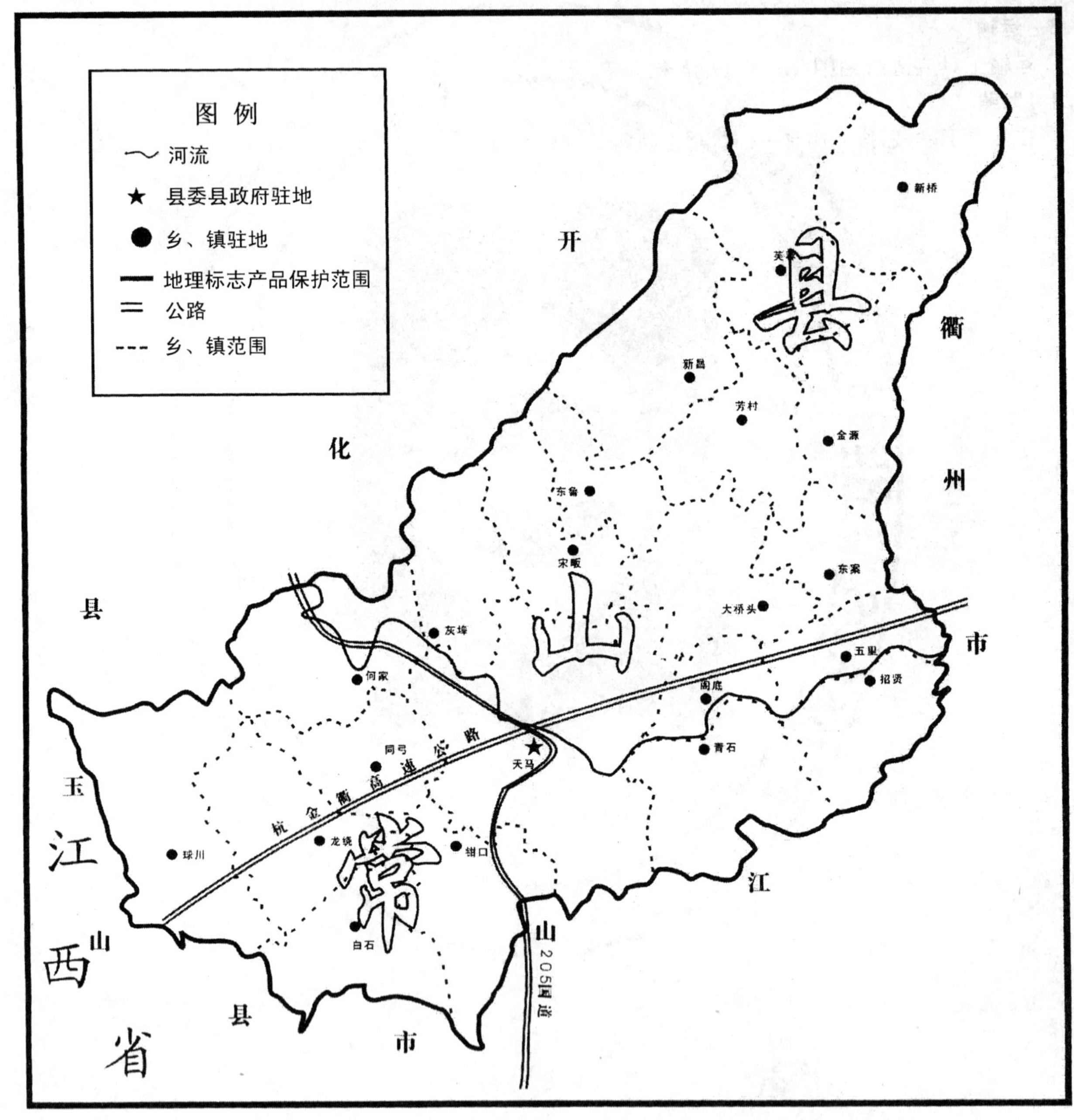

注：常山胡柚地理标志产品保护范围限常山县行政区域内。

图 A.1　常山胡柚地理标志产品保护范围图

ICS 03.080.20
A 10

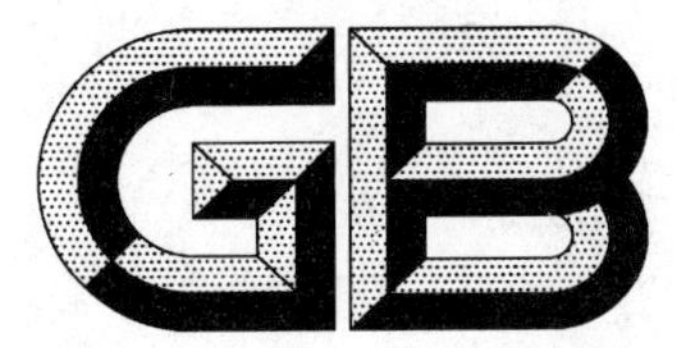

中华人民共和国国家标准

GB/T 19363.1—2008
代替 GB/T 19363.1—2003

翻译服务规范　第1部分:笔译

Specification for translation service—Part 1:Translation

2008-07-16 发布　　　2008-12-01 实施

中华人民共和国国家质量监督检验检疫总局
中国国家标准化管理委员会　发布

前　言

GB/T 19363《翻译服务规范》分为两个部分：

——第1部分：笔译；

——第2部分：口译。

本部分代替GB/T 19363.1—2003，与GB/T 19363.1—2003相比主要变化如下：

——删除引言；

——删除了原有的4个术语，即3.10过程、3.11可追溯性、3.12纠正、3.13纠正措施；增加电子文件术语；

——删除了涉及译文质量的4.4.2.4～4.4.2.8；

——删除了4.4.7对印刷品及复印件的要求；

——对标准的其他内容略作修改。

本部分由中国标准化协会提出。

本部分由中国标准化协会归口。

本部分主要起草单位：中央编译局、中国对外翻译出版公司、中国标准化协会、江苏钟山翻译有限公司。

本部分主要起草人：尹承东、吴希曾、杨子强、顾小放、张南军。

翻译服务规范　第1部分:笔译

1　范围

GB/T 19363.1 的本部分规定了翻译服务之笔译服务规范。

本部分适用于翻译服务之笔译服务。

2　规范性引用文件

下列文件中的条款通过 GB/T 19363 的本部分的引用而成为本部分的条款。凡是注日期的引用文件,其随后所有的修改单(不包括勘误的内容)或修订版均不适用于本部分,然而,鼓励根据本部分达成协议的各方研究是否可使用这些文件的最新版本。凡是不注日期的引用文件,其最新版本适用于本部分。

GB/T 788—1999　图书杂志开本及其幅面尺寸(neq ISO 6716:1983)

GB/T 18894—2002　电子文件归档与管理规范(idt ISO 9000:2000)

GB/T 19000—2000　质量管理体系　基础和术语(idt ISO 9000:2000)

GB/T 19682—2005　翻译服务译文质量要求

3　术语和定义

下列术语和定义适用于 GB/T 19363 的本部分。

3.1

翻译服务　translation service

为顾客提供两种以上语言转换服务的有偿经营行为。

3.2

翻译服务方　translation service provider

能实施翻译服务并具备一定资质的经济实体或机构。

3.3

顾客　client

接受产品的组织或个人。

[GB/T 19000—2000,3.3.5]

3.4

原文　source language

源语言。

3.5

译文　target language

目标语言。

3.6

笔译　translation

将源语言翻译成书面目标语言。

3.7

原件　original

记录原文的载体。

3.8

译稿 draft translation

翻译结束未被审校的半成品。

3.9

译件 finished translation

提供给顾客的最终成品。

3.10

电子文件 electronic records

指在数字设备及环境中生成，以数码形式存储于磁带、磁盘、光盘等载体，依赖计算机等数字设备阅读、处理，并可在通信网络上传送的文件。

[GB/T 18894—2002,3.1]

4 要求

4.1 翻译服务方的条件

4.1.1 有对原文和译文的驾驭能力的翻译以及完成顾客委托所必需的其他相关人力资源。

4.1.2 应具备对译文中涉及到的专业语言的翻译经验。

4.1.3 应具备技术装备和办公设备。

4.1.4 应具备履行合同的能力。

4.2 业务接洽

4.2.1 接洽场所

应宽敞、明亮、整洁，配齐必备设施。

4.2.2 接洽人员

应熟悉翻译工作过程，服务提供范围，收费标准，服务时限等诸方面内容。着装得体，语言文明，耐心解答顾客的咨询。

4.2.3 接洽的类型和内容

4.2.3.1 门市业务

指数量较小或时间较短的翻译业务，应详细记录：

——顾客的全称；

——联系方式；

——原文和译文的语种；

——译件使用目的；

——双方认同的计字方法；

——约定的收费价格；

——译制的时限；

——译件的规格和质量要求；

——预付的翻译费；

——原文和参考件的页数；

——译件的标识(在4.3中详述)；

——顾客提供的专有和特殊的用语等。

注：记录单上应有顾客签字确认。

4.2.3.2 批量或长期业务

指数量较大或时间较长的翻译业务，应签订合同或协议书，除4.2.3.1中的部分条款外，合同或协议书还应包括以下内容：

——顾客的全称；
——顾客的联系方式(电话、移动电话、传真、地址、邮编、E-mail 等)；
——翻译服务内容(语种、项目、时限)；
——交件形式；
——验收条款；
——质量内容；
——保密条款；
——收费内容(计字方法、分项单价、图表的计字方法等)；
——付款方式；
——翻译质量纠纷处理办法；
——违约和免责条款；
——变更方式；
——其他。

4.2.4　其他事项

4.2.4.1　附加服务

如果顾客希望获得附加服务应与翻译服务方协商，附加服务有：

——编写专业术语；
——图形设计(包括图片、公式、表格)；
——图纸处理(A3 以上大图的填字、缩放等)；
——版式加工；
——制作版样、印刷；
——其他。

注：附加服务需另行结算。

4.2.4.2　署名

应符合国家有关版权、署名的法律法规的规定。

4.2.4.3　顾客的需要

翻译服务方应向顾客了解译件的使用范围及对象，提供更好的翻译服务。

4.2.4.4　原文和专业术语

如有必要，顾客应提供相应的资料和支持。如：

——专业文献；
——专业术语；
——难词释义和缩略词汇表；相关的文字；
——背景资料；
——指定的特殊软件；
——参观现场或实物；
——有能力回答问题的联系人。

4.2.4.5　计字方法

计字一般以中文为基础。

——版面计字：以实有正文计算，即以排印的版面每行字数乘以全部实有的行数计算，不足一行或占行题目的，按一行计算；

——计算机计字：按文字处理软件的计数为依据，通常采用“字符数(不计空格)”。

注：在原文和译文均为外文时，由顾客和翻译服务方协商。

4.3 追溯性标识

每份资料应用数字、字母或其他方式，明确其唯一的追溯性标识。应有如下一项或数项内容：

——顺序编号；

——批次；

——日期；

——数量（页数、规格）；

——语种；

——顾客代码。

4.4 翻译业务

4.4.1 原件

4.4.1.1 顾客应尽可能提供原件的电子文件，翻译服务方一般不接受手写原件。

4.4.1.2 原件整理和保护

——清点整理原件，检查有无漏、缺，不清晰处。如有，应向顾客说明，并要求顾客补充提供。若顾客无法提供清晰的原件，则应随原件另附注标记注明。

——妥善保护顾客的原件，不得遗失，污毁（发生不可抗力除外）。翻译时应使用原件的复制件。

4.4.2 工作安排

根据顾客的需求，编制出译件完成的工序和时间的计划，选择合格的译、审人员。

4.4.3 翻译

4.4.3.1 翻译人员

——有被认可的外语水平证书或与之相当的证书，特别是专业方面的证书；

——普通及专业的工作经验；

——专业能力；

——接受再培训和继续教育。

4.4.3.2 译前准备：

应在翻译前仔细做好以下工作：

——审阅原件；

——熟悉所译资料涉及到的专业内容，备齐相应的工具书；

——审阅自己已掌握的术语；

——审阅顾客提供的术语；

——审阅并整理顾客提供的资料；

——进一步查阅单词和专业术语（如在互联网或数据库）；

——通过翻译服务方与顾客解决内容上、专业上和术语上的问题。

4.4.3.3 译稿

译稿应完整，其内容和术语应当基本准确。原件的脚注、附件、表格、清单、报表和图表以及相应的文字都应翻译并完整地反映在译文中。不得误译、缺译、漏译、跳译，对翻译准确度把握不大的个别部分应加以注明。顾客特别约定的除外。

4.4.3.4 统一词汇

译文中专有词汇应当前后统一。对没有约定俗成译法的词汇，经与顾客讨论后进行翻译（这类词汇应当被明确标示出来）。

4.4.4 审核

4.4.4.1 审核人员资格：同4.4.3.1。

4.4.4.2 审核应根据原文（复印件）和译稿进行逐字审核，并根据上下文统一专有词汇。对名称、数据、公式、量和单位均需认真审核，审核后的译文应内容准确，行文流畅。审核应使用与翻译有别的明显标识，以示区别。

4.4.4.3 审核内容：

——译文稿是否完整；

——内容和术语是否准确，文字功能是否符合需要；

——语法和辞法是否正确，语言用法是否恰当；

——是否遵守与顾客商定的有关译文质量的协议；

——译者的注释是否恰当；

——译文稿的格式、标点、符号是否正确。

注：根据与顾客商定的译文用途决定审核的次数。

4.4.5 编辑

翻译编辑的工作主要是根据原文的格式进行再加工的过程，使译件的幅面、版面、格式、字体、拼音符合 GB/T 788—1999 的要求；译件版面应美观、大方、紧凑，图表排列有序，与原文相对应，章节完整。编辑时，应使用与翻译、审核有别的标识，以示区别。

4.4.6 校对

文稿校对应对审核后的译稿逐字校对，不得有缺、漏、错。发现有错时，应认真填写勘误表，交相关人员更正，并验核。

4.4.7 检验交付

按照合约的要求对译件进行最终检验并交付。

4.5 质量要求

4.5.1 译文质量按 GB/T 19682—2005 第 4 章、第 5 章、第 6 章的要求。

4.5.2 交译件后的 6 个月内翻译服务方对合格的译件存在的少量的错、漏可采取：

a) 打字件（电子版）负责更正；

b) 印刷件负责出勘误表。

注：由于顾客原因出现的修改除外。

4.5.3 翻译服务方所交付的译件出现严重质量问题应按合同约定处理，见 4.2.3.2。

4.6 资料存档及其他

4.6.1 翻译服务方所承接的资料翻译工作完成后，其相应的原件复印件、翻译稿、审核稿、打字稿、勘误表、样本等相关资料的最短保存期为 12 个月。

存档的资料应标识准确，资料完整，便于查阅；如存储在计算机里，则应备份。

原件应完整地交还顾客，并作相关记录。

4.6.2 如与顾客有约定，译件交给顾客后，可将原件复印件、翻译稿、审核稿、打字稿、勘误表、样本以及相关的全部纸质或非纸质文稿交还给顾客。

注：在此情况下，翻译服务方不承担本部分 4.5.2、4.5.3 的责任。

4.7 顾客反馈和质量跟踪

翻译服务方应指定专人对顾客反馈意见进行登记，整理，并针对反馈意见采取纠正或纠正措施进行整改。对顾客反馈的意见均应给予答复。

对批量业务的顾客，翻译服务方还应进行前期、中期和后期的质量跟踪和走访，对顾客反映的问题应及时整改。

4.8 保密

翻译服务方应按相关的法律、法规，为顾客保守商业和技术秘密，不得向任何第三方透露顾客的商业或技术秘密。

4.9 一致性声明

每个翻译服务方都可以自愿履行本部分的各项条款并自负责任地声明，他是根据本部分提供翻译服务的(一致性声明)。

ICS 65.060.80
B 96

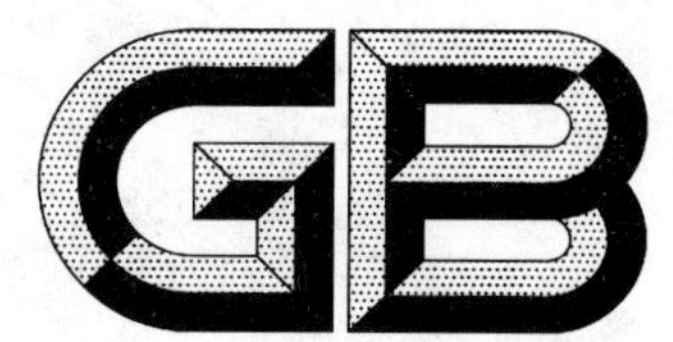

中华人民共和国国家标准

GB/T 19387—2008/ISO 6535:1991、ISO 6535:1991/COR.1:2004
代替 GB/T 19387—2003

便携式油锯　锯链制动器性能

Portable chain-saws—Chain brake performance

(ISO 6535:1991 and ISO 6535:1991/COR.1:2004,IDT)

2008-05-27 发布　　2009-01-01 实施

中华人民共和国国家质量监督检验检疫总局
中国国家标准化管理委员会　发布

前言

本标准等同采用 ISO 6535:1991《便携式油锯 锯链制动器性能》(英文版),包括其勘误表 ISO 6535:1991/COR. 1:2004。

为了便于使用,本标准对 ISO 6535:1991 做了如下编辑性修改:

——删除了国际标准前言;

——将“本国际标准”一词改为“本标准”。

本标准是对 GB/T 19387—2003《油锯 锯链制动器性能》的修订,自实施之日起代替GB/T 19387—2003。

本标准修订的主要技术内容(见下段的斜体加重字的内容):

将原 6.1.2 中第一段的内容由“在制动状态期间,将节气门保持在某一固定位置,而该位置与制造厂家标定转速相协调,即最大功率点处转速加 33%或节流阀全开(高速空转)时的转速,取其较低者。当锯链被制动而停止时,节流阀应被调到怠速状态,并且将制动器复位。”改为“在制动状态期间,将节气门保持在某一固定位置,而该位置与制造厂家推荐的高速空转转速相一致,即最大功率点处转速加 33%或节气门全开时的转速,取其较低者。当锯链被制动而停止时,节气门应被调到怠速状态,并且将制动器复位。”

本标准由国家林业局提出。

本标准由全国林业机械标准化技术委员会归口。

本标准起草单位:国家林业局哈尔滨林业机械研究所。

本标准主要起草人:王振东。

本标准所代替标准的历次版本发布情况为:

——GB/T 19387—2003。

便携式油锯　锯链制动器性能

1　范围

本标准规定了便携式油锯上的手动锯链制动器的制动时间和释放力的测试方法以及推荐的锯链制动器性能指标。

2　性能要求和推荐指标

各项测试应在同一型号的三台装有规定导板和锯链的标准油锯上进行。

按6.1对锯链制动器进行试验，最长制动时间不应超过0.15 s，在同一台油锯上测得的平均制动时间不应超过0.12 s。

按6.2对锯链制动器进行试验，其释放力应为20 N～60 N。

3　测试仪器

3.1　转速表，精度为±2.5%。

3.2　计时器包括传感器，精度为±5 ms。

3.3　测试制动器启动的传感装置。

3.4　测试锯链运动的传感装置。

3.5　测力计，精度为±1 N。

3.6　冲击摆，摆头端面为直径50 mm的平面，从回转轴中心到摆头中心线之间的距离，即摆臂长为700 mm，该摆臂应尽量轻，摆头从200 mm处落下时，应能产生1.4J能量的冲击。

4　试验油锯

在试验之前应对油锯的发动机进行磨合，并按制造厂家的说明调整化油器和点火装置。

锯切材料应该用软木。

5　试验前准备

应将油锯及其锯链张紧程度，按制造厂家的建议调整到最佳切削性能状态。锯链张紧程度通常应调整到如下状态为宜：当将1kg的重物吊挂在锯链的有效切削长度内较低位置的中心处时，连接片与导板之间的间隙为每米导板长度不应小于0.017 mm。

如果可能，将锯链润滑油注油泵按制造厂家的建议调节到最大流量状态，锯链润滑油的型号应在试验报告中注明。

试验期间，应将油锯双手把处刚性悬挂起来。

在按6.1.3的要求预运转之前应将锯链制动器的摩擦表面擦干，且不得加注润滑油。

环境温度应为20℃±5℃。

6　试验程序

6.1　制动时间

6.1.1　方法

当冲击摆的摆头从200 mm的高度落下撞击前护手器时，制动器随着摆锤的突然撞击而起作用。从摆锤撞击前护手器的瞬间到锯链停止运动的瞬间被称为制动时间。为了避免由于锯链和链轮的振动而引起误测,当两个连续的链齿通过测点的时间超过 10 ms 时,认为该锯链已被制动。

6.1.2 总则

在制动状态期间,将节气门(或油门扳机)保持在某一固定位置,而该位置与制造厂家推荐的高速空转转速相一致,即最大功率点处转速加 33%或节气门全开时的转速,取其较低者。当锯链被制动而停止时,节气门应被调到怠速状态,并且将制动器复位。

在试验期间不许调节和清洗制动器。在试验期间记录所有数据。

按以下程序进行测量。

6.1.3 预运转

以最大功率点转速和高速空转转速之间的转速运转发动机,使之预热。

以最大功率点转速和高速空转转速之间的转速运转发动机,并用制动器制动锯链 300 次,相邻两次制动的时间间隔应以制动器不产生严重过热为宜。

将油箱注足燃油,以大约最大功率点转速来锯切软木。

6.1.4 首次试验

6.1.4.1 以高速空转的转速运转发动机。

6.1.4.2 以 30 s 的时间间隔,将锯链制动 5 次,并记录制动时间。

6.1.5 再次试验

6.1.5.1 以高速空转的转速运转发动机。

6.1.5.2 以 30 s 的时间间隔,将锯链制动 15 次。

6.1.5.3 立即以 30 s 的时间间隔,将锯链制动 5 次,并记录制动时间。

6.2 释放力(静态试验)

在前护手器顶部的中心处以与导板中心线成 45°角的方向上向前下方施力起动制动器,测量该力,见图 1。

在本项试验期间,发动机不运转,均匀施力。

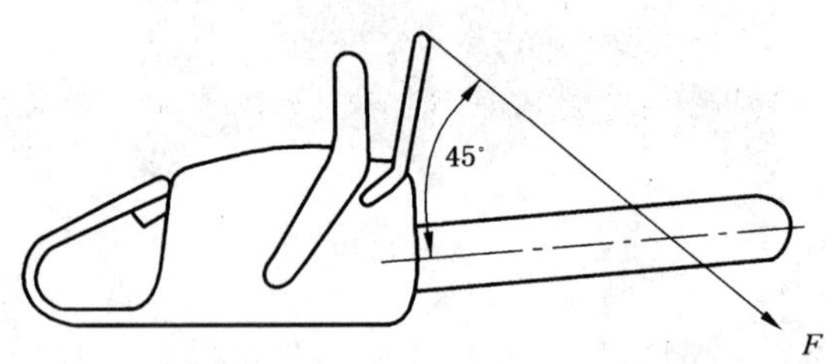

图 1 释放力静态试验

7 试验报告

7.1 制动时间

按 6.1.4.2 和 6.1.5.3 记录所测得的制动时间。

7.2 释放力

以牛顿(N)为单位记录该释放力。

ICS 23.140
J 72

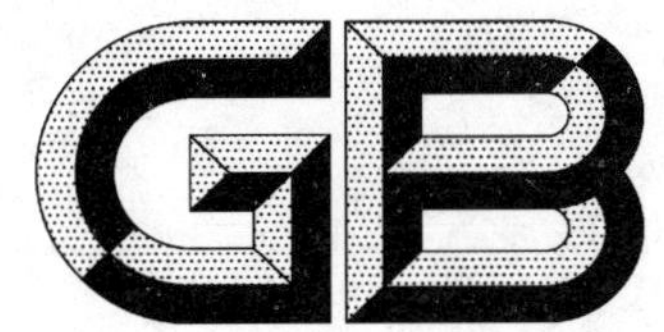

中华人民共和国国家标准

GB/T 19410—2008
代替 GB/T 19410—2003

螺杆式制冷压缩机

Screw refrigerant compressors

2008-11-12 发布

2009-05-01 实施

中华人民共和国国家质量监督检验检疫总局
中国国家标准化管理委员会 发布

前　言

本标准是对GB/T 19410—2003《螺杆式制冷剂压缩机》的修订。本标准与GB/T 19410—2003相比变化如下：

——本标准名称改为《螺杆式制冷压缩机》。

——明确规定本标准不适用于单机双级螺杆式制冷压缩机及其螺杆式制冷压缩机组。

——对螺杆式制冷压缩机及螺杆式制冷压缩机组的名义工况作了修改，同时对其设计与使用条件也作了相应修改。

——气密性试验检漏方法增加了制冷剂检漏仪检漏和真空氦检漏仪检漏。

——对压缩机壳体等受压零件强度试验的要求作了修改。

——对检验项目作了调整。

——抽样检验增加了抽样台数的规定。

——取消了附录A(资料性附录)《压缩机及压缩机组型号表示方法》。

本标准自实施之日起代替GB/T 19410—2003。

本标准附录A～附录E是规范性附录。

本标准由中国机械工业联合会提出。

本标准由全国冷冻空调设备标准化技术委员会(SAC/TC 238)归口。

本标准负责起草单位：麦克维尔空调制冷(苏州)有限公司、合肥通用机械研究院、武汉新世界制冷工业有限公司、大连三洋压缩机有限公司、大连冷冻机股份有限公司、上海汉钟精机股份有限公司、烟台冰轮股份有限公司、大金机电设备(苏州)有限公司。

本标准参加起草单位：广东省吉荣空调设备公司、比泽尔制冷技术(中国)有限公司、广东申菱空调设备有限公司、上海一冷开利空调设备有限公司、约克(无锡)空调冷冻科技有限公司、浙江春晖智能控制股份有限公司。

本标准主要起草人：胡增武、陈清、史敏、夏航、秦海杰、侯昌海、邓壮、姜韶明、刘兰英、赵薰、刘海峰、易新文、江宏纶、胡祥华、徐立中。

本标准所替代标准的历次版本发布情况为：

——GB/T 19410—2003。

螺杆式制冷压缩机

1 范围

本标准规定了螺杆式制冷压缩机及螺杆式制冷压缩机组的术语和定义、分类与基本参数、技术要求、试验方法、检验规则和标志、包装及贮存。

本标准适用于以R717、R22、R134a、R404A、R407C、R410A和R507A为制冷剂的螺杆式制冷压缩机(以下简称压缩机)及螺杆式制冷压缩机组(以下简称"机组")。

采用其他制冷剂(如R290、R1270等)的压缩机及压缩机组可参照执行。

本标准不适用于单机双级的螺杆式制冷压缩机及其螺杆式制冷压缩机组。

2 规范性引用文件

下列文件中的条款通过本标准的引用而成为本标准的条款。凡是注日期的引用文件，其随后所有的修改单(不包括勘误的内容)或修订版均不适用于本标准，然而，鼓励根据本标准达成协议的各方研究是否可使用这些文件的最新版本。凡是不注日期的引用文件，其最新版本适用于本标准。

GB 150 钢制压力容器

GB 151 管壳式换热器

GB/T 191 包装储运图示标志(GB/T 191—2000,eqv ISO 780:1997)

GB 536 液体无水氨

GB 755 旋转电机 定额和性能(GB 755—2000,idt IEC 60034-1:1996)

GB/T 1032 三相异步电动机试验方法

GB/T 3853 容积式压缩机验收试验(GB/T 3853—1998,eqv ISO 1217:1996)

GB/T 5773 容积式制冷压缩机 性能试验方法(GB/T 5773—2004,ISO 917:1989 MOD)

GB/T 6388 运输包装收发货标志

GB/T 7373 工业用二氟一氯甲烷(F22)

GB/T 7778 制冷剂编号方法和安全性分类

GB 9237 制冷和供热用机械制冷系统安全要求(GB 9237—2001,eqv ISO 5149:1993)

GB/T 12241 安全阀一般要求(GB/T 12241—2005,ISO 4126-1:1999,EQV)

GB/T 13306 标牌

GB/T 13384 机电产品包装通用技术条件

GB/T 16630 冷冻机油

JB/T 4330—1999 制冷和空调设备噪声的测定

JB/T 4750 制冷装置用压力容器

JB/T 7245 制冷装置用截止阀

JB/T 7249 制冷设备术语

3 术语和定义

JB/T 7249确立的以及下列术语和定义适用于本标准。

3.1

螺杆式制冷压缩机 screw refrigerant compressor

由带有螺旋槽的转子在压缩腔内旋转而使制冷剂蒸气压缩的容积式压缩机。

3.2

螺杆式制冷压缩机组　screw refrigerant compressor unit

由螺杆式制冷压缩机、原动机及其他附件(如油泵、油冷却器、油分离器等)组装在一起,用于压缩制冷剂蒸气的机组。

3.3

制冷压缩机的制冷性能系数　coefficient of performance of refrigerant compressor

全封闭、半封闭式制冷压缩机其性能系数指某一工况下制冷量与同一工况下输入功率的比值,开启式制冷压缩机其性能系数指某一工况下制冷量与同一工况下轴功率的比值。

带有油泵的压缩机组,其消耗的功率还应包括正常运转时,油泵所消耗的功率。

4　分类与基本参数

4.1　分类

4.1.1　压缩机及机组按其结构分为开启式、半封闭式和全封闭式。

4.1.2　压缩机及机组按转子的配置分为单螺杆式、双螺杆式等。

4.1.3　压缩机及机组的型号表示方法由制造厂自行规定。

4.2　名义工况

压缩机及机组的名义工况应按表1的规定。

表1　压缩机及机组名义工况

单位为摄氏度

<table>
<tr><th>类　型</th><th>吸气饱和(蒸发)温度</th><th>排气饱和(冷凝)温度</th><th>吸气温度[b]</th><th>吸气过热度[b]</th><th>过冷度</th></tr>
<tr><td>高温(高冷凝压力)</td><td rowspan="2">5</td><td>50</td><td rowspan="2">20</td><td rowspan="2"></td><td rowspan="5">0</td></tr>
<tr><td>高温(低冷凝压力)</td><td>40</td></tr>
<tr><td>中温(高冷凝压力)</td><td rowspan="2">−10</td><td>45</td><td rowspan="3">—</td><td rowspan="3">10 或 5[a]</td></tr>
<tr><td>中温(低冷凝压力)</td><td rowspan="2">40</td></tr>
<tr><td>低温</td><td>−35</td></tr>
<tr><td colspan="6">a 用于R717。
b 吸气温度适用于高温名义工况,吸气过热度适用于中温、低温名义工况。</td></tr>
</table>

4.3　设计和使用条件

压缩机及机组的设计和使用条件见表2。

表2　设计和使用条件

单位为摄氏度

<table>
<tr><th rowspan="2">类　型</th><th rowspan="2">吸气饱和(蒸发)温度</th><th colspan="2">排气饱和(冷凝)温度</th></tr>
<tr><th>高冷凝压力</th><th>低冷凝压力</th></tr>
<tr><td>高温(热泵)</td><td>−15～12</td><td rowspan="2">25～60</td><td rowspan="3">25～45</td></tr>
<tr><td>高温(制冷)</td><td>−5～12</td></tr>
<tr><td>中温</td><td>−25～0</td><td>25～55</td></tr>
<tr><td>低温</td><td>−50～−20</td><td>20～50</td><td>20～45</td></tr>
</table>

5　技术要求

5.1　一般要求

压缩机及机组应符合本标准的规定,并按经规定程序批准的图样和技术文件(或用户和制造厂的协议)制造。

5.2 性能要求

5.2.1 名义工况制冷量和制冷性能系数

5.2.1.1 压缩机及机组应按6.7方法试验确定其名义工况下的制冷量、制冷性能系数和轴功率或输入功率等值。

5.2.1.2 压缩机及机组在表1规定的名义工况下进行试验时，其性能值的最大偏差应符合以下规定：

a) 制冷量不应小于明示值的95%；

b) 制冷性能系数不应小于明示值的95%。

5.2.2 部分负荷运行试验要求

具有能量调节装置的压缩机及机组应按6.7.2进行部分负荷运行试验，部分负荷一般分为25%、50%、75%三级(若不能按此分级，可根据压缩机及机组能量调节装置的自身特性分级)，并按表1规定的名义工况测量其制冷量、轴功率或输入功率。

5.2.3 全性能要求

压缩机及机组应按6.7.3方法进行全性能试验，并提供符合表1、表2规定的全性能曲线或全性能表。在全性能曲线或全性能表中，应包括不少于5种不同的冷凝温度，每一种冷凝温度下不应少于7种蒸发温度的制冷量、制冷性能系数、轴功率或输入功率等值。

5.3 制冷剂

压缩机及机组用制冷剂：R22应符合GB/T 7373的规定；R717应符合GB/T 536的规定；其他制冷剂应符合相关标准的规定。

5.4 润滑油和润滑系统

5.4.1 压缩机及机组用润滑油应符合GB/T 16630或相关标准的规定。

5.4.2 润滑系统应能保证压缩机及机组能正常可靠地工作。

5.5 电动机

5.5.1 开启式压缩机用电动机应符合GB 755的规定。

5.5.2 半封闭式压缩机、全封闭式压缩机用电动机应符合相关标准的规定。

5.6 阀门

5.6.1 压缩机或机组的安全阀应动作灵敏、不泄漏、安全可靠，并符合GB/T 12241或相关标准的规定。

5.6.2 压缩机或机组装设的制冷用截止阀应符合JB/T 7245或相关标准的规定。

5.7 压力容器

机组配套用的压力容器应符合JB/T 4750或GB 150、GB 151等压力容器标准的规定。

5.8 密封要求

5.8.1 压缩机及机组应密封。开启式压缩机及机组运行时在轴封处的渗油量不应大于3 mL/h。

5.8.2 为保证压缩机及机组的密封性，压缩机及机组应进行气密性试验，气密性要求应根据充注的检漏介质而定，它们的要求如下：

a) 检漏介质为干燥、洁净的空气、氮气或其他惰性气体时，压缩机、机组或压缩机壳体等受压零件应在不低于压缩机设计压力的试验压力下进行气密性试验，试验时各部位应无渗漏；

b) 检漏介质为含有R22等制冷剂(分压不小于10%)的干燥、洁净空气(或为氮气等惰性气体)的混合气体时，压缩机、机组或压缩机壳体等受压零件应在不低于压缩机设计压力的试验压力下进行气密性试验，试验时各部位用灵敏度为1×10^{-5}(MPa·cm^3)/s制冷剂检漏仪进行检测时，单点泄漏率应不大于14 g/a；

c) 检漏介质为氦气时，压缩机、机组或压缩机壳体等受压零件在不低于压缩机设计压力的氦气压力下，按附录A规定的方法，用真空氦检漏仪进行检测时应无泄漏。

5.9 强度要求

5.9.1 压缩机壳体等受压零件应进行强度试验，其进行强度试验时，各部位应无渗漏和异常变形。

5.9.2 压缩机壳体等受压零件进行强度试验时，可选用以下两种方案的任一种：

5.9.2.1 第一种方案：

型式试验、抽样检验、出厂检验时，压缩机壳体等受压零件强度试验的试验压力如选用液压进行试验，试验压力均为1.50倍设计压力，如选用气压进行试验，试验压力均为1.25倍设计压力。

5.9.2.2 第二种方案：

a) 型式试验：

对压缩机壳体等受压零件进行不低于5倍设计压力（压缩机如带有安全阀则为不低于3倍安全阀的释放压力）的爆破试验。安全阀的释放压力应不大于1.1倍的设计压力。

b) 抽样检验：

每年应按表7规定的抽样台数，抽取压缩机壳体等受压零件的样本进行1.50倍设计压力的液压试验或1.25倍设计压力的气压试验。

c) 出厂检验：

每年对基本型号的压缩机壳体等受压零件至少抽取一个样本进行不低于5倍设计压力（压缩机如带有安全阀则为不低于3倍安全阀的释放压力）的爆破试验，该项试验合格后，每台压缩机及机组出厂检验的强度试验仅对压缩机壳体等受压零件进行1.25倍设计压力的液压试验或1.15倍设计压力的气压试验。

5.10 运转要求

压缩机或机组应进行运转试验，其运转应平稳，无异常声响和剧烈振动，调节装置操作灵活、正确，压力、输入功率和温度应无异常波动，摩擦部位应无异常温升等。由经过运转试验合格的压缩机组装的机组可不进行运转试验。

5.11 容积流量

压缩机或机组的容积流量不应小于制造厂明示值的95%。

5.12 噪声限值

压缩机或机组在名义工况下的噪声值应不大于制造厂的明示值。

5.13 振动限值

压缩机或机组的振动值应不大于制造厂明示的振动限值。

5.14 安全性能

5.14.1 制冷剂的安全要求应符合GB/T 7778的规定。

5.14.2 压缩机或机组的安全要求应符合GB 9237及相关标准的规定。

5.14.3 电器安全性能

5.14.3.1 绕组温度限值

压缩机或机组在表1规定的制冷名义工况下运行时，电动机绕组温度应不高于表3规定。

表3 电动机绕组温度

单位为摄氏度

绝缘等级		A	E	B	F	H
绕组温度限值	开启式	100	115	120	140	165
	封闭式	105	120	125	145	170

5.14.3.2 绝缘电阻

压缩机及机组带电部位和可能接地的非带电部位之间的绝缘电阻值，应不低于50 MΩ。

6 试验方法

6.1 试验装置的一般要求

6.1.1 试验装置应在规定的环境温度内进行试验。

6.1.2 试验装置的制冷系统应确保无制冷剂泄漏。

6.1.3 试验装置的液体管道与吸气管道应隔热。

6.1.4 试验装置内、外表面应清洁,不应有油污等粘着物。

6.1.5 试验装置及试验用仪器仪表应符合相关标准的规定。

6.2 气密性试验

气密性试验的方法按附录A的规定。

6.3 强度试验

6.3.1 气压试验的方法按附录B的规定。

6.3.2 液压试验方法按附录C的规定。

6.3.3 爆破试验的方法按附录D的规定。

6.4 运转试验

压缩机或机组的运转试验应在运转试验台上进行,检查其运转部件装配质量及润滑系统的润滑情况。如不符合规定,则应消除缺陷后重新试车,直到合格为止。压缩机或机组的运转试验也可在压缩机性能试验台或容积流量测试台上进行。

6.5 容积流量试验

容积流量的试验方法应按GB/T 3853的规定。

6.6 电气安全试验

6.6.1 绕组温度试验

压缩机及机组的电动机绕组温度应在压缩机或机组运行至热稳定后,在表1规定的名义工况和环境温度不低于32 ℃的状态下,按GB/T 1032规定的电阻法测定。

6.6.2 绝缘电阻试验

压缩机及机组带电部位和可能接地的非带电部位之间的绝缘电阻可使用兆欧表在常温、相对湿度小于或等于80%的条件下进行测量,兆欧表应根据压缩机及机组的额定电压按表4的规定选用,测量结果均应符合5.14.3.2的规定。

表4 兆欧表选用

单位为伏

额定电压 U	$U \leqslant 600$	$600 < U \leqslant 3\ 300$	$U > 3\ 300$
绝缘电阻直流测量电压	500	1 000	≥2 500

6.7 名义工况性能试验

6.7.1 名义工况制冷量和性能系数试验

在规定电压、频率下,按GB/T 5773规定的方法进行试验,按压缩机或机组的类型确定其名义工况下的制冷量、制冷性能系数、轴功率或输入功率等值。

6.7.2 部分负荷运行试验

按GB/T 5773规定的方法进行试验,测量其制冷量、轴功率或输入功率。

6.7.3 全性能试验

压缩机及机组按GB/T 5773规定的方法进行试验并绘制符合表1、表2规定的全性能曲线或全性能表,其试验工况点及考核工况点由试验单位确定。

6.8 噪声试验

按JB/T 4330—1999中附录C的规定方法测定声压级。

6.9 振动值测量

压缩机和机组振动值的测量方法按附录 E 的规定。

7 检验规则

7.1 一般要求

每台压缩机或机组须经制造厂的质量检验部门按本标准和技术文件进行检验，合格后方能出厂。

7.2 检验分类

检验分为出厂检验、抽样检验、型式检验三种。其检验项目、技术要求和试验方法按表 5 的规定。

表 5 检验项目

<table>
<tr><th colspan="2">项目</th><th>出厂检验</th><th>抽样检验</th><th>型式检验</th><th>技术要求</th><th>试验方法</th></tr>
<tr><td colspan="2">气密性试验</td><td rowspan="5">△</td><td rowspan="9">△</td><td rowspan="12">△</td><td>5.8</td><td>附录 A</td></tr>
<tr><td rowspan="2">强度试验[a]</td><td>第一种方案</td><td>5.9.2.1</td><td>附录 B、附录 C</td></tr>
<tr><td>第二种方案</td><td>5.9.2.2</td><td>附录 B、附录 C、附录 D</td></tr>
<tr><td colspan="2">运转试验[b]</td><td>5.10</td><td>6.4</td></tr>
<tr><td colspan="2">绝缘电阻试验</td><td>5.14.3.2</td><td>6.6.2</td></tr>
<tr><td colspan="2">噪声试验</td><td rowspan="7">—</td><td>5.12</td><td>6.8</td></tr>
<tr><td colspan="2">振动试验</td><td>5.13</td><td>附录 E</td></tr>
<tr><td colspan="2">名义工况制冷量及性能系数试验</td><td>5.2.1</td><td>6.7.1</td></tr>
<tr><td colspan="2">容积流量试验[c]</td><td>5.11</td><td>6.5</td></tr>
<tr><td colspan="2">部分负荷运行试验</td><td rowspan="3">—</td><td>5.2.2</td><td>6.7.2</td></tr>
<tr><td colspan="2">全性能试验</td><td>5.2.3</td><td>6.7.3</td></tr>
<tr><td colspan="2">绕组温度试验</td><td>5.14.3.1</td><td>6.6.1</td></tr>
<tr><td colspan="7">注：“△”为应做试验，“—”为不做试验。</td></tr>
<tr><td colspan="7">a 强度试验的两种方案只选做一种。
b 由经过运转试验合格的压缩机组装的机组可不进行运转试验。
c 容积流量试验为选做项。</td></tr>
</table>

7.3 出厂检验

每台压缩机或机组应做出厂检验。

7.4 抽样检验

7.4.1 批量生产的压缩机或机组应进行抽样检验，抽样台数按表 6 的规定。

表 6 抽样台数

<table>
<tr><td rowspan="2">全封闭式</td><td>批产量</td><td><1 000</td><td>1 000～2 000</td><td colspan="2">>2 000</td></tr>
<tr><td>抽样数</td><td>1</td><td>2</td><td colspan="2">3</td></tr>
<tr><td rowspan="2">半封闭式</td><td>批产量</td><td><100</td><td>100～500</td><td>501～1 000</td><td>>1 000</td></tr>
<tr><td>抽样数</td><td>1</td><td>2</td><td>3</td><td>4</td></tr>
<tr><td rowspan="2">开启式</td><td>批产量</td><td><100</td><td>100～500</td><td>501～1 000</td><td>>1 000</td></tr>
<tr><td>抽样数</td><td>1</td><td>2</td><td>3</td><td>4</td></tr>
<tr><td colspan="6">注：压缩机及机组若为非连续生产，则以累计产量替代批产量抽样，但每年不得少于 1 台。</td></tr>
</table>

7.4.2 若第一次抽样产品中经检验有一台不合格，则应按表7规定的抽样数加倍进行第二次抽样，若再次有一台不合格，则该批应逐台进行检验。

7.5 型式检验

7.5.1 新产品或定型产品作重大改进对性能有影响时，第一台产品应做型式检验。

7.5.2 高温(低冷凝压力)名义工况制冷量大于800 kW或额定电压在3 000 V及以上的压缩机或机组，其型式检验可在使用现场进行。

8 标志、包装、运输和贮存

8.1 标志

8.1.1 每台压缩机或机组应有耐久性铭牌固定在明显部位，铭牌的尺寸和技术要求应符合GB/T 13306的规定。铭牌上应标示下列内容：

8.1.1.1 压缩机

a) 制造厂名称及商标；
b) 产品名称和型号；
c) 主要技术参数(制冷剂、理论容积流量、最高工作压力、转速、压缩机的质量)；
d) 产品出厂编号；
e) 产品制造日期。

8.1.1.2 压缩机组

a) 制造厂名称及商标；
b) 产品名称和型号；
c) 主要技术参数(制冷剂、名义工况、名义制冷量、电动机额定功率、机组的质量)；
d) 产品出厂编号；
e) 产品制造日期。

8.1.2 压缩机或机组在相关部位上应有标明运行状态的标志(如压缩机和油泵的旋转方向、冷却水的流动方向、指示仪表以及各控制按钮等)和安全标识(如接地装置、警告标识等)。

8.2 包装

8.2.1 压缩机或机组在包装前应进行清洁、干燥、防锈处理，然后充入0.03 MPa～0.05 MPa(表压)的干燥氮气或相应制冷剂气体(有危险性的除外)。

8.2.2 压缩机或机组包装除应符合GB/T 13384的规定外，还应在压缩机或机组的外表面用塑料膜或防潮纸覆盖，备用易损件和工具涂防锈油后应加以包装，并固定在箱中，以保证在正常的贮存、运输中不致损坏和受潮。

8.2.3 包装箱上应清晰标出下列内容：

a) 发货站和制造厂名称；
b) 到货站和收货单位名称；
c) 产品名称和型号；
d) 净质量、毛质量；
e) 外形尺寸；
f) “小心轻放”、“重心”、“向上”、“吊装位置”和“怕湿”等有关包装、贮运标志。包装标志应符合GB/T 6388和GB/T 191的有关规定。

8.2.4 包装箱中应随带下列文件和附件：

8.2.4.1 产品合格证，其内容包括：

a) 产品名称和型号；
b) 产品出厂编号；

c) 检验结论；

d) 检验员、检验负责人签章及日期；

e) 制造厂名。

8.2.4.2 产品说明书，其内容包括：

a) 产品名称和型号、工作原理、适用范围、执行标准、主要技术参数（名义制冷量、电动机额定功率、名义性能系数、额定工作电流、名义噪声值、名义振动值）及性能特点；

b) 产品的结构示意图、制冷系统图、电气原理图和接线图；

c) 安装说明和基础图；

d) 使用说明、维护和保养注意事项及安全技术说明。

8.2.4.3 装箱单。

8.2.4.4 随机附件。

8.3 运输和贮存

8.3.1 压缩机或机组在运输和贮存过程中不应碰撞、倾斜、雨雪淋袭。

8.3.2 压缩机或机组在包装后应贮存在干燥、通风良好的场所。

附　录　A
（规范性附录）
气密性试验

A.1　气密性试验应在压缩机壳体等受压零件经强度试验合格后方可进行。

A.2　试验气体严禁使用氧气和其他危险性气体。

A.3　试验压力应不低于压缩机的设计压力。

A.4　气密性试验的方法应根据充注的检漏介质而定，它们的方法如下：

a)　检漏介质为干燥、洁净的空气、氮气或其他惰性气体时，气密性试验的方法如下：
给被试压缩机、机组或压缩机壳体等受压零件缓慢加压，当气体压力上升到试验压力后，将压缩机、机组或压缩机壳体放入不低于 5 ℃的水池中（水应清洁、透明）或外部涂抹发泡液，保压不少于 2 min，进行检查，不应有泄漏；

b)　检漏介质为含有 R22 等制冷剂（分压不小于 10%）的干燥、洁净空气（或为氮气等惰性气体）的混合气体时，试验的环境温度应在 25 ℃±10 ℃范围内，其气密性试验的方法如下：
给被试压缩机、机组或压缩机壳体等受压零件缓慢加压，当气体压力上升到试验压力后，用灵敏度为 1×10^{-5}（$MPa\cdot cm^3$）/s 制冷剂检漏仪对各试验部位进行检测，其单点泄漏率应不大于 14 g/a；

c)　检漏介质为氦气时，其气密性试验的方法如下：
给被试压缩机、机组或压缩机壳体等受压零件缓慢充加氦气，当氦气压力上升到试验压力后，关闭阀门停止充气，然后用已将灵敏度调整到 2.0×10^{-6} $Pa\cdot m^3/s$ 的真空氦检漏仪的探针对被试压缩机、机组或压缩机壳体等受压零件的各连接部位进行检测，检测时，探针离物体表面距离应小于 10 mm，移动速度应小于 30 mm/s，真空氦检漏仪应不报警。如发生报警，应对报警部位反复测试，确定泄漏点后，在泄漏点处做上标记，进行修复，修复好后再重做上述试验，直至合格为止。如要更换铸件，应还要做强度试验。

A.5　压力表精度

压力试验应用两个量程相同，并经过校正的压力表。压力表的量程应为试验压力的 1.5～2 倍，刻度盘直径应不小于 75 mm，精度应不低于 1.6 级。

附 录 B
（规范性附录）
气 压 试 验

B.1 气压试验应有安全措施。

B.2 气压试验的试验压力按 5.9.2 的规定。

B.3 压缩机壳体进行强度试验时，高压侧的试验压力应为高压侧的设计压力，低压侧的试验压力应为低压侧的设计压力。如果高压侧和低压侧在试验中不能隔开时，试验压力应按高压侧的设计压力。

B.4 气压试验的介质应用干燥、洁净的空气、氮气或其他惰性气体或用含有 R22 等制冷剂(分压不小于10%)的混合气体。严禁使用氧气和其他危险性气体。

B.5 气压试验时应缓慢加压，当气体压力上升到试验压力的 10%时，保压时间不少于 2 min，然后进行初次检查，压缩机壳体应无泄漏，如有泄漏，修整后重新试验。初次检查合格后，再继续缓慢升压至规定试验压力的 50%，然后再按每级为规定试验压力的 10%的级差增至规定的试验压力，保压时间不少于 1 min，压缩机壳体应无异常变形，然后将压力降至设计压力，并保压不少于 1 min，再对压缩机壳体进行泄漏检查。如有泄漏，应修整后再按上述规定重新试验。

B.6 气压试验的检查方法按附录 A 的规定。

B.7 压力表精度

压力试验应用两个量程相同，并经过校正的压力表。压力表的量程应为试验压力的 1.5～2 倍，刻度盘直径应不小于 75 mm，精度应不低于 1.6 级。

附　录　C
（规范性附录）
液　压　试　验

C.1　液压试验介质为不低于5 ℃洁净的惰性液体(一般为水)。

C.2　液压试验的试验压力按5.9.2的规定。

C.3　压缩机壳体进行强度试验时，高压侧的试验压力应为高压侧的设计压力，低压侧的试验压力应为低压侧的设计压力。如果高压侧和低压侧在试验中不能隔开时，试验压力应按高压侧的设计压力。

C.4　将被试压缩机壳体灌满液体排除空气后，缓慢加压到试验压力，保压时间不少于5 min，然后进行检查，不应有渗漏和异常变形。

C.5　试验合格后，应立即清除压缩机壳体内的水渍。

C.6　压力表精度

压力试验应用两个量程相同，并经过校正的压力表。压力表的量程应为试验压力的1.5～2倍，刻度盘直径应不小于75 mm，精度应不低于1.6级。

附 录 D
（规范性附录）
爆 破 试 验

D.1 爆破试验的介质为不低于5 ℃洁净的惰性液体（一般为水）。

D.2 爆破试验的压力按以下规定：

a）未带有安全阀的压缩机：不低于5倍的设计压力；

b）带有安全阀的压缩机：不低于3倍安全阀的释放压力。安全阀的释放压力应不大于1.1倍的设计压力。

D.3 压缩机壳体进行爆破试验时，高压侧的试验压力应为高压侧的设计压力，低压侧的试验压力应为低压侧的设计压力。如果高压侧和低压侧在试验中不能隔开时，试验压力应按高压侧的设计压力。

D.4 压缩机壳体爆破试验的方法如下：

a）压缩机壳体装配完成后，法兰面、各孔口应封闭。

b）吊装压缩机壳体使其排气口朝上，并保持垂直放置。

c）从壳体底部封板处接上进水管，打开上部截止阀排气。打开进水阀，直至水从排气孔中溢出。摇动压缩机壳体使内腔空气排出，然后关闭截止阀。

d）打开水泵，缓慢加大试验压力，当压力增至1 MPa时，停止加压，检查壳体是否渗漏。如有渗漏，应采取措施排除渗漏。

e）当压缩机壳体无渗漏时，将其放入水池中逐步缓慢加压至1/3倍、2/3倍、1倍试验压力等三个阶段，每个阶段均应保持压力1 min以上，压缩机壳体不应有渗漏和异常变形。如果需要，继续缓慢加压，直到壳体破裂。记录压力值和破裂部位。

f）压力试验完毕后，打开水泵卸水阀门，使压力回零，拆下进水管。

D.5 压力表精度

压力试验应用两个量程相同，并经过校正的压力表。压力表的量程应为试验压力的1.5～2倍，刻度盘直径应不小于75 mm，精度应不低于1.6级。

附　录　E
（规范性附录）
振动值测量方法

E.1　测量仪器

E.1.1　仪器应符合的要求：频率相应范围应为 10 Hz～500 Hz。在此频率范围内的相对灵敏度以 80 Hz 的相对灵敏度为基准，其他频率的相对灵敏度应在基准灵敏度的＋10％～－20％的范围以内。测量误差应小于±10％。

E.1.2　仪器的校准：测量仪器应按有关标准定期校准。

E.2　测量方法

E.2.1　压缩机或机组应安装在平台上。安装平台和基础应不产生附加振动或与压缩机及机组共振，压缩机或机组运行时安装平台的振动值应小于被测压缩机或机组最大振动值的 10％。

E.2.2　压缩机或机组在测定时的运行状态：压缩机或机组应在名义工况的运行状态下进行测定，此时电动机的转速和电压应保持额定值。

E.2.3　测点的配置：必须在所有安装位置进行振动测量，并尽可能靠近安装点。另外，在压缩机壳体或者壳体上吸气和排气管接头处也应进行测量。

E.2.4　测量方向：在吸气和排气管接头处，必须在三个正交方向上进行振动测量；在安装位置处，在三个方向上进行测量(参见图 1)。

在吸气和排气管接头处，一个方向必须平行于接头处的管道方向。其余两方向中的一个应当描述接头处压缩机壳体的切向运动。第三个方向根据正交要求定义。

E.2.5　测量的要求：测量时，测量仪器的传感器与测点的接触应良好，并应保证具有可靠的联结。压缩机或机组的振动值系以各测点的各测量方向测得的最大数据为准。

E.2.6　试验报告：试验报告中应写明机组型号、测定的工况、机组制造厂名及产品编号。试验报告中应注明最大振动值的测点位置。

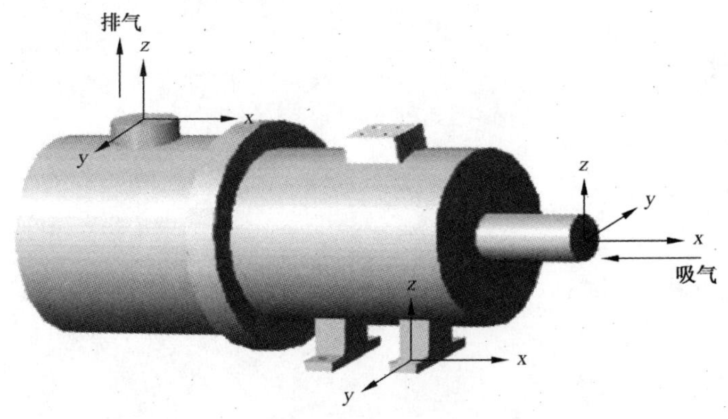

图 E.1　压缩机振动值的测点位置及方向

ICS 71.100.40
G 72

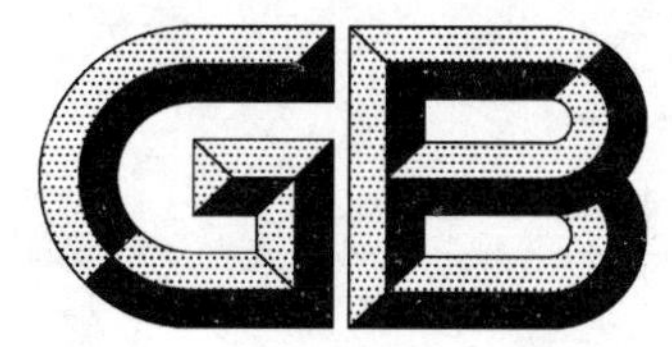

中华人民共和国国家标准

GB/T 19421—2008
代替 GB/T 19421.1～19421.12—2003

层状结晶二硅酸钠试验方法

Test methods of crystalline layered sodium disilicate

2008-05-28 发布　　2008-12-01 实施

中华人民共和国国家质量监督检验检疫总局
中国国家标准化管理委员会　发布

前 言

本标准是对 GB/T 19421.1～19421.12—2003 的整合修订。

本标准代替下列国家标准：

GB/T 19421.1—2003《层状结晶二硅酸钠试验方法 δ相层状结晶二硅酸钠定性分析 X射线衍射仪法》；

GB/T 19421.2—2003《层状结晶二硅酸钠试验方法 白度的测定》；

GB/T 19421.3—2003《层状结晶二硅酸钠试验方法 pH 值的测定》；

GB/T 19421.4—2003《层状结晶二硅酸钠试验方法 EDTA 容量法测定钙交换能力》；

GB/T 19421.5—2003《层状结晶二硅酸钠试验方法 EDTA 容量法测定镁交换能力》；

GB/T 19421.6—2003《层状结晶二硅酸钠试验方法 重量法测定灼烧失量》；

GB/T 19421.7—2003《层状结晶二硅酸钠试验方法 重量法测定湿存水量》；

GB/T 19421.8—2003《层状结晶二硅酸钠试验方法 邻菲啰啉比色法测定三氧化二铁含量》；

GB/T 19421.9—2003《层状结晶二硅酸钠试验方法 容量法测定氧化钠含量》；

GB/T 19421.10—2003《层状结晶二硅酸钠试验方法 氟硅酸钾容量法测定二氧化硅含量》；

GB/T 19421.11—2003《层状结晶二硅酸钠试验方法 原子吸收分光光度法测定氧化钙含量》；

GB/T 19421.12—2003《层状结晶二硅酸钠试验方法 原子吸收分光光度法测定氧化镁含量》。

本标准与 GB/T 19421.1～19421.12—2003《层状结晶二硅酸钠试验方法》相比，主要变化如下：

——将原测定方法标准整合后作为本标准的第 4 章～第 15 章；

——删除“层状结晶二硅酸钠白度”术语；

——增加“δ相 X 射线衍射仪法”、“钙交换能力”、“镁交换能力”、“灼烧失量”、“湿存水量”等五项术语；

——更正了原标准中一些编辑性错误。

本标准的附录 B 为规范性附录，附录 A、附录 C 为资料性附录。

本标准由中国轻工业联合会提出。

本标准由全国表面活性剂和洗涤用品标准化技术委员会归口。

本标准起草单位：国家洗涤用品质量监督检验中心（太原）、山东胜通集团股份有限公司、山东铝业股份有限公司研究院、中国日用化学工业研究院。

本标准主要起草人：严方、王万绪、许海涛、王云霞、苏献瑞、张树贵。

本标准所代替标准的历次版本发布情况为：

——GB/T 19421.1～19421.12—2003。

层状结晶二硅酸钠试验方法

1 范围

本标准规定了洗涤剂助剂层状结晶二硅酸钠的δ相X射线衍射仪法定性分析及其白度、pH值、钙交换能力、镁交换能力、灼烧失量、湿存水量、三氧化二铁、氧化钠、二氧化硅、氧化钙、氧化镁等指标的测试方法。

本标准适用于洗涤剂用层状结晶二硅酸钠产品的指标测定，同时也适用于洗涤剂用其他类型硅酸盐产品的部分指标测定。

2 规范性引用文件

下列文件中的条款通过本标准的引用而成为本标准的条款。凡是注日期的引用文件，其随后所有的修改单(不包括勘误的内容)或修订版均不适用于本标准，然而，鼓励根据本标准达成协议的各方研究是否可使用这些文件的最新版本。凡是不注日期的引用文件，其最新版本适用于本标准。

GB/T 9086—2007 用于色度和光度测量的标准白板

GB/T 13173.1—1991 洗涤剂样品分样法(eqv ISO 607:1980)

QB/T 2739—2005 洗涤用品常用试验方法 滴定分析(容量分析)用试验溶液的制备

3 术语和定义

下列术语和定义适用于本标准。

3.1

δ相X射线衍射仪法 delta-crystalline layered sodium disilicate—method of X-ray diffractometer

δ相晶体在给定波长的X射线辐射下，呈现出层状结晶二硅酸钠的δ相晶体的特征衍射谱图，以此与待测物质的该数据对比。

3.2

白度 whiteness

物质的表面在可见光区域内，相对完全物体漫反射(标准白)辐射能的大小的比值，用百分数表示。

3.3

钙交换能力 calciumion exchange capacity

在一定温度和碱性等条件下，产品中钠离子可被溶液中钙离子所交换的容量。

3.4

镁交换能力 magnesium exchange capacity content

在一定温度和碱性等条件下，产品中钠离子可被溶液中镁离子所交换的容量。

3.5

灼烧失量 the loss on ignition

试样在高温下灼烧质量减少的百分数。

3.6

湿存水量 hygroscopic moisture

试样中所含的水份。

4 δ相层状结晶二硅酸钠定性分析 X射线衍射仪法

4.1 原理

任何一种晶体物质，都具有特定的结构参数，在给定波长的X射线辐射下，呈现出该物质特有的多晶体衍射谱图。各相的衍射谱图表明了该相中各元素的化学结合状态，根据多晶体衍射谱图与晶体物质这种独有的对应关系，便可将待测物质的衍射数据与各种已知物质的衍射数据对比，借以对物相做定性分析。

4.2 仪器

普通实验室仪器和

4.2.1 X射线衍射仪。

4.2.2 玛瑙研钵。

4.2.3 制样装置。

4.3 程序

4.3.1 试样制备

称取约2 g试样，于洁净干燥的玛瑙研钵中研磨至粒度在5 μm以下，即用洗净干燥的手指捻搓时无颗粒感即可。将研磨好的样品放入样品架内，填实后轻压制片，压力以压后样片竖起不塌落为宜。

4.3.2 测定

打开设备冷却系统，开启X射线衍射仪，预热30 min。启动X射线衍射仪测控系统，对衍射仪进行基准校正。在CuKα辐射下，对试样(4.3.1)在2θ为10°～50°的范围内进行扫描测量。

4.3.3 数据处理

使用数据处理程序，得出样品的X射线衍射谱图(参见附录A)，在衍射峰位上标明晶面间距(d值)。将得到的d值与表1中的d值对比，凡符合表1中数据的衍射线即为δ相层状结晶二硅酸钠的衍射线，否则为其他杂相。当样品中δ相层状结晶二硅酸钠含量较低时，强度较弱谱线可能不显示，由三条主强线即可确定有无δ相层状结晶二硅酸钠的存在。

表1 δ相层状结晶二硅酸钠X射线衍射数据

编号	d(Å)	相对强度	编号	d(Å)	相对强度	编号	d(Å)	相对强度
1	6.88±0.10	非常弱	11	2.90±0.05	非常弱	21	2.14±0.05	弱
2	6.02±0.10	弱	12	2.84±0.05	弱	22	2.09±0.03	弱
3	4.89±0.10	弱	13	2.72±0.05	非常弱	23	2.06±0.03	非常弱
4	4.49±0.10	非常弱	14	2.56±0.05	非常弱	24	2.01±0.03	非常弱
5	4.19±0.10	弱	15	2.54±0.05	非常弱	25	1.98±0.02	非常弱
6	3.95±0.08	强	16	2.49±0.03	弱	26	1.92±0.02	非常弱
7	3.78±0.08	中	17	2.42±0.03	中	27	1.89±0.02	非常弱
8	3.62±0.07	弱	18	2.37±0.03	非常弱	28	1.86±0.02	非常弱
9	3.44±0.07	非常弱	19	2.29±0.03	非常弱	29	1.83±0.02	非常弱
10	3.09±0.05	非常弱	20	2.25±0.03	非常弱			
注：强(80%～100%的相对强度)；中(30%～80%的相对强度)；弱(10%～30%的相对强度)；非常弱(低于10%的相对强度)。								

5 白度的测定

5.1 原理

白度是指在本标准规定的条件下，试样相对于标准粉末物质白度实物的辐射能大小的比值，用百分数表示。

5.2 仪器和设备

5.2.1 标准白板

标准白板的制备选用 GSB A 67001《氧化镁白度实物标准》，经国家计量标准测试部门给定数据的标准粉末，在有效期内按 GB/T 9086—2007 规定的步骤压成标准白板，用于校准仪器。

5.2.2 工作白板

为了测定方便，可用表面平整、无刻痕、无裂纹的白色陶瓷板作为日常测定白度的工作白板，工作白板应每月用标准白板自行标定。工作白板应置于干燥器中在避光处保存，如有污染，须用绒布或脱脂棉蘸无水乙醇擦拭。然后置于干燥箱中在 105℃～110℃间烘 30 min，取出，置于干燥器中冷至室温，用标准白板标定。

5.2.3 对测定白度的光谱光度计，或色差计，或白度计要求

仪器的光学几何条件可以是垂直/漫射(o/d)、漫射/垂直(d/o)、45°/垂直(45°/o)和垂直/45°(o/45°)中的任何一种；仪器的光源可以是 D_{65} 或 C 光源；仪器的读数精度要求达到小数点后一位；仪器的稳定性，在开机预热后，每隔 30 min 漂移不大于读数的 0.5%±1 个字；仪器的准确度应符合色差计或白度计检定规程分级标准中二级或二级以上的要求。

5.3 程序

5.3.1 取样

按 GB/T 13173.1—1991 规定的分样方法将待测样品缩分至一定的量(不少于 200 g)供测定使用。

5.3.2 制样

根据试样的密度及压样器的容积选择合适试样量，压制成表面平整、无裂纹和无污点的试样板，每个样品同时压制两块。

5.3.3 仪器的校准

按照使用说明书开启、预热和调整仪器。用标准白板或工作白板校准仪器至显示稳定的标称值。

5.3.4 白度的测量

仪器经校准并稳定后，分别测定、记录每个试样板的三刺激值 X、Y、Z 和 R_{457} 值。对于连续测试，应随时用标准白板或工作白板校准仪器，以消除仪器测量值漂移的影响。

注：若仪器配有微机和打印器，则可直接打印出 X、Y、Z、R_{457} 或 W 值。

5.4 结果计算

5.4.1 本标准采用国际照明委员会(CIE)1986 年公布推荐的中性白度公式为计算白度的公式，并必须与淡色调公式并用，需要时，也可采用蓝光白度公式计算。

白度公式：

$$W = Y + 800(x_n - x) + 1\,700(y_n - y) \qquad (1)$$

$$W_{10} = Y_{10} + 800(x_{n,10} - x_{10}) + 1\,700(y_{n,10} - y_{10}) \qquad (2)$$

淡色调公式：

$$T_w = 1\,000(x_n - x) - 650(y_n - y) \qquad (3)$$

$$T_{w,10} = 900(x_{n,10} - x_{10}) - 650(y_{n,10} - y_{10}) \qquad (4)$$

蓝光白度公式：

$$W_B = R_{457} \qquad (5)$$

式中：

W、W_{10}或W_B——被测试样的白度；

T_w 或 $T_{w,10}$——被测试样的淡色调系数；

Y、Y_{10}——试样的三刺激值实测数据之一；

x_n、y_n 或 $x_{n,10}$、$y_{n,10}$——完全反射漫射体分别对 2°或 10°标准观察者的色品坐标值；

x、y 或 x_{10}、y_{10}——被测样品分别对 2°或 10°标准观察者实测结果计算得到的色品坐标值；

R_{457}——试样的 R_{457} 值实测数据。

$$x=\frac{X}{X+Y+Z} \qquad y=\frac{Y}{X+Y+Z}$$

$$x_{10}=\frac{X_{10}}{X_{10}+Y_{10}+Z_{10}} \qquad y_{10}=\frac{Y_{10}}{X_{10}+Y_{10}+Z_{10}}$$

5.4.2　若仪器为 D_{65} 光源，完全反射漫射体对 2°或 10°标准观察者的色品坐标值分别为：

2°：$x_n=0.312\ 7$　　$y_n=0.329\ 1$

10°：$x_{n,10}=0.313\ 8$　　$y_{n,10}=0.331\ 0$

根据仪器设计条件，将此值代入公式(1)～公式(4)相应的公式中计算白度或淡色调。

5.4.3　如果仪器为 C 光源，则由测出的 C 光源条件的三刺激值 X_c、Y_c、Z_c 先按下列公式转换计算求出相当于 D_{65} 光源条件的三刺激值 X、Y、Z。

$$X=1.004\ 6X_c-0.013\ 7Y_c-0.018\ 4Z_c \quad \cdots\cdots(6)$$

$$Y=Y_c \quad \cdots\cdots(7)$$

$$Z=0.921\ 0Z_c \quad \cdots\cdots(8)$$

则：x_n、y_n、$x_{n,10}$、$y_{n,10}$亦可用 D_{65} 光源时的值。

然后根据仪器的设计条件，将 X、Y、Z 值代入 5.4.1 公式(1)～公式(4)中计算白度或淡色调。

5.4.4　以两次平行测得的白度(误差不超过 1.0%，若大于 1.0%需重测)的算术平均值(保留至个位)作为测定结果。

5.5　报告

白度报告单应有以下内容：

——仪器型号；

——光源及几何条件；

——标准白板或工作白板量值；

——白度 W 或 W_{10}、W_B；

——T_W 或 $T_{W,10}$；

——本标准未包括或任选的操作细节。

注：5.4.1 所列中性白度(又称甘茨白度)公式只可应用于下列极限范围值之内的被测试样；W 或 W_{10} 大于 40 和小于 $5Y-280$ 或 $5Y_{10}-280$；T_W 或 $T_{W,10}$ 大于 -3 和小于 $+3$；对于带明显颜色的被测试样，使用 5.4.1 所列甘茨白度公式评价白度是没有意义的。

6　pH 值的测定

6.1　原理

测量 1 g/L 浆液的电位差，以 pH 值表示。

6.2　试剂

除非另有说明，在分析中仅使用认可的分析纯试剂和蒸馏水或去离子水或纯度相当的水。

注：适用于本标准所有试验。

6.2.1　混合磷酸盐缓冲剂，pH＝6.86(25℃)

将市售袋装的混合磷酸盐倒入 150 mL 烧杯中，加入煮沸并冷却至室温的水，溶解后，转入 250 mL

容量瓶中，以水冲洗塑料袋，合并，定容，摇匀。

6.2.2 **四硼酸钠缓冲剂，pH＝9.18(25℃)**

将市售袋装的四硼酸钠倒入 150 mL 烧杯中，加入煮沸并冷却至室温的水，溶解后，转入 250 mL 容量瓶中，以水冲洗塑料袋，合并，定容，摇匀。

6.3 仪器

普通实验室仪器和

6.3.1 磁力搅拌器。

6.3.2 pH 计：精度±0.02 pH。

6.3.3 玻璃甘汞电极或复合电极，使用前在水中浸泡 24 h。

6.4 程序

6.4.1 试样制备

试样预先于(105±2)℃烘箱中烘干 2 h，取出置于干燥器中，冷却至室温，称样备用。

6.4.2 测定

开启 pH 计(6.3.2)预热 30 min。按仪器使用方法调零位及满度，然后依次用混合磷酸盐(6.2.1)和四硼酸钠(6.2.2)缓冲溶液校准。

称取 0.1 g 试样(6.4.1)(精确至 0.001 g)于 150 mL 烧杯中，加入煮沸并冷却至室温的水 100 mL，置于磁力搅拌器(6.3.1)搅拌 10 min 后停止，立即插入电极，待仪器稳定 1 min 后读数。

6.5 试验结果

以两次平行测定的算术平均值表示到小数点后一位为测定结果。

6.6 精密度

在重复性条件下获得的两次独立测定结果的绝对差值不大于 0.1pH，以大于 0.1pH 的情况不超过 5%为前提。

7 EDTA 容量法测定钙交换能力

7.1 原理

产品中钠离子可被溶液中钙离子交换，将定量的产品放入过量的氯化钙标准溶液中，二者反应生成硅酸钙沉淀，剩余钙离子用 EDTA 标准滴定溶液滴定，计算钙交换能力。

7.2 试剂

7.2.1 乙二胺四乙酸二钠(EDTA)(GB/T 1401)，c(EDTA)＝0.01 mol/L 标准滴定溶液。

按 QB/T 2739—2005 中 4.16 配制并标定 0.1 mol/L 标准滴定溶液，临用前再稀释 10 倍得 c(EDTA)＝0.01 mol/L标准滴定溶液(必要时重新标定)。

7.2.2 氯化钙，$c(CaCl_2)$＝0.05 mol/L 标准溶液。

a) 配制：称取 5.6 g 无水氯化钙(称准至 0.001 g)，用水溶解并稀释至 1 000 mL，混匀；

b) 标定：用移液管吸取 20.0 mL 溶液 a)于 100 mL 容量瓶中，稀释、定容至刻度，混匀，然后从中吸取 20.0 mL 溶液于 250 mL 锥形瓶中，加 50 mL 水、2 mL 氢氧化钠溶液(7.2.3)和 0.06 g 钙指示剂(7.2.5)，用 EDTA 标准滴定溶液(7.2.1)滴定，由酒红色变为蓝色为终点；

c) 计算：氯化钙标准滴定溶液浓度以 c_0 表示，单位为 mol/L，按式(9)计算。

$$c_0 = \frac{c_1 \times V_1 \times 5}{20} \qquad \cdots\cdots(9)$$

式中：

c_1——EDTA 标准滴定溶液(7.2.1)的浓度，单位为摩尔每升(mol/L)；

V_1——标定时，耗用 EDTA 标准滴定溶液的体积，单位为毫升(mL)。

7.2.3 氢氧化钠(GB/T 629)，c(NaOH)＝2.5 mol/L 溶液。

称取 10 g 氢氧化钠于 250 mL 烧杯中，加水溶解后定容至 100 mL 容量瓶中。

7.2.4 氢氧化钠(GB/T 629)，$c(NaOH)=0.5$ mol/L 溶液。

称取 2 g 氢氧化钠 250 mL 烧杯中，加水溶解并后定容至 100 mL 容量瓶中。

7.2.5 钙指示剂：

a) 2-羟基-1-(2-羟基-4-磺基-1-萘基偶氮)-3-萘甲酸钠盐(钙试剂羧酸钠)；

b) 氯化钠(GB/T 1266)；

c) 钙指示剂的配制：将上述 a)物质 1 份与 b)物质 100 份研磨混匀。

7.3 仪器

普通实验室仪器和

7.3.1 超级恒温器。

7.3.2 无级调速电动搅拌机。

7.4 程序

7.4.1 试样制备

试样预先于(105±2)℃烘箱中烘干 2 h，取出置于干燥器中，冷却至室温，称样备用。

7.4.2 试验份

称取 0.5 g 试样，精确到 0.000 1 g。

7.4.3 测定

用移液管吸取 0.05 mol/L 氯化钙标准溶液(7.2.2)50.0 mL 于 500 mL 容量瓶中，加水稀释至刻度，混匀，全部转移至干燥的 1 000 mL 烧杯中，加几滴氢氧化钠溶液(7.2.4)调节溶液的 pH 值为 10.5(在搅拌状态下用 pH 计测得)，加热至(35±1)℃，加入试验份(7.4.2)，立即把烧杯置于已恒温至(35±1)℃的水浴中，在 500 r/min 转速下搅拌 20 min。取下用干燥的慢速定性滤纸过滤，将最初的 5 mL 滤液弃去，滤液达到一定体积后，立即用移液管移取 50.0 mL 于 250 mL 锥形瓶中，加入 2.5 mol/L 氢氧化钠溶液(7.2.3)2 mL 和 0.06 g 钙指示剂(7.2.5)，用 EDTA 标准滴定溶液(7.2.1)滴定，由酒红色变为蓝色为终点。

7.5 结果计算

钙离子交换能力以 X_{CaCO_3} 表示，单位为 mg/g，按式(10)计算：

$$X_{CaCO_3}=\frac{1\,000.8\times(5\times c_{CaCl_2}-V_{EDTA}\times c_{EDTA})}{m} \qquad (10)$$

式中：

c_{CaCl_2}——氯化钙标准溶液的浓度，单位为摩尔每升(mol/L)；

V_{EDTA}——滴定所消耗 EDTA 标准滴定溶液的体积，单位为毫升(mL)；

c_{EDTA}——EDTA 标准滴定溶液的浓度，单位为摩尔每升(mol/L)；

m——试验份的质量，单位为克(g)。

以两次平行测定的算术平均值表示到整数个位为测定结果。

7.6 精密度

在重复性条件下获得的两次独立测定结果的绝对差值不大于 2 mg/g，以大于 2 mg/g 的情况不超过 5%为前提。

8 EDTA 容量法测定镁交换能力

8.1 原理

产品中钠离子可被溶液中镁离子交换，将定量的产品加入到过量的氯化镁标准溶液中，二者反应生成硅酸镁沉淀，剩余镁离子用 EDTA 标准滴定溶液滴定，计算镁交换能力。

8.2 试剂

8.2.1 乙二胺四乙酸二钠(EDTA)(GB/T 1401),c(EDTA)=0.01 mol/L 标准滴定溶液。

按 QB/T 2739—2005 中 4.16 配制并标定 0.1 mol/L 标准滴定溶液,临用前再稀释 10 倍得 c(EDTA)=0.01 mol/L 标准滴定溶液(必要时重新标定)。

8.2.2 氯化镁(GB/T 672),$c(MgCl_2)$=0.05 mol/L 标准溶液。

a) 配制:称取 10.15 g 氯化镁(GB/T 672)(称准至 0.001 g),用水溶解并稀释至 1 000 mL,混匀;

b) 标定:用移液管吸取 20.0 mL 溶液 a)于 100 mL 容量瓶中,稀释、定容至刻度,混匀,然后从中吸取 20.0 mL 于 250 mL 锥形瓶中,加 50 mL 水、15 mL 氨-氯化铵缓冲溶液(8.2.3)和 0.03 g 酸性铬蓝 K 指示剂(8.2.5),用 EDTA 标准滴定溶液(8.2.1)滴定,由酒红色至蓝色为终点;

c) 计算:氯化镁标准溶液浓度以 c_0 表示,单位为 mol/L,按式(11)计算。

$$c_0 = \frac{c_1 \times V_1 \times 5}{20} \qquad (11)$$

式中:

c_1——EDTA 标准滴定溶液(8.2.1)的浓度,单位为摩尔每升(mol/L);

V_1——标定时,耗用 EDTA 标准滴定溶液的体积,单位为毫升(mL)。

8.2.3 氨-氯化铵缓冲溶液,pH=10。

按 QB/T 2739—2005 中 6.1 配制。

8.2.4 氢氧化钠(GB/T 629),c(NaOH)=0.5 mol/L 溶液。

称取 2 g 氢氧化钠于 250 mL 烧杯中,加水溶解后定容至 100 mL 容量瓶中。

8.2.5 酸性铬蓝 K 指示剂:

a) 铬蓝 K;

b) 萘酚绿 B ;

c) 硝酸钾(GB/T 647);

d) 酸性铬蓝 K 指示剂的配制:将上述铬蓝 K 0.3 g 与萘酚绿 B 0.75g 及硝酸钾[预先于(110±2)℃烘 1 h,冷却至室温]50 g 研磨混匀。

8.3 仪器

普通实验室仪器和

8.3.1 超级恒温器。

8.3.2 无级调速电动搅拌机。

8.4 程序

8.4.1 试样制备

试样预先于(105±2)℃烘箱中烘干 2 h,取出置于干燥器中,冷却至室温,备称样用。

8.4.2 试验份

称取 0.5 g 试样,精确到 0.000 1 g。

8.4.3 测定

用移液管吸取 0.05 mol/L 氯化镁标准溶液(8.2.2)50.0 mL 于 500 mL 容量瓶中,加水稀释至刻度,混匀,全部转移至干燥的 1 000 mL 烧杯中,加几滴氢氧化钠溶液(8.2.4)调节溶液的 pH 值为 10.5(在搅拌状态下用 pH 计测得),加热至(35±1)℃,加入试验份(8.4.2),立即把烧杯置于已恒温至(35±1)℃的水浴中,在 500 r/min 转速下搅拌 20 min。取下用干燥的慢速定性滤纸过滤,将最初的 5 mL 滤液弃去,滤液达到一定体积后,立即用移液管移取 50.0 mL 于 250 mL 锥形瓶中,加入氨-氯化铵缓冲溶液(8.2.3)15 mL 和酸性铬蓝 K 指示剂(8.2.5)0.03 g,用 EDTA 标准滴定溶液(8.2.1)滴定,由紫红色变为蓝色为终点。

8.5 结果计算

镁离子交换质量以 X_{MgCO_3} 表示，单位为 mg/g，按式(12)计算：

$$X_{MgCO_3}=\frac{843.2\times(5\times c_{MgCl_2}-V_{EDTA}\times c_{EDTA})}{m} \quad\cdots\cdots(12)$$

式中：

c_{MgCl_2}——氯化镁标准溶液的浓度，单位为摩尔每升(mol/L)；

V_{EDTA}——滴定所消耗 EDTA 标准滴定溶液的体积，单位为毫升(mL)；

c_{EDTA}——EDTA 标准滴定溶液的浓度，单位为摩尔每升(mol/L)；

m——试验份的质量，单位为克(g)。

以两次平行测定的算术平均值表示到整数个位为测定结果。

8.6 精密度

在重复性条件下获得的两次独立测定结果的绝对差值不大于 2 mg/g，以大于 2 mg/g 的情况不超过 5%为前提。

9 重量法测定灼烧失量

9.1 原理

将试样于(800±10)℃灼烧 1 h，以灼烧前后质量差值计算灼烧失量。

9.2 仪器

普通实验室仪器和

9.2.1 高温炉，能自动控温于(800±10)℃。

9.2.2 瓷坩埚，容量 30 mL。

9.2.3 干燥器，内装蓝色硅胶。

9.3 程序

9.3.1 试样制备

试样预先于(105±2)℃烘箱中烘干 2 h，取出置于干燥器中，冷却至室温，备称样用。

9.3.2 测定

将空瓷坩埚(9.2.2)置(800±10)℃高温炉(9.2.1)内灼烧 1 h，取出，放入干燥器(9.2.3)中，冷却至室温后称重，重复以上步骤直至瓷坩埚(9.2.2)恒量。称取约 1 g 试样(9.3.1)(精确至 0.001 g)于已经灼烧至恒量的瓷坩埚(9.2.2)内，置(800±10)℃高温炉内灼烧 1 h，取出，先放入(105±2)℃烘箱内冷却约 10 min 后，再放入干燥器中，冷却 30 min 后称量。

9.4 结果计算

灼烧失量的质量分数以 X 表示，按式(13)计算：

$$X=\frac{m_1-m_2}{m_0}\times 100\% \quad\cdots\cdots(13)$$

式中：

m_1——灼烧前瓷坩埚加试样质量，单位为克(g)；

m_2——灼烧后瓷坩埚加试样质量，单位为克(g)；

m_0——试验份的质量，单位为克(g)。

以两次平行测定的算术平均值表示到小数点后两位为测定结果。

9.5 精密度

在重复性条件下获得的两次独立测定结果的绝对差值不大于 0.01%，以大于 0.01%的情况不超过 5%为前提。

10 重量法测定湿存水量

10.1 原理

试样于(105±2)℃的烘箱中干燥 2 h,以烘干前后质量的差值计算湿存水量。

10.2 仪器

普通实验室仪器和

10.2.1 烘箱,(105±2)℃,用标准温度计校正。

10.2.2 称量瓶,ϕ40 mm×25 mm。

10.2.3 内装蓝色硅胶干燥器。

10.3 程序

10.3.1 测定

将空称量瓶及盖(10.2.2),置于(105±2)℃的烘箱(10.2.1)内,烘干 2 h,取出,置于干燥器(10.2.3)中,冷却 30 min 后称量。称取 1 g 试样(精确至 0.001 g)于已知质量的称量瓶中,盖上瓶盖称量。将瓶盖部分打开,置于(105±2)℃的烘箱内,烘干 2 h,取出,置于干燥器中,冷却 30 min,盖严瓶盖称量。

10.3.2 结果计算

湿存水量的质量分数以 W 表示,按式(14)计算:

$$W = \frac{m_1 - m_2}{m_0} \times 100\% \qquad (14)$$

式中:

m_1——烘前称量瓶加试样质量,单位为克(g);

m_2——烘后称量瓶加试样质量,单位为克(g);

m_0——试验份的质量,单位为克(g)。

以两次平行测定的算术平均值表示到小数点后两位为测定结果。

10.4 精密度

在重复性条件下获得的两次独立测定结果的绝对差值不大于 0.01%,以大于 0.01%的情况不超过 5%为前提。

11 邻菲啰啉比色法测定三氧化二铁含量

11.1 原理

在 0.12 mol/L 盐酸介质中,加盐酸羟胺还原 Fe^{3+} 为 Fe^{2+},在 pH 值 4～6 范围内,Fe^{2+} 与邻菲啰啉形成橙红色络合物,用分光光度计测量吸光度。

11.2 试剂

11.2.1 盐酸(GB/T 622),(1+3)溶液。

11.2.2 盐酸(GB/T 622),(1+1)溶液。

11.2.3 氟化铵(GB/T 1276),100 g/L 溶液。

11.2.4 硼酸(GB/T 628),优级纯,饱和溶液。

11.2.5 邻菲啰啉(GB/T 1293)。

11.2.6 冰乙酸(GB/T 676),ρ=1.05 g/mL。

11.2.7 盐酸羟胺(GB/T 6685)。

11.2.8 乙酸钠(GB/T 693)。

11.2.9 混合显色剂:称取邻菲啰啉(11.2.5)0.5 g,加入冰乙酸(11.2.6)2 mL,溶解后加入水500 mL,盐酸羟胺(11.2.7)5 g,乙酸钠(11.2.8)100 g,溶解后以快速定性滤纸过滤,稀释至 1 000 mL。

11.2.10 三氧化二铁,含量 99.99%。

11.2.11　氧化铁标准储存液：准确称取经(800±10)℃高温炉灼烧1 h后的三氧化二铁(11.2.10)1.000 0 g于250 mL烧杯中，加入盐酸(11.2.2)60 mL，盖上表面皿，低温加热至完全溶解后，冷却至室温，移入1 000 mL容量瓶中，稀释至刻度，摇匀。此溶液1 mL含1 mg三氧化二铁。

11.2.12　氧化铁标准溶液：移取氧化铁标准储存液(11.2.11)5.0 mL于100 mL容量瓶中，稀释至刻度，摇匀。

11.3　仪器

普通实验室仪器和

11.3.1　高温炉，可控温(800±10)℃。

11.3.2　分光光度计，附有1 cm比色皿。

11.4　试验程序

11.4.1　标准曲线的绘制

在一组100 mL容量瓶中加入氧化铁标准溶液(11.2.12)，其体积分别为0.00 mL、0.50 mL、1.00 mL、2.00 mL、3.00 mL、4.00 mL、5.00 mL，加入盐酸溶液(11.2.1)1 mL，混合显色剂(11.2.9)10 mL，加水至刻度，摇匀，放置10 min。用1 cm比色池，以水作参比，于波长510 nm处测量吸光度，以氧化铁的浓度为横坐标，以净吸光度(扣除零浓度的吸光度)为纵坐标绘制标准曲线。

11.4.2　试样制备

试样预先于(105±2)℃烘箱中烘干2 h，取出置于干燥器中，冷却至室温，以备称样。

11.4.3　测定

随试样同时做空白试验。

称取0.1 g试样(11.4.2)(精确至0.001 g)于150 mL烧杯中，加入5 mL水，加热微沸1 min，加入盐酸(11.2.1)4 mL，加热溶解1 min。冷却后加入氟化铵(11.2.3)4 mL，饱和硼酸(11.2.4)5 mL，移入100 mL容量瓶中，加入混合显色剂(11.2.9)10 mL，加水至刻度，摇匀，放置10 min。用1 cm比色池，以水作参比，于波长510 nm处测量吸光度。将所测吸光度减去空白溶液的吸光度后，从标准曲线上查出三氧化二铁含量。

11.5　结果计算

三氧化二铁质量分数以$X_{Fe_2O_3}$表示，按式(15)计算：

$$X_{Fe_2O_3}=\frac{m_1}{m\times 1\ 000}\times 100\% \qquad \cdots\cdots(15)$$

式中：

m_1——由校准曲线上查得三氧化二铁的质量，单位为毫克(mg)；

m——试验份的质量，单位为克(g)。

以两次平行测定的算术平均值表示到小数点后三位为测定结果。

11.6　精密度

在重复性条件下获得的两次独立测定结果的绝对差值不大于0.005%，以大于0.005%的情况不超过5%为前提。

12　容量法测定氧化钠含量

12.1　原理

以甲基红为指示剂，用盐酸标准滴定溶液滴定试样溶液的碱度，以此计算氧化钠含量。

12.2　试剂

12.2.1　盐酸(GB/T 622)，$c(HCl)=0.2$ mol/L标准滴定溶液。

参照QB/T 2739—2005中4.3配制和标定。

12.2.2　甲基红指示液，1 g/L溶液。

按 QB/T 2739—2005 中 5.14 配制。

12.3 程序

12.3.1 试样制备

试样预先于(105±2)℃烘箱中烘干 2 h,取出置于干燥器中,冷却至室温,以备称样。

12.3.2 测定

称取 0.1 g 试样(12.3.1)(精确至 0.001 g)于 250 mL 三角瓶中,加入 100 mL 沸水,加热溶解。加入 3 滴甲基红指示液(12.2.2),用盐酸标准滴定溶液(12.2.1)滴定至溶液由黄色变为红色,30 s 不褪色为终点。

12.4 结果计算

氧化钠质量分数以 X_{Na_2O}表示,按式(16)计算:

$$X_{Na_2O}=\frac{c\times V\times 0.030\,99}{m}\times 100\% \qquad \cdots\cdots(16)$$

式中:

c——盐酸标准滴定溶液的浓度,单位为摩尔每升(mol/L);

V——耗用的盐酸标准滴定溶液的体积,单位为毫升(mL);

m——试验份的质量,单位为克(g);

0.030 99——氧化钠的毫摩尔质量,单位为克每毫摩尔(g/mmol)。

以两次平行测定的算术平均值表示到小数点后一位为测定结果。

12.5 精密度

在重现性条件下获得的两次独立测定结果的绝对差值不大于 0.3%,以大于 0.3%的情况不超过 5%为前提。

13 氟硅酸钾容量法测定二氧化硅含量

13.1 原理

试样在酸性溶液里加热溶解,冷却,加入氟化铵解聚。依次加入浓盐酸、氟化钾、氯化钾,充分搅拌、静置,使氟硅酸铵转化成微溶于水的氟硅酸钾。过滤,洗涤沉淀至中性,加入沸水使之水解,立即用氢氧化钠标准滴定溶液滴定生成的氢氟酸,计算二氧化硅含量。

反应式如下:

硅酸盐$+HCl+H_2O \longrightarrow H_2SiO_3+NaCl$

$H_2SiO_3+3NH_4F+4HCl+KCl+3KF \longrightarrow K_2SiF_6\downarrow+3NH_4Cl+2KCl+3H_2O$

$K_2SiF_6+3H_2O$(沸)$\longrightarrow 2KF+H_2SiO_3+4HF$

$NaOH+HF \longrightarrow NaF+H_2O$

13.2 试剂

13.2.1 氯化钾(GB/T 646)。

13.2.2 盐酸(GB/T 622),(1+3)溶液。

13.2.3 盐酸(GB/T 622),(1+1)溶液。

13.2.4 氟化钾(GB/T 1271),100 g/L 溶液。

13.2.5 氟化铵(GB/T 1276),100 g/L 溶液。

13.2.6 氯化钾(GB/T 646),饱和乙醇溶液。

称取 50 g 氯化钾(13.2.1)于 500 mL 烧杯中,加水溶解后,加入 95%乙醇 500 mL,混匀,装瓶。

13.2.7 氢氧化钠(GB/T 629),$c(NaOH)=0.5$ mol/L 标准溶液。

按 QB/T 2739—2005 中 4.1 配制和标定。

13.2.8 酚酞(GB/T 10729)指示液,10 g/L 乙醇溶液。

按 QB/T 2739—2005 中 5.1 配制。

13.3 仪器

普通实验室仪器和

13.3.1 塑料烧杯,250 mL。

13.3.2 塑料漏斗,ϕ8 cm～10 cm。

13.3.3 塑料棒。

13.3.4 快速定性滤纸,ϕ12.5 cm。

13.3.5 不锈钢镊子。

13.4 试验程序

13.4.1 试样制备

试样预先于(105±2)℃烘箱中烘干 2 h,取出置于干燥器中,冷却至室温,以备称样。

13.4.2 测定

称取 0.1 g 试样(13.4.1)(精确至 0.001 g)于 150 mL 烧杯中,加入少量水,加热 1 min,使其溶解,加入盐酸溶液(13.2.2)4 mL,再加热 1 min,用约 15 mL 热水转移至塑料烧杯(13.3.1)中,冷却至室温。

接着加入氟化铵溶液(13.2.5)3 mL,盐酸溶液(13.2.3)10 mL,氟化钾溶液(13.2.4)5 mL,氯化钾(13.2.1)3 g,用塑料棒(13.3.3)充分搅拌,静置 10 min,有白色沉淀生成。

用快速定性滤纸(13.3.4)和塑料漏斗(13.3.2)过滤,再用氯化钾饱和乙醇溶液(13.2.6)洗涤杯壁及沉淀 5 次,每次用量约 3 mL。

用镊子(13.3.5)将滤纸连同沉淀夹回原塑料烧杯中,捣碎沉淀,沿杯壁一周加入氯化钾饱和乙醇溶液(13.2.6)10 mL,加酚酞指示液(13.2.8)3 滴,在搅拌下,用氢氧化钠标准滴定溶液(13.2.7)中和游离酸至粉红色,30 s 不褪色为终点。

将塑料烧杯置于沸水浴上,加入预先用酚酞指示液中和过的沸水 100 mL,使沉淀水解,搅拌并立即加入酚酞指示液 3 滴,用氢氧化钠标准滴定溶液(13.2.7)滴定至微红色,30 s 不褪色为终点,记录滴定毫升数(V)。

13.5 结果计算

二氧化硅质量分数以 X_{SiO_2} 表示,按式(17)计算:

$$X_{SiO_2} = \frac{c \times V \times 0.015\ 02}{m} \times 100\% \qquad \cdots\cdots(17)$$

式中:

c——氢氧化钠标准滴定溶液的浓度,单位为摩尔每升(mol/L);

V——试样耗用氢氧化钠标准滴定溶液的体积,单位为毫升(mL);

m——试验份的质量,单位为克(g);

0.015 02——试样中二氧化硅的毫摩尔质量(1/4)SiO_2,单位为克每毫摩尔(g/mmol)。

以两次平行测定的算术平均值表示到小数点后一位为测定结果。

13.6 精密度

在重复性条件下获得的两次独立测定结果的绝对差值不大于 0.5%,以大于 0.5%的情况不超过 5%为前提。

14 原子吸收分光光度法测定氧化钙含量

14.1 原理

试样用硝酸、高氯酸、氢氟酸加热分解除硅后,在盐酸介质中,直接引入原子吸收火焰中测定,铝、硅、铁等元素对测定的干扰,用氯化锶消除。

14.2 试剂

14.2.1 盐酸(GB/T 622),(1+1)溶液。

14.2.2 盐酸(GB/T 622),(1+3)溶液。

14.2.3 硝酸(GB/T 626),优级纯。

14.2.4 高氯酸(GB/T 623),优级纯。

14.2.5 氢氟酸(GB/T 620),400 g/L 溶液。

14.2.6 氯化锶,优级纯,150 g/L 溶液。

14.2.7 氧化钙标准储存溶液:准确称取 1.785 7 g 基准碳酸钙(GB 12596)[预先在(105±2)℃烘箱中烘 1 h,并置于干燥器中冷却至室温]于 250 mL 烧杯中,加 20 mL 水,滴加盐酸(14.2.1)至完全溶解,再加盐酸(14.2.1)10 mL,煮沸 3 min 以驱除二氧化碳后,冷却至室温,移入 1 000 mL 容量瓶中,稀释至刻度,摇匀。此溶液 1 mL 含 1 mg 氧化钙。

14.2.8 氧化钙标准溶液:移取 50.0 mL 氧化钙标准储存溶液(14.2.7)于 1 000 mL 容量瓶中,用水稀释至刻度,摇匀,此溶液 1 mL 含 50 μg 氧化钙。

14.3 仪器

普通实验室仪器和

14.3.1 原子吸收分光光度计,附有空气-乙炔燃烧器,钙空心阴极灯。

所用原子吸收分光光度计均应达到以下指标:

最低灵敏度:标准曲线中等差标准系列溶液的最高浓度吸光度应不低于 0.300 0。

标准曲线的线性:五个等差浓度标准溶液中,最高与次高浓度标准溶液的吸光度之差,应不小于最低浓度标准溶液与零浓度溶液吸光度差值的 0.8 倍。

最低稳定性:标准曲线中最高浓度标准溶液与零浓度溶液多次测量所得的吸光度相对于最高浓度吸光度平均值的变异系数应分别小于 1.5%和 0.5%。

最低稳定性变异系数的计算见附录 B。

GGX-6 型原子吸收分光光度计的工作参数参见附录 C。

14.3.2 黄金皿,50 mL。

14.4 程序

14.4.1 标准曲线的绘制

分别移取 0.0 mL、1.0 mL、2.0 mL、3.0 mL、4.0 mL、5.0 mL 氧化钙标准溶液(14.2.8)于一组 50 mL 容量瓶中,依次加入盐酸(14.2.1)4 mL,氯化锶溶液(14.2.6)5 mL,用水稀释至刻度,摇匀。在原子吸收分光光度计上,于波长 422.7 nm 处,以空气-乙炔火焰测量吸光度。

以氧化钙浓度为横坐标,吸光度(减去零浓度的吸光度)为纵坐标,绘制标准曲线。

14.4.2 试样制备

试样预先于(105±2)℃烘箱中烘干 2h,取出置于干燥器中,冷却至室温,以备称样。

14.4.3 测定

称取试样(14.4.2)0.5 g (精确至 0.001 g)于黄金皿(14.3.2)中,加入硝酸(14.2.3)2 mL,高氯酸(14.2.4)2 mL,氢氟酸(14.2.5)10 mL,置于电热板上加热,冒尽白烟,再加入氢氟酸(14.2.5)10 mL,冒尽白烟。取下黄金皿(14.3.2),加入盐酸(14.2.1)10 mL,再加热溶解残渣。移入 100 mL 容量瓶中,加水至刻度,摇匀。分取 20 mL 于 50 mL 容量瓶中,加入盐酸(14.2.2)5 mL、氯化锶(14.2.6)5 mL,加水至刻度,摇匀。在原子吸收分光光度计上,于波长 422.7nm 处,以空气-乙炔火焰测定吸光度,从标准曲线上查出氧化钙的浓度。

14.5 结果计算

氧化钙质量分数以 X_{CaO} 表示,按式(18)计算:

$$X_{CaO}=\frac{c\times V}{m\times 10^{6}}\times 100\% \quad \cdots\cdots(18)$$

式中：

c——自标准曲线上查得的氧化钙浓度，单位为微克每毫升(μg/mL)；

V——被测溶液的体积，单位为毫升(mL)；

m——移取溶液相当试样量，单位为克(g)。

以两次平行测定的算术平均值表示到小数点后三位为测定结果。

14.6 精密度

在重复性条件下获得的两次独立测定结果的绝对差值不大于0.005%，以大于0.005%的情况不超过5%为前提。

15 原子吸收分光光度法测定氧化镁含量

15.1 原理

试样用硝酸、高氯酸、氢氟酸加热分解除硅后，在盐酸介质中，直接引入原子吸收火焰中测定，铝、硅、铁等元素对测定的干扰，用氯化锶消除。

15.2 试剂

15.2.1 氧化镁(GB/T 9857)标准储存溶液

准确称取1.000 g氧化镁[99.99%，预先经(800±10)℃灼烧至恒量，在干燥器中冷至室温]于150 mL烧杯中，加少量水，加入盐酸(14.2.2)30 mL溶解，转移至1 000 mL容量瓶中，稀释至刻度，摇匀。此溶液1 mL含1 mg氧化镁。

15.2.2 氧化镁标准溶液

移取5.0 mL氧化镁标准储存溶液(15.2.1)于1 000 mL容量瓶中，加入盐酸(14.2.1)4.5 mL，用水稀释至刻度，摇匀，此溶液1 mL含5 μg氧化镁。

15.3 仪器

普通实验室仪器和原子吸收分光光度计，附有空气-乙炔燃烧器，镁空心阴极灯。

所用原子吸收分光光度计指标要求同14.3.1。

15.4 程序

15.4.1 标准曲线的绘制

分别移取0.0 mL、1.0 mL、2.0 mL、3.0 mL、4.0 mL、5.0 mL氧化镁标准溶液(15.2.2)于一组50 mL容量瓶中，依次加入盐酸(14.2.1)4 mL，氯化锶溶液(14.2.6)5 mL，用水稀释至刻度，摇匀。在原子吸收分光光度计上，于波长285.2 nm处，以空气-乙炔火焰测量吸光度。

以氧化镁浓度为横坐标，净吸光度(减去零浓度的吸光度)为纵坐标，绘制标准曲线。

15.4.2 试样制备

试样预先于(105±2)℃烘箱中烘干2 h，取出置于干燥器中，冷却至室温，以备称样。

15.4.3 测定

称取试样(15.4.2)0.5 g(精确至0.001 g)于黄金皿(14.3.2)中，加入硝酸(14.2.3)2 mL，高氯酸(14.2.4)2 mL，氢氟酸(14.2.5)10 mL，置于电热板上加热，待白烟消失后，再加入氢氟酸(14.2.5)10 mL，让白烟再次消失。取下黄金皿(14.3.2)，加入盐酸(14.2.1)10 mL，加热使残渣溶解。再全部转移至100 mL容量瓶中，加水至刻度，摇匀。从中移取5.0 mL溶液至50 mL容量瓶中，加入盐酸(14.2.2)5 mL、氯化锶(14.2.6)5 mL，加水至刻度，摇匀。在原子吸收分光光度计上，于波长285.2 nm处，以空气-乙炔火焰测定吸光度，从标准曲线上查出氧化镁的浓度。

15.5 结果计算

氧化镁质量分数以X_{MgO}表示，按式(19)计算：

$$X_{MgO}=\frac{c\times V}{m\times 10^{6}}\times 100\% \qquad \cdots\cdots\cdots\cdots (19)$$

式中：

c——自标准曲线上查得的氧化镁浓度，单位为微克每毫升（μg/mL）；

V——被测溶液的体积，单位为毫升（mL）；

m——移取溶液相当试样量，单位为克（g）。

以两次平行测定的算术平均值表示到小数点后三位为测定结果。

15.6 精密度

在重复性条件下获得的两次独立测定结果的绝对差值不大于0.005%，以大于0.005%的情况不超过5%为前提。

16 试验结果报告要求

试验结果报告应包括以下内容：

a) 所用的测定方法（本国家标准编号的引用）；

b) 结果和所用的表示方法；

c) 测定过程中出现的任何异常现象；

d) 本标准未包括的任何操作或自选操作；

e) 试验日期及环境条件。

附　录　A
（资料性附录）
δ相层状结晶二硅酸钠X射线衍射谱图

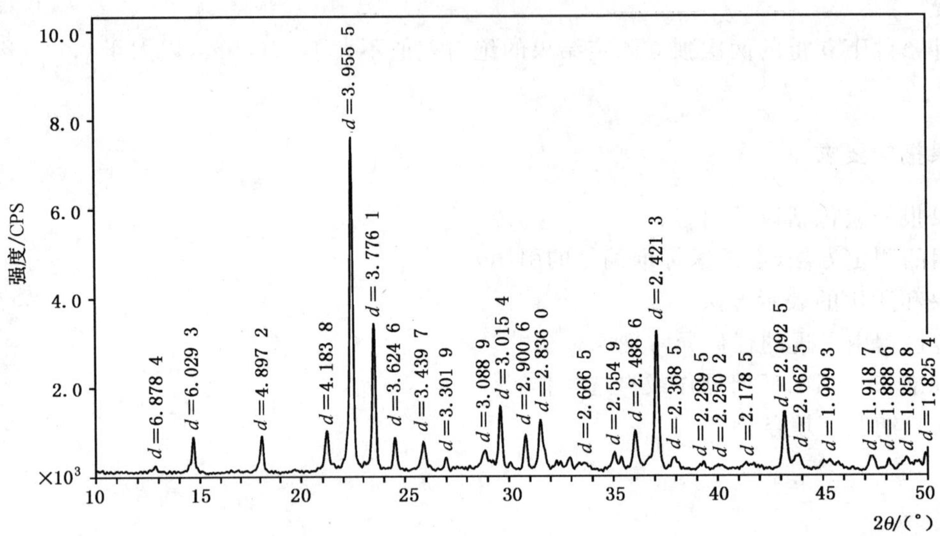

附 录 B
（规范性附录）
最低稳定性变异系数的计算

最高浓度标准溶液与零浓度溶液吸光度读数的变异系数计算公式见式(B.1)和式(B.2)：

$$S_c = \frac{100}{\overline{C}} \sqrt{\frac{\sum (C-\overline{C})^2}{n-1}} \qquad \cdots\cdots (B.1)$$

$$S_o = \frac{100}{\overline{C}} \sqrt{\frac{\sum (O-\overline{O})^2}{n-1}} \qquad \cdots\cdots (B.2)$$

式中：

S_c——最高浓度标准溶液吸光度的百分变异系数；

S_o——零高浓度标准溶液吸光度的百分变异系数；

C——最高浓度标准溶液的吸光度；

$\overline{C}$——最高浓度标准溶液的吸光度的平均值；

O——零高浓度标准溶液吸光度；

$\overline{O}$——零高浓度标准溶液吸光度的平均值；

n——测量次数。

附　录　C
（资料性附录）
GGX-6 型原子吸收分光光度计的工作参数

元素	波长/ nm	灯电流/ mA	光谱带宽/ nm	空气流量/ (L/min)	乙炔流量/ (L/min)	燃烧器高度/ nm
钙	422.7	3	0.2	6.6	1.2	6
镁	285.2	5	0.4	6.6	1.2	4

ICS 13.110;29.260.99
J 09

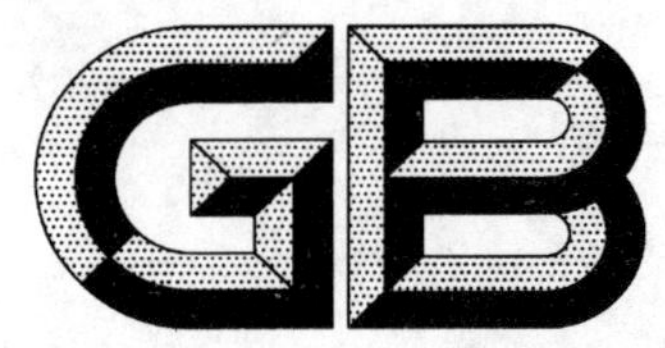

中华人民共和国国家标准

GB 19436.3—2008/IEC 61496-3:2001

机械电气安全 电敏防护装置 第3部分:使用有源光电漫反射防护器件(AOPDDR)设备的特殊要求

Electrical safety of machinery—Electro-sensitive protective equipment—
Part 3:Particular requirements for Active Opto-electronic
Protective Devices responsive to Diffuse Reflection(AOPDDR)

(IEC 61496-3:2001,IDT)

2008-06-19 发布 2009-06-01 实施

中华人民共和国国家质量监督检验检疫总局
中国国家标准化管理委员会 发布

前　　言

GB 19436《机械电气安全　电敏防护装置》共分为四个部分：

——第 1 部分：一般要求和试验；

——第 2 部分：使用有源光电防护器件(AOPD)设备的特殊要求；

——第 3 部分：使用有源光电漫反射防护器件(AOPDDR)设备的特殊要求；

——第 4 部分：基于视觉防护器件设备的特殊要求。

本部分为 GB 19436 的第 3 部分。本部分等同采用 IEC 61496-3:2001《机械安全　电敏防护装置　第 3 部分：有源光电漫反射防护器件(AOPDDR)的特殊要求》第一版(英文版)。

本部分中所缺条款见 GB/T 19436.1—2004《机械电气安全　电敏防护装置　第 1 部分：一般要求和试验》。

本部分中 ESPE 为 Electro-sensitive protective equipment 的缩写，见 GB/T 19436.1—2004 的 3.1。

本部分中 OSSD 为 Output Signal Switching Device 的缩写，见 GB/T 19436.1—2004 的 3.19。OSSDs 或 OSSD(s)的最后一个字母 s，表示复数，与 IEC 标准一致。

为便于使用，本部分做了下列编辑性修改：

——将适用于国际标准的表述改为适用于我国标准的表述(包括标点符号)；

——将 IEC 61496-3:2001 标准名称中的“机械安全”修改为本部分标准名称中的“机械电气安全”。

本部分的附录 A 和附录 B 为规范性附录。

本部分的附录 C、附录 AA 和附录 BB 为资料性附录。

本部分由中国机械工业联合会提出。

本部分由全国工业机械电气系统标准化技术委员会(SAC/TC 231)归口。

本部分起草单位：北京机床研究所、北京和利时电机技术有限公司、北京凯恩帝数控技术有限公司、浙江凯达机床集团有限公司。

本部分主要起草人：黄祖广、王健、黄麟、杨洪丽、何宇军。

本部分为首次发布。

引 言

电敏防护装置(ESPE)适用于对人体存在伤害的机械。它能在人处于危险状态前,使机械回复到安全状态,从而提供保护。

本部分对广泛应用的ESPE的一般设计和性能要求作出规定。满足本部分要求的设备最基本特征是具有相当的安全性能水平和为保持此性能水平而规定的内置式周期性的功能检查/自检。

本部分是对GB/T 19436.1的相应条款进行补充和修改。

至于第1部分中的特殊条款在第3部分中并未提到也是合理的。本部分所述的"补充","修改"或"替换"是替代第1部分的有关内容。

本部分具有产品系列标准的地位,可以用作机械电气安全专用产品引用。

每种类型的机械都有自己特定的危险,本部分的目的不是推荐ESPE在任何特定机械上使用的方式。ESPE的应用是供方、机械用户和实施机构之间应该协商的事,在这方面,注意国内、外的相关指南,例如GB/T 15706(eqv ISO/TR 12100)。

机械电气安全 电敏防护装置 第3部分:使用有源光电漫反射防护器件(AOPDDR)设备的特殊要求

1 范围

本部分规定了传感功能使用有源光电漫反射防护器件(AOPDDRs),用于机械安全防护的电敏防护装置(ESPE)的设计、制造和试验的附加要求。对那些确保装置达到适宜安全性能的要求给予了特别的关注。ESPE 可以包括一些可选的安全功能,选择功能的要求在本部分的附录 A 和 GB/T 19436.1—2004 附录 A 中均给出。

本部分只限于 ESPE 的功能,不规定检测区的尺寸或结构以及在任何特殊应用中危险部件的布局,也未规定构成任何机械的危险状态。

AOPDDR 是具有二维检测区的检测器件。由发送器元件发射近红外线照射检测区,当发射的光线遇到物体(例如人或局部人体)时,一部分射线由漫反射方式反射到接收器,这样就可以检测到区域内的物体。

注:在某些情况下,需要考虑传感器使用的局限性。例如:

——产生镜面反射(特殊)的物体,如果其漫反射值低于"黑"试块的规定值,该物体可能无法被检测到;

——检测障碍物的最小反射系数是基于人的衣着来确定的。物体的反射率低于本部分的估量值时,该物体则可能无法被检测到。

本部分不适用于辐射波长在 820 nm～946 nm 范围以外的 AOPDDR,以及不是由自身发射光线的那些 AOPDDR。对于使用辐射波长在该范围以外的传感器件,本部分可作为指南使用。另外,对于标称检测能力在 50 mm～100 mm 范围以外的 AOPDDRs 也不适用于本部分。

本部分可能与那些非人体保护的应用有关,例如:保护机器或产品免于机械性损坏。在这些应用中,比如:需要由传感功能来检测的物体具有不同于人体和衣物的特性时,可能还需要附加一些要求。

本部分不涉及电磁兼容性(EMC)发射要求。

那些只具有一维、点光源距离测量的光电器件,例如接近开关等,也不在本部分讨论范围之内。

2 规范性引用文件

下列文件中的条款通过 GB 19436 的本部分的引用而成为本部分的条款。凡是注日期的引用文件,其随后所有的修改单(不包括勘误的内容)或修订版均不适用于本部分,然而,鼓励根据本部分达成协议的各方研究是否可使用这些文件的最新版本。凡是不注日期的引用文件,其最新版本适用于本部分。

GB/T 2423.22—2002 电工电子产品环境试验 第 2 部分:试验方法 试验 N:温度变化(IEC 60068-2-14:1984, IDT)

GB/T 2423.55—2006 电工电子产品环境试验 第 2 部分:试验方法 试验 Eh:锤击试验(IEC 60068-2-75:1997,IDT)

GB 4208—1993 外壳防护等级(IP 代码)(eqv IEC 60529:1989)

GB/T 19436.1—2004 机械电气安全 电敏防护装置 第 1 部分:一般要求和试验(IEC 61496-1:1997,IDT)

GB/T 7247.1—2001 激光产品的安全 第1部分:设备分类、要求和用户指南(idt IEC 60825-1:1993)

注:GB/T 19436.1—2004中第2章的引用文件通过上述引用文件补充后适用于本部分。

3 术语和定义

GB/T 19436.1—2004中第3章术语和定义通过如下补充后适用于本部分。

3.301

对漫反射敏感的有源光电防护器件(AOPDDR) active opto-electronic protective device responsive to diffuse reflection(AOPDDR)

由光电发射和接收元件完成传感功能的器件。在该器件范围内检测由在二维空间规定的检测区内出现的物体时产生的光辐射漫反射。

3.302

AOPDDR检测能力 AOPDDR detection capability

在检测区内检测指定试块(见4.2.13)的能力。

3.303

容差区 tolerance zone

位于检测区外的区域,该区域对在检测区内检测到指定试块(见4.2.13)达到要求的概率是必要的。

4 功能、设计和环境要求

GB/T 19436.1—2004中对应章节的内容通过如下替换和补充后都适用于本部分。

4.1[1] 功能要求

4.1.3 ESPE的类型

本部分只考虑了第3种类型的ESPE。设备的供方和/或用户应负责对该类型是否适合特殊应用做出规定。

ESPE类型3应满足本部分4.2.2.4对故障检测的要求。在正常运行中,当敏感器件被激励或断电时,该类ESPE的至少两个输出信号开关电器(OSSDs)中每个输出电路应变成OFF状态。

注:GB/T 19436.1—2004中4.1.3的规定由上述内容替换后适用于本部分。

4.1.4 检测能力受限区

在检测平面中,光窗与距其最近的检测区边界间的距离不应大于50 mm。

检测能力受限区是指检测区的起点与光窗之间的区域。在特殊应用中为了确保由于检测区与光窗间这一区域的存在而引起危险,供方应提供该区域的尺寸和适当的信息。

4.2 设计要求

4.2.2 故障检测要求

4.2.2.2 对类型1 ESPE的特殊要求

GB/T 19436.1—2004的本条款在这里不适用。

4.2.2.3 对类型2 ESPE的特殊要求

GB/T 19436.1—2004的本条款在这里不适用。

4.2.2.4 对类型3 ESPE的特殊要求

当由于敏感器件的单一故障而导致前文描述的AOPDDR检测能力完全丧失时,应使ESPE在规

1) 缺条,例如4.1.1、4.1.2、4.2.1、4.2.2.1、4.2.2.2、4.2.2.4、4.2.2.5、4.2.3～4.2.11、4.3.1～4.3.4、5.1.1.1、5.1.2.1、5.1.3、5.2.2～5.2.8、5.3、5.4.1～5.4.5见GB/T 19436.1—2004。

定的响应时间内进入锁定状态。

注 1：对采用旋镜扫描检测区的 AOPDDR，通过扫描位于检测区和容差区以外的规定参照物就能满足该要求。

当单一故障出现导致上述 AOPDDR 检测能力降低时，应使 ESPE 在故障发生之后 5 s 内进入锁定状态。

注 2：AOPDDR 检测能力降低的例子：

——可检测的最小物体的尺寸增大；

——可检测的最小物体的反射能力增大；

——检测精度的降低。

单一故障导致响应时间增加而超过规定值，或妨碍到至少一个 OSSD 进入断开状态时，应使 ESPE 立即进入锁定状态。比如在规定的响应时间内，或在故障检测要求状态改变时，依照下列要求的事件立即进入锁定状态：

——激活传感功能；

——断开/接通开关；

——起动联锁或重新起动联锁的复位(若有，见 GB/T 19436.1—2004 中 A.5 和 A.6)；

——使用外部测试信号(若有)。

注 3：在特殊应用中，如果传感功能被激活的频率较低而且仅在改变状态时 OSSD 才被监视时，可能需要外部测试信号。

当引发锁定状态的故障仍然存在时，即使通过对主电源中断后再复原或其他手段，应不能使 ESPE 离开锁定状态而复位。

如果不引起 ESPE 失效危险的单一故障未被检测到时，出现其他的故障也不应引起失效危险。对此条要求的验证见 5.3.4。

注：GB/T 19436.1—2004 中 4.2.2.4 的规定由上述内容替换后适用于本部分。

4.2.2.5 对类型 4 ESPE 的特殊要求

GB/T 19436.1—2004 的本条款不适用于本部分。

4.2.12 AOPDDR 检测能力的完整性

4.2.12.1 概述

AOPDDR 的设计应确保其检测能力不低于供方规定的限值，在本部分中指下列任何一项：

——元件的老化；

——元件的公差(例如：接收部件的光谱灵敏度)；

——距离依附灵敏度变化，例如有关光学灵敏度；

——调整极限；

——AOPDDR 内部对光学和机械部件的不可靠安装；

——环境干扰，特别是：

a) 系统噪声；

b) 符合 GB/T 19436.1—2004 中 4.3.2 规定的电干扰；

c) 外壳光窗表面上的污染；

d) 外壳光窗表面上的冷凝；

e) 环境温度；

f) 环境光线；

g) 背景(例如：背景与物体间的对比度)；

h) 振动和冲击；

i) 湿度；

j) 电源电压变化和中断。

如果在正常运行条件下(见 GB/T 19436.1—2004 中 5.1.2.1)出现的单一故障(在 GB/T 19436.1—

2004 附录 B 中规定),不会造成 AOPDDR 检测能力的丧失;但若上述条件组合出现时,会导致检测能力丧失,则应把这个故障连同上述条件的组合一起视为单一故障,并且 AOPDDR 应该对此类单一故障做出如 4.2.2.4 所要求的反应。

注:对基准目标扫描的技术能用以满足有关元件老化的要求,也可使用能够给出保证同一等级的其他技术。

4.2.12.2 检测及容差区

供方应规定容差区。规定容差区时,供方应考虑最坏的条件,例如,应包括考虑到本部分所列的全部影响,以及供方规定的任何附加影响(环境影响,元件故障等)后的信噪比 S/N 和标准偏差 σ。

容差区随系统干扰、测量错误、测量值的判定等而定。而且对确保在检测区范围内检测是必要的。图 1a)和图 1b)为检测区的举例。

在整个检测区内,试块(见 4.2.13)以 $1\sim2.9\times10^{-7}$ 的最小检测概率被检测到。为达到该最小检测概率,容差区要附加到检测区上(见附录 BB 中的图 BB.2)。

注 1:本部分用的检测概率是测量精度决定的,与故障概率无关。

注 2:要特别注意,当 AOPDDR 的检测区由一个以上发射和/或接收单元组成时,要确保这些发射和/或接收单元视野区之间的检测区的检测能力不受限制。

检测区与容差区间的边界应是测量数值分布的中点,测量所用的试块其反射率应等于或介于“黑”试块和“白”试块之间。供方应声明所使用的试块的反射率以及计算。本要求可通过检查供方声明来验证。

注 3:容差区和测距精度的数值不一定为常数,例如它可以是测量距离的一个函数。

注 4:如果 AOPDDR 有自动设定其检测区的装置,在确定容差区的时候应考虑设定值的测距误差(见 A.11)。

注 5:附录 BB 给出了有关测距精度与检测概率间关系的附加信息。

4.2.12.3 扫描几何形状、扫描频率和响应时间

供方应规定包括范围和扫描角在内的有关检测区的参数。扫描几何形状和/或扫描频率应充分保证规定的最小可检测物体尺寸的直径的试块,在检测区的最大范围能被检测到。供方可在 50 mm～100 mm 的范围内规定 AOPDDR 的最小可检测的物体尺寸数值。该最小可检测物体的尺寸距离视距离而定。

注 1:最小可检测物体尺寸限制在 50 mm～100 mm 范围内,是基于目前的应用情况。对于检测能力超出这一范围的 AOPDDR 可能需要附加要求。

静止或在检测区内以速度不超过 1.6 m/s 运动的最小可检测尺寸的物体,应在规定的响应时间内被 ESPE 检测到。响应时间应由供方考虑最坏的条件下确定,特别是对扫描频率和物体的运动。当供方规定 AOPDDR 能被用于检测运动速度大于 1.6 m/s 的物体时,在任何速度下,包括其规定的最大速度,这些要求均应被满足。

注 2:检测能力可由 AOPDDR 的光几何学确定,以便对于特定设计,一整束光照射到处于检测区和容差区最大范围内的试块。如果这样的话,相邻两束发射光中心之间的距离(第一束和最后一束除外)将不会超过试块的半直径。对于其他的设计,将难以实现按 5.2.1.2 和 5.2.11 进行验证,特别是按照上述要求考虑物体的运动。

注 3:附录 AA.5 给出了计算响应时间的例子。

从检测区边界任一点投射到 AOPDDR 接收元件的光线,其轨迹上的所有点应在检测区(见 4.2.12.2)或检测能力受限区(见 4.1.4)内。

4.2.13 型式试验用试块

4.2.13.1 概述

试块是 AOPDDR 的组成部分,因此第 5 章型式试验所使用的试块,应由供方提供。试块应标记型式参照代号和预期一起使用的 AOPDDR 的标识标志。

试块的直径应等于规定的最大检测能力(即最小直径)。依据 AOPDDR 检测能力的不同,也许需要 50 mm～100 mm 范围内其他直径的试块。

注:为方便使用,通常选择试块的最小有效长度。

4.2.13.2 黑试块

黑试块应为最小有效长度为 0.3 m 的圆柱体。试块表面的漫反射数值在正常条件下以发射器波长测试时应在 1.6%～2.0%范围之内，这个数值包括测量精度在内。该数值应通过测试来校验。当计算中用到这个反射值时应取 1.8%的标定值。

注：图 2 给出了确定黑试块反射值的一个调查结果。

4.2.13.3 白试块

白试块应为最小有效长度为 0.3 m 的圆柱体。试块表面的漫反射数值对发射器的波长来说应在 80%～90%范围之内。

4.2.13.4 向后反射试块

向后反射试块应为最小有效长度为 0.3 m 的圆柱体。试块表面应为向后反射材料。反射材料应符合 EN471 类 2 或等效的对后反射材料的要求。

注：EN471 表 5 定义了类 2 材料的最小向后反射系数为 330cd·lx^{-1}·m^{-2}，其入射角度为 5°，观测角度为 0.2°(12′)。

4.2.14 波长

AOPDDRs 应在 820 nm～946 nm 波长范围内工作。

注：该波长范围是基于当前可利用的元件及研究，研究表明该波长范围适合于衣物所用的材料。

4.2.15 辐射强度

即使在部件出现故障的情况下，由 AOPDDR 产生和发射的辐射强度决不应超过 GB/T 7247.1—2001 中 9.3、9.4 和表 1 规定的 1 类激光的最大功率或能量等级。对 1 类激光的标识应按 GB/T 7247.1—2001 中 5.2 规定执行。

4.2.16 机械结构

如果部件位置的改变会导致检测能力下降并低于供方规定的限值，那么部件的固定就不应只靠摩擦力。

注：使用椭圆安装孔而没有附加装置，例如受到撞击等机械扰动，将导致检测区位置的改变。

4.3 环境要求

注：这些要求也许不满足某些应用的需要(例如，用在车辆中，包括自动导向车辆(AGVs)、铲车、活动机械等)。

4.3.1 环境空气温度范围和湿度

即使遭遇温度和湿度快速变化致使光窗冷凝表面结雾时，ESPE 不应有危险。

此项要求通过 5.4.2 的冷凝试验进行检验。

注：GB/T 19436.1—2004 中 4.3.1 的规定由上述内容补充后适用于本部分。

4.3.2 电骚扰

GB/T 19436.1—2004 中 4.3.2 对类型 4 ESPE 所列要求应适用于本部分的类型 3 ESPE。

注：GB/T 19436.1—2004 中 4.3.2 的规定由上述内容补充后适用于本部分。

4.3.3 机械环境

注：GB/T 19436.1—2004 中 4.3.3 的规定由下述内容补充后适用于本部分。

4.3.3.3 温度变化

经 5.4.4.3 试验后，ESPE 应能继续正常工作，不应出现损坏，包括光窗的位移和/或裂缝等。

4.3.3.4 抗冲击性

4.3.3.4.1 正常运行

经 5.4.4.4.2 试验后，ESPE 应能继续正常工作，不应有损坏，包括光窗的位移和/或裂缝等。

4.3.3.4.2 失效危险

经 5.4.4.4.3 试验后，ESPE 不应有失效危险。

4.3.4 外壳

应提供可靠固定外壳的方法。

按照供方的规定安装时，包含光学部件的 AOPDDR 外壳防护等级应至少达到 IP65(见 GB 4208)。

注：GB/T 19436.1—2004 中 4.3.4 的规定由上述内容补充后适用于本部分。

4.3.5 对 AOPDDR 接收元件和其他光学部件的光干扰

当 ESPE 经受下列光干扰时，应继续正常工作：

——白炽光；

——用高频电子电源运行的荧光；

——如果 AOPDDR 的供方没有给出可能发生干扰的安装限制，来自同样设计的 AOPDDR 的辐射。

当遇到下列情况时，ESPE 不应出现失效危险。

——高强度白炽光(用石英灯模拟的日光)；

——用额定电源和高频电子电源运行的荧光；

——频闪光；

——来自同类设计的 AOPDDR 的辐射。

这些要求应按 5.2.1.2 和 5.4.6 规定的试验进行检验。

4.3.6 污染干扰

供方应规定以发射百分数表示的最大均匀污染级别，该级别将不导致规定的检测能力下降。

当检测系统接收的信号能量被均匀污染削弱达 30%时，AOPDDR 应继续正常工作。

在发射和/或接收元件与检测区起始位置(包括光学部件)间的污染导致 AOPDDR 规定的检测能力丧失时，应引发 OSSD 进入 OFF 状态。

这些要求应按 5.4.7 规定的试验进行检验。

注：5.4.7 所列的试验可能没有涵盖所有可能的污染形式，例如，油、油脂和工艺材料。

任何为判断规定检测能力的丧失而对污染进行监视的方法，都应符合本部分的有关要求。

4.3.7 背景干扰

规定的容差区不应受背景干扰而增大，此项要求应按 5.4.8 规定的试验进行检验。

注 1：供方可为 AOPDDR 规定一个最大反射值，该反射值由 AOPDDR 自身监测，若超过规定的最大反射值时使 OSSD 进入 OFF 状态。由更高反射率材料造成的背景干扰除外。

注 2：影响测量结果的背景干扰，包括直角反射器、瓷砖、金属片、白纸等。

注 3：在检测能力和测量精度的试验范围内，向后反射器可被视为立方体反射器背景(5.4.8)。如果背景中的向后反射器导致测量误差，在特定应用中，可使用其他测量方法以取代增加容差区。

4.3.8 人工干扰

通过遮盖 AOPDDR 外罩或其他部件的光窗(如果适用)或把物体置于检测能力受限区内(见 4.1.4)不应降低其规定的检测能力。假如这样，OSSDs 应在 5 s 时间内进入 OFF 状态，并应保持 OFF 状态直到人工干扰被消除为止。

4.3.9 检测区中的光遮蔽

当小物体出现在检测区时，AOPDDR 的检测能力应保持。此项要求应按 5.4.10 规定的试验和分析进行验证。分析应包括对提供的所有软件滤除算法的检查。

注：软件滤波算法可能为忽略小物体创造条件，例如为了增加工作的可靠性。

4.3.10 元件老化

元件的漂移和老化可能使检测能力低于规定值，但不应导致 ESPE 的失效危险，出现这种情况应在 5 s 时间内被检测到且进入锁定状态。

如果使用基准物来监控元件的老化和漂移，则其性能的变化(例如，反射率)不应导致 ESPE 失效危险。如果基准物被用于监视元件的老化和偏移，则基准物应被视为 AOPDDR 的一部分，并由 AOPDDR 的供方提供。

注：GB/T 19436.1—2004 中 4.3 的规定由上述 4.3.5，4.3.6，4.3.7，4.3.8，4.3.9，4.3.10 内容补充后适用于本部分。

5 试验

GB/T 19436.1—2004 中对应章节按下列进行替换和补充后适用于本部分。

5.1 概述

5.1.1.2 工作条件

除非本部分另有规定，并且提供了对检测区进行设置的工具，则检测区和容差区应按下列要求进行设置。

——检测区半径方向上长度和宽度值(或等效值)分别为 1.0 m；

——附加容差区。

对于规定的最大检测距离小于 1.0 m 的 AOPDDR，应使用第 5 章规定的 1.0 m。

对于没有配备检测区设置工具的 AOPDDR，这一固定不变的检测区应用于所有试验。

在这些试验期间，被用试验件应与 AOPDDR 检测区平面垂直。

注：GB/T 19436.1—2004 中 5.1.1.2 的规定由上述内容补充后适用于本部分。

5.2 功能试验

5.2.1 传感功能和检测能力

注：GB/T 19436.1—2004 中 5.2.1 的规定由下述内容替换后适用于本部分。

5.2.1.1 概述

传感功能和检测能力的完整性应按规定进行试验，并考虑以下方面：

——当试块轴线放置在规定的检测区内时，这些试验应验证该试块被检测到；

——这些试验应验证供方规定的容差区尺寸(例如测距精度)；

——单个试验的数量、选择及条件应达到 4.2.12.1 的要求进行验证。

所需最低限度试验的概要如表 1 所示。

表 1 检测能力要求的验证(也见 4.2.12.1)

序号	试验	条件	AOPDDR 检测区的原点与试块轴线间的距离					
			试块半径[6]	0.1 m[6]	0.5 m	1.0 m	每隔 1.0 m	最大范围
1	反射系数	黑试块(见 4.2.13.2)	×	×	×	×	×	×
2	反射系数	白试块(见 4.2.13.3)	×	×	×	×	×	×
3	反射系数	向后反射试块(见 4.2.13.4)	×	×	×	×	×	×
4	元件老化	[1]				×		
5	元件未被检验出的故障	[1]				×		
6	电骚扰(电源电压波动和中断除外)	GB/T 19436.1—2004 中 4.3.2，5.2.3.1 和 5.4.3 适用				×		
7	电源电压波动和中断	黑试块(见 4.2.13.2)						×
8	外罩光窗表面的污染	[1]				×		
9	环境温度变化	50 ℃或最高值[2]						×
10	环境温度变化	0 ℃或最低值，非冷凝结[3]						×
11	湿度	5.4.2 适用				×		
12	灯光干扰	见表 2				×		

表 1（续）

序号	试　　验	条　　件	AOPDDR 检测区的原点与试块轴线间的距离					
			试块半径[6]	0.1 m[6]	0.5 m	1.0 m	每隔 1.0 m	最大范围
13	背景干扰	依据设计[4]，黑试块与背景间最恶劣情况下的距离。 背景反射系数：						
		a)　直角反射器[5]；						×
		b)　1.8%～5%；						×
		c)　在 a)和 b)间的其他反射率						×
14	振动和碰撞	5.4.4 适用				×		

1) 元件老化效应、未被检验出的元件故障和机壳光窗室表面的污染情况应通过耐久性试验来说明，否则也许需要进行附加试验；

2) AOPDDR 放进试验室—打开试验室—开始试验，应在 1 min 之内；

3) AOPDDR 放进试验室—打开试验室—试验，不应出现冷凝；

4) 背景应按图 3a)所示布置；

5) 也见 4.3.7、注 1)和 5.4.8；

6) 如果因受物理条件限制无法达到规定的距离，在检测平面中，应将试块尽可能靠近规定的距离放置。

5.2.1.2　检测能力的完整性

5.2.1.2.1　概述

应对 ESPE 不致出现失效危险或规定的 AOPDDR 检测能力得以保持进行验证，验证应通过 AOPDDR 设计的系统分析进行，在适当和/或要求时采用试验，并考虑 4.2.12.1 中规定的条件和 5.3.4 中规定的故障的全部组合。系统分析的结果应同第 5 章中要求的试验一致，还加上响应时间的测量。

确定检测能力完整性所要求的测量条件和数量应考虑 5.2.1.1 的目标。最起码，表 1 和表 2 所列的一系列测试均应在检测区内为验证检测能力完整性所需的每个位置上进行。对含有超过 1 个发射和/或接收元件的 AOPDDR，可能需要对每个元件进行测量。当测量要求用于验证时，每个试验结果应以在试块的每个位置所进行的至少 1 000 次单独测量值为基础。

用于 5.2.1.2.2、5.2.1.2.3 和 5.2.1.2.4 试验的安排应和被测试的 AOPDDR 的特性相匹配。光干扰试验至少应使用黑试块(见 4.2.13.2)在 AOPDDR 和试块间距离为 1.0 m 的位置以及在检测区的最远处进行。光干扰试验顺序应如下：

——试验前，试块应按要求距离放置，对图 3c)或图 3f)所示的试验，该距离是检测区的边界；

——当按图 3c)或图 3f)所示进行试验时，不应使用起动或再起动联锁；

——当按图 3c)或图 3f)所示进行试验时，AOPDDR 应正常工作，OSSDs 应处于 OFF 状态；

——然后接通光干扰源；

——试验持续时间应为 3 min。

注 1：由于 AOPDDR 的固有设计，例如，光学机械结构，附加距离可能要进行额外的系列测量；

注 2：随同 AOPDDR 的诊断和配置工具(例如：软件)可用于这些测量。

5.2.1.2.2　白炽光的影响

白炽光对检测能力完整性的影响应按图 3b)或图 3c)所示配置进行试验。当按图 3b)所示试验时，要求用测量值验证检测能力的完整性。当按图 3c)所示配置进行试验时，在试验过程中 ESPE 应处在 OFF 状态。

当进行动作距离 1.0 m 的试验时，光强的测量应在 AOPDDR 光窗处进行。当进行最大动作距离试验时，光强的测量应在试块面向 AOPDDR 方向 1.0 m 处的检测平面上进行。干扰光应沿着一个或多个接收元件的光轴方向照射。白炽光对检测能力(测量精度)完整性影响的试验应按下列进行：

——在保持 AOPDDR 正常运行的条件下光强应尽可能接近最大值 3 000 lx；

——如果 AOPDDR 保持正常运行时直接照射光的最高强度低于 1 500 lx，应通过测量 0.5 m×0.5 m漫反射面的物体将光线反射到 AOPDDR 上进行附加试验。该物体应被放置在检测区和容差区外，其漫反射系数在 AOPDDR 使用的波长范围内和用于测量光强的范围内均应大于 80%。用于附加试验的光强应尽可能接近最大值 3 000 lx，同时 AOPDDR 应保持正常运行。

注：光干扰源、试块和 AOPDDR 之间的相对位置会影响检测能力。例如，扫描干扰光源[见图 3b)和图 3c)]后，立即扫描试块，由于存在恢复时间，可能会出现检测能力的丧失。

5.2.1.2.3 背景反射白炽光的影响

通过背景反射的白炽光对检测能力完整性的影响，应按图 3d)所示配置进行试验。该试验应在保持 AOPDDR 正常运行的最大光强下进行。光强的最小值应为 1 500 lx。当保持 AOPDDR 正常运行的光强值超出 3 000 lx 时，应按 3 000 lx 试验水平进行。反射光强度的测量应在检测平面沿着试块轴进行。

白炽光对检测能力(测量精度)完整性影响的两个试验应满足下列条件进行：

——应使用 5.4.6.2 描述的白炽光源产生的光；

——光源应放置在检测区和容差区之外；

——光的照射方向应尽可能接近检测平面。

5.2.1.2.4 频闪光的影响

频闪光对检测能力完整性影响的试验应按图 3e)或图 3f)所示的配置进行。当按图 3e)配置进行试验时，要求用测量值对检测能力完整性进行验证。当按图 3f)配置进行试验时，在试验过程中，ESPE 应处在 OFF 状态。应在频率为 50 Hz 时测量光强。进行试验应以频闪光源频率在超过 3 min 时间周期内从 5 Hz 线性增加到 200 Hz。由于使用的频闪光源的闪光持续时间与峰值功率无关，光强值应该和持续时间为 10 μs 的矩形选通脉冲有关。在试验期间，闪光管的位置应固定。

闪光对检测能力完整性影响的试验应满足下列条件：

——应采用 5.4.6.2 描述的频闪光源产生的光；

——光强应尽可能接近保持 AOPDDR 正常运行的最大测量值 130 lx；该测量在检测平面内沿试块轴向进行；

——光源应放置在检测区和容差区之外；

——光的照射方向应尽可能接近检测平面。

5.2.1.3 检测能力的耐久性试验

应按下列耐久性试验来验证检测能力是否保持。按 5.2.1.2 分析和试验的结果，应被用作本试验确定最恶劣条件和适当试块(见 4.2.13)的依据。

GB/T 19436.1—2004 中 5.2.3.3 规定的限定功能试验 B(B 试验)应在确定的最恶劣条件及 ESPE 连续运行时进行。试块应放在最恶劣的位置并搁置 150 h 的时间周期。

如果有多个最恶劣位置时，试验应在试块的每一个位置进行。应考虑检测能力受限区存在的可能性。

注 1：为模拟最恶劣的条件或许要改变硬件和软件(如果适用)；

注 2：图 4a)和图 4b)给出了试验配置示例。

5.2.3 限定功能试验

5.2.3.1 概述

除非本部分另有规定，否则限定功能试验应使用符合 4.2.13.2 或 4.2.13.3 要求的试块。

注：GB/T 19436.1—2004 中 5.2.3.1 的规定由上述内容补充后适用于本部分。

5.2.9 型式试验用试块

应通过供方声明(基于试验结果)的检查或通过测量对试块的规定反射值进行验证。满足本部分有关要求的其他试块也可采用。

5.2.10 测距精度

供方为确定测距精度和容差区所进行的计算应和按照5.2.1检测能力的测量结果相比较,以验证其正确性和有效性。

5.2.11 扫描几何条件、扫描频率和响应时间

有关扫描几何条件和扫描频率的要求应通过分析和/或测量来验证。响应时间的计算也应通过分析来验证,分析应包括速度、最恶劣情况下的扫描方向和扫描原理。必要时,应进行附加的静态和动态测量。

5.2.12 波长

发射的波长应通过检查器件的数据表或测量来验证。

5.2.13 辐射强度

辐射强度应通过按GB/T 7247.1的测量和检查供方声明来验证。标记为类1激光器的应验证其正确性。

5.2.14 机械结构

应通过检查4.2.16的要求来验证。

注:GB/T 19436.1—2004中5.2的规定由上述5.2.9,5.2.10,5.2.11,5.2.12,5.2.13,5.2.14内容补充后适用于本部分。

5.3 故障条件下的性能试验

5.3.2 类1 ESPE

GB/T 19436.1—2004的本章不适用于本部分。

5.3.3 类2 ESPE

GB/T 19436 .1—2004的本章不适用于本部分。

5.3.4 类3 ESPE

对4.2.2.4要求的设计基本原理应检查其正确性和完整性。

应进行故障模式和影响分析(FMEA)或等效的分析,必要时按4.2.2.4的有关要求,当ESPE遇到单一故障,通过ESPE进入锁定状态检测出故障,而不出现ESPE失效危险。

当单一故障未被检测到,而且无法按照GB/T 19436.1—2004中5.3.1规定进行分析时,应继续对ESPE进入锁定状态和不出现ESPE失效危险的试验,试验伴随着最初施加的故障,而其他故障依次增加和去掉。这些试验的进行应针对所有未被检测到的单一故障。

如果出现超过两个故障的概率不高,相互基本独立,并恰好按特定的时间顺序出现,则不必进行超过两个故障的累积试验。

注:例如随机出现的硬件故障就被认为是相互基本独立。

根据4.3.10,如果由于元件老化和漂移影响检测能力将导致OSSDs在5 s时间周期内进入OFF状态,对此应进行验证。

注:GB/T 19436.1—2004中5.3.4的规定由上述内容替换后适用于本部分。

5.3.5 类4 ESPE

GB/T 19436.1—2004的本条款不适用于本部分。

5.4 环境试验

5.4.2 环境温度变化和湿度

ESPE应经受下列冷凝试验:

——ESPE应以额定电压供电,并放在温度为5 ℃的试验室内,存放时间为1 h;

——环境温度和相对湿度应在2 min内分别达到(25±5)℃和(70±5)%;

——应使用黑试块(见 4.2.13.2)进行持续时间为 10 min 的 C 试验;

——如果具备再起动联锁,C 试验期间,该联锁不工作;

——C 试验期间,要按下列要求之一对 ESPE 规定的检测能力进行验证;

a) ESPE 运行时,应按照 5.1.1.2 设置检测区并且 AOPDDR 与试块轴向间距离为 1.0 m;

b) 用测量值进行验证。

注:GB/T 19436.1—2004 中 5.4.2 的规定由上述内容补充后适用于本部分。

5.4.4.1 振动

在试验结束时,应检查 AOPDDR,不存在损坏,包括光窗错位和/或裂缝等。通过试验应验证检测区相对检测平面的方向、尺寸和位置没有变化。

注:GB/T 19436.1—2004 中 5.4.4.1 的规定由上述内容补充后适用于本部分。

5.4.4.2 碰撞

在试验结束时,应检查 AOPDDR,不存在损坏,包括光窗错位和/或裂缝等。通过试验应验证其检测区相对检测平面的方向、尺寸和位置没有变化。

注:GB/T 19436.1—2004 中 5.4.4.2 的规定由上述内容补充后适用于本部分。

5.4.4.3 温度变化

ESPE 应经受依 GB/T 2423.22—2002 的 Na 试验,并应使用下列有关数值和条件:

——低温 T_A:−25 ℃;

——高温 T_B:70 ℃;

——4 个循环;

——在温度循环期间,ESPE 不通电;

——持续时间 t_1:60 min;

——试验后,应检查 AOPDDR,不存在损坏,包括光窗错位和/或裂缝等的损坏;

——应在按 GB/T 19436.1—2004 中 5.1.2.1 规定的试验环境中进行 B 试验,以检验 ESPE 能继续正常运行。

5.4.4.4 锤击试验

5.4.4.4.1 概述

ESPE 应经受依 GB/T 2423.55—2005 的 Eh 试验,并应使用下列有关数值和条件:

——冲击 3 次;

——用正常方式固定在刚性平面上;

——不进行初始测量;

——采用直接在检测平面上光窗中心处冲击的姿势;

——在冲击期间,ESPE 不通电。

5.4.4.4.2 试验应在 5.4.4.3 温度变化试验完成之后,5.4.5 试验之前进行。5.4.4.4.3 试验应在 5.4.5 试验之后进行。

5.4.4.4.2 正常运行

按 GB/T 2423.55—2005 对 ESPE 冲击后,应使用下列数值和条件检验其是否能继续正常运行。

——冲击能量为 1.0 J;

——试验后,应检查 AOPDDR 光窗,其不应出现包括光窗错位和/或裂缝的损坏;

——应当把试块放置在每一个检测能力可能被冲击削弱的位置进行 B 试验。

5.4.4.4.3 失效危险

按 GB/T 2423.55—2005 要求对 ESPE 进行锤击试验后,应按下列试验指标和条件试验其是否失效危险。

——冲击能量为 2.0 J；

——试验后，应检查 AOPDDR 光窗的错位和/或裂缝；

——应当把试块放置在每一个检测能力可能被冲击削弱的位置进行 C 试验。

注：GB/T 19436.1—2004 中 5.4.4 的规定由上述 5.4.4.3 和 5.4.4.4 内容补充后适用于本部分。

5.4.5　外壳

在 5.4.4 试验（5.4.4.4.3 除外）完成后，应按 GB 4208 对本部分 4.3.4 对防护等级的要求进行试验。其余要求应通过检查来验证。

注：GB/T 19436.1—2004 中 5.4.5 的规定由上述内容替换后适用于本部分。

5.4.6　对 AOPDDR 接收元件以及其他光学部件的光干扰

5.4.6.1　概述

对在 5.4.6.4、5.4.6.5 和 5.4.6.6 描述的 AOPDDR 接收元件以及其他光学部件光干扰的影响试验，除非另有规定，应按下列通用条件进行：

——光源应放置在检测区和容差区之外；

——光的照射方向应尽可能接近检测平面；

——干扰光应沿着一个或多个接收元件的光轴方向照射；

——干扰光强度的测量应在 AOPDDR 外壳所在的平面进行。

试验的布置应与 AOPDDR 特性相匹配，图 3g）给出了适合对 AOPDDR 接收元件进行光干扰试验的试验布置。所有的光干扰试验应使用黑试块（见 4.2.13.2）进行。在 B 试验和 C 试验期间，试块应以干扰光不被中断的方式引入检测区，然后，应在离开 AOPDDR 一定的距离以大约 0.1 m/s 的速度穿过检测区。

如果 AOPDDR 包含光学部件，这些光学部件不是用于可能受干涉光影响的传感功能或测量距离，则只进行 5.4.6.4.3、5.4.6.4.4、5.4.6.5.4、5.4.6.5.5 和 5.4.6.6.3 描述的试验。这些试验应对比图 3g）所示的试验布置进行。应对其他光学部件的特性和预期功能进行分析，以便确定是否需要增加或综合其他试验条件来检测 ESPE 可能的失效危险（例如：存在光干扰的情况下通过污染监测方法来验证 ESPE 没有失效危险）。

注：其他光学部件包括随 AOPDDR 一起提供的发射器、接收器、反射器、镜头等。

光干扰试验总览见表 2。

5.4.6.2　光源

试验用的光源如下：

a)　白炽光源：具有下列特性的线性钨卤素（石英）灯：

——色温：3 000 K～3 200 K；

——额定输入功率：500 W～1 kW；

——额定电压：100 V～250 V 之间的任意值；

——电源电压：额定电压±2%，48 Hz～62 Hz 正弦交流；

——标称长度：150 mm～250 mm。

灯应安装在抛物面反射器中，反射器的最小尺寸为 150 mm×200 mm，有漫反射表面，反射率沿全波长 400 nm～1 500 nm 范围内，一致性误差为±5%。

注：该光源产生的光束强度接近均匀，具有已知的光谱分布特性，并以两倍的电源频率预调制。常用来模拟日光和工作场所的白炽光。

b)　荧光源：具有下列特性的线性荧光灯管：

——尺寸：T8×1 200 mm（标称直径 25 mm）；

——额定功率:30 W～40 W;

——色温:5 000 K～6 000 K。

与具有下列特性的电子镇流器一起使用:

——工作频率:30 kHz～40 kHz;

——额定功率与灯管相同。

灯管工作于额定电源电压±2%范围内,不需要反射器或者漫反射器。

注:其他荧光源,例如所配电子镇流器的工作频率和规定不符时,可能导致不同的试验结果。因此,使用其他类型的荧光源或模拟不同荧光源效果的光源发生器,应考虑用于试验。

c) 频闪光源:使用氙频闪管的频闪源具有下列特性:

——闪光持续时间:2 μs～20 μs(在一半亮度点测量);

——闪光频率:5 Hz～200 Hz;

——色温:5 500 K～6 500 K。

注1:当测量平均照度时应注意,峰值会远超过平均值。如果在例如箝位、饱和等条件下,使用的测量仪器呈现出非线性特性时,将产生严重误差。如果在距离氙放电管不同处测量,可能会检测到这种效应,且测量结果也不符合平方反比律。

注2:其他的频闪光源,例如闪光持续时间和规定不符时,可能导致不同的试验结果。因此,如使用其他类型的频闪光源或模拟不同频闪光源效果的光源发生器,应考虑用于试验。

5.4.6.3 试验顺序

试验顺序1:

1——ESPE正常运行;

2——接通干扰光;

3—— B试验;

4——切断ESPE 5 s后,恢复供电,如果装有起动联锁,复位重新起动;

5——B试验;

6——切断干扰光;

7——B试验。

试验顺序2:

1——ESPE正常运行;

2——接通干扰光;

3——重复C试验1 min;

4——切断AOPDDR 5 s后,恢复供电,如果装有起动联锁的,复位重新起动;

5——重复C试验1 min;

6——切断干扰光;

7——重复C试验1 min。

试验顺序3:

1——ESPE正常运行;

2——接通干扰光;

3——重复C试验时间3 min。

表 2　光干扰试验总览

条　款	试验相关项	光源	光强值 lx	测量位置	图	试验顺序	备　注
5.2.1.2.2	测量精度	白炽光	$E \leqslant 3\ 000$[1)]	见 5.2.1.2.2	3b)或 3c)	—	对 AOPDDR 可按图 3b)提供测量值;可能要求用反射光的附加试验(见 5.2.1.2.2)
5.2.1.2.3			$1\ 500 \leqslant E \leqslant 3\ 000$[1)]	试块平面	3d)	—	用背景反射光
5.2.1.2.4		频闪光	$E \leqslant 130$[1)]		3e)或 3f)	—	对 AOPDDR 可按图 3e)提供测量值
5.4.6.4.1	正常运行	白炽光	1 500	在 AOPDDR 接收器前	3g)	1	可能要求 5.4.6.4.1 的附加试验 a)和 b)
5.4.6.4.2	失效危险		3 000			2	必要时进行 5.4.6.4.2 的附加试验 a)和 b)
5.4.6.4.3	正常运行		1 500	在"其他"接收器前	—	1	[2)]
5.4.6.4.4	失效危险		3 000		—	2	[2)]
5.4.6.5.2	正常运行	荧光	—	—	3g)	1	最小检测区,检测区＋容差区≥0.2 m
5.4.6.5.3	失效危险		—	—		2	试块位于检测区的最远处
5.4.6.5.4	正常运行		—	—	—	1	[2)]最小检测区,检测区＋容差区≥0.2 m
5.4.6.5.5	失效危险		—	—	—	2	[2)]试块位于检测区的最远处
5.4.6.6.2	失效危险	频闪光	130	在 AOPDDR 接收器前	3g)	3	
5.4.6.6.3				在"其他"接收器前	—		[2)]
5.4.6.7.2	正常运行	同类 AOPDDR	—	—	3h)	—	如果安装受限制/A 试验没有试块,则不必做
5.4.6.7.3	失效危险		—	—		—	OSSD 没有 ON 状态

1) AOPDDR 保持正常运行的最大强度。

2) 对其他光学部件的干扰试验。

5.4.6.4　光干扰——白炽光

5.4.6.4.1　正常运行——对 AOPDDR 接收元件的干扰

ESPE 应经受按 5.4.6.3 的试验顺序 1,用 5.4.6.2 规定的能够产生光强度为 1 500 lx±10%的白炽光源的试验。当试验顺序要求 ESPE 处在 OFF 状态时,其不应转为 ON 状态。如果试验顺序要求 ESPE 处在 ON 状态,但却转为 OFF 状态,则应进行下列附加试验 a)和 b)。

a)　按 5.4.6.3 的试验顺序 1,用 5.4.6.2 规定的能够产生光强度为 1 500 lx±10%的白炽光源进行试验期间,ESPE 应继续正常运行。光源应尽可能靠近检测平面放置而不会被 ESPE 检测到。

b)　用 5.4.6.2 规定白炽光源,按 5.4.6.3 的试验顺序 1 进行试验期间,ESPE 应继续正常运行。光源应放置在检测平面上,ESPE 和光源之间的距离应为 ESPE 能够通过 A 试验的最小距离。

如果在 AOPDDR 接收器前测量的光强小于 1 500 lx,则随同文件中应包含关于避免白炽光源干扰的说明(见第 7 章 ppp)项)。

5.4.6.4.2 **失效危险——对 AOPDDR 接收元件的干扰**

用 5.4.6.2 规定产生强度为 3 000×(1±10%)lx 的白炽光源,按 5.4.6.3 的试验顺序 2 进行试验期间,ESPE 不应出现失效危险。如果光源放置在检测区或容差区内进行本试验,应进行下列附加试验 a)和 b)。

a) 用 5.4.6.2 规定产生光强度为 3 000×(1±10%)lx 的白炽光源,按 5.4.6.3 的试验顺序 2 进行试验期间,ESPE 不应出现失效危险。光源应尽可能靠近检测平面放置而不会被 ESPE 检测到。

b) 用 5.4.6.2 规定白炽光源,按 5.4.6.3 的试验顺序 2 进行试验期间,ESPE 不应出现失效危险。光源应放置在检测区或容差区以外的检测平面上,但要靠近容差区的边界。试块沿轴向放置在检测区最远的边界处进行 C 试验。

5.4.6.4.3 **正常运行——对其他光学部件的干扰**

用 5.4.6.2 规定产生光强度为 1 500×(1±10%)lx 的白炽光源,按 5.4.6.3 的试验顺序 1 进行试验期间,ESPE 应继续正常运行。

5.4.6.4.4 **失效危险——对其他光学部件的干扰**

用 5.4.6.2 规定产生光强度为 3 000×(1±10%)lx 的白炽光源,按 5.4.6.3 的试验顺序 2 进行试验期间,ESPE 不应出现失效危险。

5.4.6.5 **光干扰——荧光**

5.4.6.5.1 **概述**

试验应随三种变化进行,采用灯管中部和两端(阳极和阴极区)发出的光线。

注:使用荧光源试验的目的之一是检验 AOPDDR 对高频光辐射的敏感性。

5.4.6.5.2 **正常运行——对 AOPDDR 接收元件的干扰**

试验应在可能最小的检测区进行,但检测区加上容差区范围不得小于 0.2 m。用 5.4.6.2 规定的荧光源,按 5.4.6.3 的试验顺序 1 进行试验期间,ESPE 应继续正常运行。荧光源应放置在检测区或容差区以外,但要靠近容差区的边界。

5.4.6.5.3 **失效危险——对 AOPDDR 接收元件的干扰**

试验应在可能最大的检测区进行。用 5.4.6.2 规定的荧光源,按 5.4.6.3 的试验顺序 2 进行试验期间,ESPE 不应出现失效危险。荧光源应放置在距离 AOPDDR 外壳 0.2 m 远的检测平面上。将试块沿轴向放置在检测区最远的边界处进行 C 试验。

注:在该试验期间,荧光灯可能会作为目标物而被检测到。

5.4.6.5.4 **正常运行——对其他光学部件的干扰**

试验应在可能最小的检测区进行,但检测区加上容差区范围应不得小于 0.2 m。用 5.4.6.2 规定的荧光源,以及按 5.4.6.3 的试验顺序 1 进行试验期间,ESPE 应继续正常运行。荧光源应放置在距离 AOPDDR 外壳 0.2 m 远的其他光学部件能被干扰光影响的检测平面上。如果该平面与 AOPDDR 的检测平面相一致,荧光源应尽可能靠近 AOPDDR,但不得小于 0.2 m,灯体不被检测到。

5.4.6.5.5 **失效危险——对其他光学部件的干扰**

试验应在最大的检测区进行。用 5.4.6.2 规定的荧光源,按 5.4.6.3 的试验顺序 2 进行试验期间,ESPE 不应出现失效危险。荧光源应放置在距离 AOPDDR 外壳 0.2 m 远的其他光学部件能被干扰光影响的检测平面上。将试块沿轴向放置在检测区最远的边界处进行 C 试验。

注:在该试验期间,灯体作为目标物可能被检测到。

5.4.6.6 **光干扰——频闪光**

5.4.6.6.1 **概述**

进行试验时,频闪源的闪光频率应在 3 min 内从 5 Hz 线性增加到 200 Hz。在该时间段内应连续地重复 C 试验。应在 50 Hz 时测量光强度。由于闪光的峰值功率与使用的频闪光源的闪光持续时间无关,光强值与持续时间 10 μs 矩形选通脉冲有关。试验期间闪光管的位置应固定。

5.4.6.6.2 **失效危险——对 AOPDDR 接收元件的干扰**

用 5.4.6.2 规定产生平均强度为 130×(1±10%)lx 的频闪光源,按 5.4.6.3 的试验顺序 3 进行试验期间,ESPE 不应出现失效危险。

5.4.6.6.3 **失效危险——对其他光学部件的干扰**

用 5.4.6.2 规定产生平均强度为 130×(1±10%)lx 的频闪光源,按 5.4.6.3 的试验顺序 3 进行试验期间,ESPE 不应出现失效危险。

5.4.6.7 **来自相同设计发射元件的光干扰**

5.4.6.7.1 **概述**

为了试验相同设计的 AOPDDRs 之间的干扰,应将两个器件放置在经过分析确定的反映最恶劣条件的位置和角度。图 3h)所示为该试验的可能配置。

注 1:对于 5.4.6.7.3 试验,其最恶劣条件可能包括最大检测区、AOPDDRs 相对安装方位以及试块放置在如图 3h)所示光束中心线的附近等。

注 2:对于 5.4.6.7.2 和 5.4.6.7.3 试验,应对器件进行精确定位,使一个 AOPDDR 发射器光束准确照射在另一个 AOPDDR 的接收元件上。可用于红外照相机精确定位。

5.4.6.7.2 **正常运行**

使用信息可包含避免两个或多个相同设计的 AOPDDR 之间干扰的说明指南(例如通过特殊安装)。如果 AOPDDR 的供方没有给出安装限制,应使用两个 ESPE 进行 4 h 的 A 试验。试验时应按图 3h)所示,将相同设计中的一个 AOPDDR 发射元件发出的光直接照向另一个 AOPDDR 的接收元件,不用试块。

5.4.6.7.3 **失效危险**

当按图 3h)要求,将具有相同设计中的一个 AOPDDR 发射元件发出的光直接照向另一个 AOPDDR 的接收元件,ESPE 不应出现失效危险。应对这两个 ESPE 进行 4 h 的试验,试验期间无一器件应转为 ON 状态。

5.4.7 **污染干扰**

5.4.7.1 **概述**

阻止污染干扰的抗扰度试验应通过模拟斑点状污染和均匀污染试验来进行。5.4.7.2 和 5.4.7.3 中所列的试验可能不足以包含所有监测污染的方法。在这种情况下,应进行对规定检测能力进行验证的附加试验。例如,可能需要考虑参照物反射率的变化或光学部件发射能力的变化。特别应注意温度对污染监测方法的影响。

5.4.7.2 **用不透光试验点的污染试验**

抗斑点状污染的抗扰度应按下列要求试验:

——斑点状污染应采用三个不同直径的不透光圆试验点来模拟:

- 在外壳平面内发射器光束直径(平均)的一半;
- 在外壳平面内接收器光束直径(平均)的一半;
- 10 mm。

——试验点在发射器光束波长内的漫反射系数应在 18%~20%范围内。

——试验期间,试验点应放置在 AOPDDR 检测能力范围内的任意位置。

——试验模拟的斑点污染是否会导致 OSSD 在 5 s 内转为 OFF 状态,或者是否没有降低规定的检测能力。

——当模拟的污染导致 OSSD 进入 OFF 状态时,应通过试验验证,触发再起动联锁(若适用)或重新通电也不会引发 OSSD 重新进入 ON 状态。如果装有再起动联锁,当除去模拟的污染时,

OSSD应停留在OFF状态。

注1：适用于本部分的目的是高斯激光束的直径用$1/e^2$光强值来定义。

注2：适用于本部分的目的是接收器光束的直径定义为在光窗平面中接收器镜片的口径。

5.4.7.3 **发射器和接收器光束区的模拟污染试验**

抗均匀污染的抗扰度应按下列要求试验：

——均匀污染可使用灰色的网目箔板来模拟，其网线密度大于每毫米4条线。这种箔板产生的反射不至于影响试验结果。

——对有曲线光窗的AOPDDR，箔板应覆盖外壳光窗的发射器和接收器光束区的45°弧形区。对于有平面特性光窗的AOPDDR，箔板应覆盖外壳光窗的发射器和接收器光束区的25%，但在外壳平面中至少应覆盖接收器光束的大小。

——试验期间，箔板应放置在与AOPDDR检测能力有关的发射器和接收器光束区内的任意位置，详见图5。

——试验超过供方规定限值的均匀污染是否会导致OSSD在5 s内转为OFF状态。

——当AOPDDR检测系统接收的信号能量被模拟的均匀污染削弱达30%时，是否能继续正常工作。

——当模拟的污染导致OSSD的OFF状态时，应通过试验以验证触发再起动联锁（若适用）或重新通电也不会导致OSSD的ON状态。如果装有再起动联锁，当除去模拟的污染时，OSSD应停留在OFF状态。

注1：可采用等效材料来模拟均匀污染。

注2：在某些应用中，例如在灰尘环境中，AOPDDR的安装位置和方向可影响其光窗上污染的积累速度。

5.4.8 **背景干扰**

如果背景影响在检测区内的测量，供方应标识有关背景影响最恶劣的状况。

包含背景对检测能力影响的试验应按5.2.1.2和表1的要求进行，并采用下列背景：

a) 反射系数≥3 300 cd·lx^{-1}·m^{-2}的直角反射器；

b) 反射系数为1.8%～5%的漫反射器；

c) 反射率在a)和b)之间的其他相关背景材料，如果预计该背景对检测能力有更大影响的话，应该通过测量确定最恶劣条件时试块与背景之间的距离。

如果供方规定由AOPDDR监测最大反射率，应通过试验以验证背景反射率超出规定的最大反射率时，将在规定的响应时间内引发OSSD的OFF状态。在这种情况下，应进行按照上述a)的背景干扰试验并以规定的最大反射率进行。当检测区未被贯穿时，OSSD应保持在ON状态，用直角反射器代替试验。

5.4.9 **人工干扰**

5.4.9.1 **采用不透光试验点的试验**

抗人工干扰的抗扰度试验应按下列要求进行：

——斑点状人工干扰应采用两个不透光的直径为15 mm的试验圆点来模拟。第一个圆点针对发射器光束波长的漫反射系数为18%～22%。第二个应该是直角反射器，其反射系数应≥3 300 cd·lx^{-1}·m^{-2}。

——试验期间，圆点应放置在AOPDDR检测能力受限区内的任意位置（见4.1.4）。

——应进行试验以验证模拟的人工干扰在5 s内引发OSSDs的OFF状态，或没有降低检测能力。

——当模拟的人工干扰导致OSSDs的OFF状态时，应通过试验以验证触发再起动联锁（若适用）或重新通电也不会引发OSSDs的ON状态。如果装有再起动联锁，当除去模拟的人工干扰时，OSSDs应停留在OFF状态。

如果装置按5.4.8最后一段所描述的设计，第二个试验应采用低反射率的试验点进行。试验点应有能保持AOPDDR正常运行的最大反射率。

注1：这些试验用一些小物体，如胶带或香烟打火机，来模拟人工干扰。

注2：按5.4.7.2要求的用不透光的试验点进行的污染干扰试验也适合于抗人工干扰的抗干扰度试验。

5.4.9.2 AOPDDR被遮挡的人工干扰试验

抗遮挡抗扰度试验应按下列要求进行：

——遮挡用材料的反射系数应如对黑试块、白试块和向后反射试块的定义(见4.2.13)。

——应采用如上定义的材料在检测能力受限区(见4.1.4)内进行试验，用下列一项遮挡：

- 有弧形光窗的AOPDDR，外壳光窗呈90°弧形；
- 有光平特性光窗的AOPDDR，外壳光窗的50%，至少将一个接收器光束覆盖住。

——如果使用的遮盖材料在响应时间内未被检测到，OSSDs应在5 s内转为OFF状态，并保持到遮盖物被移走。

——当模拟的人工干扰导致OSSDs的OFF状态时，应通过试验以验证触发再起动联锁(如果有的话)或重新通电也不会引发OSSD重新进入ON状态。如果装有重新起动联锁，当除去模拟的人工干扰时，OSSD应停留在OFF状态。

——如果这种遮盖未被检测到，遮盖比上述规定更大的角度或面积应进行附加试验。

5.4.10 在检测区内的光遮蔽

检测区内抗光遮蔽的抗扰度试验应按下列要求进行：

——模拟光遮蔽的物体应为有效长度至少是0.3 m的圆柱体。试块表面的漫反射系数对发射器光束波长是18%～22%。

——试验期间，应使光遮蔽物体垂直于AOPDDR检测区平面。

——除非按4.3.9分析后另行确定，否则光遮蔽物体的直径应为5 mm。

——适当时，检测区应设置为最大。

——在检测区内，光遮蔽物体应尽可能放置在AOPDDR附近，同时OSSD处在ON状态。

——进行B试验时应使用黑试块(见4.2.13.2)。

——应进行B试验来以检验存在光遮蔽时，仍保持规定的检测能力。黑试块在穿过光遮蔽物体的光阴影移动时应尽可能靠近光遮蔽物体，并保持规定的最大检测距离。

——当4.3.9分析表明下列因素能够影响对光遮蔽的抗扰度时，应进行附加试验：

- 光遮蔽物体与AOPDDR之间的距离，除上文规定外；
- 检测区的尺寸，除最大值外；
- 光遮蔽物体与试块之间的其他距离；
- 在距离AOPDDR不同处，遮蔽物体的直径不同；
- 在AOPDDR前方光遮蔽物体的不同位置(例如不同的角度)；和/或
- 光遮蔽物体的数量超过1个。

注：GB/T 19436.1—2004中5.4的规定由上述5.4.6，5.4.7，5.4.8，5.4.9和5.4.10内容补充后适用于本部分。

6 标识标志和安全使用标志

6.1 概述

注：GB/T 19436.1—2004中6.1的规定由下述内容补充后适用于本部分。

k) 检测平面的指示。

GB/T 19436.1—2004中6.1的b)、c)和d)要求的标志可有选择性地在随同文件中给出。

7 随同文件

GB/T 19436.1—2004中第7章按下列补充后适用于本部分：

随同文件应包含下列信息(适用时):

aaa) 容差区的应用示例。

bbb) 最大和最小检测区的尺寸和容差区,以及确定检测范围起点的有关信息。

ccc) 检测区边界和周围非检测环境之间所需最小距离的有关信息,例如,为了保证可靠运行与墙或机械部件的距离。

ddd) 检测区设置的说明和 AOPDDR 其他可选功能的详情,如果这些选择功能适用,在本部分的附录 A 中描述。

eee) 如果没有参考边界功能,按本部分附录 A 的要求,应说明 AOPDDR 不能做为整体行程器件使用。

fff) 有关 AOPDDR 在烟尘和镜面反射中性能的信息。

ggg) 如果 AOPDDR 附加的机壳中使用时,检测能力如何受到影响的有关信息。例如,附加的机壳可能影响检测能力和检测区。

hhh) 如果应用适当,建议在地面上标识检测区。

iii) 如何在文档中记录检测区的设置连同数据、AOPDDR 的编号和责任人的标识。

jjj) 如果 AOPDDR 在正常运行期间,会受等同设计的其他 AOPDDR 的影响,则按 4.3.5 和 5.4.6.7.2 的安装限制。

kkk) 关于本部分未包含的,以及受外部影响会降低规定检测能力的有关信息。例如,可以包括焊接飞溅、红外线遥控设备、不同的荧光和频闪源,雪、雨、污染和热对流。

lll) 需要定时检查光窗损坏的有关信息(依应用)。

mmm) 需要定时检查 AOPDDR 安装是否正确的有关信息(依应用)。

nnn) 如适用,关于为避免激光辐射的影响而采取措施的信息。

ooo) 如果 AOPDDR 有检测能力受限区,则按 4.1.4 要求的信息。

ppp) 当按 5.4.6.4.1b)的要求时,提供有关避免白炽光源干扰的信息。该信息应包含可能会影响 AOPDDR 的光源的例子,以及 AOPDDR 和这些光源之间的适当距离。

qqq) 在 AOPDDR 的检测区内具有最小可检测尺寸的物体(见 4.2.12.3),沿最恶劣情况的方向以最大速度的有关信息。

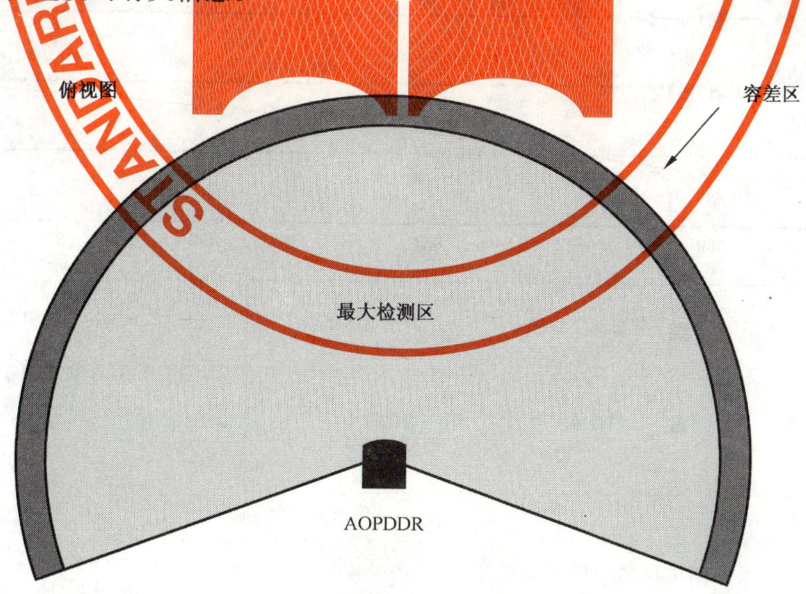

注:为了 AOPDDR 的应用,也许需要考虑与容差区可能有关的部件尺寸,例如试块和光束位置(见图 1b)“*a*”)。

图 1a) AOPDDR 最大检测区的示例

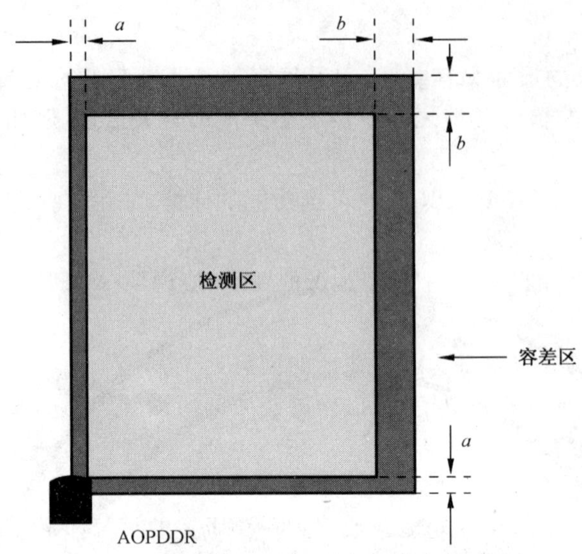

注 1：试块的直径和光束位置的示例对应于"a"值；

注 2：距离测量精度的示例对应"b"值。

图 1b) AOPDDR 检测区示例

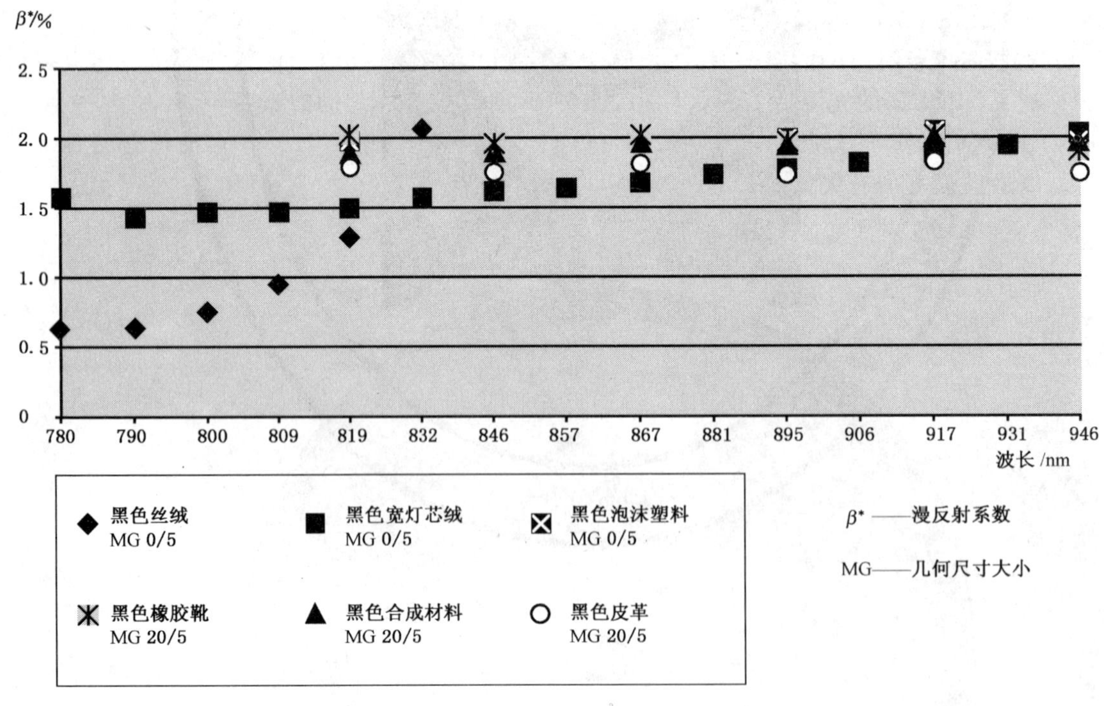

注 1：本图表示用于确定黑试块反射率的调查结果；

注 2：测量几何形状，例如："0/5"表示 0°入射角和 5°观测角。入射角表征与入射光方向有关的试验材料的倾角位置。观测角是试验材料的观测方向不同于入射光的方向的角度。

图 2 材料的最小漫反射率

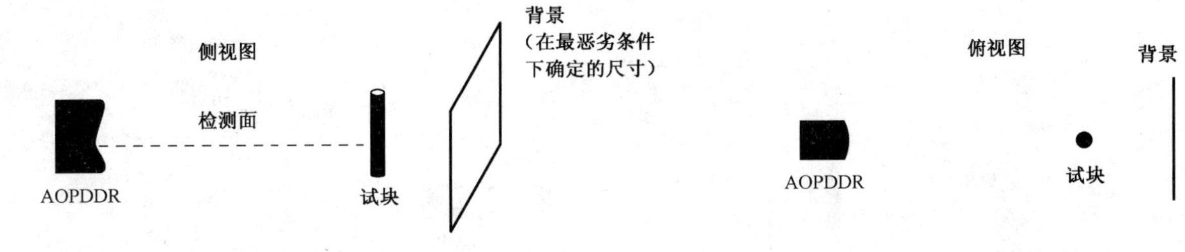

注：图 3a)表示适用于 5.4.8 试验可能的配置。

图 3a) 背景对检测能力的影响——例 1

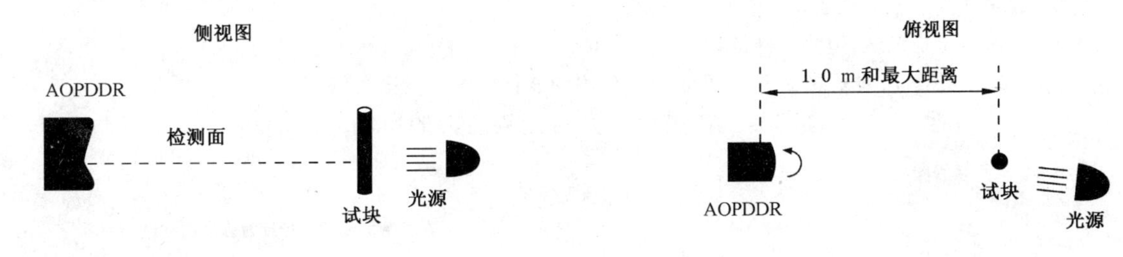

注：图 3b)表示适用于 5.2.1.2.2 试验可能的配置。

图 3b) 白炽光对检测能力的影响

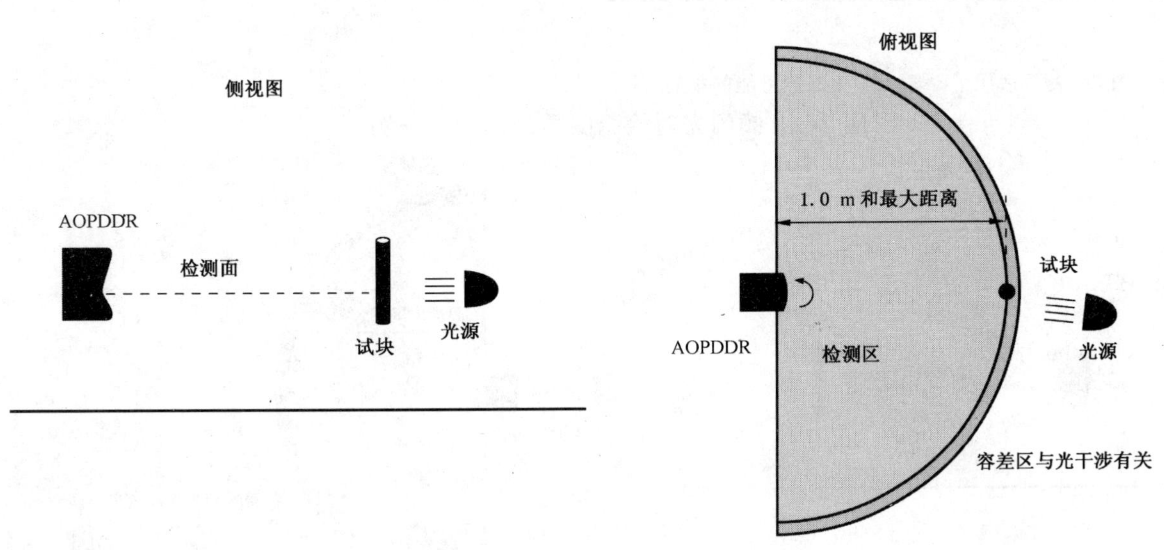

注：图 3c)表示适用于 5.2.1.2.2 试验可能的配置。

图 3c) 白炽光对检测能力的影响——例 2

侧视图
光源
背景（漫反射面
0.5m×0.5m）
检测面
AOPDDR
试块
俯视图
在检测面无试件光反射强度的测量
1.0 m和最大距离
a
光源
AOPDDR
试块
"a"=0.4 m，但背景大到不被
当作目标物检测的除外
背景
（漫反射面
0.5m×0.5m）

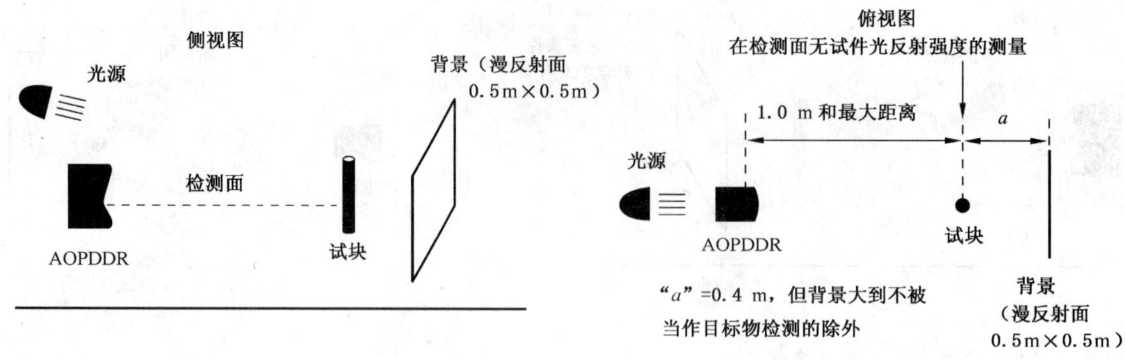

注1：图3d)表示适用于5.2.1.2.3试验可能的配置。

注2：图3d)没有表示检测区，因为本例是对正在试验的测量精度的影响。

注3：用于本试验的背景反射系数在AOPDDR自身使用的波长范围内不应变化。

图3d） 背景反射光对检测能力的影响

侧视图
光源
检测面
AOPDDR
试块
俯视图
在检测面无试件光反射强度的测量
1.0 m和最大距离
光源
AOPDDR
试块

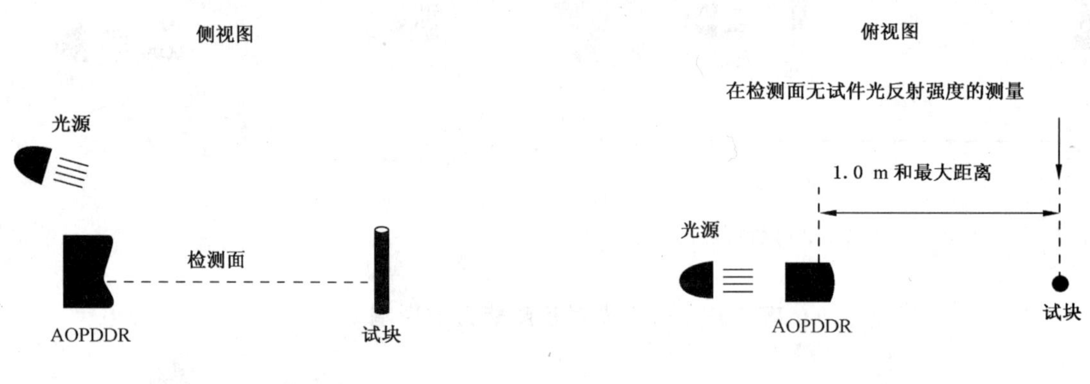

注：图3e)表示适用于5.2.1.2.4试验可能的配置。

图3e） 频闪光对检测能力的影响——例1

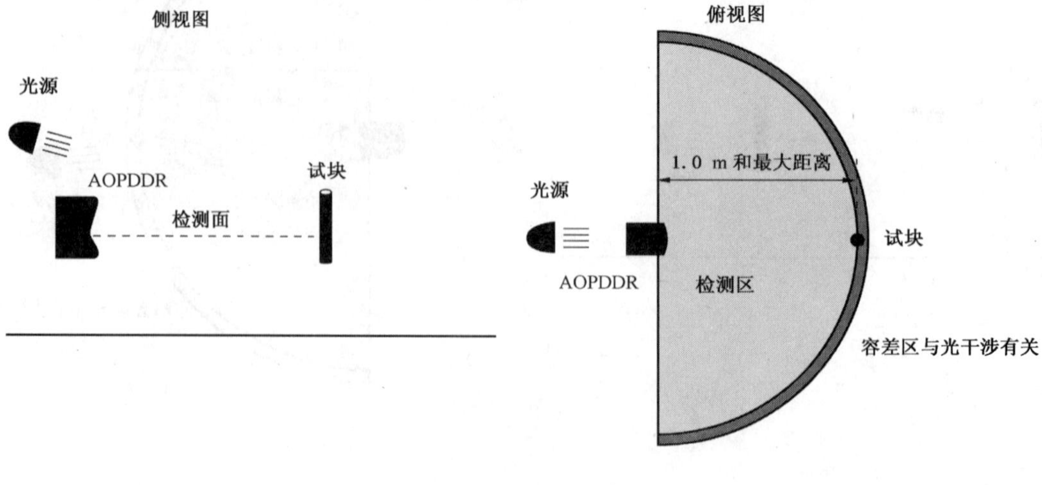

侧视图
光源
AOPDDR
试块
检测面
俯视图
1.0 m和最大距离
光源
试块
AOPDDR
检测区
容差区与光干涉有关

注：图3f)表示适用于5.2.1.2.4试验可能的配置。

图3f） 频闪光对检测能力的影响——例2

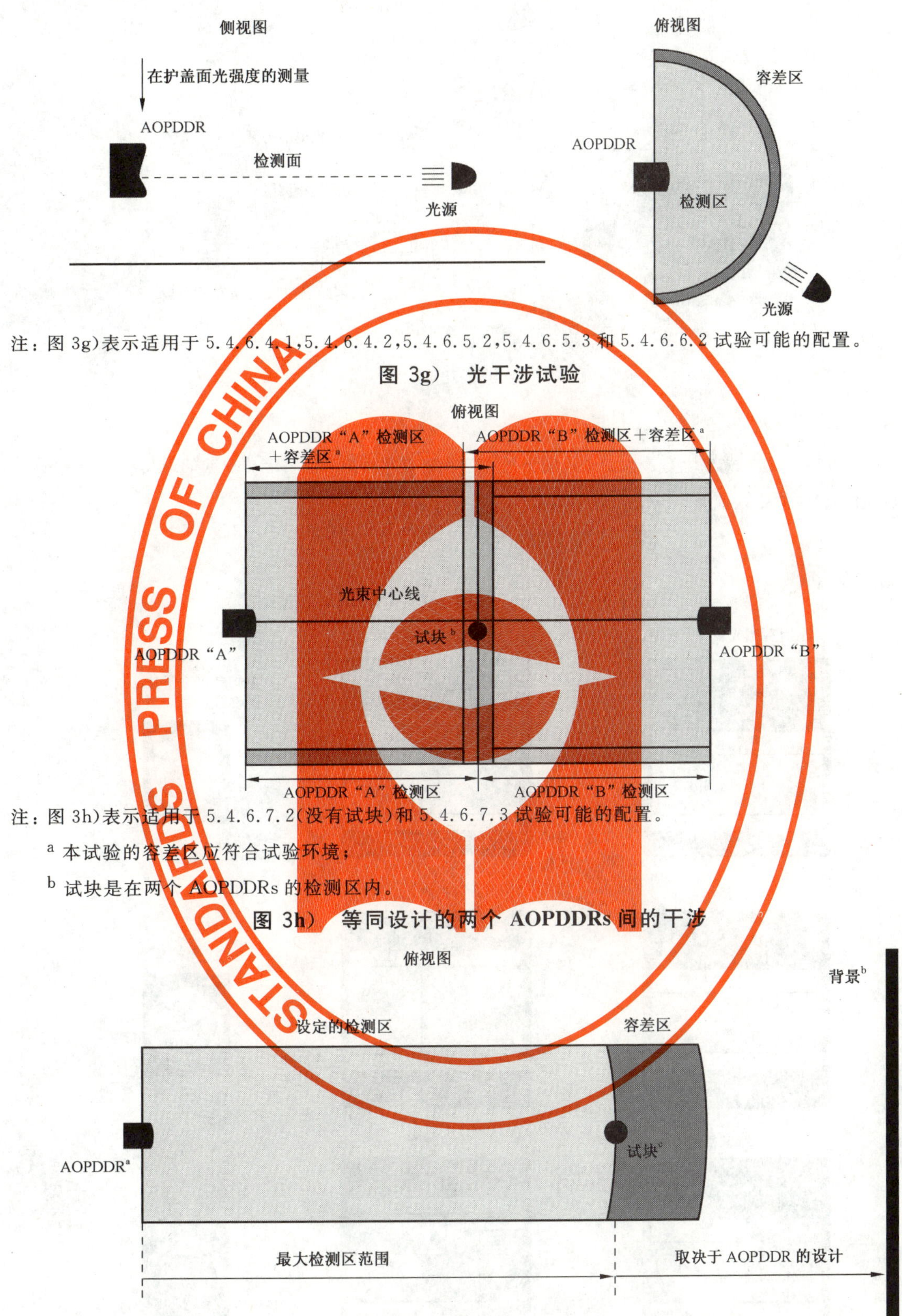

注：图 3g)表示适用于 5.4.6.4.1,5.4.6.4.2,5.4.6.5.2,5.4.6.5.3 和 5.4.6.6.2 试验可能的配置。

图 3g) 光干涉试验

注：图 3h)表示适用于 5.4.6.7.2(没有试块)和 5.4.6.7.3 试验可能的配置。

[a] 本试验的容差区应符合试验环境；

[b] 试块是在两个 AOPDDRs 的检测区内。

图 3h) 等同设计的两个 AOPDDRs 间的干涉

[a] AOPDDR 伴有，例如在光窗上有最大的未检测出的均匀和斑点状污染和元件老化引起的退化等。

[b] 有最恶劣情况反射率的背景(如果背景干扰测量值)。

[c] 黑试块将比白试块导致较低的信噪比(S/N)。

图 4a) 耐用度试验配置——例 1

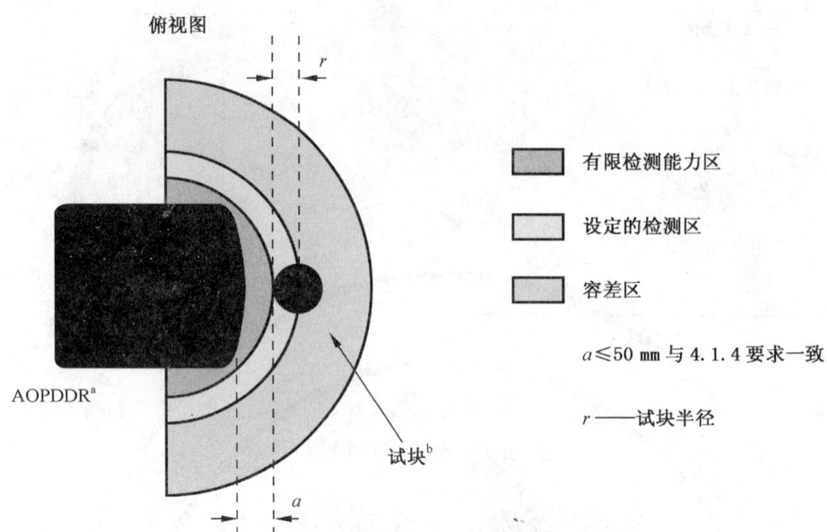

[a] AOPDDR伴有，例如在光窗上有最大的未检测出的均匀和斑点状污染和元件老化引起的退化等。

[b] 黑试块将比白试块导致较低的信噪比(S/N)。

图4b) 耐用度试验配置——例2

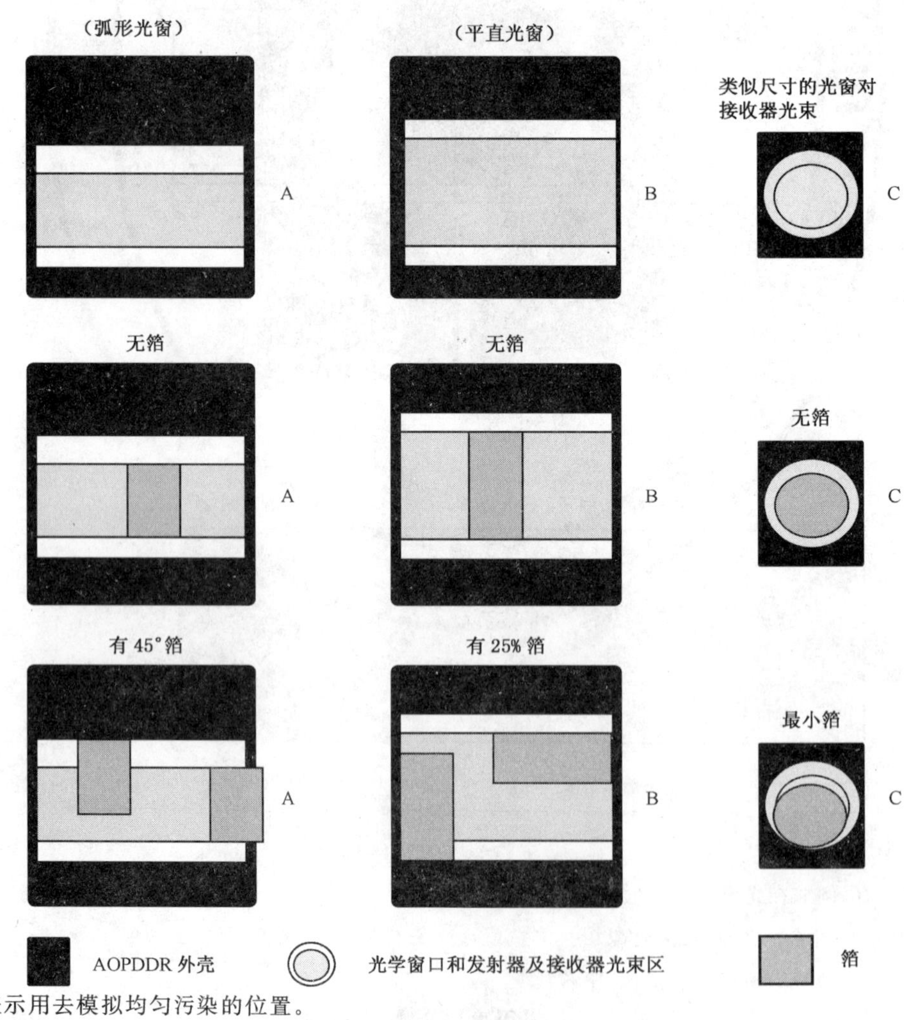

注：图5表示用去模拟均匀污染的位置。

图5 均匀污染试验

附 录 A
（规范性附录）
ESPE 的光学功能

GB/T 19436.1—2004 的附录 A 按下列修改后都适用于本部分：

注 1：GB/T 19436.1—2004 中 A.8 章、图 A.1 和图 A.2 不适用本部分。

注 2：GB/T 19436.1—2004 中的附录通过如下内容补充后适用于本部分。

A.9 检测区和/或其他有关安全参数的设置

A.9.1 功能要求

检测区和/或其他有关安全参数的设置应使用工具进行。该工具能被用作例如保护软件结构程序的口令。

如果用个人计算机或等效的配备未经试验的专用硬件和/或软件，应使用专用程序设置检测区。该程序应遵照相关计算机标准(也见 GB/T 19436.1—2004 中 4.2.11)。AOPDDR 供方提供的使用软件程序应仅可能用于设定检测区。

程序应包括输入参数到 AOPDDR 并转发到配置单元(例如：个人计算机)的确认和用户后续的确认。

该配置程序应被用在所有相关安全的设置，例如响应时间的设置。

注：有关安全参数的设定仅应由有资格的人员进行。

A.9.2 校验

检测区或其他有关安全参数的设置应按如下要求进行验证：

a) 各配置参数(最大、最小和典型值)功能设置正确性的校验。

注：应考虑配置工具(例如：个人计算机)屏幕显示的检测区和 AOPDDR 的实际检测区之间可能存在差异。

b) 检查似乎可信的配置参数的校验，例如使用无效数值等。

c) 校验符合相关标准(见 GB/T 19436.1—2004 中 4.2.11 或其他相关标准)要求的由用户进行设置的利用和方法。

d) 就检测区的校验而言，是指：
——运行期间检测区尺寸会变化；
——用于确定检测区尺寸的数据或信号，其产生和处理的方式是单一故障不应导致安全功能的丧失；
——这类被检测的单一故障，并引发 OSSDs 在 AOPDDR 的响应时间内保持或转入 OFF 状态。

A.10 多检测区的选择

A.10.1 功能要求

如果 AOPDDR 有多个相关安全检测区，单一故障不应导致非预期地从一个选择的检测区变到另一个检测区。命令要求触发另一个检测区或附加的检测区时，防止预期的从一个选择检测区变到另一个检测区或防止附加的相关安全检测区将引发 OSSDs 转为 OFF 状态的单一故障。在这种情况下应保持规定的响应时间。如果检测区的尺寸在线变化，这些要求同样适用，例如由于外部的输入。检测区的激活应受 AOPDDR 的监控，用户应在受 AOPDDR 监控下设置的检测区的激活顺序。如果检测到不正确的激活检测区顺序，AOPDDR 应通过进入锁住的状态下响应。

注：自动选择的相关安全检测区不是抑制功能(见 GB/T 19436.1—2004 中 A.7 章)。

A.10.2 校验

多检测区选择功能的要求应按下列校验：

——确认选择的有源检测区不会导致在单一故障情况下丧失安全功能。确认单一故障被检测到，并引发 OSSDs 在 ESPE 的响应时间内保持 OFF 状态或转为 OFF 状态。

——确认公共模式的故障不会导致检测区钝化或变化。

——确认不同检测区之间转换的情况下，保持 ESPE 规定的响应时间。

——确认在受 AOPDDR 监控下用户设置的检测区的激活顺序。

——确认当与用户设置激活不一致的检测区顺序，AOPDDR 转为锁住状态。

注：需要考虑在不同检测区之间的转换瞬间，人们可能已在检测区内。

A.11 检测区的自动设置

A.11.1 功能要求

如果 AOPDDR 有自动设置检测区的可能性，只在通道内，沿着检测区边界，最大宽度为 0.75 m，至少一次贯穿检测区的所有部分，确认后，检测区的设置应有效。通道应在检测区内。

自动设置的检测区并非不能使用工具。这种工具可能是软件配置程序的保护密码。

当确定自动设置检测区的精度范围内时，本部分所列的所有条件应被考虑，特别是环境参数。

A.11.2 校验

自动设置检测区功能要求应按下列检测：

——按 A.9.2 的 a)、b)和 c)进行检测。

——检测是否满足自动设置检测区的要求，只在通道内，沿着检测区边界，最大宽度为 0.75 m，至少一次贯穿检测区的所有部分。

——确认工具(例如：软件配置程序的保护密码)能自动设置检测区是必要的。

A.12 AOPDDR 用作整体行程装置

A.12.1 功能要求

在应用中，如果 AOPDDR 用于对检测平面的近似角度超过±30°时，AOPDDR 应采用参考边界监视。如果 AOPDDR 与参考边界之间的最大距离大于 4.0 m，那么大于 100 mm 检测区的位移应被检测到。

注：每个目标宽度极限所形成的参考边界(见图 AA.3 尺寸“a”)允许达到≤200 mm 。

如果检测区被贯穿或测量值超过参考边界和容差区宽度之和，OSSDs 应转为 OFF 状态。

如果容差区值>200 mm，AOPDDR 不应用作整体行程装置。

AOPDDR 的响应时间应足够短，以确保当人穿过检测区时能被检测到。

A.12.2 检验

检验内容如下：

——随同文件所包含使装置符合 A.12.1 要求的必要信息。

——如果检测区被贯穿或测量值超过参考边界和容差区宽度之和，OSSDs 应转为 OFF 状态。

——容差区≤200 mm。

——AOPDDR 的响应时间应足够短，以确保当人穿过检测区时能被检测到。

附 录 B
（规范性附录）
影响 ESPE 电气装置单一故障的类别

GB/T 19436.1—2004 的本附录适用于本部分。

附 录 C
（资料性附录）
参考文献

GB/T 19436.1—2004 的附录 C 按下列补充后适用于本部分：

IEC 61508-1:1998 电工、电子和电子可编程控制器相关安全系统的功能安全 第 1 部分：一般要求

ISO/TR 12100-1:1992 机械安全 基本概念与设计通则 第 1 部分：基本术语、方法学

ISO 14121:1999 机械安全 风险评价的原则

EN 999:1998 机械安全 有关人体部位接近速度的保护装置的定位

EN 1525:1997 工业车辆的安全 无人驾驶车辆及其系统

附　录　AA
（资料性附录）
AOPDDR 不同应用的示例

AA.1　概述

当使用 AOPDDR 时，应考虑下列几点：

1）　应进行危险识别和风险评价（见 ISO/TR 12100-1 和 ISO 14121）。

2）　应对是否合理使用 AOPDDR 保护装置进行检查，并考虑现行的机械标准。本部分 AOPDDRs 的定义不适用于手和手指的保护。

3）　应对 AOPDDR 随同文件是否满足应用要求进行检查。应给出下列注意事项：

——环境条件（室内/室外使用、烟、雨、雪、温度等）；

——目标物的反射率（例如：无法确保产生镜似反射的物体检测）；

——背景干扰；

——物体或人的运动速度；

——阴影区（阴影区出现在固定物体后面，人在阴影区内不能被 AOPDDR 检测到）。

4）　应按本附录的示例和 AOPDDR 的随同文件计算出最小安全距离。

5）　应检查最后的安装以确定进入危险区 AOPDDR 能检测出。

AA.2　AOPDDR 在机械使用的示例（见图 AA.1）

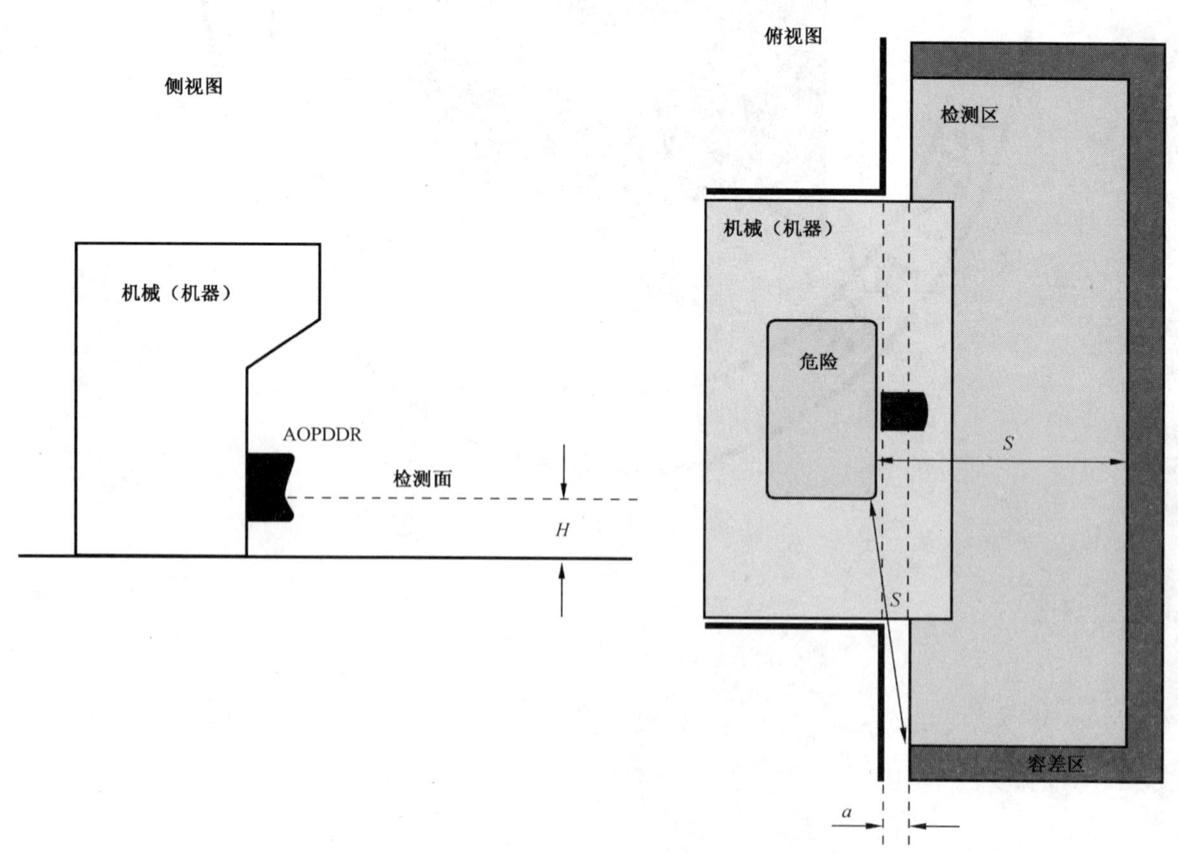

图 AA.1　AOPDDR 在机械（机器）上使用的示例

最小安全距离 S 按下列公式进行计算，并应符合 EN 999:1998 中的 6.2 的要求。

$S=(K\times T)+C$　　　　$C_{min}=850\ \text{mm}$

$S=(1\ 600\ \text{mm/s})\times T)+(1\ 200\ \text{mm}-0.4H)$　　　　$H_{min}=15(d-50\ \text{mm})$

$T=T_{AOPDDR}+T_{MACHINE}$

当设置检测区时，容差区数值应加上安全距离 S。

a 值应足够小，以确保试块的检测距离为 S 与容差区之和。试块的直径按 $d=H/15+50$ mm（见 EN 999:1998 中的 6.2 公式(8)进行确定。

AA.3　AOPDDR 在自动导向车辆(AGV)上使用的示例(见图 AA.2)

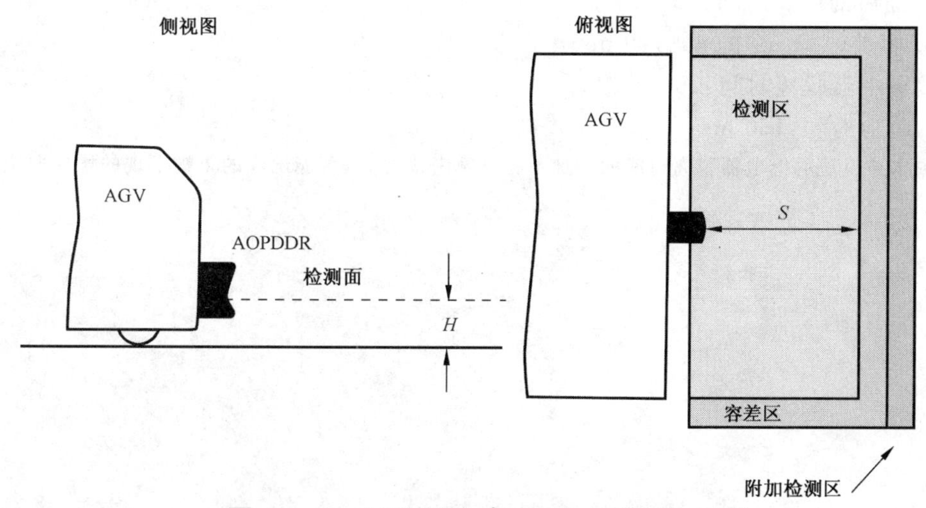

图 AA.2　AOPDDR 在 AGV 上使用的示例

确定最小安全距离 S 应考虑：例如 AGV 的最大速度、AOPDDR 的响应时间和 AGV 的刹车距离。

使用 AOPDDR 作为 AGV 的保护装置可要求有附加的检测区。附加检测区数值的确定应考虑：例如前面没有自由空间的 AGV、人的移动速度或刹车效率降低。当设置检测区时，容差区和要求附加检测区的数值应加上安全距离 S。

检测平面高度 H 应尽可能靠近地面且不应超过 200 mm 的高度(见 EN 1525:1997 和图 AA.2 中的 H)。

当 AGV 静止时，人可能站在 AGV 前面与检测区之间，当 AGV 起动时那么应提供其他安全措施以防止对人造成伤害。

AA.4　AOPDDR 作为符合 A.12 整体行程装置使用的示例(见图 AA.3)

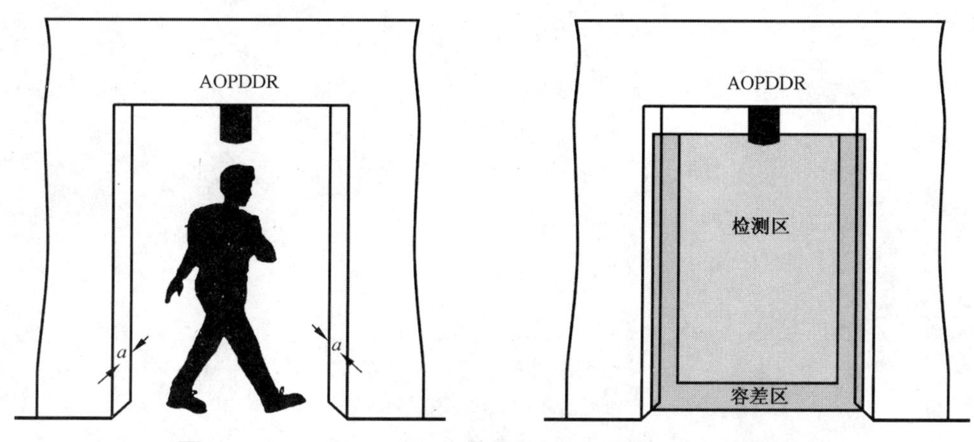

图 AA.3　AOPDDR 作为整体行程装置使用的示例

AA.5 AOPDDR 响应时间计算的示例

装置示例：

——带旋转镜扫描的 AOPDDR；

——镜旋转频率为 20 Hz(T=50 ms)，容差±4%；

——检测标准：检测在两个连续的 180°扫描。

响应时间的计算：

——双全镜像循环检测：100 ms；

——完成 180°扫描(半个循环)的最大时间：25 ms；

——180°扫描后的计算时间：15 ms；

——旋转镜容差(125 ms 的 4%)：5 ms；

——ESPE 继电器脱离时间：15 ms。

ESPE 总的响应时间：160 ms。

注：故障导致未被发现的继电器脱离时间的增加不在计算考虑之列，可能出现的未被发现的增加取决于设计。

附　录　BB
（资料性附录）
测距精度与检测概率的关系

本部分使用的检测概率(POD)是由测量精度来确定，与故障概率无关。放在检测区边界的试块作为在检测区内测量的概率可以用如下标准分布函数进行计算：

$$F(z)=\frac{1}{\sqrt{2\pi}}\int_{-\infty}^{0}e^{\frac{z^2}{2}}\mathrm{d}z$$

$$F=0.5$$

该计算基于测量值按照正态(高斯)分布的假设。图 BB.1 显示出测距精度和检测区的关系。

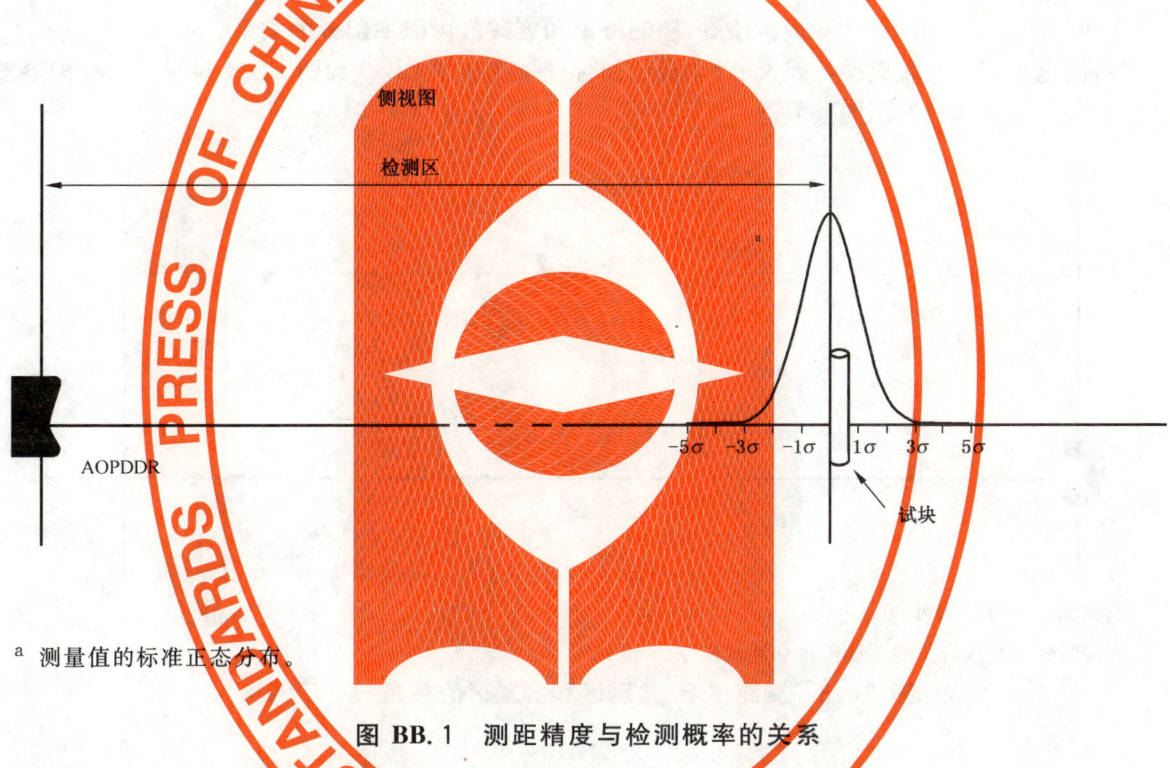

[a] 测量值的标准正态分布。

图 BB.1　测距精度与检测概率的关系

如果不对检测区做任何补充的话，检测概率会低到让人无法接受的程度。本部分要求供方对此明示，称为误差带。图 BB.2、图 BB.3 和图 BB.4 显示通过这种补充是如何达到所需的检测概率的。正如本部分的规定，若干个不同的因素会影响容差区。图 BB.3 和图 BB.4 显示了完整的容差区。图 BB.2 仅显示了和检测概率有关的部分，图 BB.3 和图 BB.4 中容差区剩余部分考虑了系统干扰等。

放置在检测区边界的试块被检测为在检测区内或者在 5σ 的补充范围(见图 BB.2 中的容差区)内的概率可以用如下的标准分布函数来计算：

$$F(z)=\frac{1}{\sqrt{2\pi}}\int_{-\infty}^{5\sigma}e^{\frac{z^2}{2}}\mathrm{d}z$$

$$F=1-2.9\times10^{-7}$$

该计算基于测量值按照正态(高斯)分布的假设。图 BB.2 显示测距精度、检测区以及容差区中与概率有关部分这一区域的关系。

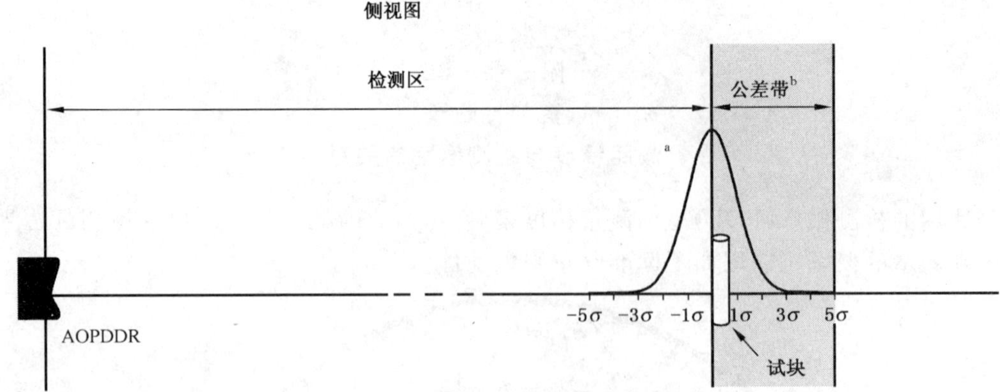

a 测量值的标准正态分布。

b 与该部分容差区有关的概率。

图 BB.2 测距精度、检测概率和容差区中概率部分的关系

容差区也受到一些非概率性因素的影响，比如背景干扰。图 BB.3 和图 BB.4 显示了完整的容差区以及容差区中概率部分的不同数值。

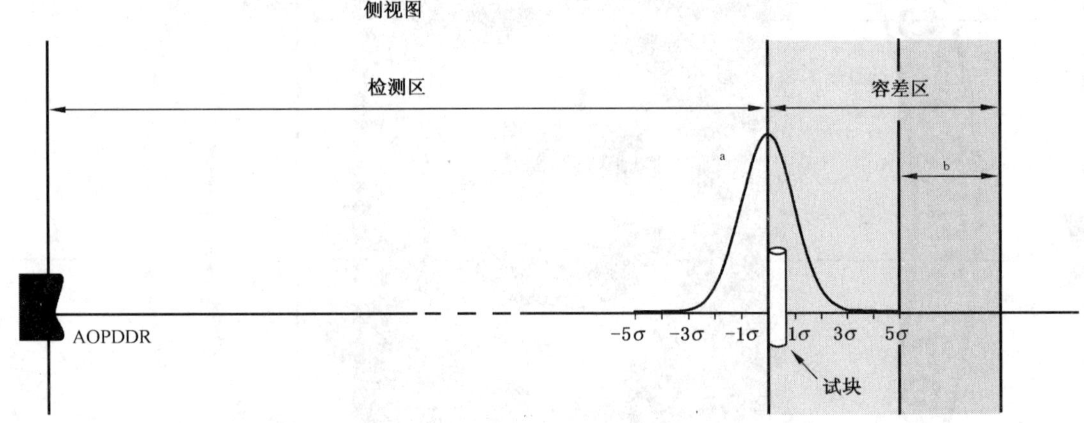

a 测量值的标准正态分布。

b 与该部分容差区有关的系统干扰和测量结果。

图 BB.3 测距精度、检测区和容差区的关系——示例 1

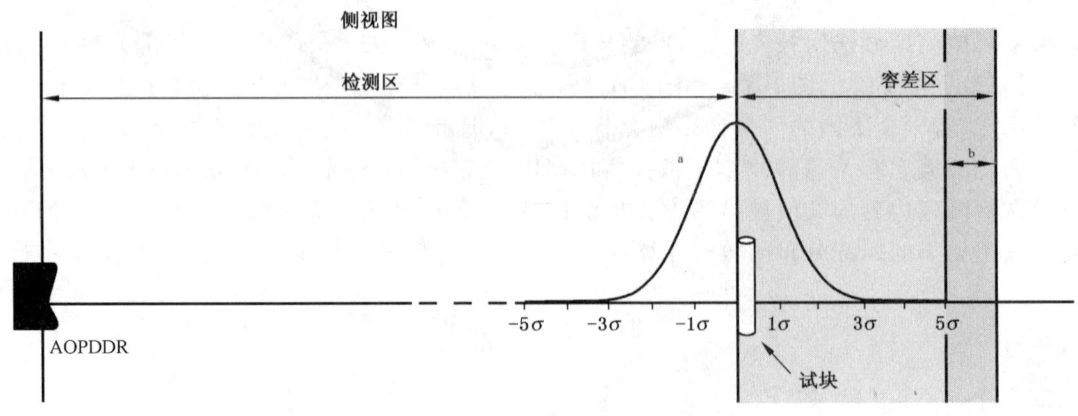

a 测量值的标准正态分布。

b 与该部分容差区有关的系统干扰和测量结果。

图 BB.4 测距精度、检测区和容差区的关系——示例 2

确定检测概率的方法可参见 IEC 61508-1 的表 3 安全完整性等级中"在高要求或连续运行模式下对安全功能运行的目标失效测量(SIL2)"的规定。假设穿越检测区的频率是每小时 3 次,那么在检测区内对指定的试块未检测到的概率的上限值是 2.9×10^{-7}。如上所示,这将导致容差区计算出来的补充范围是 5σ。

图 BB.1～图 BB.4 显示了针对单次测量的情形。如果 ESPE 使用了 $M>1$ 的 MooM 评价(比如,3 选 3)或者 $N<M$(比如,3 选 2)的 NooM 评价作为检测算法,需要满足检测概率的给定值。在使用了 $M>1$ 的 MooM 评价的情况下,单次检测所需的检测概率值应该大于 1oo1(1 选 1)的情况。图 BB.5 显示了 M 的数值和单次检测概率 POD 的 log 值之间的关系。图 BB.6 则显示了单次检测概率值 POD 和 σ 值随 M 值变化的情况,仍然假设测量值遵从正态(高斯)分布。

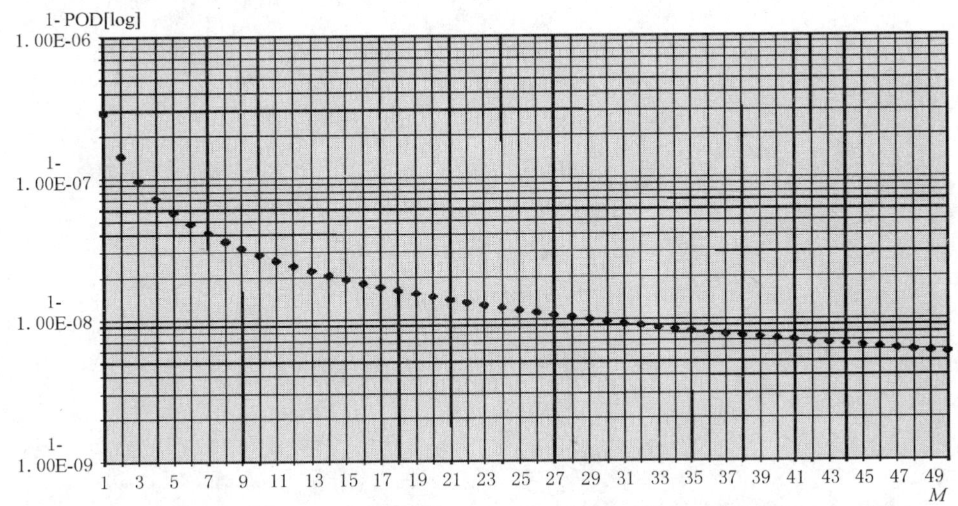

图 BB.5　采用 MooM 评价,$1\leqslant M\leqslant50$ 范围内,单次检测概率 POD 的 log 值

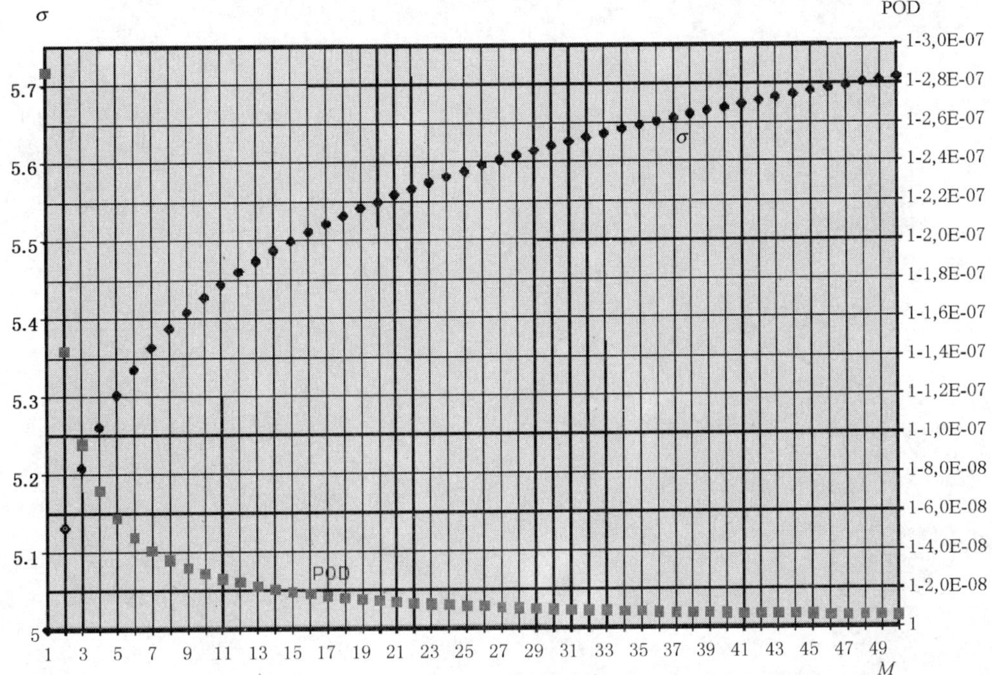

图 BB.6　采用 MooM 评价,$1\leqslant M\leqslant50$ 范围内,正态分布下,单次检测概率 POD 值和 σ 值的关系

ICS 67.140.10
X 55

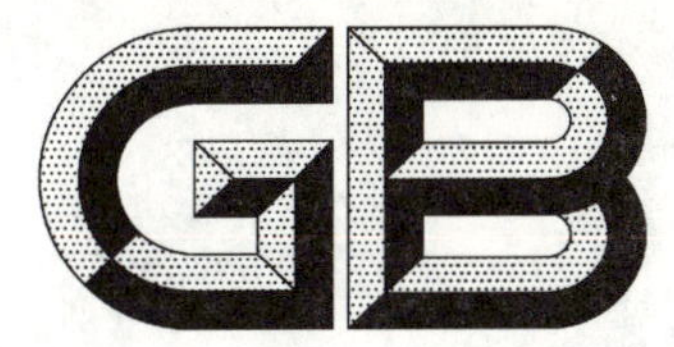

中华人民共和国国家标准

GB/T 19460—2008
代替 GB 19460—2004

地理标志产品　黄山毛峰茶

Product of geographical indication—Huangshan maofeng tea

2008-06-03 发布　　2008-12-01 实施

中华人民共和国国家质量监督检验检疫总局
中国国家标准化管理委员会　发布

前　言

本标准代替 GB 19460—2004《原产地域产品　黄山毛峰茶》。

本标准与 GB 19460—2004 相比主要变化如下：

——将标准属性由强制性修改为推荐性；

——根据国家质量监督检验检疫总局颁布的《地理标志产品保护规定》，修改相关名称；

——删除“茶树种植”和“茶园管理”要求，增加“种植技术”要求；

——删除理化指标要求中的“粗纤维”项目；

——删除“卫生指标”要求，增加污染物限量指标和农药最大残留限量指标要求；

——将“净含量负偏差”修改为“净含量允许短缺量”；

——按地理标志产品专用标志管理办法的规定，修改了在其产品上使用专用标志的表述。

本标准的附录 A 为规范性附录。

本标准由全国原产地域产品标准化工作组提出并归口。

本标准起草单位：黄山市茶叶学会，黄山市谢裕大茶业股份有限公司、黄山市光明茶业有限公司、黄山市歙县汪满田茶场、黄山市黟县五溪山茶厂有限公司。

本标准主要起草人：顾家雯、程坚、蒋震华、黄利义、汪麟。

本标准所代替标准的历次版本发布情况为：

——GB 19460—2004。

地理标志产品　黄山毛峰茶

1　范围

本标准规定了黄山毛峰茶的地理标志产品保护范围、术语和定义、分级与实物标准样、要求、试验方法、检验规则以及标志、标签、包装、运输、贮存。

本标准适用于国家质量监督检验检疫行政主管部门根据《地理标志产品保护规定》批准保护的黄山毛峰茶。

2　规范性引用文件

下列文件中的条款通过本标准的引用而成为本标准的条款。凡是注日期的引用文件，其随后所有的修改单(不包括勘误的内容)或修订版均不适用于本标准，然而，鼓励根据本标准达成协议的各方研究是否可使用这些文件的最新版本。凡是不注日期的引用文件，其最新版本适用于本标准。

GB/T 191　包装储运图示标志

GB 2762　食品中污染物限量

GB 2763　食品中农药最大残留限量

GB 7718　预包装食品标签通则

GB/T 8302　茶　取样

GB/T 8304　茶　水分测定(GB/T 8304—2002,eqv ISO 1573:1980)

GB/T 8305　茶　水浸出物测定(GB/T 8305—2002,eqv ISO 9768:1994)

GB/T 8306　茶　总灰分测定(GB/T 8306—2002,eqv ISO 1575:1987)

GB/T 8311　茶　粉末和碎茶含量测定

GB/T 14487　茶叶感官审评术语

GB/T 18795　茶叶标准样品制备技术条件

NY/T 787　茶叶感官审评通用方法

NY/T 5018　无公害食品　茶叶生产技术规程

SB/T 10035　茶叶销售包装通用技术条件

JJF 1070　定量包装商品净含量计量检验规则

国家质量监督检验检疫总局令[2005]第75号　《定量包装商品计量监督管理办法》

3　地理标志产品保护范围

黄山毛峰茶地理标志产品的保护范围限于国家质量监督检验检疫行政主管部门根据《地理标志产品保护规定》批准的范围，即现安徽省黄山市管辖的行政区域内屯溪区、黄山区、徽州区、歙县、休宁县、祁门县、黟县的产茶乡镇，见附录A。

4　术语和定义

GB/T 14487 确立的以及下列术语和定义适用于本标准。

4.1

黄山毛峰茶　Huangshan maofeng tea

在地理标志产品保护范围内特定的自然生态环境条件下，选用黄山种、槠叶种、滴水香、茗洲种等地方良种茶树和从中选育的良种茶树的芽叶，经特有的加工工艺制作而成，具有“芽头肥壮、香高持久、滋味鲜爽回甘、耐冲泡”的品质特征的绿茶。

5 分级与实物标准样

5.1 分级

黄山毛峰茶按感官品质分为特级、一级、二级、三级。特级分一、二、三等。

5.2 实物标准样

黄山毛峰茶每级设一个实物标准样，每三年换样一次。特级实物标准样设在二等。实物标准样的制备应符合 GB/T 18795 的规定。

6 要求

6.1 自然环境

6.1.1 地理特征

黄山市位于安徽省最南端，在自然地理上，属中亚热带北缘，黄山山脉自东北向西南横贯全境，为以中山为骨架的中低山和盆谷相间的地貌类型，境内山峦重叠，地势陡峻，沟谷交错。茶园主要分布在中低山及丘陵盆地。

6.1.2 气候特征

黄山市属中亚热带湿润季风气候区，气候温暖，冬少严寒，夏无酷热；雨量充沛，湿度大，云雾多；日照时数和日照百分率偏低，光能资源偏少；热量丰富，无霜期长。年平均气温 15.5℃～16.4℃，降水量在 1 500 mm～1 800 mm，空气相对湿度在 80%以上，日照时数 1 674 h～1 876 h，日照百分率 39%～45%，太阳辐射总量为 440 kJ/cm^2～473 kJ/cm^2（105 kcal/cm^2～113 kcal/cm^2），无霜期 255 d 左右。

6.1.3 土壤

黄山市土壤类型主要为黄棕壤、黄红壤、黄壤等，表层腐殖质层较厚，有机质含量高，pH 值 5～6。

6.1.4 植被

黄山市植被繁茂，森林覆盖率达 75.3%，植物资源三千多种，其中松树、杉木等林木一千种以上，雪梨、枇杷、板栗等果木 60 余种，提供各种工业原料的野生或栽培植物亦多达两千多种。

6.2 种植技术

按 NY/T 5018 的规定执行。

6.3 鲜叶

6.3.1 质量要求

黄山毛峰茶制作采用黄山种、槠叶种、滴水香、茗洲种等地方群体茶树良种和从中选育的无性系良种茶树的幼嫩新梢为原料，要求无劣变或异味，无非茶类夹杂物。

6.3.2 采摘

6.3.2.1 开采期：在 3 月中旬开采。

6.3.2.2 采摘标准：特级一芽一叶初展为主，一级一芽一叶和一芽二叶初展，二级一芽二叶为主，三级一芽二叶和一芽三叶初展。每批采下鲜叶要求嫩度、匀度、净度基本一致。

6.3.2.3 采摘方法：按标准采用提手采，保持芽叶完整。

6.3.3 装运

6.3.3.1 使用清洁卫生、通气良好的竹篮、篓筐等用具盛装鲜叶原料，禁用布袋、塑料袋等紧压装运。

6.3.3.2 鲜叶运送应及时，避免日晒雨淋，防止闷热、机械损伤和有毒、有害物质的污染。

6.4 制作工艺

黄山毛峰茶工艺流程为：鲜叶摊放→杀青→做形（理条或揉捻）→毛火→摊凉→足火。

加工企业应具备基本的生产许可和检测检验条件，并按食品质量安全市场准入的要求，进行生产、加工和销售。

6.5 成品茶

6.5.1 感官品质

6.5.1.1 通用要求

具有该茶类应有的品质，无劣变，无异味，不得含有非茶类夹杂物，不得使用添加剂。

6.5.1.2 感官指标

各等级黄山毛峰茶的感官指标应符合表1的规定。

表1 各等级茶叶的感官指标

级别	外形	内质			
		香气	汤色	滋味	叶底
特级一等	芽头肥壮，匀齐，形似雀舌，毫显，嫩绿泛象牙色，有金黄片	嫩香馥郁持久	嫩绿清澈鲜亮	鲜醇爽回甘	嫩黄，匀亮鲜活
特级二等	芽头较肥壮，较匀齐，形似雀舌，毫显，嫩绿润	嫩香高长	嫩绿清澈明亮	鲜醇爽	嫩黄，明亮
特级三等	芽头尚肥壮，尚匀齐，毫显，绿润	嫩香	嫩绿明亮	较鲜醇爽	嫩黄，明亮
一级	芽叶肥壮，匀齐隐毫，条微卷，绿润	清香	嫩黄绿亮	鲜醇	较嫩匀，黄绿亮
二级	芽叶较肥壮，较匀整，条微卷，显芽毫，较绿润	清香	黄绿亮	醇厚	尚嫩匀，黄绿亮
三级	芽叶尚肥壮，条略卷，尚匀，尚绿润	清香	黄绿尚亮	尚醇厚	尚匀，黄绿

6.5.2 理化指标

应符合表2的规定。

表2 黄山毛峰茶理化指标

项目		指标
水分/%	≤	6.5
粉末/%	≤	0.5
总灰分/%	≤	6.5
水浸出物/%	≥	35.0

6.5.3 污染物限量指标

应符合表3的规定。

表3 黄山毛峰茶污染物限量指标

项目		指标
铅(以Pb计)/(mg/kg)	≤	5.0
稀土/(mg/kg)	≤	2.0

6.5.4 农药最大残留限量指标

应符合表4的规定。

6.5.5 净含量允许短缺量

定量包装规格可由企业自定，单件定量包装茶叶的净含量允许短缺量，应符合《定量包装商品计量监督管理办法》的规定。

表 4 黄山毛峰茶农药最大残留限量指标

单位为毫克每千克

项目		指标
氯菊酯	≤	20
氯氰菊酯	≤	20
溴氰菊酯	≤	10
六六六	≤	0.20
滴滴涕(DDT)	≤	0.20
顺式氰戊菊酯	≤	2
氟氰戊菊酯	≤	20
乙酰甲胺磷	≤	0.1
杀螟硫磷	≤	0.5

7 试验方法

7.1 取样

按 GB/T 8302 规定的方法执行。

7.2 感官指标

按 NY/T 787 规定的方法执行。

7.3 理化指标

7.3.1 水分按 GB/T 8304 规定的方法测定。

7.3.2 粉末按 GB/T 8311 规定的方法测定。

7.3.3 总灰分按 GB/T 8306 规定的方法测定。

7.3.4 水浸出物按 GB/T 8305 规定的方法测定。

7.4 污染物限量指标

按 GB 2762 规定的检验方法测定。

7.5 农药最大残留限量指标

按 GB 2763 规定的检验方法测定。

7.6 净含量允许短缺量

按 JJF 1070 规定的方法进行，按《定量包装商品计量监督管理办法》判定。

8 检验规则

8.1 检验批次

产品应以批(唛)为单位，同批(唛)产品的品质规格和包装单位重量应相同。

8.2 出厂检验

8.2.1 出厂检验内容为感官指标、水分、粉末、净含量允许短缺量和包装标签。

8.2.2 每批产品应按本标准要求进行检验，经检验合格，签发产品质量合格证后，方可出厂。

8.3 型式检验

8.3.1 型式检验为全项目检验。

8.3.2 型式检验在下列情况之一时进行：

a) 首次批量生产前；

b) 原料、工艺、机具有较大改变，可能影响产品质量时；

c) 国家质量监督机构提出型式检验要求时。

8.4 判定规则

8.4.1 凡劣变、有污染、有异味或污染物限量和农药残留量指标有一项不合格的产品，均判为不合格产品。

8.4.2 除污染物限量和农药残留量指标外，理化指标有一项不合格或感官指标不符合规定级别的，应在原批产品中加倍抽取样本复检，复检中理化指标不合格的，判该批产品为不合格品，感官指标不合格的降级处理。

8.4.3 对检验结果有争议的，应对留存样进行复检，或在同批(唛)产品中重新按 GB/T 8302 规定加倍抽样，重新抽样应由争议双方会同进行，对有争议项目进行复检，以复检结果为准。

9 标志、标签、包装、运输、贮存

9.1 标志

9.1.1 获准使用地理标志产品专用标志的生产者，应按地理标志产品专用标志管理办法的规定在其产品上使用专用标志。

9.1.2 产品包装储运图示标志应符合 GB/T 191 的规定。

9.2 标签

应符合 GB 7718 的规定。

9.3 包装

9.3.1 包装容器应干燥、清洁、无异味、无毒，不影响茶叶品质。

9.3.2 接触茶叶的包装材料应符合 SB/T 10035 的规定。

9.3.3 包装应牢固、防潮、整洁、能保护茶叶品质、便于装卸、仓储和运输。

9.4 运输

运输工具应清洁、干燥、无异味、无污染；运输时应防潮、防雨、防曝晒；装卸时轻装轻卸，防撞击，防重压，严禁与有毒、有异气味、易污染的物品混装混运。

9.5 贮存

9.5.1 应贮存于清洁、干燥、阴凉、无异味的专用仓库中，仓库周围应无异味、无污染物。

9.5.2 贮存仓库不得使用化学合成的杀虫剂、灭鼠剂及防霉剂。

9.5.3 在本标准规定的运输、贮存条件下，黄山毛峰茶的保质期不得低于 12 个月。

附 录 A
（规范性附录）
黄山毛峰茶地理标志产品保护范围图

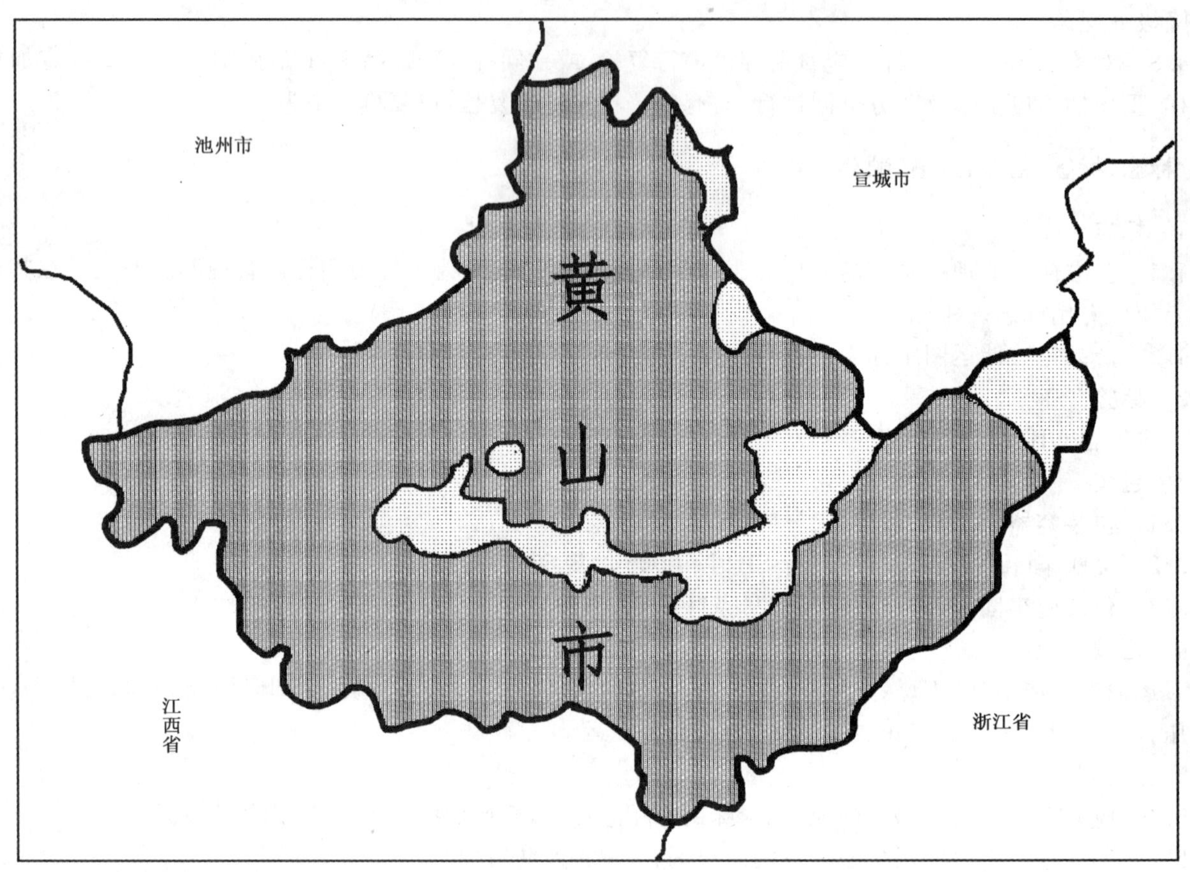

图 A.1 黄山毛峰茶地理标志产品保护范围图

ICS 67.220.20
X 69

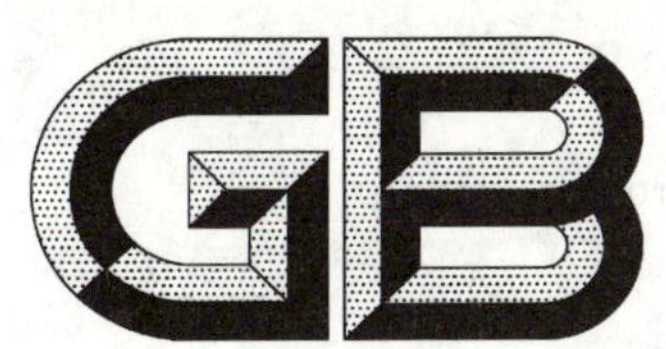

中华人民共和国国家标准

GB/T 19461—2008
代替 GB 19461—2004

地理标志产品　独流(老)醋

Product of geographical indication—Duliu (aged) vinegar

2008-07-31 发布　　2008-11-01 实施

中华人民共和国国家质量监督检验检疫总局
中国国家标准化管理委员会　发布

前　言

本标准根据国家质量监督检验检疫总局颁布的 2005 第 78 号令《地理标志产品保护规定》及 GB/T 17924《地理标志产品标准通用要求》制定。

本标准代替 GB 19461—2004《原产地域产品　独流老醋》。

本标准与 GB 19461—2004 相比主要变化如下：

——标准属性由强制性国家标准改为推荐性国家标准；

——根据国家质量监督检验检疫总局颁布的《地理标志产品保护规定》，将标准名称改为《地理标志产品　独流(老)醋》；

——修改了术语和定义；

——增加了理化指标项目“可溶性无盐固形物”；

——增加了净含量要求及添加剂使用要求；

——补充保质期的相关规定。

本标准的附录 A 为规范性附录。

本标准由全国原产地域产品标准化工作组提出并归口。

本标准主要起草单位：天津市静海县质量技术监督局、天津市天立独流老醋股份有限公司、天津市天立永丰老醋有限公司。

本标准主要起草人：刘永贺、张殿瑛、张荣展、徐锦江。

本标准所代替标准的历次版本发布情况为：

——GB 19461—2004。

地理标志产品　独流(老)醋

1　范围

本标准规定了独流(老)醋的地理标志产品术语和定义、保护范围、要求、试验方法、检验规则及标签、标志、包装、运输、贮存。

本标准适用于国家质量监督检验检疫行政主管部门根据《地理标志产品保护规定》批准保护的独流(老)醋。

2　规范性引用文件

下列文件中的条款通过本标准的引用而成为本标准的条款。凡是注日期的引用文件,其随后所有的修改单(不包括勘误的内容)或修订版均不适用于本标准,然而,鼓励根据本标准达成协议的各方研究是否可使用这些文件的最新版本。凡是不注日期的引用文件,其最新版本适用于本标准。

GB/T 191　包装储运图示标志

GB 2719　食醋卫生标准

GB 2760　食品添加剂使用卫生标准

GB/T 4789.22　食品卫生微生物学检验　调味品检验

GB/T 5009.7　食品中还原糖的测定

GB/T 5009.39　酱油卫生标准的分析方法

GB/T 5009.41　食醋卫生标准的分析方法

GB 5749　生活饮用水卫生标准

GB 7718　预包装食品标签通则

GB/T 8231　高粱

GB/T 13356　黍米

GB 18187　酿造食醋

JJF 1070　定量包装商品净含量计量检验规则

国家质量监督检验检疫总局令[2005]第75号　《定量包装商品计量监督管理办法》

3　术语和定义

下列术语和定义适用于本标准。

3.1

陈酿　aged

独流(老)醋制醅生产工艺过程,指原料在室内经酒精发酵和醋酸发酵后,将醋醅装入室外缸中陈酿,需定期翻晒,用于增加独流(老)醋的色泽和香气。

3.2

独流老醋、独流醋　Duliu aged vinegar, Duliu vinegar

在本标准第4章规定的范围内,以优质黍米、高粱为原料,采用传统的复式糖化、酒精发酵、醋酸固态分层两次发酵工艺。醋醅经三年以上陈酿而成的香气浓郁、酸而回甜的食醋称为独流老醋,陈酿期一年以上的为独流醋。

4 地理标志产品保护范围

独流(老)醋的地理标志产品保护范围限于国家质量监督检验检疫行政主管部门根据《地理标志产品保护规定》批准的范围，见附录A。

5 要求

5.1 原辅材料

5.1.1 黍米

技术指标应符合GB/T 13356的规定。

5.1.2 高粱

技术指标应符合GB/T 8231的规定。

5.1.3 工艺用水

取自运河沿岸独流地区，水质应符合GB 5749的规定。

5.1.4 独流(老)醋大曲

以优质小麦、大麦及豌豆为原料，按独流(老)醋传统工艺在夏季自然发酵制成的大曲，其贮存期不少于4个月。

5.1.5 其他原辅材料

应符合相应的标准要求及相关规定。

5.2 酿造环境

季风显著，四季分明，属暖温带半湿润大陆性季风气候；年平均最高温度30.9 ℃，平均最低温度－9.2 ℃，平均相对湿度64%。

5.3 传统工艺

5.3.1 工艺流程

黍米、高粱→蒸煮 → 冷却→添加大曲糖化→液态酒精发酵→固态分层醋酸发酵→陈酿→淋醋→煮醋→贮存。

5.3.2 传统工艺特点

独流老醋采用独特的、传统的特殊工艺，以黍米、高粱为主要原料；经液态酒精发酵，固体分层醋酸发酵，时间不少于25 d，经大小共四十多道工序，历时35 d，产出醋醅；醋醅陈酿一年以上为独流醋，醋醅陈酿三年以上为独流老醋。

5.4 感官要求

感官应符合表1规定。

表1 感官要求

项　目	特　征
色泽	琥珀色或棕红色，有光泽
香气	香气浓郁
滋味	入口绵软回甜，酸而不涩，醇厚味鲜
体态	澄清液体，允许有微量沉淀
杂质	无肉眼可见外来杂质

5.5 理化指标

根据总酸度的不同，独流(老)醋分为四类，其理化指标应符合表2规定。

表 2 理化指标

项目		指标			
		3.0% 独流(老)醋	3.5% 独流(老)醋	4.0% 独流(老)醋	5.0% 独流(老)醋
总酸(以乙酸计)/(g/100 mL)	≥	3.0	3.5	4.0	5.0
不挥发酸(以乳酸计)/(g/100 mL)	≥	0.4	0.5	0.6	1.0
氨基酸态氮(以氮计)/(g/100 mL)	≥	0.08	0.10	0.11	0.16
还原糖(以葡萄糖计)/(g/100 mL)	≥	2.0	2.0	3.0	3.20
可溶性无盐固形物/(g/100 mL)	≥	6.0			

5.6 卫生指标

卫生指标应符合 GB 2719 的规定。

5.7 净含量

应符合标示量,允许短缺量应符合国家质量监督检验检疫总局令[2005]第 75 号的要求。

5.8 食品添加剂

应符合 GB 2760 的规定。

6 试验方法

6.1 感官

6.1.1 色泽、体态、杂质

将样品摇匀后,用量筒量取 20 mL 放于 20 mL 比色管中,在白色背景下观察其色泽,并对光观察其澄清度、沉淀物及杂质。

6.1.2 香气

用量筒量取样品 50 mL 放于 150 mL 锥形瓶中,将瓶轻轻摇动,嗅其气味。

6.1.3 滋味

用吸管吸取样品 0.5 mL 滴入口内,反复吮咂,鉴别其滋味优劣及后味。

6.2 理化指标

6.2.1 总酸

按 GB/T 5009.41 的规定执行。

6.2.2 不挥发酸

按 GB 18187 的规定执行。

6.2.3 氨基酸态氮

按 GB/T 5009.39 的规定执行。

6.2.4 还原糖

按 GB/T 5009.7 规定执行。

6.2.5 可溶性无盐固形物

按 GB 18187 的规定执行。

6.3 卫生指标

按 GB/T 5009.41、GB/T 4789.22 规定的方法测定。

6.4 净含量

按 JJF 1070 的规定执行。

7 检验规则

7.1 组批

同一天生产同一生产线灌装的同一品种相同规格的产品为一批。

7.2 抽样方式和数量

7.2.1 从成品库同批产品的不同部位随机抽取样品。

7.2.2 每批产品的抽取数量见表3。

表3 抽取数量

批量/瓶(袋)	样品量/瓶(袋)	允许数/瓶(袋)
4 800 或以下	6	0
4 801～24 000	13	2
24 001～48 000	21	3
48 001～84 000	29	4
84 001～144 000	48	6
144 001～240 000	84	9
240 000 以上	126	13

7.3 出厂检验

7.3.1 产品需经生产厂家检验合格并签署质量合格证后方可出厂。

7.3.2 每批产品出厂检验项目为感官要求、总酸、不挥发酸、氨基酸态氮、还原糖、净含量、卫生指标中的菌落总数和大肠菌群。

7.3.3 出厂检验判定规则与复检

7.3.3.1 出厂检验项目全部符合本标准,判该批产品为合格。

7.3.3.2 出厂检验项目有一项(菌落总数、大肠菌群除外)不符合本标准,为缺陷品。当缺陷品数超过表3的允许数时,可以加倍抽样复检。复检后仍不符合本标准,则判为不合格。

7.3.3.3 菌落总数和大肠菌群不符合本标准,即判为不合格,不得复验。

7.4 型式检验

7.4.1 正常生产时半年进行一次,型式检验项目为本标准的全部项目。

7.4.2 有下列情况之一时亦应做型式检验：

a) 工艺、原材料有较大改变时；

b) 停产半年后又恢复生产时；

c) 国家质量监督部门提出检验要求时；

d) 出厂检验结果与上次型式检验有较大差异时。

7.4.3 型式检验判定规则与复检

7.4.3.1 型式检验项目全部符合本标准,判为合格。

7.4.3.2 型式检验项目有一项(微生物指标除外)不符合本标准,为缺陷品,当缺陷品数超过表3的允许数时,可以加倍抽样复检。复检后仍不符合本标准,判该批产品为不合格。

7.4.3.3 微生物指标不符合本标准要求,即判为不合格品。

8 标签、标志、包装、运输、贮存

8.1 标签、标志

应按GB 7718、GB 18187的规定执行,并标注出酿造食醋及总酸含量。

不符合本标准的产品，其产品名称不得使用含有独流醋或独流老醋(包括连续或断开及内容类似)的名称。

获准使用地理标志产品专用标志的生产者，应按地理标志产品专用标志管理办法的规定在其产品上使用防伪专用标志。

8.2 包装

内包装材料应符合相应的国家卫生标准要求；外包装应标注“易碎物品”、“怕晒”、“怕雨”标志，应符合 GB/T 191 的规定。

8.3 运输、贮存

8.3.1 产品运输应注意防晒、雨淋，严禁与不洁或有毒、有害的物品混运。产品应贮存在阴凉、干燥的仓库内，严禁与不洁或有毒、有害物品混存。

8.3.2 保质期

满足以上条件下，自生产之日起保质期：瓶装产品不低于 12 个月，袋装产品不低于 6 个月。

附 录 A
（规范性附录）
独流(老)醋地理标志产品保护范围图

独流(老)醋地理标志产品保护范围见图 A.1。

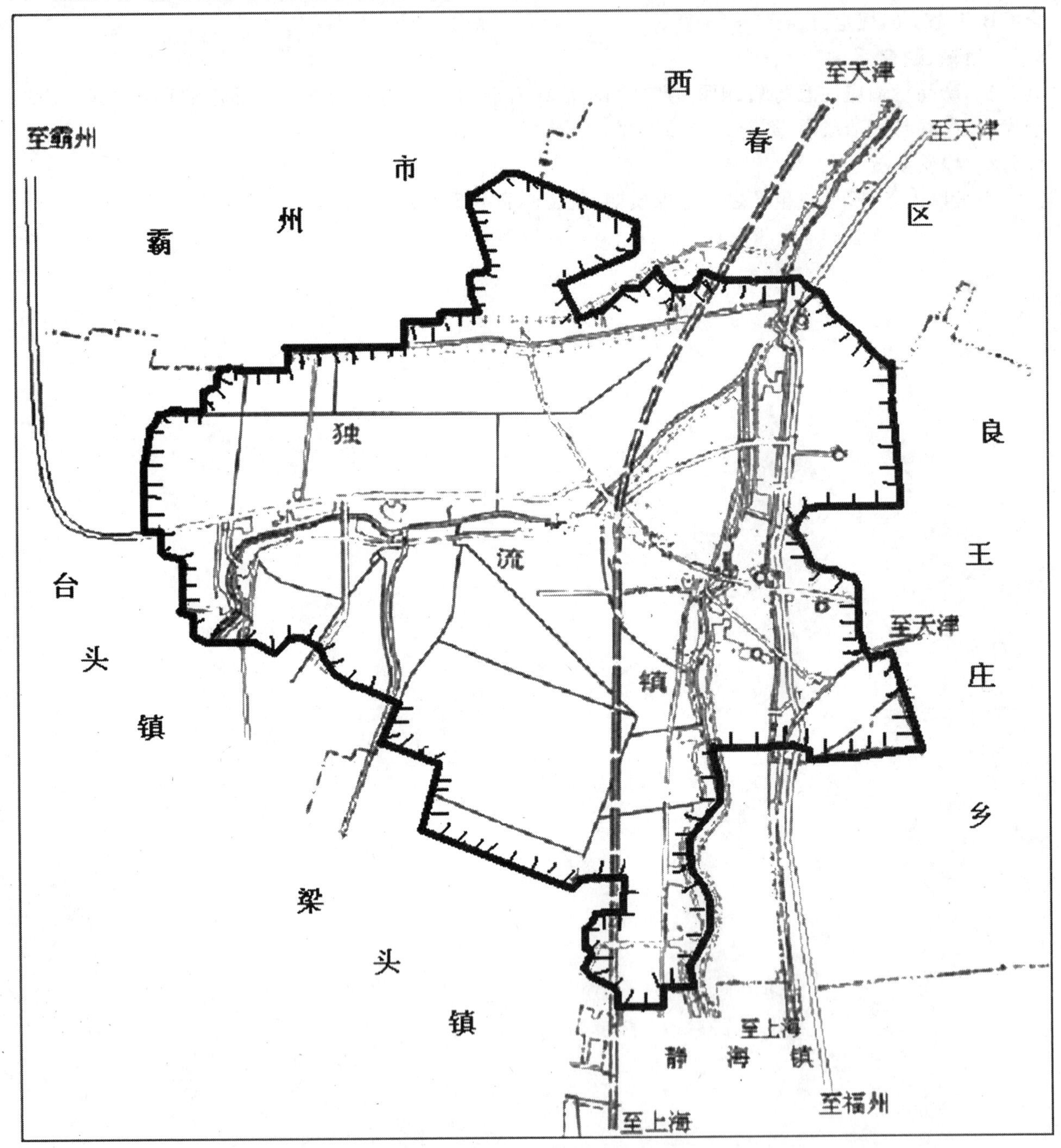

图 A.1 独流(老)醋地理标志产品保护范围图

ICS 01.040.35
L 72

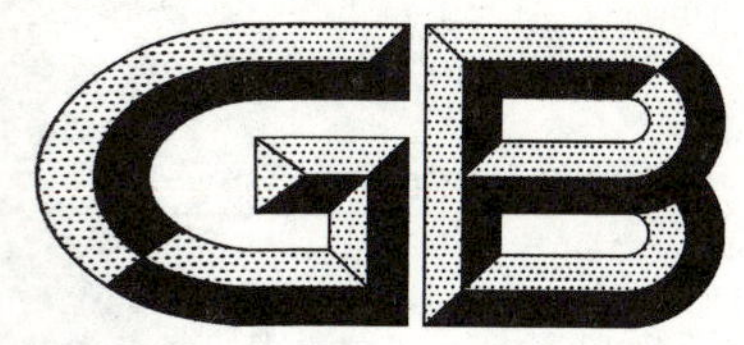

中华人民共和国国家标准

GB/T 19488.2—2008

电子政务数据元
第2部分:公共数据元目录

Data elements for e-government—
Part 2:Directory of common data elements

2008-04-11 发布　　　　2008-09-01 实施

中华人民共和国国家质量监督检验检疫总局
中国国家标准化管理委员会　发布

前　言

GB/T 19488《电子政务数据元》分为两个部分：

——第1部分：设计和管理规范；

——第2部分：公共数据元目录。

本部分为GB/T 19488的第2部分。

本部分由全国电子业务标准化技术委员会提出并归口。

本部分的起草单位：中国标准化研究院、北京北控三兴信息技术有限公司、中国电子技术标准化研究所、北京市质量技术监督信息研究所、华迪计算机有限公司、北京九城口岸软件科技有限公司、中国科学院沈阳自动化研究所、标杆网络技术有限公司、长城计算机软件与系统有限公司、万达信息股份有限公司等。

本部分主要起草人：章建方、魏宏、孙广芝、黄锐、高栋、程女范、田川、王旭、高展、吴兵峰、朱大江、左庆文、张权、刘克斌、王怀惠等。

3.10

语境 context

一个名称所用于的或所源自的应用环境或规程的描述。

[GB/T 19488.1—2004,定义 3.13]

3.11

值域 value domain

允许值的集合。

[GB/T 18391.1—2002,定义 3.75]

3.12

注册机构 registration authority

经授权对数据元或其他对象注册的组织。

[GB/T 18391.1—2002,定义 3.56]

3.13

提交机构 submit organization

对数据元注册系统的数据元提出增补、变更、取消、删除或撤出的机构或其所属部门。

[GB/T 18391.1—2002,定义 3.68]

4 综述

4.1 公共数据元的表示规范

电子政务公共数据元的表示规范遵循 GB/T 19488.1。GB/T 19488.1 规定了电子政务数据元需要通过 24 个属性进行描述,其中下列 9 个属性在本节进行统一规定,因此在第 5 章不再一一罗列。

1) “版本”属性:本部分发布后,所有的数据元的版本都定为 1.0 版;
2) “语境”属性:由于本部分规定的是公共数据元,适用于各种应用环境,因此该属性均为“通用”;
3) “注册机构”属性:本部分中所有数据元的“注册机构”均确定为标准归口单位;
4) “分类方案”属性:本部分给出了数据元的分类(见 4.2),该分类可以作为一种分类方案;
5) “分类方案值”属性:本部分根据数据元的分类(见 4.2),确定了数据元的内部标识符,内部标识符可以看作其分类方案值;
6) “应用约束”属性:“应用约束”指数据元在实际应用中的相关约束,而本部分规定的公共数据元可以在不同应用下使用,因此本部分中不规定其具体的“应用约束”;
7) “状态”属性:本部分中所有数据元的“状态”均为标准状态;
8) “提交机构”属性:本部分中所有数据元的“提交机构”均为标准起草单位;
9) “批准日期”属性:本部分中所有数据元的“批准日期”均为标准的发布日期。

第 5 章对公共数据元目录其余 15 个属性进行描述,这些属性分别为:中文名称、内部标识符、英文名称、中文全拼、定义、对象类词、特性词、表示词、数据类型、数据格式、值域、同义名称、关系、计量单位、备注。

其中,内部标识符采取两段式编码规则:

1) 第一段:2 位数字,见 4.2 中的表 1。
2) 第二段:3 位数字,采用顺序号。

4.2 公共数据元的分类

鉴于本部分给出的是不同政务部门共同使用的数据元,因此以数据元所属的对象类作为依据进行分类。

本部分将公共数据元分为七类：人员类、机构类、位置类、时间类、公文类、金融类、其他类。公共数据元的内部标识符也根据数据元的分类进行确定。公共数据元的分类及其内部标识符见表1。

表1 公共数据元的分类及其内部标识符

序号	类目	内部标识符(前两位)
1	人员类	01
2	机构类	02
3	位置类	03
4	时间类	04
5	公文类	05
6	金融类	06
7	其他类	99

4.3 公共数据元的使用

政务部门在使用电子政务公共数据元时，可以有如下两种方式：

1) 直接使用

政务部门可以直接使用公共数据元来开展数据库或信息交换格式的设计。例如，"联系电话"、"公民身份号码"等数据元可以直接使用。

2) 派生使用

不同政务部门根据自身的业务特点，对公共数据元中的对象类词或特性词进行限定，生成新的数据元。例如，对于公共数据元"年"，财政部门可以将其扩展为"财政年度"；又如，对于公共数据元"姓名"，社会保障部门可以将其扩展为"参保人姓名"。需要注意的是，派生后的数据元与原数据元相比，在定义、数据类型、数据格式、值域等属性上不能出现矛盾的现象。

5 公共数据元目录

5.1 人员类

中文名称：姓名
内部标识符：01001
英文名称：name
中文全拼：xing-ming
定义：在户籍管理部门正式登记注册、人事档案中正式记载的姓氏名称。
对象类词：人
特性词：姓名
表示词：名称
数据类型：字符型
数据格式：a..30
值域：
同义名称：
关系：
计量单位：
备注：汉字表示的姓名中间不应存在空格。

中文名称:姓名汉语拼音
内部标识符:01002
英文名称:name in Pin-Yin
中文全拼:xing-ming-han-yu-pin-yin
定义:采用汉语拼音全拼方式表示人的姓名。
对象类词:人
特性词:姓名
表示词:汉语拼音
数据类型:字符型
数据格式:a..90
值域:
同义名称:
关系:
计量单位:
备注:人的姓和名之间使用一个空格作为分隔符。

中文名称:身份证件类型
内部标识符:01003
英文名称:name of ID certificate
中文全拼:shen-fen-zheng-jian-lei-xing
定义:由特定机构颁发的可以证明个人身份的证件的名称。
对象类词:人
特性词:身份证件类型
表示词:名称
数据类型:字符型
数据格式:a..50
值域:如,居民身份证、军官证、警官证、护照、机动车驾驶证、港澳通行证、台胞证等。
同义名称:
关系:与数据元 01004“身份证件号码”连用。
计量单位:
备注:

中文名称:身份证件号码
内部标识符:01004
英文名称:number of ID certificate
中文全拼:shen-fen-zheng-jian-hao-ma
定义:身份证件上记载的、可唯一标识个人身份的号码。
对象类词:人
特性词:身份证件
表示词:号码
数据类型:字符型
数据格式:an..18

值域：
同义名称：
关系：与数据元 01003“身份证件类型”连用。
计量单位：
备注：

中文名称：公民身份号码
内部标识符：01005
英文名称：number of citizen identification
中文全拼：gong-min-shen-fen-hao-ma
定义：赋码机关为每个公民给出的唯一的、终身不变的法定标识号码。
对象类词：公民
特性词：身份
表示词：号码
数据类型：字符型
数据格式：an..18
值域：
同义名称：社会保障号码、身份证号、居民身份证号
关系：
计量单位：
备注：

中文名称：照片
内部标识符：01006
英文名称：photo
中文全拼：zhao-pian
定义：人员的照片。
对象类词：人
特性词：照片
表示词：描述
数据类型：二进制
数据格式：
值域：
同义名称：
关系：
计量单位：
备注：照片的大小、格式等应根据具体应用来确定，建议照片的数据格式为 JPG。

中文名称：出生日期
内部标识符：01008
英文名称：date of birth
中文全拼：chu-sheng-ri-qi
定义：出生证签署的，并在户籍部门正式登记注册、人事档案中记载的日期。

对象类词：人
特性词：出生日期
表示词：日期
数据类型：日期型
数据格式：YYYYMMDD 或 YYYY-MM-DD
值域：
同义名称：
关系：
计量单位：
备注：符合 GB/T 7408 中的日历日期，YYYYMMDD 为基本格式，YYYY-MM-DD 为扩展格式。

中文名称：性别
内部标识符：01010
英文名称：gender
中文全拼：xing-bie
定义：人的基本生理特征。
对象类词：人
特性词：性别
表示词：描述
数据类型：字符型
数据格式：a..12
值域：GB/T 2261.1 中的性别。
同义名称：
关系：
计量单位：
备注：

中文名称：性别代码
内部标识符：01011
英文名称：code of gender
中文全拼：xing-bie-dai-ma
定义：人的性别代码。
对象类词：人
特性词：性别
表示词：代码
数据类型：字符型
数据格式：n1
值域：GB/T 2261.1 中的性别代码。
同义名称：
关系：
计量单位：
备注：

中文名称:民族
内部标识符:01012
英文名称:nationality
中文全拼:min-zu
定义:个人所属的、经国家认可在户籍管理部门登记注册的民族名称。
对象类词:人
特性词:民族
表示词:名称
数据类型:字符型
数据格式:a..10
值域:GB/T 3304 中的民族名称。
同义名称:
关系:
计量单位:
备注:

中文名称:民族数字代码
内部标识符:01013
英文名称:numeric code of nationality
中文全拼:min-zu-shu-zi-dai-ma
定义:民族的数字代码。
对象类词:人
特性词:民族
表示词:数字代码
数据类型:字符型
数据格式:n2
值域:GB/T 3304 中的数字代码。
同义名称:民族代码(数字)
关系:
计量单位:
备注:

中文名称:民族字母代码
内部标识符:01014
英文名称:alphabetic code of nationality
中文全拼:min-zu-zi-mu-dai-ma
定义:民族的字母代码。
对象类词:人
特性词:民族
表示词:字母代码
数据类型:字符型
数据格式:a2

值域:GB/T 3304 中的字母代码。
同义名称:民族代码(字母)
关系:
计量单位:
备注:

中文名称:婚姻状况
内部标识符:01015
英文名称:marital status
中文全拼:hun-yin-zhuang-kuang
定义:当前婚姻状态的说明。
对象类词:人
特性词:婚姻状况
表示词:描述
数据类型:字符型
数据格式:a..16
值域:GB/T 2261.2 中的婚姻状况。
同义名称:
关系:
计量单位:
备注:

中文名称:婚姻状况代码
内部标识符:01016
英文名称:code of marital status
中文全拼:hun-yin-zhuang-kuang-dai-ma
定义:婚姻状况的代码。
对象类词:人
特性词:婚姻状况
表示词:代码
数据类型:字符型
数据格式:n2
值域:GB/T 2261.2 中的婚姻状况代码。
同义名称:
关系:
计量单位:
备注:

中文名称:健康状况
内部标识符:01017
英文名称:state of health
中文全拼:jian-kang-zhuang-kuang
定义:人体生理机能及营养、发育方面状况的说明。

对象类词:人
特性词:健康状况
表示词:描述
数据类型:字符型
数据格式:a..20
值域:GB/T 2261.3 中的健康状况。
同义名称:
关系:
计量单位:
备注:

中文名称:健康状况代码
内部标识符:01018
英文名称:code for state of health
中文全拼:jian-kang-zhuang-kuang-dai-ma
定义:人体的健康状况代码。
对象类词:人
特性词:健康状况
表示词:代码
数据类型:字符型
数据格式:n2
值域:GB/T 2261.3 中的健康状况代码。
同义名称:
关系:
计量单位:
备注:

中文名称:国籍
内部标识符:01022
英文名称:citizenship
中文全拼:guo-ji
定义:公民所属的、并经认定具有特别地理和政治意义的国家名称。
对象类词:人
特性词:国籍
表示词:名称
数据类型:字符型
数据格式:a..40
值域:GB/T 2659 中国家的中文简称。
同义名称:
关系:
计量单位:
备注:

中文名称:国籍三字母代码
内部标识符:01023
英文名称:alpha-3 code of citizenship
中文全拼:guo-ji-san-zi-mu-dai-ma
定义:国籍的三位字母代码。
对象类词:人
特性词:国籍
表示词:字母代码
数据类型:字符型
数据格式:a3
值域:GB/T 2659 中的三字符拉丁字母代码。
同义名称:国籍代码(三字母)
关系:
计量单位:
备注:

中文名称:国籍两字母代码
内部标识符:01024
英文名称:alpha-2 code of citizenship
中文全拼:guo-ji-liang-zi-mu-dai-ma
定义:国籍的两位字母代码。
对象类词:人
特性词:国籍
表示词:字母代码
数据类型:字符型
数据格式:a2
值域:GB/T 2659 中的两字符拉丁字母代码。
同义名称:国籍代码(两字母)
关系:
计量单位:
备注:

中文名称:国籍数字代码
内部标识符:01025
英文名称:numeric code of citizenship
中文全拼:guo-ji-shu-zi-dai-ma
定义:国籍的数字代码。
对象类词:人
特性词:国籍
表示词:数字代码
数据类型:字符型
数据格式:n3

值域:GB/T 2659 中的数字代码。
同义名称:国籍代码(数字)
关系:
计量单位:
备注:

中文名称:从业状况
内部标识符:01027
英文名称:state of employment
中文全拼:cong-ye-zhuang-kuang
定义:按人员管理规定划分的人员的从业类别。
对象类词:人
特性词:从业状况
表示词:描述
数据类型:字符型
数据格式:a..14
值域:GB/T 2261.4 中的从业状况名称。
同义名称:个人身份
关系:
计量单位:
备注:

中文名称:从业状况代码
内部标识符:01028
英文名称:code for state of employment
中文全拼:cong-ye-zhuang-kuang-dai-ma
定义:人员的从业类别代码。
对象类词:人
特性词:从业状况
表示词:代码
数据类型:字符型
数据格式:n2
值域:GB/T 2261.4 中的从业状况代码。
同义名称:个人身份代码
关系:
计量单位:
备注:

中文名称:职业
内部标识符:01029
英文名称:occupation
中文全拼:zhi-ye
定义:从业人员为获取主要生活来源所从事的社会性工作的类别。

对象类词：人
特性词：职业
表示词：名称
数据类型：字符型
数据格式：a..30
值域：GB/T 6565 中的职业分类名称。
同义名称：
关系：
计量单位：
备注：

中文名称：职业代码
内部标识符：01030
英文名称：code of occupation
中文全拼：zhi-ye-dai-ma
定义：职业的分类代码。
对象类词：人
特性词：职业
表示词：代码
数据类型：字符型
数据格式：an3
值域：GB/T 6565 中的职业分类代码。
同义名称：
关系：
计量单位：
备注：

中文名称：工作单位
内部标识符：01031
英文名称：employment organization
中文全拼：gong-zuo-dan-wei
定义：人员从业所在机构的名称。
对象类词：人
特性词：工作单位
表示词：名称
数据类型：字符型
数据格式：an..100
值域：
同义名称：
关系：
计量单位：
备注：

中文名称:年收入
内部标识符:01032
英文名称:annual income
中文全拼:nian-shou-ru
定义:个人全年收入的总金额。
对象类词:人
特性词:年收入
表示词:金额
数据类型:数字型
数据格式:n..10,2
值域:
同义名称:
关系:
计量单位:元
备注:

中文名称:月收入
内部标识符:01033
英文名称:monthly income
中文全拼:yue-shou-ru
定义:个人的月收入金额。
对象类词:人
特性词:月收入
表示词:金额
数据类型:数字型
数据格式:n..10,2
值域:
同义名称:
关系:
计量单位:元
备注:

中文名称:专业技术职务
内部标识符:01034
英文名称:title of technical post
中文全拼:zhuan-ye-ji-shu-zhi-wu
定义:经专业技术职务任职资格评审委员会评审确认,或参加国家统一专业技术资格考试合格而取得的专业技术资格名称。
对象类词:人
特性词:专业技术职务
表示词:名称
数据类型:字符型

数据格式:a..30

值域:GB/T 8561 中的专业技术系列等级名称。

同义名称:

关系:

计量单位:

备注:

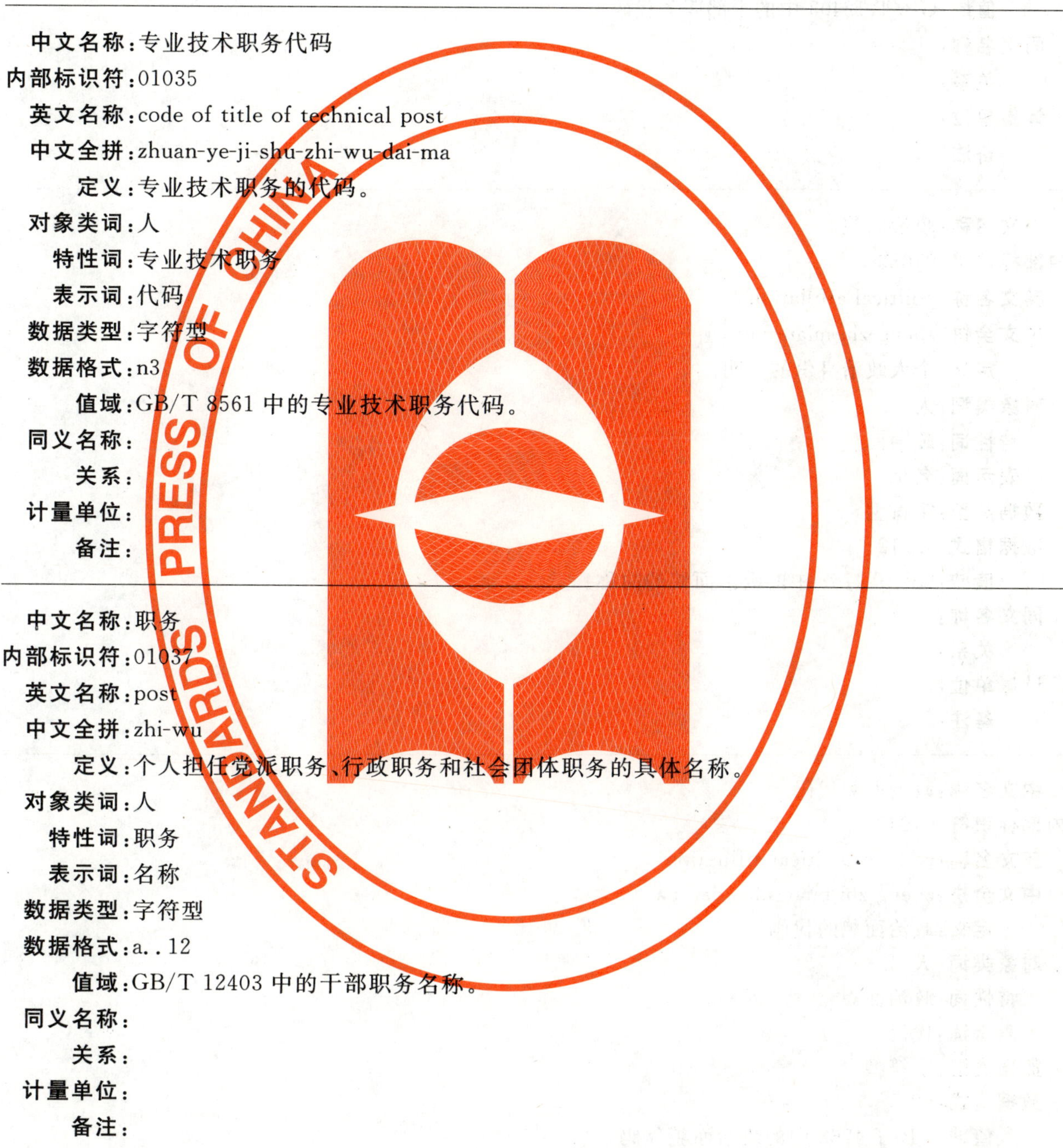

中文名称:专业技术职务代码

内部标识符:01035

英文名称:code of title of technical post

中文全拼:zhuan-ye-ji-shu-zhi-wu-dai-ma

定义:专业技术职务的代码。

对象类词:人

特性词:专业技术职务

表示词:代码

数据类型:字符型

数据格式:n3

值域:GB/T 8561 中的专业技术职务代码。

同义名称:

关系:

计量单位:

备注:

中文名称:职务

内部标识符:01037

英文名称:post

中文全拼:zhi-wu

定义:个人担任党派职务、行政职务和社会团体职务的具体名称。

对象类词:人

特性词:职务

表示词:名称

数据类型:字符型

数据格式:a..12

值域:GB/T 12403 中的干部职务名称。

同义名称:

关系:

计量单位:

备注:

中文名称:职务代码

内部标识符:01038

英文名称:code of post

中文全拼:zhi-wu-dai-ma

定义：干部的职务代码。
对象类词：人
特性词：职务
表示词：代码
数据类型：字符型
数据格式：an4
值域：GB/T 12403 中的干部职务代码。
同义名称：
关系：
计量单位：
备注：

中文名称：政治面貌
内部标识符：01039
英文名称：political affiliation
中文全拼：zheng-zhi-mian-mao
定义：个人政治身份的说明。
对象类词：人
特性词：政治面貌
表示词：名称
数据类型：字符型
数据格式：a..12
值域：GB/T 4762 中的政治面貌的简称。
同义名称：
关系：
计量单位：
备注：

中文名称：政治面貌代码
内部标识符：01040
英文名称：code of political affiliation
中文全拼：zheng-zhi-mian-mao-dai-ma
定义：政治面貌的代码。
对象类词：人
特性词：政治面貌
表示词：代码
数据类型：字符型
数据格式：n2
值域：GB/T 4762 中的政治面貌代码。
同义名称：
关系：
计量单位：
备注：

中文名称:所学专业
内部标识符:01043
英文名称:major
中文全拼:suo-xue-zhuan-ye
定义:根据科学分类和社会职业分工而进行学习的类别。
对象类词:人
特性词:所学专业
表示词:名称
数据类型:字符型
数据格式:a..30
值域:GB/T 16835 中的专业名称。
同义名称:
关系:
计量单位:
备注:

中文名称:所学专业代码
内部标识符:01044
英文名称:code for major
中文全拼:suo-xue-zhuan-ye-dai-ma
定义:所学专业名称的代码。
对象类词:人
特性词:所学专业
表示词:代码
数据类型:字符型
数据格式:n6
值域:GB/T 16835 中的专业代码。
同义名称:
关系:
计量单位:
备注:

中文名称:学位名称
内部标识符:01045
英文名称:degree
中文全拼:xue-wei-ming-cheng
定义:取得正式学位的名称。
对象类词:人
特性词:学位
表示词:名称
数据类型:字符型
数据格式:a..10

值域:GB/T 6864 中的学位名称。
同义名称:
关系:
计量单位:
备注:

中文名称:学位代码
内部标识符:01046
英文名称:code of degree
中文全拼:xue-wei-dai-ma
定义:学位的代码。
对象类词:人
特性词:学位
表示词:代码
数据类型:字符型
数据格式:n..3
值域:GB/T 6864 中的学位代码。
同义名称:
关系:
计量单位:
备注:

中文名称:学历名称
内部标识符:01047
英文名称:name for record of formal schooling
中文全拼:xue-li-ming-cheng
定义:受教育者在教育机构接受科学、文化知识训练并获得国家教育行政部门认可的学历证书的经历的名称。
对象类词:人
特性词:学历
表示词:名称
数据类型:字符型
数据格式:a..16
值域:GB/T 4658 中的学历名称。
同义名称:文化程度
关系:
计量单位:
备注:

中文名称:学历代码
内部标识符:01048
英文名称:code for record of formal schooling
中文全拼:xue-li-dai-ma

定义:学历的代码。
对象类词:人
特性词:学历
表示词:代码
数据类型:字符型
数据格式:n2
值域:GB/T 4658 中的学历代码。
同义名称:文化程度代码
关系:
计量单位:
备注:

中文名称:语种名称
内部标识符:01049
英文名称:name of foreign language
中文全拼:yu-zhong-ming-cheng
定义:某人所掌握语言的名称。
对象类词:人
特性词:语种
表示词:名称
数据类型:字符型
数据格式:a..20
值域:GB/T 4880 和 GB/T 4881 中的语种名称。
同义名称:
关系:
计量单位:
备注:

中文名称:语种代码
内部标识符:01050
英文名称:code of foreign language
中文全拼:yu-zhong-dai-ma
定义:代表语种的符号。
对象类词:人
特性词:语种
表示词:代码
数据类型:字符型
数据格式:a2
值域:GB/T 4880 和 GB/T 4881 中的语种代码。
同义名称:
关系:
计量单位:
备注:

中文名称:语种熟练程度
内部标识符:01051
英文名称:proficiency in foreign language
中文全拼:yu-zhong-shu-lian-cheng-du
定义:某人对除本国语种和本人使用的主要语种之外的其他语种的掌握程度。
对象类词:人
特性词:语种熟练程度
表示词:描述
数据类型:字符型
数据格式:a4
值域:GB/T 6865 中的语种熟练程度。
同义名称:
关系:
计量单位:
备注:

中文名称:语种熟练程度代码
内部标识符:01052
英文名称:code for proficiency in foreign language
中文全拼:yu-zhong-shu-lian-cheng-du-dai-ma
定义:语种熟练程度的代码。
对象类词:人
特性词:语种熟练程度
表示词:代码
数据类型:字符型
数据格式:n1
值域:GB/T 6865 中的语种熟练程度代码。
同义名称:
关系:
计量单位:
备注:

5.2 机构类

中文名称:机构名称
内部标识符:02001
英文名称:name of organization
中文全拼:ji-gou-ming-cheng
定义:一个机构的中文名称,该名称须经登记机关或批准机关所核准。一般使用机构的全称。其中,机构包括由企业登记机关、机构编制管理机关、社会团体登记机关及其他法律、法规规定的组织机构登记机关或批准机关核准注册或登记的企业、行政机关、事业单位和社会团体等。
对象类词:机构

特性词：名称
表示词：名称
数据类型：字符型
数据格式：an..100
值域：
同义名称：
关系：
计量单位：
备注：

中文名称：组织机构代码
内部标识符：02002
英文名称：code of organization
中文全拼：zu-zhi-ji-gou-dai-ma
定义：由全国组织机构代码管理中心为在中华人民共和国境内依法成立的机关、企业、事业单位、社会团体和民办非企业单位等机构赋予的一个全国范围内唯一的、始终不变的法定代码标识。
对象类词：机构
特性词：标识
表示词：代码
数据类型：字符型
数据格式：an9
值域：符合 GB 11714 中的组织机构代码编制规则。
同义名称：
关系：
计量单位：
备注：

中文名称：企业注册号
内部标识符：02003
英文名称：enterprise registration number
中文全拼：qi-ye-zhu-ce-hao
定义：企业(包括个体工商户)在工商登记机关注册的营业执照上的唯一注册号。
对象类词：企业
特性词：注册号
表示词：代码
数据类型：字符型
数据格式：an..15
值域：
同义名称：
关系：
计量单位：
备注：

中文名称:纳税人识别号
内部标识符:02004
英文名称:Taxpayer identification number of taxation bureau
中文全拼:na-shui-ren-shi-bie-hao
定义:税务部门为纳税人分配的唯一税务登记编号。
对象类词:纳税人
特性词:识别号
表示词:代码
数据类型:字符型
数据格式:an..20
值域:
同义名称:
关系:
计量单位:
备注:

中文名称:机构类型
内部标识符:02009
英文名称:organization type
中文全拼:ji-gou-lei-xing
定义:以企业登记机关、机构编制管理机关和社会团体登记机关核定或确定的类型为准,参照其他法律、法规规定的组织机构登记或批准机关核定或确定的类型。
对象类词:机构
特性词:类型
表示词:名称
数据类型:字符型
数据格式:a..20
值域:GB/T 16987 中的如下枚举值:
——企业法人;
——企业分支机构;
——企业其他;
——事业法人;
——事业其他;
——社团法人;
——社团其他;
——行政机关;
——民办非企业单位;
——个体;
——工会法人;
——其他机构。
同义名称:
关系:

计量单位：

备注：

中文名称：机构类型代码

内部标识符：02010

英文名称：code of organization type

中文全拼：ji-gou-lei-xing-dai-ma

定义：机构类型的代码，包括行政机关、事业单位、企业和社会团体等机构类型的代码。

对象类词：机构

特性词：类型

表示词：代码

数据类型：字符型

数据格式：n2

值域：GB/T 16987 中的如下枚举值：

——10 企业法人；

——11 企业分支机构；

——19 企业其他；

——20 事业法人；

——29 事业其他；

——30 社团法人；

——39 社团其他；

——40 行政机关；

——50 民办非企业单位；

——60 个体；

——70 工会法人；

——90 其他机构。

同义名称：

关系：

计量单位：

备注：

中文名称：经济类型

内部标识符：02011

英文名称：economic category

中文全拼：jing-ji-lei-xing

定义：按不同资本(资金来源和资本组合方式)划分的经济组织和其他组织机构的类别。

对象类词：机构

特性词：经济类型

表示词：名称

数据类型：字符型

数据格式：a..30

值域：GB/T 12402 中的经济类型名称。

同义名称：

关系：
计量单位：
备注：当对企业经济类型进行划分时，该数据元也称为“企业类型”。

中文名称：经济类型代码
内部标识符：02012
英文名称：code of economic category
中文全拼：jing-ji-lei-xing-dai-ma
定义：机构经济类型的分类代码。
对象类词：机构
特性词：经济类型
表示词：代码
数据类型：字符型
数据格式：n3
值域：GB/T 12402 中的经济类型代码。
同义名称：
关系：
计量单位：
备注：

中文名称：行业名称
内部标识符：02013
英文名称：name of industry
中文全拼：hang-ye-ming-cheng
定义：按机构所从事的生产经营活动或其他社会经济活动的性质划分的类别。
对象类词：机构
特性词：所属行业
表示词：名称
数据类型：字符型
数据格式：a..42
值域：GB/T 4754 中的类别名称。
同义名称：所属行业
关系：
计量单位：
备注：

中文名称：行业代码
内部标识符：02014
英文名称：code for industry
中文全拼：hang-ye-dai-ma
定义：机构所属的国民经济行业的分类代码。
对象类词：机构
特性词：所属行业

表示词:代码
数据类型:字符型
数据格式:n..4
值域:GB/T 4754 中的代码。
同义名称:所属行业代码
关系:
计量单位:
备注:

中文名称:隶属关系
内部标识符:02015
英文名称:subordination of organization
中文全拼:li-shu-guan-xi
定义:机构与上级行政机构的从属关系。
对象类词:机构
特性词:隶属关系
表示词:名称
数据类型:字符型
数据格式:a..30
值域:GB/T 12404 中的隶属关系名称。
同义名称:
关系:
计量单位:
备注:

中文名称:隶属关系代码
内部标识符:02016
英文名称:code for subordination of organization
中文全拼:li-shu-guan-xi-dai-ma
定义:机构与上级行政机构从属关系的代码。
对象类词:机构
特性词:隶属关系
表示词:代码
数据类型:字符型
数据格式:n2
值域:GB/T 12404 中的代码。
同义名称:
关系:
计量单位:
备注:

中文名称:负责人
内部标识符:02019
英文名称:director
中文全拼:fu-ze-ren
定义:机构登记机关或批准机关核发的有效证照或批文上的负责人的姓名。
对象类词:机构
特性词:负责人
表示词:名称
数据类型:字符型
数据格式:a..30
值域:
同义名称:
关系:从数据元 01001"姓名"派生而来。
计量单位:
备注:

中文名称:法定代表人
内部标识符:02020
英文名称:legal representative
中文全拼:fa-ding-dai-biao-ren
定义:机构登记机关或批准机关核发的有效证照或批文上的法定代表人的姓名。
对象类词:机构
特性词:法定代表人
表示词:名称
数据类型:字符型
数据格式:a..30
值域:
同义名称:
关系:从数据元 01001"姓名"派生而来。
计量单位:
备注:

中文名称:注册资本
内部标识符:02021
英文名称:registered capital
中文全拼:zhu-ce-zi-ben
定义:机构在登记管理机关依法登记的资本总额。
对象类词:机构
特性词:注册资本
表示词:金额
数据类型:数字型
数据格式:n..18,6

值域:
同义名称:注册资金
关系:
计量单位:万元
备注:

中文名称:信用等级
内部标识符:02022
英文名称:credit rating
中文全拼:xin-yong-deng-ji
定义:机构的信用级别。
对象类词:机构
特性词:信用等级
表示词:代码
数据类型:字符型
数据格式:an..10
值域:
同义名称:
关系:与数据元 02023“信用评定机构”连用。
计量单位:
备注:

中文名称:信用评定机构
内部标识符:02023
英文名称:credit rating agency
中文全拼:xin-yong-ping-ding-ji-gou
定义:对企业、社会团体、事业单位等机构进行信用等级评定的组织。
对象类词:机构
特性词:信用评定机构
表示词:名称
数据类型:字符型
数据格式:an..100
值域:
同义名称:
关系:与数据元 02022“信用等级”连用。
计量单位:
备注:

中文名称:经营范围
内部标识符:02024
英文名称:business scope
中文全拼:jing-ying-fan-wei
定义:机构登记机关或批准机关核发的有效证照或批文上登记的生产和经营商品的类别、品种及服务项目等。
对象类词:机构
特性词:经营范围
表示词:描述
数据类型:字符型
数据格式:a..1000
值域:
同义名称:业务范围
关系:
计量单位:
备注:包括主营范围和兼营范围。

中文名称:经营场所
内部标识符:02027
英文名称:place of operation
中文全拼:jing-ying-chang-suo
定义:机构进行具体生产、经营、服务活动的场所。
对象类词:机构
特性词:经营场所
表示词:描述
数据类型:字符型
数据格式:an..100
值域:
同义名称:营业场所
关系:
计量单位:
备注:

中文名称:成立日期
内部标识符:02042
英文名称:date of setting up
中文全拼:cheng-li-ri-qi
定义:机构注册或被批准成立的日期。
对象类词:机构
特性词:成立日期
表示词:日期
数据类型:日期型
数据格式:YYYYMMDD或YYYY-MM-DD
值域:
同义名称:
关系:
计量单位:
备注:符合GB/T 7408中的日历日期,YYYYMMDD为基本格式,YYYY-MM-DD为扩展格式。

中文名称:注销日期
内部标识符:02043
英文名称:date of logout
中文全拼:zhu-xiao-ri-qi
定义:机构注销的日期。
对象类词:机构
特性词:注销日期
表示词:日期
数据类型:日期型
数据格式:YYYYMMDD 或 YYYY-MM-DD
值域:
同义名称:
关系:
计量单位:
备注:符合 GB/T 7408 中的日历日期,YYYYMMDD 为基本格式,YYYY-MM-DD 为扩展格式。

5.3 位置类

中文名称:国家和地区名称
内部标识符:03001
英文名称:name of country and region
中文全拼:guo-jia-he-di-qu-ming-cheng
定义:世界各国和地区的名称。
对象类词:地址
特性词:国家和地区
表示词:名称
数据类型:字符型
数据格式:an..50
值域:GB/T 2659 中世界各国和地区的中文全称名称。
同义名称:
关系:
计量单位:
备注:

中文名称:国家和地区三字母代码
内部标识符:03002
英文名称:alpha-3 code of country and region
中文全拼:guo-jia-he-di-qu-san-zi-mu-dai-ma
定义:世界各国和地区名称的三位字母代码。
对象类词:地址
特性词:国家和地区
表示词:字母代码

数据类型:字符型
数据格式:a3
值域:GB/T 2659 中世界各国和地区的三字母代码。
同义名称:国家和地区代码(三字母)
关系:
计量单位:
备注:

中文名称:国家和地区两字母代码
内部标识符:03003
英文名称:alpha-2 code of country and region
中文全拼:guo-jia-he-di-qu-liang-zi-mu-dai-ma
定义:世界各国和地区名称的两位字母代码。
对象类词:地址
特性词:国家和地区
表示词:字母代码
数据类型:字符型
数据格式:a2
值域:GB/T 2659 中世界各国和地区的两字母代码。
同义名称:国家和地区代码(两字母)
关系:
计量单位:
备注:

中文名称:国家和地区数字代码
内部标识符:03004
英文名称:numeric code of country and region
中文全拼:guo-jia-he-di-qu-shu-zi-dai-ma
定义:世界各国和地区名称的数字代码。
对象类词:地址
特性词:国家和地区
表示词:数字代码
数据类型:字符型
数据格式:n3
值域:GB/T 2659 中世界各国和地区的数字代码。
同义名称:国家和地区代码(数字)
关系:
计量单位:
备注:

中文名称:行政区划名称
内部标识符:03005
英文名称:name of administrative division
中文全拼:xing-zheng-qu-hua-ming-cheng

定义：设有国家政权机关的各级地区的名称。
对象类词：地址
特性词：行政区划
表示词：名称
数据类型：字符型
数据格式：a..50
值域：GB/T 2260 中的行政区划名称。
同义名称：省市县(区)
关系：
计量单位：
备注：

中文名称：行政区划字母代码
内部标识符：03006
英文名称：alpha code of administrative division
中文全拼：xing-zheng-qu-hua-zi-mu-dai-ma
定义：设有国家政权机关的各级地区的字母代码。
对象类词：地址
特性词：行政区划
表示词：字母代码
数据类型：字符型
数据格式：a3
值域：GB/T 2260 中的行政区划字母代码。
同义名称：行政区划代码(字母)
关系：
计量单位：
备注：

中文名称：行政区划数字代码
内部标识符：03007
英文名称：numeric code of administrative division
中文全拼：xing-zheng-qu-hua-shu-zi-dai-ma
定义：设有国家政权机关的各级地区的数字代码。
对象类词：地址
特性词：行政区划
表示词：数字代码
数据类型：字符型
数据格式：n6
值域：GB/T 2260 中的行政区划数字代码。
同义名称：行政区划代码(数字)
关系：
计量单位：
备注：

中文名称：乡镇(街道)名称
内部标识符：03008
英文名称：name of administrative divisions under counties
中文全拼：xiang-zhen(jie-dao)ming-cheng
定义：我国区、县以下行政区划乡、镇、街道办事处等的名称。
对象类词：地址
特性词：乡镇(街道)
表示词：名称
数据类型：字符型
数据格式：an..100
值域：
同义名称：
关系：
计量单位：
备注：

中文名称：街路巷
内部标识符：03009
英文名称：street, road, alley
中文全拼：jie-lu-xiang
定义：街、路、巷等的名称。
对象类词：地址
特性词：街路巷
表示词：名称
数据类型：字符型
数据格式：an..100
值域：
同义名称：
关系：
计量单位：
备注：

中文名称：门(楼)牌号
内部标识符：03010
英文名称：number of apartment(building)
中文全拼：men(lou)-pai-hao
定义：门(楼)牌号的描述。
对象类词：地址
特性词：门(楼)牌号
表示词：描述
数据类型：字符型
数据格式：an..100
值域：

同义名称:
关系:
计量单位:
备注:

中文名称:通信地址
内部标识符:03011
英文名称:contact address
中文全拼:tong-xin-di-zhi
定义:人员或机构的邮政通信地址。
对象类词:联系方式
特性词:通信地址
表示词:描述
数据类型:字符型
数据格式:an..100
值域:
同义名称:
关系:与数据元03012“邮政编码”连用。
计量单位:
备注:

中文名称:邮政编码
内部标识符:03012
英文名称:postalcode
中文全拼:you-zheng-bian-ma
定义:国家和地区邮政编码
对象类词:联系方式
特性词:邮政编码
表示词:代码
数据类型:字符型
数据格式:n6
值域:
同义名称:
关系:与数据元03011“通信地址”连用。
计量单位:
备注:符合《中国地址邮政编码簿》。

中文名称:详细地址
内部标识符:03013
英文名称:detail address
中文全拼:xiang-xi-di-zhi
定义:机构或人员的详细地址。
对象类词:地址
特性词:详细地址

表示词:描述
数据类型:字符型
数据格式:an..400
值域:
同义名称:
应用约束:
分类方案值:
关系:可以由数据元03005“行政区划名称”、03008“乡镇(街道)名称”、03009“街路巷”、03010“门(楼)牌号”组成。
计量单位:
备注:

中文名称:电子信箱
内部标识符:03014
英文名称:email
中文全拼:dian-zi-xin-xiang
定义:机构或人员的电子邮件的收发地址。
对象类词:联系方式
特性词:电子信箱
表示词:代码
数据类型:字符型
数据格式:an..50
值域:
同义名称:E-mail,电子邮件地址,电子邮箱
关系:
计量单位:
备注:

中文名称:联系电话
内部标识符:03015
英文名称:telephone number
中文全拼:lian-xi-dian-hua
定义:机构或人员的联系电话号码。
对象类词:联系方式
特性词:联系电话
表示词:号码
数据类型:字符型
数据格式:an..18
值域:
同义名称:电话、电话号码
关系:
计量单位:
备注:完整的电话号码包括国际区号、国内长途区号、本地电话号和分机号,之间用“-”分割。

中文名称:传真
内部标识符:03016
英文名称:fax number
中文全拼:chuan-zhen
定义:机构或人员的传真号码。
对象类词:联系方式
特性词:传真
表示词:号码
数据类型:字符型
数据格式:an..18
值域:
同义名称:
关系:
计量单位:
备注:完整的传真号码包括国际区号、国内长途区号、本地电话号和分机号,之间用“-”分割。

中文名称:移动电话
内部标识符:03017
英文名称:mobile telephone number
中文全拼:yi-dong-dian-hua
定义:机构或人员的移动电话号码。
对象类词:联系方式
特性词:移动电话
表示词:号码
数据类型:字符型
数据格式:an..18
值域:
同义名称:手机号码
关系:
计量单位:
备注:

中文名称:网址
内部标识符:03018
英文名称:website
中文全拼:wang-zhi
定义:人员或机构的互联网地址。
对象类词:地址
特性词:网址
表示词:代码
数据类型:字符型
数据格式:an..50
值域:

同义名称：
关系：
计量单位：
备注：

5.4 时间类

中文名称：日期
内部标识符：04001
英文名称：date
中文全拼：ri-qi
定义：特定日历日的标识。由日历年、日历月、日历日等组合表示。
对象类词：日期时间
特性词：日期
表示词：日期
数据类型：日期型
数据格式：YYYYMMDD 或 YYYY-MM-DD
值域：
同义名称：
关系：
计量单位：
备注：符合 GB/T 7408 中的日历日期，YYYYMMDD 为基本格式，YYYY-MM-DD 为扩展格式。

中文名称：时间
内部标识符：04002
英文名称：time
中文全拼：shi-jian
定义：公共使用的当地时钟时间。
对象类词：日期时间
特性词：时间
表示词：日期
数据类型：日期时间
数据格式：hhmmss 或 hh：mm：ss
值域：
同义名称：
关系：
计量单位：
备注：符合 GB/T 7408 中“日的当地时间”，hhmmss 为基本格式，hh：mm：ss 为扩展格式。

中文名称：日期时间
内部标识符：04003
英文名称：dateTime
中文全拼：ri-qi-shi-jian
定义：特定日历日的某个具体时间。

对象类词：日期时间
特性词：日期时间
表示词：日期时间
数据类型：日期时间
数据格式：YYYYMMDDThhmmss 或 YYYY-MM-DDThh：mm：ss
值域：
同义名称：
关系：
计量单位：
备注：符合 GB/T 7408 中日期和时间的组合，YYYYMMDDThhmmss 为基本格式，YYYY-MM-DDThh：mm：ss 为扩展格式，其中 T 为分割日期和时间的标志符，在不引起混淆的情况下，T 也可以省略。

中文名称：期限
内部标识符：04004
英文名称：period
中文全拼：qi-xian
定义：两个时刻之间的时间段。
对象类词：日期时间
特性词：期限
表示词：日期时间
数据类型：时间间隔
数据格式：PnYnMnDnTnHnMnS 或 YYYYMMDDThhmmss/YYYYMMDDThhmmss
值域：
同义名称：
关系：
计量单位：
备注：符合 GB/T 7408 中的时间间隔表示法，YYYYMMDDThhmmss/YYYYMMDDThhmmss 表示由起点和终点标识的期限；PnYnMnDnTnHnMnS 表示仅由周期标识的期限，如 P2Y10M15DT10H30M20S 表示为两年、10 个月、15 天、10 小时、30 分钟和 20 秒的周期的期限。

中文名称：年
内部标识符：04005
英文名称：year
中文全拼：nian
定义：周期等于一个日历年的时间单位。
对象类词：日期时间
特性词：年
表示词：日期
数据类型：日期型
数据格式：YYYY
值域：
同义名称：年份

关系：
计量单位：
备注：符合 GB/T 7408 中的日历年。

中文名称：月
内部标识符：04006
英文名称：month
中文全拼：yue
定义：周期等于一个日历月的时间单位。
对象类词：日期时间
特性词：月
表示词：日期时间
数据类型：日期型
数据格式：MM
值域：
同义名称：月份
关系：
计量单位：
备注：符合 GB/T 7408 中的日历月。

中文名称：季度
内部标识符：04007
英文名称：quarter of year
中文全拼：ji-du
定义：三个月的时间单位。
对象类词：日期时间
特性词：季度
表示词：名称
数据类型：字符型
数据格式：a8
值域：如下枚举值：
——第一季度；
——第二季度；
——第三季度；
——第四季度。
同义名称：
关系：
计量单位：
备注：

5.5 公文类

中文名称：秘密等级
内部标识符：05001

英文名称:secret level
中文全拼:mi-mi-deng-ji
定义:公文的保密程度。
对象类词:公文
特性词:秘密等级
表示词:描述
数据类型:字符型
数据格式:a6
值域:根据 GB/T 9704—1999,可以取下列枚举值:
——秘密;
——机密;
——绝密。
同义名称:密级
关系:与数据元 05002"保密期限"连用。
计量单位:
备注:也可用于其他类型的文档。

中文名称:保密期限
内部标识符:05002
英文名称:secret period
中文全拼:bao-mi-qi-xian
定义:公文的保密期限,是对公文密级的时效说明。
对象类词:公文
特性词:保密期限
表示词:日期时间
数据类型:时间间隔
数据格式:PnYnMnDnTnHnMnS
值域:
同义名称:
关系:由数据元 04004"期限"派生而来,与数据元 05001"秘密等级"连用。
计量单位:
备注:P 表示时间间隔(周期)标志符,Y 表示年,M 表示月,n 表示一个正整数或零的数字,比如 P3Y 表示保密期限为 3 年。

中文名称:紧急程度
内部标识符:05003
英文名称:urgency degree
中文全拼:jin-ji-cheng-du
定义:对公文送达时限的要求。
对象类词:公文
特性词:紧急程度
表示词:描述
数据类型:字符型
数据格式:a4

值域：根据 GB/T 9704—1999，可以取下列枚举值：
——特急；
——急件。
同义名称：
关系：
计量单位：
备注：

中文名称：发文字号
内部标识符：05006
英文名称：symbol of document issuing
中文全拼：fa-wen-zi-hao
定义：某一公文的简要标识，由发文机关代字、发文年份和发文序号组成。
对象类词：公文
特性词：发文字号
表示词：描述
数据类型：字符型
数据格式：an..30
值域：
同义名称：
关系：数据元 05009“发文机关代字”、05010“发文年份”、05011“发文序号”一起可组成公文的发文字号。
计量单位：
备注：

中文名称：发文机关标识
内部标识符：05007
英文名称：ID for department issuing the document
中文全拼：fa-wen-ji-guan-biao-shi
定义：通常由发文机关全称或规范化简称加相应的标识后缀组成，标识后缀一般为“文件”二字或公文种类名称，即纸面公文中的“红头”。联合行文时，主办机关名称在前。
对象类词：公文
特性词：发文机关标识
表示词：描述
数据类型：字符型
数据格式：a..200
值域：
同义名称：
关系：由数据元 05008“发文机关”加适当后缀组成。
计量单位：
备注：发文机关标识中可以包括多个发文机关的名称，中间用“/”分割。

中文名称：发文机关
内部标识符：05008

英文名称:issuing department of document
中文全拼:fa-wen-ji-guan
定义:公文的制发机关名称,一般采用全称或规范化简称。
对象类词:公文
特性词:发文机关
表示词:名称
数据类型:字符型
数据格式:a..100
值域:
同义名称:
关系:
计量单位:
备注:

中文名称:发文机关代字
内部标识符:05009
英文名称:symbol of department issuing the document
中文全拼:fa-wen-ji-guan-dai-zi
定义:公文的发文机关代字。一般由两个层次组成,第一层次是发文机关代字,第二层次是发文机关主办文件的部门的代字。
对象类词:公文
特性词:发文机关代字
表示词:名称
数据类型:字符型
数据格式:a..20
值域:
同义名称:
关系:与数据元 05010“发文年份”、05011“发文序号”连用可形成公文的发文字号。
计量单位:
备注:

中文名称:发文年份
内部标识符:05010
英文名称:year of document issuing
中文全拼:fa-wen-nian-fen
定义:公文发文的年份。
对象类词:公文
特性词:发文年份
表示词:日期
数据类型:日期型
数据格式:YYYY
值域:
同义名称:
关系:与数据元 05009“发文机关代字”、05011“发文序号”一起可组成公文的发文字号。

计量单位：
备注：

中文名称：发文序号
内部标识符：05011
英文名称：serial number of document issuing
中文全拼：fa-wen-xu-hao
定义：某一年度中公文发文的流水号。
对象类词：公文
特性词：发文序号
表示词：号码
数据类型：字符型
数据格式：n..4
值域：
同义名称：
关系：与数据元 05009“发文机关代字”、05010“发文年份”一起可组成公文的发文字号。
计量单位：
备注：

中文名称：成文日期
内部标识符：05012
英文名称：accomplishment date of document
中文全拼：cheng-wen-ri-qi
定义：公文的生效日期。
对象类词：公文
特性词：成文日期
表示词：日期
数据类型：日期型
数据格式：YYYYMMDD 或 YYYY-MM-DD
值域：
同义名称：
关系：由数据元 04001“日期”派生而来。
计量单位：
备注：符合 GB/T 7408 中的日历日期，YYYYMMDD 为基本格式，YYYY-MM-DD 为扩展格式。

中文名称：签发人
内部标识符：05013
英文名称：document endorsing person
中文全拼：qian-fa-ren
定义：签发公文的人的姓名。
对象类词：公文
特性词：签发人姓名
表示词：名称
数据类型：字符型

数据格式:a..30

值域:

同义名称:

关系:由数据元01001“姓名”派生而来。

计量单位:

备注:

中文名称:公文种类

内部标识符:05015

英文名称:type of document

中文全拼:gong-wen-zhong-lei

定义:行政机关公文种类的名称。

对象类词:公文

特性词:种类

表示词:名称

数据类型:字符型

数据格式:a..8

值域:根据《国家行政机关公文处理办法》(2000年发布),可以取下列枚举值:

——命令(令);

——决定;

——公告;

——通告;

——通知;

——通报;

——议案;

——报告;

——请示;

——批复;

——意见;

——函;

——会议纪要。

同义名称:

关系:

计量单位:

备注:

中文名称:公文种类代码

内部标识符:05016

英文名称:code of document type

中文全拼:gong-wen-zhong-lei-dai-ma

定义:行政机关公文种类的代码。

对象类词:公文

特性词:种类

表示词:代码

数据类型:字符型
数据格式:n2
值域:可以取下列枚举值:
——01 命令(令);
——02 决定;
——03 公告;
——04 通告;
——05 通知;
——06 通报;
——07 议案;
——08 报告;
——09 请示;
——10 批复;
——11 意见;
——12 函;
——13 会议纪要。
同义名称:
关系:
计量单位:
备注:

中文名称:公文标题
内部标识符:05017
英文名称:title of document
中文全拼:gong-wen-biao-ti
定义:对公文主要内容的简要概括。标题中需要标明公文的种类。
对象类词:公文
特性词:标题
表示词:名称
数据类型:字符型
数据格式:..ul
值域:
同义名称:
关系:
计量单位:
备注:

中文名称:公文正文
内部标识符:05018
英文名称:text of document
中文全拼:gong-wen-zheng-wen
定义:公文的正文,是对公文的主体内容描述。
对象类词:公文

特性词：正文

表示词：描述

数据类型：字符型

数据格式：..ul

值域：

同义名称：

关系：

计量单位：

备注：

中文名称：主题词

内部标识符：05019

英文名称：thesauri of document

中文全拼：zhu-ti-ci

定义：公文的主题词词目。

对象类词：公文

特性词：主题词

表示词：名称

数据类型：字符型

数据格式：a..100

值域：

同义名称：

关系：

计量单位：

备注：

中文名称：主送机关

内部标识符：05023

英文名称：document-sent-to department

中文全拼：zhu-song-ji-guan

定义：公文的主要受理机关。通常使用主送机关的全称或规范化简称。

对象类词：公文

特性词：主送机关

表示词：名称

数据类型：字符型

数据格式：a..100

值域：

同义名称：

关系：

计量单位：

备注：

中文名称:抄送机关
内部标识符:05024
英文名称:document-copied-to department
中文全拼:chao-song-ji-guan
定义:除主送机关以外的其他需要执行或知晓公文的其他机关名称。
对象类词:公文
特性词:抄送机关
表示词:名称
数据类型:字符型
数据格式:a..100
值域:
同义名称:
关系:
计量单位:
备注:

中文名称:份数序号
内部标识符:05025
英文名称:serial number
中文全拼:fen-shu-xu-hao
定义:同一公文印刷份数的顺序号。
对象类词:公文
特性词:份数序号
表示词:号码
数据类型:数字型
数据格式:n..4
值域:
同义名称:
关系:
计量单位:
备注:

中文名称:印发机关
内部标识符:05026
英文名称:printing department
中文全拼:yin-fa-ji-guan
定义:公文印制部门的名称。
对象类词:公文
特性词:印发机关
表示词:名称
数据类型:字符型
数据格式:a..100

值域：
同义名称：
关系：
计量单位：
备注：

中文名称：印发日期
内部标识符：05027
英文名称：printing date
中文全拼：yin-fa-ri-qi
定义：公文印发的日期。
对象类词：公文
特性词：印发日期
表示词：日期
数据类型：日期型
数据格式：YYYYMMDD 或 YYYY-MM-DD
值域：
同义名称：
关系：
计量单位：
备注：符合 GB/T 7408 中的日历日期，YYYYMMDD 为基本格式，YYYY-MM-DD 为扩展格式。

5.6 金融类

中文名称：货币名称
内部标识符：06001
英文名称：name of currency
中文全拼：huo-bi-ming-cheng
定义：价值交换的中介的名称，根据发行它的有关国家或地区给出的名称确定。
对象类词：货币
特性词：名称
表示词：名称
数据类型：字符型
数据格式：a..30
值域：GB/T 12406 中货币的中文名称。
同义名称：币种
关系：
计量单位：
备注：

中文名称：货币字母代码
内部标识符：06002
英文名称：alphabetic code of currency
中文全拼：huo-bi-zi-mu-dai-ma

定义:有关国家或地区的货币的字母代码。
对象类词:货币
特性词:标识
表示词:字母代码
数据类型:字符型
数据格式:a3
值域:GB/T 12406 中的字母型代码。
同义名称:货币代码(字母)、币种字母代码
关系:
计量单位:
备注:

中文名称:货币数字代码
内部标识符:06003
英文名称:numeric code of currency
中文全拼:huo-bi-shu-zi-dai-ma
定义:有关国家或地区的货币的数字代码。
对象类词:货币
特性词:标识
表示词:数字代码
数据类型:字符型
数据格式:n3
值域:GB/T 12406 中的数字型代码。
同义名称:货币代码(数字)、币种数字代码
关系:
计量单位:
备注:

中文名称:金额
内部标识符:06004
英文名称:amount
中文全拼:jin-e
定义:货币单位的数量
对象类词:货币
特性词:金额
表示词:金额
数据类型:数字型
数据格式:n..18,2
值域:
同义名称:
关系:与数据元 06001“货币名称”连用。
计量单位:
备注:

中文名称:开户银行
内部标识符:06008
英文名称:name of bank
中文全拼:kai-hu-ying-hang
定义:账户开立户头所在的银行机构的名称。
对象类词:开户银行
特性词:名称
表示词:名称
数据类型:字符型
数据格式:a..100
值域:
同义名称:开户行
关系:与数据元06009“账户名称”、数据元06010“账号”连用。
计量单位:
备注:

中文名称:账户名称
内部标识符:06009
英文名称:name of account
中文全拼:zhang-hu-ming-cheng
定义:账户在开户银行开户时使用的名称。
对象类词:账户
特性词:名称
表示词:名称
数据类型:字符型
数据格式:a..30
值域:
同义名称:账户
关系:与数据元06010“账号”、06008“开户银行”连用。
计量单位:
备注:

中文名称:账号
内部标识符:06010
英文名称:number of account
中文全拼:zhang-hao
定义:账户在银行的唯一标识号码。
对象类词:账户
特性词:标识
表示词:号码
数据类型:字符型
数据格式:n..30

值域：
同义名称：
关系：与数据元 06009“账户名称”、06008“开户银行”连用。
计量单位：
备注：

中文名称：支票号
内部标识符：06011
英文名称：number of check
中文全拼：zhi-piao-hao
定义：支票的唯一标识号码。
对象类词：支票
特性词：标识
表示词：号码
数据类型：字符型
数据格式：an..30
值域：
同义名称：
关系：
计量单位：
备注：

中文名称：利率
内部标识符：06019
英文名称：interest rate
中文全拼：li-lü
定义：利息的比率。
对象类词：利息
特性词：比率
表示词：比率
数据类型：数字型
数据格式：n..12,6
值域：
同义名称：
关系：
计量单位：
备注：

中文名称：汇率
内部标识符：06020
英文名称：exchange rate
中文全拼：hui-lü
定义：不同种类货币单位之间的兑换比例。

对象类词:货币
特性词:兑换率
表示词:比率
数据类型:数字型
数据格式:n..12,6
值域:
同义名称:
关系:
计量单位:
备注:

5.7 其他类

中文名称:物品名称
内部标识符:99001
英文名称:name of article
中文全拼:wu-pin-ming-cheng
定义:用来交换的劳动产品的名称。
对象类词:物品
特性词:名称
表示词:名称
数据类型:字符型
数据格式:a..30
值域:
同义名称:
关系:
计量单位:
备注:

中文名称:进出口商品代码
内部标识符:99002
英文名称:code for import/export commodity
中文全拼:jin-chu-kou-shang-pin-dai-ma
定义:海关依据世界海关组织《商品名称及编码协调制度》对进出口货物规定的类别标识符号。
对象类词:进出口商品
特性词:HS编码
表示词:代码
数据类型:字符型
数据格式:an8..16
值域:符合《进出口税则》、《海关统计商品目录》和《中国海关报关实用手册》中的《商品综合分类表》。
同义名称:商品编号
关系:

计量单位：
备注：

中文名称：商品标识代码
内部标识符：99003
英文名称：identification code for commodity
中文全拼：shang-pin-biao-shi-dai-ma
定义：由国际物品编码协会(EAN)和统一代码委员会(UCC)规定的、用于标识商品的一组数字，包括 EAN/UCC-13、EAN/UCC-8 和 UCC-12 代码。
对象类词：商品
特性词：标识
表示词：代码
数据类型：字符型
数据格式：n..13
值域：符合 GB 12904。
同义名称：
关系：
计量单位：
备注：

中文名称：产品分类代码
内部标识符：99004
英文名称：code for national central product classification
中文全拼：chan-pin-fen-lei-dai-ma
定义：根据产品属性对产品进行类别标识的符号。
对象类词：产品
特性词：分类
表示词：代码
数据类型：字符型
数据格式：n8
值域：GB/T 7635 中的代码。
同义名称：产品 CPC 代码
关系：
计量单位：
备注：

索　引

内部标识符索引

内部标识符	中文名称	内部标识符	中文名称
03011	通信地址	05013	签发人
03012	邮政编码	05015	公文种类
03013	详细地址	05016	公文种类代码
03014	电子信箱	05017	公文标题
03015	联系电话	05018	公文正文
03016	传真	05019	主题词
03017	移动电话	05023	主送机关
03018	网址	05024	抄送机关
04001	日期	05025	份数序号
04002	时间	05026	印发机关
04003	日期时间	05027	印发日期
04004	期限	06001	货币名称
04005	年	06002	货币字母代码
04006	月	06003	货币数字代码
04007	季度	06004	金额
05001	秘密等级	06008	开户银行
05002	保密期限	06009	账户名称
05003	紧急程度	06010	账号
05006	发文字号	06011	支票号
05007	发文机关标识	06019	利率
05008	发文机关	06020	汇率
05009	发文机关代字	99001	物品名称
05010	发文年份	99002	进出口商品代码
05011	发文序号	99003	商品标识代码
05012	成文日期	99004	产品分类代码

中文名称索引

中文名称	内部标识符	中文名称	内部标识符
所学专业代码	01044	语种代码	01050
通信地址	03011	语种名称	01049
网址	03018	语种熟练程度	01051
物品名称	99001	语种熟练程度代码	01052
乡镇(街道)名称	03008	月	04006
详细地址	03013	月收入	01033
信用等级	02022	账号	06010
信用评定机构	02023	账户名称	06009
行政区划名称	03005	照片	01006
行政区划数字代码	03007	政治面貌	01039
行政区划字母代码	03006	政治面貌代码	01040
姓名	01001	支票号	06011
姓名汉语拼音	01002	职务	01037
性别	01010	职务代码	01038
性别代码	01011	职业	01029
学历代码	01048	职业代码	01030
学历名称	01047	主送机关	05023
学位代码	01046	主题词	05019
学位名称	01045	注册资本	02021
移动电话	03017	注销日期	02043
印发机关	05026	专业技术职务	01034
印发日期	05027	专业技术职务代码	01035
邮政编码	03012	组织机构代码	02002

ICS 13.100
C 52

中华人民共和国国家标准

GB 19489—2008
代替 GB 19489—2004

实验室　生物安全通用要求

Laboratories—General requirements for biosafety

2008-12-26 发布　　　　2009-07-01 实施

中华人民共和国国家质量监督检验检疫总局
中国国家标准化管理委员会　发布

前　　言

本标准的第3.1.10、6.3.1.5、6.3.10.4、6.3.10.5、6.5.1.4和6.5.1.9条为推荐性条款，其余为强制性条款。

本标准代替GB 19489—2004《实验室 生物安全通用要求》。

本标准与GB 19489—2004相比，主要变化如下：

——对标准要素的划分进行了调整，明确区分了技术要素和管理要素(2004年版的第6章至第20章，本版的第5章至第7章)；

——删除了2004年版的部分术语和定义(2004年版的2.2、2.3、2.8和2.11)；

——修订了2004年版的部分术语和定义(2004年版的2.1、2.4、2.6、2.7、2.9、2.10、2.12、2.13、2.14和2.15)；

——增加了新的术语和定义(本版的2.2、2.8、2.9、2.11、2.12、2.14、2.17、2.18和2.19)；

——删除了危害程度分级(2004年版的第3章)；

——修订和增加了风险评估和风险控制的要求(2004年版的第4章，本版的第3章)；

——修订了对实验室设计原则、设施和设备的部分要求(2004年版的第6章、第7章和9.3节，本版的第5章和第6章)；

——增加了对实验室设施自控系统的要求(本版的6.3.8)；

——增加了对从事无脊椎动物操作实验室设施的要求(本版的6.5.5)；

——增加了对管理的要求(本版的7.4、7.5、7.8、7.9、7.10、7.11、7.12和7.13)；

——删除了部分与GB 19781—2005《医学实验室　安全要求》重复的内容(2004年版的第3章、第12章、第13章、第14章、第15章和第17章)；

——增加了附录A、附录B和附录C。

本标准的某些内容可能涉及专利权问题，本标准的发布机构不承担识别这些专利权的责任。

本标准的附录A、附录B和附录C均为资料性附录。

本标准由全国认证认可标准化技术委员会(SAC/TC 261)提出并归口。

本标准起草单位：中国合格评定国家认可中心、国家质量监督检验检疫总局科技司、中国疾病预防控制中心、中国动物疫病预防控制中心、中国人民解放军军事医学科学院、中国农业科学院哈尔滨兽医研究所、天津国家生物防护装备工程技术研究中心、中国医学科学院病原生物学研究所、中华人民共和国珠海出入境检验检疫局、中华人民共和国天津出入境检验检疫局、中华人民共和国公安部消防局。

本标准主要起草人：宋桂兰、吕京、武桂珍、吴东来、王继伟、王宏伟、钱军、祁建城、何兆伟、鹿建春、薄清如、王健伟、陆兵、魏强、侯艳梅、关云涛、沈纹。

本标准所代替标准的历次版本发布情况为：

——GB 19489—2004。

引　言

实验室生物安全涉及的绝不仅是实验室工作人员的个人健康，一旦发生事故，极有可能会给人群、动物或植物带来不可预计的危害。

实验室生物安全事件或事故的发生是难以完全避免的，重要的是实验室工作人员应事先了解所从事活动的风险及应在风险已控制在可接受的状态下从事相关的活动。实验室工作人员应认识但不应过分依赖于实验室设施设备的安全保障作用，绝大多数生物安全事故的根本原因是缺乏生物安全意识和疏于管理。

由于实验室生物安全的重要性，世界卫生组织于2004年出版了第三版《实验室生物安全手册》，世界标准化组织于2006年启动了对ISO 15190—2003《医学实验室　安全要求》的修订程序，一些重要的国际专业组织陆续制定了相关的新的文件。

我国于2004年11月12日发布了《病原微生物实验室生物安全管理条例》，明确规定实验室的生物安全防护级别应与其拟从事的实验活动相适应。

经过近5年的实践，国内对生物安全实验室建设、运行和管理的需求及相应要求有了更深入的理解和新的共识。为适应我国生物安全实验室建设和管理的需要，促进发展，有必要修订GB 19489—2004。

实验室　生物安全通用要求

1　范围

本标准规定了对不同生物安全防护级别实验室的设施、设备和安全管理的基本要求。

第5章以及6.1和6.2是对生物安全实验室的基础要求，需要时，适用于更高防护水平的生物安全实验室以及动物生物安全实验室。

针对与感染动物饲养相关的实验室活动，本标准规定了对实验室内动物饲养设施和环境的基本要求。需要时，6.3和6.4适用于相应防护水平的动物生物安全实验室。

本标准适用于涉及生物因子操作的实验室。

2　术语和定义

下列术语和定义适用于本标准。

2.1

气溶胶　aerosols

悬浮于气体介质中的粒径一般为0.001 μm～100 μm的固态或液态微小粒子形成的相对稳定的分散体系。

2.2

事故　accident

造成死亡、疾病、伤害、损坏以及其他损失的意外情况。

2.3

气锁　air lock

具备机械送排风系统、整体消毒灭菌条件、化学喷淋(适用时)和压力可监控的气密室，其门具有互锁功能，不能同时处于开启状态。

2.4

生物因子　biological agents

微生物和生物活性物质。

2.5

生物安全柜　biological safety cabinet，BSC

具备气流控制及高效空气过滤装置的操作柜，可有效降低实验过程中产生的有害气溶胶对操作者和环境的危害。

2.6

缓冲间　buffer room

设置在被污染概率不同的实验室区域间的密闭室，需要时，设置机械通风系统，其门具有互锁功能，不能同时处于开启状态。

2.7

定向气流　directional airflow

特指从污染概率小区域流向污染概率大区域的受控制的气流。

2.8

危险　hazard

可能导致死亡、伤害或疾病、财产损失、工作环境破坏或这些情况组合的根源或状态。

2.9

危险识别 hazard identification

识别存在的危险并确定其特性的过程。

2.10

高效空气过滤器(HEPA 过滤器) high efficiency particulate air filter

通常以 0.3 μm 微粒为测试物,在规定的条件下滤除效率高于 99.97%的空气过滤器。

2.11

事件 incident

导致或可能导致事故的情况。

2.12

实验室 laboratory

涉及生物因子操作的实验室。

2.13

实验室生物安全 laboratory biosafety

实验室的生物安全条件和状态不低于容许水平,可避免实验室人员、来访人员、社区及环境受到不可接受的损害,符合相关法规、标准等对实验室生物安全责任的要求。

2.14

实验室防护区 laboratory containment area

实验室的物理分区,该区域内生物风险相对较大,需对实验室的平面设计、围护结构的密闭性、气流,以及人员进入、个体防护等进行控制的区域。

2.15

材料安全数据单 material safety data sheet,MSDS

详细提供某材料的危险性和使用注意事项等信息的技术通报。

2.16

个体防护装备 personal protective equipment,PPE

防止人员个体受到生物性、化学性或物理性等危险因子伤害的器材和用品。

2.17

风险 risk

危险发生的概率及其后果严重性的综合。

2.18

风险评估 risk assessment

评估风险大小以及确定是否可接受的全过程。

2.19

风险控制 risk control

为降低风险而采取的综合措施。

3 风险评估及风险控制

3.1 实验室应建立并维持风险评估和风险控制程序,以持续进行危险识别、风险评估和实施必要的控制措施。实验室需要考虑的内容包括:

3.1.1 当实验室活动涉及致病性生物因子时,实验室应进行生物风险评估。风险评估应考虑(但不限于)下列内容:

a) 生物因子已知或未知的特性,如生物因子的种类、来源、传染性、传播途径、易感性、潜伏期、剂量-效应(反应)关系、致病性(包括急性与远期效应)、变异性、在环境中的稳定性、与其他生物和环境的交互作用、相关实验数据、流行病学资料、预防和治疗方案等；

b) 适用时，实验室本身或相关实验室已发生的事故分析；

c) 实验室常规活动和非常规活动过程中的风险(不限于生物因素)，包括所有进入工作场所的人员和可能涉及的人员(如：合同方人员)的活动；

d) 设施、设备等相关的风险；

e) 适用时，实验动物相关的风险；

f) 人员相关的风险，如身体状况、能力、可能影响工作的压力等；

g) 意外事件、事故带来的风险；

h) 被误用和恶意使用的风险；

i) 风险的范围、性质和时限性；

j) 危险发生的概率评估；

k) 可能产生的危害及后果分析；

l) 确定可接受的风险；

m) 适用时，消除、减少或控制风险的管理措施和技术措施，及采取措施后残余风险或新带来风险的评估；

n) 适用时，运行经验和所采取的风险控制措施的适应程度评估；

o) 适用时，应急措施及预期效果评估；

p) 适用时，为确定设施设备要求、识别培训需求、开展运行控制提供的输入信息；

q) 适用时，降低风险和控制危害所需资料、资源(包括外部资源)的评估；

r) 对风险、需求、资源、可行性、适用性等的综合评估。

3.1.2 应事先对所有拟从事活动的风险进行评估，包括对化学、物理、辐射、电气、水灾、火灾、自然灾害等的风险进行评估。

3.1.3 风险评估应由具有经验的专业人员(不限于本机构内部的人员)进行。

3.1.4 应记录风险评估过程，风险评估报告应注明评估时间、编审人员和所依据的法规、标准、研究报告、权威资料、数据等。

3.1.5 应定期进行风险评估或对风险评估报告复审，评估的周期应根据实验室活动和风险特征而确定。

3.1.6 开展新的实验室活动或欲改变经评估过的实验室活动(包括相关的设施、设备、人员、活动范围、管理等)，应事先或重新进行风险评估。

3.1.7 操作超常规量或从事特殊活动时，实验室应进行风险评估，以确定其生物安全防护要求，适用时，应经过相关主管部门的批准。

3.1.8 当发生事件、事故等时应重新进行风险评估。

3.1.9 当相关政策、法规、标准等发生改变时应重新进行风险评估。

3.1.10 采取风险控制措施时宜首先考虑消除危险源(如果可行)，然后再考虑降低风险(降低潜在伤害发生的可能性或严重程度)，最后考虑采用个体防护装备。

3.1.11 危险识别、风险评估和风险控制的过程不仅适用于实验室、设施设备的常规运行，而且适用于对实验室、设施设备进行清洁、维护或关停期间。

3.1.12 除考虑实验室自身活动的风险外，还应考虑外部人员活动、使用外部提供的物品或服务所带来的风险。

3.1.13 实验室应有机制监控其所要求的活动，以确保相关要求及时并有效地得以实施。

3.2 实验室风险评估和风险控制活动的复杂程度决定于实验室所存在危险的特性，适用时，实验室不一定需要复杂的风险评估和风险控制活动。

3.3 风险评估报告应是实验室采取风险控制措施、建立安全管理体系和制定安全操作规程的依据。

3.4 风险评估所依据的数据及拟采取的风险控制措施、安全操作规程等应以国家主管部门和世界卫生组织、世界动物卫生组织、国际标准化组织等机构或行业权威机构发布的指南、标准等为依据；任何新技术在使用前应经过充分验证，适用时，应得到相关主管部门的批准。

3.5 风险评估报告应得到实验室所在机构生物安全主管部门的批准；对未列入国家相关主管部门发布的病原微生物名录的生物因子的风险评估报告，适用时，应得到相关主管部门的批准。

4 实验室生物安全防护水平分级

4.1 根据对所操作生物因子采取的防护措施，将实验室生物安全防护水平分为一级、二级、三级和四级，一级防护水平最低，四级防护水平最高。依据国家相关规定：

a) 生物安全防护水平为一级的实验室适用于操作在通常情况下不会引起人类或者动物疾病的微生物；

b) 生物安全防护水平为二级的实验室适用于操作能够引起人类或者动物疾病，但一般情况下对人、动物或者环境不构成严重危害，传播风险有限，实验室感染后很少引起严重疾病，并且具备有效治疗和预防措施的微生物；

c) 生物安全防护水平为三级的实验室适用于操作能够引起人类或者动物严重疾病，比较容易直接或者间接在人与人、动物与人、动物与动物间传播的微生物；

d) 生物安全防护水平为四级的实验室适用于操作能够引起人类或者动物非常严重疾病的微生物，以及我国尚未发现或者已经宣布消灭的微生物。

4.2 以BSL-1、BSL-2、BSL-3、BSL-4(bio-safety level，BSL)表示仅从事体外操作的实验室的相应生物安全防护水平。

4.3 以ABSL-1、ABSL-2、ABSL-3、ABSL-4(animal bio-safety level，ABSL)表示包括从事动物活体操作的实验室的相应生物安全防护水平。

4.4 根据实验活动的差异、采用的个体防护装备和基础隔离设施的不同，实验室分以下情况：

4.4.1 操作通常认为非经空气传播致病性生物因子的实验室。

4.4.2 可有效利用安全隔离装置(如：生物安全柜)操作常规量经空气传播致病性生物因子的实验室。

4.4.3 不能有效利用安全隔离装置操作常规量经空气传播致病性生物因子的实验室。

4.4.4 利用具有生命支持系统的正压服操作常规量经空气传播致病性生物因子的实验室。

4.5 应依据国家相关主管部门发布的病原微生物分类名录，在风险评估的基础上，确定实验室的生物安全防护水平。

5 实验室设计原则及基本要求

5.1 实验室选址、设计和建造应符合国家和地方环境保护和建设主管部门等的规定和要求。

5.2 实验室的防火和安全通道设置应符合国家的消防规定和要求，同时应考虑生物安全的特殊要求；必要时，应事先征询消防主管部门的建议。

5.3 实验室的安全保卫应符合国家相关部门对该类设施的安全管理规定和要求。

5.4 实验室的建筑材料和设备等应符合国家相关部门对该类产品生产、销售和使用的规定和要求。

5.5 实验室的设计应保证对生物、化学、辐射和物理等危险源的防护水平控制在经过评估的可接受程度，为关联的办公区和邻近的公共空间提供安全的工作环境，及防止危害环境。

5.6 实验室的走廊和通道应不妨碍人员和物品通过。

5.7 应设计紧急撤离路线，紧急出口应有明显的标识。

5.8 房间的门根据需要安装门锁，门锁应便于内部快速打开。

5.9 需要时(如：正当操作危险材料时)，房间的入口处应有警示和进入限制。

5.10 应评估生物材料、样本、药品、化学品和机密资料等被误用、被偷盗和被不正当使用的风险，并采取相应的物理防范措施。

5.11 应有专门设计以确保存储、转运、收集、处理和处置危险物料的安全。

5.12 实验室内温度、湿度、照度、噪声和洁净度等室内环境参数应符合工作要求和卫生等相关要求。

5.13 实验室设计还应考虑节能、环保及舒适性要求,应符合职业卫生要求和人机工效学要求。

5.14 实验室应有防止节肢动物和啮齿动物进入的措施。

5.15 动物实验室的生物安全防护设施还应考虑对动物呼吸、排泄、毛发、抓咬、挣扎、逃逸、动物实验(如:染毒、医学检查、取样、解剖、检验等)、动物饲养、动物尸体及排泄物的处置等过程产生的潜在生物危险的防护。

5.16 应根据动物的种类、身体大小、生活习性、实验目的等选择具有适当防护水平的、适用于动物的饲养设施、实验设施、消毒灭菌设施和清洗设施等。

5.17 不得循环使用动物实验室排出的空气。

5.18 动物实验室的设计,如:空间、进出通道、解剖室、笼具等应考虑动物实验及动物福利的要求。

5.19 适用时,动物实验室还应符合国家实验动物饲养设施标准的要求。

6 实验室设施和设备要求

6.1 BSL-1 实验室

6.1.1 实验室的门应有可视窗并可锁闭,门锁及门的开启方向应不妨碍室内人员逃生。

6.1.2 应设洗手池,宜设置在靠近实验室的出口处。

6.1.3 在实验室门口处应设存衣或挂衣装置,可将个人服装与实验室工作服分开放置。

6.1.4 实验室的墙壁、天花板和地面应易清洁、不渗水、耐化学品和消毒灭菌剂的腐蚀。地面应平整、防滑,不应铺设地毯。

6.1.5 实验室台柜和座椅等应稳固,边角应圆滑。

6.1.6 实验室台柜等和其摆放应便于清洁,实验台面应防水、耐腐蚀、耐热和坚固。

6.1.7 实验室应有足够的空间和台柜等摆放实验室设备和物品。

6.1.8 应根据工作性质和流程合理摆放实验室设备、台柜、物品等,避免相互干扰、交叉污染,并应不妨碍逃生和急救。

6.1.9 实验室可以利用自然通风。如果采用机械通风,应避免交叉污染。

6.1.10 如果有可开启的窗户,应安装可防蚊虫的纱窗。

6.1.11 实验室内应避免不必要的反光和强光。

6.1.12 若操作刺激或腐蚀性物质,应在 30 m 内设洗眼装置,必要时应设紧急喷淋装置。

6.1.13 若操作有毒、刺激性、放射性挥发物质,应在风险评估的基础上,配备适当的负压排风柜。

6.1.14 若使用高毒性、放射性等物质,应配备相应的安全设施、设备和个体防护装备,应符合国家、地方的相关规定和要求。

6.1.15 若使用高压气体和可燃气体,应有安全措施,应符合国家、地方的相关规定和要求。

6.1.16 应设应急照明装置。

6.1.17 应有足够的电力供应。

6.1.18 应有足够的固定电源插座,避免多台设备使用共同的电源插座。应有可靠的接地系统,应在关键节点安装漏电保护装置或监测报警装置。

6.1.19 供水和排水管道系统应不渗漏,下水应有防回流设计。

6.1.20 应配备适用的应急器材,如消防器材、意外事故处理器材、急救器材等。

6.1.21 应配备适用的通讯设备。

6.1.22 必要时,应配备适当的消毒灭菌设备。

6.2 **BSL-2 实验室**

6.2.1 适用时，应符合 6.1 的要求。

6.2.2 实验室主入口的门、放置生物安全柜实验间的门应可自动关闭；实验室主入口的门应有进入控制措施。

6.2.3 实验室工作区域外应有存放备用物品的条件。

6.2.4 应在实验室工作区配备洗眼装置。

6.2.5 应在实验室或其所在的建筑内配备高压蒸汽灭菌器或其他适当的消毒灭菌设备，所配备的消毒灭菌设备应以风险评估为依据。

6.2.6 应在操作病原微生物样本的实验间内配备生物安全柜。

6.2.7 应按产品的设计要求安装和使用生物安全柜。如果生物安全柜的排风在室内循环，室内应具备通风换气的条件；如果使用需要管道排风的生物安全柜，应通过独立于建筑物其他公共通风系统的管道排出。

6.2.8 应有可靠的电力供应。必要时，重要设备(如：培养箱、生物安全柜、冰箱等)应配置备用电源。

6.3 **BSL-3 实验室**

6.3.1 **平面布局**

6.3.1.1 实验室应明确区分辅助工作区和防护区，应在建筑物中自成隔离区或为独立建筑物，应有出入控制。

6.3.1.2 防护区中直接从事高风险操作的工作间为核心工作间，人员应通过缓冲间进入核心工作间。

6.3.1.3 适用于 4.4.1 的实验室辅助工作区应至少包括监控室和清洁衣物更换间；防护区应至少包括缓冲间(可兼作脱防护服间)及核心工作间。

6.3.1.4 适用于 4.4.2 的实验室辅助工作区应至少包括监控室、清洁衣物更换间和淋浴间；防护区应至少包括防护服更换间、缓冲间及核心工作间。

6.3.1.5 适用于 4.4.2 的实验室核心工作间不宜直接与其他公共区域相邻。

6.3.1.6 如果安装传递窗，其结构承压力及密闭性应符合所在区域的要求，并具备对传递窗内物品进行消毒灭菌的条件。必要时，应设置具备送排风或自净化功能的传递窗，排风应经 HEPA 过滤器过滤后排出。

6.3.2 **围护结构**

6.3.2.1 围护结构(包括墙体)应符合国家对该类建筑的抗震要求和防火要求。

6.3.2.2 天花板、地板、墙间的交角应易清洁和消毒灭菌。

6.3.2.3 实验室防护区内围护结构的所有缝隙和贯穿处的接缝都应可靠密封。

6.3.2.4 实验室防护区内围护结构的内表面应光滑、耐腐蚀、防水，以易于清洁和消毒灭菌。

6.3.2.5 实验室防护区内的地面应防渗漏、完整、光洁、防滑、耐腐蚀、不起尘。

6.3.2.6 实验室内所有的门应可自动关闭，需要时，应设观察窗；门的开启方向不应妨碍逃生。

6.3.2.7 实验室内所有窗户应为密闭窗，玻璃应耐撞击、防破碎。

6.3.2.8 实验室及设备间的高度应满足设备的安装要求，应有维修和清洁空间。

6.3.2.9 在通风空调系统正常运行状态下，采用烟雾测试等目视方法检查实验室防护区内围护结构的严密性时，所有缝隙应无可见泄漏(参见附录 A)。

6.3.3 **通风空调系统**

6.3.3.1 应安装独立的实验室送排风系统，应确保在实验室运行时气流由低风险区向高风险区流动，同时确保实验室空气只能通过 HEPA 过滤器过滤后经专用的排风管道排出。

6.3.3.2 实验室防护区房间内送风口和排风口的布置应符合定向气流的原则，利于减少房间内的涡流和气流死角；送排风应不影响其他设备(如：Ⅱ级生物安全柜)的正常功能。

6.3.3.3 不得循环使用实验室防护区排出的空气。

6.3.3.4 应按产品的设计要求安装生物安全柜和其排风管道，可以将生物安全柜排出的空气排入实验室的排风管道系统。

6.3.3.5 实验室的送风应经过 HEPA 过滤器过滤，宜同时安装初效和中效过滤器。

6.3.3.6 实验室的外部排风口应设置在主导风的下风向(相对于送风口)，与送风口的直线距离应大于12 m，应至少高出本实验室所在建筑的顶部 2 m，应有防风、防雨、防鼠、防虫设计，但不应影响气体向上空排放。

6.3.3.7 HEPA 过滤器的安装位置应尽可能靠近送风管道在实验室内的送风口端和排风管道在实验室内的排风口端。

6.3.3.8 应可以在原位对排风 HEPA 过滤器进行消毒灭菌和检漏(参见附录 A)。

6.3.3.9 如在实验室防护区外使用高效过滤器单元，其结构应牢固，应能承受 2 500 Pa 的压力；高效过滤器单元的整体密封性应达到在关闭所有通路并维持腔室内的温度在设计范围上限的条件下，若使空气压力维持在 1 000 Pa 时，腔室内每分钟泄漏的空气量应不超过腔室净容积的 0.1%。

6.3.3.10 应在实验室防护区送风和排风管道的关键节点安装生物型密闭阀，必要时，可完全关闭。应在实验室送风和排风总管道的关键节点安装生物型密闭阀，必要时，可完全关闭。

6.3.3.11 生物型密闭阀与实验室防护区相通的送风管道和排风管道应牢固、易消毒灭菌、耐腐蚀、抗老化，宜使用不锈钢管道；管道的密封性应达到在关闭所有通路并维持管道内的温度在设计范围上限的条件下，若使空气压力维持在 500 Pa 时，管道内每分钟泄漏的空气量应不超过管道内净容积的 0.2%。

6.3.3.12 应有备用排风机。应尽可能减少排风机后排风管道正压段的长度，该段管道不应穿过其他房间。

6.3.3.13 不应在实验室防护区内安装分体空调。

6.3.4 供水与供气系统

6.3.4.1 应在实验室防护区内的实验间的靠近出口处设置非手动洗手设施；如果实验室不具备供水条件，则应设非手动手消毒灭菌装置。

6.3.4.2 应在实验室的给水与市政给水系统之间设防回流装置。

6.3.4.3 进出实验室的液体和气体管道系统应牢固、不渗漏、防锈、耐压、耐温(冷或热)、耐腐蚀。应有足够的空间清洁、维护和维修实验室内暴露的管道，应在关键节点安装截止阀、防回流装置或 HEPA 过滤器等。

6.3.4.4 如果有供气(液)罐等，应放在实验室防护区外易更换和维护的位置，安装牢固，不应将不相容的气体或液体放在一起。

6.3.4.5 如果有真空装置，应有防止真空装置的内部被污染的措施；不应将真空装置安装在实验场所之外。

6.3.5 污物处理及消毒灭菌系统

6.3.5.1 应在实验室防护区内设置生物安全型高压蒸汽灭菌器。宜安装专用的双扉高压灭菌器，其主体应安装在易维护的位置，与围护结构的连接之处应可靠密封。

6.3.5.2 对实验室防护区内不能高压灭菌的物品应有其他消毒灭菌措施。

6.3.5.3 高压蒸汽灭菌器的安装位置不应影响生物安全柜等安全隔离装置的气流。

6.3.5.4 如果设置传递物品的渡槽，应使用强度符合要求的耐腐蚀性材料，并方便更换消毒灭菌液。

6.3.5.5 淋浴间或缓冲间的地面液体收集系统应有防液体回流的装置。

6.3.5.6 实验室防护区内如果有下水系统，应与建筑物的下水系统完全隔离；下水应直接通向本实验室专用的消毒灭菌系统。

6.3.5.7 所有下水管道应有足够的倾斜度和排量，确保管道内不存水；管道的关键节点应按需要安装防回流装置、存水弯(深度应适用于空气压差的变化)或密闭阀门等；下水系统应符合相应的耐压、耐热、耐化学腐蚀的要求，安装牢固，无泄漏，便于维护、清洁和检查。

6.3.5.8 应使用可靠的方式处理处置污水(包括污物),并应对消毒灭菌效果进行监测,以确保达到排放要求。

6.3.5.9 应在风险评估的基础上,适当处理实验室辅助区的污水,并应监测,以确保排放到市政管网之前达到排放要求。

6.3.5.10 可以在实验室内安装紫外线消毒灯或其他适用的消毒灭菌装置。

6.3.5.11 应具备对实验室防护区及与其直接相通的管道进行消毒灭菌的条件。

6.3.5.12 应具备对实验室设备和安全隔离装置(包括与其直接相通的管道)进行消毒灭菌的条件。

6.3.5.13 应在实验室防护区内的关键部位配备便携的局部消毒灭菌装置(如:消毒喷雾器等),并备有足够的适用消毒灭菌剂。

6.3.6 电力供应系统

6.3.6.1 电力供应应满足实验室的所有用电要求,并应有冗余。

6.3.6.2 生物安全柜、送风机和排风机、照明、自控系统、监视和报警系统等应配备不间断备用电源,电力供应应至少维持 30 min 。

6.3.6.3 应在安全的位置设置专用配电箱。

6.3.7 照明系统

6.3.7.1 实验室核心工作间的照度应不低于 350 lx,其他区域的照度应不低于 200 lx,宜采用吸顶式防水洁净照明灯。

6.3.7.2 应避免过强的光线和光反射。

6.3.7.3 应设不少于 30 min 的应急照明系统。

6.3.8 自控、监视与报警系统

6.3.8.1 进入实验室的门应有门禁系统,应保证只有获得授权的人员才能进入实验室。

6.3.8.2 需要时,应可立即解除实验室门的互锁;应在互锁门的附近设置紧急手动解除互锁开关。

6.3.8.3 核心工作间的缓冲间的入口处应有指示核心工作间工作状态的装置(如:文字显示或指示灯),必要时,应同时设置限制进入核心工作间的连锁机制。

6.3.8.4 启动实验室通风系统时,应先启动实验室排风,后启动实验室送风;关停时,应先关闭生物安全柜等安全隔离装置和排风支管密闭阀,再关实验室送风及密闭阀,后关实验室排风及密闭阀。

6.3.8.5 当排风系统出现故障时,应有机制避免实验室出现正压和影响定向气流。

6.3.8.6 当送风系统出现故障时,应有机制避免实验室内的负压影响实验室人员的安全、影响生物安全柜等安全隔离装置的正常功能和围护结构的完整性。

6.3.8.7 应通过对可能造成实验室压力波动的设备和装置实行连锁控制等措施,确保生物安全柜、负压排风柜(罩)等局部排风设备与实验室送排风系统之间的压力关系和必要的稳定性,并应在启动、运行和关停过程中保持有序的压力梯度。

6.3.8.8 应设装置连续监测送排风系统 HEPA 过滤器的阻力,需要时,及时更换 HEPA 过滤器。

6.3.8.9 应在有负压控制要求的房间入口的显著位置,安装显示房间负压状况的压力显示装置和控制区间提示。

6.3.8.10 中央控制系统应可以实时监控、记录和存储实验室防护区内有控制要求的参数、关键设施设备的运行状态;应能监控、记录和存储故障的现象、发生时间和持续时间;应可以随时查看历史记录。

6.3.8.11 中央控制系统的信号采集间隔时间应不超过 1 min,各参数应易于区分和识别。

6.3.8.12 中央控制系统应能对所有故障和控制指标进行报警,报警应区分一般报警和紧急报警。

6.3.8.13 紧急报警应为声光同时报警,应可以向实验室内外人员同时发出紧急警报;应在实验室核心工作间内设置紧急报警按钮。

6.3.8.14 应在实验室的关键部位设置监视器,需要时,可实时监视并录制实验室活动情况和实验室周围情况。监视设备应有足够的分辨率,影像存储介质应有足够的数据存储容量。

6.3.9 实验室通讯系统

6.3.9.1 实验室防护区内应设置向外部传输资料和数据的传真机或其他电子设备。

6.3.9.2 监控室和实验室内应安装语音通讯系统。如果安装对讲系统，宜采用向内通话受控、向外通话非受控的选择性通话方式。

6.3.9.3 通讯系统的复杂性应与实验室的规模和复杂程度相适应。

6.3.10 参数要求

6.3.10.1 实验室的围护结构应能承受送风机或排风机异常时导致的空气压力载荷。

6.3.10.2 适用于4.4.1的实验室核心工作间的气压（负压）与室外大气压的压差值应不小于30 Pa，与相邻区域的压差（负压）应不小于10 Pa；适用于4.4.2的实验室的核心工作间的气压（负压）与室外大气压的压差值应不小于40 Pa，与相邻区域的压差（负压）应不小于15 Pa。

6.3.10.3 实验室防护区各房间的最小换气次数应不小于12次/h。

6.3.10.4 实验室的温度宜控制在18 ℃～26 ℃范围内。

6.3.10.5 正常情况下，实验室的相对湿度宜控制在30%～70%范围内；消毒状态下，实验室的相对湿度应能满足消毒灭菌的技术要求。

6.3.10.6 在安全柜开启情况下，核心工作间的噪声应不大于68 dB(A)。

6.3.10.7 实验室防护区的静态洁净度应不低于8级水平。

6.4 BSL-4 实验室

6.4.1 适用时，应符合6.3的要求。

6.4.2 实验室应建造在独立的建筑物内或建筑物中独立的隔离区域内。应有严格限制进入实验室的门禁措施，应记录进入人员的个人资料、进出时间、授权活动区域等信息；对与实验室运行相关的关键区域也应有严格和可靠的安保措施，避免非授权进入。

6.4.3 实验室的辅助工作区应至少包括监控室和清洁衣物更换间。适用于4.4.2的实验室防护区应至少包括防护走廊、内防护服更换间、淋浴间、外防护服更换间和核心工作间，外防护服更换间应为气锁。

6.4.4 适用于4.4.4的实验室的防护区应包括防护走廊、内防护服更换间、淋浴间、外防护服更换间、化学淋浴间和核心工作间。化学淋浴间应为气锁，具备对专用防护服或传递物品的表面进行清洁和消毒灭菌的条件，具备使用生命支持供气系统的条件。

6.4.5 实验室防护区的围护结构应尽量远离建筑外墙；实验室的核心工作间应尽可能设置在防护区的中部。

6.4.6 应在实验室的核心工作间内配备生物安全型高压灭菌器；如果配备双扉高压灭菌器，其主体所在房间的室内气压应为负压，并应设在实验室防护区内易更换和维护的位置。

6.4.7 如果安装传递窗，其结构承压力及密闭性应符合所在区域的要求；需要时，应配备符合气锁要求的并具备消毒灭菌条件的传递窗。

6.4.8 实验室防护区围护结构的气密性应达到在关闭受测房间所有通路并维持房间内的温度在设计范围上限的条件下，当房间内的空气压力上升到500 Pa后，20 min内自然衰减的气压小于250 Pa。

6.4.9 符合4.4.4要求的实验室应同时配备紧急支援气罐，紧急支援气罐的供气时间应不少于60 min/人。

6.4.10 生命支持供气系统应有自动启动的不间断备用电源供应，供电时间应不少于60 min。

6.4.11 供呼吸使用的气体的压力、流量、含氧量、温度、湿度、有害物质的含量等应符合职业安全的要求。

6.4.12 生命支持系统应具备必要的报警装置。

6.4.13 实验室防护区内所有区域的室内气压应为负压，实验室核心工作间的气压（负压）与室外大气压的压差值应不小于60 Pa，与相邻区域的压差（负压）应不小于25 Pa。

6.4.14 适用于4.4.2的实验室,应在Ⅲ级生物安全柜或相当的安全隔离装置内操作致病性生物因子;同时应具备与安全隔离装置配套的物品传递设备以及生物安全型高压蒸汽灭菌器。

6.4.15 实验室的排风应经过两级HEPA过滤器处理后排放。

6.4.16 应可以在原位对送风HEPA过滤器进行消毒灭菌和检漏。

6.4.17 实验室防护区内所有需要运出实验室的物品或其包装的表面应经过可靠消毒灭菌。

6.4.18 化学淋浴消毒灭菌装置应在无电力供应的情况下仍可以使用,消毒灭菌剂储存器的容量应满足所有情况下对消毒灭菌剂使用量的需求。

6.5 动物生物安全实验室

6.5.1 ABSL-1实验室

6.5.1.1 动物饲养间应与建筑物内的其他区域隔离。

6.5.1.2 动物饲养间的门应有可视窗,向里开;打开的门应能够自动关闭,需要时,可以锁上。

6.5.1.3 动物饲养间的工作表面应防水和易于消毒灭菌。

6.5.1.4 不宜安装窗户。如果安装窗户,所有窗户应密闭;需要时,窗户外部应装防护网。

6.5.1.5 围护结构的强度应与所饲养的动物种类相适应。

6.5.1.6 如果有地面液体收集系统,应设防液体回流装置,存水弯应有足够的深度。

6.5.1.7 不得循环使用动物实验室排出的空气。

6.5.1.8 应设置洗手池或手部清洁装置,宜设置在出口处。

6.5.1.9 宜将动物饲养间的室内气压控制为负压。

6.5.1.10 应可以对动物笼具清洗和消毒灭菌。

6.5.1.11 应设置实验动物饲养笼具或护栏,除考虑安全要求外还应考虑对动物福利的要求。

6.5.1.12 动物尸体及相关废物的处置设施和设备应符合国家相关规定的要求。

6.5.2 ABSL-2实验室

6.5.2.1 适用时,应符合6.5.1的要求。

6.5.2.2 动物饲养间应在出入口处设置缓冲间。

6.5.2.3 应设置非手动洗手池或手部清洁装置,宜设置在出口处。

6.5.2.4 应在邻近区域配备高压蒸汽灭菌器。

6.5.2.5 适用时,应在安全隔离装置内从事可能产生有害气溶胶的活动;排气应经HEPA过滤器的过滤后排出。

6.5.2.6 应将动物饲养间的室内气压控制为负压,气体应直接排放到其所在的建筑物外。

6.5.2.7 应根据风险评估的结果,确定是否需要使用HEPA过滤器过滤动物饲养间排出的气体。

6.5.2.8 当不能满足6.5.2.5时,应使用HEPA过滤器过滤动物饲养间排出的气体。

6.5.2.9 实验室的外部排风口应至少高出本实验室所在建筑的顶部2 m,应有防风、防雨、防鼠、防虫设计,但不应影响气体向上空排放。

6.5.2.10 污水(包括污物)应消毒灭菌处理,并应对消毒灭菌效果进行监测,以确保达到排放要求。

6.5.3 ABSL-3实验室

6.5.3.1 适用时,应符合6.5.2的要求。

6.5.3.2 应在实验室防护区内设淋浴间,需要时,应设置强制淋浴装置。

6.5.3.3 动物饲养间属于核心工作间,如果有入口和出口,均应设置缓冲间。

6.5.3.4 动物饲养间应尽可能设在整个实验室的中心部位,不应直接与其他公共区域相邻。

6.5.3.5 适用于4.4.1实验室的防护区应至少包括淋浴间、防护服更换间、缓冲间及核心工作间。当不能有效利用安全隔离装置饲养动物时,应根据进一步的风险评估确定实验室的生物安全防护要求。

6.5.3.6 适用于4.4.3的动物饲养间的缓冲间应为气锁,并具备对动物饲养间的防护服或传递物品的表面进行消毒灭菌的条件。

6.5.3.7 适用于4.4.3的动物饲养间,应有严格限制进入动物饲养间的门禁措施(如:个人密码和生物学识别技术等)。

6.5.3.8 动物饲养间内应安装监视设备和通讯设备。

6.5.3.9 动物饲养间内应配备便携式局部消毒灭菌装置(如:消毒喷雾器等),并应备有足够的适用消毒灭菌剂。

6.5.3.10 应有装置和技术对动物尸体和废物进行可靠消毒灭菌。

6.5.3.11 应有装置和技术对动物笼具进行清洁和可靠消毒灭菌。

6.5.3.12 需要时,应有装置和技术对所有物品或其包装的表面在运出动物饲养间前进行清洁和可靠消毒灭菌。

6.5.3.13 应在风险评估的基础上,适当处理防护区内淋浴间的污水,并应对灭菌效果进行监测,以确保达到排放要求。

6.5.3.14 适用于4.4.3的动物饲养间,应根据风险评估的结果,确定其排出的气体是否需要经过两级HEPA过滤器的过滤后排出。

6.5.3.15 适用于4.4.3的动物饲养间,应可以在原位对送风HEPA过滤器进行消毒灭菌和检漏。

6.5.3.16 适用于4.4.1和4.4.2的动物饲养间的气压(负压)与室外大气压的压差值应不小于60 Pa,与相邻区域的压差(负压)应不小于15 Pa。

6.5.3.17 适用于4.4.3的动物饲养间的气压(负压)与室外大气压的压差值应不小于80 Pa,与相邻区域的压差(负压)应不小于25 Pa。

6.5.3.18 适用于4.4.3的动物饲养间及其缓冲间的气密性应达到在关闭受测房间所有通路并维持房间内的温度在设计范围上限的条件下,若使空气压力维持在250 Pa时,房间内每小时泄漏的空气量应不超过受测房间净容积的10%。

6.5.3.19 在适用于4.4.3的动物饲养间从事可传染人的病原微生物活动时,应根据进一步的风险评估确定实验室的生物安全防护要求;适用时,应经过相关主管部门的批准。

6.5.4 ABSL-4实验室

6.5.4.1 适用时,应符合6.5.3的要求。

6.5.4.2 淋浴间应设置强制淋浴装置。

6.5.4.3 动物饲养间的缓冲间应为气锁。

6.5.4.4 应有严格限制进入动物饲养间的门禁措施。

6.5.4.5 动物饲养间的气压(负压)与室外大气压的压差值应不小于100 Pa;与相邻区域的压差(负压)应不小于25 Pa。

6.5.4.6 动物饲养间及其缓冲间的气密性应达到在关闭受测房间所有通路并维持房间内的温度在设计范围上限的条件下,当房间内的空气压力上升到500 Pa后,20 min内自然衰减的气压小于250 Pa。

6.5.4.7 应有装置和技术对所有物品或其包装的表面在运出动物饲养间前进行清洁和可靠消毒灭菌。

6.5.5 对从事无脊椎动物操作实验室设施的要求

6.5.5.1 该类动物设施的生物安全防护水平应根据国家相关主管部门的规定和风险评估的结果确定。

6.5.5.2 如果从事某些节肢动物(特别是可飞行、快爬或跳跃的昆虫)的实验活动,应采取以下适用的措施(但不限于):

a) 应通过缓冲间进入动物饲养间,缓冲间内应安装适用的捕虫器,并应在门上安装防节肢动物逃逸的纱网;

b) 应在所有关键的可开启的门窗上安装防节肢动物逃逸的纱网;

c) 应在所有通风管道的关键节点安装防节肢动物逃逸的纱网;应具备分房间饲养已感染和未感染节肢动物的条件;

d) 应具备密闭和进行整体消毒灭菌的条件;

e) 应设喷雾式杀虫装置；
f) 应设制冷装置，需要时，可以及时降低动物的活动能力；
g) 应有机制确保水槽和存水弯管内的液体或消毒灭菌液不干涸；
h) 只要可行，应对所有废物高压灭菌；
i) 应有机制监测和记录会飞、爬、跳跃的节肢动物幼虫和成虫的数量；
j) 应配备适用于放置装蜱螨容器的油碟；
k) 应具备带双层网的笼具以饲养或观察已感染或潜在感染的逃逸能力强的节肢动物；
l) 应具备适用的生物安全柜或相当的安全隔离装置以操作已感染或潜在感染的节肢动物；
m) 应具备操作已感染或潜在感染的节肢动物的低温盘；
n) 需要时，应设置监视器和通讯设备。

6.5.5.3 是否需要其他措施，应根据风险评估的结果确定。

7 管理要求

7.1 组织和管理

7.1.1 实验室或其母体组织应有明确的法律地位和从事相关活动的资格。

7.1.2 实验室所在的机构应设立生物安全委员会，负责咨询、指导、评估、监督实验室的生物安全相关事宜。实验室负责人应至少是所在机构生物安全委员会有职权的成员。

7.1.3 实验室管理层应负责安全管理体系的设计、实施、维持和改进，应负责：

a) 为实验室所有人员提供履行其职责所需的适当权力和资源；
b) 建立机制以避免管理层和实验室人员受任何不利于其工作质量的压力或影响（如：财务、人事或其他方面的），或卷入任何可能降低其公正性、判断力和能力的活动；
c) 制定保护机密信息的政策和程序；
d) 明确实验室的组织和管理结构，包括与其他相关机构的关系；
e) 规定所有人员的职责、权力和相互关系；
f) 安排有能力的人员，依据实验室人员的经验和职责对其进行必要的培训和监督；
g) 指定一名安全负责人，赋予其监督所有活动的职责和权力，包括制定、维持、监督实验室安全计划的责任，阻止不安全行为或活动的权力，直接向决定实验室政策和资源的管理层报告的权力；
h) 指定负责技术运作的技术管理层，并提供可以确保满足实验室规定的安全要求和技术要求的资源；
i) 指定每项活动的项目负责人，其负责制定并向实验室管理层提交活动计划、风险评估报告、安全及应急措施、项目组人员培训及健康监督计划、安全保障及资源要求；
j) 指定所有关键职位的代理人。

7.1.4 实验室安全管理体系应与实验室规模、实验室活动的复杂程度和风险相适应。

7.1.5 政策、过程、计划、程序和指导书等应文件化并传达至所有相关人员。实验室管理层应保证这些文件易于理解并可以实施。

7.1.6 安全管理体系文件通常包括管理手册、程序文件、说明及操作规程、记录等文件，应有供现场工作人员快速使用的安全手册。

7.1.7 应指导所有人员使用和应用与其相关的安全管理体系文件及其实施要求，并评估其理解和运用的能力。

7.2 管理责任

7.2.1 实验室管理层应对所有员工、来访者、合同方、社区和环境的安全负责。

7.2.2 应制定明确的准入政策并主动告知所有员工、来访者、合同方可能面临的风险。

7.2.3 应尊重员工的个人权利和隐私。

7.2.4 应为员工提供持续培训及继续教育的机会，保证员工可以胜任所分配的工作。

7.2.5 应为员工提供必要的免疫计划、定期的健康检查和医疗保障。

7.2.6 应保证实验室设施、设备、个体防护装备、材料等符合国家有关的安全要求，并定期检查、维护、更新，确保不降低其设计性能。

7.2.7 应为员工提供符合要求的适用防护用品和器材。

7.2.8 应为员工提供符合要求的适用实验物品和器材。

7.2.9 应保证员工不疲劳工作和不从事风险不可控制的或国家禁止的工作。

7.3 个人责任

7.3.1 应充分认识和理解所从事工作的风险。

7.3.2 应自觉遵守实验室的管理规定和要求。

7.3.3 在身体状态许可的情况下，应接受实验室的免疫计划和其他的健康管理规定。

7.3.4 应按规定正确使用设施、设备和个体防护装备。

7.3.5 应主动报告可能不适于从事特定任务的个人状态。

7.3.6 不应因人事、经济等任何压力而违反管理规定。

7.3.7 有责任和义务避免因个人原因造成生物安全事件或事故。

7.3.8 如果怀疑个人受到感染，应立即报告。

7.3.9 应主动识别任何危险和不符合规定的工作，并立即报告。

7.4 安全管理体系文件

7.4.1 实验室安全管理的方针和目标

7.4.1.1 在安全管理手册中应明确实验室安全管理的方针和目标。安全管理的方针应简明扼要，至少包括以下内容：

a) 实验室遵守国家以及地方相关法规和标准的承诺；

b) 实验室遵守良好职业规范、安全管理体系的承诺；

c) 实验室安全管理的宗旨。

7.4.1.2 实验室安全管理的目标应包括实验室的工作范围、对管理活动和技术活动制定的安全指标，应明确、可考核。

7.4.1.3 应在风险评估的基础上确定安全管理目标，并根据实验室活动的复杂性和风险程度定期评审安全管理目标和制定监督检查计划。

7.4.2 安全管理手册

7.4.2.1 应对组织结构、人员岗位及职责、安全及安保要求、安全管理体系、体系文件架构等进行规定和描述。安全要求不能低于国家和地方的相关规定及标准的要求。

7.4.2.2 应明确规定管理人员的权限和责任，包括保证其所管人员遵守安全管理体系要求的责任。

7.4.2.3 应规定涉及的安全要求和操作规程应以国家主管部门和世界卫生组织、世界动物卫生组织、国际标准化组织等机构或行业权威机构发布的指南或标准等为依据，并符合国家相关法规和标准的要求；任何新技术在使用前应经过充分验证，适用时，应得到国家相关主管部门的批准。

7.4.3 程序文件

7.4.3.1 应明确规定实施具体安全要求的责任部门、责任范围、工作流程及责任人、任务安排及对操作人员能力的要求、与其他责任部门的关系、应使用的工作文件等。

7.4.3.2 应满足实验室实施所有的安全要求和管理要求的需要，工作流程清晰，各项职责得到落实。

7.4.4 说明及操作规程

7.4.4.1 应详细说明使用者的权限及资格要求、潜在危险、设施设备的功能、活动目的和具体操作步骤、防护和安全操作方法、应急措施、文件制定的依据等。

7.4.4.2 实验室应维持并合理使用实验室涉及的所有材料的最新安全数据单。

7.4.5 安全手册

7.4.5.1 应以安全管理体系文件为依据，制定实验室安全手册（快速阅读文件）；应要求所有员工阅读安全手册并在工作区随时可供使用；安全手册宜包括（但不限于）以下内容：

a) 紧急电话、联系人；
b) 实验室平面图、紧急出口、撤离路线；
c) 实验室标识系统；
d) 生物危险；
e) 化学品安全；
f) 辐射；
g) 机械安全；
h) 电气安全；
i) 低温、高热；
j) 消防；
k) 个体防护；
l) 危险废物的处理和处置；
m) 事件、事故处理的规定和程序；
n) 从工作区撤离的规定和程序。

7.4.5.2 安全手册应简明、易懂、易读，实验室管理层应至少每年对安全手册评审和更新。

7.4.6 记录

7.4.6.1 应明确规定对实验室活动进行记录的要求，至少应包括：记录的内容、记录的要求、记录的档案管理、记录使用的权限、记录的安全、记录的保存期限等。保存期限应符合国家和地方法规或标准的要求。

7.4.6.2 实验室应建立对实验室活动记录进行识别、收集、索引、访问、存放、维护及安全处置的程序。

7.4.6.3 原始记录应真实并可以提供足够的信息，保证可追溯性。

7.4.6.4 对原始记录的任何更改均不应影响识别被修改的内容，修改人应签字和注明日期。

7.4.6.5 所有记录应易于阅读，便于检索。

7.4.6.6 记录可存储于任何适当的媒介，应符合国家和地方的法规或标准的要求。

7.4.6.7 应具备适宜的记录存放条件，以防损坏、变质、丢失或未经授权的进入。

7.4.7 标识系统

7.4.7.1 实验室用于标示危险区、警示、指示、证明等的图文标识是管理体系文件的一部分，包括用于特殊情况下的临时标识，如“污染”、“消毒中”、“设备检修”等。

7.4.7.2 标识应明确、醒目和易区分。只要可行，应使用国际、国家规定的通用标识。

7.4.7.3 应系统而清晰地标示出危险区，且应适用于相关的危险。在某些情况下，宜同时使用标识和物理屏障标示出危险区。

7.4.7.4 应清楚地标示出具体的危险材料、危险，包括：生物危险、有毒有害、腐蚀性、辐射、刺伤、电击、易燃、易爆、高温、低温、强光、振动、噪声、动物咬伤、砸伤等；需要时，应同时提示必要的防护措施。

7.4.7.5 应在须验证或校准的实验室设备的明显位置注明设备的可用状态、验证周期、下次验证或校准的时间等信息。

7.4.7.6 实验室入口处应有标识，明确说明生物防护级别、操作的致病性生物因子、实验室负责人姓名、紧急联络方式和国际通用的生物危险符号；适用时，应同时注明其他危险。

7.4.7.7 实验室所有房间的出口和紧急撤离路线应有在无照明的情况下也可清楚识别的标识。

7.4.7.8 实验室的所有管道和线路应有明确、醒目和易区分的标识。

7.4.7.9　所有操作开关应有明确的功能指示标识，必要时，还应采取防止误操作或恶意操作的措施。

7.4.7.10　实验室管理层应负责定期（至少每12个月一次）评审实验室标识系统，需要时及时更新，以确保其适用现有的危险。

7.5　文件控制

7.5.1　实验室应对所有管理体系文件进行控制，制定和维持文件控制程序，确保实验室人员使用现行有效的文件。

7.5.2　应将受控文件备份存档，并规定其保存期限。文件可以用任何适当的媒介保存，不限定为纸张。

7.5.3　应有相应的程序以保证：

a）管理体系所有的文件应在发布前经过授权人员的审核与批准；

b）动态维持文件清单控制记录，并可以识别现行有效的文件版本及发放情况；

c）在相关场所只有现行有效的文件可供使用；

d）定期评审文件，需要修订的文件经授权人员审核与批准后及时发布；

e）及时撤掉无效或已废止的文件，或可以确保不误用；

f）适当标注存留或归档的已废止文件，以防误用。

7.5.4　如果实验室的文件控制制度允许在换版之前对文件手写修改，应规定修改程序和权限。修改之处应有清晰的标注、签署并注明日期。被修改的文件应按程序及时发布。

7.5.5　应制定程序规定如何更改和控制保存在计算机系统中的文件。

7.5.6　安全管理体系文件应具备唯一识别性，文件中应包括以下信息：

a）标题；

b）文件编号、版本号、修订号；

c）页数；

d）生效日期；

e）编制人、审核人、批准人；

f）参考文献或编制依据。

7.6　安全计划

7.6.1　实验室安全负责人应负责制定年度安全计划，安全计划应经过管理层的审核与批准。需要时，实验室安全计划应包括（不限于）：

a）实验室年度工作安排的说明和介绍；

b）安全和健康管理目标；

c）风险评估计划；

d）程序文件与标准操作规程的制定与定期评审计划；

e）人员教育、培训及能力评估计划；

f）实验室活动计划；

g）设施设备校准、验证和维护计划；

h）危险物品使用计划；

i）消毒灭菌计划；

j）废物处置计划；

k）设备淘汰、购置、更新计划；

l）演习计划（包括泄漏处理、人员意外伤害、设施设备失效、消防、应急预案等）；

m）监督及安全检查计划（包括核查表）；

n）人员健康监督及免疫计划；

o）审核与评审计划；

p）持续改进计划；

q） 外部供应与服务计划；

r） 行业最新进展跟踪计划；

s） 与生物安全委员会相关的活动计划。

7.7 安全检查

7.7.1 实验室管理层应负责实施安全检查，每年应至少根据管理体系的要求系统性地检查一次，对关键控制点可根据风险评估报告适当增加检查频率，以保证：

a） 设施设备的功能和状态正常；

b） 警报系统的功能和状态正常；

c） 应急装备的功能及状态正常；

d） 消防装备的功能及状态正常；

e） 危险物品的使用及存放安全；

f） 废物处理及处置的安全；

g） 人员能力及健康状态符合工作要求；

h） 安全计划实施正常；

i） 实验室活动的运行状态正常；

j） 不符合规定的工作及时得到纠正；

k） 所需资源满足工作要求。

7.7.2 为保证检查工作的质量，应依据事先制定的适用于不同工作领域的核查表实施检查。

7.7.3 当发现不符合规定的工作、发生事件或事故时，应立即查找原因并评估后果；必要时，停止工作。

7.7.4 生物安全委员会应参与安全检查。

7.7.5 外部的评审活动不能代替实验室的自我安全检查。

7.8 不符合项的识别和控制

7.8.1 当发现有任何不符合实验室所制定的安全管理体系的要求时，实验室管理层应按需要采取以下措施（不限于）：

a） 将解决问题的责任落实到个人；

b） 明确规定应采取的措施；

c） 只要发现很有可能造成感染事件或其他损害，立即终止实验室活动并报告；

d） 立即评估危害并采取应急措施；

e） 分析产生不符合项的原因和影响范围，只要适用，应及时采取补救措施；

f） 进行新的风险评估；

g） 采取纠正措施并验证有效；

h） 明确规定恢复工作的授权人及责任；

i） 记录每一不符合项及其处理的过程并形成文件；

7.8.2 实验室管理层应按规定的周期评审不符合项报告，以发现趋势并采取预防措施。

7.9 纠正措施

7.9.1 纠正措施程序中应包括识别问题发生的根本原因的调查程序。纠正措施应与问题的严重性及风险的程度相适应。只要适用，应及时采取预防措施。

7.9.2 实验室管理层应将因纠正措施所致的管理体系的任何改变文件化并实施。

7.9.3 实验室管理层应负责监督和检查所采取纠正措施的效果，以确保这些措施已有效解决了识别出的问题。

7.10 预防措施

7.10.1 应识别无论是技术还是管理体系方面的不符合项来源和所需的改进，定期进行趋势分析和风险分析，包括对外部评价的分析。如果需要采取预防措施，应制定行动计划、监督和检查实施效果，以减少类似不符合项发生的可能性并借机改进。

7.10.2 预防措施程序应包括对预防措施的评价，以确保其有效性。

7.11 持续改进

7.11.1 实验室管理层应定期系统地评审管理体系，以识别所有潜在的不符合项来源、识别对管理体系或技术的改进机会。适用时，应及时改进识别出的需改进之处，应制定改进方案，文件化、实施并监督。

7.11.2 实验室管理层应设置可以系统地监测、评价实验室活动风险的客观指标。

7.11.3 如果采取措施，实验室管理层还应通过重点评审或审核相关范围的方式评价其效果。

7.11.4 需要时，实验室管理层应及时将因改进措施所致的管理体系的任何改变文件化并实施。

7.11.5 实验室管理层应有机制保证所有员工积极参加改进活动，并提供相关的教育和培训机会。

7.12 内部审核

7.12.1 应根据安全管理体系的规定对所有管理要素和技术要素定期进行内部审核，以证实管理体系的运作持续符合要求。

7.12.2 应由安全负责人负责策划、组织并实施审核。

7.12.3 应明确内部审核程序并文件化，应包括审核范围、频次、方法及所需的文件。如果发现不足或改进机会，应采取适当的措施，并在约定的时间内完成。

7.12.4 正常情况下，应按不大于12个月的周期对管理体系的每个要素进行内部审核。

7.12.5 员工不应审核自己的工作。

7.12.6 应将内部审核的结果提交实验室管理层评审。

7.13 管理评审

7.13.1 实验室管理层应对实验室安全管理体系及其全部活动进行评审，包括设施设备的状态、人员状态、实验室相关的活动、变更、事件、事故等。

7.13.2 需要时，管理评审应考虑以下内容(不限于)：

a) 前次管理评审输出的落实情况；
b) 所采取纠正措施的状态和所需的预防措施；
c) 管理或监督人员的报告；
d) 近期内部审核的结果；
e) 安全检查报告；
f) 适用时，外部机构的评价报告；
g) 任何变化、变更情况的报告；
h) 设施设备的状态报告；
i) 管理职责的落实情况；
j) 人员状态、培训、能力评估报告；
k) 员工健康状况报告；
l) 不符合项、事件、事故及其调查报告；
m) 实验室工作报告；
n) 风险评估报告；
o) 持续改进情况报告；
p) 对服务供应商的评价报告；
q) 国际、国家和地方相关规定和技术标准的更新与维持情况；
r) 安全管理方针及目标；
s) 管理体系的更新与维持；
t) 安全计划的落实情况、年度安全计划及所需资源。

7.13.3 只要可行，应以客观方式监测和评价实验室安全管理体系的适用性和有效性。

7.13.4 应记录管理评审的发现及提出的措施，应将评审发现和作为评审输出的决定列入含目的、目标和措施的工作计划中，并告知实验室人员。实验室管理层应确保所提出的措施在规定的时间内完成。

7.13.5 正常情况下，应按不大于12个月的周期进行管理评审。

7.14 实验室人员管理

7.14.1 必要时，实验室负责人应指定若干适当的人员承担实验室安全相关的管理职责。实验室安全管理人员应：

a) 具备专业教育背景；

b) 熟悉国家相关政策、法规、标准；

c) 熟悉所负责的工作，有相关的工作经历或专业培训；

d) 熟悉实验室安全管理工作；

e) 定期参加相关的培训或继续教育。

7.14.2 实验室或其所在机构应有明确的人事政策和安排，并可供所有员工查阅。

7.14.3 应对所有岗位提供职责说明，包括人员的责任和任务，教育、培训和专业资格要求，应提供给相应岗位的每位员工。

7.14.4 应有足够的人力资源承担实验室所提供服务范围内的工作以及承担管理体系涉及的工作。

7.14.5 如果实验室聘用临时工作人员，应确保其有能力胜任所承担的工作，了解并遵守实验室管理体系的要求。

7.14.6 员工的工作量和工作时间安排不应影响实验室活动的质量和员工的健康，符合国家法规要求。

7.14.7 在有规定的领域，实验室人员在从事相关的实验室活动时，应有相应的资格。

7.14.8 应培训员工独立工作的能力。

7.14.9 应定期评价员工可以胜任其工作任务的能力。

7.14.10 应按工作的复杂程度定期评价所有员工的表现，应至少每12个月评价一次。

7.14.11 人员培训计划应包括(不限于)：

a) 上岗培训，包括对较长期离岗或下岗人员的再上岗培训；

b) 实验室管理体系培训；

c) 安全知识及技能培训；

d) 实验室设施设备(包括个体防护装备)的安全使用；

e) 应急措施与现场救治；

f) 定期培训与继续教育；

g) 人员能力的考核与评估。

7.14.12 实验室或其所在机构应维持每个员工的人事资料，可靠保存并保护隐私权。人事档案应包括(不限于)：

a) 员工的岗位职责说明；

b) 岗位风险说明及员工的知情同意证明；

c) 教育背景和专业资格证明；

d) 培训记录，应有员工与培训者的签字及日期；

e) 员工的免疫、健康检查、职业禁忌症等资料；

f) 内部和外部的继续教育记录及成绩；

g) 与工作安全相关的意外事件、事故报告；

h) 有关确认员工能力的证据，应有能力评价的日期和承认该员工能力的日期或期限；

i) 员工表现评价。

7.15 实验室材料管理

7.15.1 实验室应有选择、购买、采集、接收、查验、使用、处置和存储实验室材料(包括外部服务)的政策和程序，以保证安全。

7.15.2　应确保所有与安全相关的实验室材料只有在经检查或证实其符合有关规定的要求之后投入使用，应保存相关活动的记录。

7.15.3　应评价重要消耗品、供应品和服务的供应商，保存评价记录和允许使用的供应商名单。

7.15.4　应对所有危险材料建立清单，包括来源、接收、使用、处置、存放、转移、使用权限、时间和数量等内容，相关记录安全保存，保存期限不少于20年。

7.15.5　应有可靠的物理措施和管理程序确保实验室危险材料的安全和安保。

7.15.6　应按国家相关规定的要求使用和管理实验室危险材料。

7.16　实验室活动管理

7.16.1　实验室应有计划、申请、批准、实施、监督和评估实验室活动的政策和程序。

7.16.2　实验室负责人应指定每项实验室活动的项目负责人，同时见7.1.3i)。

7.16.3　在开展活动前，应了解实验室活动涉及的任何危险，掌握良好工作行为（参见附录B）；为实验人员提供如何在风险最小情况下进行工作的详细指导，包括正确选择和使用个体防护装备。

7.16.4　涉及微生物的实验室活动操作规程应利用良好微生物标准操作要求和（或）特殊操作要求。

7.16.5　实验室应有针对未知风险材料操作的政策和程序。

7.17　实验室内务管理

7.17.1　实验室应有对内务管理的政策和程序，包括内务工作所用清洁剂和消毒灭菌剂的选择、配制、效期、使用方法、有效成分检测及消毒灭菌效果监测等政策和程序，应评估和避免消毒灭菌剂本身的风险。

7.17.2　不应在工作面放置过多的实验室耗材。

7.17.3　应时刻保持工作区整洁有序。

7.17.4　应指定专人使用经核准的方法和个体防护装备进行内务工作。

7.17.5　不应混用不同风险区的内务程序和装备。

7.17.6　应在安全处置后对被污染的区域和可能被污染的区域进行内务工作。

7.17.7　应制定日常清洁（包括消毒灭菌）计划和清场消毒灭菌计划，包括对实验室设备和工作表面的消毒灭菌和清洁。

7.17.8　应指定专人监督内务工作，应定期评价内务工作的质量。

7.17.9　实验室的内务规程和所用材料发生改变时应通知实验室负责人。

7.17.10　实验室规程、工作习惯或材料的改变可能对内务人员有潜在危险时，应通知实验室负责人并书面告知内务管理负责人。

7.17.11　发生危险材料溢洒时，应启用应急处理程序。

7.18　实验室设施设备管理

7.18.1　实验室应有对设施设备（包括个体防护装备）管理的政策和程序，包括设施设备的完好性监控指标、巡检计划、使用前核查、安全操作、使用限制、授权操作、消毒灭菌、禁止事项、定期校准或检定，定期维护、安全处置、运输、存放等。

7.18.2　应制定在发生事故或溢洒（包括生物、化学或放射性危险材料）时，对设施设备去污染、清洁和消毒灭菌的专用方案（参见附录C）。

7.18.3　设施设备维护、修理、报废或被移出实验室前应先去污染、清洁和消毒灭菌；但应意识到，可能仍然需要要求维护人员穿戴适当的个体防护装备。

7.18.4　应明确标示出设施设备中存在危险的部位。

7.18.5　在投入使用前应核查并确认设施设备的性能可满足实验室的安全要求和相关标准。

7.18.6　每次使用前或使用中应根据监控指标确认设施设备的性能处于正常工作状态，并记录。

7.18.7　如果使用个体呼吸保护装置，应做个体适配性测试，每次使用前核查并确认符合佩戴要求。

7.18.8 设施设备应由经过授权的人员操作和维护，现行有效的使用和维护说明书应便于有关人员使用。

7.18.9 应依据制造商的建议使用和维护实验室设施设备。

7.18.10 应在设施设备的显著部位标示出其唯一编号、校准或验证日期、下次校准或验证日期、准用或停用状态。

7.18.11 应停止使用并安全处置性能已显示出缺陷或超出规定限度的设施设备。

7.18.12 无论什么原因，如果设备脱离了实验室的直接控制，待该设备返回后，应在使用前对其性能进行确认并记录。

7.18.13 应维持设施设备的档案，适用时，内容应至少包括(不限于)：

a) 制造商名称、型式标识、系列号或其他唯一性标识；
b) 验收标准及验收记录；
c) 接收日期和启用日期；
d) 接收时的状态(新品、使用过、修复过)；
e) 当前位置；
f) 制造商的使用说明或其存放处；
g) 维护记录和年度维护计划；
h) 校准(验证)记录和校准(验证)计划；
i) 任何损坏、故障、改装或修理记录；
j) 服务合同；
k) 预计更换日期或使用寿命；
l) 安全检查记录。

7.19 废物处置

7.19.1 实验室危险废物处理和处置的管理应符合国家或地方法规和标准的要求，应征询相关主管部门的意见和建议。

7.19.2 应遵循以下原则处理和处置危险废物：

a) 将操作、收集、运输、处理及处置废物的危险减至最小；
b) 将其对环境的有害作用减至最小；
c) 只可使用被承认的技术和方法处理和处置危险废物；
d) 排放符合国家或地方规定和标准的要求。

7.19.3 应有措施和能力安全处理和处置实验室危险废物。

7.19.4 应有对危险废物处理和处置的政策和程序，包括对排放标准及监测的规定。

7.19.5 应评估和避免危险废物处理和处置方法本身的风险。

7.19.6 应根据危险废物的性质和危险性按相关标准分类处理和处置废物。

7.19.7 危险废物应弃置于专门设计的、专用的和有标识的用于处置危险废物的容器内，装量不能超过建议的装载容量。

7.19.8 锐器(包括针头、小刀、金属和玻璃等)应直接弃置于耐扎的容器内。

7.19.9 应由经过培训的人员处理危险废物，并应穿戴适当的个体防护装备。

7.19.10 不应积存垃圾和实验室废物。在消毒灭菌或最终处置之前，应存放在指定的安全地方。

7.19.11 不应从实验室取走或排放不符合相关运输或排放要求的实验室废物。

7.19.12 应在实验室内消毒灭菌含活性高致病性生物因子的废物。

7.19.13 如果法规许可，只要包装和运输方式符合危险废物的运输要求，可以运送未处理的危险废物到指定机构处理。

7.20　危险材料运输

7.20.1　应制定对危险材料运输的政策和程序，包括危险材料在实验室内、实验室所在机构内及机构外部的运输，应符合国家和国际规定的要求。

7.20.2　应建立并维持危险材料接收和运出清单，至少包括危险材料的性质、数量、交接时包装的状态、交接人、收发时间和地点等，确保危险材料出入的可追溯性。

7.20.3　实验室负责人或其授权人员应负责向为实验室送交危险材料的所有部门提供适当的运输指南和说明。

7.20.4　应以防止污染人员或环境的方式运输危险材料，并有可靠的安保措施。

7.20.5　危险材料应置于被批准的本质安全的防漏容器中运输。

7.20.6　国际和国家关于道路、铁路、水路和航空运输危险材料的公约、法规和标准适用，应按国家或国际现行的规定和标准，包装、标示所运输的物品并提供文件资料。

7.21　应急措施

7.21.1　应制定应急措施的政策和程序，包括生物性、化学性、物理性、放射性等紧急情况和火灾、水灾、冰冻、地震、人为破坏等任何意外紧急情况，还应包括使留下的空建筑物处于尽可能安全状态的措施，应征询相关主管部门的意见和建议。

7.21.2　应急程序应至少包括负责人、组织、应急通讯、报告内容、个体防护和应对程序、应急设备、撤离计划和路线、污染源隔离和消毒灭菌、人员隔离和救治、现场隔离和控制、风险沟通等内容。

7.21.3　实验室应负责使所有人员（包括来访者）熟悉应急行动计划、撤离路线和紧急撤离的集合地点。

7.21.4　每年应至少组织所有实验室人员进行一次演习。

7.22　消防安全

7.22.1　应有消防相关的政策和程序，并使所有人员理解，以确保人员安全和防止实验室内危险的扩散。

7.22.2　应制定年度消防计划，内容至少包括（不限于）：

a）对实验室人员的消防指导和培训，内容至少包括火险的识别和判断、减少火险的良好操作规程、失火时应采取的全部行动；

b）实验室消防设施设备和报警系统状态的检查；

c）消防安全定期检查计划；

d）消防演习（每年至少一次）。

7.22.3　在实验室内应尽量减少可燃气体和液体的存放量。

7.22.4　应在适用的排风罩或排风柜中操作可燃气体或液体。

7.22.5　应将可燃气体或液体放置在远离热源或打火源之处，避免阳光直射。

7.22.6　输送可燃气体或液体的管道应安装紧急关闭阀。

7.22.7　应配备控制可燃物少量泄漏的工具包。如果发生明显泄漏，应立即寻求消防部门的援助。

7.22.8　可燃气体或液体应存放在经批准的贮藏柜或库中。贮存量应符合国家相关的规定和标准。

7.22.9　需要冷藏的可燃液体应存放在防爆（无火花）的冰箱中。

7.22.10　需要时，实验室应使用防爆电器。

7.22.11　应配备适当的设备，需要时用于扑灭可控制的火情及帮助人员从火场撤离。

7.22.12　应依据实验室可能失火的类型配置适当的灭火器材并定期维护，应符合消防主管部门的要求。

7.22.13　如果发生火警，应立即寻求消防部门的援助，并告知实验室内存在的危险。

7.23　事故报告

7.23.1　实验室应有报告实验室事件、伤害、事故、职业相关疾病以及潜在危险的政策和程序，符合国家和地方对事故报告的规定要求。

7.23.2 所有事故报告应形成书面文件并存档(包括所有相关活动的记录和证据等文件)。适用时,报告应包括事实的详细描述、原因分析、影响范围、后果评估、采取的措施、所采取措施有效性的追踪、预防类似事件发生的建议及改进措施等。

7.23.3 事故报告(包括采取的任何措施)应提交实验室管理层和安全委员会评审,适用时,还应提交更高管理层评审。

7.23.4 实验室任何人员不得隐瞒实验室活动相关的事件、伤害、事故、职业相关疾病以及潜在危险,应按国家规定上报。

附 录 A
（资料性附录）
实验室围护结构严密性检测和排风 HEPA 过滤器检漏方法指南

A.1 引言

本附录旨在为评价实验室围护结构的严密性和对排风 HEPA 过滤器检漏提供参考。

A.2 围护结构严密性检测方法

A.2.1 烟雾检测法

A.2.1.1 在实验室通风空调系统正常运行的条件下，在需要检测位置的附近，通过人工烟源（如：发烟管、水雾震荡器等）造成可视化流场，根据烟雾流动的方向判断所检测位置的严密程度。

A.2.1.2 检测时避免检测位置附近有其他干扰气流物或障碍物。

A.2.1.3 采用冷烟源，发烟量适当，宜使用专用的发烟管。

A.2.1.4 检测的位置包括围护结构的接缝、门窗缝隙、插座、所有穿墙设备与墙的连接处等。

A.2.2 恒定压力下空气泄漏率检测法

A.2.2.1 检测过程

a) 将受测房间的温度控制在设计温度范围内，并保持稳定；

b) 在房间内的中央位置设置 1 个温度计（最小示值 0.1 ℃），以记录测试过程中室内温度的变化；

c) 关闭并固定好房间围护结构所有的门、传递窗、阀门和气密阀等；

d) 通过穿越围护结构的插管安装压力计（量程可达到 500 Pa，最小示值 10 Pa）；

e) 在真空泵或排风机和房间之间的管道上安装 1 个调节阀，通过调节真空泵或排风机的流量使房间相对房间外环境产生并维持 250 Pa 的负压差；测试持续的时间宜不超过 10 min，以避免压力变化及温度变化造成的影响；

f) 记录真空泵或排风机的流量，按式（A.1）计算房间围护结构的小时空气泄漏率：

$$T_f = \frac{Q}{V_1 - V_2} \qquad \text{(A.1)}$$

式中：

T_f——为房间围护结构的小时空气泄漏率；

Q——真空泵或风机的流量，单位为立方米每小时（m^3/h）；

V_1——房间内的空间体积，单位为立方米（m^3）；

V_2——房间内物品的体积，单位为立方米（m^3）。

A.2.2.2 检测报告

检测报告的主要内容包括：

a) 检测条件

1) 检测设备；

2) 检测方法；

3) 受测房间压力和温度的动态变化；

4) 房间内的空间体积及室内物品的体积；

5） 房间内的负压差及测试持续的时间；

6） 检测点的时间；

7） 真空泵或排风机的流量；

b） 检测结果

1） 受测房间小时空气泄漏率的计算结果；

2） 受测房间围护结构的严密性评价。

A.2.3 压力衰减检测法

A.2.3.1 检测过程

a） 将受测房间的温度控制在设计温度范围内，并保持稳定；

b） 在房间内的中央位置设置1个温度计（最小示值0.1 ℃），以记录测试过程中室内温度的变化；

c） 关闭并固定好房间围护结构所有的门、传递窗、阀门和气密阀等；

d） 通过穿越围护结构的插管安装压力计（量程可达到750 Pa，最小示值10 Pa）；

e） 在真空泵或排风机和房间之间的管道上安装1个球阀，以便在达到实验压力后能保证真空泵或排风机与受测房间密封；

f） 将受测试房间与真空泵或排风机连接，使房间与室外达到500 Pa的负压差。压差稳定后关闭房间与真空泵或排风机之间的阀门；

g） 每分钟记录1次压差和温度，连续记录至少20 min；

h） 断开真空泵或鼓风机，慢慢打开球阀，使房间压力恢复到正常状态；

i） 如果需要进行重复测试，20 min后进行。

A.2.3.2 检测报告

检测报告的主要内容包括：

a） 检测条件

1） 检测设备；

2） 检测方法；

3） 受测房间压力和温度的动态变化；

4） 检测持续的时间；

5） 检测点的时间；

b） 检测结果

1） 受测房间20 min的压力衰减率；

2） 受测房间围护结构严密性的评价。

A.3 排风HEPA过滤器的扫描检漏方法

A.3.1 检测条件

在实验室排风HEPA过滤器的排风量在最大运行风量下，待实验室压力 、温度、湿度和洁净度稳定后开始检测。

A.3.2 检测用气溶胶

检测用气溶胶的中径通常为0.3 μm，所发生气溶胶的浓度和粒径要分布均匀和稳定。可采用癸二酸二异辛酯[di(2-ethylhexyl)sebacate，DEHS]、邻苯二甲酸二辛酯（dioctyl phthalate，DOP）或聚α烯烃（polyaphaolefin，PAO）等物质用于发生气溶胶，应优先选用对人和环境无害的物质。

A.3.3 检测方法

A.3.3.1 图A.1为扫描检漏法检测示意图。

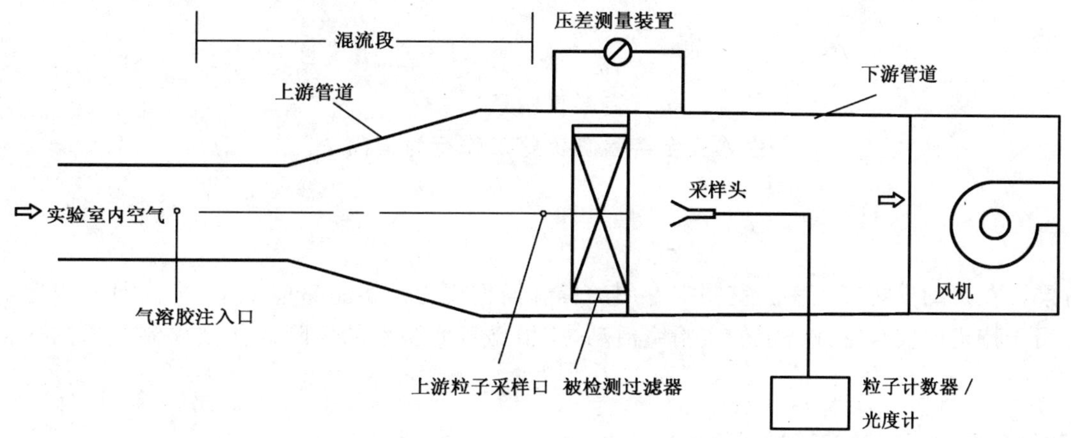

图 A.1 扫描检漏法检测示意图

A.3.3.2 检测过程

a) 测量过滤器的通风量，取 4 次测量的均值；

b) 测量过滤器两侧的压差，压力测量的断面要位于流速均匀的区域；

c) 测量上游气溶胶的浓度，将气溶胶注入被测过滤器的上游管道并保持浓度稳定，采样 4 次，每次读数与 4 次读数平均值的差别控制在 15%内；

d) 扫描排风 HEPA 过滤器，采样头距被测过滤器的表面 2 cm～3 cm，扫描的速度不超过 5 cm/s，扫描范围包括过滤器的所有表面及过滤器与装置的连接处，为了获得具有统计意义的结果，需要在下游记录到足够多的粒子。

A.3.4 检测报告

检测报告的主要内容包括：

a) 检测条件

1) 检测设备；

2) 检测方法；

3) 示踪粒子的中径；

4) 温度和相对湿度；

5) 被测过滤器通风量；

b) 检测结果

1) 过滤器两侧的压差；

2) 过滤器的平均过滤效率和最低过滤效率；

3) 如果有明显的漏点，标出漏点的位置。

附 录 B
（资料性附录）
生物安全实验室良好工作行为指南

B.1 引言

本附录旨在帮助生物安全实验室制定专用的良好操作规程。实验室应牢记，本附录的内容不一定满足或适用于特定的实验室或特定的实验室活动，应根据各实验室的风险评估结果制定适用的良好操作规程。

B.2 生物安全实验室标准的良好工作行为

B.2.1 建立并执行准入制度。所有进入人员要知道实验室的潜在危险，符合实验室的进入规定。

B.2.2 确保实验室人员在工作地点可随时得到生物安全手册。

B.2.3 建立良好的内务规程。对个人日常清洁和消毒进行要求，如洗手、淋浴（适用时）等。

B.2.4 规范个人行为。在实验室工作区不要饮食、抽烟、处理隐形眼镜、使用化妆品、存放食品等；工作前，掌握生物安全实验室标准的良好操作规程。

B.2.5 正确使用适当的个体防护装备，如手套、护目镜、防护服、口罩、帽子、鞋等。个体防护装备在工作中发生污染时，要更换后才能继续工作。

B.2.6 戴手套工作。每当污染、破损或戴一定时间后，更换手套；每当操作危险性材料的工作结束时，除去手套并洗手；离开实验间前，除去手套并洗手。严格遵守洗手的规程。不要清洗或重复使用一次性手套。

B.2.7 如果有可能发生微生物或其他有害物质溅出，要佩戴防护眼镜。

B.2.8 存在空气传播的风险时需要进行呼吸防护，用于呼吸防护的口罩在使用前要进行适配性试验。

B.2.9 工作时穿防护服。在处理生物危险材料时，穿着适用的指定防护服。离开实验室前按程序脱下防护服。用完的防护服要消毒灭菌后再洗涤。工作用鞋要防水、防滑、耐扎、舒适，可有效保护脚部。

B.2.10 安全使用移液管，要使用机械移液装置。

B.2.11 配备降低锐器损伤风险的装置和建立操作规程。在使用锐器时要注意：

a） 不要试图弯曲、截断、破坏针头等锐器，不要试图从一次性注射器上取下针头或套上针头护套。必要时，使用专用的工具操作；

b） 使用过的锐器要置于专用的耐扎容器中，不要超过规定的盛放容量；

c） 重复利用的锐器要置于专用的耐扎容器中，采用适当的方式消毒灭菌和清洁处理；

d） 不要试图直接用手处理打破的玻璃器具等（参见附录 C），尽量避免使用易碎的器具。

B.2.12 按规程小心操作，避免发生溢洒或产生气溶胶，如不正确的离心操作、移液操作等。

B.2.13 在生物安全柜或相当的安全隔离装置中进行所有可能产生感染性气溶胶或飞溅物的操作。

B.2.14 工作结束或发生危险材料溢洒后，要及时使用适当的消毒灭菌剂对工作表面和被污染处进行处理（参见附录 C）。

B.2.15 定期清洁实验室设备。必要时使用消毒灭菌剂清洁实验室设备。

B.2.16 不要在实验室内存放或养与工作无关的动植物。

B.2.17 所有生物危险废物在处置前要可靠消毒灭菌。需要运出实验室进行消毒灭菌的材料，要置于专用的防漏容器中运送，运出实验室前要对容器进行表面消毒灭菌处理。

B.2.18 从实验室内运走的危险材料，要按照国家和地方或主管部门的有关要求进行包装。

B.2.19 在实验室入口处设置生物危险标识。

B.2.20 采取有效的防昆虫和啮齿类动物的措施，如防虫纱网、挡鼠板等。

B.2.21 对实验室人员进行上岗培训并评估与确认其能力。需要时，实验室人员要接受再培训，如长期未工作、操作规程或有关政策发生变化等。

B.2.22 制定有关职业禁忌症、易感人群和监督个人健康状态的政策。必要时，为实验室人员提供免疫计划、医学咨询或指导。

B.3 生物安全实验室特殊的良好工作行为

B.3.1 经过有控制措施的安全门才能进入实验室，记录所有人员进出实验室的日期和时间并保留记录。

B.3.2 定期采集和保存实验室人员的血清样本。

B.3.3 只要可行，为实验室人员提供免疫计划、医学咨询或指导。

B.3.4 正式上岗前实验室人员需要熟练掌握标准的和特殊的良好工作行为及微生物操作技术和操作规程。

B.3.5 正确使用专用的个体防护装备，工作前先做培训、个体适配性测试和检查，如对面具、呼气防护装置、正压服等的适配性测试和检查。

B.3.6 不要穿个人衣物和佩戴饰物进入实验室防护区，离开实验室前淋浴。用过的实验防护服按污染物处理，先消毒灭菌再洗涤。

B.3.7 Ⅲ级生物安全柜的手套和正压服的手套有破损的风险，为了防止意外感染事件，需要另戴手套。

B.3.8 定期消毒灭菌实验室设备。仪器设备在修理、维护或从实验室内移出以前，要进行消毒灭菌处理。消毒人员要接受专业的消毒灭菌培训，使用专用个体防护装备和消毒灭菌设备。

B.3.9 如果发生可能引起人员暴露感染性物质的事件，要立即报告和进行风险评估，并按照实验室安全管理体系的规定采取适当的措施，包括医学评估、监护和治疗。

B.3.10 在实验室内消毒灭菌所有的生物危险废物。

B.3.11 如果需要从实验室内运出具有活性的生物危险材料，要按照国家和地方或主管部门的有关要求进行包装，并对包装进行可靠的消毒灭菌，如采用浸泡、熏蒸等方式消毒灭菌。

B.3.12 包装好的具有活性的生物危险物除非采用经确认有效的方法灭活后，不要在没有防护的条件下打开包装。如果发现包装有破损，立即报告，由专业人员处理。

B.3.13 定期检查防护设施、防护设备、个体防护装备，特别是带生命支持系统的正压服。

B.3.14 建立实验室人员就医或请假的报告和记录制度，评估是否与实验室工作相关。

B.3.15 建立对怀疑或确认发生实验室获得性感染的人员进行隔离和医学处理的方案并保证必要的条件(如:隔离室等)。

B.3.16 只将必需的仪器装备运入实验室内。所有运入实验室的仪器装备，在修理、维护或从实验室内移出以前要彻底消毒灭菌，比如生物安全柜的内外表面以及所有被污染的风道、风扇及过滤器等均要采用经确认有效的方式进行消毒灭菌，并监测和评价消毒灭菌效果。

B.3.17 利用双扉高压锅、传递窗、渡槽等传递物品。

B.3.18 制定应急程序，包括可能的紧急事件和急救计划，并对所有相关人员培训和进行演习。

B.4 动物生物安全实验室的良好工作行为

B.4.1 适用时，执行生物安全实验室的标准或特殊良好工作行为。

B.4.2 实验前了解动物的习性，咨询动物专家并接受必要的动物操作的培训。

B.4.3 开始工作前，实验人员(包括清洁人员、动物饲养人员、实验操作人员等)要接受足够的操作训练和演练，应熟练掌握相关的实验动物和微生物操作规程和操作技术，动物饲养人员和实验操作人员要有实验动物饲养或操作上岗合格证书。

B.4.4 将实验动物饲养在可靠的专用笼具或防护装置内，如负压隔离饲养装置(需要时排风要通过HEPA过滤器排出)等。

B.4.5 考虑工作人员对动物的过敏性和恐惧心理。

B.4.6 动物饲养室的入口处设置醒目的标识并实行严格的准入制度，包括物理门禁措施(如：个人密码和生物学识别技术等)。

B.4.7 个体防护装备还要考虑方便操作和耐受动物的抓咬和防范分泌物喷射等，要使用专用的手套、面罩、护目镜、防水围裙、防水鞋等。

B.4.8 操作动物时，要采用适当的保定方法或装置来限制动物的活动性，不要试图用人力强行制服动物。

B.4.9 只要可能，限制使用针头、注射器或其他锐器，尽量使用替代的方案，如改变动物染毒途径等。

B.4.10 操作灵长类和大型实验动物时，需要操作人员已经有非常熟练的工作经验。

B.4.11 时刻注意是否有逃出笼具的动物，濒临死亡的动物及时妥善处理。

B.4.12 不要试图从事风险不可控的动物操作。

B.4.13 在生物安全柜或相当的隔离装置内从事涉及产生气溶胶的操作，包括更换动物的垫料、清理排泄物等。如果不能在生物安全柜或相当的隔离装置内进行操作，要组合使用个体防护装备和其他的物理防护装置。

B.4.14 选择适用于所操作动物的设施、设备、实验用具等，配备专用的设备消毒灭菌和清洗设备，培训专业的消毒灭菌和清洗人员。

B.4.15 从事高致病性生物因子感染的动物实验活动，是极为专业和风险高的活动，实验人员应参加针对特定活动的专门培训和演练(包括完整的感染动物操作过程、清洁和消毒灭菌、处理意外事件等)，而且要定期评估实验人员的能力，包括管理层的能力。

B.4.16 只要可能，尽量不使用动物。

B.5 生物安全实验室的清洁

B.5.1 由受过培训的专业人员按照专门的规程清洁实验室。外雇的保洁人员可以在实验室消毒灭菌后负责清洁地面和窗户(高级别生物安全实验室不适用)。

B.5.2 保持工作表面的整洁。每天工作完后都要对工作表面进行清洁并消毒灭菌。宜使用可移动或悬挂式的台下柜，以便于对工作台下方进行清洁和消毒灭菌。

B.5.3 定期清洁墙面，如果墙面有可见污物时，及时进行清洁和消毒灭菌。不宜无目的或强力清洗，避免破坏墙面。

B.5.4 定期清洁易积尘的部位，不常用的物品最好存放在抽屉或箱柜内。

B.5.5 清洁地面的时间视工作安排而定，不在日常工作时间做常规清洁工作。清洗地板最常用的工具是浸有清洁剂的湿拖把；家用型吸尘器不适于生物安全实验室使用；不要使用扫帚等扫地。

B.5.6 可以用普通废物袋收集塑料或纸制品等非危险性废物。

B.5.7 用专用的耐扎容器收集带针头的注射器、碎玻璃、刀片等锐利性废弃物。

B.5.8 用专用的耐高压蒸汽消毒灭菌的塑料袋收集任何具有生物危险性或有潜在生物危险性的废物。

B.5.9 根据废弃物的特点选用可靠的消毒灭菌方式，如是否包含基因改造生物、是否混有放射性等其他危险物、是否易形成胶状物堵塞灭菌器的排水孔等，要监测和评价消毒灭菌效果。

附　录　C
（资料性附录）
实验室生物危险物质溢洒处理指南

C.1　引言

本附录旨在为实验室制定生物危险物质溢洒处理程序提供参考。溢洒在本附录中指包含生物危险物质的液态或固态物质意外地与容器或包装材料分离的过程。实验室人员熟悉生物危险物质溢洒处理程序、溢洒处理工具包的使用方法和存放地点对降低溢洒的危害非常重要。

本附录描述了实验室生物危险物质溢洒的常规处理方法，实验室需要根据其所操作的生物因子，制定专用的程序。如果溢洒物中含有放射性物质或危险性化学物质，则应使用特殊的处理程序。

C.2　溢洒处理工具包

C.2.1　基础的溢洒处理工具包通常包括：

a)　对感染性物质有效的消毒灭菌液，消毒灭菌液需要按使用要求定期配制；

b)　消毒灭菌液盛放容器；

c)　镊子或钳子、一次性刷子、可高压的扫帚和簸箕或其他处理锐器的装置；

d)　足够的布巾、纸巾或其他适宜的吸收材料；

e)　用于盛放感染性溢洒物以及清理物品的专用收集袋或容器；

f)　橡胶手套；

g)　面部防护装备，如面罩、护目镜、一次性口罩等；

h)　溢洒处理警示标识，如“禁止进入”、“生物危险”等；

i)　其他专用的工具。

C.2.2　明确标示出溢洒处理工具包的存放地点。

C.3　撤离房间

C.3.1　发生生物危险物质溢洒时，立即通知房间内的无关人员迅速离开，在撤离房间的过程中注意防护气溶胶。关门并张贴“禁止进入”、“溢洒处理”的警告标识，至少 30 min 后方可进入现场处理溢洒物。

C.3.2　撤离人员按照离开实验室的程序脱去个体防护装备，用适当的消毒灭菌剂和水清洗所暴露皮肤。

C.3.3　如果同时发生了针刺或扎伤，可以用消毒灭菌剂和水清洗受伤区域，挤压伤处周围以促使血往伤口外流；如果发生了黏膜暴露，至少用水冲洗暴露区域 15 min。立即向主管人员报告。

C.3.4　立即通知实验室主管人员。必要时，由实验室主管人员安排专人清除溢洒物。

C.4　溢洒区域的处理

C.4.1　准备清理工具和物品，在穿着适当的个体防护装备（如：鞋、防护服、口罩、双层手套、护目镜、呼吸保护装置等）后进入实验室。需要两人共同处理溢洒物，必要时，还需配备一名现场指导人员。

C.4.2　判断污染程度，用消毒灭菌剂浸湿的纸巾（或其他吸收材料）覆盖溢洒物，小心从外围向中心倾倒适当量的消毒灭菌剂，使其与溢洒物混合并作用一定的时间。应注意按消毒灭菌剂的说明确定使用浓度和作用时间。

C.4.3 到作用时间后，小心将吸收了溢洒物的纸巾（或其他吸收材料）连同溢洒物收集到专用的收集袋或容器中，并反复用新的纸巾（或其他吸收材料）将剩余物质吸净。破碎的玻璃或其他锐器要用镊子或钳子处理。用清洁剂或消毒灭菌剂清洁被污染的表面。所处理的溢洒物以及处理工具（包括收集锐器的镊子等）全部置于专用的收集袋或容器中并封好。

C.4.4 用消毒灭菌剂擦拭可能被污染的区域。

C.4.5 按程序脱去个体防护装备，将暴露部位向内折，置于专用的收集袋或容器中并封好。

C.4.6 按程序洗手。

C.4.7 按程序处理清除溢洒物过程中形成的所有废物。

C.5 生物安全柜内溢洒的处理

C.5.1 处理溢洒物时不要将头伸入安全柜内，也不要将脸直接面对前操作口，而应处于前视面板的后方。选择消毒灭菌剂时需要考虑其对生物安全柜的腐蚀性。

C.5.2 如果溢洒的量不足 1 mL 时，可直接用消毒灭菌剂浸湿的纸巾（或其他材料）擦拭。

C.5.3 如溢洒量大或容器破碎，建议按如下操作：

a) 使生物安全柜保持开启状态；

b) 在溢洒物上覆盖浸有消毒灭菌剂的吸收材料，作用一定时间以发挥消毒灭菌作用。必要时，用消毒灭菌剂浸泡工作表面以及排水沟和接液槽；

c) 在安全柜内对所戴手套消毒灭菌后，脱下手套。如果防护服已被污染，脱掉所污染的防护服后，用适当的消毒灭菌剂清洗暴露部位；

d) 穿好适当的个体防护装备，如双层手套、防护服、护目镜和呼吸保护装置等；

e) 小心将吸收了溢洒物的纸巾（或其他吸收材料）连同溢洒物收集到专用的收集袋或容器中，并反复用新的纸巾（或其他吸收材料）将剩余物质吸净；破碎的玻璃或其他锐器要用镊子或钳子处理；

f) 用消毒灭菌剂擦拭或喷洒安全柜内壁、工作表面以及前视窗的内侧；作用一定时间后，用洁净水擦干净消毒灭菌剂；

g) 如果需要浸泡接液槽，在清理接液槽前要先报告主管人员；可能需要用其他方式消毒灭菌后再进行清理。

C.5.4 如果溢洒物流入生物安全柜内部，需要评估后采取适用的措施。

C.6 离心机内溢洒的处理

C.6.1 在离心感染性物质时，要使用密封管以及密封的转子或安全桶。每次使用前，检查并确认所有密封圈都在位并状态良好。

C.6.2 离心结束后，至少再等候 5 min 打开离心机盖。

C.6.3 如果打开盖子后发现离心机已经被污染，立即小心关上。如果离心期间发生离心管破碎，立即关机，不要打开盖子。切断离心机的电源，至少 30 min 后开始清理工作。

C.6.4 穿着适当的个体防护装备，准备好清理工具。必要时，清理人员需要佩戴呼吸保护装置。

C.6.5 消毒灭菌后小心将转子转移到生物安全柜内，浸泡在适当的非腐蚀性消毒灭菌液内，建议浸泡 60 min 以上。

C.6.6 小心将离心管转移到专用的收集容器中。一定要用镊子夹取破碎物，可以用镊子夹着棉花收集细小的破碎物。

C.6.7 通过用适当的消毒灭菌剂擦拭和喷雾的方式消毒灭菌离心转子仓室和其他可能被污染的部位,空气晾干。

C.6.8 如果溢洒物流入离心机的内部,需要评估后采取适用的措施。

C.7 评估与报告

C.7.1 对溢洒处理过程和效果进行评估,必要时对实验室进行彻底的消毒灭菌处理和对暴露人员进行医学评估。

C.7.2 按程序记录相关过程和报告。

参 考 文 献

［1］ 中华人民共和国国务院.《病原微生物实验室生物安全管理条例》［国务院令第 424 号］,北京:中华人民共和国国务院,2004-11-12.

［2］ 中华人民共和国农业部.《兽医实验室生物安全管理规范》［302 号公告］,北京:中华人民共和国农业部,2003-10-15.

［3］ The Minister of Health, Canada. The Laboratory Biosafety Guidelines ［M］. 3rd ed. Ottawa: Health Canada, 2004.

［4］ U. S. Department of Health and Human Services, Centers for Disease Control and Prevention, National Institutes of Health. Biosafety in Microbiological and Biomedical Laboratories ［M］. 5th ed. Washington: U. S. Government Printing Office, 2007.

［5］ Standards Australia. AS/NZS 2243. 3-2002 Safety in laboratories—Part 3: Microbiological aspects and containment facilities ［S］. New Zealand: Standards Australia, 2002.

［6］ European Committee for Standardization. EN1822-4(2000) High efficiency air filter (HEPA and ULPA)—Part 4: Determining leakage of filter element (Scan method) ［S］. Brussels: European Committee for Standardization, 2000.

［7］ European Committee for Standardization. CWA 15793: 2008 Laboratory biorisk management standard ［S］. Brussels: European Committee for Standardization, 2008.

［8］ 中华人民共和国国家质量监督检验检疫总局,中国国家标准化管理委员会. GB 19781—2005 医学实验室 安全要求［S］. 北京:中国标准出版社,2005.

［9］ Institute of Environmental Science and Technology. IEST-RP-CC0034. 2 (2005) HEPA and ULPA Filter Leak Tests ［S］. Arlington Heights Illinois: Institute of Environmental Science and Technology, 2005.

［10］ International Organization for Standards. ISO 15189-2007 Medical laboratories—Particular requirements for quality and competence ［S］. Geneva: International Organization for Standards, 2007.

［11］ International Organization for Standards. ISO 10648-2: 1994 Containment enclosures—Part 2: Classification according to leak tightness and associated checking methods ［S］. Geneva: International Organization for Standards, 1994.

［12］ Mani, P. , Langevin, P. , 国际兽医生物安全工作组. 兽医生物安全设施—设计与建造手册［M］. 中国动物疾病预防控制中心译. 北京:中国农业出版社,2007.

［13］ World Health Organization. Laboratory biosafety manual ［M］. 3rd ed. Geneva: World Health Organization, 2004.

ICS 67.060
B 22

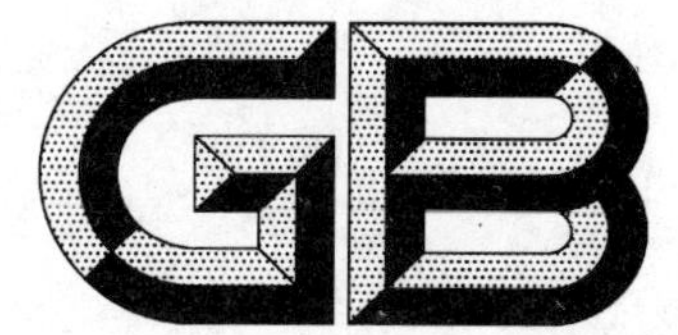

中华人民共和国国家标准

GB/T 19503—2008
代替 GB 19503—2004

地理标志产品　沁州黄小米

**Product of geographical indication—
Qinzhouhuang foxtail-millet**

2008-07-31 发布　　2008-11-01 实施

中华人民共和国国家质量监督检验检疫总局
中国国家标准化管理委员会　发布

前　言

本标准根据国家质量监督检验检疫总局颁布的 2005 第 78 号令《地理标志产品保护规定》及 GB/T 17924《地理标志产品标准通用要求》制定。

本标准代替 GB 19503—2004《原产地域产品　沁州黄小米》。

本标准与 GB 19503—2004 相比主要变化如下：

——标准属性由强制性国家标准改为推荐性国家标准；

——根据国家质量监督检验检疫总局颁布的《地理标志产品保护规定》，将标准名称改为《地理标志产品　沁州黄小米》；

——增加了对原料质量的要求；

——增加了对型式检验的要求；

——修改了对产品包装的要求。

本标准的附录 A、附录 B 为规范性附录。

本标准由全国原产地域产品标准化工作组提出并归口。

本标准主要起草单位：山西省长治市质量技术监督局、山西省农科院谷子所、山西省沁县质量技术监督局、山西沁州黄小米(集团)有限公司。

本标准主要起草人：李广祥、王敏、王红峰、胡彦昭、张治原、邢菊英、张喜文、马庭光、耿聚萍。

本标准所代替标准的历次版本发布情况为：

——GB 19503—2004。

地理标志产品　沁州黄小米

1　范围

本标准规定了沁州黄小米的地理标志产品保护范围、术语和定义、要求、试验方法、检验规则及标志、标签、包装、运输、贮存。

本标准适用于国家质量监督检验检疫行政主管部门根据《地理标志产品保护规定》批准保护的沁州黄小米。

2　规范性引用文件

下列文件中的条款通过本标准的引用而成为本标准的条款。凡是注日期的引用文件，其随后所有的修改单(不包括勘误的内容)或修订版均不适用于本标准，然而，鼓励根据本标准达成协议的各方研究是否可使用这些文件的最新版本。凡是不注日期的引用文件，其最新版本适用于本标准。

GB 2715　粮食卫生标准

GB 3095　环境空气质量标准

GB/T 5009.36　粮食卫生标准的分析方法

GB 5491　粮食、油料检验　扦样、分样法

GB/T 5492　粮食、油料检验　色泽、气味、口味鉴定法

GB/T 5494　粮食、油料检验　杂质、不完善粒检验法

GB/T 5497　粮食、油料检验　水分测定法

GB/T 5503　粮食、油料检验　碎米检验法

GB/T 5511　粮食、油料检验　粗蛋白质测定法

GB/T 5512　粮食、油料检验　粗脂肪测定法

GB/T 7628　谷物中维生素 B_1 测定

GB 7718　预包装食品标签通则

GB/T 8232　粟(谷子)

GB/T 11766—1989　小米

NY/T 55　水稻、玉米、谷子籽粒直链淀粉测定法

NY/T 83　米质测定方法

3　术语和定义

GB/T 11766 确立的以及下列术语和定义适用于本标准。

3.1

沁州黄小米　Qinzhouhuang foxtail-millet

源于古沁州，即现今山西省长治市所辖沁县、武乡、襄垣及屯留县境内特定的小米产区，选用沁州黄等优质品种，按照特定生产技术规程种植的谷子加工而成的粳性小米。

4　地理标志产品保护范围

沁州黄小米的产地保护范围限于国家质量监督检验检疫行政主管部门根据《地理标志产品保护规定》批准的范围，即沁县的牛寺、段柳、松村、次村、南里、南泉、杨安乡、漳源、定昌、新店、册村、郭村、故县镇；武乡县的涌泉乡、故城、丰洲镇；襄垣县的虒亭、王村镇以及屯留县的吾元镇。见附录 A。

5 要求

5.1 自然环境

5.1.1 地理环境

地势高燥、基本平坦,海拔 900 m～1 200 m 的岭地。

5.1.2 土壤

土壤土层较厚、土质为红、黄壤土或红粘土、红砂土。

5.1.3 日照

光照充足,年日照时数 2 500 h～2 600 h。

5.1.4 气温

季节性变化明显,四季分明,昼夜温差大,温度不小于 10 ℃的年活动积温 2 900 ℃～3 250 ℃,全生育期以平均气温 18.5 ℃～20 ℃为宜。

5.1.5 降水

雨量适中,年平均降雨量 600 mm 左右。

5.1.6 大气

本区域大气通风良好且符合 GB 3095 规定。

5.2 原料来源

沁州黄小米原料(谷子)来源于本标准第 4 章规定的范围内,其品质应符合 GB/T 8232 及相应收购质量要求。

5.3 感官要求

沁州黄小米按加工精度和品质分优级和一级两个等级,其感官要求应符合表 1 的规定。

表 1 感官要求

项目	要求	
	优级	一级
色泽	鲜黄明亮,无明显感官色差,无霉变	鲜黄较亮,无明显感官色差,无霉变
透明度	半透明,有米腻	
气味	具有本区域小米固有的自然清香味,无其他异味	
粒形	颗粒均匀饱满	
食味品质评定/分	1. 评定要求:蒸煮后,米饭香味浓郁,米粒完整金黄,软而不粘结,食味好,冷却后不回生变硬;米汤则米、汤融合,汤色纯正,香味浓郁,米汤中固形物含量高,米粒膨胀低,食味好 2. 分数要求:≥85(以百分计)	1. 评定要求:蒸煮后,米饭应有米香,米粒完整金黄,软而不粘结,食味好;米汤汤色纯正,适口性较好,米汤中固形物含量高,米粒膨胀适中 2. 分数要求:≥80(以百分计)

5.4 加工质量指标

沁州黄小米的加工质量指标应符合表 2 的规定。

表 2 加工质量指标

项目				要求	
				优级	一级
加工精度(粒面种皮基本脱掉的颗粒)/%			≥	95	90
不完善粒/%			≤	0.8	1.0
杂质/%	总量		≤	0.3	0.5
	其中	粟粒	≤	0.2	0.3
		矿物质	≤	0.02	
碎米/%			≤	4.0	
水分/%			≤	13.0	

5.5 蒸煮和营养品质指标

沁州黄小米的蒸煮和营养品质指标应符合表 3 的规定。

表 3 蒸煮和营养品质指标

项目		优级	一级
直链淀粉/%		14.0～20.0	
胶稠度/mm	≥	100	
糊化温度(碱消值)/级		2.0～4.0	
蛋白质/%	≥	9.0	8.0
粗脂肪/%	≥	3.0	2.5
维生素 B_1/(mg/100 g)	≥	0.60	0.50

5.6 卫生指标

沁州黄小米不应使用添加剂,卫生指标应符合 GB 2715 规定。

6 检验方法

6.1 感官指标

6.1.1 色泽、气味按 GB/T 5492 规定执行。

6.1.2 透明度、粒形:将样品置于洁净的白瓷盘中目测。

6.1.3 食味品质评定按附录 B 规定执行。

6.2 加工质量指标

6.2.1 加工精度按 GB/T 11766—1989 中附录 A 规定执行。

6.2.2 杂质和不完善粒按 GB/T 5494 规定执行。

6.2.3 水分按 GB/T 5497 执行。

6.2.4 碎米按 GB/T 5503 执行。

6.3 蒸煮和营养品质指标

6.3.1 直链淀粉按 NY/T 55 规定执行。

6.3.2 胶稠度、糊化温度(碱消值)按 NY/T 83 规定执行。

6.3.3 蛋白质按 GB/T 5511 规定执行。

6.3.4 粗脂肪按 GB/T 5512 规定执行。

6.3.5 维生素 B_1 按 GB/T 7628 规定执行。

6.4 卫生指标

按 GB/T 5009.36 执行。

7 检验规则

7.1 每批产品应按本标准规定进行常规检验，经检验合格签发合格证后，方可出厂销售。

7.2 扦样按 GB 5491 执行。

7.3 检验分类

7.3.1 常规检验

常规检验项目包括除食味品质评定项之外的感官指标以及加工质量指标。

7.3.2 型式检验

7.3.2.1 型式检验每半年进行一次。有下列情况之一时，亦应进行型式检验：

a) 原料、工艺、设备有较大变化时；

b) 长期停产恢复生产时；

c) 前后两次出厂检验差异较大时；

d) 国家有关质量监督行政主管部门提出要求时。

7.3.2.2 型式检验项目包括本标准所有感官指标、加工质量指标、蒸煮和营养品质指标和卫生指标。

7.4 判定规则

检验结果中卫生指标有一项不合格则判定该批产品不合格。感官指标、加工质量指标、蒸煮和营养品质指标中有一项不符合要求的，可从同批产品中加倍随机抽样进行复检，以复检结果为准。

8 标志、标签、包装、运输、贮存

8.1 标志、标签

8.1.1 获得批准的企业，可在其产品外包装上使用地理标志产品专用标志。

8.1.2 标签应符合 GB 7718 规定。

8.2 包装

包装材料应符合国家有关食品包装卫生规定。包装物应牢固密封。

8.3 运输

运输时应防雨、防潮，不得与其他有毒、有害物品混运。

8.4 贮存

贮存仓库应满足通风、干燥、清洁、阴凉、无鼠害、无虫害、无阳光直射的要求，严禁与有毒，有异味（气）、潮湿、易生虫、易污染的物品混放。

附 录 A
（规范性附录）
沁州黄小米地理标志产品保护范围图

沁州黄小米地理标志产品保护范围见图 A.1。

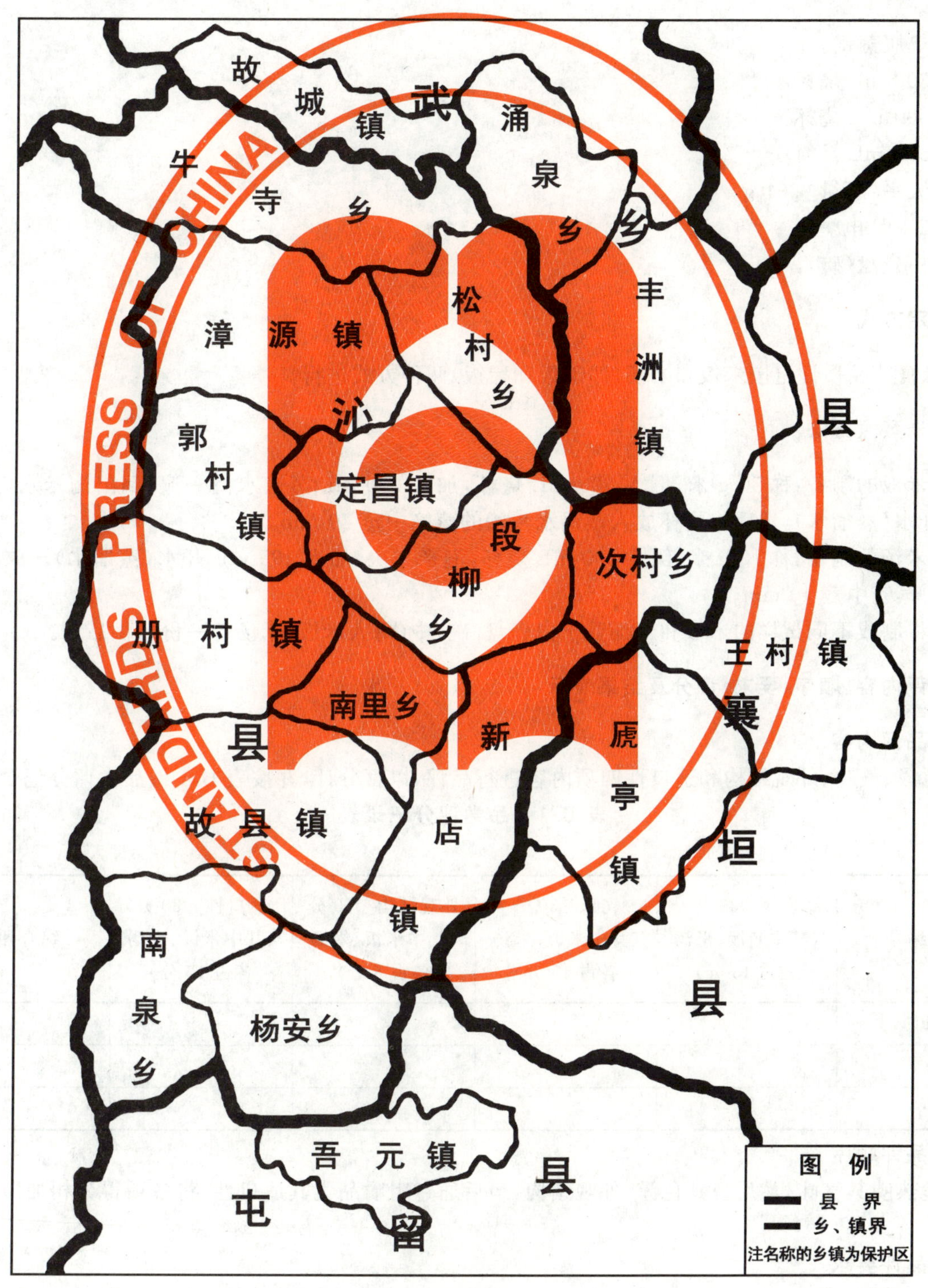

图 A.1 沁州黄小米地理标志产品保护范围图

附　录　B
（规范性附录）
食味品质评定方法

B.1　用具

B.1.1　单屉蒸锅。
B.1.2　300 mL 烧杯。
B.1.3　500 mL 烧杯。
B.1.4　500 mL 量筒。
B.1.5　天平：感量 0.01 g。
B.1.6　2 kW 电炉。
B.1.7　白瓷盘（碗）。

B.2　评定方式

小米食味品质评定按米饭和米汤（即干饭和稀饭）两种方式进行。

B.3　小米蒸煮方法

B.3.1　米饭的制备：称 50 g 米，倒入 300 mL 烧杯，加入 200 mL 蒸馏水淘一遍，倒出淘米水，再加入 97 mL 开水（蒸馏水），然后将烧杯放入蒸锅水沸腾的蒸笼中蒸 40 min。
B.3.2　米汤的制备：称 10 g 米，倒入 500 mL 烧杯，淘米一次，加入 195 mL 开水（蒸馏水）。放入蒸锅水沸腾的蒸笼中蒸 40 min。
B.3.3　将制成不同试样的米饭和米汤置于白瓷盘（碗）中（每人米饭、米汤各一份），供品评。

B.4　品评内容、顺序、要求、评分及结果表示

B.4.1　品评内容

分色泽、气味、外观结构和适口性四项内容进行品评，以百分计，并按表 B.1 做品尝评分记录。

表 B.1　品尝评分记录表

年　　月　　日　　　　　　　　　　　　　　　　　　　　品评人员：

样品编号	色泽　30 分（其中米饭、米汤各占 15 分）	气味　30 分（其中米饭、米汤各占 15 分）	外观结构　10 分（其中米饭、米汤各占 5 分）	适口性　30 分（其中米饭、米汤各占 15 分）	综合评分
1					
2					
……					

B.4.2　品评顺序

先趁热嗅其气味，然后观其色泽、外观结构，最后通过咀嚼品尝其适口性，将各项得分相加即为综合评分。

B.4.3　品评要求

B.4.3.1　品评人员以 5 人～10 人组成为宜。
B.4.3.2　品评应在专门的房间进行，品评房间在 15 m^2 左右时应装有四支 40 W 日光灯，灯管距品评

桌面约 1.5 m，品评人员每人一座，在室温(20 ℃～25 ℃)下进行品评，品评时应保持环境安静，无干扰。

B.4.3.3 品评时间最好在饭前 1 h 或饭后 2 h 进行，品尝前不得吸烟或吃糖。

B.4.3.4 品评前品评人员应用温开水漱口，把口中残留物去净。

B.4.3.5 品评时每人米饭、米汤各一份，评分时不应相互讨论，主持人也不应向品评人员说明试样的质量情况。

B.4.4 评分

根据小米食味品质的实际情况，对照本标准表 B.1 要求进行打分评定。

B.4.5 结果表示

根据每个品评人员的综合评分结果计算平均值，个别人员品评误差大者(超过平均值 10 分以上)可舍弃，舍弃后重新计算平均值。最后以综合评分的平均值作为小米食味品质的评定结果，计算结果取整数。

ICS 67.160.10
X 61

中华人民共和国国家标准

GB/T 19504—2008
代替 GB 19504—2004

地理标志产品　贺兰山东麓葡萄酒

Product of geographical indication—Wine in Helan mountain east region

2008-07-31 发布　　2008-11-01 实施

中华人民共和国国家质量监督检验检疫总局
中国国家标准化管理委员会　发布

前　言

本标准根据《地理标志产品保护规定》及 GB/T 17924《地理标志产品标准通用要求》制定。

本标准代替 GB 19504—2004《原产地域产品　贺兰山东麓葡萄酒》。

本标准与 GB 19504—2004 相比主要变化如下：

——将标准属性由强制性改为推荐性；

——根据国家质量监督检验检疫总局颁布的《地理标志产品保护规定》，修改了标准中英文名称及相关表述；

——删除了工艺要求；

——调整了葡萄品种，提高了葡萄含糖量要求；

——依据 GB 15037《葡萄酒》，调整了感官要求的香气与口感；在理化指标中，删除了“滴定酸”、“总二氧化硫”指标，增加了“柠檬酸”、“二氧化碳”、“甲醇”、“苯甲酸或苯甲酸钠”、“山梨酸或山梨酸钾”指标。

本标准的附录 A 为规范性附录。

本标准由全国原产地域产品标准化工作组提出并归口。

本标准起草单位：宁夏葡萄产业协会、宁夏标准化协会、宁夏大学、宁夏农科院、西北农林科技大学、贺兰山东麓葡萄酒原产地域保护办公室、广夏葡萄酒业有限公司、西夏王葡萄酒业集团公司、宁夏御马葡萄酒有限公司。

本标准主要起草人：王奉玉、张军翔、张静、俞惠明、罗耀文、冯晓霞、张建、胡博然、张运迪、王平来。

本标准所代替标准的历次版本发布情况为：

——GB 19504—2004。

地理标志产品 贺兰山东麓葡萄酒

1 范围

本标准规定了贺兰山东麓葡萄酒的术语和定义、地理标志产品保护范围、产品分类、要求、试验方法、检验规则及标志、包装、运输、贮存。

本标准适用于国家质量监督检验检疫行政主管部门批准的贺兰山东麓葡萄酒。

2 规范性引用文件

下列文件中的条款通过本标准的引用而成为本标准的条款。凡是注日期的引用文件，其随后所有的修改单(不包括勘误的内容)或修订版均不适用于本标准，然而，鼓励根据本标准达成协议的各方研究是否可使用这些文件的最新版本。凡是不注日期的引用文件，其最新版本适用于本标准。

GB/T 191 包装储运图示标志

GB 2758 发酵酒卫生标准

GB 3095 环境空气质量标准

GB 5084 农田灌溉水质标准

GB 10344 预包装饮料酒标签通则

GB 15037—2006 葡萄酒

GB/T 15038 葡萄酒、果酒通用分析方法

NY/T 393 绿色食品 农药使用准则

NY/T 394 绿色食品 肥料使用准则

国家质量监督检验检疫总局令[2005]第75号《定量包装商品计量监督管理办法》

3 术语和定义

GB 15037 确立的以及下列术语和定义适用于本标准。

3.1

贺兰山东麓葡萄酒 wine in Helan mountain east region

在本标准第4章规定的范围内生产的适合于酿酒的新鲜葡萄为原料，在规定的保护范围内酿制的葡萄酒。

4 地理标志产品保护范围

贺兰山东麓葡萄酒地理标志产品保护范围限于国家质量监督检验检疫行政主管部门根据《地理标志产品保护规定》批准保护的范围，见附录A。

5 产品分类

5.1 按色泽分类

5.1.1 白葡萄酒。

5.1.2 红葡萄酒。

5.1.3 桃红葡萄酒。

5.2 按二氧化碳含量分类

5.2.1 平静葡萄酒。

5.2.2 起泡葡萄酒。

5.3 按含糖量分类

5.3.1 干型。

5.3.2 半干型。

5.3.3 半甜型。

5.3.4 甜型。

6 要求

6.1 原料要求

6.1.1 产地要求

贺兰山东麓葡萄酒原料应产自本标准第4章规定的保护范围内。

6.1.2 品种要求

6.1.2.1 红色品种：赤霞珠（Cabernet Sauvignon）、蛇龙珠（Cabernet Gernischet）、美乐（Merlot）、品丽珠（Cabernet Franc）、西拉（Syrah）、黑比诺（Pinot Noir）、佳美（Gamay）等。

6.1.2.2 白色品种：霞多丽（Chardonnay）、贵人香（Italian Riesling）、雷司令（Riesling）、长相思（Sauvignon Blanc）、白诗南（Chenin Blanc）、赛美容（Semillon）、琼瑶浆（Roter Traminer）等。

6.1.3 葡萄质量要求

酿造贺兰山东麓葡萄酒的葡萄含糖量应≥190 g/L，着色均匀，果粒新鲜、洁净，无病虫果、霉烂果、裂果、生青果、僵果。

6.1.4 葡萄生长环境

贺兰山东麓葡萄酒产地大气环境应符合GB 3095；葡萄园灌溉水质量标准应符合GB 5084。

6.1.5 葡萄生产要求

贺兰山东麓酿酒葡萄生产操作规程包括农药、肥料应符合NY/T 393、NY/T 394的规定。

6.2 感官要求

应符合表1规定。

表1 感官要求

项目			要求
外观	色泽	白葡萄酒	近似无色、微黄带绿、浅黄、禾秆黄、金黄色
		红葡萄酒	深红、宝石红、红微带棕
		桃红葡萄酒	桃红、浅玫瑰红、浅红色
	澄清程度		澄清，有光泽，无明显悬浮物（使用软木塞封口的酒允许有少量软木渣，装瓶超过1 a的葡萄酒允许有少量沉淀）
	起泡程度		起泡葡萄酒注入杯中时，应有细微的串珠状气泡升起，并有一定的持续性
香气与滋味	香气		具有纯正、优雅、爽怡、和谐的果香与酒香，陈酿型的葡萄酒还应具有陈酿香或橡木香
	滋味	干、半干葡萄酒	具有纯正、优雅、爽怡的口味和悦人的果香味，酒体完整
		半甜、甜葡萄酒	具有甘甜醇厚的口味和陈酿的酒香味，酸甜协调，酒体丰满
		起泡葡萄酒	具有优美纯正、和谐悦人的口味和发酵起泡酒的特有香味，有杀口力
典型性			具有标示的葡萄品种及产品类型应有的特征和风格

6.3 理化指标

应符合表2规定。

表2 理化指标

项目			要求
挥发酸(以乙酸计)/(g/L)			≤1.0
干浸出物/(g/L)	白葡萄酒、桃红葡萄酒		≥18.0
	红葡萄酒		≥20.0
酒精度[a](20 ℃)/(% vol)	干型葡萄酒		≥11.0
	其他葡萄酒		≥7.0
柠檬酸/(g/L)	干、半干、半甜葡萄酒		≤1.0
	甜葡萄酒		≤2.0
二氧化碳(20 ℃)/MPa	低泡葡萄酒	<250mL/瓶	0.05～0.29
		≥250mL/瓶	0.05～0.34
	高泡葡萄酒	<250mL/瓶	≥0.30
		≥250mL/瓶	≥0.35
甲醇/(mg/L)	白、桃红葡萄酒		≤250
	红葡萄酒		≤400
铁/(mg/L)			≤8.0
铜/(mg/L)			≤1.0
苯甲酸或苯甲酸钠(以苯甲酸计)/(mg/L)			≤50
山梨酸或山梨酸钾(以山梨酸计)/(mg/L)			≤200
总糖			按GB 15037—2006中5.2规定执行
注：总酸不作要求，以实测值表示[以酒石酸计(g/L)]。			
[a] 酒精度标签标示值与实测值不得超过±1.0%vol。			

6.4 卫生指标

卫生指标应符合GB 2758的规定。

7 检验方法

7.1 感官指标

按GB/T 15038规定方法检验。

7.2 理化指标

按GB/T 15038规定方法检验。

7.3 卫生指标

按GB 2758规定方法检验。

8 检验规则

按GB 15037执行。

9 标志、包装、运输及贮存

9.1 标志

9.1.1 贺兰山东麓葡萄酒标签按 GB 10344 执行，并按含糖量标注产品类型(或含糖量)。

9.1.2 标签上若标注葡萄酒的年份、品种、产地，应符合 GB 15037 中的定义。

9.1.3 获得批准的企业，可在其产品外包装上使用地理标志产品专用标志。

9.1.4 包装储运图示标志应符合 GB/T 191 的规定。

9.2 包装

9.2.1 包装材料应符合食品卫生要求。起泡葡萄酒的包装材料应符合相应的耐压要求。包装容器应清洁，封装严密，无漏酒现象。

9.2.2 外包装应使用合格的瓦楞纸箱或具有相同功能的其他包装，内有防震、防撞的间隔材料。

9.2.3 包装容量允差应符合国家质量监督检验检疫总局令[2005]第 75 号的规定。

9.3 运输、贮存

9.3.1 用软木塞封装的酒，在贮运时应“倒放”或“卧放”。

9.3.2 运输和贮存时应保持清洁、避免强烈振荡、日晒、雨淋，防止冰冻，装卸时应轻拿轻放。

9.3.3 贮存地点应阴凉、干燥、通风良好，严防日晒、雨淋，严禁火种。

9.3.4 成品不得与潮湿地面直接接触，不得与有毒、有害、有异味、有腐蚀性物品同贮、同运。

9.3.5 运输温度宜保持在 5 ℃～35 ℃，贮存温度宜保持在 5 ℃～25 ℃。超过 12 个月的葡萄酒，允许有少量沉淀。

附 录 A
（规范性附录）
贺兰山东麓葡萄酒地理标志产品保护范围图

贺兰山东麓葡萄酒地理标志产品保护范围见图A.1。

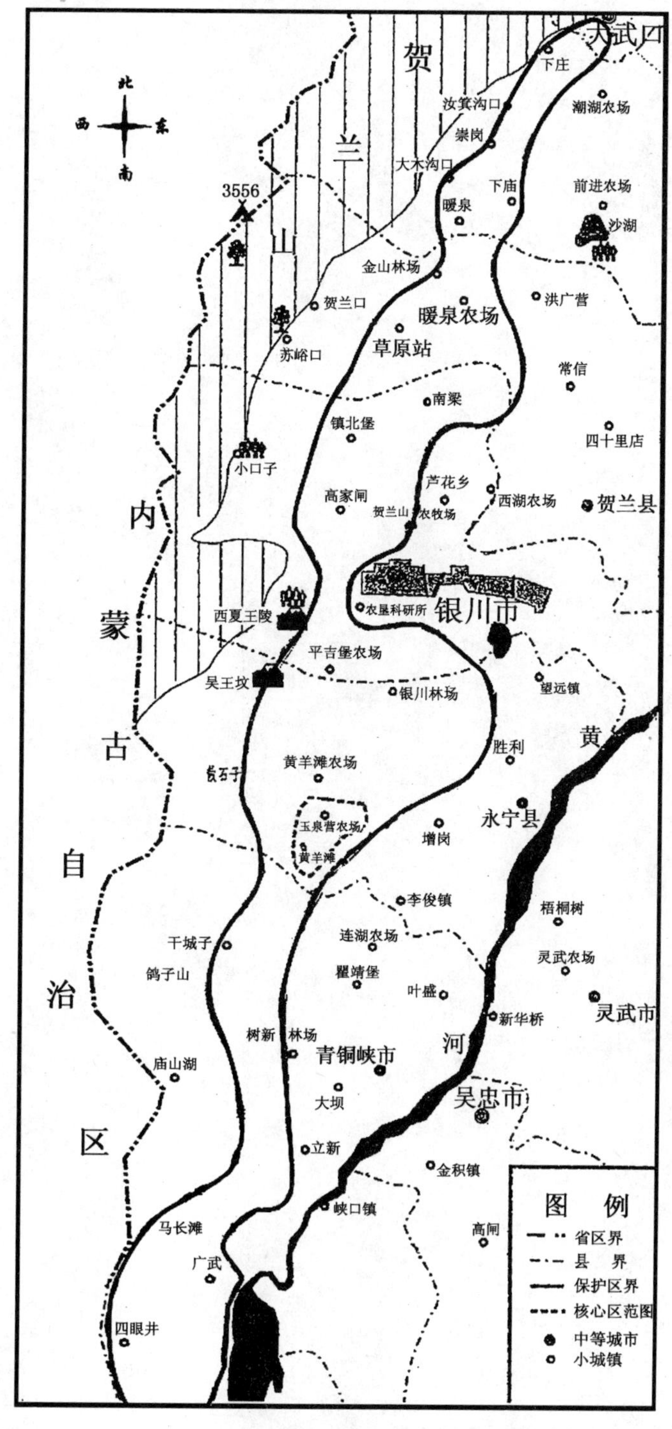

图A.1 贺兰山东麓葡萄酒地理标志产品保护范围图

ICS 67.080.10
X 24

中华人民共和国国家标准

GB/T 19505—2008
代替 GB 19505—2004

地理标志产品　露水河红松籽仁

Product of geographical indication—Lushuihe Korean pine seeds and kernel

2008-07-31 发布　　　　2008-11-01 实施

中华人民共和国国家质量监督检验检疫总局
中国国家标准化管理委员会　发布

前　言

本标准根据《地理标志产品保护规定》与GB/T 17924《地理标志产品标准通用要求》制定。

本标准代替GB 19505—2004《原产地域产品　露水河红松籽仁》。

本标准与GB 19505—2004相比主要变化如下：

——将标准属性由强制性改为推荐性；

——根据国家质量监督检验检疫总局颁布的《地理标志产品保护规定》，修改了标准中英文名称及相关内容表述；

——修改了卫生指标，增加了“铅≤0.5 mg/kg”、“酸价（以脂肪计）(KOH)/(mg/g)≤4”和“过氧化值（以脂肪计）/(g/100 g)≤0.08”要求，取消了“汞”的限量要求。

本标准的附录A为规范性附录。

本标准由全国原产地域产品标准化工作组提出并归口。

本标准起草单位：吉林省露水河林业局森林复合经营管理处、吉林省质量技术监督局。

本标准主要起草人：林子秋、陈国民、潘建芹、杜庆法、黄忠君、张宏伟。

本标准所代替标准的历次版本发布情况为：

——GB 19505—2004。

地理标志产品 露水河红松籽仁

1 范围

本标准规定了露水河红松籽仁的术语和定义、地理标志产品保护范围、要求、试验方法、检验规则、标志、标签及包装、运输、贮存。

本标准适用于国家质量监督检验检疫行政主管部门根据《地理标志产品保护规定》批准保护的露水河红松籽仁。

2 规范性引用文件

下列文件中的条款通过本标准的引用而成为本标准的条款。凡是注日期的引用文件，其随后所有的修改单(不包括勘误的内容)或修订版均不适用于本标准，然而，鼓励根据本标准达成协议的各方研究是否可使用这些文件的最新版本。凡是不注日期的引用文件，其最新版本适用于本标准。

GB/T 191 包装储运图示标志

GB/T 4789.2 食品卫生微生物学检验 菌落总数测定

GB/T 4789.3 食品卫生微生物学检验 大肠菌群测定

GB/T 5009.3 食品中水分的测定

GB/T 5009.6 食品中脂肪的测定

GB/T 5009.11 食品中总砷及无机砷的测定

GB/T 5009.12 食品中铅的测定

GB/T 5009.22 食品中黄曲霉毒素 B_1 的测定

GB 7718 预包装食品标签通则

GB 9683 复合食品包装袋卫生标准

GB 16326 坚果食品卫生标准

3 术语和定义

下列术语和定义适用于本标准。

3.1

露水河红松籽 Lushuihe Korean pine seeds

露水河红松籽为在本标准第 4 章规定的范围内生长的成熟的红松的种子，呈三角状卵形，长 12 mm～18 mm，宽 9 mm～12 mm，无翅，棕褐色。

3.2

露水河红松籽仁 Lushuihe Korean pine kernel

露水河红松籽仁为将露水河红松籽去掉种壳和种皮，经一定的工艺加工而形成的籽仁。

3.3

红松果 Korean pinecone

由本标准第 4 章规定的范围内生长的红松树结出的含有红松籽的松塔。

4 地理标志产品保护范围

露水河红松籽仁地理标志产品保护范围限于国家质量监督检验检疫行政主管部门根据《地理标志

产品保护规定》批准的范围，见附录A。

5 要求

5.1 自然环境

露水河红松籽仁保护范围地处吉林省东南部，为长白山腹地，即东经127°29′～128°02′，北纬42°25′～42°35′。地形以起伏的台地为主。属寒温带大陆气候，冬夏风向更替明显，四季分明，降水充分，空气湿润。

5.1.1 气温

露水河地区为高寒山区，年平均气温0.9 ℃～1.5 ℃，最高气温29.5 ℃～32.2 ℃，最低气温－39 ℃～－44 ℃，年平均无霜期为105 d左右。

5.1.2 日照

露水河地区年平均日照时数为2 100 h。

5.1.3 降水量

露水河地区年降水量800 mm～1 040 mm。

5.1.4 土壤

露水河地区成土母质主要为花岗岩和玄武岩，部分为沉积岩。土壤以棕壤森林土和白浆土为主，土层厚度一般0.5 m以上。

5.2 种源

露水河天然红松。

5.3 林分管理

采取封闭式管理，不使用化学农药和无机肥。

5.4 红松果的采摘、脱粒

适时采收，适宜采收期为9月中旬至10月上旬。采收标准应籽粒饱满，新鲜成实，无霉变及冻伤籽，杂质含量不大于1%。采收的红松果应适时脱粒加工，防止霉变。

5.5 工艺流程

采收→脱粒→晾晒→分级(籽)→破壳→烘干→挑选→分级(果仁)封装→贮藏。

5.6 感官指标

5.6.1 露水河红松籽

露水河红松籽应为棕褐色，籽粒饱满，新鲜成实，无霉变及冻伤籽。

5.6.2 露水河红松籽仁

露水河红松籽仁的感官指标应符合表1规定。

表1 感官指标

级别	色泽	气味	外　观	杂　质
一等品	乳白色	浓松香味	破碎及不成熟仁小于4%，小粒仁小于2%	无肉眼可见杂质
二等品	黄　色	浓松香味	轻损普遍，重损小于3%，破碎仁小于7%	无肉眼可见杂质

5.7 理化指标

露水河红松籽仁理化指标应符合表2规定。

表 2 理化指标

项目		指标
粗脂肪/%	≥	60
水分/%	≤	10
酸价(以脂肪计)(KOH)/(mg/g)	≤	4
过氧化值(以脂肪计)/(g/100 g)	≤	0.08

5.8 净含量偏差

净含量偏差应符合国家定量包装商品规定。

5.9 卫生指标

卫生指标应符合表 3 规定。

表 3 卫生指标

项目		指标
砷(As)/(mg/kg)	≤	0.5
铅/(mg/kg)	≤	0.5
黄曲霉毒素 B_1/(μg/kg)	≤	10
菌落总数/(CFU/g)	≤	500
大肠菌数/(MPN/100 g)	≤	30

6 试验方法

6.1 感官指标

用目测、口尝、感官器官进行检验。

6.2 理化指标

6.2.1 脂肪

按 GB/T 5009.6 的规定执行。

6.2.2 水

按 GB/T 5009.3 的规定执行。

6.2.3 酸价、过氧化值

按 GB 16326 的规定执行。

6.3 卫生指标

6.3.1 砷

按 GB/T 5009.11 的规定执行。

6.3.2 铅

按 GB/T 5009.12 的规定执行。

6.3.3 黄曲霉毒素 B_1

按 GB/T 5009.22 的规定执行。

6.3.4 菌落总数

按 GB/T 4789.2 的规定执行。

6.3.5 大肠菌群

按 GB/T 4789.3 的规定执行。

7 检验规则

7.1 组批

同一批原料、同一品名、同一规格产品或一个供货单位为一批。

7.2 抽样

从每批产品的不同部位进行抽取样品，将全部样品充分混合后，以四分法取样 2 份，每份 400 g。其中一份作为检验用，另一份作为备样待查。

7.3 出厂检验

产品出厂前应由检验人员按标准 5.6.2，5.7～5.9 中的菌落总数、大肠菌数的规定进行检验，检验合格后签发合格证、注明生产日期、检验员代号等。

7.4 型式检验

有下列情况之一时应进行型式检验，型式检验项目为本标准全部技术指标：

a） 原料来源变动较大时；

b） 生产工艺有较大变更时；

c） 国家质量技术监督部门提出型式检验时。

7.5 判定规则

经检验如果卫生指标有一项不合格，则判该批产品为不合格产品；经检验感官指标和理化指标如有不合格项目时，应加倍数量取样，对不合格的项目进行复检，复检结果若仍不合格，则判该批产品为不合格产品。

8 标志、标签

8.1 标志

产品包装标准除按 GB/T 191 的规定执行外，获得批准后，可在露水河红松籽、仁包装上使用地理标志产品专用标志。

8.2 标签

产品标签应按 GB 7718 的规定执行。

9 包装、运输、贮存

9.1 包装

露水河红松籽、仁的包装应采用清洁、干燥、无异味，不影响红松籽、仁品质的包装材料，应符合 GB 9683 的规定。

9.2 运输

本产品运输中不得与非食品物质混装、混运，应轻装轻卸，避免发生挤压、撞击。防止潮湿、雨淋、日晒。

9.3 成品贮存

9.3.1 成品包装后应贮存于凉爽库房或冷藏，高于地面 20 cm 以上，库房温度不超过 20 ℃，严禁与有毒、有异味和易于传播虫害的物品混合存放，防止虫害、鼠害。

9.3.2 常温下真空包装产品保质期为 12 个月。

附 录 A
（规范性附录）
露水河红松籽仁地理标志产品保护范围图

露水河红松籽仁地理标志产品保护范围见图 A.1。

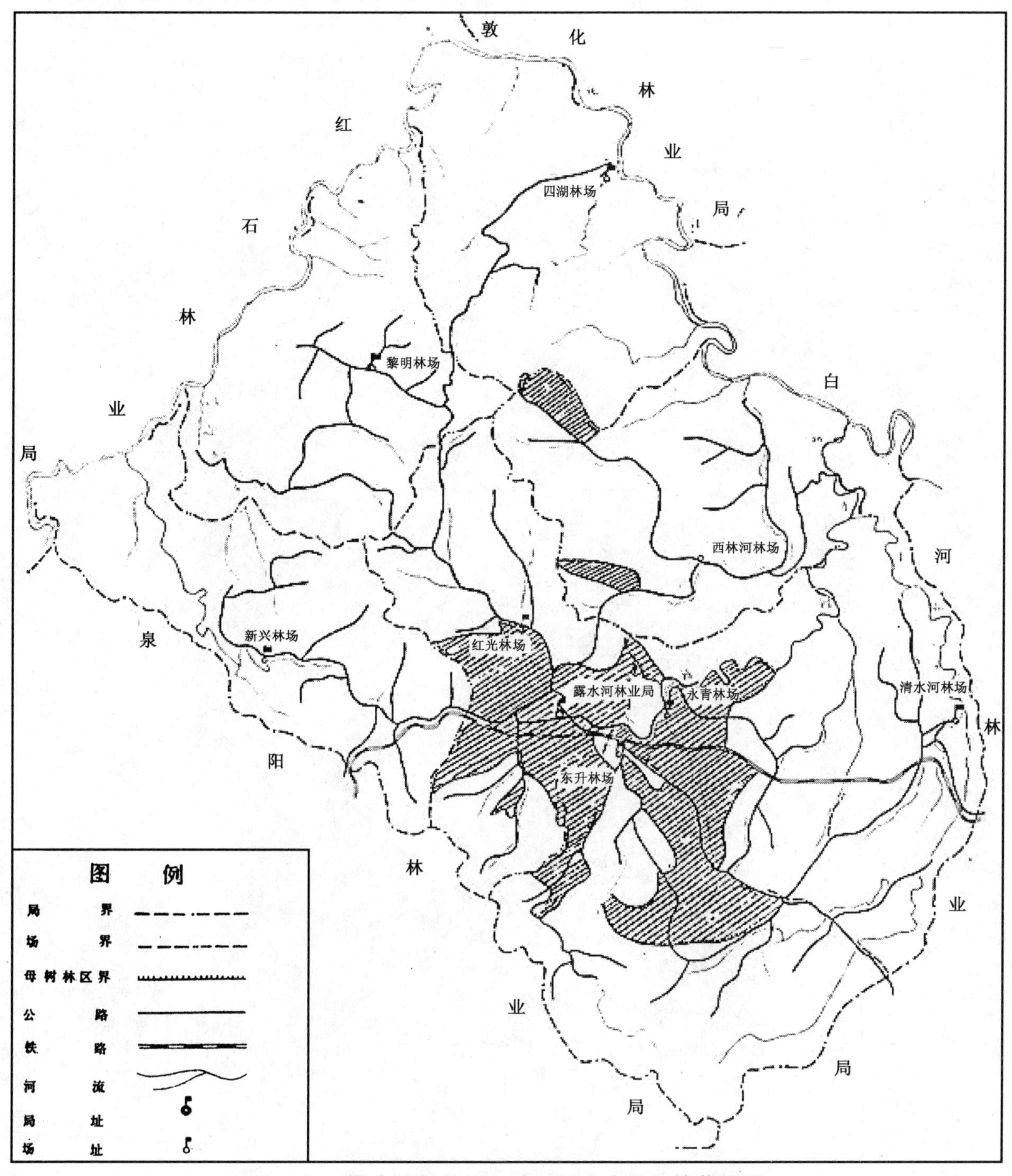

图 A.1 露水河红松籽仁地理标志产品保护范围图

ICS 67.230
X 83

中华人民共和国国家标准

GB/T 19507—2008
代替 GB 19507—2004

地理标志产品 吉林长白山中国林蛙油

Product of geographical indication—Jilin Changbaishan forest frog's oviduct

2008-07-31 发布　　2008-11-01 实施

中华人民共和国国家质量监督检验检疫总局
中国国家标准化管理委员会　发布

前　言

本标准根据《地理标志产品保护规定》与GB/T 17924《地理标志产品标准通用要求》制定。

本标准代替GB 19507—2004《原产地域产品　吉林长白山中国林蛙油》。

本标准与GB 19507—2004相比主要变化如下：

——将标准属性由强制性改为推荐性；

——根据国家质量监督检验检疫总局颁布的《地理标志产品保护规定》，修改了标准中英文名称及相关内容表述；

——修改了卫生指标，增加了"镉≤0.1 mg/kg"、"甲基汞≤0.5 mg/kg"、"无机砷≤1.0 mg/kg"要求，删除了铜、汞、砷指标的限量要求。

本标准的附录A为规范性附录。

本标准由全国原产地域产品标准化工作组提出并归口。

本标准起草单位：吉林省园艺特产管理站、北京同仁堂生物制品开发有限公司吉林省分公司、吉林省泰信达长白山生物科技开发有限公司、桦甸市清泉林蛙发展有限公司。

本标准主要起草人：赵国祥、杨喜成、孙振天、姜大成、李宜平、吴巍、赵克铧、杨勇武、姚和元、邓明鲁。

本标准所代替标准的历次版本发布情况为：

——GB 19507—2004。

地理标志产品
吉林长白山中国林蛙油

1 范围

本标准规定了吉林长白山中国林蛙油的术语和定义、地理标志产品保护范围、要求、试验方法、检测规则、标志、标签及包装、运输、贮存。

本标准适用于国家质量监督检验检疫行政主管部门根据《地理标志产品保护规定》批准保护的吉林长白山中国林蛙油。

2 规范性引用文件

下列文件中的条款通过本标准的引用而成为本标准的条款。凡是注日期的引用文件，其随后所有的修改单(不包括勘误的内容)或修改版均不适用于本标准，然而，鼓励根据本标准达成协议的各方研究是否可使用这些文件的最新版本。凡是不注日期的引用文件，其最新版本适用于本标准。

GB/T 191　包装储运图示标志

GB/T 4789.2　食品卫生微生物学检验　菌落总数测定

GB/T 4789.3　食品卫生微生物学检验　大肠菌群测定

GB/T 4789.4　食品卫生微生物学检验　沙门氏菌检验

GB/T 4789.5　食品卫生微生物学检验　志贺氏菌检验

GB/T 4789.10　食品卫生微生物学检验　金黄色葡萄球菌检验

GB/T 4789.11　食品卫生微生物学检验　溶血性链球菌检验

GB/T 4789.15　食品卫生微生物学检验　霉菌和酵母计数

GB/T 5009.3　食品中水分的测定

GB/T 5009.11　食品中总砷及无机砷的测定

GB/T 5009.12　食品中铅的测定

GB/T 5009.15　食品中镉的测定

GB/T 5009.17　食品中总汞及有机汞的测定

GB/T 5009.19　食品中六六六、滴滴涕残留量的测定

GB/T 6543　运输包装用单瓦楞纸箱和双瓦楞纸箱

GB 7718　预包装食品标签通则

GB 9683　复合食品包装袋卫生标准

国家质量监督检验检疫总局令[2005]第75号《定量包装商品计量监督管理办法》

中华人民共和国药典　2005年版　一部

3 术语和定义

下列术语和定义适用于本标准。

3.1

吉林长白山中国林蛙油　Jilin Changbaishan forest frog's oviduct

以国家批准的吉林长白山中国林蛙油地理标志产品保护范围内的中国林蛙长白山亚种(*Rana chensinensis changbeishanensis* Wei et Chen)为动物基源，摘取雌蛙的输卵管，采用传统工艺与现代先

进技术进行加工而成的、具有特定品质的蛤蟆油及制品。

4 地理标志产品保护范围

吉林长白山中国林蛙油的地理标志产品保护范围限于国家质量监督检验检疫行政主管部门根据《地理标志产品保护规定》批准保护的范围，即吉林省舒兰市、桦甸市、蛟河市、磐石市、集安市、通化县、辉南县、柳河县、白山市八道江区、靖宇县、抚松县、临江市、长白县、江源县、敦化市、安图县、珲春市、汪清县、延吉市、和龙市 20 个县(市、区)现辖行政区域，见附录 A。

5 要求

5.1 生态环境

吉林长白山中国林蛙油的基源动物为中国林蛙长白山亚种，保护地域为吉林省长白山区域，包括东部山区和中部半山区，北纬 40°51′55″～44°38′54″，东经 125°16′57″～131°19′12″。

东部山区为寒温两带交错地区，主要植被类型是针阔叶混交林，天然植被占优势，森林覆盖率 68.3%，夏季枝繁叶茂，郁闭度大，土质肥沃，含水性强，地表温度高，林下植物生长旺盛；中部半山区为森林草原植被，林地占 13%，草本植物种类繁多。

整个地区林下植被繁茂，枯枝落叶层厚度可达 20 cm，昆虫种类多，密度大，河流纵横，水系交错，水体无污染，pH 值为 6～7，含氧量 4 mg/L，为中国林蛙长白山亚种的生长发育提供了良好的地理环境。

本地域属大陆性季风气候，东部山区年平均气温多在 3 ℃左右，无霜期 120 d 左右，年平均降水量 600 mm～1 300 mm，林下相对湿度 85%左右；中部半山区年平均气温 4.5 ℃，无霜期达 140 d，年平均降水量 600 mm～800 mm。

5.2 中国林蛙长白山亚种的养殖

5.2.1 养蛙场选择

两山夹一沟，沟长 1 km～5 km，沟宽 200 m ～1 500 m，河宽 1 m ～5 m，水深 20 cm ～30 cm 为宜，水流不断。沟内无污染，无农药残留，远离村庄及畜禽。植被为阔叶林或针阔混交林，郁闭度 0.6 以上。林下有灌木、草本植物和枯枝落叶层，利于保持土壤水分和昆虫的繁衍。

5.2.2 养蛙设施

5.2.2.1 孵化池

孵化区位于河流中下游，孵化池按每平方米投放 5 个卵团左右计算，面积为 20 m^2～40 m^2，池水深 20 cm～30 cm 为宜，排水口低于入水口，口上设栏网设施。

5.2.2.2 饲养池

每平方米放养蝌蚪 1 000 只～1 500 只，水池面积不超过 40 m^2，水深 25 cm～30 cm 为宜，出水口与入水口处均设栏网。

5.2.2.3 变态池

在沟内沿河道每隔 500 m 左右建一变态池，面积为 30 m^2 ～40 m^2 为宜，池形为锅底形，中间深 30 cm，边缘深 10 cm。

5.2.2.4 越冬池

在沟内河道边缘处，每隔 500 m～1 000 m 建一越冬池，水深 2.0 m～2.5 m 为宜，确保不冻层 1 m 以上。越冬池内应是流水，并且不渗水。

5.2.2.5 贮蛙池

选择距河道近的地方修建贮蛙池，并将水引入贮蛙池，水深 80 cm～100 cm 为宜，要求能过水，能入能排。

5.2.3 选留种蛙

5.2.3.1 时间

在上年 10 月下旬、11 月初或当年 3 月末及 4 月初选择。

5.2.3.2 雄雌比

抱对雄雌蛙的比例为1∶1。

5.2.3.3 形态

身体健壮,体形好,无损伤,动作灵活,背部皮肤黑褐色并有黑斑,肩部有一"∧"形黑色条纹。

雄蛙:2年~4年生,体重15 g~30 g,身长5.0 cm~6.8 cm。

雌蛙:2年~4年生,腹部红黄色稍带花纹,体重25 g~55 g,身长6.0 cm~8.6 cm,每只产孵1 500粒~2 000粒,卵团重20 g~28 g。

5.2.4 孵化条件

雄雌蛙交配水温8 ℃~10 ℃,孵化适宜水温10 ℃~22 ℃,受精卵发育期(尾芽期)240 h左右,孵化率88%~90%。

5.2.5 蝌蚪的饲养

每万只蝌蚪喂精饲料1 kg,无毒青饲料5 kg。

完整蝌蚪体长1.2 cm~1.3 cm,尾长2.1 cm~2.4 cm。蝌蚪发育25 d~35 d长出后肢,体长1.3 cm~1.5 cm,尾长2.5 cm~3.2 cm。蝌蚪发育40 d~50 d长出前肢,体长1.4 cm~1.8 cm,尾长2.9 cm。

蝌蚪变态率一般为70%~80%。变态后幼蛙体长1.3 cm~1.5 cm,体重0.5 g~1 g,身长为体长的1/3。

5.2.6 蛙放养

变态蝌蚪放养:每公顷有效森林放养10 kg~25 kg(1 kg含变态蝌蚪1 800只左右)。

一年生幼蛙放养量:每公顷7 500只~9 000只。

二年生成蛙放养量:每公顷4 500只左右。

幼蛙森林活动期在5月下旬~9月下旬,成蛙下山冬眠期为9月末至翌年3月下旬。

5.2.7 蛙的生长发育

二年生雄蛙身长5.0 cm~5.6 cm,体重15 g~20 g;二年生雌蛙身长6.0 cm~6.9 cm,体重25 g~32 g。

三年生雄蛙身长5.7 cm~6.5 cm,体重21 g~24 g;三年生雌蛙身长7.0 cm~7.5 cm,体重33 g~45 g。

四年生雄蛙身长6.6 cm~6.8 cm,体重25 g~30 g;四年生雌蛙身长7.6 cm~8.6 cm,体重46 g~55 g。

蛙群中一年生与二、三年生比例约为7∶3,雌、雄蛙比例控制在3∶2为好。

5.2.8 下山回河越冬蛙

秋后气温下降到10 ℃以下,河水温度8 ℃以下,林蛙开始下山回河。此时,林蛙处在不稳定冬眠状态,11月初至11月中旬进入稳定冬眠。回捕的林蛙先入贮蛙池,11月初送入越冬池,保持温度1 ℃~5 ℃。死亡率控制在2%以下,回捕率为3%~5%。

5.3 蛙油加工工艺流程

收购→分等→穿蛙→晾晒→软化→扒油→净选去杂→阴干→包装→贮存。

5.4 感官要求

应符合表1的规定。

表1 吉林长白山中国林蛙油感官要求

项目	要求
形态	呈不规则块状,弯曲而重叠
大小	长2 cm~5 cm,厚1.5 mm~5 mm
色泽	黄白色至土黄色或暗黄色

表 1（续）

项　　目	要　　求
表面特征	呈脂肪样光泽，偶有带灰白色或灰黑色薄膜状干皮
质地	质硬，手摸有滑腻感
气味	具有腥气，味微甘，嚼之有粘滑感，无其他异味
膨胀性	温水中浸泡，体积膨胀为原来的 10 倍以上
杂质	无肉眼可见外来杂质

5.5　理化指标

应符合表 2 的规定。

表 2　吉林长白山中国林蛙油理化指标

项　　目		指　　标
膨胀度/(mL/g)	≥	100
水分/%	≤	18

5.6　卫生指标

应符合表 3 的规定。

表 3　吉林长白山中国林蛙油卫生指标

项　　目		指　　标
菌落总数/(CFU/g)	≤	15 000
大肠菌群(MPN/100 g)	≤	100
霉菌计数/(CFU/g)	≤	300
酵母计数/(CFU/g)	≤	30
致病菌[a]		不得检出
六六六/(μg/g)	≤	0.2
滴滴涕/(μg/g)	≤	0.4
无机砷(As)/(mg/kg)	≤	0.5
铅(Pb)/(mg/kg)	≤	0.5
镉(Cd)/(mg/kg)	≤	0.1
甲基汞(Hg)/(mg/kg)	≤	0.5
[a] 致病菌系指肠道致病菌及致病性球菌。		

6　试验方法

6.1　感官指标试验方法

按《中华人民共和国药典　2005 年版　一部》的规定执行。

6.2　理化指标试验方法

6.2.1　水分

按 GB/T 5009.3 执行。

6.2.2　膨胀度

按《中华人民共和国药典　2005 年版　一部》附录 IXO 执行。

6.3 卫生指标试验方法

6.3.1 无机砷

按 GB/T 5009.11 执行。

6.3.2 铅

按 GB/T 5009.12 执行。

6.3.3 镉

按 GB/T 5009.15 执行。

6.3.4 甲机汞

按 GB/T 5009.17 执行。

6.3.5 六六六、滴滴涕

按 GB/T 5009.19 执行。

6.3.6 菌落总数

按 GB/T 4789.2 执行。

6.3.7 大肠菌群

按 GB/T 4789.3 执行。

6.3.8 霉菌和酵母计数

按 GB/T 4789.15 执行。

6.3.9 致病菌

按 GB/T 4789.4、GB/T 4789.5、GB/T 4789.10、GB/T 4789.11 执行。

7 检验规则

7.1 组批

以每次投料生产的，并且有同一质量合格证的产品为一批次。

7.2 抽样

按《中华人民共和国药典　2005 年版　一部》有关抽样规定执行。

7.3 检验分类

7.3.1 出厂检验

正常情况下，应对标签、包装、感官指标、理化指标和卫生指标按标准规定进行检验，检验合格并附产品质量检验合格证方能出厂。

7.3.2 型式检验

有下列情况之一时，应进行型式检验。

a） 原料来源变动较大时；

b） 生产工艺有较大变更时；

c） 正常生产一季；

d） 国家监督抽查时。

7.4 判定规则

7.4.1 不合格产品判定

在样品中凡有下列情况之一者，则判该批产品不合格：

a） 感官指标中有两项以上(不含两项)不符合本标准规定的；

b） 理化指标中有一项不符合规定的；

c） 卫生指标中有一项不符合规定的。

7.4.2 复检规则

感官指标、理化指标不合格的，可从同批产品中双倍抽样进行复检，复检结果按 7.4.1 判定。卫生指标不合格的不得复检。

8 标志、标签

8.1 标志

包装储运图示标志按 GB/T 191 执行。获得批准后,可使用地理标志产品专用标志。

8.2 标签

应符合 GB 7718 的规定。

9 包装、运输、贮存

9.1 包装

9.1.1 包装应符合 GB 9683 规定,瓦楞纸箱应符合 GB/T 6543 规定。

9.1.2 包装应防潮、无毒、无异味。

9.1.3 小包装净含量、整件包装计量偏差按国家质量监督检验检疫总局令[2005]第 75 号《定量包装商品计量监督管理办法》执行。

9.2 运输

运输的各种交通工具应清洁卫生、干燥、无异味;运输时应用篷布遮盖,避免日晒、雨淋;装卸时应轻拿轻放,防止摔撞、重压;严禁与有害、有毒、有异味、易污染物品混装、混运。

9.3 贮存

9.3.1 库房应清洁卫生、干燥防潮、阴凉通风,避免日光直接照射,保持在 17 ℃以下(如果条件允许,最好在 0 ℃～4 ℃的低温下保存),相对湿度 70%以下。成品不得直接接触地面、墙壁,不得与有毒、有害的物品同库贮存。

9.3.2 定期检查贮存情况。

9.3.3 保存期 24 个月。

附 录 A
（规范性附录）
吉林长白山中国林蛙油地理标志产品保护范围图

吉林长白山中国林蛙油地理标志产品保护范围见图 A.1。

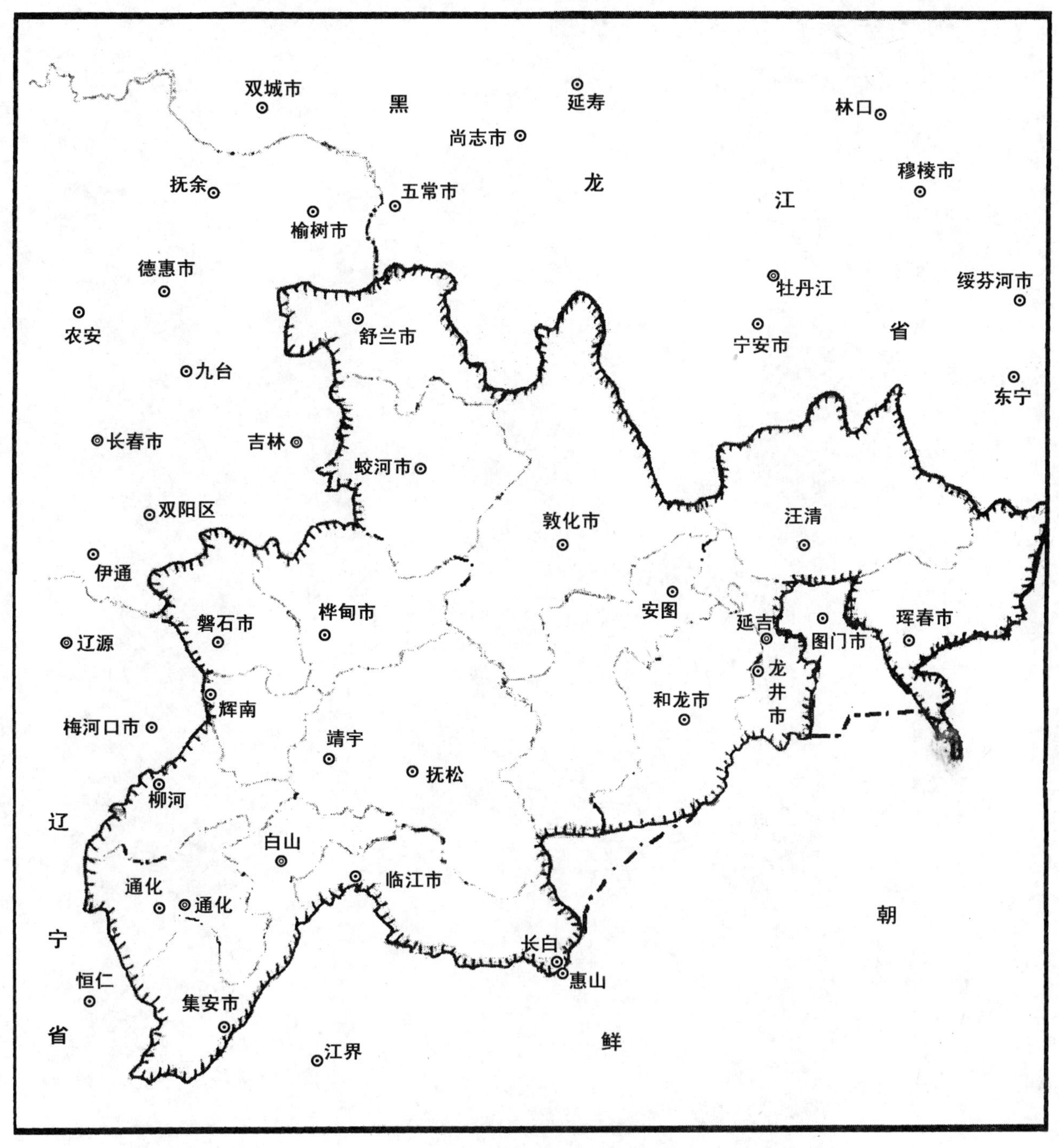

图 A.1 吉林长白山中国林蛙油地理标志产品保护范围图

ICS 11.180.10
C 45

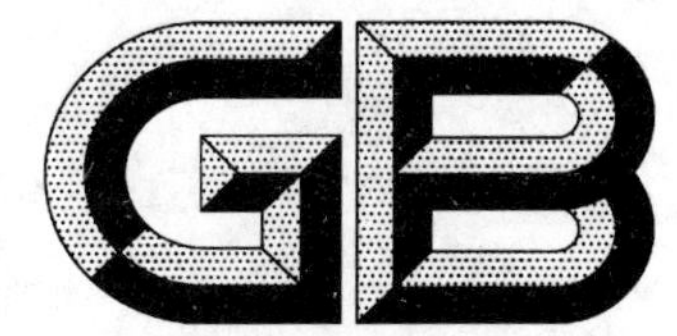

中华人民共和国国家标准

GB/T 19545.4—2008/ISO 11334-4:1999

单臂操作助行器具　要求和试验方法 第4部分:三脚或多脚手杖

Walking aids manipulated by one arm—Requirements and test methods—Part 4:Walking sticks with three or more legs

(ISO 11334-4:1999,IDT)

2008-12-31 发布　　　　2009-09-01 实施

中华人民共和国国家质量监督检验检疫总局
中国国家标准化管理委员会　发布

前言

GB/T 19545《单臂操作助行器具　要求和试验方法》目前由以下三个部分组成：

——第1部分:肘拐杖;

——第2部分:腋杖;

——第4部分:三脚或多脚手杖。

本部分为GB/T 19545的第4部分。

本部分等同采用ISO 11334-4:1999《单臂操作助行器具　要求和试验方法　第4部分:三脚或多脚手杖》(英文版)。其他部分将根据ISO标准发布情况陆续制定。

本部分由中华人民共和国民政部提出。

本部分由全国残疾人康复和专用设备标准化技术委员会(SAC/TC 148)归口。

本部分起草单位:国家康复器械质量监督检验中心、民政部假肢科学研究所。

本部分主要起草人:王保华、马凤领、贾亚玲、张红涛。

单臂操作助行器具　要求和试验方法
第4部分:三脚或多脚手杖

1　范围

GB/T 19545 的本部分规定了安装手柄和支脚垫的三脚或多脚手杖的要求和疲劳、静载强度和稳定性的试验方法。本部分也给出了有关安全、环境、性能、标志和标签等的技术要求。

本部分不适用于腋下支撑或前臂支撑的腋杖或肘杖。

三脚或多脚手杖的要求和试验方法是以体重不少于 35 kg 的使用者,实际使用状况为基础的。

注:附录 A 中给出了要求的进一步介绍。

2　规范性引用文件

下列文件中的条款通过 GB/T 19545 的本部分引用而成为本部分的条款。凡是注日期的引用文件,其随后所有的修改单(不包括勘误的内容)或修订版均不适用于本部分,然而,鼓励根据本部分达成协议的各方研究是否可使用这些文件的最新版本。凡是不注日期的引用文件,其最新版本适用于本部分。

GB/T 16432　残疾人辅助器具　分类和术语(GB/T 16432—2004,ISO 9999:2002,IDT)

GB/T 16886.1　医疗器械生物学评价　第1部分:评价与试验(GB/T 16886.1—2001,idt ISO 10993-1:1997)

3　术语和定义

GB/T 19545 的本部分采用以下术语和定义(见图1~图7)。

3.1

三脚或多脚手杖　walking stick with three or more legs

具有三个或多个支脚、一个手柄的手杖,不是由前臂或腋下支撑的。

注1:依据 GB/T 16432 分类,分类号:12 03 16。

注2:三脚或多脚手杖以下简称为手杖。

3.2

手柄套　handgrip

正常使用手杖时,手握持的部件。

3.3

手柄套长　handgrip length

手柄套的纵向尺寸(见图4)。

注:手柄套前、后端点的位置不明确时,支撑使用者重量手握持的长度定义为手柄套长度。

3.4

手柄套宽　handgrip width

手柄套长度内,最大截面处的水平尺寸(见图4)。

3.5

手柄　handle

安装手柄套的部分。

3.6

支脚　tip

手杖与地面接触的部件。

3.7

手杖高度　walking-stick height

从手柄的最高点到支脚垫底部的垂直距离。(见图 5、图 6 和图 7)

注：附录 A 中表 A.1 给出了 6 组手杖尺寸。

3.8

手杖底架长　walking-stick depth

沿移动方向，水平面内手杖的最大外形尺寸(见图 5、图 6 和图 7)。

3.9

手杖底架宽　walking-stick width

垂直移动方向，水平面内手杖的最大外形尺寸(见图 5、图 6 和图 7)。

3.10

调节部件　telescoping members

手杖高度的调节部件。

3.11

锁紧装置　locking device

可调节手杖高度和(或)调节机构的锁紧部件。

3.12

使用者体重　user weight

使用者的重量。

注：使用者的标准体重成人为 100 kg，儿童为 35 kg。

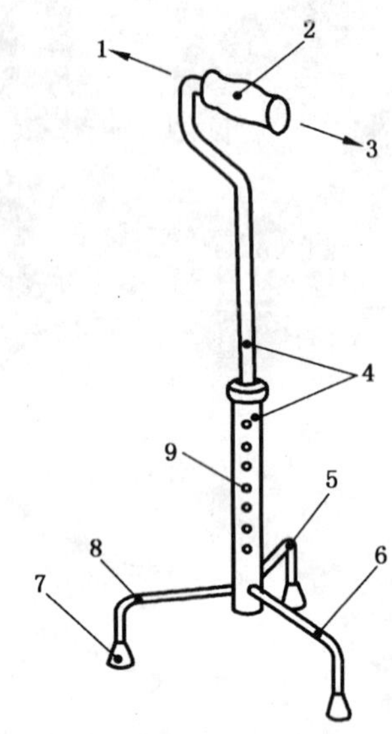

1——前；
2——手柄；
3——后；
4——调节部件；
5——边脚；
6——后脚；
7——支脚；
8——前脚；
9——高度调节和锁紧装置。

图 1　三脚手杖

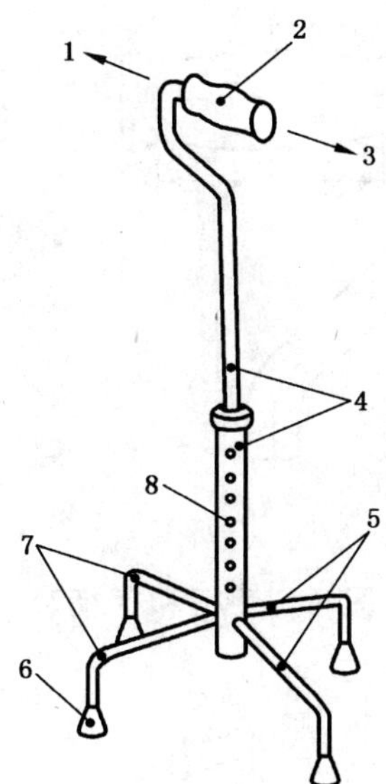

1——前；
2——手柄；
3——后；
4——调节部件；
5——后脚；
6——支脚；
7——前脚；
8——高度调节和锁紧装置。

图2 四脚手杖

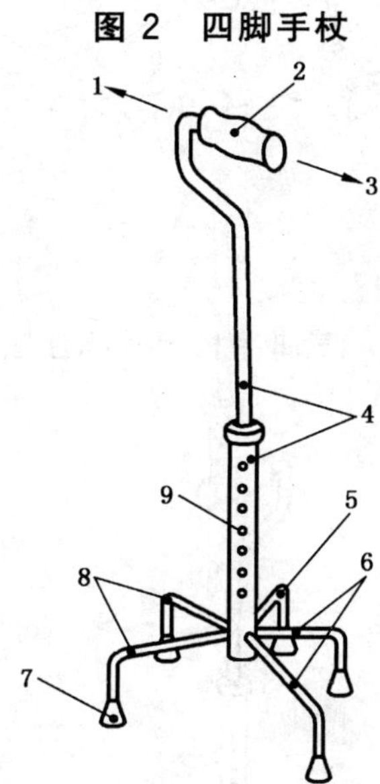

1——前；
2——手柄；
3——后；
4——调节部件；
5——边脚；
6——后脚；
7——支脚；
8——前脚；
9——高度调节和锁紧装置。

图3 五脚手杖

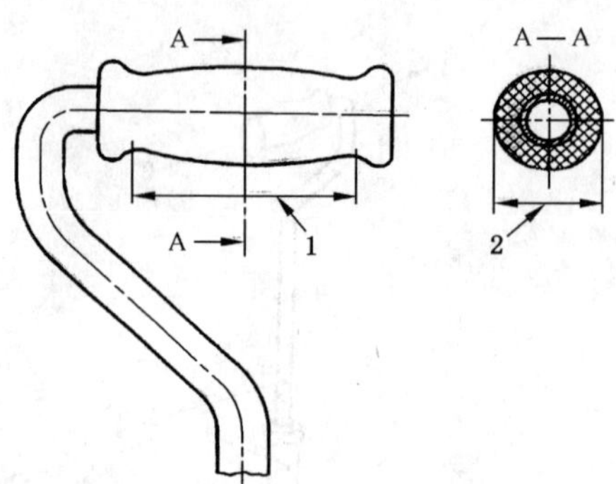

1——手柄套长度；
2——手柄套宽度。

图 4 手柄和手柄套

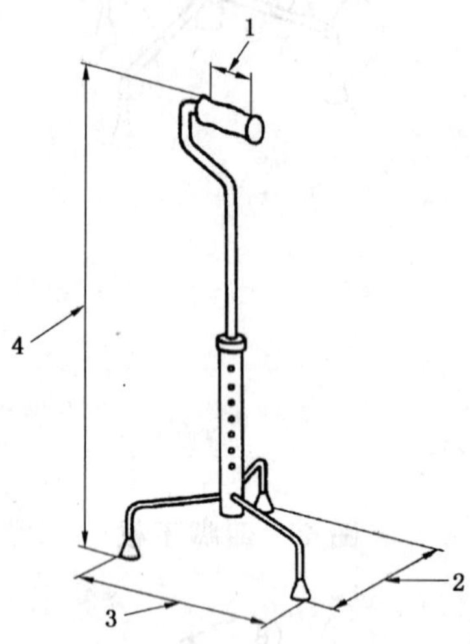

1——手柄长度；
2——底架宽度；
3——底架长度；
4——高度。

图 5 三脚手杖尺寸标注图

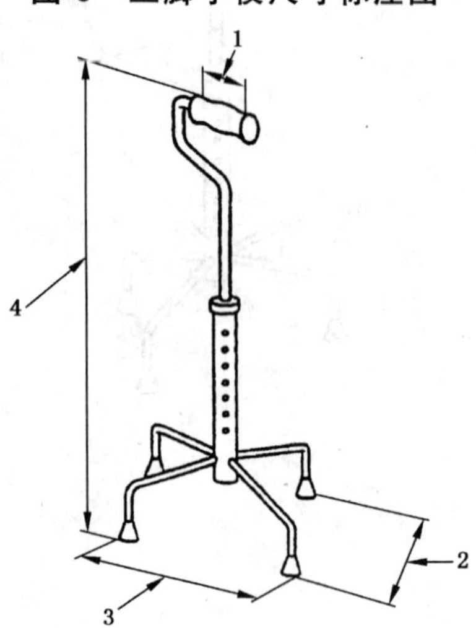

1——手柄长度；
2——底架宽度；
3——底架长度；
4——高度。

图 6 四脚手杖尺寸标注图

1——手柄长度；
2——底架宽度；
3——底架长度；
4——高度。

图7 五脚手杖尺寸标注图

4 要求

4.1 手柄套

4.1.1 手柄套宽应不小于25 mm，不大于50 mm。

注：此要求不适用于仿形手柄套。

4.1.2 手柄应可更换或易清洁。

4.2 腿和支脚

4.2.1 按5.6和5.7的要求试验时，脚部末端不应从支脚底部刺穿。

4.2.2 支脚的底部最小直径应为35 mm。

4.3 调节装置

4.3.1 高度调节的装置，在使用中不应产生松动。

4.3.2 高度调节装置最大伸长量按生产厂家规定应标识清楚。

4.3.3 调节部件应伸缩自如。

4.3.4 当高度调至最低时，手杖底座中心的垂直空间高度应不小于120 mm。

4.4 材料

4.4.1 用塑料材料生产的承载部件，应选用未掺杂质的塑性材料加工。如果使用再生材料，应保证其强度与未掺杂质的材料相等。

4.4.2 考虑到人体健康和运输贮存等，与人体接触的材料应按GB/T 16886.1中给出的生物兼容性实验说明进行评估。

4.5 成品

4.5.1 手杖所有部件应无毛刺、锐边和损坏衣服或引起用户不适的突起物。

4.5.2 手杖正常使用时，其材料应不使衣物、皮肤和地面着色。

4.6 稳定性

4.6.1 按5.3做向内稳定性试验时，其倾翻角不应小于2°。

4.6.2 按5.4做向外稳定性试验时，三脚手杖的倾翻角应不小于5°；四脚或更多脚手杖的倾翻角应不小于7.5°。

4.7 机械强度和耐久性

4.7.1 按5.5分离试验后，手杖上部和下部应不分离。

4.7.2　按5.6静载试验后，手杖不应产生任何损坏，各部位不应产生裂纹或破损。

4.7.3　按5.7疲劳试验后，手杖不应产生任何损坏，各部位不应产生裂纹或破损。

5　试验方法

5.1　试验环境

5.1.1　除非另有说明，全部试验应在21 ℃±5 ℃的环境温度中完成。

5.1.2　除非另有说明，全部试验应在手杖高度调至最大状态下进行。

5.2　样品

5.2.1　手杖检验样品为一件。试验时应按稳定性、分离、静载和疲劳试验顺序进行。

5.2.2　试验开始前，对手杖样品进行外观检查并记录明显缺陷，以免将其作为试验后所产生的缺陷被记录。

5.3　向内稳定性试验

5.3.1　几何载荷

对手杖施加一个垂直作用力，力的作用线自始至终垂直并通过手柄的中点。

5.3.2　过程

将手杖正常使用时，靠近使用者的二个支脚的中心连线平行于铰链中心线放在试验平台上，从水平开始倾翻。

手杖高度调节位置按5.1.2的要求。施加一个静载力250 N±2%，倾翻方向见图8。记录倾翻的最大角度，精确到0.1°。

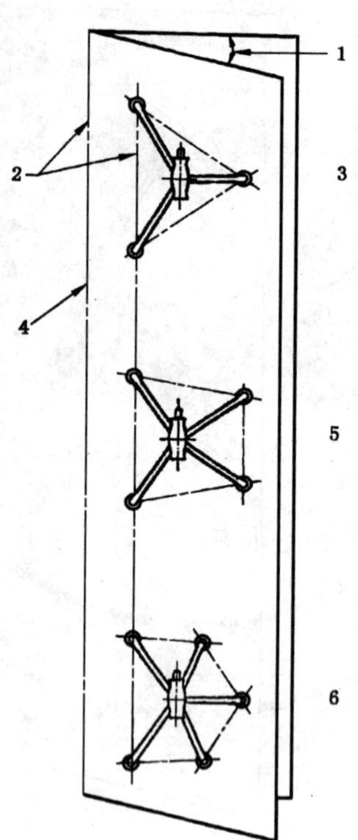

1——倾翻角；

2——平行线；

3——三脚手杖；

4——铰链中心；

5——四脚手杖；

6——五脚手杖。

图8　向内稳定性

5.4 向外稳定性试验

5.4.1 几何载荷

对手杖施加一个垂直作用力，力的作用线自始至终垂直并通过手柄的中点。

5.4.2 过程

将手杖二个支脚垫的中心连线平行于铰链中心线放在试验平台上，从水平开始倾翻。手杖高度调节位置按5.1.2的要求。施加一个静载力250 N±2%，记录倾翻的最大角度，精确到0.1°。

按图9所示的所有向外倾翻方向，重复上述过程。

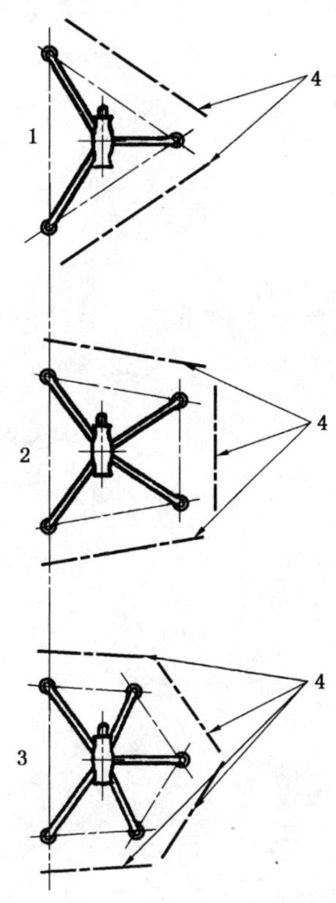

1——三脚手杖；

2——四脚手杖；

3——五脚手杖；

4——铰链中心线。

图9 向外稳定性试验

5.5 分离试验

5.5.1 一般要求

本试验适用于二个或二个以上部件连接在一起，但连接件不是高度调节部件的手杖。

5.5.2 载荷的几何结构

施加一个拉力，同时作用于手杖的上部和下部，以使手杖连接在一起的上下部件不产生弯曲力矩作用。

5.5.3 拉力

施加500 N±2%的拉力。力应从零开始逐渐施加，并在不少于5 s内加到最大值，保持10 s。

5.6 静载试验

5.6.1 几何受力

施加力垂直作用在手柄的中点，手杖高度调节位置按5.1.2的要求。

5.6.2 试验平面

将手杖放在一个倾斜3.0°±0.2°并使手杖向使用者外侧方向倾斜和与使用者的行走方向垂直的静

止平面上。

5.6.3 载荷

施加载荷1 000 N±2%。如果使用者体重偏离标准规定使用者最大质量100 kg时,则施加载荷按每千克体重10 N计算,误差按±2%计。但此载荷应不小于500 N±2%。

5.6.4 过程

力应从零开始逐渐施加,在不少于5 s内加到最大值,并保持10 s。

试验后检查手杖有无裂缝、受损情况及任何不安全因素,并作记录。

5.7 疲劳试验

5.7.1 几何受力

按5.6.1的规定加载。

5.7.2 试验平台

按5.6.2规定的试验平台。

5.7.3 载荷

施加循环载荷450 N±2%,当使用者最大体重偏离手杖100 kg的标准时,则施加载荷按每千克体重4.5 N计算,误差按±2%计。但此载荷应不小于157.5 N±2%。

5.7.4 负载频率

循环载荷的频率应不超过1 Hz。

5.7.5 循环次数

循环次数为200 000次。

6 标志和标签

手杖标志应清楚、耐久并标有如下内容:

a) 使用者的最大体重;

b) 制造厂家的名称或其他识别方法;

c) 产品类型、型号和(或)编号;

d) 制造日期;

e) 在调节件上,标注最大调节高度。

7 试验报告

试验报告应包含下列信息:

a) 委托检验单位的名称、地址;

b) 代理商的名称、地址;

c) 检验单位的名称、地址;

d) 国家标准分类号和型号(见GB/T 16432);

e) 使用者的最大体重;

f) 产品的名称、型号和编号;

g) 供应商提供产品的名称、型号和编号;

h) 手杖的照片;

i) 试验日期;

j) 产品是否依据本部分的要求。

附 录 A
（资料性附录）
建 议

A.1 范围

本附录提供了在设计、制造和试验三脚或多脚手杖时应考虑的补充资料和详细指导。

A.2 建议

A.2.1 机械强度

A.2.1.1 当按 5.5 和 5.6 试验后，手杖及调节装置不应有任何永久变形和损坏。

A.2.2 手柄

A.2.2.1 手柄可调但使用时应安全固定。

A.2.2.2 手柄的形状和材料应防止手抓握时滑脱。

A.2.2.3 手柄长不应小于表 A.1 中给出的最小值。

注：此条不适合弯曲的手柄和仿形手柄。

A.2.2.4 手柄应采用不吸水的材料。

A.2.3 腿部件和支脚垫

A.2.3.1 支脚垫应具柔性、耐磨并与地面有较高的摩擦系数。

A.2.3.2 支脚垫应是可以替换的，装配应保证安全。

A.2.3.3 支脚垫底部的设计应避免“吸合性的杯状”形状。

A.2.4 调节和锁紧装置

A.2.4.1 不使用工具应能进行调节和锁紧。

A.2.5 材料和成品

使用时，手杖应不产生异响。

A.3 标志和标签

每支手杖除按本部分的要求标志外，还应有以下标志：

a) 手杖的尺寸（根据表 A.1 的尺寸）。

表 A.1

单位为毫米

序号	使用者最大高度	手杖高度 h		手柄长度 l
		最小	最大	
1	900	350	550	65
2	1 100	450	650	70
3	1 300	550	750	80
4	1 550	650	850	90
5	1 800	750	950	100
6	2 050	850	1 100	110
注：该表参照图 5、图 6 和图 7。每支手杖可以包含更多的尺寸。				

b) 供应商名称;

c) 供应商提供产品的名称、规格型号及编号。

A.4 检验报告

除本部分要求外,检验报告还应包含以下信息:

a) 按5.2.2详细说明审查检验报告;

b) 描述5.3的试验结果;

c) 描述5.4的试验结果;

d) 描述5.5的试验结果;

e) 描述5.6的试验结果;

f) 描述5.7的试验结果;

g) 手杖最大高度;

h) 手杖最小高度;

i) 手杖支架宽度;

j) 手杖支架长度;

k) 手柄宽度;

l) 手柄长度;

m) 手杖重量;

n) 手杖调节操作是否使用工具;

o) 任何其他相关信息。